Jetzt helfe ich mir selbst

Motor
buch
Verlag

Einbandgestaltung: Anita Ament

Bilder/Zeichnungen: Rainer Althaus, D.C. Lank, Škoda Auto, Motor-Presse Stuttgart, Bosch, Dunlop, Michelin, Hella.

Alle Angaben und Ratschläge in diesem Ratgeber wurden nach bestem Wissen und Gewissen erteilt. Eine Haftung der Autoren oder des Verlages und seiner Beauftragten für Personen-, Sach- und Vermögensschäden ist jedoch ausgeschlossen.

Dieser Band entspricht dem Kenntnisstand zum Zeitpunkt der Drucklegung. Abweichungen durch Weiterentwicklung der beschriebenen Fahrzeuge, geänderte Anweisungen des Fahrzeugherstellers bzw. neue gesetzliche Bestimmungen sind möglich.

ISBN 3-613-02293-1

Auflage Nr. 101 30 08

Grafische Gestaltung: Andreas Pflaum
Herstellung: TEBITRON, 70839 Gerlingen
Druck: Maisch & Queck, 70839 Gerlingen
Bindung: Karl Dieringer, 70839 Gerlingen
Printed in Germany

Rainer Althaus

ŠKODA

FABIA LIMOUSINE
FABIA COMBI

Benzinmotoren

Vierzylinder 1,0-Liter, 37 kW / 50 PS ab 01/01
Dreizylinder 1,2-Liter, 40 kW / 55 PS ab 02/02
Dreizylinder 1,2-Liter, 47 kW / 64 PS ab 05/03
Vierzylinder 1,4-Liter, 44 kW / 60 PS ab 04/00
Vierzylinder 1,4-Liter, 50 kW / 68 PS ab 08/00
Vierzylinder 1,4-Liter, 55 kW / 75 PS ab 05/00
Vierzylinder 1,4-Liter, 74 kW /100 PS ab 05/02
Vierzylinder 2,0-Liter, 85 kW /115 PS ab 08/00

Dieselmotoren

Dreizylinder 1,4-Liter, TDI PDE 55 kW / 75 PS ab 06/03
Vierzylinder 1,9-Liter, SDI 47 kW / 64 PS ab 08/99
Vierzylinder 1,9-Liter, TDI PDE 74 kW /101 PS ab 02/00
Vierzylinder 1,9-Liter, TDI PDE 96 kW /130 PS ab 05/03

Inhaltsverzeichnis

Störungs-beistände

Was tun bei Pannen und Störungen

Ein Ratgeber stellt sich vor

»Jetzt helfe ich mir selbst« ist ein Ratgeber rund ums Auto. Er zeigt, wie die Technik funktioniert und wie Sie Ihr Fahrzeug optimal pflegen und warten. Sie werden sehen: Do it yourself macht Spaß und spart Geld. Und mit dem richtigen Know-how schrumpft manche Panne zur Bagatelle, weil oft wenige Handgriffe genügen, ein Auto wieder flott zu machen.

Ein Ratgeber mit System

Jedes Kapitel dieses Ratgebers gliedert sich stets in die Abschnitte Theorie, Wartung, Störungsbeistand und Reparatur.

Theorie. Hier informieren Sie sich über Technik und Funktionen. Neben ausführlichen Beschreibungen finden Sie in diesem Abschnitt ein **Techniklexikon** mit Hintergrundwissen zu speziellen Problemen.

Wartung. Eine detaillierte Anleitung führt Step by Step durch alle Arbeiten. Arbeitssymbole verdeutlichen Zeitaufwand, Schwierigkeitsgrad sowie Gefahren für Sicherheit und Umwelt. Illustrationen veranschaulichen Arbeitsabläufe und Probleme.

Reparatur. Beginnt in der Regel mit dem **Störungsbeistand**, der Störungen, Ursachen und Abhilfen auflistet. Die Arbeitsschritte werden nach dem gleichen Muster dargestellt wie die Wartungsarbeiten. **Praxistipps** helfen Ihnen bei der Umsetzung und bei Problemen. Wollen Sie zum Beispiel mit einer Wartung beginnen, schlagen sie das Inhaltsverzeichnis des entsprechenden Kapitels auf: Die Seitenangaben bei den Wartungspunkten führen Sie direkt zur Beschreibung der Arbeitsschritte. Den gleichen Weg beschreiten Sie bei den Reparaturen.

Technik-Themen und Störungsbeistände erschließen Sie über die Inhaltsübersicht und das Stichwortverzeichnis.

Wartung und Inspektion

Sie finden den Wartungsplan von »Jetzt helfe ich mir selbst« auf den hinteren Buchseiten. Er basiert auf

Wartung

Reparatur

Eine Übersicht der Wartungen und Reparaturen finden Sie auf der ersten Seite jedes Kapitels. Die Seitenangaben führen Sie direkt zu den Arbeitsschritten.

Die Bauteile des Motors — Technik-lexikon

Motorblock. Hier sind die beweglichen Teile gelagert. Er besteht bei vielen Motoren aus Grauguss. Der Motorblock trägt auch Aggregate wie Lichtmaschine, Anlasser und Zündanlage.

Zylinderkopf. Schließt den Zylinder nach oben ab. Er enthält Kanäle für Frisch- und Abgas, Ventilsitze, Lager und Führungen für Teile der Ventilsteuerung, Zündkerzengewinde, Wasserkanäle und Brennraum.

Technik auf den Punkt gebracht: Knappe und präzise Infos über Begriffe, Funktionen und Zusammenhänge.

Arbeitsschritte — W — 30.000 km / 2 Jahre

① Ansauggeräuschdämpfer abbauen. Beim Diesel: Luftansaugleitung abbauen. Bei allen Motoren: elektrische Steckverbindungen lösen.

② Sechs Schrauben der Zylinderkopfhaube lösen und Haube vorsichtig abnehmen. Sitzt der Deckel fest, lösen Sie ihn durch Schläge mit Handballen oder Hammerstiel.

③ Für die Messung von Ein- und Auslassventil eines Zylinders müssen beide Ventile entlastet sein. Dazu den Motor durchdrehen, bis an der Nockenwelle die Spitzen beider Nocken von Zylinder 1 (in Fahrtrichtung rechts) symmetrisch nach links und rechts oben zeigen (OT-Markierung beachten). Diese Position entspricht dem Oberen Totpunkt.

Die Arbeitsschritte führen Sie Step by Step durch Ihre Wartungen und Reparaturen. Hier steht, wo Sie den Hebel ansetzen und worauf Sie dabei achten müssen.

Kühlsystem

Störungs-beistand

Störung	Ursache	Abhilfe
A Temperatur-Anzeigenadel steht im roten Bereich	**1** Keilrippenriemen zu schwach gespannt oder gerissen	Riemenspannung kontrollieren oder Riemen ersetzen
	2 Zu wenig Flüssigkeit im Kühlsystem	Auffüllen, notfalls aus der Scheibenwaschanlage
	3 Kabel zur Temperaturanzeige hat Masseschluss	Kabel am Temperaturgeber abziehen, Zeiger muss zurückgehen, sonst Masseschluss; Kabelverlauf kontrollieren

Der ideale Pannenhelfer: Der »Störungsbeistand« hilft Ihnen, Fehlern und Defekten an Ihrem Fahrzeug systematisch auf den Grund zu gehen. Außerdem finden Sie hier Tipps, wie Sie mit einer Störung fertig werden.

Praxistipp

Kompressions-druckluft strömt aus

Wenn Kompressionsdruckluft an einer der folgenden Stellen ausströmt, hat dies meist diese Ursachen:

- Ansaugkrümmer oder Luftfiltergehäuse: defektes Einlassventil.
- Geöffneter Kühler oder Kühlmittel-Ausgleichsbehälter: defekte Zylinderkopfdichtung.

Praxistipps für Schrauber: Hier steht, wie Sie schnell und effektiv Fehler feststellen und Probleme lösen.

dem Wartungsplan, den Škoda an seine Vertragswerkstätten ausgibt. Außerdem enthält er einige Wartungsarbeiten an Baugruppen, die der Prüfer von TÜV oder DEKRA bei einer Hauptuntersuchung in Augenschein nimmt.

Kein Do it yourself bei Garantie

Wenn Sie einen neuen Wagen fahren: Halten Sie die Wartungsintervalle des Herstellers unbedingt ein. Vor allem: Verzichten Sie aufs Do it yourself. Škoda erfüllt nämlich selbst berechtigte Garantieansprüche nur dann, wenn die Wartungsarbeiten an Ihrem Wagen rechtzeitig von einer Vertragswerkstatt erledigt wurden. Das gilt übrigens auch, wenn Sie einen Škoda Fabia mit einem Austauschmotor fahren.

Ratgeberservice: Checklisten

Auf der vorderen und hinteren Umschlaginnenseite dieses Ratgebers finden Sie eine Reihe von Checklisten, die Ihnen helfen, Ihr Fahrzeug für Alltag, Winter und TÜV/DEKRA fit zu machen. Hier steht, welche Arbeiten Sie durchführen sollten und auf welchen Seiten Sie die Arbeitsanleitungen dazu finden. Die benötigte Liste kopieren und alle Arbeiten Punkt für Punkt abhaken.

Die Arbeitssymbole

Der Umweltbaum soll Sie für den Umweltschutz sensibilisieren. Er taucht immer dann auf, wenn eine Arbeit oder die dabei anfallenden Abfälle für die Umwelt problematisch sind.

Die Zahl der Schraubenschlüssel signalisiert den Schwierigkeitsgrad. 1 Schlüssel = leichte Arbeit; 2 Schlüssel = anspruchsvolle Arbeit; 3 Schlüssel = schwierige Arbeit.

Die (Sand)Uhr signalisiert den Zeitaufwand für den Hobby-Schrauber. Die kalkulierte Zeit berücksichtigt Ihre fehlende Routine und die Möglichkeit, dass Sie nicht optimal ausgerüstet sind.

Das Ausrufezeichen steht für Arbeiten, die die Betriebssicherheit Ihres Fahrzeugs betreffen. Wenn Sie nicht absolut kompetent sind: Hände weg! Das ist ein Fall für die Werkstatt.

Die Prüfplakette klassifiziert eine Vorsorgearbeit für die Hauptuntersuchung. Sie sparen Geld und Zeit, wenn Sie die markierten Wartungs- und Prüfarbeiten vor Ihrem Termin bei TÜV oder DEKRA durchführen.

Die Wartungsplakette bezeichnet alle Wartungsarbeiten für Ihren Škoda Fabia, die auch die Werkstatt beim Kleinen und Großen Kundendienst durchführt. Sämtliche Punkte entsprechen dem offiziellen Wartungsplan des Herstellers.

DER ŠKODA FABIA

Ein geräumiger Combi in charaktervollem Design gehört zu der kleinen Modellfamilie des Fabia. Deren dynamischer Eindruck wird vom wirkungsvollen Kühlergrill mit Chromrahmen und großem Škoda-Logo unterstrichen. Auffällig beim Combi ist die elegante Heckpartie.

Mit den Modellen Octavia und Fabia schreibt der tschechische Autoproduzent Škoda ganz neue Seiten in der über 100-jährigen Firmengeschichte. Noch Anfang der 90er-Jahre wurde der Hersteller gern als Billigfirma bespöttelt. Aber schon sehr bald nahm das 1991 in den VW-Konzern integrierte Traditionsunternehmen Tschechiens, immerhin die drittälteste noch produzierende Automarke der Welt, einen rasanten Aufschwung. Der Verkaufserfolg in ganz Europa und vor allem in Deutschland sowie zahlreiche gewonnene Tests in der Fachpresse und nicht zuletzt zufriedene Kunden beweisen, dass in Mlada Boleslav und in den weiteren Fertigungsstätten perfekte Autobauer am Werk sind. Sie stellen bewährte, universelle Fahrzeuge her, bei deren Konstruktion, Materialauswahl und Fertigung ganz ausdrücklich Umweltschutz-Gesichtspunkte eine besondere Rolle spielen. Und mit der Reiselimousine Superb ist Škoda-Auto inzwischen auch sehr erfolgreich ins Segment der oberen Mittelklasse vorgestoßen.

***Konventionell mit vier Türen und Kofferraumklappe:** Der Fabia als so genannter Sedan. Charakteristisch ist die leicht höher gezogene Motorhaube, deren obere Kante wie ein Spoiler geformt ist.*

Ein Kleiner – ganz groß

Der Fabia gab sein Debüt 1999: Im Herbst des Jahres begann die Produktion. Er ist das erste Fahrzeug im Konzern auf der Kleinwagenplattform A04, womit an gute Škoda-Tradition angeknüpft wird. Seine drei Karosserieformen: Fünftürige Kompakt-Limousine mit Schrägheck, 26 cm längerer viertüriger Sedan mit Stufenheck bei noblen 438 Litern Kofferraum und geräumiger Combi in charaktervollem Design. Sie werden in den drei Ausstattungsvarianten Elegance, Comfort und Classic angeboten. Der Fabia hat es in der kurzen Zeit bis Frühjahr 2003 geschafft, auf Platz 15 unter den Top 20 der Pkw-Neuzulassungen in Deutschland zu kommen. Mit plus 20,3 Prozent hatte er unter allen Marken den stärksten Zuwachs.

Bei der Entwicklung des vielseitigen Fahrzeugs kam dem Automobilbauer in Böhmen natürlich die Gleichteile-Strategie des Volkswagen-Konzerns zugute. Aber inzwischen haben eigene Weiterentwicklungen, wie z. B. die Sondermodelle Limousine/Combi Style oder Combi Life, die

***Basiert auf dem Combi Classic:** Der Fabia als Kleintransporter Praktik. Blechplatten statt Scheiben in den rückwärtigen Türen, rutschfester Sperrholzboden und viele nützliche Details im Innenraum kennzeichnen dieses Fahrzeug.*

Vielfalt noch erhöht. Zum Genfer Autosalon 2003 trat Škoda mit einem sportlichen Fabia RS und sogar mit einem neuen Rallye-Fahrzeug an: Der Fabia WRC (World Rallye Championship) löst den Octavia WRC ab.
Hinsichtlich Sicherheit, Qualität, Motorisierung, Fahrwerk und Ausstattung ist der Kleine aus Mladá Boleslav ganz groß. Unter seiner aerodynamisch gestalteten Karosserie hat er eine Vielzahl technischer Neuerungen: Eine Servolenkung neuer Generation mit Elektrohydraulik, eine in Höhe und Länge verstellbare Sicherheitslenksäule, das dezentrale Bordnetz, ein neues Heizungs-Lüftungs-System, fabelhafte Vorder- und Hinterachsen, alle Ausstattungen für höchste aktive und passive Sicherheit. Selbst ein wenig Luxus ist gegen Aufpreis möglich: beheizbare Außenspiegel, gekühlte Ablage, Getränkedosenfach neben dem Lenkrad, Leichtmetallfelgen, beheizbare Vordersitze, den ganzen Fahrersitz bewegende Höhenverstellung. Laderaumabdeckung und fernbediente Zentralverriegelung sind ohnehin schon Standard.

Gute Motoren und bewährtes Chassis

Als Motoren standen von Anfang an bewährte Benzin- und Dieselmaschinen aus den VW- und Audi-Modellen zur Verfügung, die ständig weiter entwickelt wurden. Zu Beginn des Modelljahres 2003 präsentierte Škoda-Auto einen völlig neuen Einstiegsmotor für den Fabia. Der in Tschechien entwickelte Dreizylinder spart noch mehr Kraftstoff als die schon verbrauchsgünstigen Vierzylinder und sorgt für die Einordnung in die günstigste Versicherungsstufe. In Genf präsentierte die böhmische Firma für den Fabia auch eine TDI PDE-Version, die mit 96 kW/130 PS leistungsstärker ist als bisher, und einen besonders sparsamen Dreizylinder-Dieselmotor, den 1,4 Liter TDI PDE mit 55 kW/75 PS.
Das zuverlässige Chassis gewährleistet maximale aktive Sicherheit und exzellente Fahreigenschaften. Der Elektronik-Standard einschließlich Vernetzung über CAN-Datenbus entspricht dem Stand der Technik. Drei Jahre Gewährleistung auf den Lack und zehn Jahre auf Rostfestigkeit der Karosserie sind großzügige Zeiträume. Auch für die gute Betreuung der Škoda-Fahrzeuge ist mit einem leistungsfähigen Service bestens gesorgt. In Europa gibt es heute ein Netz von mehr als 2.500 Škoda-Betrieben, die kostengünstig und fachgerecht nach Werksvorgabe arbeiten.

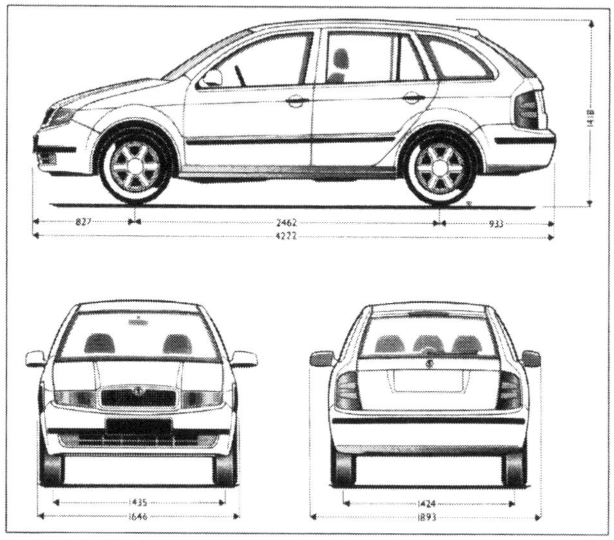

Die wichtigsten Maße des Fabia Combi.

Die wichtigsten Maße der Fabia Limousine.

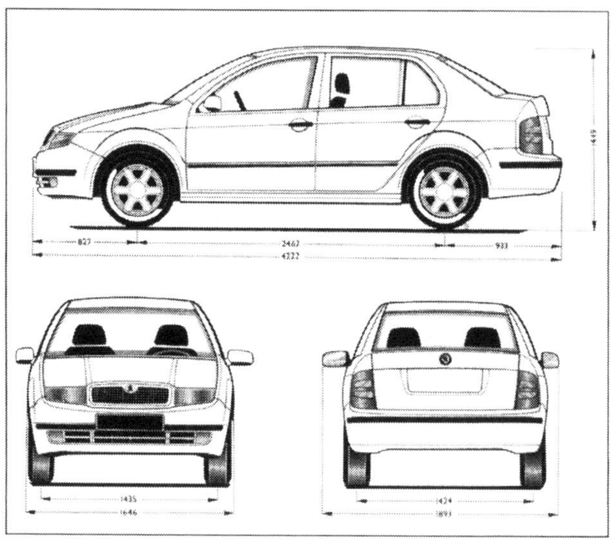

Die wichtigsten Maße des Fabia Sedan.

Seit 2001 auch EOBD

Seit 2001 sind die Fahrzeuge in das von Volkswagen bekannte System der Wartungsintervall-Verlängerung einbezogen: LongLife-Service auch für Škoda Fabia. Eine wichtige Neuerung ist die Einführung des Euro-On-Board-Diagnosesystems (EOBD) für die Benzinmotoren, die ja der Abgasnorm EU 4 genügen (Motoren mit zwei Lambda-Sonden). Für die Dieselmotoren (TDI) soll das EOBD demnächst eingeführt werden. Diese zweite Generation an diagnosefähigen Motormanagement-Systemen sichert die Prüfung aller abgasrelevanten Daten. Störungen werden dem Fahrer von einer neuen Abgaswarnleuchte angezeigt und über ein Auslesegerät dokumentiert.

Exportmärkte Deutschland, Polen und Ukraine

Als wichtigster Markt von Škoda Auto unter den 74 Exportländern gilt weiterhin Deutschland, wo 2000 der Marktanteil auf 1,9 Prozent angewachsen war. Als die ersten Fahrzeuge aus Tschechien bei den Händlern auftauchten, mussten die Kunden noch lange Wartezeiten in Kauf nehmen. Mit Produktionssteigerungen an seinen Standorten hat sich Škoda auf die zunehmende Nachfrage eingestellt. Neben dem Hauptwerk in Mladá Boleslav sowie an den Standorten Kvasiny und Vrchlabi wird auch in Tschop und Solomonowo (Ukraine) und Poznan (Polen) produziert. Denn der zweitbedeutendste Exportmarkt und zugleich der größte Volumenmarkt für Škoda Auto in Zentraleuropa bleibt Polen.

Die Seriosität des VW-Konzerns als Mehrheitsaktionär, unter dessen Leitung Škoda Auto sich dynamisch entwickelte, hat dazu geführt, dass die Regierung der Tschechischen Republik aus eigener Initiative die restlichen 30 Prozent der Škoda-Anteile an Volkswagen veräußert hat. VW ist somit 100-prozentiger Aktionär des Unternehmens.

Nutzfahrzeug für kleine Aufgaben

Trotz der erst kurzen Zeit seit seinem Erscheinen auf dem Markt hat der Fabia Praktik schon viele Freunde gefunden. Der Kleintransporter auf der Basis des Fabia Combi Classic ist bestens geeignet für kleinere Gewerbeaufgaben.

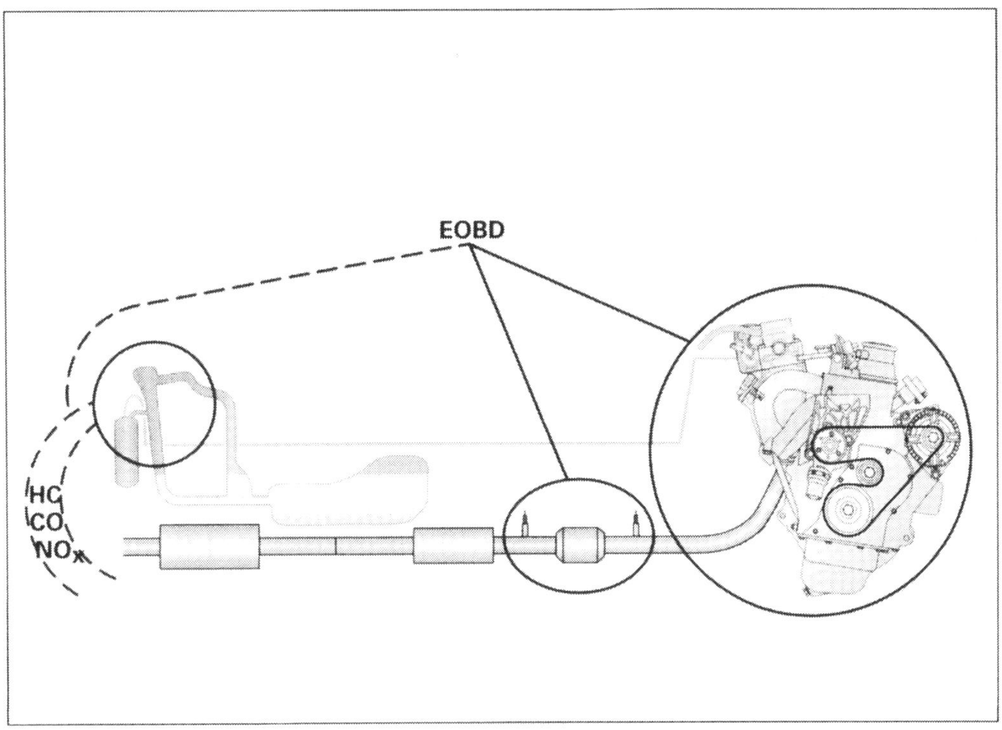

Seit dem Modelljahr 2001 werden Fahrzeuge mit Benzinmotoren der EU-Norm 4 mit dem Euro-On-Board-Diagnosesystem ausgestattet. Abgasrelevante Fehlfunktionen können abgefragt werden.

Von den beiden Sitzen vorn in der Passagiersektion sicher getrennt ist die 1.290 Liter fassende Sektion für das Transportgut. Sie ist von der Heckklappe oder der rechten hinteren Seitentür her zugänglich. Die linke Tür lässt sich nicht öffnen. Die hinteren Türen haben keine Glasscheiben, sondern Blecheinsätze in der Fahrzeugfarbe. Das Innere ist mit einigen nützlichen Details wie rutschfest beschichtetem Sperrholzboden und Netzablage über den beiden Sitzen ausgestattet. Den Praktik gibt es mit 44-, 47- und 50-kW-Motoren (60/64/68 PS).

Modellpflege beim Fabia

1999 Am 14. September auf der Automobilausstellung in Frankfurt/Main Premiere des neuen Fahrzeugs im Škoda-Sortiment, nachdem der größere Octavia bereits bestens eingeführt ist. Im Herbst beginnt die Produktion.

2000 Eine Serie von Auszeichnungen als Auto des Jahres beginnt. Im Rahmen solcher anhaltenden Prämierungen gewinnt der Fabia bis in die Gegenwart so manchen Wettbewerb gegen harte Konkurrenz, vom »Goldenen Lenkrad« bis zum Klassensieg als sicherstes Fahrzeug.
Auf dem Pariser Autosalon wird der Fabia Combi präsentiert.

2001 Eine wichtige Neuerung ist die Einführung des Euro-On-Board-Diagnosesystems (EOBD) für die Benzinmotoren mit zwei Lambda-Sonden und Abgasnorm EU 4. EOBD sichert die Prüfung aller abgasrelevanten Daten. Störungen werden dem Fahrer von einer neuen Warnleuchte angezeigt und über ein Auslesegerät dokumentiert.
Im Februar wird auf dem Genfer Autosalon der Fabia mit Stufenheck vorgestellt.

2002 Weitere bemerkenswerte Verbesserungen, vor allem im Hinblick auf Sonderausstattungen. Den Fabia gibt es seitdem auch mit Leder-Interieur (Elegance) und die 2,0 Liter-Fahrzeuge mit dem elektronischen Stabilitätsprogramm ESP. Xenon-Scheinwerfer, Vorkehrungen für eine Mobiltelefon-Freisprecheinrichtung und andere nützliche Details gehören dazu.
Am 26. Juni rollt bereits der 600.000. Fabia vom Band: Ein Combi Comfort in Diamantsilber mit dem 1,4 Liter-MPI-Motor mit 50 kW. Von den bis dahin produzierten 600.000 Fabia waren 400.574 mit Kurzheck/Schrägheck, 43.097 mit Stufenheck und 156.329 Combis.

2003 Die breite Einführung des bereits im Vorjahr präsentierten 1,2 Liter-Dreizylinder-HTP-Motors ist die bedeutendste Neuerung. HTP steht für High Torque Power, also für viel Zugkraft bei geringen Drehzahlen. Der zunächst 40 kW/54 PS starke Motor ersetzt die bisherige Basismotorisierung mit dem 44 kW/60 PS-Vierzylinder von 1,4 Litern Hubraum.
Ein noch etwas stärkerer 1,2 Liter HTP mit 12 Ventilen (47 kW/64 PS) löst den 1,4 Liter/68 PS ab. Der 1,0 Liter-Motor (50 PS) entfällt künftig ganz.
Weitere Neuerungen betreffen Details (Polsterstoffe, Ablagefächer, drei Kopfstützen an den Rücksitzen).
Zum Genfer Autosalon präsentierte Škoda Motoren, die den Fabia künftig noch leistungsstärker machen sollen: Einen 1,9 Liter TDI PDE mit 96 kW/130 PS (204 km/h Spitze, von 0 auf 100 km/h in 9,6 Sekunden). Um auch dem Trend zu kraftstoffsparenden Triebwerken für diese Fahrzeugklasse noch besser zu entsprechen, wird ein 1,4 Liter TDI PDE mit drei Zylindern und 55 kW/75 PS Leistung auf den Markt gebracht.

Die Fahrzeugerkennung

Typ, Motorisierung, Identifikationsnummern und andere Daten, die das Fahrzeug eindeutig bestimmen, sind im Škoda Fabia an verschiedenen Stellen zu finden. Der Fahrzeugdatenträger befindet sich im Serviceplan für den Kunden und als Aufkleber im Fahrzeug auf dem Kofferraumboden. Der Aufkleber enthält folgende **Fahrzeugdaten**:

- Fahrzeug-Identifizierungsnummer,
- Typ-Kennnummer/Produktions-Steuerungsnummer,
- Motor- und Getriebekennbuchstaben,
- Lacknummer / Innenausstattungs-Kennnummer,
- Mehrausstattungs-Kennnummern.

Das Typschild ist vorn am linken Radhaus angebracht. Die Fahrzeug-Identifizierungsnummer (Fahrgestellnummer) befindet sich am rechten Federbeindom und in der linken vorderen Fensterecke unten.

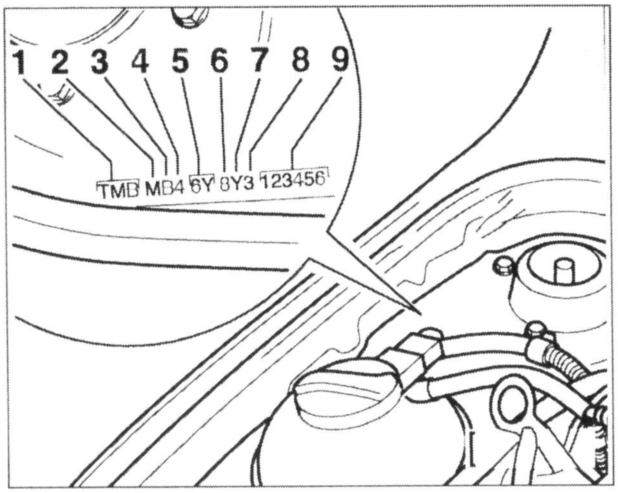

Fahrzeug-Identifizierungsnummer (Fahrgestellnummer) am rechten Federbeindom.

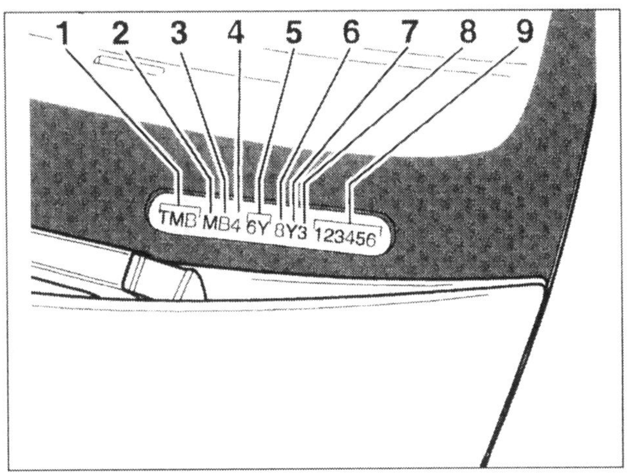

Fahrzeug-Identifizierungsnummer (Fahrgestellnummer) in der linken vorderen Fensterecke.

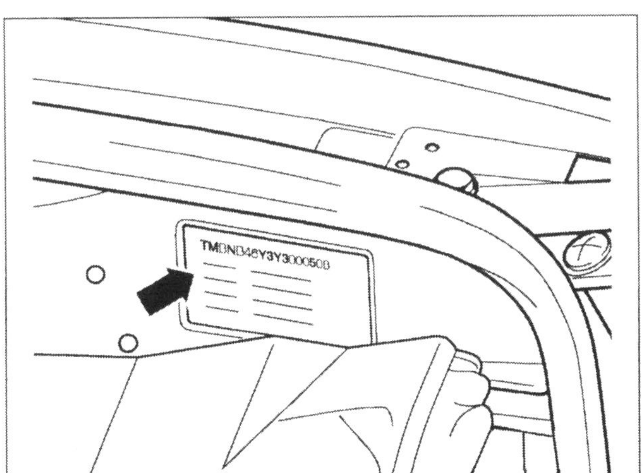

Das Typschild (Pfeil) des Fabia befindet sich vorn am linken Radhaus.

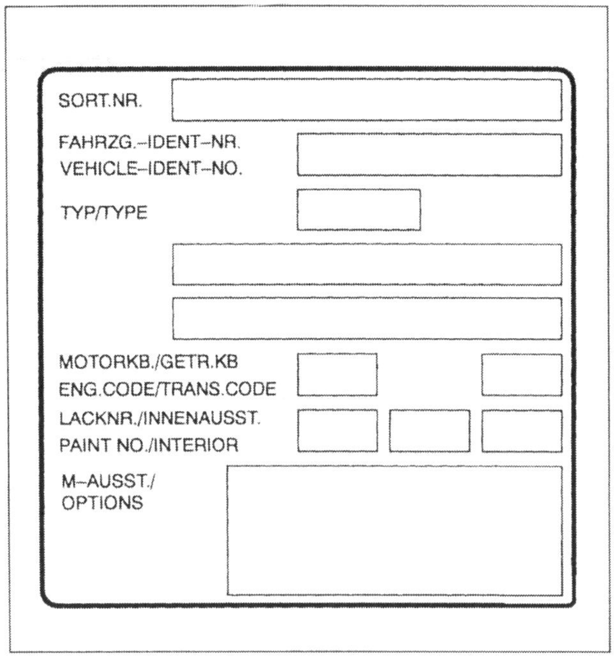

Der Fahrzeugdatenträger befindet sich hinten links auf dem Kofferraumboden.

Die Identifizierungsnummer ist für den Fabia wie folgt verschlüsselt:

1 (TMB) Weltcode des Herstellers.

2 Karosserie-Typ und Ausstattung:
B = Sedan Elegance; C = Sedan Comfort; D = Sedan Classic; G = Combi Elegance, H = Combi Comfort, J = Combi Classic, M = Limousine Elegance, N = Limousine Comfort, P = Limousine Classic/Junior, T = Fabia Praktik.

3 Motorisierung:
A = 1,0 l/37 kW Benzinmotor; B = 1,4 l/50 kW Benzinmotor; C = 1,4 l/55 kW Benzinmotor; D = 1,4 l/74 kW Benzinmotor; E = 2,0 l/85 kW Benzinmotor; F = 1,9 l SDI/47 kW Dieselmotor; H = 1,4 l/44 kW Benzinmotor; S = 1,9 l TDI/74 kW Dieselmotor; W = 1,2 l/40 kW Benzinmotor.

4 Airbagsystem: 0 = kein Airbag; 1 = 1 Frontairbag; 2 = 2 Front- und 2 Seitenairbags; 4 = 2 Frontairbags; 8 = leichtes Nutzfahrzeug.

5 Fahrzeugtyp: 6Y = Fabia, Fabia Combi, Fabia Sedan, Fabia Praktik.

6 Interner Code.

7 Modelljahr: Y = 2000; 1 = 2001; 2 = 2002; 3 = 2003.

8 Hersteller: 3 und 4 = Mladá Boleslav; 6 = Kvasini; 7 = Vrchlabi; N = Mladá Boleslav; X = Poznan.

9 Karosserienummer.

Motorkennbuchstaben

Praxistipp

Alle Kennzahlen des jeweiligen Fahrzeugmodells sind beim Bestellen von Ersatzteilen oder Austauschteilen unbedingt anzugeben. Viele Teile eignen sich einfach nur speziell für den von Ihnen ausgewählten Typ, obwohl sie Ähnlichkeiten mit Teilen anderer Fahrzeuge haben.

Für viele Fälle ist es wesentlich, die jeweilige Motorisierung genau nachzuweisen, was durch die Motorkennbuchstaben möglich ist. Die Kennbuchstaben mit laufender Nummer für die in diesem Ratgeber behandelten Motoren finden Sie an den von den folgenden Abbildungen veranschaulichten Einbauorten:

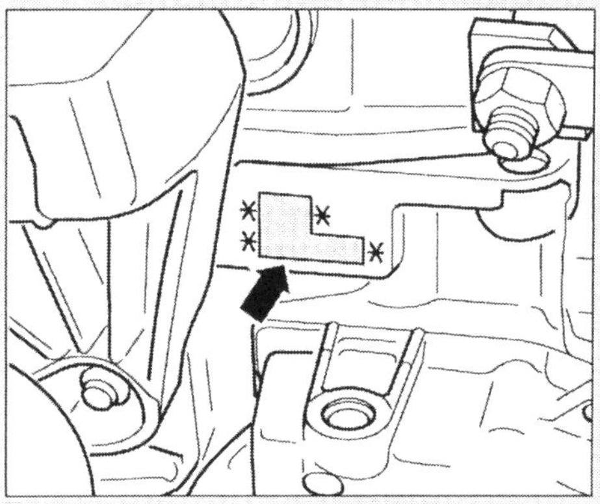

Die Kennbuchstaben bei Benzinmotoren 1,0 Liter sowie 1,4 Liter 44 und 50 kW. Pfeil: Riemenscheibenseitige Stirnfläche des Zylinderblocks an der Schnittstelle zum Zylinderkopf.

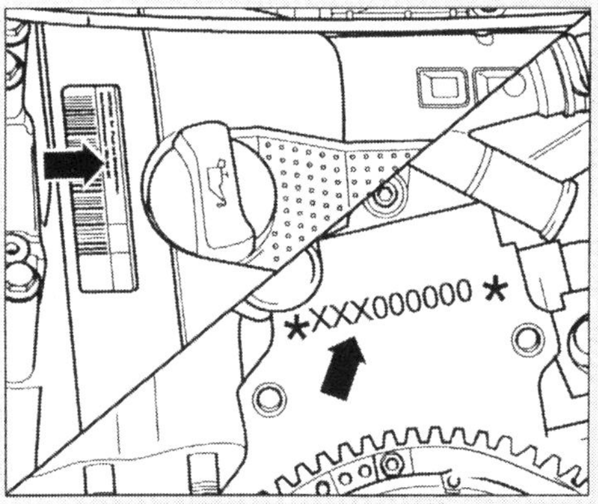

Die Kennbuchstaben bei 1,4 Liter Liter Benzinmotoren 55 und 74 kW. Pfeile: Getriebeseitige Stirnfläche des Zylinderblocks unterhalb des Kühlmittelreglergehäuses und Zahnriemenschutz.

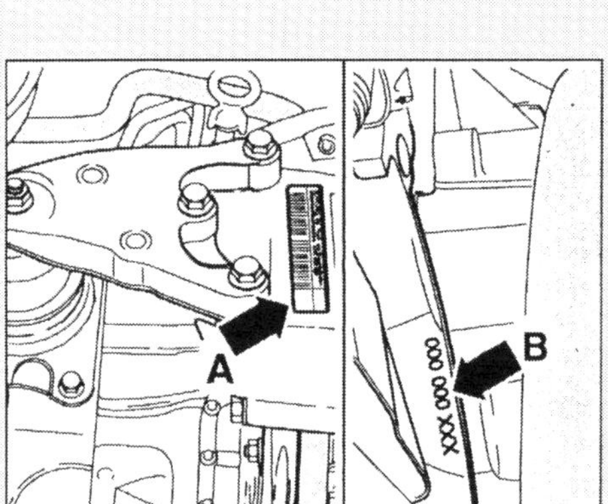

Die Kennbuchstaben beim 1,2 Liter Benzinmotor 40 kW. Pfeile: Aufkleber am Steuerraddeckel (A) und Nummer an der Trennfuge Motor/Getriebe (B).

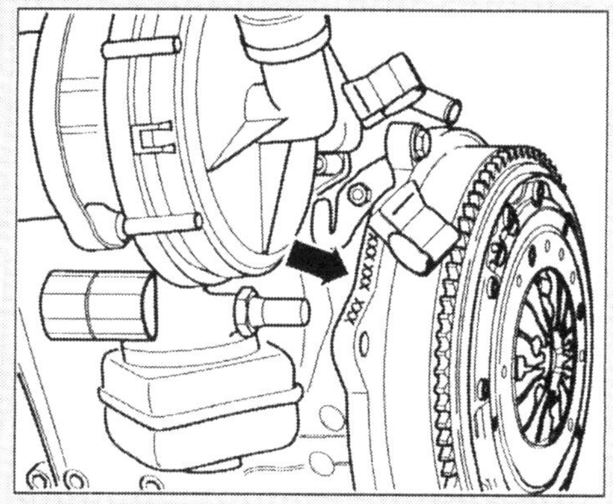

Die Kennbuchstaben beim 2,0 Liter Benzinmotor. Pfeil: Vorn an der Trennfuge Motor/Getriebe.

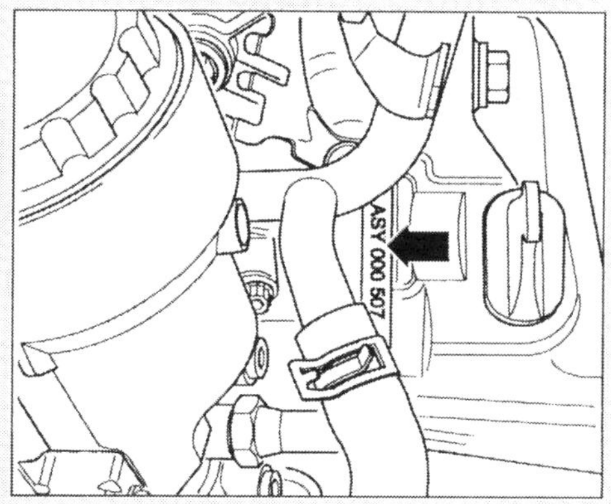

Die Kennbuchstaben beim 2,0 Liter Benzinmotor. Pfeil: Vorn an der Trennfuge Motor/Getriebe.

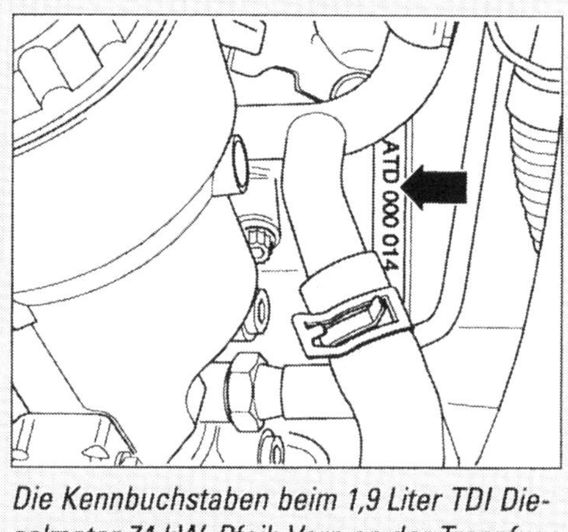

Die Kennbuchstaben beim 1,9 Liter TDI Dieselmotor 74 kW. Pfeil: Vorn an der Trennfuge Motor/Getriebe.

DIE AUSRÜSTUNG

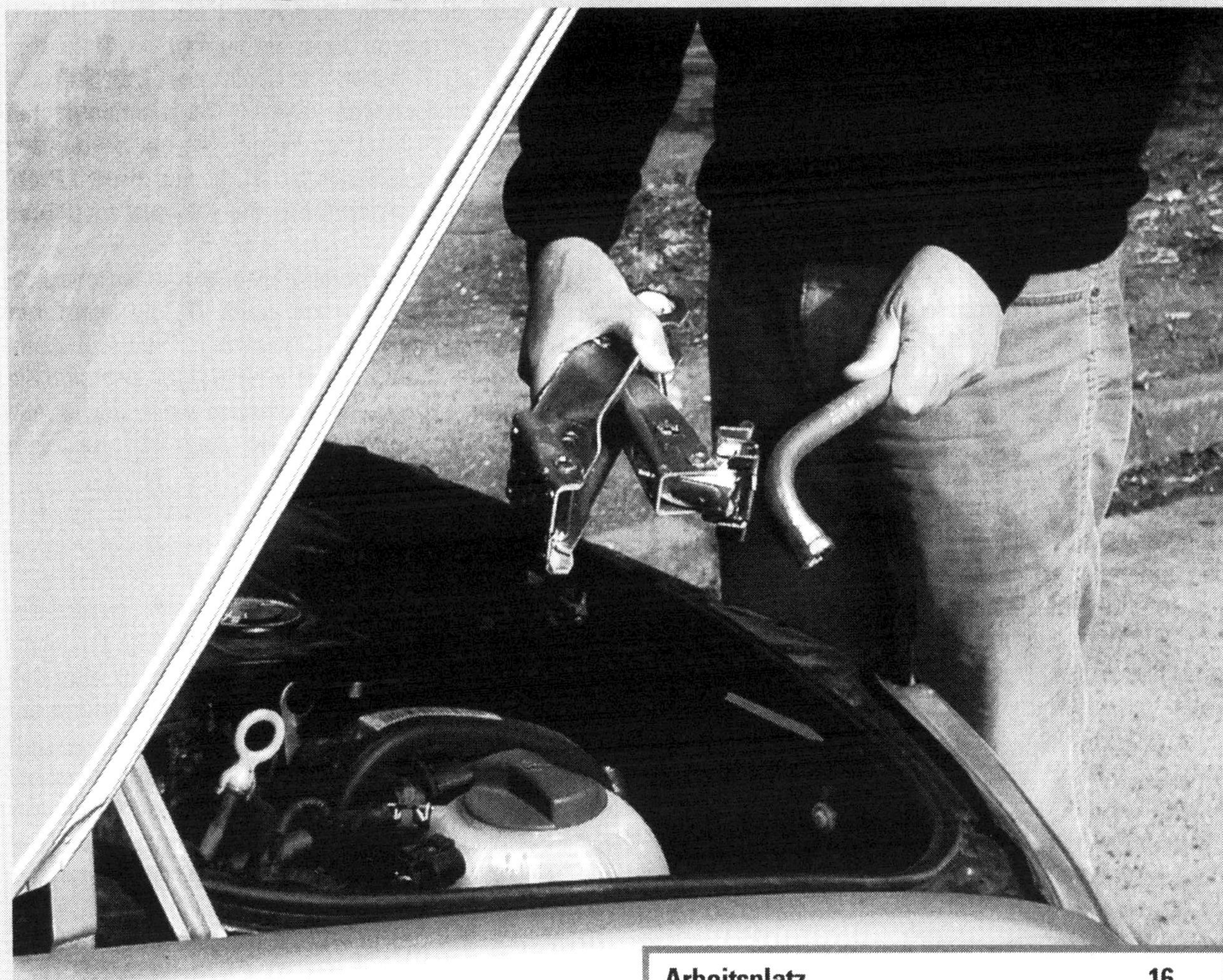

Das Bordwerkzeug ist für den Radwechsel bei einer Reifenpanne gedacht, und dazu reicht es aus. Für weitere Arbeiten am Fahrzeug, zumal etwa im Motorraum, sind Werkzeug-Grundausstattung und einige spezielle Werkzeuge unumgänglich.

Gute Organisation und umsichtige Vorbereitung sind beim Heimwerken die halbe Miete. Nur wenn der Arbeitsplatz geeignet ist, die Ausrüstung stimmt und das benötigte Material bei Bedarf auch wirklich zur Verfügung steht, haben Sie Spaß beim Do it yourself. Und Spaß ist die Grundvoraussetzung für erfolgreiche Pflege und Wartung Ihres Škoda Fabia.

Der Arbeitsplatz

Als Hobbymechaniker brauchen Sie einen geeigneten Arbeitsplatz, damit Sie sich ganz aufs Schrauben konzentrieren können. Am besten wäre natürlich eine Garage mit Stromanschluss, die ausreichend breit und gut beleuchtet ist. Sie können aber durchaus auch im Freien zum Werkzeug greifen. Zu Ihrer eigenen Sicherheit sollten Sie dann auf eine ebene und befestigte Fläche Wert legen.

Günstige Variante: Mietwerkstatt

Mietwerkstätten sind in aller Regel eine gute Empfehlung für Selbstschrauber. Dort gibt es neben Hebebühnen und umfangreicher Werkzeugausstattung oft auch kompetente Hilfestellung mit Praxistipps bei Problemen am Fahrzeug und mit der Technik. Die meisten Mietwerkstätten bieten mehrere Arbeitsplätze. Mit freien Plätzen ist während der Woche eher zu rechnen als am Wochenende, wenn alle Autobastler zum Werkzeug greifen. Adressen finden Sie in den Gelben Seiten, in Anzeigen im Autoteil von Tageszeitungen und Anzeigenblättern oder Sie können sie bei einer Tankstelle erfragen.

Werkstattbesuch gut vorbereiten

Eigene Arbeit in der Mietwerkstatt lohnt sich nur, wenn die Reparatur flott von der Hand geht. Führen Sie eine umfangreiche Arbeit zum ersten Mal selbst aus, kann die Summe der angesammelten Mietwerkstattstunden leicht teurer werden als der Arbeitspreis in der Fach- oder Vertragswerkstatt. Dazu kommt: Wenn Sie erst einmal angefangen haben, müssen Sie die Arbeit meist auch direkt zu Ende führen. Das zwingt Sie zu akribischer Vorbereitung der geplanten Aktion. Schließlich wollen Sie ja nicht die Hälfte der gebuchten Zeit mit dem Beschaffen fehlender Teile oder Hilfsmittel verbummeln.

Der Ersatzteilkauf

Die für Wartungs- oder Reparaturarbeiten benötigten Ersatzteile sollten Sie spätestens am Tag der Arbeit parat haben. Stellen Sie sich eine Liste der Ersatzteile zusammen, die Sie für Ihre Arbeit brauchen. Denken Sie dabei nicht nur an die direkt betroffenen Teile, sondern auch an Zubehör wie Dichtungen, Sicherungsringe, Schlauchschellen, diverse Clipselemente oder selbst sichernde Muttern. Fragen Sie am besten den Fachmann im Ersatzteillager. Er ist mit diesem Problem vertraut und sucht Ihnen die erforderlichen Teile heraus.
Reparaturen, deren Umfang Sie nicht genau abschätzen können, sollten Sie auf einen Termin legen, der Ihnen auch einen außerplanmäßigen Besuch beim Zubehör- oder Stützpunkthändler erlaubt. Rechnen Sie damit, dass selbst eine Werkstatt nicht immer alle Teile auf Lager hat und diese dann erst bestellen muss.

Das richtige Ersatzteil

Im Laufe der Produktionszeit ändern sich manche Details an so gut wie jedem Fahrzeug. Deshalb entscheidet oft das Baujahr, welches Ersatzteil für Ihr Auto das richtige ist. Sie erleichtern sich und dem Verkäufer die Arbeit, wenn Sie den Fahrzeugschein mitnehmen und die Daten des Typenschilds auf einem Zettel notiert haben. Mit diesen Informationen kann ein geschulter Ersatzteilverkäufer das für Ihr Fahrzeug passende Teil mühelos aus dem Katalog oder von der vom Hersteller zusammengestellten CD-ROM ermitteln. Wenn Sie auf Nummer Sicher gehen wollen: Bringen Sie das ausgebaute Altteil gleich mit zum Händler!

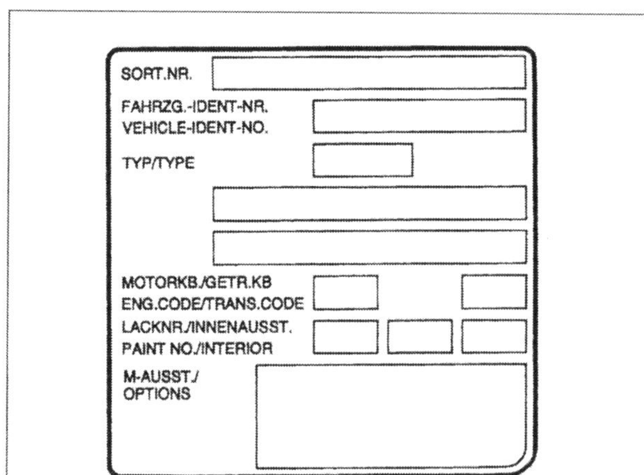

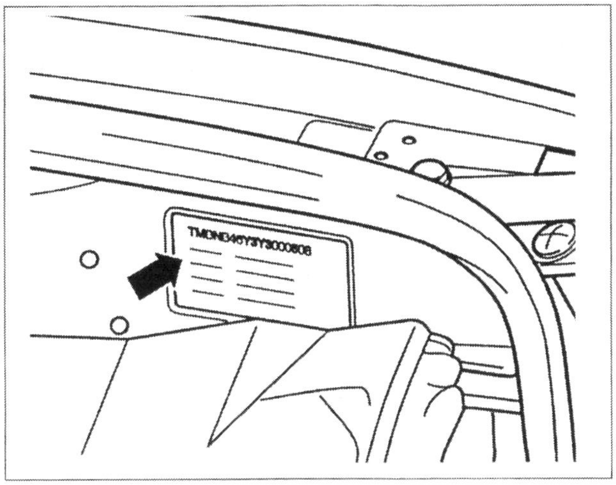

Entnehmen Sie die nötigen Angaben dem Fahrzeugdatenträger auf dem Gepäckraumboden hinten links (Bild S.16 unten) oder dem Typschild im linken Radhaus, das Sie vom geöffneten Motorraum her (Pfeil) sehen können (Bild oben).

Originalteile oder Fremdteile?

Alle Ersatzteile, die Sie im Reparaturfall benötigen, erhalten Sie bei einem Škoda-Händler. Aber Sie müssen nicht ausschließlich dort einkaufen. Der Zubehörhandel hält ebenfalls ein breites Angebot bereit, darunter auch Teile von Firmen, die den Hersteller Ihres Fabia beliefern. Vergleichen Sie die Preise, wenn Service und Lieferfähigkeit gleich sind.
Fachzeitschriften verweisen immer wieder darauf, dass Preisunterschiede bis zu 35 Prozent nicht Ausnahmen, sondern die Regel sind. Bei Serviceketten, die nicht an Marken gebunden sind, kann der Kunde manchmal bis zu 60 Prozent sparen, 20 Prozent sind jedenfalls immer drin – und zwar für die selbe Qualität, meist sogar für die exakt gleichen Ersatzteile.
Auf No-name-Produkte sollten Sie beim Ersatzteilkauf allerdings verzichten. Sonst könnte der Billigkauf teuer zu stehen kommen. Erstens macht er die eventuell fehlende Beratung beim Kauf von Verschleißteilen nicht wett, und zweitens könnte die Garantie (zumindest auf das betreffende Teil und von ihm in Mitleidenschaft gezogene Teile) in Gefahr geraten. Als erfahrener Autofahrer lassen Sie Ihren Wagen während der Garantiefrist ohnehin in der Vertragswerkstatt warten.

Safety first

Denn bei sicherheitsrelevanten Ersatzteilen ist Sparsamkeit fehl am Platz. Bremsbeläge, Bremsscheiben, Radlager, Antriebswellen und Gelenke sollten Sie grundsätzlich in Erstausrüster- oder Originalqualität kaufen. Die meisten Billig-Produkte entsprechen bei weitem nicht der vom Hersteller geforderten Mindestqualität. Was nutzen Ihnen preiswerte Bremsscheiben von irgendwo, wenn sie nach dem Einbau eine Unruhe in der Vorderachse verursachen, die nur für viel Geld in der Werkstatt behoben werden kann?
Viele Fahrzeughersteller schreiben eine spezielle Mischung des Bremsbelagmaterials vor. Die Kennnummer dafür steht in der »Allgemeinen Betriebserlaubnis« (ABE). Falls Ihr Fahrzeug nach einem ernsteren Unfall begutachtet wird und sich dabei eine nicht freigegebene Belagsmischung herausstellt, kann sich dies zu Ihren Ungunsten auswirken. Ihre Sicherheit und die Sicherheit anderer Verkehrsteilnehmer muss Ihnen ein paar Euro extra wert sein.

Praxistipp

Mängel bei gebrauchten Teilen

Gebrauchte Ersatzteile für Pkw aus zweiter Hand sind häufig schadhaft. Neben Verschleißschäden weisen sie oft Schäden durch unprofessionellen Ausbau, nicht sachgemäße Lagerung, fehlende Wartung und ungeeignete Transportverpackungen auf. In Untersuchungen des Kraftfahrzeugtechnischen Instituts KTI wurde festgestellt, dass Komponenten der Bremsanlage, Antriebswellen, Elektronikbaugruppen und andere Teile gravierende Sicherheitsmängel wie Korrosion, Deformation oder Undichtigkeit aufwiesen. Die meisten Teile seien zu alt, in einem schlechten Zustand und unzureichend gekennzeichnet. Eine eindeutige Zuordnung zu einem bestimmten Fahrzeugmodell sei in den meisten Fällen kaum möglich. Laut KTI sind jüngere gebrauchte Teile in besserem Zustand häufig gar nicht zu bekommen.

Austauschteile

Trotz häufiger Mängel bei gebrauchten Teilen (siehe Praxistipp) lohnt sich Secondhand bei einer Reihe von Ersatzteilen. Austauschteile von Škoda Auto haben die gleiche Qualität wie ein Neuteil, sind deutlich billiger und werden mit gleicher Garantie geliefert. Auch der Zubehörhandel bietet zahlreiche neuwertige Austauschteile an. Erneuerte Elektrik-Bauteile vertreibt die Firma Bosch über ihre Autoelektrik-Werkstätten.
In vielen Fällen ist ein Autoverwerter die richtige Adresse, wenn Sie eine Reparatur besonders billig ausführen wollen und auf Äußerlichkeiten keinen großen Wert legen. Das gilt etwa für Karosserie-Bau-

teile wie Türen, Stoßfänger und Motorhauben. Gebrauchte Verschleißteile lohnen sich jedoch nur dann, wenn sie deutlich besser sind als die bisher im Wagen eingebauten.
Bisweilen müssen Sie das gewünschte Ersatzteil selbst ausbauen. Fragen Sie auf jeden Fall nach dem Preis: Das gebrauchte Teil darf höchstens halb so teuer sein wie das Neuteil. Ein Verschleißteil darf nicht mehr als ein Viertel des Neupreises kosten.

Teile-Einkauf

Original-/Fremdteile	Austauschteile
Anlasser	Anlasser
Ölfilter	Kupplungsdruckplatte
Lichtmaschine	Schwungrad
Glühlampen	Antriebswellen
Scheinwerfer	Kurbelwelle mit Lagern
Keilriemen	Zylinderkopf
Stoßdämpfer	Lichtmaschine
Radbremszylinder	Scheibenbremssättel
Bremsschläuche	Kupplungs-Mitnehmerscheibe
Lack	Getriebe
Motordichtungen	Zylinderblock mit Kolben
Zündkabel	Teilmotor
Zündkerzenstecker	
Gelenkwellen	
Hauptbremszylinder	
Bremsleitungen	
Kupplung	
Reparaturbleche	

Teilmotor oder Austauschmotor?

Bei Schäden an Kurbeltrieb, Kolben und Ölwanne lohnt sich der Kauf eines Teilmotors. Das ist eine wirtschaftliche Alternative, weil man beim Einbau Zylinderkopf und Nebenaggregate vom alten Motor übernimmt. Ein kompletter Austauschmotor macht dagegen nur bei einem jüngeren und gut erhaltenen Fahrzeug Sinn. Fragen Sie in Ihrer Werkstatt nach. Außerdem gibt es eine Reihe von Firmen, die auf Komplett- und Teilüberholung von Motoren spezialisiert sind und Reparaturen nach Qualitätsrichtlinien garantieren. Ein Anschriftenverzeichnis dieser Betriebe erhalten Sie beim Verband der Motorinstandsetzungsbetriebe e.V., Christinenstraße 3, 40880 Ratingen (Tel. 02102/44 72 22).
Sie können sich die Anschriftenverzeichnisse, nach Firmen oder Postleitzahlen geordnet, auch aus dem Internet herunterladen (www.vmi-ev.de).

Praxistipp

So arbeiten Sie effektiv

- Säubern Sie zuerst den Arbeitsplatz. Schrauben und Teile von früheren Zerlegearbeiten sollten unbedingt weggeräumt werden, damit Sie nichts Falsches wieder einbauen.
- Abgenommene Teile legt man in der Ausbaureihenfolge ab. Das erleichtert den Zusammenbau.
- Kleinteile packen Sie am besten in kleine Schachteln oder Gläser. Oder Sie drehen nach dem Ausbau die Schrauben gleich wieder in das zugehörige Gewinde. So werden ganz sicher keine Schrauben verwechselt.
- Falls sich ein Wasserablauf in der Nähe befindet, sollten Sie ihn während der Arbeit abdecken, sonst verschwinden garantiert Kleinteile darin.
- Lesen Sie mitgelieferte Reparatur- oder Montageunterlagen vor Beginn der eigentlichen Arbeit durch. Und zwar konzentriert und gründlich. Deponieren Sie diese Unterlagen während der Arbeit in Reichweite.
- Bei umfangreichen Arbeiten sollten Sie eine Skizze anfertigen und sich zusätzlich die Reihenfolge der ausgebauten Teile aufschreiben. Das erleichtert bei Bedarf die Fehlersuche ganz erheblich.
- Zum Hinlegen, etwa bei Arbeiten in den Radkästen oder an den Stoßfängern, empfiehlt sich als Unterlage eine alte Decke gegen die Bodenkälte und darauf eine Plastikfolie, die gegen Öl und Feuchtigkeit unempfindlich ist.
- Bleiben nach der Arbeit Ölspuren auf dem Boden zurück, helfen fürs erste ein scharfer Haushaltsreiniger oder Geschirrspülmittel. Besser sind spezielle Ölfleckentferner, wie sie der Autozubehörhandel anbietet.

Werkzeug-Grundausstattung

Nur vollständiges und gutes Werkzeug garantiert Ihnen das gewünschte Ergebnis. Überprüfen Sie daher Ihre Ausrüstung, bevor Sie mit der Arbeit beginnen.

- Schlechtes Werkzeug, das sich schon bei der ersten verrosteten Schraube verbiegt oder ausbricht, bringt Probleme und verdirbt den Spaß an der Bastelei.
- Achten Sie beim Kauf auf Qualität – gute Werkzeuge werden aus einwandfreiem Material hergestellt und arbeiten stets maßgenau.
- Wer nur gelegentlich schrauben möchte, dem genügt die folgende Grundausstattung:

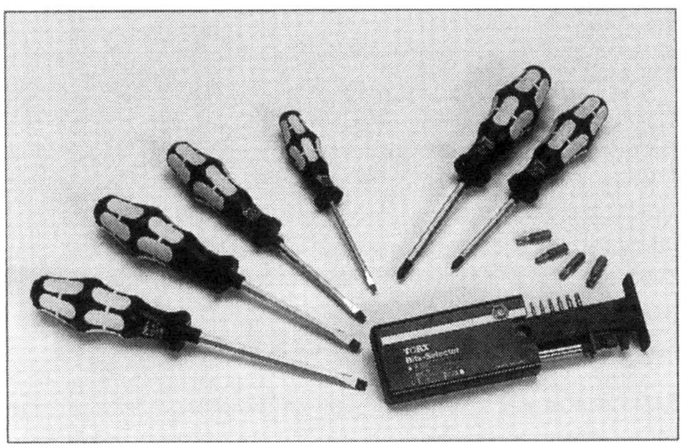

Ein Sortiment Schraubendreher mit stabilem, rutschfestem Griff für Schlitz-, Kreuzschlitz- und Torxschrauben.

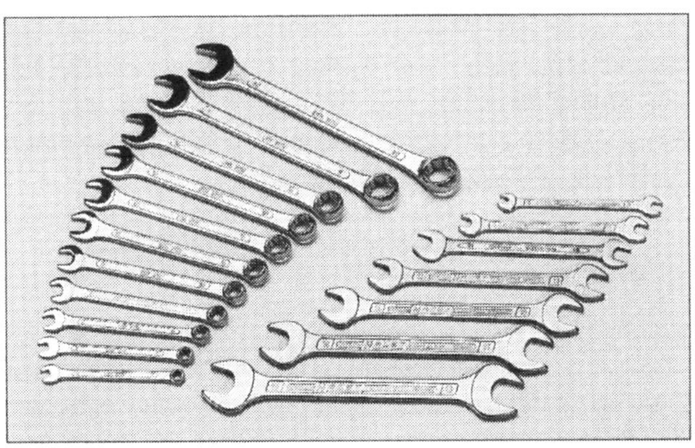

Ein Satz Gabel- und Ringschlüssel. Sinnvoll sind Doppelgabelschlüssel mit Maulweiten zwischen sechs und 19 Millimetern. Ring-/Gabelschlüssel mit den Schlüsselweiten 10, 13, 17 und 19 Millimeter sollten Sie für gekonterte Schraubverbindungen in doppelter Ausführung anschaffen.

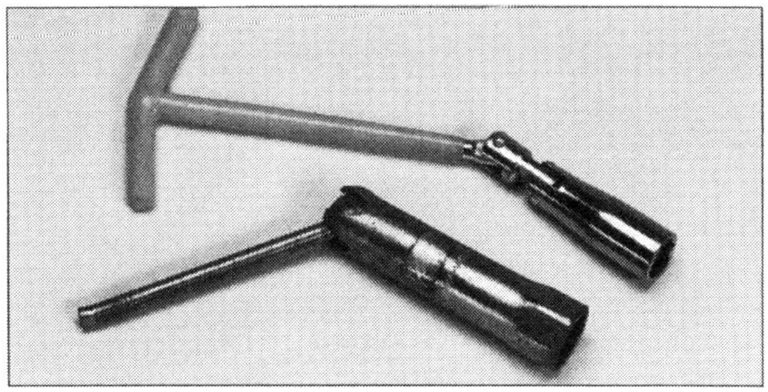

Zündkerzenschlüssel SW16, ein spezieller Steckschlüssel mit Gummieinsatz.

Innensechskantschlüssel (Inbusschlüssel) in den Größen 2 – 8 Millimeter.

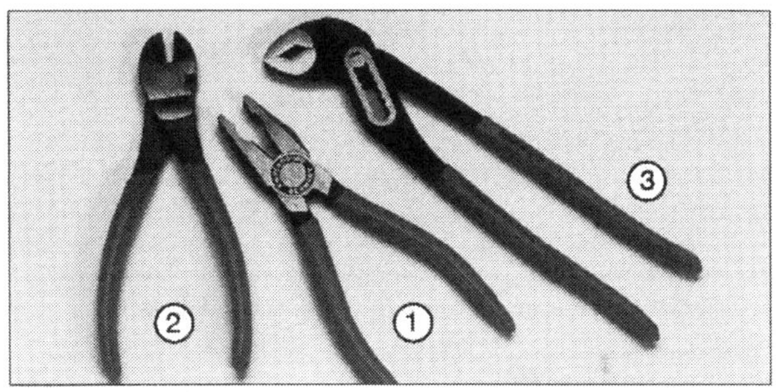

Kombizange ❶, Wasserpumpenzange ❸ (Länge mindestens 240 mm) und Seitenschneider ❷ biegen, halten, drehen und trennen so ziemlich alle Materialien an Ihrem Fahrzeug.

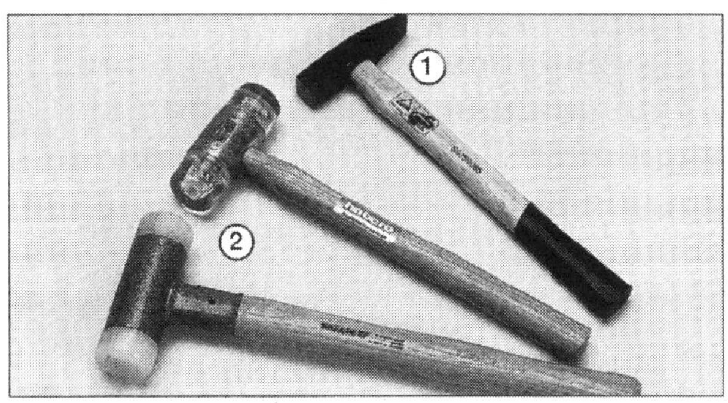

Der Schlosserhammer ❶ (empfohlenes Gewicht ca. 300 g) wird als Schlagwerkzeug benutzt, um beispielsweise mit einem Durchschlag festsitzende Bolzen aus Verbindungen zu lösen. Empfindliche Bauteile wie Lager, gegossene oder gehärtete Teile sollten dagegen nur mit einem Kunststoff- oder Gummihammer ❷ bearbeitet werden. Bei Richtarbeiten an der Blechstruktur hilft ein Ausbeulhammer.

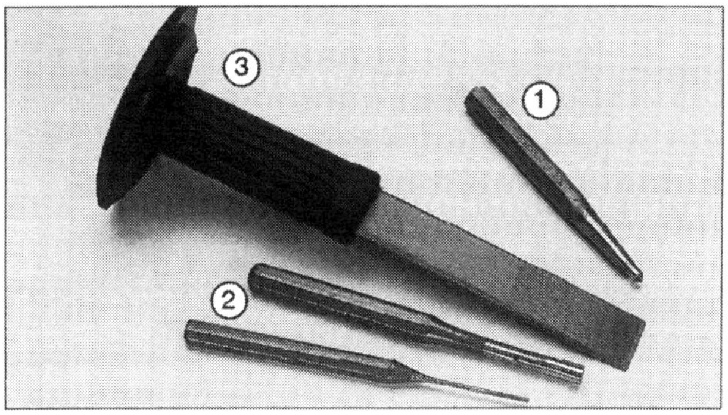

Ein Körner ❶ hilft bei Bohrarbeiten an Metallen. Ein Durchschlag ❷ (Durchmesser 3 und 6 mm) ist bei Montage- und Demonagearbeiten an Fahrwerk, Motor und Bremsen universell einsetzbar. Mit einem Flachmeißel ❸ (gehärtete Schneide) werden Sie zur Not auch mit deformierten oder festgerosteten Schraubverbindungen fertig, indem Sie die Mutter mit samt dem Gewindebolzen abmeißeln.

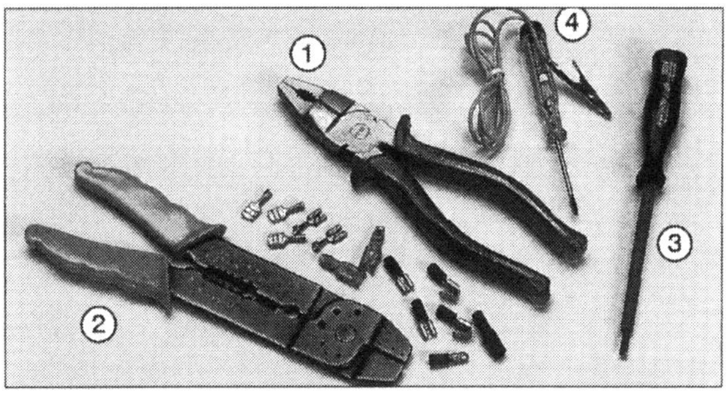

Für Arbeiten an der Elektrik setzen sind zu empfehlen eine isolierte Kombizange ❶, eine Quetschzange ❷ für Steckeranschlüsse und Kabelverbindungen, ein isolierter Schraubendreher ❸ und eine Phasenprüflampe mit Nadelspitze und separatem Massekabel ❹.

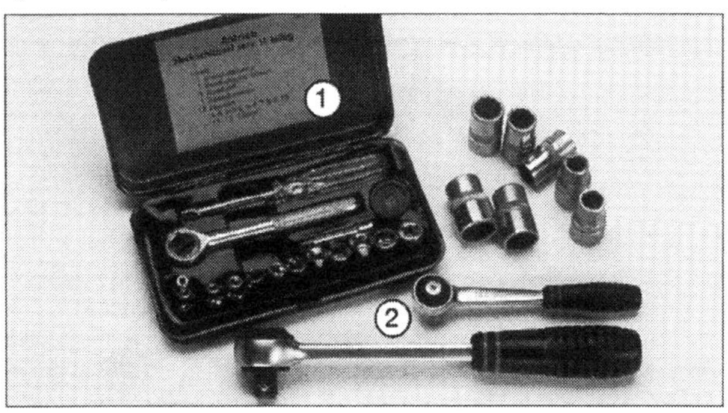

Für Arbeiten im Motorraum und unter dem Fahrzeug empfiehlt sich die Anschaffung eines Steckschlüsselsatzes ❶ mit den Einsätzen 10-32 Millimeter und einer Umschaltknarre ❷ mit 1/2-Zoll-Antrieb. Ein komplettes Set ist billiger als der Kauf der jeweils benötigten Einzeleinsätze. Für Arbeiten im Innenraum ist ebenfalls ein Steckschlüsselsatz sinnvoll, allerdings mit kleinerem 1/4-Zoll-Antrieb. Neben Kreuz-, Torx-, Schlitzschrauben und Kunststoffclips verbauen die Hersteller hier oft Schrauben mit SW 6 bis 13 Millimeter.

Praxistipp

Bordwerkzeug komplett?

Checken Sie das Bordwerkzeug Ihres Autos. Die beste Grundausstattung in der Garage nützt Ihnen nichts, wenn Ihnen bei einer Panne unterwegs die Werkzeuge fehlen. Wagenheber und Schraubendreher sollten Sie stets an Bord haben. Dazu kommt ein Radkreuz ❶. Bei einem Wackelkontakt oder einer gelösten Kabelverbindung helfen Kombizange ❷, Ersatzkabel ❸ und Isolierband ❹. Ebenfalls sinnvoll: ein Lampenset ❺ und Ersatzsicherungen ❻, Abschleppseil oder -stange ❼, Starthilfekabel ❽ und Taschenlampe ❾.

Auch das vorliegende Reparaturhandbuch ist übrigens in Ihrem Fahrzeug sinnvoller aufgehoben als zu Hause im Bücherschrank.

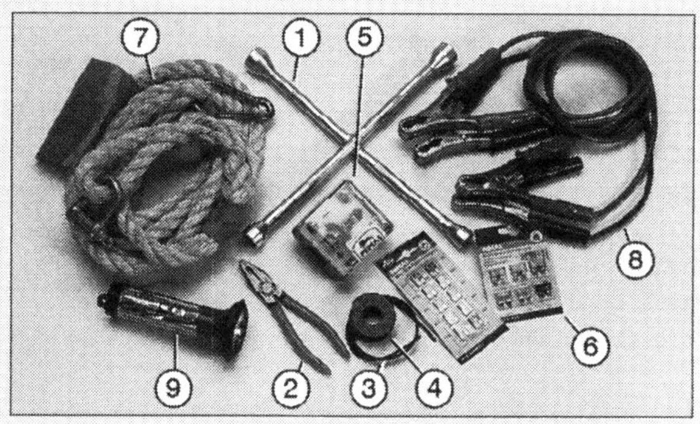

Spezielle Werkzeuge

Mit der beschriebenen Grundausstattung können Sie viele Wartungen und Reparaturen selbst erledigen. Sind diese Werkzeuge vorhanden, dann ist der Grundstein für eine vernünftige Ausstattung gelegt.

Für einige Arbeiten an Ihrem Fabia brauchen Sie jedoch spezielles Werkzeug. Darüber hinaus bietet der Handel eine Reihe von Werkzeugen und Geräten an, mit denen Wartung und Reparatur leichter von der Hand gehen. Die folgende Auswahl gibt Ihnen einen Überblick sinnvoller Anschaffungen.

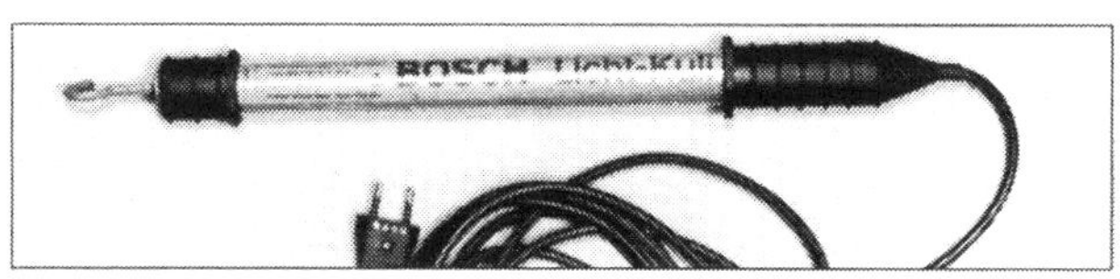

Eine Handstablampe ist fürs Schrauben unter dem Auto oder im Motorraum eine große Sichthilfe. Ebenso im Innenraum und in der oft nur spärlich beleuchteten Garage. Vorteil einer Handstablampe: Sie hat einen Blendschutz, das Anschlusskabel ist resistent gegen Öl, der Leuchtkörper ist mit schlagsicherem Kunststoffgehäuse geschützt. Außerdem ist die Handstablampe wasserdicht abgeschlossen.

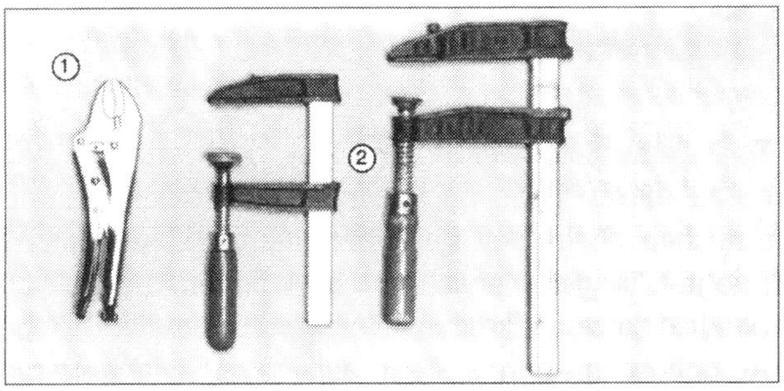

Eine Klemm- oder Gripzange ❶ kann in ihrer Maulweite mit einer Einstellschraube am Griffteil exakt eingestellt werden. Eine Schraubzwinge ❷ ersetzt Ihnen bei einer Reihe von Arbeiten – zum Beispiel beim provisorischen Fixieren größerer Teile – die fehlende dritte Hand. Schraubzwingen gibt es in allen erdenklichen Größen für ein paar Mark in Baumärkten und im Zubehörhandel.

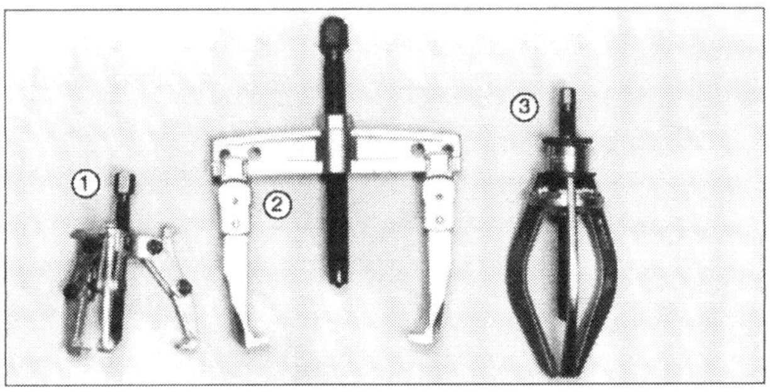

Abzieher gehören zur Grundausstattung jeder Autowerkstatt. Auch für Heimwerker lohnt sich die Anschaffung dieses Werkzeugs – zum Beispiel wenn Sie Radnaben lösen müssen oder Achsgelenke aus der Führung pressen wollen. Die Abbildung zeigt eine kleine Auswahl verschiedener Abziehertypen. ❶ Dreiklauenabzieher. ❷ Zweiklauenabzieher (gebräuchlichste Ausführung). ❸ Innenabzieher.

Ein kurzer, kleiner Rangierwagenheber ist eine gute Alternative zum Bordwagenheber. Ideal ist eine Ausführung mit Fußpedal zum Hochpumpen. Beachten Sie, dass sich ein Heber mit zu kleinen Rädern unter Last nicht mehr bewegen lässt. Wichtiges Zubehör beim Anheben sind ein Hartgummiaufsatz ❶ gegen Schaden am Wagenboden und eine lastverteilende Quertraverse ❷.

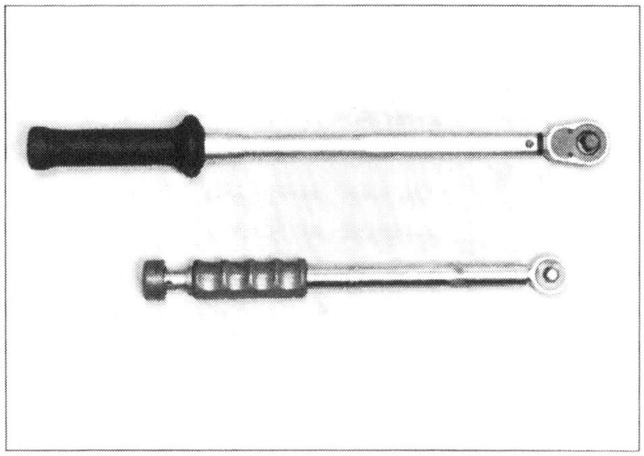

Ein präziser Drehmomentschlüssel ist für fortgeschrittene Hobbymechaniker unentbehrlich. Ein Automatikschlüssel löst bei Erreichen des eingestellten Drehmoments vernehmlich aus.

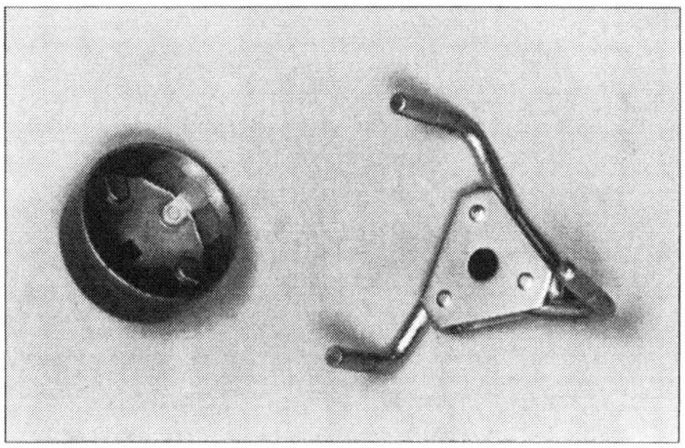

Für den Ölwechsel brauchen Sie einen Ölfilterschlüssel, den es je nach Preis in den verschiedensten Ausführungen gibt. Im Bild ein fahrzeugspezifischer Schlüssel (links) und ein Universalschlüssel (rechts).

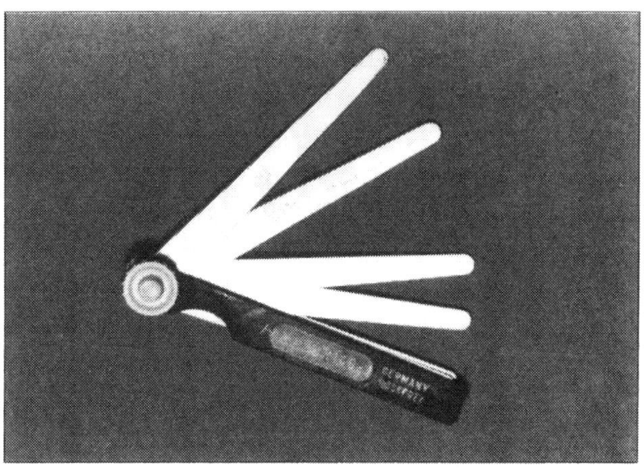

Eine Fühlerblattlehre brauchen Sie, wenn Sie das Ventilspiel prüfen oder etwa das Spaltmaß von Zündsystem-Drehzahlgeber oder ABS-Radsensoren messen wollen.

Sicherheit geht vor

Es ist eine Selbstverständlichkeit, doch wir möchten es an dieser Stelle noch einmal ausdrücklich unterstreichen: Sicherheit hat beim Heimwerken absolute Priorität. Wagen Sie sich nur an Arbeiten, die Sie sich wirklich zutrauen können. Nehmen Sie handwerkliche Aufgaben, mit denen Sie in der Praxis bislang wenig oder gar keine Erfahrung haben, nicht auf die leichte Schulter. Fatale Folgen können mangelhaft ausgeführte Arbeiten natürlich auch im Straßenverkehr haben - übrigens nicht nur für Sie, sondern auch für Dritte.

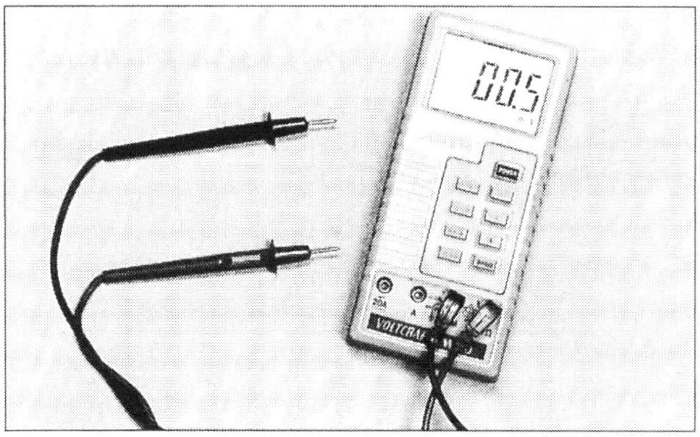

Für exakte Messwerte bei elektronischen Bauteilen ist das Multimeter zuständig. Ambitionierte Schrauber kommen ohne diese speziell für die Autoelektrik abgestimmten Geräte nicht aus.

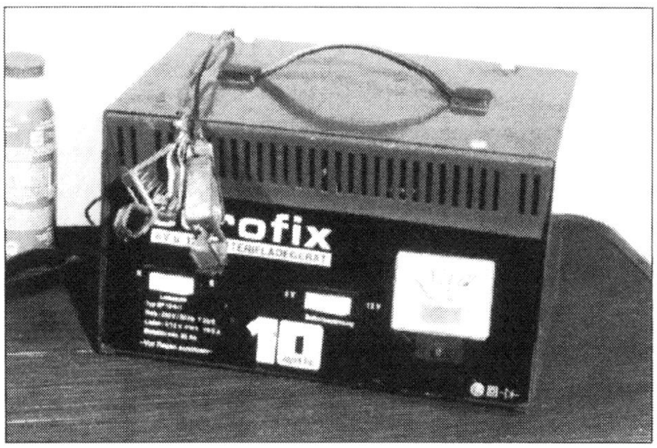

Ein Batterie-Ladegerät mit automatischer Ladestromanpassung ist besonders im Winter bei Kurzstreckenfahrzeugen wichtig, falls die stark beanspruchte Batterie von der Lichtmaschine nicht mehr voll geladen werden kann.

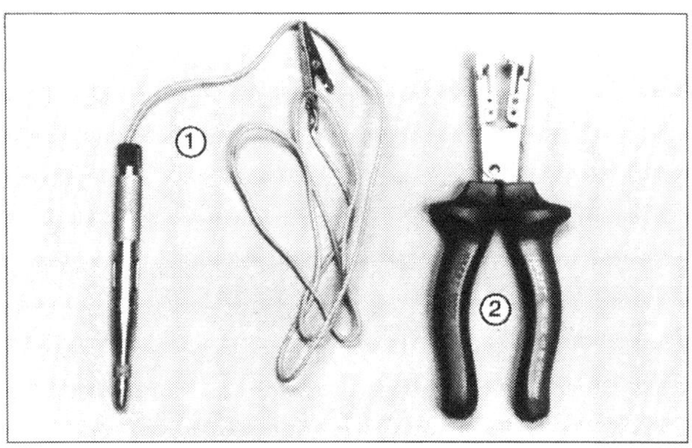

Durchgangsprüfer (Autoelektrik-Prüflampe) mit Krokodilklemme und Kontaktspitze ❶ benötigt man für fast alle Arbeiten an der Autoelektrik. Die Lampe im Prüfgerät liefert eine zuverlässige Aussage, on Spannung an den Prüfspitzen anliegt. Mit einer Abisolierzange ❷ ziehen Sie die Isolierung der Kabel ab.

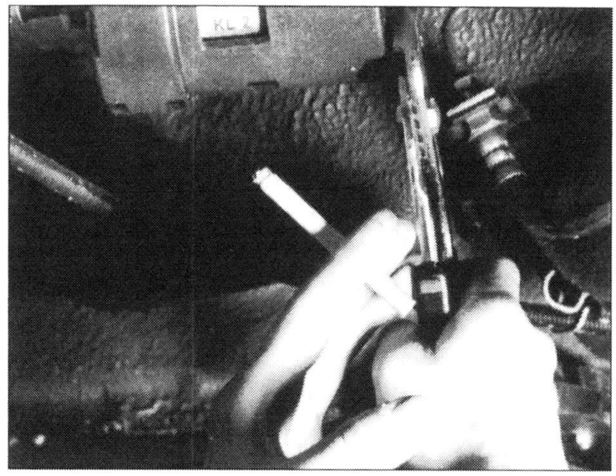

Rauchen und Kraftstofffilter ersetzen – warum nicht gleich russisches Roulette spielen? Also: Bei allen Wartungs- und Reparaturarbeiten bleibt der Glimmstengel in seiner Verpackung.

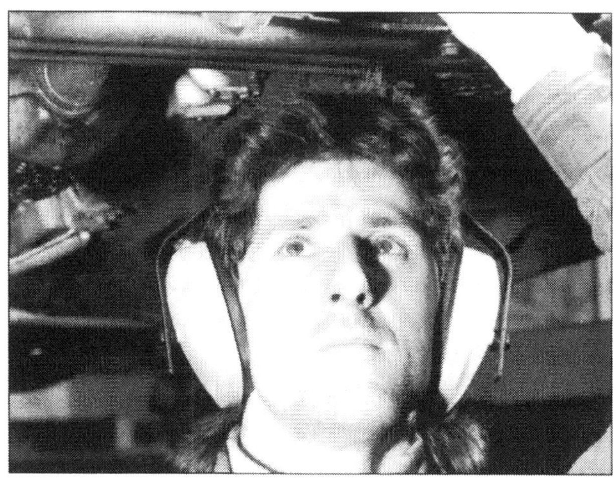

Micky-Maus sieht lustig aus. Aber Ihre Ohren werden es Ihnen danken, wenn Sie beim Blechtrennen oder bei Arbeiten bei laufendem Motor einen Ohrenschützer tragen.

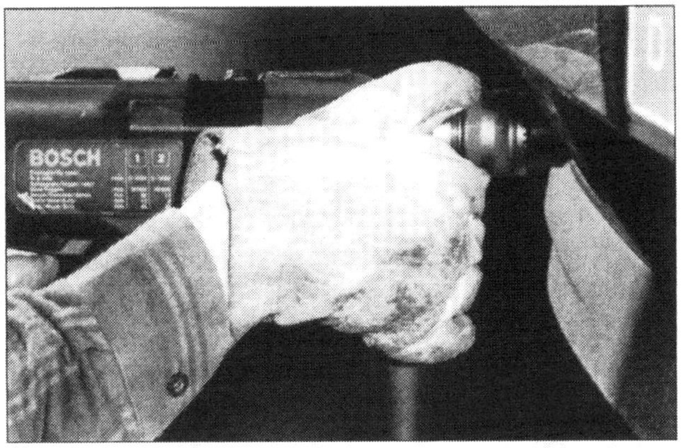

Arbeitshandschuhe schützen zwar vor Schmutz oder Schürfwunden am scharfen Blech. An der Bohrmaschine sind sie jedoch eher gefährlich. Wenn das Bohrfutter Ihren Handschuh zu fassen bekommt, gibt zuerst die Hand nach, was ihr meistens schlecht bekommt.

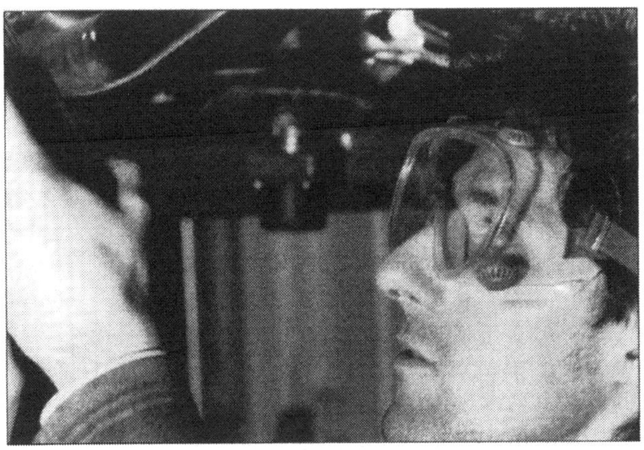

Tragen Sie beim Bohren, Schleifen und Meißeln immer eine Schutzbrille. Der Augenschutz ist auch dann empfehlenswert, wenn Sie unter dem Fahrzeug an der Kraftstoffanlage arbeiten oder den Unterboden säubern. Bei Schweißarbeiten sollten Sie eine spezielle Schweißbrille aufsetzen.

Vorsicht bei der Arbeit in einer schlecht belüfteten Montagegrube. Hier können sich Benzindämpfe und Auspuffgase sammeln. Bei laufendem Motor herrscht Lebensgefahr durch Vergiftung.

Bei Arbeiten an der Zündanlage müssen Sie oberste Vorsicht walten lassen. Bei laufendem Motor steht der Primärstromkreis unter Spannungen bis 30.000 Volt. Prüfungen an der Zündanlage nur bei Motorstillstand durchführen! Richten Sie den Prüfaufbau so aus, dass Sie im Falle (nötigen) Motorlaufs nicht die Hand anlegen müssen.

Wenn Sie größere Flächen an Ihrem Fahrzeug lackieren, sollten Sie eine spezielle Lackiererschutzmaske tragen. Sorgen Sie außerdem dafür, dass der Lackierraum ausreichend belüftet wird.

Sprühdosen, Altöl, Bremsflüssigkeit, Farbdosen oder alte Bremsbeläge geben Sie sauber getrennt an den Sondermüll-Annahmestellen Ihrer Stadt oder Gemeinde ab. Gebrauchte (Starter-)Batterien übernimmt der Händler.

Durchgebrannte Sicherungen müssen Sie immer durch neue Sicherungen desselben Typs und identischer Stromstärke im Ampere (A) ersetzen. Niemals Drahtbrücken einbauen! Die Folge solcher Behelfsmaßnahmen können Schäden an Bauteilen im betreffenden Stromkreis oder sogar Kabelbrände sein.

Praxistipp

Sicherheits- und Warnhinweise

Aus Sicherheitsgründen dürfen keine Reparaturen oder Instandsetzungsarbeiten an folgenden Einrichtungen in Ihrem Fahrzeug vorgenommen werden:

Vordersitze, Sicherheitsgurte, Lenkrad und Armaturenbrett!

Diese Bauteile sind mit Sicherheits-Rückhalte-Systemen (SRS) ausgestattet. Die Vordersitze können mit Seiten-Airbags versehen sein. In dem Aufroll-Mechanismus der Sicherheitsgurte befinden sich Gurtstraffer. Das Lenkrad und das Armaturenbrett auf der Beifahrerseite sind mit Airbags bestückt. Hier kann es bei unsachgemäßer Handhabung zu schweren Unfällen kommen. Bitte vermeiden Sie deshalb unbedingt jeden Schraub- sowie Reparaturversuch an diesen Baugruppen!

Für Instandsetzungsarbeiten sollten Sie Ihr Fahrzeug auf jeden Fall in eine Škoda-Werkstatt bringen. Diese Werkstätten haben spezielle Fehler-Auslesegeräte und Selbstdiagnose-Einrichtungen. Sie verfügen auch über bestens geschultes Personal und können deshalb innerhalb kürzester Zeit einen Fehler lokalisieren. Mechaniker, die an Rückhaltesystemen arbeiten, haben spezielle Schulungen nachzuweisen und müssen bei den zuständigen Behörden gemeldet sein, weil diese Bauteile unter das Sprengstoffgesetz fallen. Deshalb nochmals der Appell: **Hände weg!** von diesen Baugruppen.

So bocken Sie Ihr Fahrzeug richtig auf

Škoda Auto stattet die Fabia-Modelle serienmäßig mit einem Spindelwagenheber aus. Er liegt zusammen mit Radmutternschlüssel und weiterem für den Radwechsel unerlässlichem Werkzeug in der Reserveradmulde unter dem Bodenbelag des Gepäckraumes. Damit lässt sich das Fahrzeug für die meisten Arbeiten hoch genug heben. Wenn sie den Heber auf eine am Boden aufliegende Bohle stellen, können Sie die Hubhöhe noch etwas vergrößern. Ein kleines Brett (30 x 30 cm, 2 cm stark) sollten Sie ohnehin immer unterlegen, damit sich der Wagenheberfuß nicht in den Untergrund drücken kann.

Der ab Werk mitgelieferte Wagenheber ist auf jeden Fall nur für Ihren Wagentyp vorgesehen, keinesfalls für schwerere Fahrzeuge. Er darf auch nur dazu dienen, das Fahrzeug anzuheben. Eine ausreichende Abstützung für Arbeiten an der Wagenunterseite stellt er nicht dar, dazu brauchen Sie Unterstellböcke.

Mit Unterstellböcken auf Nummer Sicher

Schon bei kleineren Arbeiten, z. B. dem Wechseln der Bremsbeläge, soll das angehobene Fahrzeug immer mit Unterstellböcken gesichert sein. Begeben Sie sich niemals unter das angehobene Fahrzeug ohne die Sicherung mit Unterstellböcken! **Achtung: Lebensgefahr!**

Unterstellböcke bietet der Zubehörhandel in verschiedenen Größen und Ausführungen an. Ein Paar reicht für die meisten Reparaturen völlig aus. Besonders praktisch sind Dreibeinböcke mit klappbaren Füßen. Beachten Sie beim Kauf, dass die Unterstellböcke keine zu kleine Standfläche haben.

Unterstellböcke sind nicht nur nützlich, sondern in vielen Fällen unerlässlich. Praktisch sind Dreibeinböcke mit klappbaren Füßen.

Fahrzeug aufbocken

Arbeitsschritte

① Der Wagen muss auf festem, ebenem Untergrund stehen. Räumen Sie vor Arbeitsbeginn den Kofferraum aus.

② Handbremse anziehen und zumindest eines der Räder gegenüber der Anhebestelle mit Holzkeilen, notfalls mit geeigneten Steinen gegen Vor- und Zurückrollen sichern. Nur auf die angezogene Handbremse dürfen Sie sich nicht verlassen, da sie bei manchen Arbeiten gelöst werden muss.

③ Der Bordwagenheber ist zusammen mit anderem Bordwerkzeug in der Reserveradmulde zu finden. Schwenken Sie die Kurbel durch Verdrehen heraus und öffnen Sie den Heber um etwa fünf Umdrehungen.

Nun den Wagenheber senkrecht zum gekennzeichneten Aufnahmepunkt am Schweller heben. Der Schlitz des Wagenheberkopfes muss waagerecht in den Schwelleraufnahmepunkt greifen (Bilder).

Achtung! Fahrzeug nur an diesen vorgesehenen Aufnahmepunkten anheben! Die Schweller sind in diesem Bereich extra hierfür verstärkt!

Wagenheberkopf mit der linken Hand gegen den Aufnahmepunkt drücken, während man mit der rechten Hand die Kurbel im Uhrzeigersinn dreht und den Wagenheberfuß gegen den Boden drückt. Immer darauf achten, dass der Wagenheber senkrecht steht und nicht nach einer Seite abkippt!

Übrigens: Sollte ein Rangierwagenheber benutzt werden, dann nur mit Lasten verteilendem Kantholz bzw. einer Traverse, etwa mittig am Türschweller angesetzt, verwenden.

④ Bevor der Wagenheber auf die Arbeitshöhe hochgekurbelt ist, nochmals vergewissern, dass ein Wegkippen des Hebers ausgeschlossen ist. Ist der senkrechte Stand nicht gewährleistet, den Wagenheber nochmals neu ansetzen. Ansonsten nun auf nötige Höhe kurbeln.

⑤ Der Unterstellbock darf nur an den Bodenverstärkungen (Längsträger) angesetzt werden. Vorn wie hinten befinden sich die jeweils zwei (links und rechts) Aufbockpunkte an den beiden Längsträgern in Höhe der Markierungen am Schweller. Zwischen Auflage des Bocks

Drehen Sie die Wagenheberklaue mit der Kurbel zunächst so weit nach oben, dass der Heber gerade noch unter das Auto passt. Achten Sie beim Ausrichten des Hebers darauf, dass der Wagenheberfuß mit seiner ganzen Fläche auf dem (festen) Untergrund aufliegt.

und Fahrzeugboden sollten Sie eine Gummi- oder Hartholzplatte legen, um Beschädigungen zu vermeiden. Kontrollieren Sie vor dem Ansetzen des Bockes, ob eventuell ein Blechfalz im Weg ist, der eingedrückt oder deformiert werden könnte, oder ob gar die Bremsleitung eingeklemmt werden kann.

⑥ Der Dreibein-Unterstellbock steht am sichersten, wenn eines seiner Beine nach außen und zwei zur Wagenmitte hin zeigen. Achten Sie auf diese Stellung, wenn Sie das Fahrzeug aufbocken. Sonst kann es passieren, dass beim Anheben des Wagens der auf der anderen Seite bereits angesetzte Unterstellbock seitlich weggedrückt wird.

Setzen Sie dann den Heberarm an den markierten Stellen am Unterholm an und drehen Sie die Heberklaue hoch, bis sie den senkrechten Steg des Unterholms umfasst. Nur so ist gesichert, dass der Wagenheber beim Anheben Ihres Fabia nicht abrutschen kann.

Wenn der Wagenheber sicher steht und richtig angesetzt ist, kann er auf Arbeitshöhe hochgedreht werden.

Anschleppen und Abschleppen

Eine Grundregel beim Anschleppen/Abschleppen lautet: Beide Fahrer müssen mit den Besonderheiten beim Schleppvorgang vertraut sein. Ungeübte sollten weder an- noch abschleppen. Das Anschleppen Ihres Fahrzeugs sollten Sie nur in Betracht ziehen, wenn keine Möglichkeit besteht, den Motor mit Starthilfekabeln zu starten. Das Anschleppen von Fahrzeugen mit automatischem Getriebe ist aus technischen Gründen nicht möglich. Wegen einer drohenden Beschädigung des Abgaskatalysators darf der Motor bei betriebswarmem Kat nicht durch Abschleppen über eine Strecke von mehr als 50 m gestartet werden. Unverbrannter Kraftstoff kann sonst in den Katalysator gelangen und zu Beschädigungen führen.

Beim Anschleppen von Fahrzeugen mit Schaltgetriebe sind vier Dinge zu beachten:

- Vor dem Anschleppen den 2. oder 3. Gang einlegen, Kupplungspedal treten und halten.
- Zündung einschalten, damit das Lenkrad nicht blockiert ist und die Blinkleuchten, das Signalhorn, die Scheibenwischer und die Scheibenwaschanlage eingeschaltet werden können.
- Wenn beide Fahrzeuge in Bewegung sind, ist das Kupplungspedal loszulassen.
- Sobald der Motor angesprungen ist, Kupplung treten und Gang herausnehmen, um ein Auffahren auf das Zugfahrzeug zu vermeiden.

Was Sie noch zum Thema Abschleppen wissen sollten

Zum Abschleppen sollten nur Kunstfaserseile oder Seile aus ähnlich elastischem Material verwendet werden, um beide Fahrzeuge zu schonen. Sicherer ist eine Abschleppstange. Abschleppseil oder Abschleppstange sind nur an den dafür vorn und hinten an Ihrem Fabia vorhandenen Ösen anzubringen. Die vordere Öse muss in eine Gewindebohrung eingeschraubt werden. Die hintere Abschleppöse befindet sich unterhalb der Stoßstange hinten rechts.

Es ist stets darauf zu achten, dass keine unzulässigen Zugkräfte und keine stoßartigen Belastungen auftreten. Bei Schleppmanövern abseits der befestigten Straßen besteht die Gefahr, dass die Befestigungsteile überlastet werden. Wird ein Abschleppseil verwendet,

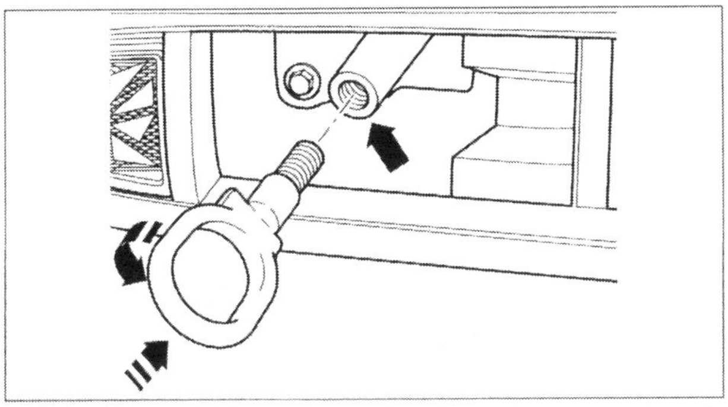

Die Gewindebohrung für die vordere Abschleppöse (Pfeil) befindet sich im Stoßfänger rechts hinter dem Abdeckgitter. Das Gitter wird mit einem Schraubendreher heraus gehebelt. Dann die zur Fahrzeugausstattung gehörende Abschleppöse von Hand durch Drehen nach links (Pfeilrichtung) bis zum Anschlag einschrauben.

muss der Fahrer des ziehenden Wagens beim Anfahren und Schalten besonders weich einkuppeln. Der Fahrer des gezogenen Wagens hat darauf zu achten, dass das Seil stets straff gehalten wird. Nach den gesetzlichen Bestimmungen ist an beiden Fahrzeugen die Warnblinkanlage einzuschalten. Die Zündung muss eingeschaltet sein, damit das Lenkrad nicht blockiert ist und Blinkleuchten, Hupe und Scheibenwischer funktionieren. Da der Bremskraftverstärker nur bei laufendem Motor arbeitet, muss ggf. das Bremspedal wesentlich kräftiger getreten werden. Bei stehendem Motor arbeitet die Servolenkung nicht, weshalb zum Lenken mehr Kraft aufgewendet werden muss.
Ohne Schmiermittel im Schalt- oder Automatikgetriebe darf der Wagen nur mit angehobenen Antriebsrädern abgeschleppt werden.
Beim Abschleppen von Fahrzeugen mit Frontantrieb und Automatikgetriebe (Fabia 001) ist zusätzlich zu beachten:

- Wählhebel muss sich in Stellung »N« befinden.
- Nicht schneller als mit 50 km/h abschleppen lassen.
- Nicht länger als 50 km weit abschleppen lassen.

Über größere Entfernungen muss der Wagen vorn angehoben werden, weil bei stehendem Motor die Getriebeölpumpe nicht arbeitet. Das Getriebe wird bei höheren Geschwindigkeiten und größeren Entfernungen nicht ausreichend geschmiert. Mit einem Abschleppwagen darf das Fahrzeug nur mit angehobenen Vorderrädern abgeschleppt werden. Wird der Wagen hinten angehoben, drehen die Antriebswellen rückwärts. Dadurch erreichen die Planetenräder im Automatik-Getriebe so hohe Drehzahlen, dass binnen kürzester Zeit schwere Getriebeschäden eintreten.

Tipps für Schrauber

Eine unlösbare Verschraubung oder eine abgerissene Schraube haben schon manchen Hobbyschrauber von seinem Reparaturvorhaben wieder abgebracht. Die folgenden Arbeitstipps sollen dem Einsteiger helfen, ungewohnte Arbeiten durchzuführen.

Verrostete Verschraubungen lösen

Bevor der Schraubenschlüssel an einer fest gerosteten Mutter bzw. Schraube angesetzt wird, sollten Sie die freiliegenden Gewindegänge des Gewindebolzens von Schmutz und Rost befreien. Andernfalls wird der Gewindebolzen beim Loswuchten abgedreht.

- Gewinde mit einer Drahtbürste säubern und anschließend mit Rostlöser besprühen.
- Bei Schnell-Rostlösern die Mutter sofort losdrehen.
- Bei anderen Rostlösern einige Zeit warten.

Beschädigte Muttern lösen

Wenn Sie die Kanten einer Mutter bereits rund gedreht haben oder wenn Rost die Anlageflächen für den Schraubenschlüssel deformiert hat, hilft nur noch Gewalt.

- Als erste Möglichkeit kommt eine Gripzange in Betracht. Damit lässt sich die Mutter fest greifen und oft auch losdrehen.
- Hilft das nicht weiter, wird ein scharfer Meißel angesetzt und die Mutter aufgemeißelt.
- Eine gut zugängliche Mutter kann auch entlang des Gewindes mit einer Metallsäge aufgesägt werden. Werkstätten benutzen zum Lösen solcher Muttern einen so genannten Mutternsprenger.

Praxistipp

Umgang mit selbstsichernden Muttern

Selbstsichernde Muttern klemmen satt auf dem Gewinde und können sich auch durch Vibrationen nicht lösen. Dazu besitzen sie eine Einlage aus Kunststoff oder ein enger geschnittenes Gewinde. Derartige Muttern sollten Sie grundsätzlich nur einmal verwenden, sonst ist die selbstsichernde Wirkung dahin.

Innensechskant- und Innenvielzahnschrauben lösen

Bei beiden Schraubenarten muss das Schraubenloch von jeglichem Schmutz gesäubert sein, ehe Sie das entsprechende Werkzeug ansetzen.

- Am besten eignen sich zum Lösen solcher Schrauben Steckeinsätze mit langem Sechskant bzw. Vielzahn.
- Im Gegensatz zu den gebräuchlichen Winkelschlüsseln (bei denen die Kraft immer schräg ansetzt) vertragen die Steckeinsätze auch einen Hammerschlag auf der Adapterseite mit dem Vierkant. Der Schlag mit dem Hammer auf das Werkzeug – oder im Notfall auch direkt auf den Schraubenkopf – lockert den Sitz der Schraube ein wenig und erleichtert das Lösen.

Schlitz- und Kreuzschlitzschrauben lösen

Schon nach relativ kurzer Zeit können Schrauben so fest sitzen, dass sie sich nicht mehr einfach mit einem Schraubendreher herausdrehen lassen. Bei Kreuzschlitzschrauben kommt erschwerend hinzu, dass sich der Schraubendreher auch bei starkem Druck auf den Griff aus dem Kreuzschlitz herausdreht. Nach wenigen erfolglosen Versuchen ist der Kreuzschlitz vermurkst, die Schraube ist praktisch unlösbar.

- Wenn sich eine Schraube nicht gleich losdrehen lässt, sollten Sie einen passenden, stabilen Schraubendreher ansetzen und mit einem kräftigen Hammerschlag auf das Griffende versuchen, die Schraubverbindung zu lösen.
- Meistens bricht die oft nur mit dem Kopf fest korrodierte Schraube los. Sie lässt sich dann in der Regel normal herausdrehen.
- Hilft das nichts, brauchen Sie einen Schlagschrauber. Bei jedem Hammerschlag auf die Griffoberseite des Schlagschraubers dreht dieser den Schraubendrehereinsatz unter Druck ein wenig weiter. Das löst praktisch jede Schraube.

Blechschrauben ausbohren

Lässt sich in einem Schraubenkopf kein Werkzeug mehr ansetzen, hilft nur noch Ausbohren.

- Erst entfernt man mit einem entsprechend großen Bohrer den Schraubenkopf. Eventuell mit einem kleineren Bohrer vorbohren.
- Das Gewindeteil einer Blechschraube lässt sich jetzt entweder durchstoßen oder mit einer Zange von der Rückseite her abnehmen.
- Andernfalls mit einem dünnen Bohrer das Gewindeteil ausbohren. Wenn Sie hierfür einen zu großen Bohrerdurchmesser wählen, wird das Loch für die Schraube so vergrößert, dass später nur eine dickere Blechschraube hält.

Praxistipp

Schraube fällt vom Werkzeug

Wollen Sie eine Schraube an einer schwer zugänglichen Stelle wieder eindrehen, verhindern Sie mit folgendem Trick, dass sie immer wieder vom Werkzeug abfällt: In den Schraubenschlitz etwas Kaugummi kleben oder die Schraube mit einem Klebebandstreifen ans Werkzeug anheften.

Lösen und Festdrehen von Stehbolzen

Da ein Stehbolzen (auch Gewindestange genannt) keine Anlagefläche für einen Schraubenschlüssel besitzt, müssen Sie diese erst schaffen.

- Auf dem freien Gewindeteil des Bolzens zwei Muttern fest gegeneinander festdrehen (kontern).
- An den so blockierten Muttern den Schraubenschlüssel ansetzen und den Bolzen lösen bzw. anziehen.

Abgerissene Schrauben ausbohren

Das Gegengewinde, in dem die abgerissene Schraube steckt, sollte möglichst wenig Schaden nehmen.

- Den Schraubenrest genau in der Mitte mit einem Körnerschlag versehen.
- Jetzt kann gebohrt werden: Bis zur Schraubengröße M 8 geht dies gleich mit dem so genannten Kernlochbohrer. Das ist der Durchmesser einer »rasierten« Schraube, also ohne Gewindeflanken. Bis zur Schraubengröße M 6 gilt die Faustregel: Gewindedurchmesser multipliziert mit 0,8. Beispiel: Verschraubung M 6 x 0,8 = Kernlochdurchmesser 4,8.
- Ab Schrauben der Größe M 8 sollten Sie mit einem dünneren Bohrer vorbohren.
- Die in den Gewindegängen verbliebenen Metallreste lassen sich bisweilen mit einer Reißnadel entfernen. Meistens muss jedoch das Gewinde nachgeschnitten werden.

Gewinde schneiden

In Leichtmetall eingeschnittene Gewinde reißen besonders leicht aus, da das Material eine wesentlich ge-

ringere Festigkeit hat als etwa Stahl. Hat das Metall noch genug Substanz, können Sie ein größeres Gewinde einschneiden. Andernfalls muss eine Gewindebuchse eingesetzt werden. Das ist eine Angelegenheit für die Werkstatt.
Das Nach- oder Neuschneiden von Gewinden geht in drei Stufen vor sich. Die entsprechenden Gewindeschneider heißen daher Vorschneider (ein Ring am Schaft), Mittelschneider (zwei Ringe am Schaft) und Fertigschneider (ohne bzw. drei Ringe am Schaft).

- Die drei Gewindeschneider werden nacheinander unter ständigem Ölen in das vorgebohrte Kernloch hinein- und wieder herausgedreht.
- Um ein Abreißen des Gewindeschneiders zu vermeiden, muss beim Hineindrehen immer wieder abgesetzt und ein Stück zurückgedreht werden. Sonst werden die Metallspäne zu lang und klemmen.

Schraubengröße und Drehmoment

Technik-lexikon

Schrauben und Muttern, die keinen speziellen Belastungen ausgesetzt sind, werden mit Standard-Drehmomenten angezogen. Die meisten Hobbymechaniker ziehen einfache Verschraubungen meist mit »Gefühl« an. Falls Sie Ihr Schraubgefühl einmal mit einem Drehmomentschlüssel kontrollieren wollen – für die gebräuchlichsten Schraubverbindungen gelten folgende Drehmomente:

Gewindedurchmesser (mm)	6	8	10	12	14
Drehmoment (Nm)*	10	25	49	85	135

*Die angegebenen Drehmomente gelten nicht für Sonderschrauben und für Schrauben, die in Leichtmetall eingedreht sind.

Tipps für den Werkstatt-Besuch

Auch Ihr Fabia muss manchmal in die Werkstatt. Zur regelmäßigen Wartung zum Beispiel, wenn er noch mit Garantie ausgestattet ist. Eine Reparatur in der Werkstatt ist immer dann angesagt, wenn Ihnen die Zeit, die nötige Erfahrung oder Spezialwerkzeug fürs Do it yourself fehlen. Aber auch wenn sich ein Profi-Mechaniker bei Ihrem Auto ans Werk macht, können Sie dazu beitragen, dass Wartung oder Reparatur zu Ihrer Zufriedenheit ausfallen. Unsere Übersicht stellt eine Reihe von Tipps und Spielregeln zusammen, die Sie bei Ihrem Werkstatt-Besuch beachten sollten.

Vertragswerkstatt und freie Werkstatt

- Es steht Ihnen grundsätzlich frei, welche Werkstatt Sie mit Ihrem Fahrzeug aufsuchen. Neben der Vertragswerkstatt ist auch die freie Werkstatt meist eine gute Adresse. Dort ist man bei vielen Reparaturen ebenso kompetent, und Ölwechsel, neue Bremsbeläge, Bremsscheiben, Reifen und Stoßdämpfer sind oft billiger. In jedem Fall sollte die Werkstatt ein Meisterbetrieb sein und der Kfz-Innung angehören.
- Ein Wagen mit Garantie gehört zur Inspektion stets in die Vertragswerkstatt. Das gilt auch für die meisten Reparaturen. Einen Blech- oder Lackschaden etwa können Sie trotz Garantie zwar in Eigenregie beheben oder von einer freien Werkstatt erledigen lassen. Gibt's später jedoch Probleme mit der reparierten Stelle, sind Sie in diesem Fall eventuelle Garantie-Ansprüche los.

Reparaturauftrag nur schriftlich

- Stellen Sie eine Liste mit den Symptomen und Mängeln zusammen, die Ihnen am Fahrzeug aufgefallen sind. Sprechen Sie diese Liste in der Werkstatt mit dem Meister oder Kundendienstberater durch. Fragen Sie nach, wenn Ihnen in dem Gespräch etwas unklar ist. Demonstrieren Sie die Mängel direkt am Fahrzeug.
- Geben Sie präzise Reparaturaufträge. Bei Pauschalaufträgen wie »TÜV-fertig machen« oder »für den Urlaub herrichten« sind Unstimmigkeiten programmiert – etwa wenn Sie für Arbeiten bezahlen sollen, die nicht nötig gewesen wären.
- Erteilen Sie einen Reparaturauftrag stets schriftlich. Der Auftrag sollte die auszuführenden Arbeiten möglichst genau bezeichnen. Lassen Sie sich eine Auftragsbestätigung geben.

Nach den Kosten fragen

- Fragen Sie nach den voraussichtlichen Kosten für Arbeitslohn und Material, bevor Sie einen Reparaturauftrag erteilen. Setzen Sie für eventuell erforderliche Zusatzarbeiten eine Preisgrenze fest. Lassen sich Umfang und Aufwand einer Reparatur nicht genau bestimmen, sollten Sie eine Höchstgrenze für die Kosten festlegen.
- Fragen Sie nach den Kosten für die Fehlersuche. Wenn Ihr Auto zum Beispiel zuviel Sprit verbraucht oder schlecht anspringt, wenn der Motor stottert

oder Sie merkwürdige Geräusche an den Rädern hören, ist die Suche nach den Ursachen dieser Symptome manchmal teurer als die eigentliche Reparatur. Legen Sie daher für die Fehler-Suche ebenfalls ein Preislimit fest.

- Geben Sie der Werkstatt Ihre Telefonnummer, damit man Sie für Rückfragen erreichen kann, wenn die Reparatur umfangreicher oder teurer wird als ausgemacht. Halten Sie auch zusätzliche Absprachen schriftlich fest.
- Bitten Sie die Werkstatt bei umfangreichen Reparaturen um einen schriftlichen Kostenvoranschlag, der Ihnen zeigt, mit welchen Kosten Sie rechnen müssen. Den Kostenvoranschlag wird man Ihnen in der Regel nur dann berechnen, wenn Sie der Werkstatt anschließend keinen Reparaturauftrag erteilen. Die Werkstatt-Rechnung darf den Kostenvoranschlag bei unvorhergesehenen Arbeiten maximal 15 bis 20 Prozent überschreiten.

Billigere Teile bei älterem Fahrzeug

- Bei einem älteren Fahrzeug lohnt es sich, nach speziellen Teile- und Service-Angeboten zu fragen. Vertragswerkstätten bieten oft im Preis reduzierte Originalteile an. Sie können hier – wie schon eingangs erwähnt – bis zu 30 Prozent sparen.
- Ist der Tausch eines ganzen Aggregats fällig, muss nicht das Neuteil erste Wahl sein. Fragen Sie nach aufbereiteten und geprüften Austauschteilen – die sind billiger und bieten die gleiche Qualität. In Frage kommen Austauschteile wie Motor, Kupplung, Lichtmaschine, Anlasser und Wasserpumpe.
- Ein Ölwechsel in Werkstatt oder Tankstelle geht mitunter ins Geld, wenn man dort Ihrem Auto das teuerste Öl aus dem Angebot spendiert. Fragen Sie nach billigeren Ölsorten mit der gleichen Spezifikation – die eignen sich in der Regel ebenso gut.

Rechnung prüfen

- Gehen Sie nach der Reparatur zusammen mit dem Meister oder Kundendienstberater Ihre Werkstatt-Rechnung durch.
- Lassen Sie sich unverständliche Abkürzungen und Fachbegriffe erklären. Auf der Rechnung sollten Posten wie Arbeitslohn, Material und Mehrwertsteuer separat aufgeschlüsselt sein.
- Fehler in der Rechnung können Sie innerhalb sechs Wochen nach ihrer Ausstellung reklamieren.

Rechtzeitig reklamieren

- Mangelhafte Reparaturen sollten Sie so bald wie möglich reklamieren. Die Werkstatt muss für Ihre Arbeit sechs Monate geradestehen (Gewährleistung). Treten durch eine unsachgemäße Reparatur Schäden an Ihrem Fahrzeug auf, können Sie von der Werkstatt Schadenersatz verlangen.
- Wenn Sie bereits bei der Abholung Ihres Fahrzeugs Grund für eine Reklamation haben, kann die Werkstatt trotzdem darauf bestehen, dass Sie die Reparatur erst in voller Höhe bezahlen, bevor sie den Wagen herausgibt. Vermerken Sie in diesem Fall auf der Rechnung, dass Ihre Zahlung nur unter Vorbehalt erfolgt.
- Reklamationen sollten Sie in einem sachlichen Gespräch mit der Werkstatt vortragen. Lassen sich Unstimmigkeiten nicht ausräumen, helfen die Schiedsstellen der Kfz-Innung kostenlos weiter - vorausgesetzt, Ihre Werkstatt ist Mitglied der Innung. Adressen erhalten Sie zum Beispiel bei Ihrem Automobil-Club.

Praxistipp

Inspektion und Garantie

- Bei der Inspektion werden in erster Linie Zustand und Funktion von Baugruppen geprüft und, falls nötig, ersetzt, die für die Zuverlässigkeit und Sicherheit Ihres Fahrzeugs wichtig sind. Mit einer schonenden Fahrweise und bei entsprechenden Einsatzbedingungen lässt sich die von Škoda Auto festgelegte Standard-Wartungsintervalldauer von 15.000 km beziehungsweise 12 Monaten oder gar die verlängerte von 30.000 km (Ottomotoren) und 50.000 km (Dieselmotoren) beziehungsweise 24 Monaten voll ausschöpfen.
- Halten Sie die empfohlenen Wartungsintervalle aber unbedingt ein und verzichten Sie aufs Do it yourself. Der Hersteller erfüllt berechtigte Garantieansprüche nur dann, wenn die Wartungsarbeiten rechtzeitig in einer Vertragswerkstatt erledigt wurden. Schon nach einer Laufzeit von 30.000 Kilometern kann an Baugruppen wie Bremsanlage, Radaufhängung, Reifen und Lenkung Verschleiß auftreten, der vom Fahrer unbemerkt bleibt. Die vorgeschriebene regelmäßige Wartung hält also nicht nur Ihren Wagen in Schuss, sie dient vor allem auch Ihrer eigenen Sicherheit.

DIE WAGENPFLEGE

Nach ausgiebiger Innenraumpflege kommt die gründliche Wagenwäsche. Saubere Autos machen mehr Spaß, kommen bei jeder Prüfung besser an und bringen mehr Geld beim Wiederverkauf. Meist tut es die automatische Waschanlage, aber gründlicher ist das Selberwaschen.

Wartung

Reparatur

Ein gepflegtes Auto macht mehr Spaß als ein ungepflegtes. Es behält länger seinen Wert und bringt Ihnen beim Verkauf ein gutes Stück Geld zusätzlich ein. Außerdem hat ein gepflegt aussehendes Fahrzeug bei den Prüfern von TÜV und DEKRA von vornherein die besseren Chancen.

Wenn die Wagenwäsche die Kür ist, die unter klarem Wasser den Lack in altem Glanz zurück zaubert, dann ist die Pflege des Innenraums die Pflicht. Die sollten Sie allerdings zuerst in Angriff nehmen. Heben Sie sich diese Arbeit bis zuletzt auf, verschmutzen die Staubwolken aus Polstern und Fußmatten die frisch gewaschene Außenseite.

Innenreinigung

Für die Innenraumpflege verwenden Sie am besten spezielle Autopflegemittel. Vergessen Sie Seifenlauge und Haushaltsreiniger: Scheiben, Polster und Kunststoffoberflächen sind durch Witterung, Staub, Schmutz und Feuchtigkeit extremen Belastungen ausgesetzt, denen spezielle Pflegesubstanzen einfach besser gewachsen sind. Diese Spezialreiniger sind nicht billig, aber in aller Regel ihr Geld wert.

Zur gründlichen Innenreinigung Ihres Fahrzeugs brauchen Sie:

- Lappen, möglichst nicht flusend, zum feuchten und trockenen Ab- und Auswischen;
- Kleider- oder Polsterbürste;
- Staubsauger mit verschiedenen Düsen (Handfeger und Kehrschaufel);
- Fensterleder;
- Feinporigen Kunststoffschwamm für die Kunststoffteile.

Rauchen im Auto?

Zu diesem Reizthema soll hier kein Pro oder Contra abgegeben werden. Doch einmal abgesehen von dem in Analysen festgestellten höheren Unfallrisiko bei Nikotin am Steuer, muss vor dem blauen Dunst im Innenraum des Autos wegen einer damit verbundenen gefährlichen Giftkonzentration gewarnt werden. »Passivrauchen erhöht bei Kindern das Risiko von Bronchitis, Asthma und Allergien«, stellte z. B. eine Gesundheitswissenschaftlerin der Barmer Ersatzkasse fest (mehr Infos zum Passivrauchen sind unter www.barmer.de zu finden).

Praxistipp

Pflegemittel für den Innenraum

Plastikreiniger: Für Kunststoffflächen. Reinigt und frischt die Farben auf, sorgt für Glanz und wirkt antistatisch, so dass die Flächen gegen Schmutz- und Staubbefall lange Zeit geschützt sind.

Textilreiniger: Für Polster, Teppiche, Tür- und Innenverkleidungen. Lösen zuverlässig Staub und Schmutz. Dadurch werden die Polsterfarben aufgefrischt. Viele Reiniger entfernen zudem auch hartnäckige Flecken.

Glasreiniger (auch als Schaumreiniger): Geeignet für alle Glasflächen. Sie lösen auch hartnäckige Verschmutzungen, zum Beispiel Insektenreste, Nikotin, Kunststoffausdünstungen und Ölablagerungen.

Gummipflegemittel (silikonhaltig): Für Tür-, Fenster- und Kofferraumdichtungen sowie Fußmatten. Halten Gummi geschmeidig, verhindern Festfrieren und frischen die Farben auf.

Antibeschlagspray: Konserviert die Glasreinigung für einige Tage oder Wochen (je nach Wetterlage). Auf die Scheibe gesprüht, bildet sich nach kurzer Zeit ein Schaumbelag, den Sie mit einem trockenen Küchenpapier abreiben können. Antibeschlagtücher oder Fensterschwämme sind nur ein Notbehelf.

Besonders nachts und bei tief stehender Sonne behindert Nikotinbelag auf der Windschutzscheibe die gute Sicht. Glasreiniger und ein Tuch verschaffen Abhilfe. Duftbäumchen helfen nicht sehr viel. Besser gegen den Mief auch in den Polstern sind Fébrèze, Rauchfrei-Spray oder Smoke-Ex, die es in Tankstellenshops gibt. Vor dem Verkauf eines Raucher-Autos wird eine Behandlung mit neutralisierendem Ozon empfohlen, die allerdings zwei Tage dauern und an die 100 Euro kosten kann. Wenn Sie eine Klimaanlage in Ihrem Auto haben, sollten Sie bei Umluftbetrieb lieber nicht rauchen. Der aus dem Innenraum angesaugte Rauch setzt sich auf dem Verdampfer ab und verursacht dauerhafte Geruchsbelästigung.

Innenreinigung

Arbeitsschritte

① Räumen Sie Ihren Fabia aus. Bei dieser Gelegenheit gleich Ascher leeren und auswischen.

② Die Fußmatten nach innen zusammenschlagen und herausnehmen, ausschütteln, ausklopfen und bei Bedarf staubsaugen.

③ Gummimatten feucht abwischen. Vorsicht: Die Unterseite trocknet im Fahrzeug nur schlecht. Eine feuchte Matte kann üblen Geruch und Stockflecken im Textilbelag verursachen. Daher Trockenzeit einkalkulieren.

④ Grobschmutz im Innenraum mit Staubsauger entfernen. Verwenden Sie für weiche Textilbeläge starre Düsenaufsätze, für harte Kunststoffe Borstenaufsätze. Bei glattem Gummibelag den Wagenboden feucht auswischen.

⑤ Sitzpolster abbürsten oder staubsaugen, die anderen Kunststoffoberflächen abwischen. Das Heizungsgebläse pustet den Staub vor allem in die Ecken. Ein Pinsel leistet gute Dienste bei der Reinigung.

⑥ Sicherheitsgurte müssen sauber gehalten werden. Bei stark verschmutztem Gurtband kann das Aufrollen des Automatikgurts beeinträchtigt werden. Deshalb Gurte trocken abbürsten oder bei starker Verschmutzung mit milder Seifenlauge abwaschen. Sie dürfen nicht chemisch gereinigt werden, da chemische Reinigungsmittel das Gewebe zerstören können. Die Gurte dürfen auch nicht mit ätzenden Flüssigkeiten in Berührung kommen.
Die Sicherheitsgurte für das Reinigen allerdings niemals ausbauen! Vor dem Aufrollen müssen die gereinigten Gurte völlig trocken sein.
Prüfen Sie regelmäßig den Zustand der Sicherheitsgurte. Wenn Sie Beschädigungen von Gewebe, Gurtverbindungen, Aufrollautomat oder Schlossteil feststellen, sofort den Gurt von einem Fachbetrieb ersetzen lassen!

⑦ Verwenden Sie zum Reinigen von Kunststoffteilen, Kunstledersitzen, Himmel, Leuchtengläsern, mattschwarz gespritzten Teilen und Armaturenbrett Ihres Fabia nur ein mit klarem Wasser angefeuchtetes Tuch. Sollte das für eine Grundreinigung nicht ausreichen, sind unbedingt lösungsmittelfreie Reinigungs- und Pflegemittel zu empfehlen. Lösungsmittelhaltige Reiniger greifen das Material an. Verwenden Sie Kunststoffreiniger. Die besprühten Stellen mit klarem Wasser nachwischen und mit einem Tuch trockenreiben. Empfehlenswert ist auch Cockpitpflege-Spray. Das duftet überdies und ist antistatisch.
Lösungsmittelhaltige Reiniger sind auch gefährlich für Instrumententafel und Oberflächen von Airbagmodulen. Durch solche Reiniger wird die Oberfläche porös. Bei einer Airbagauslösung kann es dann zu Verletzungen durch sich lösende Kunststoffteile kommen!

Reinigen Sie den Dachhimmel stets komplett

⑧ Den Dachhimmel, meist ein mit Textilgewebe versehenes Formteil, nur bei starker Verschmutzung reinigen und auf keinen Fall durchfeuchten. Himmel mit Textilreiniger großflächig einsprühen. Mit Schwamm und Frottierhandtuch nachwischen.

⑨ Diese Behandlung bei Bedarf wiederholen. Vorsicht: Wenn Sie sich auf die verschmutzten Stellen beschränken, können hässliche Platten mit Rändern entstehen. Deshalb Dachhimmel immer komplett reinigen.

⑩ Polsterstoffe und Stoffverkleidungen an Türen, Gepäckraumabdeckung etc. werden mit speziellen Reinigungsmitteln oder mit Trockenschaum und einer Fusselbürste behandelt. Für Ledersitze nur spezielle Lederpflegemittel verwenden, die auch die Nähte flexibel und geschmeidig halten. Die Polster gründlich absaugen, solange sie noch etwas feucht vom Reiniger sind. Der Schmutz löst sich so am besten.

⑪ Die Türdichtungen mit speziellem Gummipflegemittel geschmeidig halten. So werden auch Quietschen und Knarren beim Türenschließen vermieden.

⑫ Die Innenseiten der Fenster mit feuchtem Waschleder oder sauberem weichem Lappen reinigen. Bei starker Verschmutzung mit Spiritus oder Salmiakgeist und warmem Wasser oder mit speziellem Glasreiniger behandeln. Mit trockenem Kreppapier polieren.

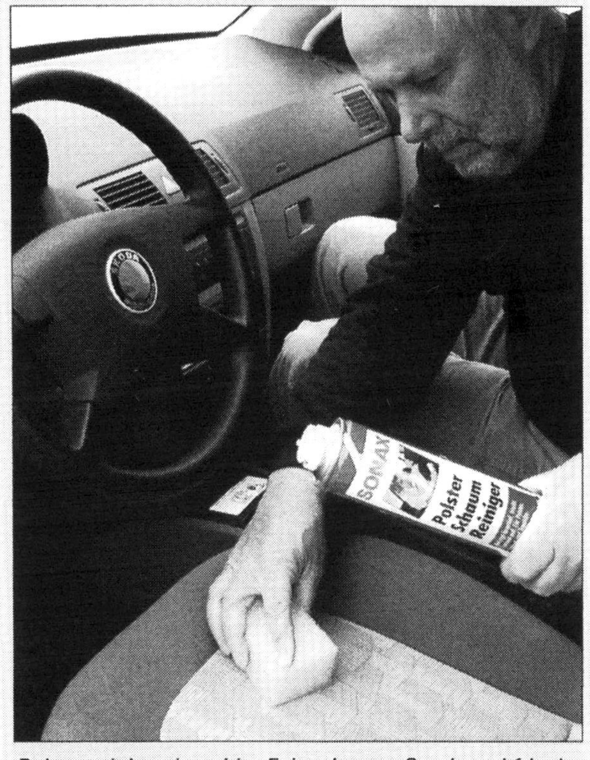

Polsterreiniger beseitigt Feinschmutz, Staub und frische Flecken. Sprühen Sie den Schaum auf und verteilen Sie ihn mit einem feuchten Schwamm. Reiben Sie nicht zu fest, damit Sie die Schmutzpartikel nicht wieder ins Gewebe pressen!

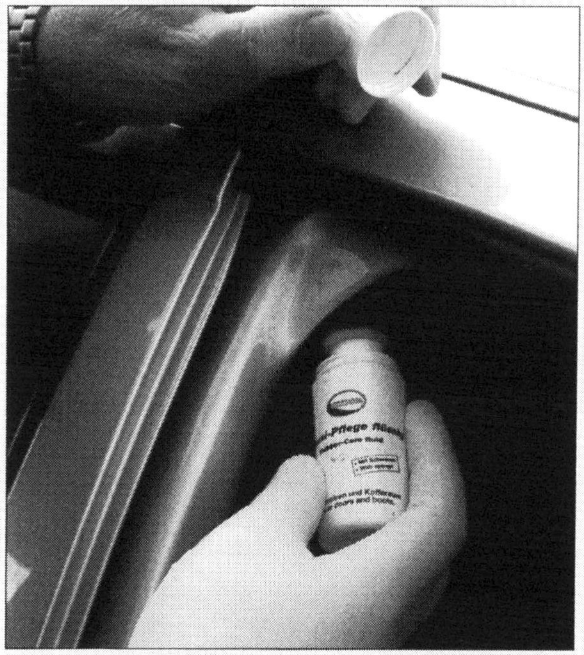

Nach den Dichtgummis der Türen sollten Sie nicht erst schauen, wenn die Türen im Winter schon zugefroren sind. Ein nötiger Ersatz kann teuer werden. Regelmäßige Pflege mit dem Hirschtalgstift oder mit einem silikonhaltigen Pflegemittel verlängert die Lebensdauer.

Mehrzwecköle sind gut für alle Stellen, wo Metallteile aufeinander reiben, wie hier am Türscharnier. Ein knapp dosierter Einsatz für das Türschloss ist nach der Wagenwäsche zu empfehlen. Wird im Winter Enteisung nötig, brauchen Sie allerdings spezielles Schlossöl.

Die Lederausstattung

Den Sitzbezügen aus Naturleder in den Fabia-Modellen der Ausstattungslinie Elegance sollten Sie besondere Aufmerksamkeit schenken. Leder reagiert sehr empfindlich schon auf Sonneneinstrahlung, vor allem

aber auf Öle, Fette und Verschmutzungen. Staub und Schmutzpartikel in Poren, Falten und Nähten können scheuern und die Lederoberfläche beschädigen. Saugen Sie also regelmäßig die Sitze ab.
Wenn Sie Ihren Fabia mit Ledersitzen längere Zeit in praller Sonne stehen lassen müssen, sollten Sie die Sitze abdecken. Andernfalls könnten sie ausbleichen.
Zum Reinigen feuchten Sie einen Baumwoll- oder Wolllappen mit Wasser leicht an und wischen die verschmutzten Stellen. Bei stärkerer Verschmutzung können Sie eine milde Seifenlösung verwenden. Es empfiehlt sich eine Seifenlösung mit zwei Esslöffeln Neutralseife oder mildem Feinwaschmittel auf einen Liter Wasser. Achten Sie beim Reinigen darauf, dass das Leder nicht durchfeuchtet wird und kein Wasser durch die Nahtstellen sickert. Fett- und Ölflecke vorsichtig ohne Reiben mit Reinigungsbenzin behandeln. Anschließend mit einem weichen, trockenen Tuch nachwischen.

Für die Ausstattungslinie Elegance bekommen Sie auf Wunsch Ledersitze (sowie 4-Speichen-Lederlenkrad, Leder-Schalthebelknopf und Ledergriff für Handbremse) in edlem Schwarz. Sie sollten alles tun, damit die Naturledersitze ihren Wert behalten. Auf jeden Fall sind regelmäßige Reinigung und Pflege angeraten.

Zur regelmäßigen Pflege gehört die Behandlung mit einem Lederpflegemittel alle sechs Monate. Das Mittel sparsam auftragen und nach Einwirkung mit weichem Lappen nachwischen. Niemals Lösungsmittel, Bohnerwachs, Schuhcreme oder Fleckenentferner verwenden.
Für gehobene Ansprüche gibt es die **C1 Lederpflege**, eine Anti-Faltencreme mit Jojobaöl. Ausgeblichenes Leder kann durch C1 wieder Farbglanz bekommen: Auftragen, einwirken lassen, trocken nachreiben.

Bezüge aus Velourlederimitat

In manchen Modellen (Fabia Sedan) gibt es auch Sitze mit Bezügen aus einem lederähnlichen Mikrofasermaterial. Wenn Ihre Fabia-Sitze (oder deren zentrale Zone) mit diesem künstlichen Velourleder bezogen sind, dürfen Sie auf keinen Fall Lederpflegemittel verwenden. Zur Reinigung entfernen Sie Staub und Schmutz mit einem leicht angefeuchteten, weichen Tuch. Möglich ist ferner die Behandlung mit Pflegeshampoo. Auch ein solches Kunstfasermaterial wird von Staub- und Schmutzpartikeln abgeschmirgelt!
Wenn Flecken entfernt werden müssen, feuchten Sie ein Tuch mit lauwarmem Wasser oder mit verdünntem Spiritus an und tupfen den Fleck zur Mitte hin ab. Hartnäckige Flecke sollten Sie von einem Fachbetrieb entfernen lassen, um Beschädigungen zu vermeiden.

Außenwäsche

Die Wagenwäsche auf der Straße ist heute in den meisten Städten und Gemeinden verboten. Das hat gute Gründe: Mit dem Schmutzwasser gelangen oft Ölrückstände und andere die Umwelt schädigende Substanzen in die Kanalisation. Eine saubere Sache ist dagegen die Wagenwäsche in einer automatischen Waschanlage. Die verwendeten Wassermengen sind in der Regel großzügig, die Wäsche ist also relativ schonend. Ölabscheider und Wasseraufbereitungsanlagen sorgen für den Umweltschutz.
Sie können meist zwischen mehreren Reinigungs- und Pflegeprogrammen wählen. Nutzen Sie auf jeden Fall immer Programme mit Vorwäsche. Unabhängig davon, ob mit Bürsten, Textilstreifen oder Schaumstoff gewaschen wird: Beansprucht wird der Lack immer. Man kann nach neuesten Untersuchungen durchaus des Guten zuviel tun, wenn man zu häufig wäscht.

Wenn der Lack keine Vorschädigungen hat, gibt es keinen technisch zwingenden Grund, das Auto ständig zu waschen. Mit Ausnahme von aggressivem Vogelkot oder Säuren werden die meisten Schmutzangriffe von gutem Fahrzeuglack mühelos verkraftet.

Die Reinigung in der automatischen Waschanlage geht schnell und ist kaum teurer als die häufig gleich nebenan mögliche SB-Wäsche. Feinfühliger und gründlicher geht es mit der Selbstwäsche wie z. B. mit dem Waschbesen an den Felgen.

Prüfen Sie die Sauberkeit

Nach dem Waschgang müssen Sie Ihr Fahrzeug auf Sauberkeit kontrollieren und an manchen Stellen nachputzen. Die Bürsten behandeln Radhäuser, Radläufe, Dachreling und die Unterkanten der Türschweller oft nachlässig. Auch bei Türrahmen und Ritzen ist bisweilen nachträgliche Handarbeit mit Schwamm und Putztuch angesagt.
Im Winter, wenn streusalzhaltiges Wasser sich am Lack, an den Innenseiten der Kotflügel und am Unterboden festsetzt, sollten Sie öfter in der Waschanlage vorfahren. Ihr Auto ist zwar nach kurzer Zeit wieder schmutzig, der Rost hat jedoch keine Chance, sich an kritischen Stellen einzunisten. Seien Sie trotz verzinkter Karosserie nicht zu sorglos!

Praxistipp

Bremsen trockenfahren

Betätigen Sie bei der ersten Fahrt nach der Wagenwäsche kurz aber kräftig die Bremse. Dabei verdampft die Feuchtigkeit, die während der Reinigung zwischen Bremsscheiben und Bremsklötze gelangt ist.

Nach Fahrten durch Regen oder Tauwasser mit Streusalz sollten Sie die Bremsen ebenfalls trocken fahren, falls Sie gedenken, Ihr Fahrzeug für mehrere Tage abzustellen. Es genügt, die letzten hundert Meter Wegstrecke öfter leicht zu bremsen.

Mit dem Bremsmanöver bei zu viel Feuchtigkeit vermeiden Sie, dass aufgrund der Nässe oder einer Salzschicht auf den Bremsscheiben die Bremswirkung im Notfall etwas verzögert einsetzt.

Waschplatz und Selbstwaschanlage

Wenn Sie Ihren Wagen lieber selbst waschen, was durchaus empfehlenswert ist, weil zu häufiges Benutzen der automatischen Waschanlage mit ihren rotierenden Bürsten Schleifspuren im Lack hinterlässt, bietet sich ein Waschplatz an der Tankstelle an. Selbstwaschanlagen sind eine gute Alternative. Dort stehen Ihnen vom Hochdruckreiniger bis zum Staubsauger alle Hilfsmittel zur Verfügung.
Kontrollieren Sie jedoch vor Arbeitsbeginn den Zustand der Bürsten. Möglicherweise hat Ihr Vorgänger nach einer Fahrt über einen verschlammten Feldweg gerade seinen Unterboden oder seine Radkästen gereinigt und die Bürste mit grobem Dreck verschmutzt. Ärgerliche Kratzer im Lack könnten für Sie die Folge sein. Sie sollten Ihr Fahrzeug auch nicht in der prallen Sonne waschen. Das schadet dem Lack, da die kleinen Wassertropfen wie Linsen wirken und den Einbrenneffekt von Staubteilchen und Kalk beim Trocknen noch verstärken.

Praxistipp

So benutzen Sie den Hochdruckreiniger

- Wassertemperatur maximal 60 °C. Zu heißes Wasser greift Gummi und Unterbodenschutz an.
- Druckregler auf maximal 30 bar einstellen. Abstand zum Auto 60 bis 80 Zentimeter. Bei geringerem Abstand und zu großem Druck besteht Gefahr für den Lack Ihres Autos.

- Bei der Motorwäsche kann Wasser die Motorelektronik lahm legen oder über den Ansaugtrakt in den Motor gelangen. Ein kapitaler Schaden wäre die Folge.
- Reifen niemals mit Rundstrahldüsen reinigen. Gefahr für die Reifenflanken! Selbst bei relativ großem Spritzabstand und nur kurzer Einwirkzeit können Schäden auftreten, die auf den ersten Blick nicht erkennbar sind.

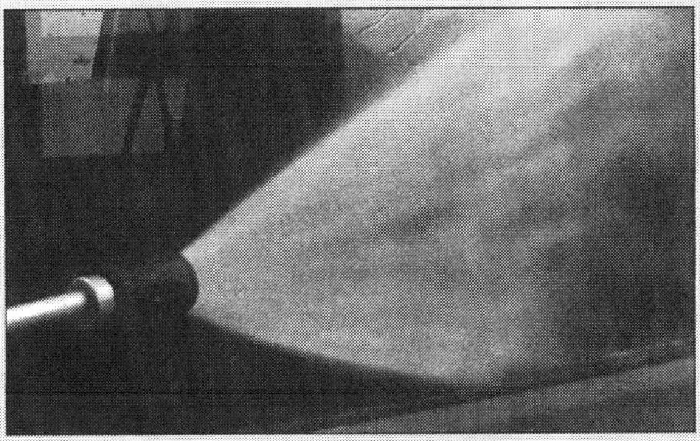

Mit dem Hochdruckreiniger muss vorsichtig umgegangen werden. Beachten Sie die Anleitungen an den Hinweistafeln der SB-Anlagen.

Wenn Sie Ihr Auto selbst waschen, brauchen Sie:

- Jede Menge Wasser. Wird der Schmutz mit wenig Wasser abgewischt, schmirgeln feine Staub- und Sandkörnchen im Schwamm über den Lack und zerkratzen ihn mit mikroskopisch kleinen, spinnwebartigen Kratzern;
- einen Schlauch, wenn möglich mit Sprühdüse aus Kunststoff. Steht kein Wasserschlauch zur Verfügung, brauchen Sie mindestens zwei Eimer für den Wassernachschub;
- eine Schlauchbürste, bei der das durchfließende Wasser den Schmutz wegschwemmt. Arbeiten Sie mit Waschhandschuh oder Schwamm, sollten Sie die Schlauchmündung dicht an die bearbeitete Fläche halten, damit sie gut mit Wasser versorgt wird;
- Waschhandschuh oder Schwamm. Diese sollten nach jedem zweiten oder dritten Waschstrich in den vollen Wassereimer getaucht und ausgedrückt werden, damit sich kein schmirgelnder Schmutz in den Schwammporen oder im Haarbesatz des Waschhandschuhs festsetzen kann;
- eine langstielige Waschbürste, die sich besonders für Felgen und Radkästen eignet;
- einen großporigen Viskoseschwamm;
- einen Fliegenschwamm für Insektenrückstände;
- ein großflächiges echtes Leder zum Trocknen des Wagens und
- einen Wassereimer für eine eventuelle Shampoowäsche oder um das Fensterleder auszuwaschen.

Pflegemittel für die Außenwäsche

Technik-lexikon

Autoshampoo: Hilft, ölige Rückstände auf dem Lack leichter zu entfernen.

Waschwachs: Hat ähnliche Eigenschaften wie Autoshampoo. Es schützt ferner nach dem Trocknen den Lack gegen Umwelteinflüsse und verlängert so die Zeit bis zur nächsten Politur.

Felgenreiniger: Löst festgebackenen Bremsstaub.

Kunststoffpfleger: Speziell für Stoßfänger, die schon ausgebleicht sind. Enthält neben Pflegesubstanzen auch Farbstoffe. Wird mit sauberem Schwamm aufgetragen und verteilt. Nach kurzer Einwirkzeit überschüssige Flüssigkeit mit feuchtem Lappen abwischen.

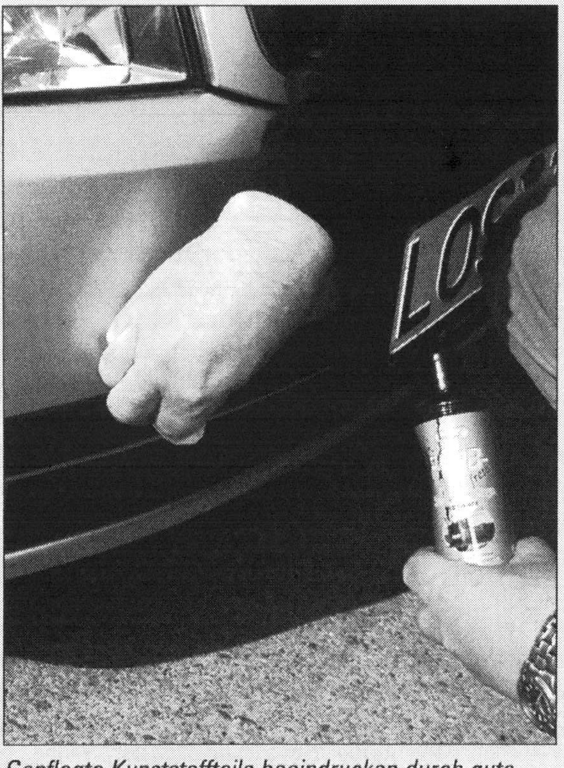

Gepflegte Kunststoffteile beeindrucken durch gute Optik. Selbst kleine Kratzer und Schrammen lassen sich mit einem Pflegemittel zumindest kaschieren.

Außenwäsche

Arbeitsschritte

① Schließen Sie alle Türen und Fenster. Nass gespritzte Polster sind kein Vergnügen.

② Säubern Sie zuletzt Radhaus, Felgen und Türschweller. Sie müssen sonst den Restschmutz zweimal wegspülen.

③ Spritzen Sie den Unterboden gelegentlich mit Dampfstrahler oder Wasserschlauch ab. Im Winter sollten Sie die Unterseite bei jeder Wagenwäsche reinigen. Lassen Sie Ihr Fahrzeug ein oder zweimal im Jahr auf einer Hebebühne hochnehmen (Werkstatt oder Tankstelle) und prüfen Sie den Zustand des Unterbodenschutzes per Augenschein.

④ Die Felgen haben eine Reinigung oft bitter nötig, weil sich dort der Bremsstaub festsetzt. Sprühen Sie Felgenreiniger auf. Beachten Sie die Gebrauchsanweisung: Die Einwirkzeit hängt ab von Verschmutzung und Produkt. Mit kleinem Schwamm den gelösten Schmutz wegwischen. Felgen mit kräftigem Wasserstrahl nachspülen. Hartnäckig fest sitzendem Bremsstaub rücken Sie am besten mit Industriestaubentferner zu Leibe.

⑤ Leichtmetallfelgen sollten regelmäßig mit Wasser und etwas Spülmittel gereinigt werden. Sie sind allerdings sehr empfindlich gegen starke Reinigungsmittel. Putzen Sie lieber zweimal im Monat schonend, vor allem um Streusalz oder Bremsabrieb zu entfernen, dann haben Sie lange Freude am dekorativen Aussehen der Felgen. Behandeln Sie die Räder nach der Wäsche mit einem säurefreien Reinigungsmittel für Leichtmetallräder.

⑥ Zur Pflege filigraner Felgen lohnt sich die Anschaffung einiger Zahnbürsten. Ebenfalls sinnvoll: Sprühwachs zum Versiegeln. Bremsstaub und Schmutz können sich nicht durch die Wachsschicht fressen. Etwa alle drei Monate sollten Sie die Räder gründlich mit Hartwachs, keineswegs aber mit Lackpolitur oder schleifenden Mitteln, einreiben. Aber Vorsicht: Das Wachs darf nicht auf Bremsscheiben oder -beläge gelangen!

Weichen Sie Ihr Auto gut ein

⑦ Wagen mit mäßigem Wasserdruck aus dem Schlauch abspritzen. In der Selbstwaschanlage mit Hochdruckreiniger: Programm »Spülen« wählen.

⑧ Wagen mit Schlauchbürste, Waschhandschuh oder Schwamm zuerst vom Dach bis zur Unterkante der Fenster waschen. Dann bewegt man sich rund um den Wagen.

⑨ Reinigungsschaum mit kreisenden Bewegungen und wenig Druck verteilen. Den Schaum kurz einwirken lassen.

⑩ Schmutzbrühe abspülen. In der Selbstwaschanlage: Programm »Spülen« wählen.

⑪ Im letzten Waschgang reinigen Sie die Räder mit Waschbürste und Schlauch.

⑫ Nach der Wäsche den Wagen sofort abledern. Getrocknetes Waschwasser bildet einen grauen Kalkbelag auf dem Lack.

⑬ Leder vor Gebrauch ins Wasser tauchen, gut auswringen. Flächig auf dem Lack ausbreiten und breit gespannt zu sich herziehen.

⑭ Vor jedem neuen Durchgang Leder ausspülen und auswringen. Schlecht zugängliche Ecken (etwa am Radkasten) mit Baumwolllappen oder altem Trockenleder trocknen. Schonen Sie Ihr gutes Leder, Schmutzrückstände würden es ruinieren.

Sorgen Sie für Durchblick

⑮ Zum Schluss sind die Außenseiten der Fensterscheiben an der Reihe. Gehen Sie vor wie bei der Reinigung der Innenseiten. Kontrollieren Sie dabei die Frontscheibe auf Steinschläge, Kratzer und Risse.

⑯ Die Wischlippe des Scheibenwischers mit Schwamm oder Trockenleder reinigen.

⑰ Kontrollieren Sie nach der Wäsche Lack, Scheinwerfergläser und Frontstoßfänger gründlich auf hartnäckigen Schmutz, der sich nicht gelöst hat. Insektenreste, Vogelkot, Blütenpollenrückstände und Teerspritzer wirken aggressiv und sollten umgehend mit Spezialreiniger entfernt werden.

⑱ Teerentferner sollten Sie nicht auf frischen oder frisch ausgebesserten Lacken anwenden, weil die enthaltenen Lösungsmittel die Lackschichten angreifen können.

Praxistipp

Scheinwerfer reinigen

Die Scheinwerfer sollten Sie häufiger waschen als die Karosserie Ihres Wagens. Schmutzpartikel auf dem Glas sorgen für Ablenkung und Absorption der Lichtstrahlen. Die Folgen: geringere Sichtweite, starke Blendung. Schon nach einer halben Stunde Fahrt auf feuchter Straße sind die Scheinwerfer zu über 60 Prozent verschmutzt. Dadurch reduziert sich die Leuchtweite um etwa 35 Meter. Diese Strecke fehlt Ihnen im Notfall bei einer Vollbremsung.

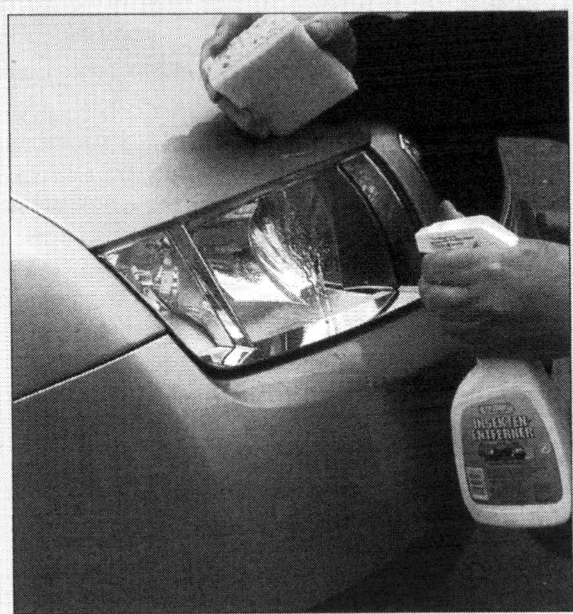

Saubere Scheinwerfer sind wichtig für gutes Licht. Entfernen Sie Insektenreste mit einem speziellen Mittel aus der Sprühflasche. Für die Kunststoffscheiben in Klarglasoptik macht sich ein Insektenschwamm gut, wie er an Tankstellen angeboten wird: Mit kratzfreier Reinigungsseite und saugstarker Viskoseseite.

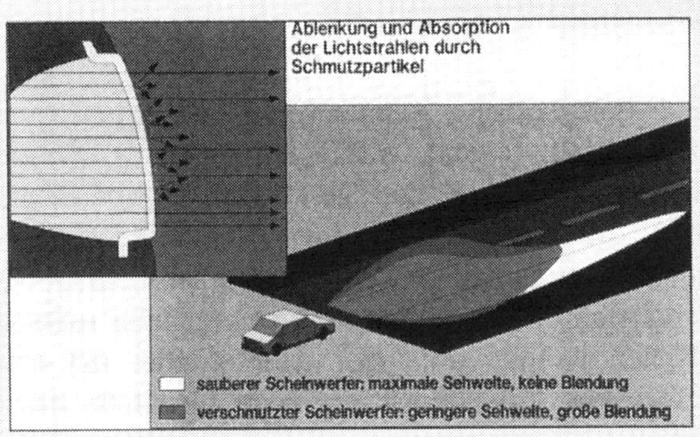

Leichtmetallfelgen sind schön, aber auch sehr sensibel. Der grau-schwarze Abrieb von Bremsbelägen schädigt die Oberfläche und muss entfernt werden.

Praxistipp

Alufelgen richtig pflegen

Alufelgen werden durch eine Lackierung vor Umwelteinflüssen geschützt. Wenn Sie gegen Bordsteine schrammen oder Rollsplit die Außenseiten der Räder malträtiert, hilft der beste Lack nichts mehr. Schrammen und Kratzer an den Felgen sollten Sie umgehend ausbessern, da sie vor allem dem aggressiven Staub der Bremsbeläge ideale Angriffsflächen bieten. Der grau-schwarze Abrieb frisst kleine Löcher ins Leichtmetall. Kleine Schrammen und Blindstellen lassen sich mit Fahrzeugpolitur ausbessern.

Motorwäsche

Im Motorraum Ihres Autos verbinden sich Öl und Staub mit der Zeit zu einem unansehnlichen Schmutzfilm, der sich über den Motor und andere Teile legt. Das ist in erster Linie ein ästhetisches Problem, das Sie mit Hilfe spezieller Reiniger lösen können. Wichtiger als die Schönheitspflege des Motors ist die Motorraumwäsche im Frühjahr.

Salzkrusten begünstigen Rost

Das im Winter auf die Straßen gestreute Salz dringt durch Ritzen und Schächte tief in den Motorraum und lagert sich an Kühler, Kanten und Kabeln ab. Diese Salzkrusten binden Feuchtigkeit und erleichtern die Rostbildung. Deswegen ist eine gründliche Reinigung sehr wichtig.

Die Motorwäsche dürfen Sie allerdings nur dort vornehmen, wo es einen Ölabscheider gibt. Am besten machen Sie sich in einer Selbstwaschanlage oder auf einem Waschplatz ans Werk.

Kontrollieren Sie nach getaner Arbeit, ob noch genug Schmierfett an neuralgischen Stellen vorhanden ist. Bei Bedarf sollten Sie maßvoll nachfetten.

Arbeitsschritte

① Der Motor sollte möglichst kalt sein. Auf einem warmen Motor verdampft der Motorreiniger rasch, kann also nicht einwirken und den Schmutz lösen.

② Motor abstellen und Zündung ausschalten.

③ Schützen Sie empfindliche Bauteile wie Zündung, Lichtmaschine und Kraftstoffsystem mit Lappen oder Plastiktüten. Bei unbedachtem Ausspritzen des Motorraums sind Störungen an Zündung und Bordelektrik programmiert.

④ Nehmen Sie sich zuerst die Innenseite der Motorhaube vor. Mit viel Wasser einweichen, dann mit Schwamm und Shampoo reinigen und wieder abspritzen. Vergessen Sie nicht die Kanten, dort befinden sich echte Schmutznester.

⑤ Den Kühler mit der Waschlanze und reichlich Wasser reinigen. Insektenreste mit einem Eiweiß lösenden Mittel (Geschirrspülmittel) einsprühen, einwirken lassen und von der Rückseite des Kühlers her abspülen. Vorsicht: Harte Bürsten können die weichen Kühlerlamellen beschädigen!

⑥ Den Motorraum an allen Falzen, Trägern und ungeschützten Stellen abduschen.

⑦ Stärker verschmutzte Teile an Motor und Motorraum mit einem Kaltreiniger einsprühen. Nach einer kurzen Einwirkzeit mit scharfem Wasserstrahl nachspülen.

⑧ Um das Wasser wieder aus dem Motorraum herauszubekommen, benutzen Sie eine der an Selbstwaschanlagen meist vorhandenen Druckluftpistolen. Nicht zu nah an die zu trocknende Fläche herangehen!

Motorschutzlack — Praxistipp

Damit sich der Schmutz im Motorraum nicht zu schnell wieder festsetzt, können Sie Motorblock und Peripherie mit einem besonders hitzefesten Motorschutzlack versiegeln. Für den restlichen Motorraum reichen ein Konservierungsspray oder Konservierungswachs.

Unterboden und Hohlräume — Praxistipp

Die Fahrzeugunterseite ist vom Hersteller gegen chemische und mechanische Einflüsse dauerhaft geschützt. Es empfiehlt sich aber, die Schutzschicht an Unterseite und Fahrwerk Ihres Fabia vor Winterbeginn und im Frühjahr zu prüfen und nötigenfalls ausbessern zu lassen. Škoda-Betriebe verfügen über die geeigneten Sprühmittel, sind mit den erforderlichen Einrichtungen versehen und kennen die Anwendungsvorschriften. Darum sollten Ausbesserungsarbeiten oder zusätzliche Korrosionsschutzmaßnahmen von ihnen vorgenommen werden. Zu beachten ist, dass auf den Hitzeschutzschilden des Katalysators, auf diesem selbst und auf Auspuffrohren kein Unterbodenschutz angebracht werden darf. Hitzeschutzschilde dürfen übrigens auch keinesfalls entfernt werden.

Ebenso ab Werk sind alle korrosionsgefährdeten Hohlräume des Fahrzeugs dauerhaft geschützt. Diese Konservierung braucht nicht geprüft und nachbehandelt zu werden. Falls bei hohen Außentemperaturen einmal etwas Wachs aus Hohlräumen herauslaufen sollte, kann es mit Kunststoffschaber und Waschbenzin entfernt werden.

Schmierdienst

Eine gelegentliche Schmierration hält manches auf Dauer leicht gängig, was sonst quietscht, klemmt, reißt oder rostet. Halten Sie sich an folgende Faustregel: Für Scharniere und Gelenke mit engen Durchgängen, in die kein Fett eindringen kann, ist Öl oder Schmierspray gut geeignet. Gegeneinander reibende Flächen werden günstiger gefettet oder mit einer Schmierpaste behandelt, da diese Gleitstoffe besser haften.

- Die Scharniere an **Türen und Heckklappe** sind gelegentlich für einen Spritzer Öl dankbar.
- Die **Türfeststeller** am unteren Türscharnier erhalten etwas Mehrzweckfett.
- Die **Schlossfallen an Türen, Kofferraumdeckel oder Heckklappe** können mit Sprühfett behandelt werden.
- An der Stelle des **Motorhaubenschlosses**, wo der **Seilzug** aus der Umhüllung kommt, etwas Fett aufstreichen und durch mehrmalige Hebelbewegung in die Zugumhüllung ziehen.
- Den **Schließbügel der Motorhaube** und die **Schlossfalle am Querblech der Karosserie** dünn mit Fett bestreichen oder Schmierspray auftragen.

- Die **Motorhaubenscharniere** erhalten etwas Öl oder Schmierspray.
- In den **Schlüsselschlitz der Schließzylinder** sollten Sie spätestens zu Beginn der kalten Jahreszeit etwas Rostlöser-Isolierspray sprühen. Es schmiert, verdrängt Feuchtigkeit und schützt vor Rost sowie vor dem Einfrieren im Winter. Am besten, aber etwas teurer ist ein spezielles Schlossöl, mit dem man zugefrorene Schlösser auftauen und lange Zeit vor dem Zufrieren schützen kann.
- Die **Gleitschienen des Schiebedachs** werden hauchdünn mit Fettspray behandelt.
- Für die **Führungsschienen des Faltschiebedachs** wird sparsam Schmierfett verwendet.

Im Winter ist doch schon mal spezielles Schlossöl zur Pflege und Enteisung nötig.

Die Service-Intervall-Anzeige (SIA)

Auf verschiedene Weise werden Sie als Fahrer eines Škoda Fabia an demnächst erforderlichen Ölwechsel oder eine Inspektion erinnert. Damit der Fälligkeitstermin für den nächsten Service nicht vergessen wird, klebt Ihre Vertragswerkstatt nach vorgenommenem Service einen Aufkleber seitlich an die Schalttafel Fahrerseite. Natürlich gibt es auch eine entsprechende Eintragung in die Nachweisfelder des Service-Heftes.

Je nach Fahrzeugausführung und Motorölqualität sind drei verschiedene Varianten von Wartungsintervallen möglich, die von Škoda im Fahrzeugdatenträger als QG0, QG1 oder QG2 gekennzeichnet sind. QG0 bedeutet feste Intervalle für Ölwechsel (15.000 km) und Inspektion (30.000 km oder 1 Jahr). QG1 und QG2 stehen für die Möglichkeit verlängerter, flexibler Serviceintervalle, für die der Kombiprozessor des Schalttafeleinsatzes codiert ist. Falls bei einem Ölwechselservice nicht das für verlängerte Intervalle nötige Öl nach VW-Norm 503 00 verwendet wurde, tritt der Fall QG2 ein, bei dem die Ölwechsel-Intervalle feste Meldungslängen von 15.000 km oder 1 Jahr haben, die Wartungsintervalle aber verlängert sind. Wird LongLife-Öl verwendet, sind Service-Intervalle mit flexiblen Meldungslängen (QG1) eingestellt. Die flexiblen Intervalle ergeben sich aus den Einsatzbedingungen des Fahrzeugs und aus der Fahrweise. Ihre Länge beträgt dabei maximal

- bei Fahrzeugen mit Ottomotoren 30.000 km oder 2 Jahre;
- bei Fahrzeugen mit Dieselmotoren 50.000 km oder 2 Jahre.

Im Falle von QG0 wird bei Erreichen des Fälligkeitstermins der betreffende Service im Fahrzeugtachometer (Display des Kilometerzählers) angezeigt. Im Falle flexibler Intervalle gibt es Voranzeigen ab 30 Tage vor dem fälligen Service und natürlich die Aufforderungsanzeige am Tage der Fälligkeit.

Verbesserung an den Dieselmotoren

Um das beeindruckende Serviceintervall von maximal 50.000 km bei den TDI-Motoren mit Pumpe-Düse-Einspritzsystem zu erreichen, wurden in jüngster Zeit verschiedene Bauteile maßgeblich verbessert. Der Druckbolzen im Antrieb der Pumpe-Düse-Einheiten erhielt einen größeren Radius, der Pleuelkopf wurde verbreitert, und die Kolbenkühlung ist durch optimierten Kühlkanal im Kolben und modifizierte Ölspritzdüsen günstiger geworden. Die Motoren mit verlängertem Wartungsintervall brauchen unbedingt das Long-Life-Motorenöl nach vorgegebener VW-Norm.

Unterschiedliche Anzeigearten

Wird im Falle von QG0 der Fälligkeitstermin eines Service erreicht, erscheint nach Einschalten der Zündung im Display des Kilometerzählers im Tachometer Ihres Fabia blinkend das entsprechende Service-Ereignis

(**OIL** für Ölwechselservice, **INSP** für Inspektionsservice). Es blinkt auch nach dem Anlassen des Motors für etwa 60 Sekunden weiter, kann aber vor Ablauf dieser Zeit durch Drücken des Rückstellknopfes links unter dem Tachometer auf die Tageskilometer-Anzeige umgeschaltet werden.
Im Falle der flexiblen Intervalle QG1 oder auch QG2 wird 30 Tage vor dem Fälligkeitstermin eine Voranzeige im Kilometerzähler-Display geliefert. Dabei blinkt nach Einschalten der Zündung 10 Sekunden lang die Zahl der Restkilometer bis zum Ablauf des Streckenintervalls und danach 10 Sekunden lang die Zahl der Resttage bis zum Ablauf des Zeitintervalls. Die Anzeige verschwindet 20 Sekunden nach Anlassen des Motors und auch nach Drücken des Rückstellknopfes am Kilometerzähler.
Nach jedem Service muss die Anzeige wieder zurückgesetzt werden, damit das neue Intervall später exakt angekündigt und angemahnt werden kann. Die Vertrags-Werkstatt benutzt den Fahrzeugsystemtester V.A.G 1552, um die Anzeige wieder auf Null zu stellen, weil auch nur mit diesem Gerät im Falle der flexiblen Intervalle die richtige Ölqualität eingegeben werden kann. Die SIA kann aber auch mit der Rückstelltaste für den Tageskilometerzähler zurückgesetzt werden. Dann muss ggf. später mit dem V.A.G 1552 eine Wartungsintervall-Typänderung (von QG2 auf QG1) vorgenommen werden.

SIA zurücksetzen

Arbeitsschritte

① Schalten Sie die Zündung aus. Der Zündschlüssel steht in Nullstellung.

② Drücken Sie die Taste ❶ unter dem Tachometer und halten sie fest. Schalten Sie gleichzeitig die Zündung ein.

③ Im Falle **QG0** erscheint jetzt die Anzeige **OIL** im Tages-Kilometerzähler. Lassen Sie die Taste los. Drehen Sie jetzt nach rechts, bis im Display drei Striche (- - -) angezeigt werden.

④ Drücken Sie die Taste erneut. Das Display zeigt **INSP** an. Lassen Sie die Taste los. Drehen Sie sie wieder nach rechts, bis die drei Striche angezeigt werden. Schalten Sie die Zündung aus, die Rückstellung ist abgeschlossen.
Beachten Sie, dass immer nur die gewünschte Service-Intervall-Anzeige zurückgesetzt werden muss, weil sonst für das jeweils andere Service-Ereignis ein falscher Termin eingestellt wird.

⑤ Im Falle **QG1** und **QG2** wird nach Drücken und Halten der Taste ❶ sowie Einschalten der Zündung die Taste losgelassen und nach rechts gedreht. Damit sind alle Zähler zurückgesetzt. Schalten Sie dann die Zündung aus.

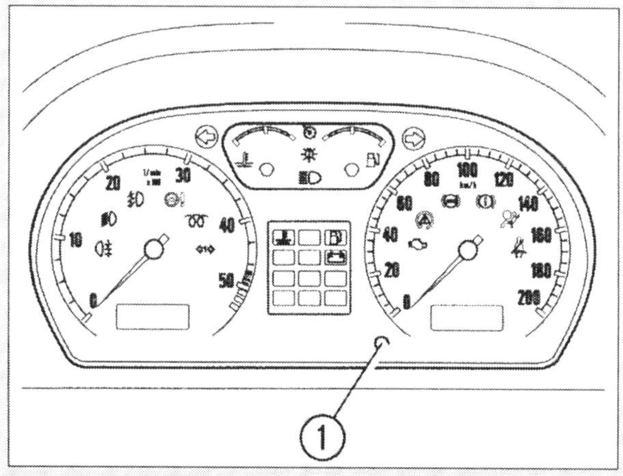

Mit der Taste ❶ unter dem Tageskilometerzähler wird die SIA zurückgesetzt.

Die Scheibenwaschanlage

Saubere Scheiben sind eine wichtige Voraussetzung für Ihre Sicherheit beim Fahren. Damit Sie unterwegs auch bei Regen und Schnee den Durchblick behalten, ist Ihr Auto mit einer Scheibenwaschanlage ausgestattet. Auf der Frontscheibe läuft der Scheibenwischer in zwei Geschwindigkeiten. Dazu kommt eine Intervalleinrichtung, die etwa alle fünf Sekunden eine Wischerbewegung auslöst. An der Heckscheibe sorgt ein zusätzlicher Wischer (auch mit Intervallschaltung) für freie Sicht.
Gute Wischresultate erhalten Sie, wenn die vorderen Spritzdüsen das Waschwasser kegelförmig auf die Windschutzscheiben spritzen. Die Düsen werden werkseitig eingestellt und lassen sich nicht mehr verstellen. Tritt der Spritzstrahl ungleichmäßig aus, muss die jeweilige Spritzdüse ersetzt werden. Die hintere Spritzdüse arbeitet einwandfrei, wenn die Spritzstrahlen bei stehendem Fahrzeug auf die Heckscheibe auftreffen. Diese Düse lässt sich mit einem Werkzeug (Dorn von 0,8 mm Durchmesser oder Nadel) korrigieren.

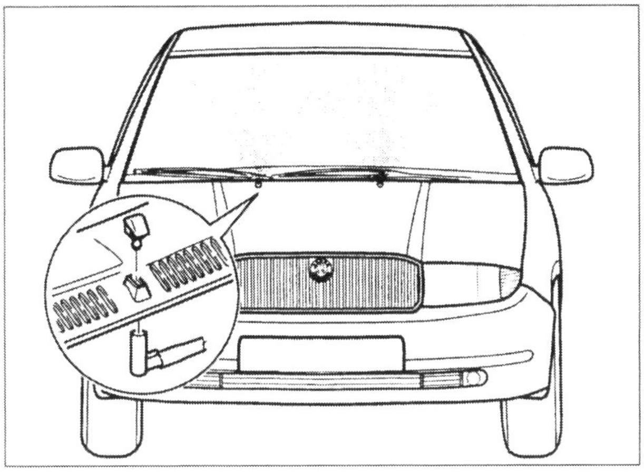

Die Windschutzscheibe wird mit kegelförmigen Spritzstrahlen gewaschen.

Wischergummi nutzt ab

Die Wischerblätter müssen sich fest auf die Scheiben pressen. Die Lebensdauer der Wischergummis ist jedoch begrenzt. Sie werden mit der Zeit durch die Bewegungen der Wischer abgerubbelt, Ozon und UV-Strahlen machen das Material zusätzlich spröde. Winzige Kratzer in der Frontscheibe verursachen Scharten im Gummi, was die Waschwirkung auf Dauer beeinträchtigt. Das Wischergummi sollten Sie daher stets im Frühjahr und Herbst ersetzen.
Die meisten Arbeiten an der Scheibenwaschanlage können Sie selbst in die Hand nehmen, meist genügt dazu ein Schraubenzieher. Ein Wischerblattwechsel kann für Ungeübte allerdings zur Geduldsprobe werden, für manchen Autofahrer ist er regelrecht ein Puzzlespiel. Schnell und unkompliziert geht es mit Universal-Adaptern, die im Fachhandel und meist auch an Tankstellen erhältlich sind.

Scheibenwischer und Waschanlage prüfen

Arbeits-schritte | ständige Wartung

① Zündung einschalten, Wischerhebel betätigen.

② Läuft der Scheibenwischer in allen Geschwindigkeiten? Geht er beim Ausschalten in die Parkstellung zurück?

③ Funktioniert die Wischer-Intervallschaltung?

④ Spritzt Wasser aus den Wascherdüsen?

⑤ Arbeiten Heckwischer und -wascher?

Scheibenwaschwasser auffüllen

Arbeits-schritte | ständige Wartung

① Der Wascherbehälter sollte stets vollständig bis zum Rand gefüllt sein. Auffüllen mit Leitungswasser, im Sommer immer etwas Reinigungsmittel einfüllen. Im Winter geben Sie unbedingt ein Frostschutzmittel dazu.

② Erst Zusatzmittel und dann Wasser einfüllen, damit sich die Flüssigkeiten im Behälter gut vermischen. Wenn Ihr Fabia mit Scheinwerferreinigungsanlage ausgestattet ist und die Scheinwerfer Polykarbonatscheiben haben, so darf der Flüssigkeitsbehälter für die Scheinwerferreinigung nur mit Zusätzen befüllt werden, die diese Kunststoffgläser nicht beeinträchtigen.

③ Bei starkem Frost können die Wascherdüsen einfrieren. Zur Vorbeugung ein Drittel Brennspiritus beimischen (riecht aufdringlich, ist aber ausgezeichneter Frostschutz). Damit die lange Zuleitung zur Heckscheibe nicht einfriert, vor dem Abstellen des Fahrzeugs einige Male die Heckscheiben-Waschanlage betätigen.

Wischergummi wechseln

Arbeits-schritte

① **Ausbauen**: Klappen Sie den Wischerarm ab.

② An der geschlossenen Seite des Wischergummis müssen Sie nun beide Stahlschienen mit einer Kombizange zusammendrücken, seitlich aus der oberen Klammer herausnehmen und den Gummi komplett mit Schienen aus den restlichen Klammern des Wischerblattes herausziehen.

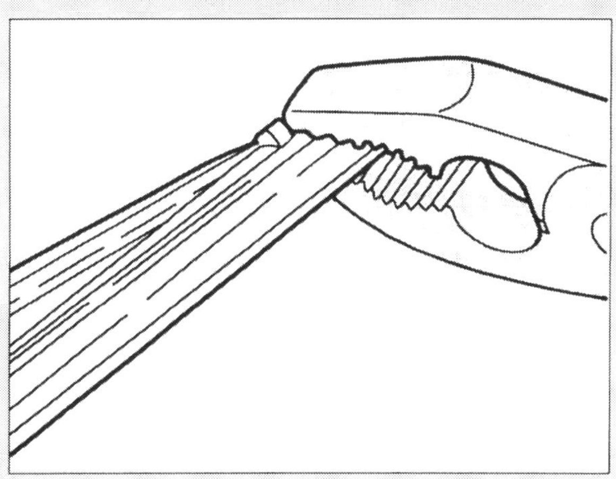

Stahlschienen mit der Kombizange zusammendrücken.

③ **Einbauen**: Neuen Wischergummi in die unteren Halteklammern des Wischerarms einhängen.

④ Beide Schienen so in die erste Rille des Wischergummis einführen, dass die Aussparungen der Schienen zum Gummi zeigen und in die Gumminasen der Rille einrasten.

⑤ Drücken Sie beide Stahlschienen und den Gummi mit der Kombizange zusammen und setzen sie so in die obere Klammer ein, dass die Klammernasen beidseitig in die Haltenuten (Pfeil) des Wischergummis einrasten.

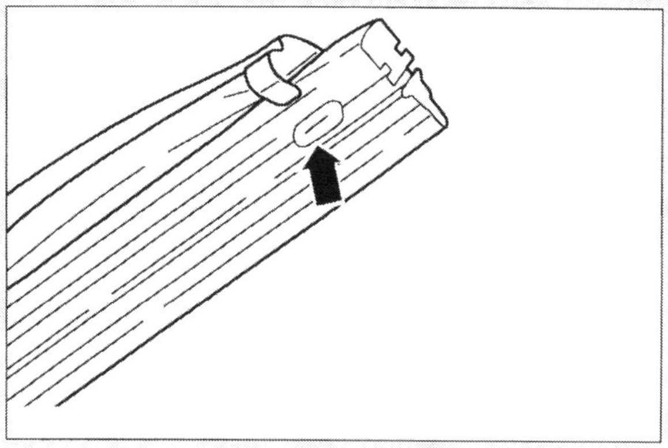

Neuen Gummi in die unteren Klammern einhängen und Klammernasen in Haltenuten (Pfeil) einrasten.

Wischerblätter wechseln

Arbeitsschritte

Vorn:

① **Ausbauen**: Klappen Sie den Wischerarm hoch und stellen Sie das Wischerblatt waagerecht.

② Drücken Sie die Sicherungsfeder (Pfeil A). Gleichzeitig müssen Sie das Wischerblatt vorsichtig, um die Scheibe nicht zu beschädigen, in Richtung der Frontscheibe drücken (Pfeil B).

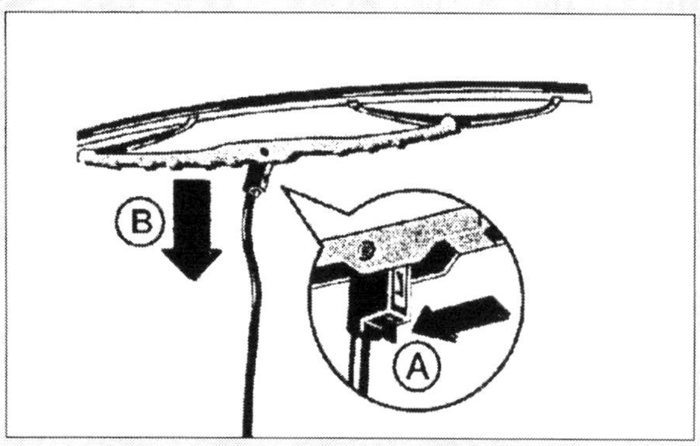

Abnehmen des Wischerblattes vorn.

③ **Einbauen**: Gehen Sie sinngemäß umgekehrt vor. Die Sicherungsfeder muss hörbar in den Scheibenwischerarm einrasten.

Hinten:

① **Ausbauen**: Klappen Sie den Wischerarm von der Scheibe ab.

② Halten Sie den Wischerarm mit einer Hand im oberen Teil.

③ Ergreifen Sie mit der anderen Hand das Wischerblatt mittig und ziehen Sie es in Pfeilrichtung A ab.

④ **Einbauen**: Gehen Sie sinngemäß umgekehrt vor (Pfeil B). Das Wischerblatt muss hörbar in den Scheibenwischerarm einrasten.

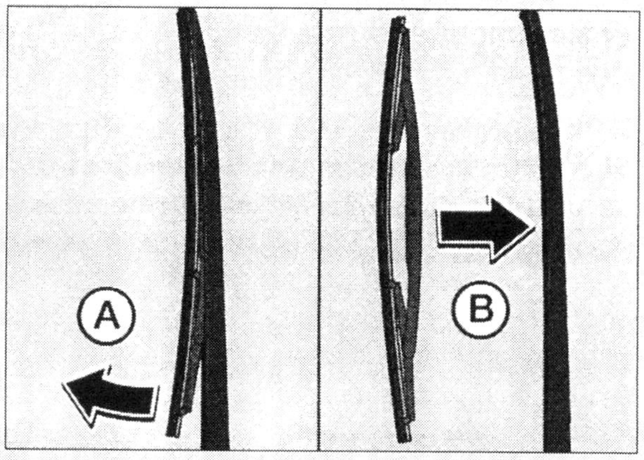

Abnehmen und Eindrücken des Wischerblattes hinten.

Spritzdüsen aus-/einbauen

Mit einer verstopften Scheibenwaschdüse werden Sie am besten fertig, indem Sie die Düse ausbauen und sie mit Druckluft durchblasen. Achten Sie darauf, die Düsen nicht entgegen der Spritzrichtung durchzublasen. Hilft auch die Druckluft nichts, muss die Düse ausgewechselt werden.

Arbeitsschritte

Vorn:

① **Bauen** Sie die Wischerarme **aus** (siehe entsprechende Arbeitsanleitung).

② Bauen Sie die Wasserkastenabdeckung aus (siehe Kapitel »Die Karosserie«).

③ Hebeln Sie von unten vorsichtig die Winkelstücke von den Spritzdüsen und nehmen Sie diese nach oben ab.

④ Der **Einbau** erfolgt in umgekehrter Reihenfolge.

Hinten:

① **Ausbau**: Beim Fabia mit **Schrägheck** lassen Sie den Wischer in Endstellung laufen, klappen die Abdeckkappe vom Heckscheibenwischer ab und ziehen die Spritzdüse mit einer geeigneten Zange vorsichtig in gerader Richtung heraus.
Beim Fabia **Combi** bauen Sie die Verkleidung der Heckklappe aus (siehe Kapitel »Der Innenraum«), lösen die Halteklammern für das Bremslicht und nehmen das Bremslicht nach außen vom Fahrzeug ab. Ziehen Sie dann Stecker und Schlauch zur Spritzdüse ab und die Spritzdüse heraus.

② **Einbau**: Beim Fahrzeug mit **Schrägheck** schieben Sie die Spritzdüse bis zum Anschlag so in die Wischerachse ein, dass die Düsenöffnung senkrecht nach oben zeigt. Abdeckkappe anklappen.
Beim **Combi** schieben Sie die Spritzdüse so ein, dass die Düsenöffnung senkrecht nach unten zeigt. Der weitere Einbau erfolgt sinngemäß umgekehrt wie der Ausbau.

Düsen der Scheinwerferreinigungsanlage einstellen

Die Spritzdüsen für die Scheinwerferreinigung sitzen links und rechts in und unter der Oberkante des vorderen Stoßfängers. Sie sind mit Haltern auf Hubzylinder montiert, an die der Schlauchanschluss angeclipst ist. Die Spritzdüsen sollen so eingestellt sein, dass der Strahl gleichmäßig etwa auf die Mitte des Scheinwerfers auftrifft.
Wenn die Spritzstrahlen ungleichmäßig oder nicht mittig auftreffen, müssen die Düsen eingestellt oder gar ersetzt werden. Zum Einstellen wird die Spritzdüse (Pfeil) bis zum Anschlag herausgezogen und mit Dorn oder Nadel auf den Spritzbereich ausgerichtet.

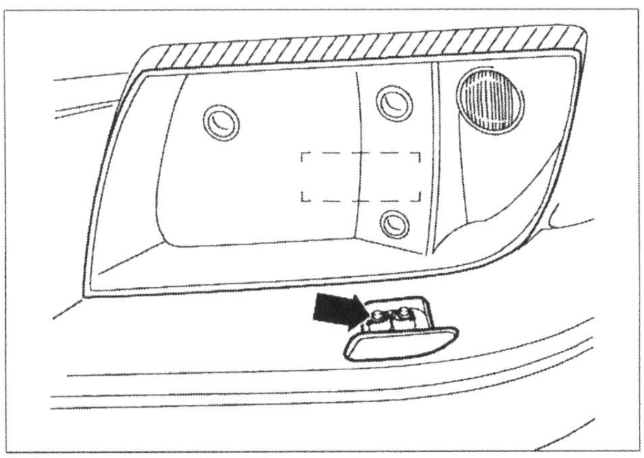

Die Spritzdüse (Pfeil) muss bis zum Anschlag herausgezogen werden.

Düsen aus-/einbauen

Arbeitsschritte

① **Ausbau**: Die Düsen werden mit ihrem Halter aus- und eingebaut. Der Halter lässt sich bei eingebautem Stoßfänger aus- und einbauen.

② Ziehen Sie den Halter vorsichtig heraus und halten Sie ihn fest. Heben Sie mit einem kleinen Schraubendreher vorsichtig den Sicherungsclip am Hubzylinder etwas an. Ziehen Sie dann den Spritzdüsenhalter ganz heraus.

③ **Einbau**: Schieben Sie den Spritzdüsenhalter in den Sicherungsclip des Hubzylinders hinein. Nach dem Einbau stellen Sie die Spritzdüse mit Dorn oder Nadel ein.

Scheibenwischerarme aus-/einbauen

Arbeitsschritte

Frontwischer

① Bevor Sie die Wischerarme **abbauen**, stellen Sie sicher, dass sich der Wischermotor in Endstellung befindet. Nur so lässt sich beim Einbau die Endlage der Wischerarme korrekt einstellen.

② Hebeln Sie die beiden Abdeckkappen von den Wischerarmen mit einem Schraubendreher ab.

③ Lösen Sie die Sechskant-Haltemuttern an jedem Arm um zwei Umdrehungen, schrauben sie aber nicht ab.

④ Lösen Sie die Wischerarme durch leichtes Bewegen.

⑤ Schrauben Sie beide Sechskantmuttern ganz ab und nehmen Sie die Wischerarme ab.

⑥ Beim **Einbau** der Wischerarme in umgekehrter Reihenfolge muss der Wischermotor in Endstellung stehen. Die Wischerblätter werden annähernd parallel zum Windlauf an der Scheibenunterkante eingestellt. Ziehen Sie die Befestigungsmuttern mit 20 Nm fest. Kontrollieren Sie nach der Montage den korrekten Lauf des Wischers. Das Blatt darf nicht an die Scheiben-Dichtungen stoßen.

Heckwischer

① Klappen Sie zum **Ausbau** die Abdeckkappe vorsichtig mit einem kleinen Schraubendreher hoch.

② Lösen Sie die Befestigungs-Sechskantmutter des Scheibenwischerarms (SW 13).

③ Klappen Sie den Wischerarm hoch und lösen Sie ihn durch seitliche Bewegungen im Konus.

④ Schrauben Sie die Mutter ab und nehmen Sie den Wischerarm heraus.

⑤ Beim **Einbau** in umgekehrter Reihenfolge achten Sie darauf, dass das Wischerblatt in Endstellung in 25 mm Abstand zur Glasunterkante steht. Die Sechskantmutter wird mit 12 Nm festgezogen.

Wischermotor mit Gestänge aus-/einbauen

Arbeitsschritte

① **Ausbau**: Wie bei allen Arbeiten an der elektrischen Anlage Batterie-Massekabel bei ausgeschalteter Zündung abklemmen. Wischerarme abbauen und abnehmen.

② Ziehen Sie den Stecker am Wischermotor ab. Drehen Sie die beiden Sechskantschrauben ganz außen links und rechts heraus. Nehmen Sie den Motor mit Gestänge komplett heraus.

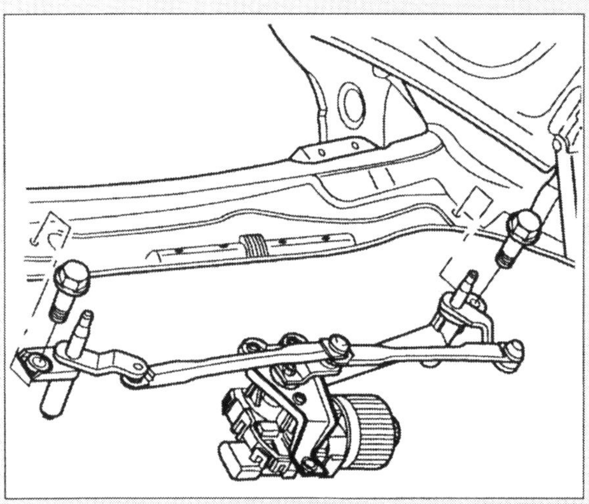

Frontwischermotor mit Gestänge.

③ Um den Wischermotor vom Gestänge abzubauen, müssen Sie zunächst die Stangen ❶ mit einem großen Schraubendreher von der Halterung ❷ abhebeln. Schrauben Sie dann die Sechskantmutter ❸ von der Halterung ab.

④ Drehen Sie jetzt die drei Befestigungsschrauben ❹ heraus. Nun liegt der Motor frei.

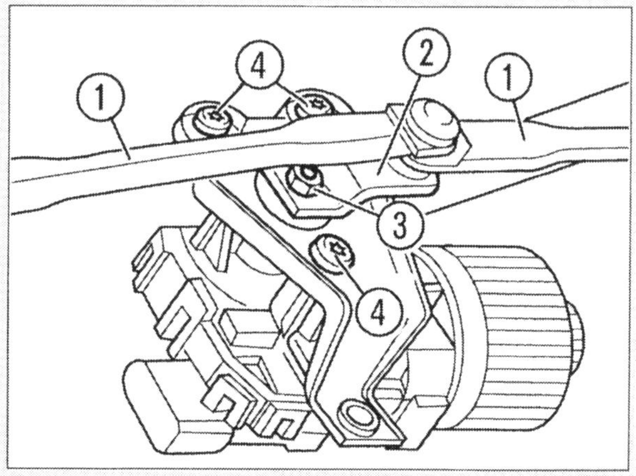

Gestänge am Wischermotor: ❶ *Stange,* ❷ *Halterung,* ❸ *Sechskantmutter (20 Nm),* ❹ *Befestigungsschrauben (8 Nm).*

⑤ Beim **Einbau** in umgekehrter Reihenfolge zunächst den Wischermotor an den Stecker anschließen und Wischerschalter betätigen, um den Motor in Endstellung laufen zu lassen.

⑥ Stecker wieder abziehen und den Motor mit den drei Schrauben ❹ (8 Nm) befestigen. Dann die Halterung ❷ so aufsetzen, dass sie mit den Stangen ❶ eine gerade Linie bildet. Dann die Sechskantmutter ❸ mit 20 Nm festziehen.

⑦ Zum Schluss die Scheibenwischerblätter in Endstellung bringen: Motor in Endstellung laufen lassen, Wischerblätter nach den kreisrunden Markierungen links und rechts unten an der Windschutzscheibe ausrichten, aufsetzen und Befestigungsmuttern festziehen. Die Toleranz zwischen Wischerarm und Markierung beträgt +/- 5 mm.

Heckwischermotor aus-/einbauen

Arbeitsschritte

① **Ausbau**: Bauen Sie wie vorher beschrieben den Wischerarm ab.

② Bauen Sie den unteren Teil der Innenverkleidung der Heckklappe aus (Kapitel »Der Innenraum«).

③ Ziehen Sie die elektrische Steckverbindung und den Wasserschlauch vorsichtig ab.

④ Schrauben Sie die drei Sechskantmuttern ab und nehmen Sie den Wischermotor heraus.

⑤ Beim **Einbau**, der sinngemäß in umgekehrter Reihenfolge erfolgt, muss die Dichtung richtig in der Heckscheibenbohrung sitzen. Die drei Befestigungsmuttern werden mit 7 Nm angezogen.

Wischerblätter

Störungs-beistand

Störung	Ursache	Abhilfe
A Wasser und Schmutz werden gleichmäßig über das Wischfeld verteilt.	**1** Scheibe durch Lackpflegemittel, ölhaltige Rückstände oder Insektenreste verschmutzt.	Auf der Scheibe ein Metallputzmittel auftragen, antrocknen lassen, dann mit einem sauberen Lappen abreiben.
	2 Wischergummi verschlissen.	Austauschen.
	3 Wischerarm am Anlenkpunkt des Wischerblattes verdreht und nicht parallel zur Windschutzscheibe.	Wischerarmende nachbiegen (in sich verdrehen).
B Im Wischfeld bleiben feine Wasserstreifen stehen.	Siehe A2.	
C Im Wischfeld bleiben feine Wassertropfen zurück.	Neigungswinkel des Wischergummis zur Windschutzscheibe zu flach.	Wischergummi austauschen.
D Im Wischfeld bleibt ein breiter Wasserfilm zurück.	Ungleiche Druckverteilung durch verbogene oder defekte Anpressfeder im Wischergummi.	Wischerblatt austauschen.
E Im Wischfeld bleiben einige Wasserfelder zurück.	**1** Anpressdruck des Wischerarms zu gering.	Anpressdruck überprüfen. Feder leicht einölen, ggf. Wischerarm ersetzen.
	2 Scheibenwischerantrieb verschlissen.	Kontrollieren, defekte Teile ersetzen.
	3 Wischerarm lose auf seiner Achse.	Festschrauben.
	4 Wischerarm verbogen.	Nachbiegen.
	5 Wischerblatt verbogen.	Austauschen.
F Im Wischfeld bleiben oben am Rand Wasserfelder zurück.	**1** Siehe E1.	
	2 Siehe D.	
G Wischerblatt rattert.	**1** Zuviel Spiel in der Verbindung von Wischerarm und Wischerblatt bzw. dem Kunststoffverbindungsteil.	Wischerblatt oder -arm auswechseln.
	2 Wischerarm in sich verdreht.	Wischerarm zurecht biegen.

Scheibenwischer

Störungsbeistand

Störung	Ursache	Abhilfe
A Frontscheibenwischer läuft nicht.	**1** Sicherung defekt.	Austauschen.
	2 Intervallmodul defekt.	Motor austauschen.
	3 Wischerantriebskurbel lose.	Festziehen.
	4 Kabel zum Wischerschalter unterbrochen.	Steckverbindungen und Leitungen überprüfen.
	5 Kabel zum Wischermotor unterbrochen.	Steckverbindungen und Leitungen überprüfen.
	6 Wischermotor durchgebrannt bzw. defekt.	Austauschen.
B Heckscheibenwischer läuft nicht.	**1** Siehe A1.	
	2 Siehe A4 und 5.	
	3 Siehe A6.	
C Scheibenwischer laufen nicht in Stufe I.	**1** Klemme am Wischermotor defekt.	Motor austauschen.
	2 Kontaktwege im Wischerschalter unterbrochen.	Schalter austauschen.
D Scheibenwischer laufen nicht in Stufe II.	**1** Leitung vom Wischerschalter zum Motor (grün/gelb) unterbrochen.	Leitung überprüfen.
	2 Kontaktwege im Wischerschalter unterbrochen.	Schalter austauschen.
	3 Klemme am Wischermotor defekt.	Motor austauschen.
E Keine Wischerrückstellung.	**1** Leitung zwischen Wischerschalter und Motor (schwarz/grau) unterbrochen.	Leitung kontrollieren.
	2 Wischermotor defekt.	Mit Prüflampe kontrollieren. Ggf. Motor austauschen.
F Scheibenwischer laufen nicht im Intervallbetrieb.	**1** Wisch-/Waschrelais defekt.	Austauschen.
	2 Leitungen zwischen Wischerschalter und Relais (grün und braun/schwarz) unterbrochen.	Leitung überprüfen.
	3 Kontakt im Wischerschalter defekt.	Schalter austauschen.
G Intervallbetrieb lässt sich nicht ausschalten.	**1** Siehe E1.	
	2 Siehe F1.	
	3 Kontakt im Wischerschalter öffnet nicht.	Schalter austauschen.
H Scheibenwischer bleiben nach dem Abschalten nicht oder nur kurz in Parkstellung stehen.	Mangelhafter Kontakt am Schleifkontakt im Wischermotor.	Wischermotor zerlegen, Kontakte blank schleifen. Ggf. Motor austauschen.

Die Lackpflege

Lackpflege wirkt der Fahrzeugalterung entgegen und ist eine lohnende Arbeit. Der Lack Ihres neuen Fabia allerdings braucht zunächst noch nicht viel Aufmerksamkeit. Gründliche Wäsche in angemessenen Zeitabständen und die Beseitigung von Steinschlägen, Teerflecken und Insektenresten reichen als Pflege völlig aus.
Doch nach zwei, drei Jahren haben Sonne, Regen, Schmutz und häufige Wagenwäschen dem Lack so zugesetzt, dass er eine sanfte Grundreinigung nötig hat. Machen Sie eine Probe: Wenn Wassertropfen auf dem sauberen Lack mit unscharfen Rändern zerfließen, ist es Zeit für die Lackpflege.

Die Politur

Welches Pflegemittel für Ihr Fahrzeug richtig ist, hängt vom Zustand des Lacks ab. Für einen neuen und gut erhaltenen Lack genügt eine milde Politur. Sie glättet die durch Umwelteinflüsse und mechanische Einwirkungen aufgeraute Lackierung, indem sie die mikroskopisch kleinen Furchen in der oberen Schicht behutsam abschmirgelt. Außerdem enthält eine Politur Wachskomponenten, die das Blechkleid konservieren.

Wundermittel Lackreiniger

Ein Lackreiniger ist für neue Lacke reines Gift. Für alte und verwitterte Lacke ist er jedoch genau das Richtige. Ein Lackreiniger funktioniert wie eine Politur. Er enthält jedoch gröbere Schleifmittel, die auch mit stärkeren Verschmutzungen fertig werden.
Tatsächlich ist es für die Lackpflege fast nie zu spät. Bevor Sie Ihrem gealterten Wagen eine Neulackierung spendieren, sollten Sie es mit einem Lackreiniger versuchen. Allerdings enthalten diese Wundermittel in der Regel keine konservierenden Komponenten. Sie müssen daher den aufbereiteten Lack in einem neuen Arbeitsgang mit einem Autowachs versiegeln.

Konservierung für den Lack

Es empfiehlt sich übrigens, die Konservierung bei neuen und aufbereiteten Lacken zwei- oder dreimal im Jahr zu erneuern. Das erhält den Glanz länger und verbessert den Langzeitschutz. Die meisten Polituren und Lackreiniger wirken ziemlich aggressiv. Arbeiten Sie deshalb nie unter direkter Sonneneinstrahlung. Die chemischen Verbindungen in der Politur können sonst förmlich in den Lack einbrennen.

Kombimittel Polish&Wax Color

Seit einiger Zeit werden auch Pflegemittel angeboten, die gleichzeitig Farben auffrischen und Glanz bringen. Ein entsprechendes Produkt von Sonax ist in gründlichen Tests als sehr empfehlenswert für alle Bunt- und Metalliclacke befunden worden. Es enthält Farbpigmente, die in der Wagenfarbe ähnlichen Tönen gewählt werden können. Die Farbpigmente überdecken wirksam kleine Kratzer, die Wachskomponente bietet ausgezeichneten Langzeitschutz für mehrere Monate. Diese neue Art Autopolitur ist lösemittelfrei und damit sehr umweltfreundlich. Sie reinigt, poliert und konserviert in einem Arbeitsgang.

Lack pflegen und konservieren

Arbeitsschritte

① Vor der Lackpolitur das Fahrzeug gründlich waschen und trocknen.

② Prüfen Sie zuerst an einer unauffälligen Stelle, ob der Autolack Ihre Politur verträgt. Vorsicht bei Lackreinigern: Tragen Sie nur eine dünne Schicht auf, zuviel Reiniger nimmt mehr Decklack ab als nötig. Gehen Sie lieber in mehreren Durchgängen vor.

③ Politur oder Lackreiniger mit Baumwoll- oder Synthesewatte (handballengroße Stücke) oder weichem Tuch (kein Kunstfaserlappen) auftragen. Mit sanftem Druck in kreisförmigen Bewegungen einreiben. Nehmen Sie sich immer nur eine kleine Fläche vor.

④ Nach kurzer Einwirkzeit bildet sich ein trockener weißer Belag, der mit einem Watteballen in kreisenden Bewegungen auspoliert wird. Vorsicht an Kanten bei verwittertem Lack: Nicht zu lange dieselbe Stelle bearbeiten, da man sonst schnell auf die Grundierung stößt.

⑤ Nach einiger Zeit geht das Polieren schwerer, weil Wachs- und Pflegemittelpartikel die Bewegungen einbremsen. Dann Watteballen wenden oder erneuern.

⑥ Zum Abschluss den Lack mit sauberem Baumwolllappen abreiben, um noch vorhandenes Poliermittel und Watteflusen zu entfernen.

So konservieren Sie richtig

⑦ Autowachs mit Watte auftragen. Die Größe der zu bearbeitenden Fläche hängt vom verwendeten Produkt ab. Verwenden Sie nach Möglichkeit lösungsmittelfreie Konservierer auf Wasserbasis. Ältere Produkttypen haben einen hohen Lösemittelanteil. Sorgen Sie bei Verwendung solcher Wachse für ausreichende Belüftung.

⑧ Die Flüssigkeit mit Watteballen in kreisenden Bewegungen einreiben. Gleichmäßiges druckvolles Kreisen erzeugt bei guten Konservierern Tiefenglanz.

⑨ Die Watte muss mit nur wenig Widerstand über den Lack gleiten können. Deshalb häufig die Watte wenden und rechtzeitig wechseln.

⑩ Weist der Lack nach dem Konservieren Streifen oder Wolken auf, liegt das meist an verschmierten Farbpartikeln, die eine vorhergehende Politur hinterlassen hat. An diesen Stellen nochmals mit einer Politur beginnen.

Lackschäden rechtzeitig beseitigen

Während der Fahrt verüben aufwirbelnde Steine immer wieder Anschläge auf die Karosserie Ihres Fabia. Bei hohem Tempo werden selbst winzige Sandkörner zu Geschossen, die wie Meteoriten im Lack einschlagen. Im Winter sind vor allem Frontpartie und Motorhaube gefährdet, wenn der Rollsplitt gegen das Blech prasselt.

Macken im Lack sollten Sie nicht ignorieren. Der Rost kann den angrenzenden Lack unterwandern, bei ungünstigen Bedingungen wie Nässe und Wärme schon in wenigen Tagen. Deshalb gilt: Lackschäden möglichst schnell ausbessern. Steinschlagschäden z.B. sind kein Drama. Auch ein Parkrempler mit Kratzern und Schrammen bietet keinen Anlass zur Panik. Solche Stellen lassen sich ebenso wie Fremdlack mit Lackreiniger oder Schleifpolitur oft einfach auspolieren.

Reparaturset bei Steinschlag

Viele Hersteller bieten für Lackschäden durch Steinschlag (etwa in der Größe eines Stecknadelkopfes) Reparatursets an, die sich so leicht handhaben lassen wie eine Flasche Nagellack. Eine Alternative ist Tupflack, bei dem der Krater mit einem Pinsel in mehreren Lackschichten aufgefüllt wird. Bei normalen Lacken helfen auch Wachsstifte in Wagenfarbe. Ein so aufgetragener Wachsfilm hält freilich nur einige Wagenwäschen lang und muss dann erneuert werden. Die Lackbezeichnung und den Code für die Farbe Ihres Wagens finden Sie in Ihren Fahrzeugpapieren.

Mit dieser Grundausstattung bessern Sie Lackschäden aus:

- Abklebeband (Profimaterial verwenden).
- Zeitungen oder Folie zum Abkleben.
- Schleifklotz aus Holz oder Kork für flächiges Schleifen.
- Nass- und Trockenschleifpapier in verschiedenen Körnungen.
- Spachtel und Spachtelmasse, Härter. Spritzspachtel zum Ausgleich kleinerer Unebenheiten.
- Haftgrund als Grundlage für den Lackaufbau.
- Decklack in der Farbe Ihres Fahrzeugs.
- Lackreiniger, Konservierer, Politur.

Hat sich der Rost schon über Monate oder Jahre ungehindert ausgebreitet, erkennen Sie das meist an unschönen Kratern oder Löchern im Karosserieblech. In diesem Fall helfen nur noch aufwändige Restaurierungsarbeiten, die Erfahrung mit dem Werkstoff und dessen Bearbeitung voraussetzen. Die können wir Ihnen hier ebenso wenig vorstellen wie die Behebung eines Blechschadens. Für solche Arbeiten empfehlen wir den Band 175 aus der Reihe »Jetzt helfe ich mir selbst«. Er informiert umfassend über alle Arbeiten rund um die Autokarosserie.

Steinschlagschäden ausbessern

Arbeitsschritte

① Stehen rund um den Lackkrater Ränder ab: Mit einer feinen Nadel abheben.

② Hat sich Rost gebildet, kratzen Sie ihn mit einem spitzen Taschenmesser vorsichtig heraus. Einen Tropfen Rostumwandler auf die Stelle tupfen und etwa eine Stunde einwirken lassen.

③ Die Schadstelle mit Waschbenzin oder Verdünnung reinigen, gründlich trocknen.

④ Etwas Haftgrund in den Sprühdosendeckel spritzen und mit Tupfpinsel oder Fingerkuppe dünn auftragen. Warten Sie, bis der Haftgrund getrocknet ist.

⑤ Mit Fingerkuppe oder kleinem Kunststoffmesser ein wenig Spachtel bündig zur umgebenden Lackfläche in den Krater drücken und trocknen lassen. Halten Sie Lappen und Verdünnung bereit, um Spachtelflecken auf dem Lack sofort abzuwischen.

⑥ Wenn Sie zuviel Spachtel eingebracht haben: Spannen Sie um ein Bleistiftende einen schmalen Streifen feines Schleifpapier. Drehen Sie den Stift und schleifen Sie so den überschüssigen Spachtel vorsichtig ab.

⑦ Ein wenig Lack in den Dosendeckel sprühen und eine Minute ablüften lassen. Den Lack sehr dünn mit Fingerkuppe oder spitzem Pinsel auftragen.

⑧ Den Lack vollständig trocknen lassen, im Sommer etwa zwei, im Winter fünf Tage. Die ausgebesserte Stelle mit Politur, die Übergänge bei Bedarf mit Lackreiniger bearbeiten.

Kleinere Schrammen auspolieren

Arbeitsschritte

① Die Schadstelle mit Waschbenzin oder Verdünner reinigen.

② Polieren Sie etwaige abgeriebene Fremdfarbe mit Polierwatte, Schleifpolitur oder Lackreiniger in mehreren Arbeitsgängen aus dem Decklack Ihres Fabia. Halten Sie die Polierfläche möglichst klein.

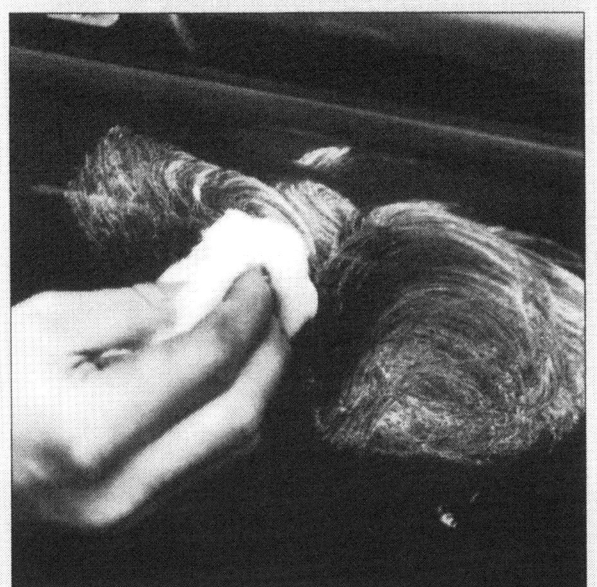

Kratzer oder Schrammen lassen sich mit Schleifpolitur oder Lackreiniger beseitigen, wenn noch ein Hauch Decklack vorhanden ist. Verwenden Sie nur hochwertiges Arbeitsmaterial!

③ Wenn die Ränder der Schramme noch rau sind: Schleifen Sie diese Stellen mit einem kleinen Streifen feinstem Nassschleifpapier (mindestens Körnung 600) behutsam glatt. Dabei Schleifpapier immer wieder anfeuchten. Vorsicht: Schleifen Sie nicht die Decklackschicht durch!

④ Die Schadstelle mit einer milden Politur nachpolieren. Dabei werden Farbpartikel aus der unmittelbaren Lackumgebung in die Schramme hinein verteilt.

⑤ Zuletzt die bearbeitete Stelle mit Konservierer behandeln.

⑥ Wenn Sie auf gleichmäßigen Glanz Wert legen, anschließend das ganze Fahrzeug polieren.

Stärkere Schrammen ausbessern

Arbeitsschritte

① Bei tiefen Schrammen an Stoßfänger oder Kotflügel bauen Sie am besten das Karosserieteil vor der Lackreparatur aus. Die Ausbesserung geht so leichter von der Hand. Das wäre auch bei Türen und Klappen ratsam, wir empfehlen es aber nicht. Denn der Wiedereinbau ist wegen der einzuhaltenden genauen Maße recht schwierig.

② Schadensfläche mit Schleifpapier (Körnung 80 oder 100) eben schleifen. Ist Rost vorhanden, bis aufs blanke Blech schleifen, Rostumwandler auftragen und eine Stunde einwirken lassen.

③ Die Stelle mit Waschbenzin oder Verdünnung reinigen und entfetten, trocknen lassen.

④ Spachtel und Härter mischen. Die Spachtelmasse macht die Schadstelle zum angrenzenden Lack bündig. Vorsicht: Der Spachtel lässt sich nur einige Minuten verarbeiten, weil der Härter schnell abbindet. Deshalb nur kleine Mengen vorbereiten. Bei geringen Unebenheiten können Sie auch Spritzspachtel aufsprühen.

Spachteln ist nicht so einfach. Machen Sie auf einem alten Stück Autoblech erst einen Versuch. So erlangen Sie das nötige Gefühl und die Sicherheit im Umgang mit Spachtel.

⑤ Die Spachtelmasse gleichmäßig und zügig in mehreren dünnen Schichten auftragen. Nach etwa einer Stunde ist die Schicht ausgehärtet.

⑥ Unebenheiten mit Trockenschleifpapier (Körnung 240) vorsichtig abschmirgeln. Für den Feinschliff Nassschleifpapier (Körnung 400) verwenden und Fläche mit wenig Druck beschleifen.

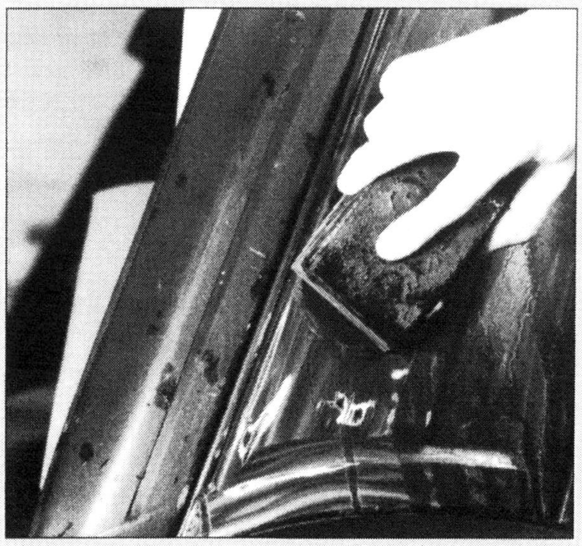

Wickeln Sie Schleifpapier um den Schleifklotz und schleifen Sie die Schadensfläche durch gleichmäßige Bewegungen in eine Richtung glatt. Tauchen Sie den Klotz immer wieder in Wasser, damit der Schleifstaub aus dem Schleifpapier herausgeschwemmt wird.

⑦ Sind dann noch Riefen vorhanden, gleichen Sie sie mit Spritzspachtel aus. Aushärten lassen und mit Nassschleifpapier (Körnung 600) nachschleifen.

⑧ Vor dem Lackieren Schleifstaub sorgfältig abwischen.

Lackieren wie die Profis

⑨ Die Schadstelle mit wasserfestem und dehnbarem Lackierer-Klebeband, einer Folie oder alten Zeitungen abkleben. Billiges Klebeband weicht schnell durch und lässt bald auch Farbe passieren. Vorsicht: Beim Lackieren entstehen giftige Dämpfe. Sorgen Sie deshalb für eine gute Belüftung des Arbeitsplatzes.

⑩ Haftgrund (Füller) als feinporige Grundlage für den Decklack sprühen. Sauber arbeiten! Unebenheiten und Lacknasen verschwinden nicht mit zunehmendem Lackauftrag, sondern vergrößern sich. Haftgrund trocknen lassen, mit Nassschleifpapier (Körnung 600) plan schleifen. Schleifrückstände abwischen.

⑪ Decklack aus der Sprühdose gleichmäßig und zügig in mehreren Schichten auftragen. Der Abstand vom Sprühkopf zur Lackierfläche sollte etwa 20 bis 30 Zentimeter betragen. Erwärmen Sie die Sprühdose vor dem Lackieren kurz in heißem Wasser. Der Sprühstrahl entweicht dann unter höherem Druck, ist feiner und bildet eine glattere Oberfläche.

Wenn Sie mit der Spraydose lackieren, schneiden Sie in ein großes Stück Pappe ein Loch in Lackierflächengröße. Der Sprühstrahl deckt dann gut die gewünschte Fläche ab. Halten Sie die Spraydose ganz ruhig über der Lackierfläche. Führen Sie den Sprühstrahl ohne abzusetzen am Lackierobjekt vorbei und nicht im Oval zurück. Dadurch könnten nämlich Lacknasen entstehen.

⑫ Die Ränder des Klebebands an der Reparaturstelle lösen, umknicken und diese Stellen nachsprühen. Das macht den Übergang zum Originallack unscharf.

⑬ Wenn der Lack nach zwei bis fünf Tagen vollständig getrocknet ist, die ausgebesserte Stelle mit Politur, die Übergänge mit Lackreiniger bearbeiten. Falls Sie auf gleichmäßigen Glanz Wert legen, sollten Sie anschließend das ganze Fahrzeug polieren.

Praxistipp

Farben und Lacke entsorgen

Farb- und Lösungsmittelreste sind wie die Behälter von Pflegemitteln Sondermüll, der in speziellen Deponien entsorgt werden muss. Das gilt auch für verschmutzte Lappen, Pinsel und Spraydosen. In vielen Städten und Gemeinden gibt es mobile Annahmestellen. Fragen Sie bei Ihrem Umweltamt nach den Abholterminen oder den Öffnungszeiten der Deponie.

DIE MOTOREN

Der Dreizylinder-Ottomotor mit den Kennbuchstaben AWY ist das wohl interessanteste Triebwerk des Fabia. Eine Ausgleichswelle im Kurbeltrieb des 40 kW/55 PS-Motors macht das Aggregat kultiviert wie einen Vierzylinder. Da er aber weniger Hubraum und weniger Gewicht hat und deshalb weniger Kraftstoff verbraucht als dieser, ist der 1,2 Liter-Motor eine sehr wirtschaftliche Alternative zum herkömmlichen Vierzylinder.

Wartung

Reparatur

Der neue Fabia ging in das Modelljahr 2003 mit vier Benzinmotoren, einem Saugdiesel-Triebwerk und dem bewährten 1,9 Liter TDI PDE-Motor. Dabei tritt einer der Ottomotoren, der 1,4 Liter, in vier Leistungsstärken an: mit 60, 68, 75 und 100 PS. Der 1,2 Liter-Ottomotor, zunächst 55 PS stark, wird inzwischen auch mit 64 PS geliefert. Das 75 PS starke Triebwerk mit seinen zwei oben liegenden Nockenwellen, vier Ventilen pro Zylinder (16V), Abgaswerten nach EU 4-Norm und Motormanagement mit Bosch Motronic ME 7.5.10 ist ein hochmoderner Motor. Der TDI-Motor mit Pumpedüsen und einer Leistung von exakt 101 PS erfüllt die Abgasnorm EU 3 und arbeitet mit elektronischem Motormanagement vom Typ Bosch EDC 15 V+. Alle Motoren verfügen über E-Gas.

Motorisierung in 8 Benziner- und 2 Diesel-Varianten

Für überzeugende Leistungen Ihres Škoda-Fabia als Limousine und Combi sorgen also 10 Motorisierungsvarianten. Ganz genau lässt sich das für eine längere Periode von z. B. einem Jahr allerdings nicht sagen. Škoda Auto ist im Begriff, die 1,4 Liter-Motoren mit 60 und 68 PS durch die 1,2 Liter-Triebwerke mit 55 und 64 PS zu ersetzen. Bei den Dieseln werden neue TDI mit 75 und 130 PS ins Spiel gebracht.

***Škoda-Foto Mitte Mai 2003:** Der Dreizylinder-Ottomotor mit 47kW/64PS Spitzenleistung ist Vertreter einer neuen Generation von Fabia-Basismotoren.*

Fast durchweg sind die Aggregate vorn quer eingebaute Vierzylinder-Reihenmotoren. Der 1,2 Liter-Motor allerdings ist ein Dreizylinder, und einer der jüngsten TDI (1,4 Liter/75 PS) arbeitet ebenfalls mit nur drei Zylindern.

Die TDI-Motoren repräsentieren international höchsten Entwicklungsstand für moderne Pkw-Diesel. Es sind Direkteinspritzer mit Abgasturbolader und Ladeluftkühler, ausgestattet mit Oxidationskatalysatoren. Pumpe-Düse-Einheiten auf ausgezeichnetem technischem Niveau prägen ihren Charakter.

Erfolgsstory des Diesel

Moderne Dieselmotoren stürmen in den letzten Jahren in den Zulassungsstatistiken nach oben. Pkw mit Dieselantrieb sind inzwischen quer durch alle Fahrzeugklassen beliebt und gelten längst als fortschrittlich. Es ist daher nur folgerichtig, dass auch Škoda-Auto diese Triebwerke einbaut.

Ihr einstiges Image als laute, stinkende und leistungsschwache Motoren, die für schnelles und komfortables Reisen nicht geeignet sind, haben Dieselmotoren längst hinter sich gelassen. Die Turbodiesel mit Direkteinspritzung (TDI) bedeuteten den Durchbruch einer Technik, die überzeugende Antriebskraft und ausgeprägte Sparsamkeit miteinander vereint. Wer oft und lange unterwegs ist, schätzt das früher kaum vorstellbare Leistungsvolumen eines Diesels inzwischen sehr. Sportlichkeit und Dynamik, die einst symbolisch mit dem Kürzel GTI verknüpft wurden, werden nun durch die modernen TDI realisiert. Beim Betrachten der aktuellen Hightech-Motoren hat man Mühe, noch verwandtschaftliche Beziehungen zum alten Wirbelkammer-Motor zu erkennen, der 1976 Urahn des TDI wurde.

Mit einem Wort: Das Leistungsvermögen, das TDI-Motoren wie diejenigen des Fabia heute bieten, hat den Diesel zu einem sportlichen Triebwerk werden lassen. Im Modelljahr 2003 präsentierte Škoda – zunächst im Rahmen des internationalen Genfer Automobilsalons – daher auch folgerichtig neue Dieseltriebwerke für den Fabia: Eine TDI PDE-Version, die mit 96 kW/130 PS leistungsstärker ist als bisher, und einen besonders sparsamen Dreizylinder-Dieselmotor, den 1,4 Liter TDI PDE mit 55 kW/75 PS.

Die Bauteile des Motors

Technik-lexikon

Motorblock: Hier sind die beweglichen Teile gelagert. Der Motorblock trägt auch Aggregate wie Generator und Anlasser.
Zylinderkopf: Schließt den Zylinderraum nach oben ab. Er enthält Ansaug- und Abgaskanäle, Wasserkanäle, die Ventilsitze, Lager und Führungen für Teile der Ventilsteuerung sowie Einspritzventile (oder Pumpe-Düse-Einheiten) und Glühkerzengewinde sowie den Brennraum. Die Zylinderkopfdichtung zwischen den Metallflächen von Zylinderkopf und Zylinderblock verhindert, dass an dieser Stelle Luft und Kühlwasser in den Zylinder gelangen.
Zylinder: Bilden zusammen mit dem Zylinderkopf den Verbrennungsraum (Hubraum). Sie sind glatt ausgeschliffen (gehont) und exakt auf den Kolbendurchmesser abgestimmt. Für die Kühlung sorgt Wasser, das durch Kanäle in der Zylinderwand fließt.
Kolben: Bewegen sich in den Zylindern, nehmen den Verbrennungsdruck auf und geben ihn über die Pleuel an die Kurbelwelle weiter. Die Hauptbestandteile sind Kolbenboden, Ringzone mit Kolbenringen und Bolzenaugen für die Kolbenbolzen. Die oberen Kolbenringe (Verdichtungsringe) verhindern, dass Gas aus dem Verbrennungsraum ins Kurbelgehäuse entweicht. Der untere Ring (Ölabstreifring) führt überschüssiges Schmieröl von der Zylinderwand in die Ölwanne zurück.
Pleuel: Verbinden den Kolben mit der Kurbelwelle. Ihre Bestandteile: Pleuelkopf (umschließt den Kolbenbolzen), Pleuelschaft, Pleuelfuß und Pleuellagerdeckel (umschließen den Kurbelzapfen).
Kurbelwelle: Wandelt das Auf und Ab der Kolben in eine Drehbewegung um. Ihre Teile: Wellenzapfen (für Lagerung im Kurbelgehäuse), Kurbelzapfen, Kurbelwangen (verbinden Kurbelzapfen und Wellenzapfen).
Ventile: Die Einlassventile lassen Frischgas in den Zylinder strömen, durch die Auslassventile gelangen die Abgase in den Auspuff. Sämtliche Teile, die am Öffnen und Schließen der Ventile beteiligt sind, bezeichnet man zusammenfassend als Ventiltrieb.
Nockenwelle: Öffnet und schließt die Ventile zum richtigen Zeitpunkt. Jedes Ventil wird über hydraulische Tassenstößel oder Rollenschlepphebel von einem Nocken betätigt. Die Nockenwelle wird über einen Zahnriemen von der Kurbelwelle angetrieben.
Keilrippenriemen: Treibt mit Motorkraft eine Reihe von Nebenaggregaten an: Generator, Kühlmittelpumpe, Ölpumpe für Servolenkung, Klimakompressor.
Turbolader: Baugruppe zur Aufladung, d.h. zur besseren Versorgung des Zylinders mit Frischluft für die Verbrennung. Steigert die Motorleistung. Der Turbolader nutzt die Abgase als Antriebsenergie.

Die Benzinmotoren

Der 1,0 Liter-Motor AQV (ARV)

Der Zylinderblock dieses Ottomotors mit dreifach gelagerter Kurbelwelle besteht aus Aluminium-Druckguss. Der Motor, der zunächst mit den Buchstaben ATY, dann ARV gekennzeichnet wurde und gegenwärtig die Kennbuchstaben AQV trägt, arbeitet mit zwei Ventilen pro Zylinder, die über Stößel, Stößelstangen und Kipphebel angetrieben werden. Der Ventilspielausgleich erfolgt hydraulisch. Die unten liegende Nockenwelle wird mit einer Doppelrollenkette in Bewegung gesetzt. Das Management der MPI (Multipoint Injection) wird von einem Simos-Motorsteuergerät (3PB) übernommen. Die Hochspannungsverteilung ist ruhend, die Einspritzung erfolgt sequenziell.
Das 37 kW-Triebwerk bietet bei 3.250 Umdrehungen pro Minute sein maximales Drehmoment von 84 Nm. Die neueren Motorversionen genügen den Abgasnormen D4 und EU4.

Der 1,2 Liter-Motor AWY

Dieser Dreizylinder-Ottomotor, mit dem der Schrägheck-Fabia zum Saisonstart 2003 aufwartete, soll in der Basismotorisierung den 1,4 Liter-Motor mit 44 kW ablösen. Zylinderblock und -kopf bestehen aus Aluminium. Eine Ausgleichswelle im Kurbelgehäuse wirkt den (für Dreizylinder typischen) Schwingungen entgegen. Die oben liegende Nockenwelle wird über eine Kette angetrieben. Dieser Antrieb soll für die gesamte Lebensdauer des Motors wartungsfrei sein.
Der Katalysator unmittelbar hinter dem Auspuffkrümmer erwärmt sich nach Kaltstart besonders rasch. Das senkt den Verbrauch und reduziert die Emissionen. Besonderer Vorzug des neuen Motors ist ein hohes Drehmoment (106 Nm) schon bei niedrigen Drehzahlen (3.000 Umdrehungen/Minute). Das Triebwerk wird deswegen HTP = High Torque Power genannt: Viel Zugkraft bei geringen Drehzahlen, also flüssige und bequeme, geschmeidige und sparsame Fahrweise.

Die 1,4 Liter-Motoren AZF, AQW, BBY und BBZ

Diese Motorengruppe bildet die Basismotorisierung des Fabia. Die 1,4 Liter-Motoren AZF und AQW (44 und 50 kW) sind identisch aufgebaut: Vierzylinder-Reihenmotoren mit 2 Ventilen pro Zylinder, (sequenzielle) Multipoint-Einspritzung, Management über Simos 3PB/3PA, ruhende Hochspannungsverteilung.

Die 1,4 Liter-Motoren BBY und BBZ (55 und 74 kW) sind Vertreter einer neuen Motorengeneration: Neue Technik mit Leichtbau kombiniert. Das Kurbelgehäuse ist aus Aluminium-Druckguss, die Zylinderlaufbuchsen aus Grauguss sind eingegossen. Der Zylinderkopf nimmt das Gehäuse für die beiden oben liegenden Nockenwellen auf. Die Motoren arbeiten mit vier Ventilen je Zylinder. Das maximale Drehmoment von 126 Nm wird vom BBY bei 3.800, vom BBZ bei 4.400 Umdrehungen erreicht. Seine Höchstleistung von 55 kW/75 PS erreicht der BBY bei 5.000 Umdrehungen, der BBZ braucht für seine Spitzenleistung 74 kW/101 PS 6.000 Umdrehungen. Die Nockenwelle für die Auslassventile wird durch Zahnriemen von der Kurbelwelle angetrieben. Die Kraftübertragung von der Auslass- zur Einlassnockenwelle erfolgt durch einen zweiten Zahnriemen (Koppeltrieb). Die Einlassventile werden über Rollenschlepphebel betätigt. Mit dem modernen Motormanagement (sequenzielle Multipoint-Einspritzung) ME 7.5.10 von Bosch (Vorgängersystem: Magneti Marelli 4LV) erreichen die Motoren mit ihren zwei Katalysatoren und zwei Lambda-Sonden die EU 4-Abgasnorm.

Der leistungsstärkere BBZ (Vorgänger AUB) weist gegenüber dem BBY (Vorgänger AUA) einige Unterschiede auf: Kolben mit höherer Festigkeit, Zylinderkopf mit größeren Ansaug- und Abgaskanälen, den Nockenwellen angepasste Steuerzeiten, Aluminium-Ölwanne für größere Steifigkeit des Aggregats. Beide Motorenversionen sind mit der Duocentric-Ölpumpe ausgestattet, die unmittelbar am vorderen Zapfenbereich der Kurbelwelle angeordnet ist.

Die Kräftigeren: *1,4 Liter-Benzintriebwerk mit Vierventiltechnik. Bei diesen Motoren ist der Luftfilter Teil der oberen Motorabdeckung.*

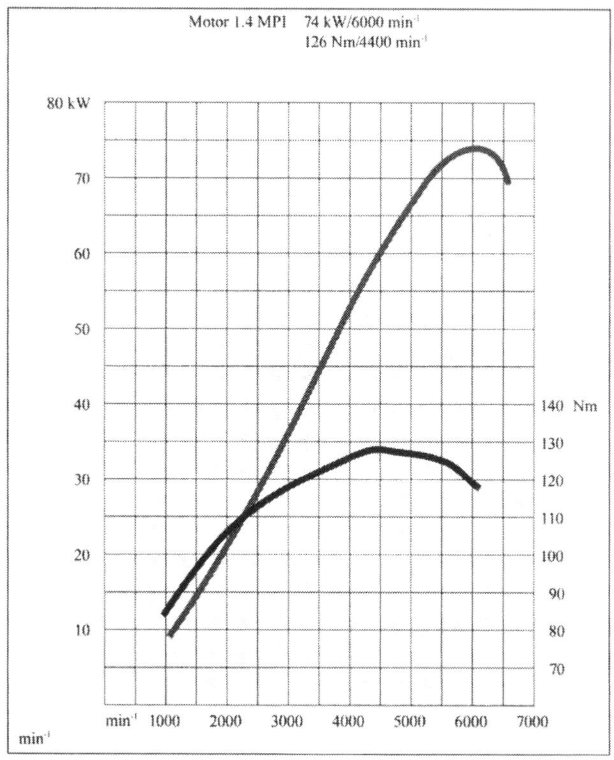

Leistungsdiagramm des BBZ: *Die steile Kurve gibt die Leistung an (Parameter links), die flache Kurve das Drehmoment (Parameter rechts) in Abhängigkeit von der Drehzahl (horizontale Achse). Die Spitzenleistung wird erst bei der hohen Drehzahl von 6.000 Umdrehungen pro Minute erreicht.*

Der Basismotor: *Ein 1,4 Liter-Benzintriebwerk mit Multipoint-Injection.*

Der 2,0 Liter-Motor AZL

Dieser leistungsstarke Motor ist ein Reihen-Vierzylinder mit 1984 cm^3 Hubraum. Der seit 08.00 gebaute Motor ist in den meisten Parametern und Aufbaudetails identisch mit den von Škoda Auto im Octavia eingesetzten AZH und AZJ. Er wird mit Bosch-Steuerungstechnik ME7.5 kombiniert.

Das Triebwerk weist eine ausgezeichnete Flexibilität im Betrieb auf, was ein sehr dynamisches Fahren ermöglicht. Zwei Ausgleichswellen vermindern Lärm und Vibrationen.

Der Motorblock ist bauähnlich dem des ebenfalls im Octavia eingesetzten 1,8 Liter Turbo. Die Ventilsteuerung erfolgt über hydraulische Tassenstößel, die ruhende Hochspannungs-Zündverteilung über zwei Doppelfunken-Zündspulen. Seine Spitzenleistung von 85 kW/115 PS erreicht der Motor bei einer Drehzahl von 5.400 pro Minute. Bei 2.500 Umdrehungen pro Minute bietet er sein maximales Drehmoment von 172 Nm. Die Abgasgrenzwerte erfüllen die Anforderungen der EU 4-Norm.

Alle Spitzenwerte gelten bei Betrieb mit Kraftstoff Super bleifrei 95 ROZ. Wird ausnahmsweise Normalbenzin 91 ROZ verwendet, steht nicht die volle Leistung zur Verfügung.

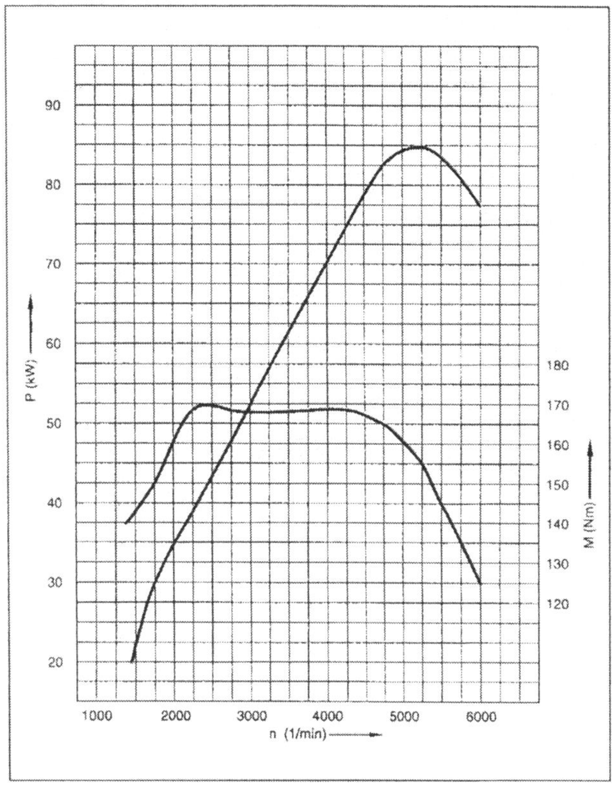

Leistungsdiagramm des AZL: *Die steile Kurve gibt die Leistung an (Parameter links), die flache Kurve das Drehmoment (Parameter rechts) in Abhängigkeit von der Drehzahl (horizontale Achse).*

Fabia-Triebwerk mit dem größten Hubraum: *Der 2,0 Liter-Motor mit 85 kW Leistung. Die Bezugsmarken- und Drehzahlerkennung erfolgt über ein Geberzahnrad an der Kurbelwelle mit 58 Zähnen und einer Lücke von zwei Zähnen.*

Die Dieselmotoren

Der 1,9 Liter SDI-Motor ASY

Bei der Ausstattung mit leistungsfähigen Dieselmotoren profitiert der Fabia von der langjährigen erfolgreichen Entwicklung durch Volkswagen und Audi. Das gilt vor allem hinsichtlich der TDI-Technologie, aber auch für den 1,9 Liter SDI. Dieser anspruchslose Saugdiesel, ein Direkteinspritzer ohne Turbolader, gibt sich mit durchschnittlich 4,7 Litern Kraftstoff (mindestens CZ 49 oder Biodiesel RME) auf 100 Kilometer zufrieden. Es ist ein Triebwerk, dass sich schon seit einigen Jahren im VW Polo bewährt hat. Der Motor arbeitet mit zwei Ventilen pro Zylinder und leistet damit 47 kW (64 PS). Es ist ein sehr komfortabler Antrieb für kostenbewusste Fahrer: günstig in der Anschaffung und im täglichen Betrieb.

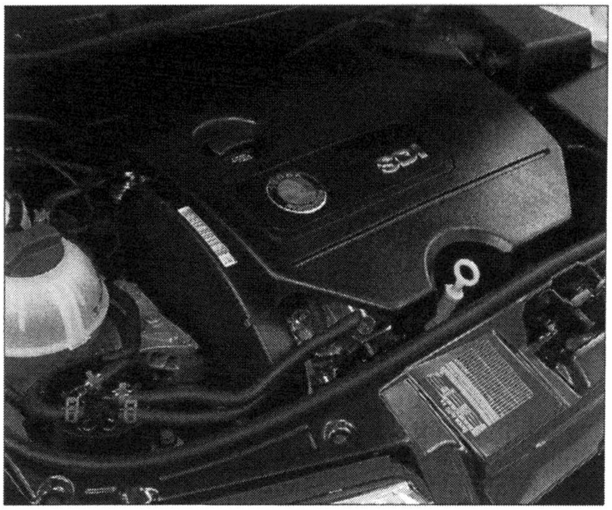

Blick in den Motorraum des Fabia mit Saugdieselmotor.

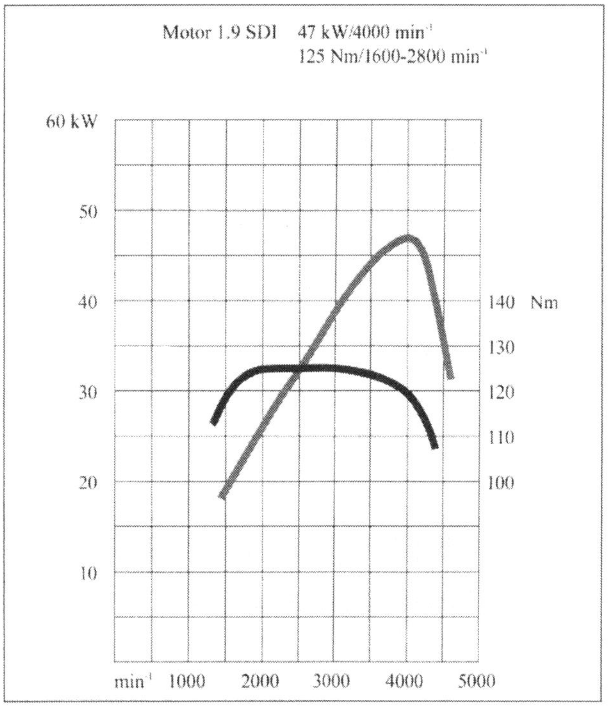

***Leistungsdiagramm des ASY:** Die steile Kurve gibt die Leistung an (Parameter links), die flache Kurve das Drehmoment (Parameter rechts) in Abhängigkeit von der Drehzahl (horizontale Achse). Deutlich ist der Vorzug des Dieselmotors erkennbar - gleichmäßiges Drehmoment über einen weiten Drehzahlbereich (gut 120 Nm zwischen 1.600 und 3.800 Umdrehungen).*

Der 1,9 Liter TDI-Motor ATD

Gut bewährt in den zurückliegenden Jahren hat sich auch der gleichermaßen kräftige wie sparsame 1,9 Liter TDI, der in der Version mit 74 kW (100, exakt: 101 PS) für den Fabia verwendet wird. Bei 4.000 Umdrehungen pro Minute entfaltet dieses Triebwerk seine Höchstleistung, und das maximale Drehmoment von 240 Nm wird in dem erstaunlich niedrigen Drehzahlbereich zwischen 1.800 und 2.400 Umdrehungen pro Minute erreicht. Der durchschnittliche Verbrauch liegt mit 5,2 Liter Dieselkraftstoff tatsächlich auf Sparkurs. Dieser TDI mit den Kennbuchstaben ATD arbeitet mit Pumpe-Düse-Technologie. Erst seit dem Jahr 2000 wurde diese neuartige Hochdruck-Einspritzung mit Drücken über 2000 bar von Volkswagen in den Pkw-Bereich eingeführt, und der 1,9 Liter TDI war dafür der Prototyp. Der ATD arbeitet mit Einspritzdrücken der vier Pumpe-Düse-Einheiten von 2050 bar (205 MPa). Der rückfließende Kraftstoff wird, vom Fahrtwind unterstützt, über eine Kühlplatte am Fahrzeugboden gekühlt, um den Kraftstoffbehälter vor zu heißem Kraftstoff zu schützen. Die Fabia-Dieselmotoren, SDI wie TDI, erfüllen die Abgasnorm EU 3. Ihr Motormanagement wird von ebenfalls vielfach bewährten Boschsystemen besorgt.

Das Viertaktprinzip — Technik-lexikon

Die Motoren Ihres Fabia sind Viertaktmotoren: Ein Arbeitszyklus des Kolbens im Zylinder umfasst vier Takte. Der Raum, den die Kolben bei ihrer Bewegung innerhalb der Zylinder durchmessen, ist der **Hubraum**. Wenn der Kolben in diesem seinen höchsten Punkt erreicht hat, bleibt noch der Brennraum, in dem sich das Kraftstoff-Luft-Gemisch befindet. Hubraum und Brennraum bilden zusammen den **Zylinderraum**. Das Verhältnis des Zylinderraums zum Brennraum gibt an, auf den wievielten Teil des Zylinderraums das Kraftstoff-Luft-Gemisch verdichtet wird. Bei Dieseln beträgt dieses **Verdichtungsverhältnis** in der Regel etwa 20:1 (Fabia: SDI 19,5:1, TDI 19:1). Bei Benzinmotoren beträgt die Verdichtung um 10:1 (Fabia: Vierzylinder 10:1 oder 10,5:1; Dreizylinder 10,8:1). Die vier Takte stellen sich im Einzelnen folgendermaßen dar:

Beim Ottomotor

Ansaugen (1. Takt): Kolben geht nach unten zum Unteren Totpunkt (UT). Einlassventil öffnet, das Kraftstoff/Luft-Gemisch strömt in den Zylinder.

Verdichten (2. Takt): Kolben bewegt sich vom UT zum Oberen Totpunkt (OT). Einlassventil schließt. Der Kolben verdichtet das eingeströmte Gemisch.

Verbrennen (3. Takt): Kurz vor dem OT springt an der Zündkerze der Funke über. Das Gemisch verbrennt und drückt den Kolben zum UT. Über das Pleuel wird die Kurbelwelle in Umdrehung versetzt.

Ausstoßen (4. Takt): Kolben bewegt sich wieder nach oben. Auslassventil öffnet, die verbrannten Gase werden ins Auspuffsystem geschoben.

Beim Dieselmotor

Ansaugen (1. Takt): Kolben geht nach unten zum unteren Totpunkt (UT). Einlassventil öffnet, Luft strömt in den Zylinder.

Verdichten (2. Takt): Kolben bewegt sich vom UT zum oberen Totpunkt (OT). Einlassventil schließt. Der Kolben verdichtet die eingeströmte Luft und erhitzt sie damit auf Zündtemperatur und darüber (bei den TDI über 600 °C). Die Einspritzdüse spritzt Kraftstoff in den Brennraum.

Verbrennen (3. Takt): Kurz vor dem OT zündet das Gemisch. Es verbrennt und drückt den Kolben zum UT. Über das Pleuel wird die Kurbelwelle in Umdrehung versetzt.

Ausstoßen (4. Takt): Kolben bewegt sich wieder nach oben. Auslassventil öffnet, die verbrannten Gase werden ins Auspuffsystem (und in den Turbolader) geschoben.

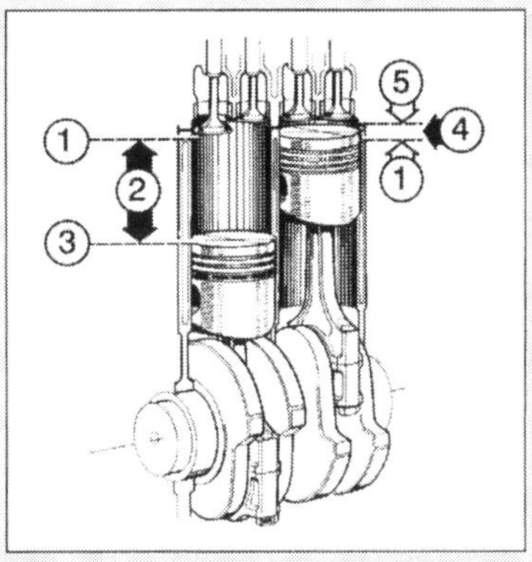

Schnitt durch den Zylinderraum: *❶ oberer Totpunkt, ❷ Hubraum, ❸ unterer Totpunkt, ❹ Brennraum, ❺ Wölbung des Zylinderkopfes.*

Die Motor-Identifizierung

Mit welchem Motor Ihr Fahrzeug ausgestattet ist, können Sie dem Fahrzeugdatenträger im Serviceplan oder natürlich den amtlichen Fahrzeugpapieren für Ihr jeweiliges Fabia-Modell entnehmen. Die zuverlässigste Methode zur exakten Identifizierung des Triebwerks besteht darin, die Kennbuchstaben (in der von uns behandelten Motorenpalette, also die Buchstabenkombinationen AQV, AZF, AQW, BBY, BBZ, AZL, AWY, ASY und ATD) mit der laufenden Nummer am Motorblock zu suchen: Bei den Motoren AQV und AZF befindet sich die Motornummer auf der riemenscheibenseitigen Stirnfläche des Zylinderblocks an der Schnittstelle zum Zylinderkopf; bei den Motoren BBY und BBZ auf der getriebeseitigen Stirnfläche des Zylinderblocks unterhalb des Kühlmittelreglergehäuses; bei den Motoren AWY, AZL, ASY und ATD vorn am Motorblock an der Trennfuge Motor/Getriebe. Ferner gibt es Aufkleber mit der Motornummer bei Motorisierung mit AQV oder AZF (ARV oder AZE) am Zylinderkopfdeckel, bei AWY-Motorisierung am Steuerraddeckel sowie bei Motorisierung mit BBY und BBZ (AUA und AUB), AZL, ASY und ATD auf dem Zahnriemenschutz.

Die Schlüsselbuchstaben

Im Kapitel »Die Modellvorstellung« haben wir bereits über die Bedeutung der verschlüsselten Angaben zur genauen Identifizierung des gesamten Fahrzeugs informiert. Danach beschreiben die Schlüsselbuchstaben in Position 3 den jeweils eingebauten Motor nach Kraftstoffart, Hubraum und Höchstleistung. In der folgenden tabellarischen Übersicht der Fabia-Motoren zum Abschluss der hier im Motoren-Kapitel behandelten Triebwerkspalette geben wir auch diese Schlüsselbuchstaben noch einmal an.

Motoren des Škoda Fabia

Motortyp	Kennbuchstaben (in Klammern: Vorgänger)	Schlüsselbuchstaben (in der Fahrzeug-Identifizierungsnummer)	Hubraum in cm^3	Leistung in kW / PS
4-Zylinder-Ottomotoren				
1,0 Liter	AQV (ARV)	A	997	37 / 50
1,4 Liter	AZF (AZE)	H	1397	44 / 60
1,4 Liter	AQW (ATZ)	B	1397	50 / 68
1,4 Liter	BBY (AUA)	C	1390	55 / 75
1,4 Liter	BBZ (AUB)	D	1390	74 /101
2,0 Liter	AZL	E	1984	85 /115
3-Zylinder-Ottomotor 1,2 Liter	AWY	W	1198	40 / 55
4-Zylinder-Dieselmotoren				
1,9 Liter SDI	ASY	F	1896	47 / 64
1,9 Liter TDI Pumpe-Düse	ATD	S	1896	74 /101

Arbeiten am Motor

Bei den Motoren Ihres Fabia handelt es sich um aufwändige Konstruktionen. Auch ein versierter Heimwerker kann daran kaum noch etwas selbst reparieren. Reparaturen und Einstellarbeiten am Motor sind fast immer eine Sache für die Werkstatt. Dafür braucht man Fachwissen und Erfahrung, Spezialwerkzeuge, Prüf- und Messgeräte und andere Hilfsmittel.
Aus- und Einbau des gesamten Motors beschreiben wir daher nicht. Werkstattkran, Motor-Getriebeheber, Aufhängevorrichtung, Auffangwanne und ähnliche Ausrüstungen werden Sie kaum verfügbar haben. Grundsätzlich aber gilt: Der Motor wird zusammen mit dem Getriebe nach unten ausgebaut. Alle Schlauchverbindungen sind nach Arbeiten daran mit Federband- oder Schraubschellen zu sichern. Für Kraftstoffschläuche dürfen prinzipiell nur Federbandschellen verwendet werden.
Einige Prüf- und Wartungsarbeiten können Sie in Eigenregie durchführen. Diese gängigen Arbeiten wollen wir im Folgenden beschreiben. Immer aber muss nachdrücklich gefragt werden: Was kann ich als Selbermacher wirklich tun? Schon ein falsch ausgetauschter Zahnriemen kann schwere Schäden an Kolben und Ventilen verursachen. Wenn Sie nicht sicher sind, ob Sie eine Arbeit an den Innereien des Motors fachgerecht durchzuführen vermögen: Verzichten Sie aufs Do it yourself! Überlassen Sie Reparaturen an Zylinderkopfdichtung, Ventilen und Ladeluftsystem der Werkstatt, ebenso die Beseitigung eines Lagerschadens oder etwa den Ausbau der Kurbelwelle.

Die Motorverkleidungen

Die Triebwerke Ihres Fabia sind - zumindest teilweise – mit Kunststoff-Teilen verkleidet. Die oberen Abdeckungen haben zumeist optische Funktion, schützen aber auch den Motor und enthalten eine Materialfüllung zur Geräuschdämmung. In einigen Fällen bilden obere Motorabdeckung und Luftfilter eine Einheit. Unterhalb der Motoren dient die Abdeckung in erster Linie zur Geräuschdämmung. Unter den Dieselmotoren kommt die wannenförmige große Geräuschdämmungsplatte auch der Aerodynamik zugute.
Bei vielen Arbeiten am Motor und im Motorraum müssen Sie die Verkleidungen abnehmen. Bei den oberen Abdeckungen ist das relativ einfach: Schrauben oder Clipse sind schnell gelöst. Schwieriger wird es, die untere Motorabdeckung (Geräuschdämmung, Dämpfungswanne) auszubauen. Um das Aufbocken kommen Sie dabei nicht herum. Aber wenn Sie Kühlflüssigkeit oder Öl wechseln wollen, müssen Sie nun einmal die Abdeckung an der Motorunterseite entfernen.

Motorabdeckungen aus-/einbauen

Arbeitsschritte

Oben Ausbau: Benzinmotoren 1,0 l, 1,4 l 44 und 50 kW (AQV, AZF, AQW)

① Hebeln Sie mit einem flachen Schraubendreher das Logo ❷ und die Abdeckkappe ❸ vorsichtig ab.

② Drehen Sie die beiden Muttern ❹ heraus und ziehen Sie den Ölmessstab ❻ ab. Der Verschluss ❺ vom Öleinfüllstutzen braucht nicht abgeschraubt zu werden.

③ Ziehen Sie nun die Motorabdeckung ❶ nach oben ab.

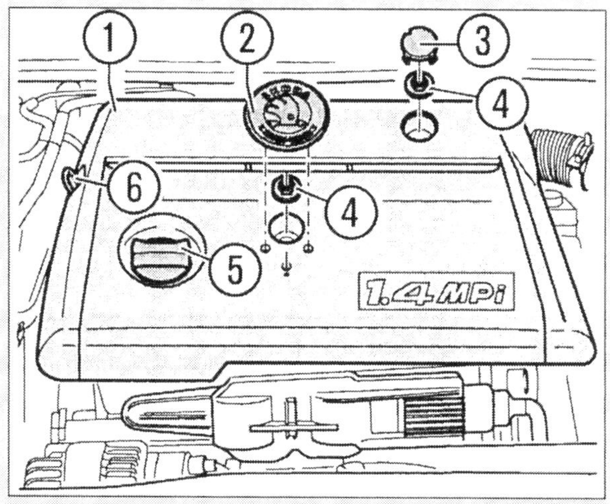

Abdeckung bei Motoren AQV, AZF und AQW: ❶ Abdeckung, ❷ Škoda-Logo, ❸ Abdeckkappe für Befestigungsmutter, ❹ Muttern (5 Nm), ❺ Verschluss des Öleinfüllstutzens, ❻ Ölmessstab.

Benzinmotoren 1,2 l 40 kW (AWY)

① Bauen Sie die Luftführung ❹ vom Schlossträger ab und den Schlauch aus den Halteschellen ❶ aus.

② Ziehen Sie die Schläuche ❷ und ❸ ab.

③ Nehmen Sie jetzt die Abdeckung mit Luftfilter ❺ nach oben heraus.

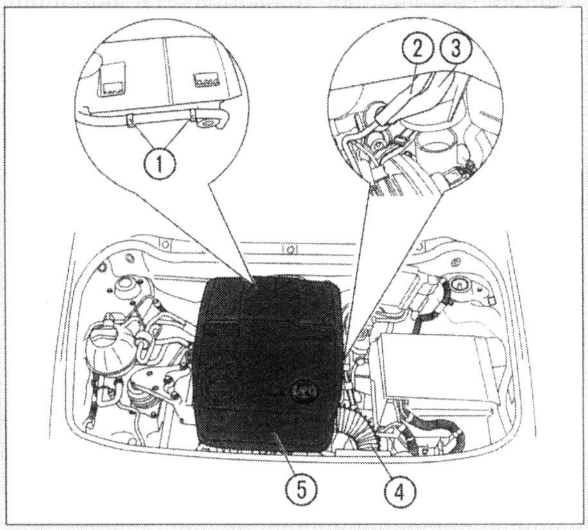

Abdeckung bei Motoren AWY: ❶ *Halteschellen für Schlauchleitung,* ❷ *und* ❸ *Schläuche,* ❹ *Luftführung,* ❺ *Abdeckung mit Luftfilter.*

Benzinmotoren 1,4 l 55 und 74kW, 2,0 l; Dieselmotoren 1,9 l SDI (BBY, BBZ, AZL; ASY)

① Die obere Motorabdeckung (Motorschutz) ist eingeclipst. Ziehen Sie die Abdeckung hinten und vorn ruckartig nach oben ab.

Dieselmotoren 1,9 l TDI (ATD)

① Die Abdeckung ist vorn eingeclipst und steckt hinten in einer Befestigung. Ziehen Sie die Abdeckung ruckartig nach oben (Pfeile A).

② Ziehen Sie dann die vorn angehobene Abdeckung nach vorn aus der hinteren Befestigung (Pfeil B) und nehmen sie nach oben heraus.

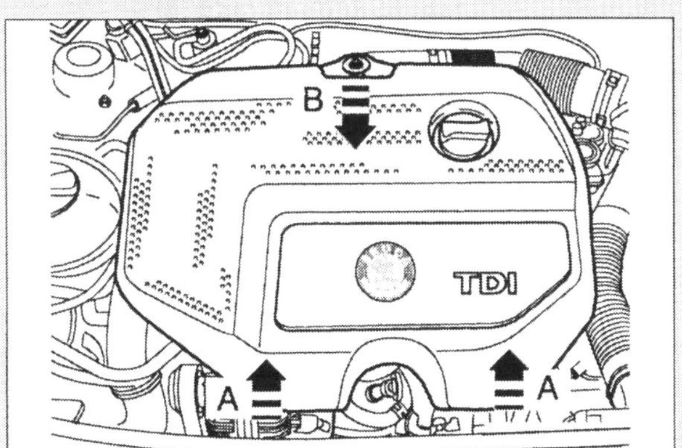

Abdeckung bei Motoren ATD: *Die Pfeile A geben die Richtung des ruckartigen Ziehens nach oben an, Pfeil B weist auf das Herausziehen nach vorn aus der hinteren Halterung.*

Oben Einbau:

Die jeweilige Abdeckung im umgekehrten Ausbausinne wieder einbauen.

Unten Ausbau:

Benzinmotoren 1,0 l, 1,2 l, 1,4 l 44 und 50 kW (AQV, AWY, AZF, AQW)

① Schnellspannmuttern an den sechs durch Pfeile markierten Befestigungspunkten abschrauben.

② Abdeckung nach unten herausnehmen.

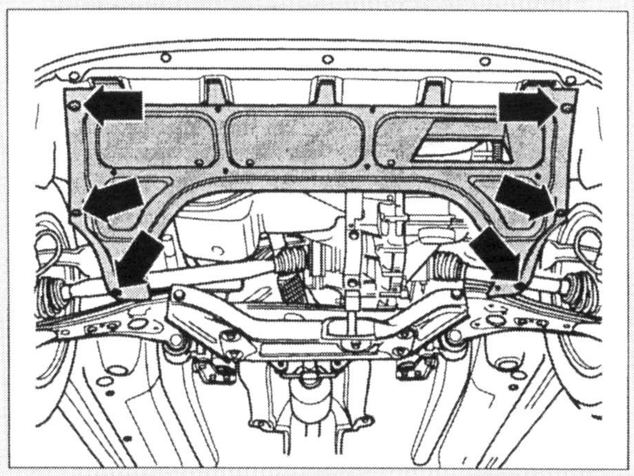

Untere Abdeckung (Geräuschdämmung) bei Benzinmotoren AQV, AWY, AZF, AQW: *An den Befestigungsstellen (Pfeile) lösen.*

Benzinmotoren 1,4 l 55 und 74 kW (BBY, BBZ)

① Schrauben an den neun durch Pfeile markierten Befestigungspunkten abschrauben.

② Abdeckung nach unten herausnehmen.

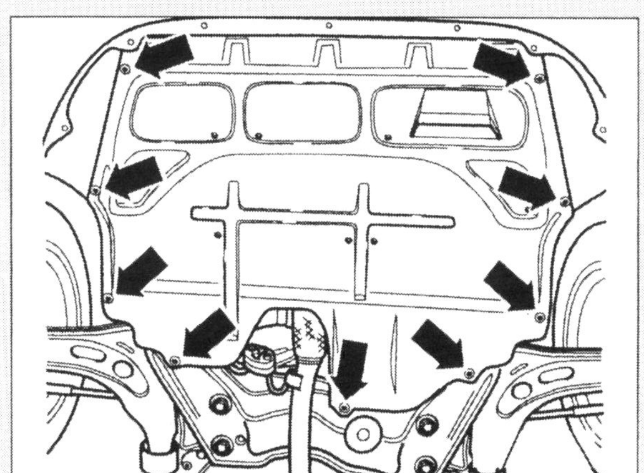

Untere Abdeckung (Geräuschdämmung) bei Benzinmotoren BBY, BBZ: *An den Befestigungsstellen (Pfeile) lösen.*

Dieselmotoren 1,9 l SDI und TDI (ASY, ATD)

① Geräuschdämmung an den neun durch Pfeile gekennzeichneten Stellen lösen. Teils Verschraubungen, teils Schnellspannelemente.

② Geräuschdämmung nach unten herausnehmen.

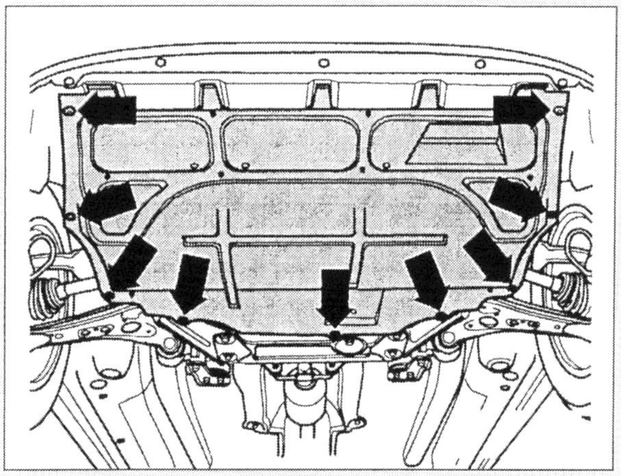

Untere Abdeckung (Geräuschdämmung) bei Dieselmotoren ASY, ATD: An den Befestigungsstellen (Pfeile) lösen.

Unten Einbau:

Die jeweilige Abdeckung im umgekehrten Ausbausinne wieder einbauen.

Sichtprüfung Motor und Motorraum

Wenn Sie die Motorabdeckungen abgebaut haben, ist zur ersten Einschätzung des Motorzustandes und der eventuellen Notwendigkeit von Reparaturen eine Sichtprüfung auf Undichtigkeiten und Beschädigungen vorzunehmen. Kontrollieren Sie dabei Motor und Motorraum genau:

- Prüfen Sie die Leitungen, Schläuche und Anschlüsse von Kraftstoffanlage, Kühl- und Heizsystem sowie Bremsanlage auf Undichtigkeiten und Verschleiß.
- Registrieren Sie sorgfältig jede Scheuerstelle, Porosität und Brüchigkeit. Geringfügig ölfeuchte Stellen sind dabei unbedenklich. Etwas Schmiermittel schwitzen sämtliche Motoren gelegentlich aus.
- Deutlichen Ölnässen dagegen, vor allem wenn Sie Ölflecken unter dem geparkten Wagen festgestellt hatten, müssen Sie unbedingt auf den Grund gehen. Günstig wäre es, den Motor mit Reiniger und Dampfstrahlgerät zu säubern und eine Probefahrt von einigen Kilometern zu machen. Danach kontrollieren, ob irgendwo Öl ausgetreten ist.
- Mögliche Ölaustrittsstellen sind die Abdichtungen von Kurbelwelle und Nockenwellen, die Dichtungen am Zylinderkopfdeckel und die Zylinderkopfdichtung sowie die Dichtungen an Öldruckschalter, Ölfilter, Ölkühler (hinter dem Filter) und Ölwanne.
- Führen Sie die Prüfung nach diesen Gesichtspunkten auch (nach Abnahme der Geräuschdämmung) von unten durch. Dazu ist es allerdings nötig, das Fahrzeug auf der Hebebühne anzuheben. Prüfen Sie Getriebe und Achsantriebe auf Undichtigkeiten: Ablassschraube, Antriebswellen, Schaltgestänge.
- Prüfen Sie ferner Lenkung, Dichtmanschetten der Spurstangenendstücke, Lenkmanschetten und Schutzhüllen der Achsgelenke auf Beschädigungen, Undichtigkeiten und richtigen Sitz.
- Alle festgestellten Mängel müssen unbedingt behoben werden.

Motor durchdrehen

Bei einer Reihe von Arbeiten an Motor und Zündung kommt es darauf an, dass sich die Kolben am oberen Punkt der Zylinderlaufbahn befinden (OT = Oberer Totpunkt). Beim Viertaktmotor kommt der Kolben während der vier Arbeitstakte zweimal in den OT: Einmal beim Zünden des Gemisches (Kompressionstakt; »Zünd-OT«) und zum zweiten Mal beim Ausstoßen der verbrannten Gase (Auspufftakt). Üblicherweise wird bei verschiedenen Einstellarbeiten der OT während des Zündzeitpunktes von Zylinder 1 gebraucht. Die Zylinder werden in der Reihenfolge von 1 bis 4 gezählt (Vier-Zylinder-Motor). Der Zylinder 1 befindet sich auf der Keilrippenriemenseite des Motors.
Den Motor können Sie auf verschiedene Art durchdrehen. Bei der **ersten** Möglichkeit muss das Fahrzeug seitlich vorn aufgebockt werden. Dann fünften Gang einlegen, Handbremse anziehen und das angehobene Vorderrad durchdrehen. Auf diese Weise können Sie mit einem Helfer die Kurbelwelle des Motors langsam und gleichmäßig drehen.
Steht das Fahrzeug auf ebener Fläche, kann der Motor – **zweite** Möglichkeit – nach Einlegen des fünften Gangs auch durch Vor- oder Zurückschieben des Wagens durchgedreht werden.

Schließlich (**dritte** Möglichkeit) können Sie das Getriebe in Leerlaufstellung schalten, die Handbremse anziehen und die Kurbelwelle an der Zentralschraube der Riemenscheibe (Schwingungsdämpfer) im Uhrzeigersinn durchdrehen. Der Motor darf **nicht** an der Befestigungsschraube des Nockenwellenrades durchgedreht werden. Der Zahnriemen würde sonst zu sehr beansprucht.

Motor im OT:

Der Kolben im Zylinder 1 steht im oberen Totpunkt (Zünd-OT), wenn die OT-Markierung am Nockenwellenrad mit der Bezugsmarke auf dem Zahnriemenschutz (meist ein Pfeil) übereinstimmt. In der Kurbelwelle befindet sich ferner genau hinter dem Verschlussstopfen der OT-Markierung am Kurbelgehäuse eine (fühlbare) OT-Bohrung.

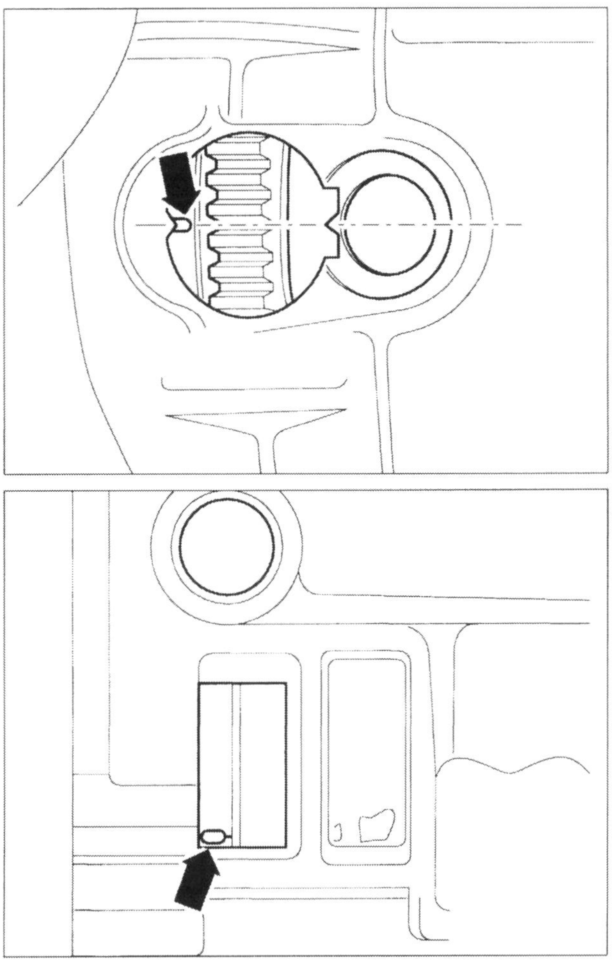

Kurbelwelle auf OT für Zylinder 1: *Der Pfeil zeigt den Stand der Markierung bei Fahrzeugen mit Schaltgetriebe (oberes Bild) oder mit automatischem Getriebe (unteres Bild).*

Praxistipp

Überdrehzahlen und Motorlebensdauer

Überdrehzahlen verkürzen die Lebensdauer des Motors in Ihrem Fabia. Drehen Sie das Triebwerk zu hoch (roter Bereich im Drehzahlmesser), gibt es ein unüberhörbares Brummen von sich, das durch Schwingungen der Kurbelwelle oder flatternde Teile des Ventiltriebs verursacht wird. Werden die Schwingungen zu stark, kann ein Ventilstößel brechen.

Das Ventil fällt aus, der Zylinder gibt keine Leistung mehr ab. Sie merken das an der nachlassenden Motorleistung. Im schlimmsten Fall brechen die Ventilfedern. Dann kann das Ventil auf den rasenden Kolben fallen. In der Regel bedeutet dies den Totalschaden des Motors.

Der Keilrippenriemen

Der Keilrippenriemen mit keilförmigem Querschnitt und charakteristischen längs laufenden Rippen treibt als wichtiger Teil des Kurbeltriebs alle entscheidenden Nebenaggregate wie Generator, Ölpumpe für die Servolenkung, Kühlmittelpumpe und Klimakompressor. Es wäre ein Super-Gau für den Motor, wenn dieser Riemen reißen würde.

Deshalb sind die Keilrippenriemen außerordentlich stabil. Ihre Prüfung ist nicht vorgeschrieben. Es kann jedoch nicht schaden, ab und zu einen Blick darauf zu werfen, denn sie werden stark belastet. Sie laufen über Keilriemenscheiben, Räder mit einer tiefen umlaufenden Rille. Die Flanken der Rille nehmen Kontakt mit den Riemenseiten auf. Dadurch wird die Kraft übertragen, wozu der Riemen Spannung benötigt. Diese darf nicht zu stark sein, sonst werden die Lager des angetriebenen Teils zerstört. Sie darf aber auch nicht zu gering sein, sonst rutscht der Riemen grässlich quietschend durch.

Mit der Zeit nutzt sich der Keilrippenriemen an den Flanken ab, er rutscht tiefer in die Rille und verliert etwas von seiner Spannung. Diese Abweichung wird von einer automatischen Spannvorrichtung korrigiert. Dennoch ist Prüfung nicht verkehrt.

Der Keilrippenriemen treibt u. a. den Generator, im Bild rechts oben. Das Beispiel zeigt den 1,2 Liter-Motor mit Klimakompressor (rechts unten).

Keilrippenriemen aus- und einbauen

Aus- und Einbau der Riemen sind aufwändig. Handelt es sich um Fahrzeuge mit Klimaanlagen (Klimakompressoren), muss zum Ausbau stets die untere Motorabdeckung (Geräuschdämpfung) abgebaut werden. Ferner muss unbedingt darauf geachtet werden, bei der Montagearbeit den Kältemittelkreislauf der Klimaanlage nicht zu öffnen. Wir demonstrieren hier für interessierte Schrauber das Prinzip.

Vor dem Ausbau müssen Sie mit Kreide, Filz- oder Fettstift auf den Riemen einen Pfeil in Laufrichtung zeichnen. Von der Riemenseite gesehen dreht der Motor rechtsherum, also im Uhrzeigersinn. Das Markieren der Laufrichtung ist für den etwaigen Wiedereinbau desselben Keilrippenriemens wichtig. Einbau entgegen bisheriger Laufrichtung erhöht den Verschleiß und kann zur Zerstörung führen.

Beim Aus- und Einbau des Riemens sind der Verlauf beim jeweiligen Motor, der unterschiedliche Verlauf mit oder ohne Klimakompressor sowie die Bedienung des Spannelements zu beachten. Was die Unterschiede im Riemenverlauf angeht, so müssen beim Fabia vier Fälle unterschieden werden:

- Riemenverlauf beim 1,0 Liter AQV sowie bei den 1,4 Litern AZF und AQW;
- Riemenverlauf beim 1,2 Liter AWY;
- Riemenverlauf bei den 1,4 Litern BBY und BBZ;
- Riemenverlauf bei den 1,9 Litern SDI (ASY) und TDI (ATD) sowie beim 2,0 Liter AZL.

Wir zeigen in den folgenden Škoda-Bildern diese Verläufe jeweils ohne (oberes Bild) und mit Klimakompressor (unteres Bild). Motoren mit Klimakompressor sind mit einem Doppelkeilrippenriemen ausgerüstet.

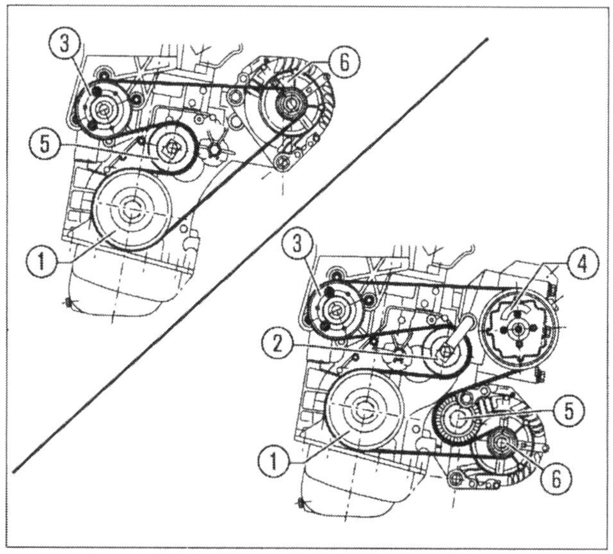

Riemenverlauf bei Motoren AQV, AZF, AQW: *❶ Riemenscheibe Kurbelwelle, ❷ Spannrolle, ❸ Riemenscheibe Kühlmittelpumpe, ❹ Riemenscheibe Klimakompressor, ❺ Umlenkrolle, ❻ Riemenscheibe Drehstromgenerator.*

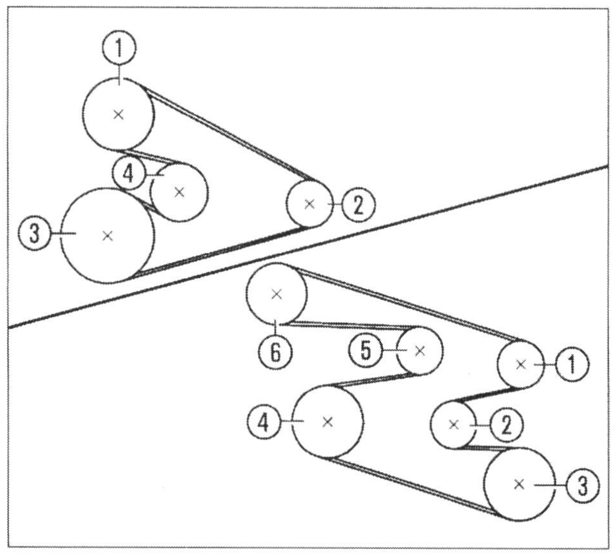

Riemenverlauf bei Motoren AWY: *❶ Riemenscheibe Kühlmittelpumpe (oben) bzw. Umlenkrolle (unten), ❷ Riemenscheibe Drehstromgenerator, ❸ Riemenscheibe Kurbelwelle (oben) bzw. Klimakompressor (unten), ❹ Spannrolle (oben) bzw. Riemenscheibe Kurbelwelle (unten), ❺ Spannrolle (unten), ❻ Riemenscheibe Kühlmittelpumpe (unten).*

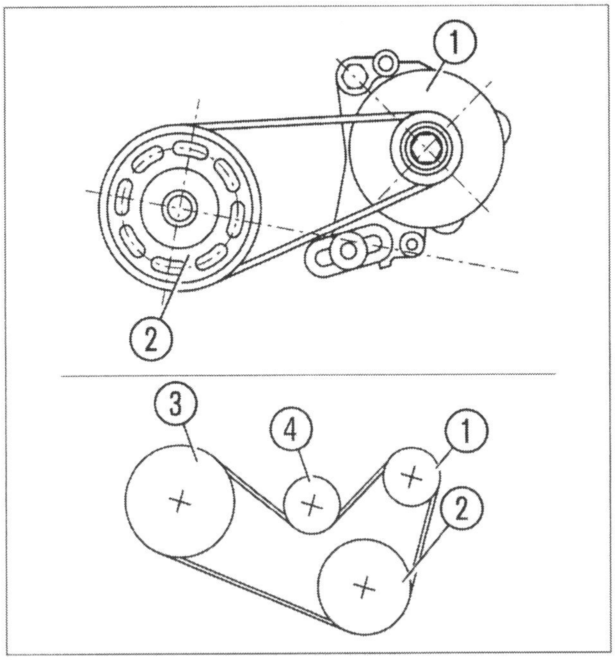

Riemenverlauf bei Motoren BBY, BBZ: ❶ *Riemenscheibe Drehstromgenerator,* ❷ *Riemenscheibe Kurbelwelle (oben) bzw. Klimakompressor (unten),* ❸ *Riemenscheibe Kurbelwelle (unten),* ❹ *Umlenkrolle (unten).*

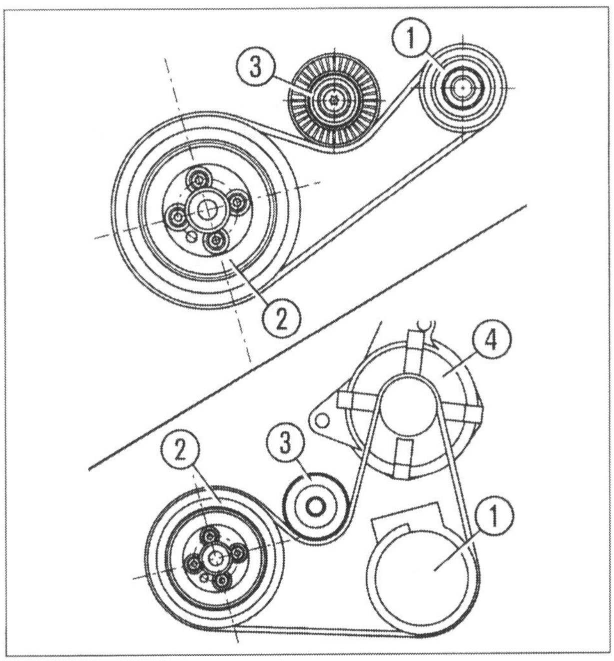

Riemenverlauf bei Motoren ASY, ATD, AZL: ❶ *Riemenscheibe Drehstromgenerator (oben) bzw. Klimakompressor (unten),* ❷ *Riemenscheibe Kurbelwelle,* ❸ *Umlenkrolle (oben) bzw. Spannrolle (unten),* ❹ *Riemenscheibe Drehstromgenerator (unten).*

Arbeits-schritte

① Zum **Ausbau** brauchen Sie je nach Motorisierung Schraubenschlüssel SW 15 oder 16, Torxschlüssel 50B oder Spezialschlüssel T30022. Mit dem jeweils zutreffenden Schlüssel wird das Spannelement geschwenkt und damit der Keilrippenriemen entspannt.

② Beim Entspannen muss die richtige Schwenkrichtung für das Spannelement beachtet werden.

③ Wenn der Riemen entspannt ist, lässt er sich abnehmen.

④ Der **Einbau** des Keilrippenriemens erfolgt grundsätzlich in umgekehrter Reihenfolge. Zu beachten ist vor allem, dass alle Aggregate (Generator, Klimakompressor, Kühlmittelpumpe) fest montiert sein müssen. Legen Sie den Riemen zuerst über die Kurbelwellen-Riemenscheibe und beachten Sie die Laufrichtung und den korrekten Sitz des Riemens in allen Riemenscheiben.

⑤ Bei Fahrzeugen ohne Klimakompressor wird der Riemen zuletzt am Drehstromgenerator, bei solchen mit Klimakompressor zuletzt am Kompressor aufgelegt.

⑥ Nach Abschluss der Arbeit Motor starten und Riemenlauf kontrollieren.

Riemenoberfläche prüfen

Arbeits-schritte

① Drehen Sie den Motor einige Male ganz durch (mit einem Steckschlüssel an der Riemenscheibe Kurbelwelle). Nur so können Sie wirklich alle Flächen des Keilriemens sehen. Oft hat der Riemen nur einen einzigen, aber tiefen Riss, der bei der Kontrolle möglicherweise genau auf der Riemenscheibe liegt.

② Wenn Sie bei der Kontrolle des Keilriemens unregelmäßige Schleifspuren an den Riemenflanken, poröse und fransige Oberfläche oder Unterbaurisse (Anrisse, Kernbrüche, Querschnittbrüche) feststellen, muss der Riemen gegen ein neues oder neuwertiges Teil ausgetauscht werden.

③ Der Riemen soll auch keine Fett- oder Ölspuren haben und nirgendwo glasige oder verhärtete Oberflächen aufweisen.

④ Schließlich dürfen auch keine Lagentrennung zwischen Deckschicht und Zugsträngen, keine Ausbrüche am Unterbau und kein Ausfransen der Zugstränge auftreten. In allen Fällen: Austausch.

Riemenspannung prüfen

Arbeitsschritte

① Drücken Sie Ihren Daumen kräftig, mit etwa fünf Kilogramm, auf den gespannten Riemen mittig zwischen zwei Scheiben. Mehr als 1,5 Zentimeter sollte er nicht nachgeben.

② Nun drücken Sie stärker. Der Riemen soll unter Widerstand nachgeben. Die Spannrolle muss zur Seite auslenken. Beim Loslassen schwenkt die Rolle zurück und strafft den Riemen. Hängt der Riemen lose über den Rädern, ist die Spannrolle defekt oder blockiert. Rolle austauschen oder Blockierung lösen!

Zahnriemen und Kette

Der Zahnriemen ist ein wichtiges Übertragungsteil vom Kurbeltrieb zur Ventilsteuerung. Seine Aufgabe ist der Antrieb der Nockenwellen. Der Zahnriemen sitzt außerhalb des Kurbelgehäuses auf Zahnrädern an Nockenwelle und Kurbelwelle, die im Verhältnis 2:1 übersetzt sind. Die Nockenwelle läuft also mit der halben Drehzahl der Kurbelwelle.

Beim 1,2 Liter-Motor (AWY) und bei den 1,0 Liter- sowie den 1,4 Litermotoren geringerer Leistung (AQV, AZF, AQW) wird die Nockenwelle mit einer Kette angetrieben. Bei Reparaturen und Einstellarbeiten entsprechen Ein- und Ausbau der Kette den Arbeiten am Zahnriemen. Muss zur Reparatur die Kette gewechselt werden, muss immer ein kompletter Austausch von Kette sowie Kurbelwellen- und Nockenwellenzahnrädern erfolgen.

Der Zahnriemen besteht aus Kunststoff, der mit Stahldrahteinlagen verstärkt ist. Er muss nicht geschmiert und nicht nachgespannt werden. Für die Dieselmotoren empfiehlt Škoda-Auto jedoch bei den Hinweisen zu Inspektion und Wartung die Überprüfung auf Verschleiß, das Überprüfen und ggf. Ersetzen der Spannrolle und das Prüfen der Zahnriemenspannung.

Für die Prüfung werden die Klammern am oberen Zahnriemenschutz geöffnet und der Schutz vorsichtig abgezogen. Mit Lineal oder Messschieber wird dann die Riemenbreite gemessen. Unterschreitet sie 22 mm, muss der Zahnriemen ausgewechselt werden. Wenn die Riemenspannung nicht stimmt (Riemenfehler, Spannrolle defekt), sind ebenfalls Ausbau und Wechsel angesagt. Ansonsten wird der Riemen in ähnlicher Weise auf Schäden überprüft wie der Keilrippenriemen. Werden Mängel festgestellt, muss unbedingt ein Riemenwechsel erfolgen. Die Reparatur ist unerlässlich.

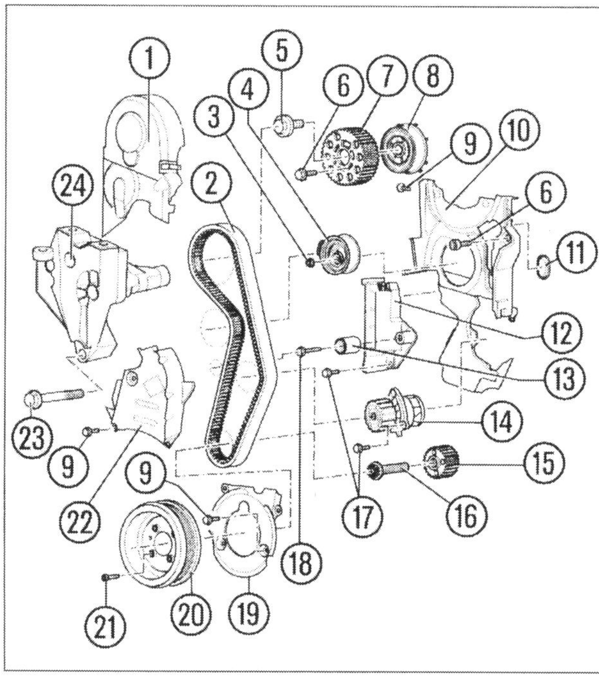

Montageübersicht Zahnriemen (TDI): *❶ Zahnriemenschutz Oberteil, ❷ Zahnriemen, ❸/❺/❻/❾/⓰/⓱/⓲/㉑/㉓ Schrauben und Spezialschrauben, ❹ Spannrolle, ❼ Nockenwellenrad, ❽ Nabe, ❿ Zahnriemenschutz hinten, ⓫ Tülle, ⓬ Spannvorrichtung für Zahnriemen, ⓭ Umlenkrolle, ⓮ Kühlmittelpumpe, ⓯ Zahnriemenrad Kurbelwelle, ⓳ Zahnriemenschutz Unterteil, ⓴ Riemenscheibe mit Schwingungsdämpfer, ㉒ Zahnriemenschutz Mittelteil, ㉔ Motorstütze.*

Der Koppeltrieb

Bei den 1,4 Liter-Motoren BBY und BBZ werden beide oben liegenden Nockenwellen mit Zahnriemen über Zahnräder angetrieben, wobei wegen der geringen Baubreite des Zylinderkopfes der Zahnriementrieb in Haupttrieb und Koppeltrieb geteilt ist. Mit dem Zahnriemen des Haupttriebes werden von der Kurbelwelle die Kühlmittelpumpe und die Einlassnockenwelle angetrieben. Eine automatische Spannrolle und zwei Umlenkrollen reduzieren die Schwingungen des Zahnriemens.

Unmittelbar hinter dem Zahnriemen des Haupttriebes befindet sich außerhalb des Nockenwellengehäuses der Zahnriemen des Koppeltriebes. Er überträgt den Antrieb von der Einlassnockenwelle auf die Auslassnockenwelle. Wiederum vermindert eine automatische Spannrolle die Zahnriemenschwingungen.

Schwieriger Aus- und Einbau

Der Wechsel des Zahnriemens ist eine außerordentlich aufwendige Montagearbeit. Es sind zahlreiche Spezialwerkzeuge (Einstellvorrichtung für OT-Punkt, Absteckstift oder Absteckplättchen, Zweilochmutterndreher, Einstelllineal, Motor-Abfangvorrichtung mit Füßen oder Kran, Winkelmessscheibe, Gegenhalter etc.) erforderlich. Macht man beim Justieren einen Fehler, riskiert man schwerste Motorschäden.
Der Riemenwechsel ist auch eine sehr diffizile Angelegenheit, weil der Umgang mit den (ölgedämpften) automatischen Spannelementen, der nötige Aus- und Einbau des Spannelements des Keilrippenriemens sowie der Aus- und Einbau des Zahnriemenschutzes Kenntnis und Erfahrung verlangen. Für die Montage und zum Einstellen der Steuerzeiten sind im Nockenwellengehäuse und in den Zahnrädern der Nockenwelle der Koppeltriebmotoren BBY und BBZ Passbohrungen vorhanden. Man muss dann mit einem Spezialwerkzeug beide Zahnräder fixieren.
Wegen dieser komplizierten Arbeiten sehen wir hier von Aus- und Einbauhinweisen ab. Wir müssen dringend dazu raten, den Wechsel der Zahnriemen (und analog der Kette mit den Kettenrädern) in der Werkstatt erledigen zu lassen.

Zahnriemen — **Gefahrenhinweis**

Arbeiten Sie dennoch am Zahnriemen, darf dieser keinesfalls geknickt werden! Ein auch nur ein einziges Mal geknickter Zahnriemen muss auf jeden Fall ersetzt werden. Der Riemen könnte beim späteren Betrieb reißen, was zu schweren Motorschäden führen kann.

Ebenso wichtig ist, dass kein Kolben auf OT stehen darf, wenn bei abgenommenem Zahnriemen die Nockenwellen gedreht werden. Schwer wiegende Schäden an Kolben oder Ventilen könnten die Folge sein.

Der Zylinderkopf

Leistungsverlust, Kühlflüssigkeits- und Ölverlust, keine Kompression auf zwei benachbarten Zylindern und Kühlflüssigkeit im Motoröl bzw. Öl in der Kühlflüssigkeit deuten mit ziemlicher Sicherheit auf eine defekte Zylinderkopfdichtung hin. Der Motor muss ausgebaut, der Zylinderkopf abgebaut werden. Auch diese Arbeiten mit Spezialwerkzeugen, Abfangvorrichtung oder Werkstattkran gehören in die Fachwerkstatt. Es sind Aggregate auszubauen, Leitungen zu trennen, Kühlmittel abzulassen, Unterdruckschläuche abzuziehen, vorderes Abgasrohr vom Krümmer und/oder Abgasrohr vom Abgasturbolader abzuschrauben, Keilrippenriemen und Zahnriemen auszubauen, der Motor anzuheben und – je nach Motor – weitere anspruchsvolle Arbeitsschritte nötig, bis die Zylinderkopfhaube abgeschraubt werden kann.
Zumal beim 2,0 Liter-Benzinmotor AZL ist der Zylinderkopf eine außerordentlich ausgefeilte Baugruppe. Dieser Querstrom-Zylinderkopf bietet durch Drallkanal und leistungsoptimierten Einlasskanal günstigste Gaswechsel zur Verbesserung von Fahrverhalten und Abgasemission.

Arbeitsregeln für den Zylinderkopf

Wird am Zylinderkopf gearbeitet, schreibt Škoda Auto einige grundsätzliche Regeln vor:

- Die Zylinderkopfschrauben sind in einer vorgegebenen Reihenfolge herauszuschrauben und einzudrehen (siehe Bilder). Sie müssen immer ersetzt werden. Das Eindrehen muss in Stufen erfolgen. In den Sacklöchern der Zylinderkopfschrauben im Zylinderblock dürfen sich weder Öl noch Kühlmittel befinden.
- Neue Zylinderkopfdichtungen sind mit äußerster Sorgfalt zu behandeln und erst unmittelbar vor Einbau aus der Verpackung zu nehmen. Beschädigungen führen unweigerlich zu Undichtigkeiten.
- Dichtungsreste müssen äußerst vorsichtig entfernt werden. Es dürfen keine langgezogenen Riefen oder Kratzer entstehen. Wird Schleifpapier verwendet: nicht unter Körnung 100!
- Alle selbst sichernden Muttern und alle Schrauben, die mit einem bestimmten Drehwinkel angezogen werden müssen, sowie alle Dichtringe und Dichtungen sind ebenfalls stets zu ersetzen.
- Wenn der Zylinderkopf ersetzt wird, muss auch das gesamte Kühlmittel erneuert werden.

- Beim Einbau eines Austausch-Zylinderkopfes mit montierter Nockenwelle müssen die Berührungsflächen zwischen Tassenstößel und Nockengleitbahn geölt werden.
- Die mitgelieferten Plastikunterlagen zum Schutz der offenen Ventile dürfen erst unmittelbar vor dem Aufsetzen des Zylinderkopfes entfernt werden.
- Das Nacharbeiten von Zylinderköpfen der Dieselmotoren ist nicht zulässig.
- Zylinderköpfe mit Rissen zwischen den Ventilsitzen bzw. zwischen einem Ventilsitzring und dem Zündkerzengewinde können ohne Herabsetzung der Lebensdauer weiter verwendet werden, wenn es sich um leichte, höchstens 0,3 mm breite Anrisse handelt oder nur die ersten 4 Gewindegänge des Zündkerzengewindes gerissen sind.

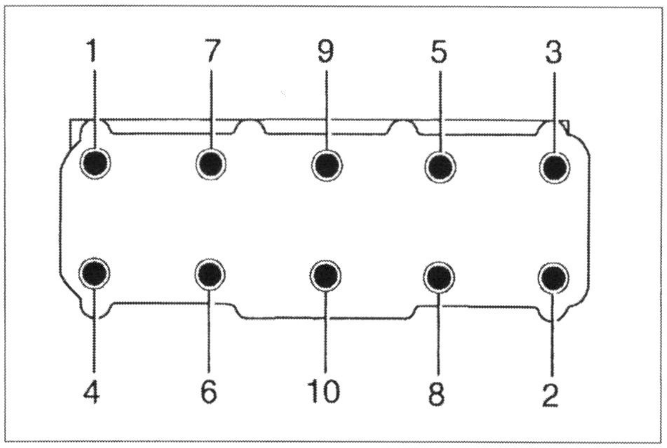

Beispiel Vierzylinder: Zylinderkopfdichtung der Dieselmotoren. *Die Zahlen geben die Reihenfolge beim Lösen der Schrauben an. Festgezogen wird genau umgekehrt: 1 wird 10, 2 wird 9, 3 wird 8 usw.*

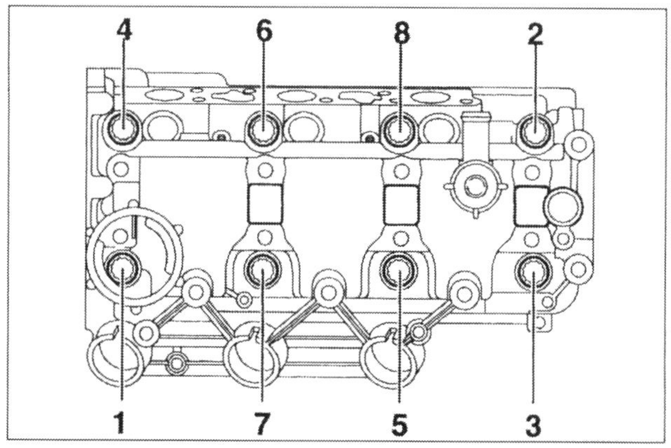

Beispiel Dreizylinder: Zylinderkopfdichtung des 1,2 Liter-Motors. *Die Zahlen geben die Reihenfolge beim Lösen der Schrauben an. Festgezogen wird genau umgekehrt: 1 wird 10, 2 wird 9, 3 wird 8 usw.*

Zylinderkopfdichtung

Störungsbeistand

Erkennungsmerkmal	Ursache/Besonderheiten
A Kühlflüssigkeitsstand nimmt laufend ab.	Kühlmittel gelangt in sehr geringer Menge in die Brennräume. Die Erscheinung kann sich ohne Merkmale über längere Zeit hinziehen.
B Beträchtlicher Kühlmittelverlust. Der Wagen zieht bei warm gefahrenem Motor einen weißen Abgasschleier hinter sich her.	Kühlmittel dringt in erheblicher Menge in einen Verbrennungsraum, verdampft dort und entweicht in weißen Schwaden aus dem Auspuff.
C Aus dem geöffneten Ausgleichsbehälter steigen Luftblasen auf oder beim Öffnen des Verschlussdeckels sprudelt eine größere Menge Kühlmittel heraus.	Verbrennungsgase werden ins Kühlsystem gedrückt. Aus der Einfüllöffnung riecht es nach Abgasen.
D Buntschillernde Verfärbung an der Oberfläche des Kühlmittels.	Öl aus dem Schmierkreislauf gelangt ins Kühlsystem.
E Gräulich aussehende Emulsion am herausgezogenen Ölpeilstab oder Öl von Wasserbläschen durchsetzt.	Kühlflüssigkeit ist ins Schmieröl geraten. Achtung: Wasser im Motoröl kann einen Lagerschaden verursachen. Zylinderkopfdichtung sofort wechseln lassen. Wagen zur Reparatur abschleppen.

Der Kompressionsdruck

Wenn Sie wissen wollen, ob sich der Motor Ihres Fabia noch in einem guten mechanischen Zustand befindet, sollten sie den Kompressionsdruck in den einzelnen Zylindern prüfen. Bei der Verbrennung des Kraftstoff-Luft-Gemischs entstehen in den Brennräumen der Zylinder enorme Drücke. Für Kolben und Kolbenringe, Zylinderwände, Ventilsitze und Ventilschaftdichtungen bedeutet das hohe Belastungen.

Schadhafte Brennraumdichtungen führen zu erhöhtem Öl- und Kraftstoffverbrauch, schlechteren Abgaswerten, schwächerer Leistung und mangelhaftem Kaltstartverhalten des Motors. Wenn diese Symptome bereits auftreten, hilft Ihnen die Kontrolle des Kompressionsdrucks bei der Ursachenforschung. Die Prüfwerte zeigen an, ob der Motor für einen Austausch reif ist oder zumindest komplett überholt werden muss.

Der Druckunterschied zwischen den einzelnen Zylindern darf maximal 5,0 bar (0,5 MPa) betragen. Falls ein oder mehrere Zylinder gegenüber den anderen einen höheren Druckunterschied aufweisen, ist dies ein Zeichen für eine ganze Reihe möglicher Verschleißerscheinungen.

Richtwerte für den Kompressionsdruck

Die Werte für den Kompressionsdruck (Verdichtungsdruck) gelten für einen Motor in einwandfreiem Zustand. Allerdings kommt es bei der Beurteilung des Motorzustands nicht allein auf die absolute Höhe des Kompressionsdrucks an. Viel wichtiger ist, dass die Werte in allen Zylindern annähernd gleich sind.

Bei einem älteren Motor sinkt der Kompressionsdruck. Gleichmäßig niedrigerer Druck in allen Zylindern ist dann normal. Erst wenn die Werte die Verschleißgrenze erreichen, sollten Sie sich auf Überholung oder Austausch Ihres Motors einstellen. Wenn zwischen den einzelnen Messwerten für die Zylinder Unterschiede von mehr als 3 bis 5 bar (0,3 bis 0,5 MPa) bestehen, deutet das in der Regel auf eine der folgenden Ursachen hin:

- Verschleiß von Kolben oder Kolbenringen.
- Festsitzende Kolbenringe durch Verbrennungsrückstände im Zylinder.
- Unrunde Zylinder. Das ist übrigens oft die Folge von Kolbenklemmern.
- Verbrennungs- oder Schmierölrückstände an Ventilschäften oder Ventilsitzen.
- Eingeschlagene Ventile.
- Verbrannte Ventile (bei zu kleinem Ventilspiel).

Sie können den Kompressionsdruck in Eigenregie kontrollieren, wenn Sie einen Kompressionsdruckprüfer besitzen. Ihre Fachwerkstatt setzt das Prüfgerät V.A.G 1381 oder V.A.G 1763 ein. In jedem Fall brauchen Sie beim Prüfen einen Helfer, der den Anlasser (dieser muss unbedingt in Ordnung sein) betätigt und das Gaspedal tritt, während Sie das Messgerät bedienen. Eventuell können Sie sich auch einen Druckverlusttester besorgen (Mietwerkstatt), mit dem das für den Druckabfall verantwortliche Bauteil ausfindig gemacht werden kann.

So kommen Sie Fehlern auf die Spur

- Wenn der Kompressionsdruck zu niedrig ist: Träufeln Sie mit einer Spritzkanne etwas Motoröl ins Glüh-/Zündkerzenloch. Das dichtet den Raum zwischen Kolben und Zylinderwand besser ab. Messen Sie dann wieder den Kompressionsdruck.
- Bleibt der Wert zu niedrig, können Ventile, Ventilsitze, Ventilführungen, Zylinderkopf oder Zylinderkopfdichtung beschädigt sein.
- Erhalten Sie höhere Druckwerte, deutet dies auf Verschleiß an Kolbenringen oder Zylinderwand hin.

Kompressionsdruck prüfen

Arbeitsschritte

① Fahren Sie den Motor vor Arbeitsbeginn warm, die Öltemperatur soll mindestens 30 °C betragen (Ölfilter gut handwarm). Die Kolbenringe dichten bei warmem Öl besser ab. Andererseits darf die Motortemperatur nicht zu hohe Werte haben. Die Spannungsversorgung muss in Ordnung sein. Die Batteriespannung sollte mindestens 11,5 V, besser aber etwas über 12,0 V betragen.

② Bauen Sie die obere Motorabdeckung (ggf. mit Luftfilter) und bei den Dieselmotoren die Geräuschdämpfung ab.

③ Verfahren Sie je nach Motor wie folgt:

AQV, AZF, AQW: Ziehen Sie den 4-fach-Stecker von der Zündleiste ab. Drehen Sie die Befestigungsschrauben der Zündleiste heraus und ziehen Sie die Zündleiste von den Zündkerzen ab. Bauen Sie die Sicherung 35 aus, um die

Spannungsversorgung der Einspritzventile zu unterbrechen.

BBY, BBZ: Nehmen Sie die Zündleitungsführung mit den Zündkerzensteckern ab. Ziehen Sie alle Zündspulen mit dem Auszieher T10094 heraus.

AWY: Ziehen Sie die 4-fach-Stecker von den Zündspulen mit Leistungsendstufen (N70, N127, N291) ab und bauen Sie die Zündspulen aus. Trennen Sie alle Steckverbindungen des Einspritzventils.

AZL: Ziehen Sie den 4-fach-Stecker von der Leistungsendstufe für Zündspulen ab und entfernen Sie die Sicherung 32 aus ihrem Halter, um die Spannungsversorgung für die Einspritzventile zu unterbrechen.

ASY, ATD: Trennen Sie die 10-polige Steckverbindung zur Einspritzpumpe (ASY), bauen Sie den Zentralstecker für Pumpe-Düse-Einheit ab (ATD).

④ Bauen Sie alle Zündkerzen mit einem Schlüssel 3122 B und alle Glühkerzen mit dem Gelenkschlüssel 3220 aus. Schrauben Sie den Adapter für das Prüfgerät anstelle der Kerzen ein.

⑤ Treten Sie das Gaspedal ganz durch (Helfer), die Drosselklappe muss vollständig geöffnet sein.

⑥ Messen Sie mit dem Kompressionsdruck-Prüfgerät den Druck nach Bedienungsanleitung des Gerätes. Betätigen Sie den Anlasser so lange, bis kein Druckanstieg mehr angezeigt wird.

Richtwerte für den Kompressionsdruck in bar (10 MPa) Überdruck

Motoren	Neu	Verschleiß-grenze	Zylinder-Unterschied
AQV, AZF, AQW	10...15	7	max. 3,0
AWY	mindestens 15	11	max. 3,0
BBY, BBZ	10...13	7	max. 3,0
AZL	10...13	7,5	max. 3,0
ASY, ATD	25...31	19	max. 5,0

⑦ Schrauben Sie nach der Prüfung die Kerzen wieder mit dem Schlüssel 3220 oder dem Glühkerzen-Gelenkschlüssel ein und ziehen sie mit 30 bzw. 15 Nm am Zylinderkopf fest.

⑧ Bauen Sie die Zündspulen wieder ein, stecken Sie alle Steckverbindungen auf, bauen Sie die Motorabdeckungen (ggf. mit Luftfilter) ein.

⑨ Durch das Trennen der Steckverbindungen werden im Motorsteuergerät Fehler abgespeichert. Diese müssen (mit V.A.G 1552) abgefragt und gelöscht werden.

Praxistipp

Kompressionsdruckluft strömt aus

Wenn Kompressionsdruckluft an einer der folgenden Stellen ausströmt, hat das meist die dazu angegebenen Ursachen:

- Ansaugkrümmer oder -geräuschdämpfer: defektes Einlassventil.
- Geöffneter Kühler oder Kühlmittel-Ausgleichsbehälter: defekte Zylinderkopfdichtung oder Riss im Zylinderkopf.
- Geöffneter Öleinfüllstutzen oder Rohr für den Ölpeilstab: verschlissene Zylinderwände, Kolbenlaufbahnen oder Kolbenringe.
- Blasgeräusche am Auspuff: undichtes Auslassventil.

Der Ventilspielausgleich

Durch die Erwärmung des Motors dehnen sich die einzelnen Teile des Ventiltriebes. Deshalb muss Spiel zwischen Nockenwelle und Tassenstößeln oder Rollenschlepphebeln vorhanden sein. Andernfalls würden die Ventile wegen der etwas länger gewordenen Schäfte bei heißem Motor nicht mehr korrekt abdichten.

Dieses Ventilspiel muss bei älteren Motor-Konstruktionen regelmäßig justiert werden. Bei den modernen Motoren Ihres Fabia übernehmen den Ventilspielausgleich die hydraulischen Tassenstößel (Hydrostößel) oder die an hydraulischen Abstützelementen befestigten Rollenschlepphebel. Der Ventilspielausgleich ist somit wartungsfrei.

Ein defekter Stößel macht sich durch Ventilklappern bemerkbar. Allerdings können auch intakte Hydrostößel klappern, wenn

- sich kurz nach dem Start noch nicht genügend Öl im System befindet. Das kann vor allem nach längerem Stehen des Fahrzeugs geschehen;
- der Wagen zuvor bei hohen Außentemperaturen voll belastet wurde;
- bei extrem niedrigem Ölstand die Ölpumpe manchmal Luft ansaugt.

Wenn die Ventilgeräusche nach längerer Fahrt verschwinden und im Kurzstreckenverkehr immer wieder auftreten, müssen die Ölrückhalteventile ersetzt werden.

Einen defekten Stößel kann man nicht instand setzen, er muss immer komplett ersetzt werden. Dazu müssen Nockenwelle und Nockenwellenversteller aus- und eingebaut werden. Das ist Werkstatt-Arbeit.
Die Hydrostößel werden mit einer Fühlerblattlehre sowie einem Holz- oder Kunststoffkeil geprüft: Bei ausgebauter Zylinderkopfhaube den Motor durchdrehen, d.h. die Kurbelwelle im Uhrzeigersinn drehen, bis die Nocken der zu prüfenden Tassenstößel nach oben stehen. Das Spiel zwischen Nocken und Tassenstößel ermitteln, indem die Tassenstößel mit einem Holz- oder Kunststoffkeil nach unten gedrückt werden. Lässt sich eine Fühlerblattlehre von 0,20 mm zwischen Nockenwelle und Tassenstößel schieben, ist der Stößel zu ersetzen. Ein defekter Tassenstößel kann nicht eingestellt oder instand gesetzt werden.

Technik-lexikon

So funktioniert der Hydrostößel

Der Hydrostößel ist an den Ölkreislauf des Motors angeschlossen. Die Ölmenge in der unteren Ölkammer, auf der sich der Kolben abstützt, ist variabel. Dadurch kann unterschiedliches Ventilspiel ausgeglichen werden.

Bei geschlossenem Ventil ist der Druck zwischen beiden Ölkammern ausgeglichen. Die Kolbenfeder drückt den Kolben nach oben, zwischen Nocken und Stößel ist kein Spiel. Wenn der Nocken auf den Stößel aufläuft, drückt er den Kolben nach unten. Dadurch entsteht in der unteren Ölkammer ein hoher Öldruck. Durch diesen hohen Druck und die Kraft der Kugelfeder wird die Kugel nach oben gepresst, sie verschließt den Weg zwischen der oberen und unteren Ölkammer. Der Kolben stützt sich also auf dem entstandenen Hydraulikpolster der unteren Ölkammer ab. Das Ventilspielausgleichselement wirkt so wie ein starres Bauteil. Die Kraft des Nockens kann auf das Ventil übertragen werden, es öffnet sich. Wenn der Nocken vom Tassenstößel abläuft, öffnet die Kugel den Weg zwischen beiden Ölkammern wieder, der Druck ist ausgeglichen.

Rollenschlepphebel und hydraulisches Abstützelement funktionieren in analoger Weise: Wenn der Nocken von der Nockenrolle abgelaufen ist, drückt eine Feder den zugehörigen Kolben so weit aus einem Aufnahmezylinder heraus, bis die Nockenrolle am Nocken anliegt und das entstandene Spiel ausgeglichen ist. Möglich wird das durch die Hydraulikwirkung von Öl in Ölvorrats- und -hochdruckraum.

Praxistipp

Klopfgeräusche aus dem Motorraum

Bei kaltem Motor sind Klopfgeräusche aus dem Motorraum nicht gleich Grund zur Sorge. Bei einem betriebswarmen Motor dagegen deuten sie fast immer auf einen Lagerschaden hin. Dieser aber macht meist eine umfangreiche Motorreparatur notwendig. Erkennen Sie jedoch z. B ein defektes Pleuellager schon frühzeitig, genügt oft der Austausch der Lagerschalen.

Achten Sie deshalb auf die Klopfgeräusche. Die häufigsten Defekte treten eben an den Gleitlagern der Pleuel auf. Die Hauptlager der Kurbelwelle sind viel seltener betroffen.

- Motor im Stand auf mittlere Drehzahlen bringen, Gas zurücknehmen. Taucht mit abfallender Drehzahl ein leichtes Klopfgeräusch auf, etwa »nack-nack-nack-nack«?
- Hören Sie dieses leichte Klopfen auch bei zügigem Beschleunigen? Dann nicht mehr weiterfahren. Der Schaden kann sich verschlimmern und ist mit einfachen Mitteln nicht mehr zu beheben.
- Hartes »Klack-klack-klack-klack« beim Hochdrehen des Motors, das bei zurückgenommenem Gas leiser oder unhörbar wird, weist auf einen kapitalen Lagerschaden hin.

Ihre Fachwerkstatt nutzt für die Diagnose aufgrund von Geräuschen mehr und mehr den Computer. Geräuschdatenbanken ermöglichen für ein aktuell in Reparatur befindliches Fahrzeug den Vergleich der diversen Töne. Schlussfolgerungen für nötige Reparaturen sind so einfacher, schneller und sicherer zu ziehen.

Ladeluftsystem mit Abgasturbolader

Eine wirkungsvolle Methode zur Steigerung der Motorleistung besteht darin, die Füllung des Zylinders mit Frischluft für die Verbrennung zu verbessern. Diese Aufladung könnte von einem mechanisch angetriebenen Kompressor besorgt werden. Das aber kostet Leistung.
Eleganter ist ein Turbolader, der die Abgase als Antriebsenergie nutzt. Er besteht im Kern aus zwei auf einer gemeinsamen Welle sitzenden Schaufelrädern. Die Gase passieren das Turbinengehäuse, wo sie den Läufer (das erste Rad) auf über 100.000 U/min beschleunigen. Der Läufer treibt über die Welle das

zweite Schaufelrad an, das Verdichterrad. Es saugt Frischluft in das Verdichtergehäuse und presst sie in die Verbrennungskammern.
Die vom Turbolader komprimierte und somit aufgeheizte Luft wird in einem Ladeluftkühler wieder abgekühlt. Dadurch wird die Leistungsausbeute noch verbessert, denn kühlere Luft enthält mehr Sauerstoffteilchen pro Volumeneinheit.
Im Fabia arbeitet der 1,9 Liter TDI PDE nach dem Ladeluftprinzip mit Abgasturbolader. Arbeiten an seinem sensiblen Ladeluftsystem gehören in die Fachwerkstatt. Sollten Sie sich an den Aus- und Einbau des Turboladers wagen, gelten folgende strikte Sauberkeitsregeln:

- Alle Verbindungsstellen und deren Umgebung sind vor dem Lösen gründlich zu reinigen.
- Ausgebaute Teile müssen auf einer sauberen Unterlage abgelegt und abgedeckt werden. Keine fasernden Lappen benutzen!
- Geöffnete Bauteile sind sorgfältig abzudecken oder zu verschließen, wenn die Reparatur nicht umgehend ausgeführt wird.
- Es dürfen nur saubere Teile eingebaut werden. Darum sind Ersatzteile erst unmittelbar vor dem Einbau aus der Packung zu nehmen und keine Teile zu verwenden, die unverpackt (z. B. in Werkzeugkästen) aufbewahrt wurden.
- Bei geöffneter Anlage soll möglichst nicht mit Druckluft gearbeitet und das Fahrzeug nicht bewegt werden.

Beim Wiedereinbau nach Arbeiten am Abgasturbolader sind die folgenden vier Regeln strikt einzuhalten:

- Alle Kabelbinder, die beim Ausbau gelöst oder aufgeschnitten werden, sind wieder an der gleichen Stelle anzubringen.
- Sichern Sie alle Schlauchverbindungen mit Schlauchschellen, die dem Serienstand laut Ersatzteile-Katalog entsprechen.
- Schlauchstutzen und Schläuche müssen vor dem Montieren öl- und fettfrei sein.
- Dichtungen, Dichtringe und selbst sichernde Muttern sind grundsätzlich zu ersetzen.

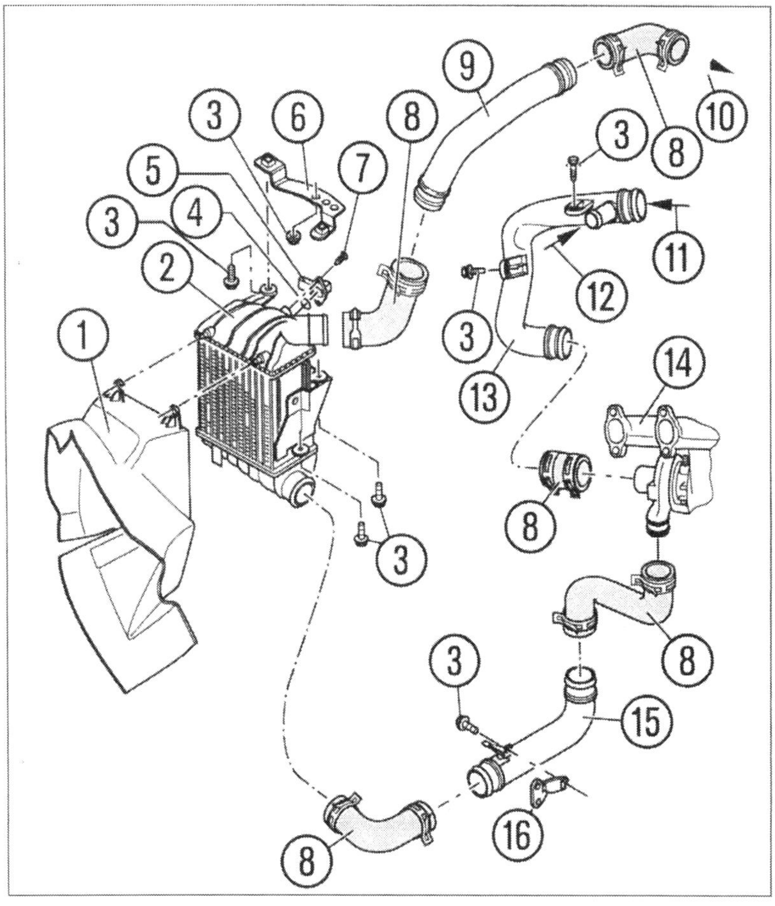

Teile der Ladeluftkühlung des 1,9 Liter-TDI:
❶ *Luftführung,*
❷ *Ladeluftkühler,*
❸ *Schraube 8 Nm,*
❹ *O-Ring,*
❺ *Geber G71 für Saugrohrdruck und Geber G72 für Saugrohrtemperatur,*
❻ *Halter,*
❼ *Schraube 5 Nm,*
❽ *Verbindungsschlauch,*
❾ *Ladeluftrohr oben,*
❿ *zum Saugstutzen,*
⓫ *vom Luftfilter,*
⓬ *vom Ventildeckel,*
⓭ *Ladeluftrohr hinten,*
⓮ *Abgasturbolader,*
⓯ *Ladeluftrohr unten,*
⓰ *Halter.*

DAS SCHMIER-SYSTEM

Zwischen Peilstab (Mitte rechts) und Einfüllstutzen (oben links) wird durchaus über das Schicksal Ihres Fabia entschieden. Denn Öl ist lebensnotwendig für jeden Motor. Ohne Schmierung würden in kürzester Zeit Lager und Kolben festfressen. Ölstandskontrolle und Nachfüllen dürfen Sie keinesfalls vergessen.

Wartung

Reparatur

Alle Stellen im Motor, an denen Metalle aufeinander gleiten, müssen ständig mit Öl versorgt werden: Kolben, Zylinderlaufbahnen, die Lager von Kurbelwelle und Nockenwelle. Kein Triebwerk Ihres Fabia hält mehr als einige Minuten ohne passende Schmierung durch. Ein Teil des Schmieröls wird darüber hinaus vom Kreislauf abgezweigt und zur Kühlung u. a. des Kolbens direkt in dessen Inneres gespritzt.

Der Ölkreislauf

Damit das Öl seine Aufgabe erfüllen kann, strömt es im Motorblock durch ein System von Leitungen und feinen Bohrungen an die richtige Adresse. Dieses System bildet von der Ölwanne über die verschiedenen Stationen bis in die Wanne zurück einen regelrechten Kreislauf. Eine wichtige Rolle darin spielt die Ölpumpe. Sie holt über das Ölsaugrohr das Motoröl aus der Wanne und drückt es in die Leitungen. Zuvor muss die kostbare Flüssigkeit den im Hauptstrom sitzenden Ölfilter passieren. Dort werden Verunreinigungen wie Ruß, Metallabrieb und Staub herausgefiltert. Ein Überdruckventil an der Ölpumpe öffnet bei zu hohem Öldruck, so dass ein Teil des Öls in die Ölwanne zurück fließen kann. Durch die Mittelachse der Filterpatrone gelangt das gereinigte Öl direkt in den Hauptölkanal. Dort sitzt auch der Öldruckschalter, der über die Öldruckkontrollleuchte im Schalttafeleinsatz dem Fahrer einen zu niedrigen Öldruck anzeigt. Das wie auch die anderen Kontrollleuchten im Schalttafeleinsatz Ihres Fabia mit LED (Leuchtdioden) bestückte Öldrucksymbol ist im zentralen großen Display platziert.

Zusammenspiel im System

Alle diese Bauteile zusammen ergeben das Schmiersystem Ihres Fabia. Wenn bei Motorreparaturen größere Mengen Metallspäne oder Metallabrieb im Motoröl festgestellt werden, müssen die Ölkanäle sorgfältig gereinigt und der Ölkühler ersetzt werden. Anderenfalls riskieren Sie schwere Folgeschäden am Motor. Es müssen dann Teile des Schmiersystems ausgebaut werden. Das ist natürlich wieder eine Werkstattarbeit. Das Škoda-Bild zum Schmiersystem der Dieselmotoren verdeutlicht, wie die beschriebenen Teile montiert sind. Damit möchten wir Ihnen eine Vorstellung vom Aus- und Einbau vermitteln. Natürlich wird so nur das Prinzip angegeben, denn schon bei den Motoren BBY/BBZ mit direkt auf der Kurbelwelle sitzender Ölpumpe ist die Situation wieder ein wenig anders.

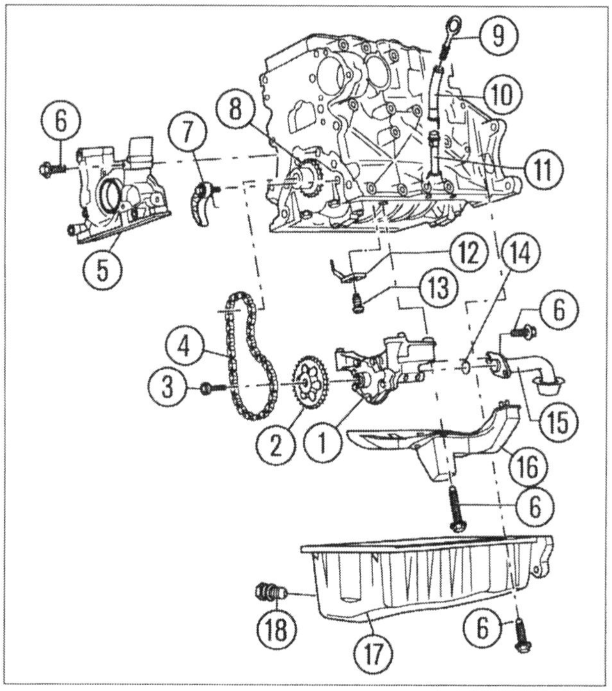

Schmiersystem bei SDI und TDI: *❶ Ölpumpe mit Überdruckventil, ❷ Kettenrad für Ölpumpe, ❸/❻ Schrauben, ❹ Kette für Ölpumpe, ❺ Dichtflansch, ❼ Kettenspanner, ❽ Kettenrad an der Kurbelwelle, ❾ Ölmessstab, ❿ Einführtrichter, ⓫ Führungsrohr, ⓬ Ölspritzdüse zur Kolbenkühlung, ⓭ Überdruckventil, ⓮ O-Ring, ⓯ Saugleitung, ⓰ Schwallsperre, ⓱ Ölwanne, ⓲ Ölablassschraube.*

Das Motorenherz Ölpumpe

Die Ölpumpe eines Verbrennungsmotors gehört zu den schon bei der Basiskonstruktion des Motors mit festgelegten Komponenten. Mit sicherlich etwas Übertreibung wird sie oft genug das Herz des Motors genannt. Jedenfalls trägt die Qualität einer Ölpumpe in Design und Ausführung sehr entscheidend dazu bei, ein Motorgrundkonzept über viele Jahre Serienproduktion hinweg beibehalten zu können.
Škoda Auto stattet seine modernen Motoren meist mit Duocentric-Pumpen aus. Bei diesen Pumpen treibt ein von Motorkraft gedrehter Innenläufer mit Außenverzahnung einen um ihn gelegten Außenläufer mit Innenverzahnung an, wobei die Achsen beider Läufer geometrisch versetzt sind. Dadurch entsteht bei der Drehbewegung eine Raumvergrößerung auf der Saugseite: Öl wird über die Saugleitung angesaugt und zur Druckseite transportiert. Dort wird der Raum zwischen den Zähnen wieder kleiner: Das Öl wird in den Kreislauf hineingedrückt. Ein Begrenzungsventil verhindert zu hohen Öldruck. In den meisten Fällen wird

der Innenläufer der Pumpe über Kettenräder und Kette mit den Motoren verbunden. Zukunftsweisend ist die Ausführung bei den leistungsstärkeren 1,4 Liter-Ottomotoren BBY und BBZ: Hier wird die Ölpumpe direkt durch die Kurbelwelle angetrieben ohne Koppeltrieb mit Kette. Der Innenläufer der Ölpumpe sitzt direkt auf dem vorderen Zapfenbereich der Kurbelwelle. Reibung und Geräusch werden geringer, ca. 1 kg Gewicht wird eingespart.

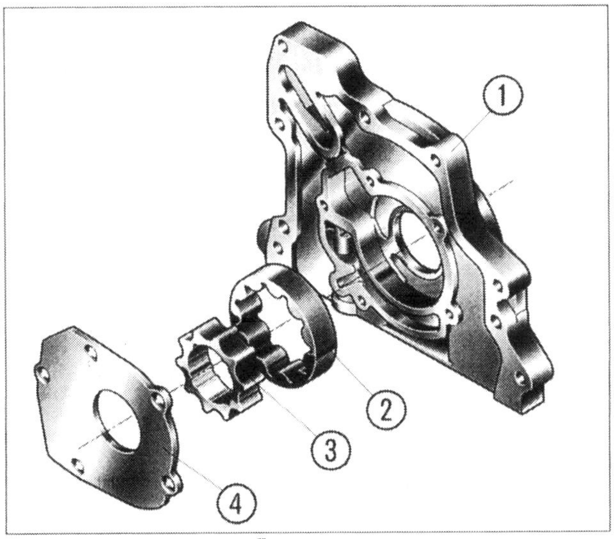

Aufbau der Duocentric-Ölpumpe für die 1,4 Liter-Ottomotoren BBY und BBZ (auch AUA, AUB und weitere).
(1) Ölpumpengehäuse, (2) Außenläufer, (3) Innenläufer, (4) Ölpumpengehäusedeckel.

Der Ölfilter

Der Ölfilter verrichtet seine Aufgabe nur so lange, bis er vom Schmutz zugesetzt ist. Deshalb sollte der Filtereinsatz bei jedem Ölwechsel ausgetauscht werden. Wenn er nicht rechtzeitig gewechselt wurde, tritt ein Überdruckventil (meist am Ölfilterhalter angebaut) in Aktion. Es öffnet, und das Motoröl umgeht den Filter. Damit ist zwar die Ölversorgung sichergestellt, doch ungefiltertes Motoröl bewirkt einen höheren Verschleiß an den Lagerstellen.

Vom Filter aus gelangt das Motoröl über Bohrungen im Zylinderblock zu den Schmierstellen der Kurbelwelle und zu den Pleueln. Von den Gleitlagern der Kurbelwelle wird das Öl in den Zylinderkopf und zu den Lagerstellen der Nockenwelle sowie zur Kipphebelbrücke gedrückt. Von dort fließt es durch Rücklaufkanäle zurück in die Ölwanne, wo es wieder von der Ölpumpe angesaugt wird.

Die Bauformen des Filters und die Art der Montage unterscheiden sich je nach Motortyp. In den beiden folgenden Bildern zeigen wir die Bauteile des Filterhalters mit Filter vom neuen Dreizylinder-Benzinmotor AWY und vom TDI-Motor ATD.

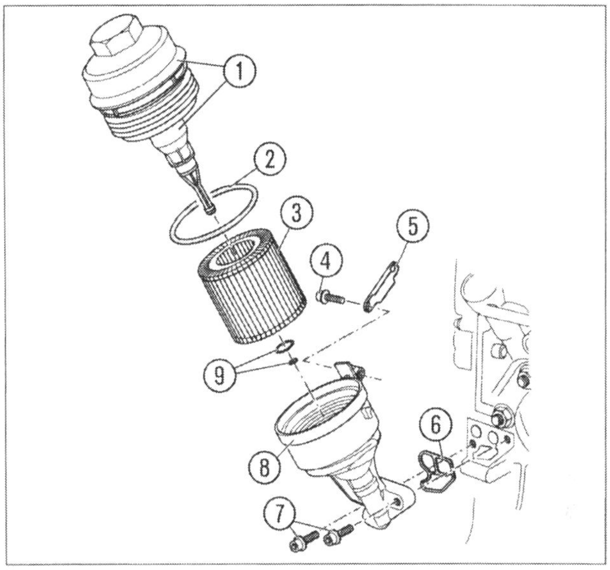

Ölfilter des 1,2-Liter-Benzinmotors AWY: *(1) Verschlussschraube mit Ölfiltereinsatz-Halter, (2) Dichtring, (3) Ölfiltereinsatz, (4) und (7) Schrauben, (5) Stütze, (6) Dichtung, (8) Ölfilterhalter, (9) O-Ringe.*

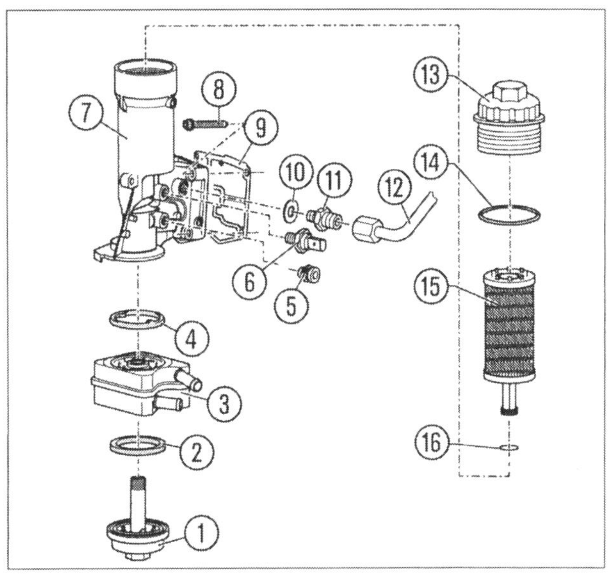

Ölfilter des 1,9 Liter-TDI-Motors ATD: *(1) Verschlussschraube, (2)/(4)/(9)/(10)/(14) und (16) Dichtungen und O-Dichtringe, (3) Ölkühler, (5) Verschlussschraube mit Dichtring, (6) Öldruckschalter F1 (0,7 bar), (7) Ölfilterhalter mit integriertem Überdruckventil (5 bar), (8) Schraube, (11) Anschlussstutzen, (12) Ölvorlaufleitung für Abgasturbolader, (13) Verschlussdeckel, (15) Ölfiltereinsatz.*

Ventil begrenzt Öldruck

Damit die Schmierung bei jeder Belastung des Motors sicher gestellt ist, muss der Öldruck stimmen. Bei zu kaltem und sehr zähflüssigem Öl kann ein zu hoher Druck entstehen. Dann öffnet ein Überdruckventil eine Umgehungsleitung (Bypass) und leitet das Öl direkt auf die Saugseite der Ölpumpe zurück. Der Ölkreislauf bleibt in diesem Fall erhalten.
Informationen über den aktuellen Öldruck erhalten Sie freilich nur, wenn Sie einen Öldruckmesser als Zusatzinstrument eingebaut haben. Ansonsten müssen Sie sich auf die Öldruck-Kontrollleuchte (K3) verlassen.

Verschiedene Signale per Kontrollleuchte

Die Kontrollleuchte K3 gab bislang nur bei zu geringem Öldruck Signal. In diesem Fall werden unter Umständen die Motorteile nicht mehr richtig geschmiert. Das kommt zum Beispiel vor, wenn Sie Ihren Wagen bei zu geringem Ölstand mit hohem Tempo durch eine Kurve fahren. Die Ölpumpe saugt dann Luft anstatt Öl aus der Ölwanne. Der Öldruck fällt abrupt ab, was zu schweren Lagerschäden führen kann.
Wenn nach schnellen Autobahn- oder Passfahrten die Öldruckleuchte im Leerlauf flackert, ist das ein Indiz dafür, dass der Öldruck durch zu heißes und damit dünnflüssiges Öl unter den normalen Druck gesunken ist. Das ist jedoch unproblematisch, wenn die Kontrollleuchte beim Gasgeben wieder verlischt.
Die Fabia-Modelle mit verlängertem Wartungsintervall verfügen aber nun über ein neues Bauteil: Den Geber G266 für Ölstand und Öltemperatur. Er ist unten in die Ölwanne eingeschraubt. Damit verbunden wird die Kontrollleuchte K3 auch für die Ölstandsanzeige genutzt. Leuchtet das Ölkannensymbol mit dem Tropfen an der Tülle gelb, dann ist der Ölstand zu niedrig. Blinkt es nach Einschalten der Zündung für etwa 5 Sekunden gelb, dann ist der Geber G266 defekt.
Blinkt die Leuchte rot und lässt sich zusätzlich das akustische Signal (dreimaliges Piepen) vernehmen, dann ist der Ölstand so niedrig, dass Motorschaden droht. Halten Sie dann sofort an und stellen Sie den Motor ab. Füllen Sie Öl auf und prüfen Sie, ob die Leuchte erlischt. Wenn es weiter Warnsignale gibt: Wagen in die nächste Werkstatt schleppen und Ursache feststellen lassen. So riskieren Sie nicht, dass der Motor eventuell schweren Schaden nimmt.

Der Öldruckschalter

Dieses kleine Bauteil (F1) an der Ölfiltereinheit Ihres Fabia ist drucklos geöffnet und wird bei Erreichen des Schaltdruckes geschlossen. Die Öldruckwarnung wird 10 Sekunden nach dem Einschalten der Zündung aktiviert. Die Einschaltverzögerung der Warnung beträgt 3 Sekunden, die Ausschaltverzögerung etwa 5 Sekunden.
Nach Einschalten der Zündung (Klemme 15 eingeschaltet) muss bei stehendem Motor die Öldruckkontrolllampe im Schalttafeleinsatz ca. 3 Sekunden leuchten und danach verlöschen. Warnung durch Blinken der Leuchte und Ertönen des Summers erfolgt, wenn bei eingeschalteter Zündung und stehendem Motor der Öldruckschalter geschlossen oder wenn er bei Drehzahlen über 1.500 U/min geöffnet ist. Bei einer Motordrehzahl über 5.000 U/min bleibt die Kontrolllampe auch dann eingeschaltet, wenn der Öldruckschalter geschlossen ist. Bei einer Motordrehzahl unter 5.000 U/min wird die Kontrolllampe wieder ausgeschaltet.
Wenn die Spannungsversorgung des Steuergerätes (Klemme 15) in Ordnung ist und der Öldruckschalter bei einer Motordrehzahl über 1.500 U/min für mehr als 0,5 Sekunden öffnet, wird das im Kombiprozessor des Schalttafeleinsatzes gespeichert. Tritt dieser Zustand während eingeschalteter Zündung (Klemme 15) dreimal auf, wird sofort die Öldruckwarnung ausgelöst und auch unter 1.300 U/min nicht gelöscht. Die Löschung der Öldruckwarnung erfolgt, wenn der Öldruckschalter bei mehr als 1.500U/min länger als 5 Sekunden geschlossen ist oder die Zündung ausgeschaltet wird.

Das Motoröl

Öl ist das Lebenselixier des Motors. Es vermindert die Reibung und den Verschleiß bei Kolben und Zylindern, Lagern und Ventiltrieb. Es dichtet die engen Räume zwischen Kolben, Kolbenringen und Zylinderwand so fein ab, dass der hohe Druck, der bei der Verbrennung entsteht, fast ohne Verluste auf die Kurbelwelle übertragen wird. Öl kühlt auch den Motor, zum Beispiel die Kolben in den Zylindern und die Lager von Kurbelwelle und Nockenwelle. Außerdem schützt es vor Rost, bindet Schmutzpartikel und einen Teil der Verbrennungsrückstände.

Multitalent Mehrbereichsöl

Die meisten Motoröle sind heute Mehrbereichsöle, die aus Rohöl hergestellt werden. Damit ein Mineralöl als Motoröl Karriere machen kann, braucht es Additive, spezielle Zusätze, die bis zu 20 Prozent seiner Chemie ausmachen. Sie schützen das Öl auch vor Oxidation und verhindern das Aufschäumen bei hohen Drehzahlen.

Wichtige Additive sind die VI-Verbesserer (VI = Viskositätsindex). Das sind lange Molekülketten, die beim Erhitzen quellen und beim Abkühlen wieder schrumpfen. Sie bewirken, dass sich das Öl den Temperaturen im Motor anpasst und mehrere Viskositätsklassen überspannt. Diese VI-Verbesserer verschleißen jedoch bei hohen Temperaturen und verlieren ihre Wirkung. Außerdem setzen Wasser, Kraftstoff und Verbrennungsrückstände der Lebensdauer des Motoröls Grenzen. Ein dünnes Mineralöl hält die Drücke und Temperaturen im Triebwerk nicht gut aus. Ein rechtzeitiger Ölwechsel ist daher kein Luxus, sondern reine Notwendigkeit, wenn Ihr Motor reibungslos funktionieren soll.

Leichtlauföle

Auch die synthetischen Öle (Leichtlauföl) kommen nicht ohne Erdöl aus. Allerdings wird der Molekülaufbau des Rohöls in einem aufwendigen Verfahren (Cracken) aufgelöst und nach neuer Rezeptur mit speziellen Additiven neu zusammengesetzt.

Synthetiköl ist im Prinzip nicht künstlicher als Mineralöl, aber durchweg teurer. Dafür versprechen die Hersteller einen geringeren Öl- und Kraftstoffverbrauch, eine größere Beständigkeit und langsamere Alterung. Das bedeutet theoretisch auch längere Ölwechselintervalle, wiewohl Ihre Vertragswerkstatt allein für Leichtlauföle keine längeren Ölwechselintervalle vorsieht. Auch wenn Sie sich den Luxus dieses Spitzenöls leisten, sollten Sie sich also an die vorgesehenen Intervalle halten.

Welches Öl für den Fabia?

Werkseitig ist in Ihren Fabia-Motor ein Qualitäts-Mehrbereichsöl eingefüllt. Dieses kann – außer natürlich in extrem kalten Klimazonen – ganzjährig gefahren werden. Mehrbereichsöle bauen auf einem dünnflüssigen Einbereichsöl auf und werden durch die Viskositätsindex-Verbesserer im heißen Zustand stabilisiert. Dadurch ist sowohl für den kalten wie auch für den heißen Motor die richtige Schmierfähigkeit gegeben.

Verwenden Sie für Ihren Fabia mit **Benzinmotor** am besten Öle nach VW-Norm 500 00, 501 01 oder 502 00. Als LongLife Ölspezifikation (ab Modelljahr 01; QG1) wird die neue VW-Norm 503 00 vorgeschrieben. Das Öl wurde speziell dafür entwickelt und ist besonders alterungsbeständig. Beim Nachfüllen können die Öle auch untereinander gemischt werden.

Für Ihr Fahrzeug mit Dieselmotor gelten andere Normen. Der SDI (Kennbuchstaben ASY) verlangt Öl nach VW-Norm 505 00 (in Verbindung mit Norm VW 500 00) oder 505 01, wobei diese Öle beim Nachfüllen miteinander gemischt werden dürfen. Für den TDI-Motor (Kennbuchstaben ATD) dürfen Sie nur Öl VW 505 01 verwenden.

Begriffe und Normen rund ums Öl

Technik-lexikon

Viskosität: Das Maß für die Fließfähigkeit des Schmieröls. Im Winter muss ein Motoröl so dünnflüssig sein, dass es nach dem Kaltstart sofort alle Schmierstellen versorgt. Im Sommer dagegen ist dickflüssiges Öl gefragt, das auch bei hohen Temperaturen den Schmierfilm nicht abreißen lässt.

SAE-Klasse (Society of Automotive Engineers): Bezeichnet die Klasse der Viskosität, zum Beispiel SAE 15 W-40. Je kleiner die erste Zahl, umso dünner und bei Kälte besser fließend ist das Öl (W = Winter). Ein Öl mit 0 W schmiert noch bei minus 30 Grad, bei 5 W ist es gut bis minus 25 Grad, bei 15 W bis minus 15 Grad. Je höher die zweite Zahl, umso besser widersteht das Öl hohen Temperaturen.

ACEA (Association des Constructeurs Européen d'Automobiles) : 1996 eingeführte europäische Ölnorm. Löst die CCMC-Norm ab. Für Benziner gibt's die Gruppen A1 (Sprit sparendes Öl), A2 (gering belastetes Öl), A3 (Hochleistungs-Öl). Für Diesel gilt eine Einteilung von B1 bis B4.

CCMC (Comittée des Constructeurs d'Automobiles du Marché Commun): Die Spezifikation besteht aus den Buchstaben G (Benziner) und PD (Diesel) sowie einer Zahl. Je höher diese ist, umso besser ist die Qualität des Öls.

API (American Petroleum Institute): Die Spezifikation besteht aus den Buchstaben S (Benziner) und C (Diesel) sowie einem weiteren Buchstaben. Je höher dieser im Alphabet steht, umso besser ist die Qualität des Öls.

In Ausnahmefällen kann auch schon mal für die Ottomotoren ein Mehrbereichsöl entsprechend ACEA A2 oder A3 und für die Dieselmotoren Öl entsprechend ACEA B3 nachgefüllt werden, wenn kein Motoröl nach VW-Spezifikation zur Verfügung steht. Gestattet ist dies aber nur einmal im angegebenen Austauschzyklus.

Über die Eignung eines Öles entscheiden die Ölspezifikation und richtige Viskositäts-Klasse. Wenn Sie Öl nachfüllen, können Sie übrigens ohne Probleme die Produkte verschiedener Hersteller (gleiche Spezifikation vorausgesetzt) mischen. Sie müssen dann jedoch damit rechnen, dass die Eigenschaften des Motoröls leicht beeinträchtigt werden. Jede Marke hat nämlich eine spezielle Kombination von Additiven, die ihre Wirksamkeit beim Mix mit einem anderen Öl verlieren können. Aus diesem Grund macht die Kombination von Mineralöl und Synthetiköl keinen Sinn.

Vorsicht:

Dieselöle, die ausschließlich für Dieselmotoren zugelassen sind, sollten Sie mit Ölen für Benzinmotoren nicht mischen. Sie riskieren sonst einen Motorschaden.

Ölverbrauch

Wenn der Motor Ihres Fabia technisch in Ordnung ist, verbraucht er so wenig Öl, dass zwischen den einzelnen Ölwechselintervallen kein Öl oder nur eine geringe Menge nachgefüllt werden muss. Das gilt jedoch nur, wenn Sie regelmäßig das Öl wechseln und den Motor nicht durch zu scharfe Fahrweise übermäßig belasten.

Ihr Motor verbraucht Öl, weil es teilweise in den Verbrennungsraum gelangt und dort verbrennt. Ein undichter Motor, defekte Ventilschaftabdichtungen, falsch eingebaute Kolbenringe oder zu viel Spiel zwischen Ventilführung und Ventilschaft treiben den Verbrauch jedoch in die Höhe.

Wenn der Ölstand zwischen den Messungen nicht abnimmt, ist das andererseits auch nicht uneingeschränkt Grund zur Freude. Das Motoröl kann durch Kraftstoff und Kondenswasser verdünnt sein, was seine Schmiereigenschaft verschlechtert. So etwas kommt vor allem im Winter vor, wenn Sie das Fahrzeug nur auf kurzen Strecken bewegen. In diesem Fall sollten Sie das Öl vor den üblichen Intervallen wechseln, etwa schon nach 3.000 Kilometern oder vier Monaten.

Motorölstand prüfen

Zum Ölpeilstab sollten Sie nach jedem zweiten Tanken greifen. In der Einfahrzeit oder bei einem älteren Motor mit erhöhtem Ölverbrauch ist es sinnvoll, das Öl bei jedem Volltanken zu kontrollieren. Der Peilstab fällt mit seinem farbigen Kunststoffgriff bei allen Motoren sofort ins Auge.

Arbeitsschritte — **ständige Kontrolle**

① Die Ölstandskontrolle sollte bei einer Öltemperatur von mindestens 60 °C vorgenommen werden. Das entspricht einer Fahrt von etwa 10 Minuten nach dem Kaltstart. Fahrzeug in waagerechte Stellung bringen. Nach dem Abstellen des Motors drei bis fünf Minuten warten, damit alles Öl in die Ölwanne abtropfen kann.

② Ziehen Sie den Peil- (oder Mess-)stab. Vorsicht bei betriebswarmem Motor: die umliegenden Motorteile sind sehr heiß. Ölstab mit sauberem, flusenfreiem Lappen oder Papiertuch abwischen, bis zum Anschlag wieder in das Führungsrohr oder die Öffnung im Motorblock stecken, kurz warten und wieder herausziehen.

③ Lesen Sie den Ölstand ab. Dunkle Färbung bedeutet übrigens nicht, dass das Öl gewechselt werden müsste. Diese Färbung entsteht auch bei Marken-Motoröl schon nach kurzer Laufzeit durch angesammelte Schmutzpartikel.

④ Die Nachfüllmenge zwischen den Markierungen für minimalen und maximalen Ölstand beträgt 1,0 Liter. Ein halber Liter genügt, wenn der Ölstand die untere Markierung (min-Marke) nicht unterschreitet. Füllen Sie niemals zu viel Öl nach! Überschüssiges Motoröl muss wieder abgesaugt werden. Es wird unter Umständen über die Kurbelgehäuseentlüftung angesaugt und verschmutzt den Luftfilter. Zu viel Öl kann die Motordichtungen beschädigen und sogar, wenn es über den Brennraum in den Auspuff gelangt, den Katalysator. Generell gilt: Der Motorölstand ist im Bereich zwischen den Markierungen zu halten.

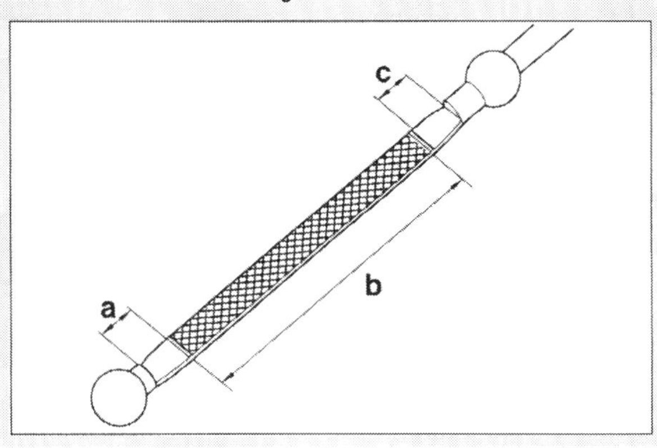

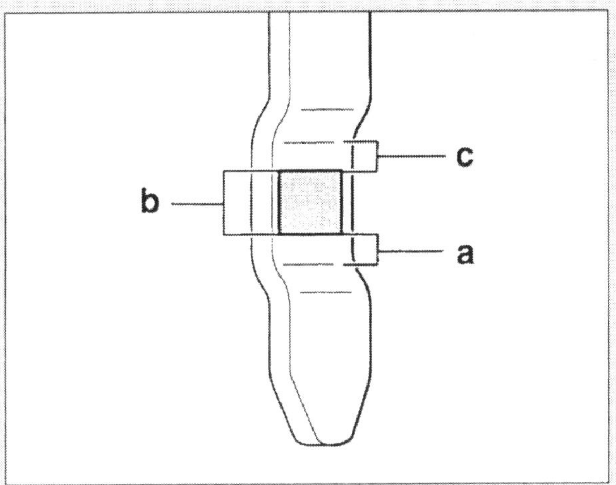

Ablesen des Messstabs: Bild links unten: Ölmessstab beim 1,2 Liter-Motor AWY, oben: die Peilstabausführung bei den übrigen Motoren. Befindet sich der Ölstand im Bereich **a**, *muss unbedingt Öl nachgefüllt werden. Befindet sich der Ölstand im Bereich* **b**, *darf Öl nachgefüllt werden, um dabei auch den Bereich* **c** *zu erreichen. Erreicht der Ölstand den Ablesebereich* **c**, *darf keinesfalls Öl nachgefüllt werden.*

⑤ Benutzen Sie zum Nachfüllen einen kleinen Trichter. Damit lässt sich diese Arbeit präzise und sauber ausführen.

Motoröl und Ölfilter wechseln

Bei allen Motoren ohne ausdrückliche Serviceintervall-Verlängerung (LongLife, flexibler Service o. Ä.) ist der Ölwechsel alle 15.000 Kilometer oder alle 12 Monate fällig. Wenn Sie oft lange Strecken fahren, brauchen Sie das Intervall nicht auf den Kilometer genau einzuhalten. Sind Sie dagegen ausschließlich in der Stadt unterwegs, macht ein früherer Wechsel Sinn. Im Winter können in solchem Fall bereits vier Monate genug für das Motoröl sein.
LongLife-Öl hat eine Laufzeit von maximal 2 Jahren (30.000 km bei Benzinmotoren, 50.000 km beim Diesel).

Ölwechsel in Eigenregie?

Das Do it yourself lohnt sich nur, wenn Sie ein preiswertes Öl aus Zubehörhandel, Warenhaus oder Tankstelle verwenden. Ein konventioneller Ölwechsel, bei dem Sie das Öl ablassen und den Filter wechseln, erfordert Zeit, weil Sie das Fahrzeug dazu aufbocken müssen. Schneller und sauberer geht's bei einem SB-Ölwechsel mit einem Absauggerät an der Tankstelle. Diese Methode hat jedoch Nachteile: Der Schlamm bleibt in der Ölwanne, und ohne einen Filtertausch ist der Ölwechsel nur eine halbe Sache. In der Werkstatt kostet der Ölwechsel am meisten, weil man dort in der Regel nur teure Ölsorten verwendet. Lassen Sie die Arbeit von der Tankstelle erledigen, müssen Sie das Öl zwar dort kaufen, können sich jedoch die Marke selbst aussuchen.

Nötige Menge für Ölwechsel mit Filtertausch

Motor	Füllmenge
1,0 Liter AQV; 1,4 Liter AZF und AQW	4,0 Liter
1,2 Liter AWY	3,4 Liter
1,4 Liter BBY, BBZ	3,2 Liter
2,0 Liter AZL	4,0 Liter
1,9 Liter SDI ASY	5,0 Liter
1,9 Liter TDI PDE ATD	5,0 Liter

Arbeitsschritte — 15.000 km / 12 Monate

① Fahrzeug warm fahren. Nur dann werden die Schmutzpartikel beim Auslaufen ausgeschwemmt.

② Das Auto waagerecht stellen oder rüttelsicher aufbocken.

③ Nehmen Sie den Verschlussdeckel vom Öleinfüllstutzen ab. Bauen Sie die Geräuschdämmung aus (siehe Kapitel »Die Motoren«).

④ Flache Wanne, Schüssel oder einen aufgeschnittenen Plastik-Ölkanister mit entsprechendem Fassungsvermögen unterstellen.

⑤ Ölablassschraube mit Stecknuss öffnen, Öl ins Gefäß laufen lassen. Vorsicht, es ist heiß!

⑥ Haben Sie den Wagen nur vorn aufgebockt: Fahrzeug ablassen, damit das Altöl ganz ausläuft. Achten Sie darauf, dass das Auffanggefäß nicht umkippt.

⑦ Ölfilter bei Benzinmotoren mit Filterschlüssel (Würth, Hazet), bei Dieselmotoren Verschlussdeckel mit Ölfilterschlüssel 3417 (oder Schlüssel 36) lösen. Filter über Ölauffanggefäß entleeren, als Sondermüll entsorgen. Reinigen und Wiederverwenden des Ölfilters ist nicht zulässig!

⑧ Bei Benzinmotoren Dichtfläche am Motor reinigen, Gummidichtung leicht einölen. Neuen Ölfilter eindrehen und von Hand festziehen. Bei Dieselmotoren die beiden O-Ringe am Verschlussdeckel sowie den Filtereinsatz erneuern und einsetzen. Verschlussdeckel mit 25 Nm festziehen.

⑨ Ölablassschraube säubern und mit neuem Dichtring eindrehen (30 Nm). Nicht anknallen, sonst wird das abdichtende Gewinde in der Ölwanne beschädigt.

⑩ Öl einfüllen. Dann Motor kurz laufen lassen. Bis die Ölpumpe den Ölfilter gefüllt hat, brennt die Öldruckkontrolle, da sich der Öldruck erst aufbauen muss. Kein Gas geben.

⑪ Öldichtheit kontrollieren (siehe nächste Arbeitsanleitung). Motorölstand erneut überprüfen und ggf. noch Öl nachfüllen. Mindestens drei Minuten warten und nochmals Ölstand prüfen.

⑫ Geräuschdämpfung wieder einbauen.

Praxistipp

Altöl richtig entsorgen

Sie können die Altölentsorgung dem Händler überlassen, bei dem Sie das Motoröl gekauft haben. Er muss das Altöl kostenlos zurücknehmen. Zum Nachweis die Quittung im Handschuhfach aufbewahren. Sie können das Altöl auch zusammen mit Ölfilter und verschmutzten Lappen bei der Altölsammelstelle abgeben. Adressen erfahren Sie bei örtlichen Behörden oder bei Automobilclubs.

Ölfeuchte Stellen prüfen

Ölschwitzflecken am Motor sind kein Grund zur Sorge. Motoröl kann sich bei starken Temperaturschwankungen durch die Poren von Dichtungen und Gehäusen arbeiten. Diese Form der Transpiration ist normal.
Anders sieht die Sache aus, wenn Sie im Motorraum Ihres Fabia starke Ölspuren oder unter dem geparkten Wagen Ölflecken feststellen. Solchen Symptomen sollten Sie rasch nachgehen: Ein undichter Motor ist ein Indiz für einen technischen Mangel, der sich schnell verschlimmern kann. Am besten nehmen Sie Ihren Motor nach einer Motorwäsche und einer anschließenden Probefahrt in Augenschein.

Arbeitsschritte 15.000 km / 12 Monate

- Um die Öldichtigkeit zu prüfen, bauen Sie zunächst die obere Motorabdeckung ab.
- Bauen Sie dann die Geräuschdämmung unter dem Motor aus.
- Kontrollieren Sie folgende Punkte: Dichtung des Öleinfülldeckels, Belüftungsschlauch der Kurbelgehäuse-Entlüftung (vom Ventildeckel zum Luftansaugschlauch), Ventildeckel-Dichtung, Zylinderkopfdichtung, Ölablassschraube, Ölfilter, Ölwannendichtung und Simmerringe an Nockenwelle und Kurbelwelle.

Öldruckschalter und Öldruck prüfen

Für diese Prüfung sind ein Öldruck-Prüfgerät (z. B. V.A.G 1342) und eine Diodenprüflampe (z. B. V.A.G 1527) mit Messhilfsmitteln erforderlich. Das Prüfgerät muss eine Einschraubmöglichkeit für den zur Prüfung auszubauenden Öldruckschalter haben. Der Motorölstand muss in Ordnung sein. Der Motor muss auf Betriebstemperatur mit mindestens 80 °C Öltemperatur gefahren werden, das bedeutet, der Lüfter für den Kühler muss einmal gelaufen sein. Bei Fahrzeugen mit Auto-Check-System muss die Anzeige »i.O.« aufleuchten (Symbol abrufen).

Arbeitsschritte

① Ziehen Sie die Leitung vom Öldruckschalter ❷ ab. Dieser Schalter (Bauteil F1) ist drucklos geöffnet und wird bei Erreichen des Schaltdruckes geschlossen. Schrauben Sie den Öldruckschalter heraus und das Öldruckprüfgerät an seiner Stelle in den Ölfilterhalter ein.

② Schrauben Sie den Öldruckschalter in das Manometer (Prüfgerät 1342) ein. Legen Sie die braune Leitung ❶ des Prüfgeräts an Masse (minus).

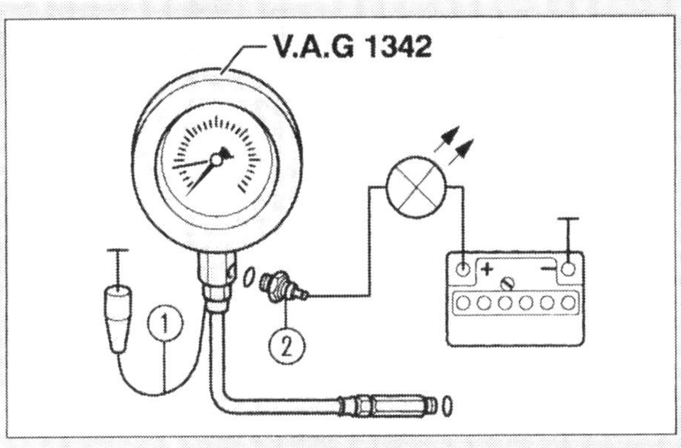

Prüfgerät V.A.G 1342: ❶ *Masseleitung (braun) des Prüfgeräts,* ❷ *Öldruckschalter F1.*

Prüfung Öldruckschalter:

③ Mit Hilfsleitungen wird die Diodenprüflampe (z. B. V.A.G. 1527) an den Batteriepluspol und an den Öldruckschalter angeschlossen. Falls die Leuchtdiode jetzt aufleuchtet, muss der Öldruckschalter ersetzt werden.

④ Leuchtet die Diode nicht: Motor anlassen und Drehzahl langsam erhöhen. Bei einem Überdruck beim Diesel von 0,55...0,85 bar bzw. bei den 1,4 l-Benzinmotoren BBY/BBZ von 0,3...0,7 bar, bei den anderen 1,4 Liter Benzinern von 0,75...1,05 bar, beim 1,2 Liter Benziner AWY von 0,3...0,6 bar und beim 2,0 Liter Benziner AZL von 1,2...1,6 bar (0,055...0,085 MPa; 0,03...0,07 MPa; 0,075...0,105 MPa; 0,03...0,06 MPa; 0,12...0,16 MPa) muss die Leuchtdiode aufleuchten. Anderenfalls muss der Öldruckschalter ersetzt werden.

Prüfung Öldruck:

⑤ Der Öldruck im Leerlauf soll mindestens 1 bar (Dieselmotoren) bzw. 1,3...2,0 bar (Benzinmotoren) betragen. Erhöhen Sie die Drehzahl weiter. Bei 2.000 U/min und 80 °C Öltemperatur soll der Öldruck mindestens 2 bar (0,2 MPa) betragen. Werden die Sollwerte nicht erreicht, sind mechanische Schäden, z.B. Lagerschäden, zu beseitigen oder der Ölfilterhalter mit Überdruckventil bzw. die Ölpumpe zu ersetzen.

⑥ Bei höherer Drehzahl darf der Öl-Überdruck beim 1,2 Liter-Motor AWY 6,0 bar (0,6 MPa) und bei allen anderen Motoren 7,0 bar (0,7 MPa) nicht überschreiten. Steigt der Druck höher, müssen die Ölkanäle überprüft und gegebenenfalls das Überdruckventil im Ölfilterhalter oder im Ölpumpendeckel ersetzt werden.

⑦ Nach Abschluss der Prüfung den Öldruckschalter wieder aus dem Manometer heraus- und in seinen Einbauort (Zylinderkopf, Ölfilterhalter) einschrauben. Mit 25 Nm festziehen. Bei Undichtigkeit muss der Dichtring ersetzt werden (den alten mit Seitenschneider aufkneifen).

Ölwanne aus- und einbauen

Der Kern dieser Arbeit besteht in der gründlichen Reinigung des Zylinderblocks und des Ölwannenrandes von Resten des alten Dichtmittels sowie im richtigen Neuauftrag des Silikondichtmittels D 176 404 A2.

Arbeitsschritte

① **Ausbau**: Bauen Sie die untere Motorverkleidung (Geräuschdämpfung) vollständig aus. Lassen Sie das Motoröl ab und schrauben Sie die Ölwanne ab. Schrauben mit Steckschlüssel oder mit Gelenkschlüssel 3185 und Steckeinsatz 3249 lösen und herausdrehen.

② Nehmen Sie die Ölwanne ab, lösen Sie sie ggf. mit leichten Gummihammerschlägen. Ziehen Sie bei Fahrzeugen mit verlängerten Service-Intervallen den Stecker vom Geber G266 für Ölstand und Öltemperatur ab.

③ Entfernen Sie die Dichtmittelreste am Zylinderblock mit einem Flachschaber und von der Ölwanne mit einer rotierenden Kunststoffbürste (Handbohrmaschine). Tragen Sie dabei eine Schutzbrille! Alle Dichtflächen müssen ganz öl- und fettfrei sein.

④ **Einbau**: Schneiden Sie die Tubendüse des Silikondichtmittels D 176 404 A2 an der vorderen Markierung so ab, dass der Düsendurchmesser etwa 3 mm beträgt.

⑤ Tragen Sie auf die saubere Dichtfläche der Ölwanne das Dichtmittel in einer Raupe von der Dicke des Düsendurchmessers auf, etwa 2...3 mm. Tragen Sie das Dichtmittel im Bereich des Dichtflansches hinten besonders sorgfältig auf. Im Bereich der Schraubenbohrungen müssen Sie an der Innenseite vorbei laufen. Die Dichtmittelraupe darf nicht dicker als 3 mm sein, damit kein überschüssiges Dichtmittel in die Ölwanne gelangen und das Sieb im Ölansaugrohr verstopfen kann.

⑥ Setzen Sie die Wanne sofort auf und ziehen Sie alle Schrauben Ölwanne/Zylinderblock leicht an. Ziehen Sie dann die drei Schrauben Ölwanne/Getriebe erst leicht, später mit 25 bis 45 Nm (je nach Motor) fest und die Schrauben Ölwanne/Zylinderblock über Kreuz in zwei Stufen mit zuletzt 15 Nm an.

⑦ Lassen Sie das Dichtmittel 30 Minuten trocknen. Erst dann darf Motoröl eingefüllt werden. Die weiteren Einbaumaßnahmen erfolgen in sinngemäß umgekehrter Ausbaureihenfolge.

Schmiersystem

Störungsbeistand

Störung	Ursache	Abhilfe
A Bei Einschalten der Zündung bleibt Öldruck-Kontrollleuchte dunkel.	**1** Kontrollleuchte defekt.	Auswechseln.
	2 Steckverbindung korrodiert bzw. Kabelverbindung unterbrochen.	Überprüfen und reinigen, ggf. Kabel reparieren.
	3 Öldruckschalter defekt.	Kontrollieren, ggf. auswechseln.
B Öldruck-Kontrollleuchte brennt nach Anspringen des warmen Motors im Leerlauf weiter, geht aber beim Gasgeben aus.	Heißes und damit dünnflüssiges Öl.	
C Öldruck-Kontrollleuchte geht erst bei höheren Drehzahlen aus.	Bypassventil in der Ölfilterhauptstromleitung klemmt.	Öldruck überprüfen lassen, Ventil ggf. auswechseln lassen.
D Öldruck-Kontrollleuchte brennt nach Anspringen des Motors und geht auch beim Gasgeben nicht aus.	**1** Zu wenig Öl im Motor.	Ölstand überprüfen, ggf. Öl nachfüllen.
	2 Ölansaugsieb in der Ölwanne zugesetzt bzw. Ölpumpe verschlissen.	Überprüfen bzw. ersetzen lassen.
	3 Siehe A2 und 3.	Nur weiterfahren, wenn Ursache klar ist.

DAS KÜHLSYSTEM

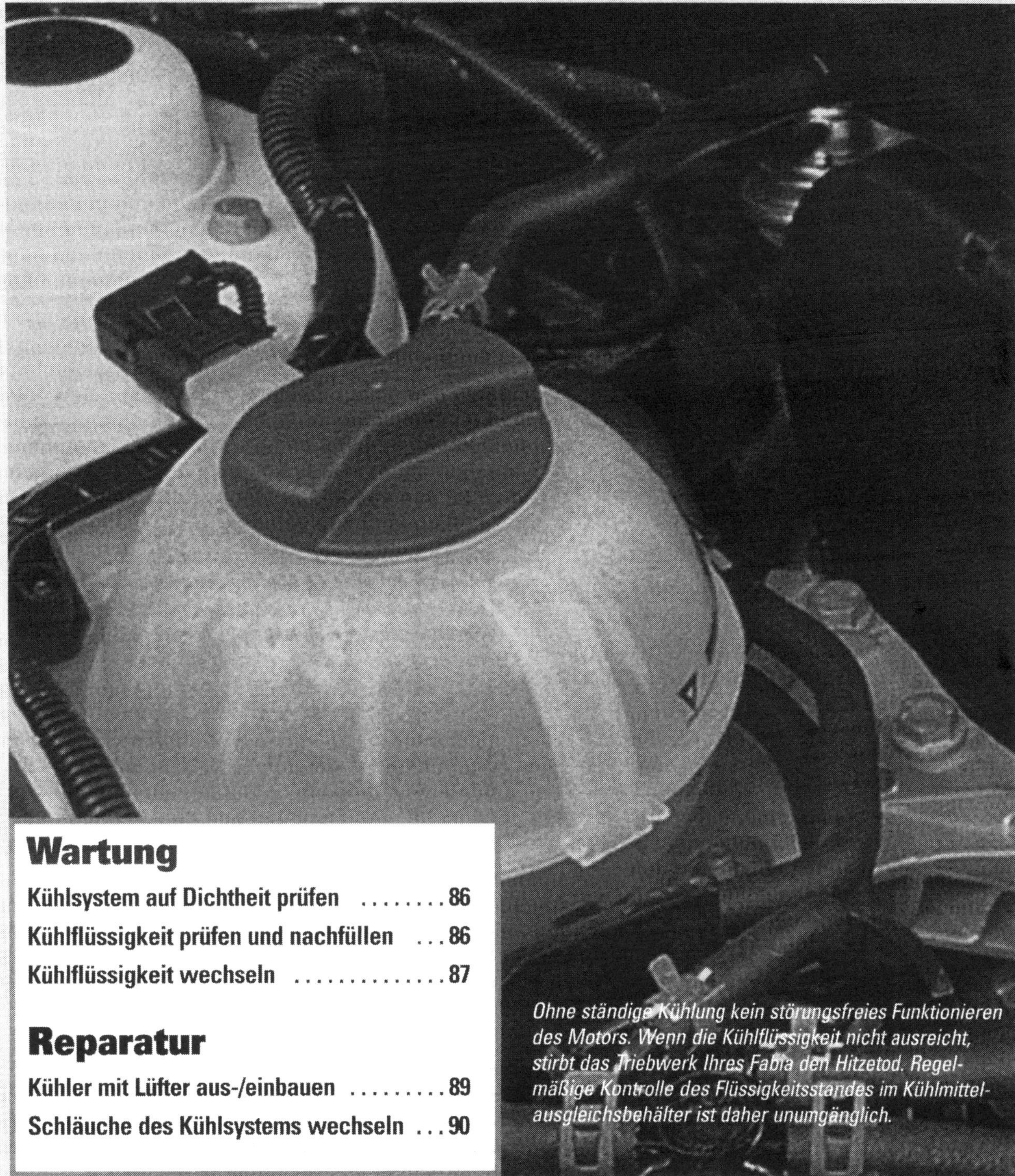

Wartung

Reparatur

Ohne ständige Kühlung kein störungsfreies Funktionieren des Motors. Wenn die Kühlflüssigkeit nicht ausreicht, stirbt das Triebwerk Ihres Fabia den Hitzetod. Regelmäßige Kontrolle des Flüssigkeitsstandes im Kühlmittelausgleichsbehälter ist daher unumgänglich.

Das Kühlsystem sorgt für die richtige Betriebstemperatur des Motors. Es besteht aus einer Reihe von Aggregaten wie Kühler, Temperaturregler (Thermostat), Wasserleitungen und einem Netz aus kleinen, genau bemessenen Kanälen in Motorblock und Zylinder. In ihnen zirkuliert die Kühlflüssigkeit. So entsteht ein Wassermantel, der die Verbrennungswärme über die Schläuche des Kühlsystems an den Kühler abführt. Welche Wege das Kühlmittel im Kühlsystem nimmt, hängt von der Temperatur des Motors ab.

Der Kurzschlusskreislauf

Nach dem Kaltstart zirkuliert das Kühlmittel zunächst im kleinen Kühlkreislauf, der sich auf Motor und Heizung beschränkt. In diesem so genannten Kurzschlusskreislauf hält der Thermostat den Durchfluss zum Kühler geschlossen. Das Kühlmittel gelangt auf direktem Weg zurück in den Motor. So erhitzt sich die Kühlflüssigkeit schneller und der Motor wird schneller warm. Der Kühler tritt erst in Aktion, wenn die Kühlflüssigkeit eine bestimmte Temperatur erreicht hat. Der Thermostat öffnet, dabei wird kaltes Wasser aus dem Kühler mit bereits erwärmtem Wasser aus dem kleinen Kühlkreislauf vorgemischt. Diese allmähliche Kaltwasserbeimischung verhindert einen Kälteschock für den Motor.

Kühlung bei Betriebstemperatur

Solange die Wassertemperatur steigt, öffnet der Thermostat den Kaltwasserzufluss aus dem Kühler immer weiter und schließt gleichzeitig den Kurzschlusskreislauf. Bei Betriebstemperatur zirkuliert die Kühlflüssigkeit vom unteren Kühlwasserschlauch zur Wasserpumpe, die sie in Motorblock und Zylinderkopf drückt. Der größte Teil der Flüssigkeit läuft dann über den geöffneten Thermostat zum Kühler, während der Rest zum Wärmetauscher der Heizung fließt. Das im Kühler unten abfließende kalte Wasser zieht heißes Kühlmittel oben in den Kühler nach. Dort wird es beim Zug durch die Kühlerlamellen abgekühlt. Sinkt während der Fahrt die Wassertemperatur unter die vorgeschriebene Betriebstemperatur, sperrt der Thermostat den Kühlerdurchfluss erneut, bis sich das Kühlmittel wieder genügend erwärmt hat.

Überdruck und Kühlerventilator

Das Kühlsystem steht unter einem Überdruck von etwa 1,2 bis 1,5 bar (0,12 bis 0,15 MPa) bei Betriebstemperatur. Dadurch und durch den Einsatz von Kühlmittelzusätzen erhöht sich der Siedepunkt der Kühlflüssigkeit von 100 °C auf rund 120 °C. Die höhere Temperatur ermöglicht einen wirtschaftlicheren und damit Kraftstoff sparenden Motorbetrieb. Wenn bei einem heißen Motor der Kühlmittel-Druck 1,5 bar übersteigt, tritt das Überdruckventil am Ausgleichsbehälter in Aktion. Es öffnet und lässt zum Druckausgleich etwas Wasserdampf entweichen.

Trotzdem kann es zum Beispiel bei Fahrten in der Stadt vorkommen, dass das Kühlmittel im System überhitzt wird. Dann muss der Kühlerventilator den Kühler zusätzlich kühlen. Bei einer Kühlmitteltemperatur von 92 bis 97 °C wird die erste Stufe (halbe Drehzahl) geschaltet. Steigt die Kühlmitteltemperatur auf 99 bis 105 °C, schaltet der Thermoschalter in der zweiten Stufe auf volle Drehzahl. Durch den nicht ständig mitlaufenden Lüfter und die thermostatische Regelung des Kühlmittelstroms wird die Betriebstemperatur schneller erreicht und der Kraftstoffverbrauch reduziert.

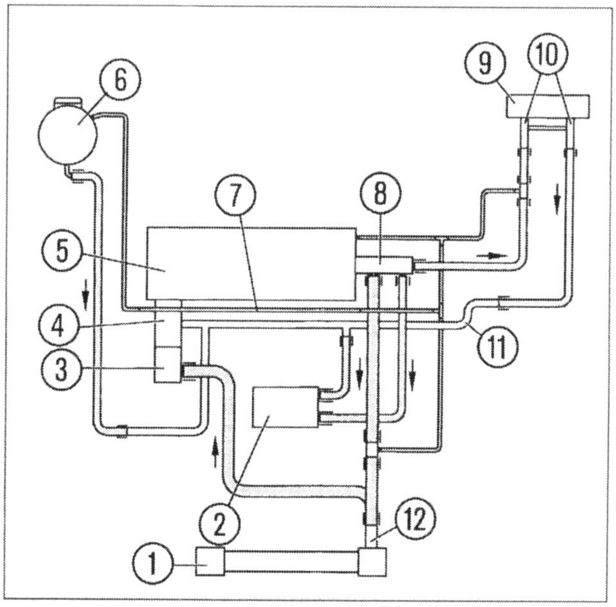

Anschlussplan für die Kühlmittelschläuche: *Das Beispiel Dieselmotoren verdeutlicht das Prinzip des Kühlmittelkreislaufs. Es ist mit geringfügigen Abweichungen auf die Benzinmotoren übertragbar. Beim 2,0 Liter-Motor AZL z. B. kommen das Saugrohr und die Drosselklappensteuereinheit hinzu, bei Fahrzeugen mit automatischem Getriebe der ATF-Kühler. Die Positionszahlen in der Abbildung bedeuten: ❶ Kühler, ❷ Ölkühler, ❸ Kühlmittelregler (Thermostat), ❹ Kühlmittelpumpe, ❺ Zylinderblock, ❻ Kühlmittel-Ausgleichsbehälter, ❼ an Zylinderkopf verschraubtes Kühlmittelrohr oben, ❽ Anschlussstutzen an Zylinderblock, ❾ Wärmetauscher für Heizung, ❿ Anschlussstutzen für Wärmetauscher, ⓫ Kühlmittelrohr, ⓬ Schnellkupplung.*

Die Teile des Kühlsystems

Technik-lexikon

Kühlmittelpumpe (Wasserpumpe): Eine so genannte Schleuderpumpe, die für den stetigen Kreislauf des Kühlmittels sorgt. Sie wird je nach Motorversion vom Zahnriemen oder vom Keilrippenriemen angetrieben.

Kühler: Besteht auf der linken und rechten Seite jeweils aus einem Kunststoff-Wasserkasten. Dazwischen befinden sich dünnwandige Röhrchen, die durch ein Gerüst von Lamellen miteinander verbunden sind. Die vom Luftstrom bestrichene Fläche ist viele Quadratmeter groß. Der Kühler ist oben und unten am Schlossträger der Karosserie montiert.

Thermostat (Kühlmittelregler): Hält die Wassertemperatur konstant. Der Regler öffnet bei etwa 87 °C und lässt das Wasser zum Kühler oder zurück in den Motor strömen. Im Inneren des Thermostaten befinden sich eine mit Spezialwachs gefüllte Büchse und ein Ventilteller. Je mehr sich das Kühlmittel erwärmt, desto mehr verflüssigt sich das Wachs. Es dehnt sich zunehmend aus und öffnet so immer weiter das Ventil, das den Kaltwasserzufluss aus dem Kühler kontrolliert. Bei Betriebstemperatur ist das Ventil ganz geöffnet, der Kurzschlusskreislauf komplett geschlossen. Kühlt das Wasser ab, drückt eine Feder auf den Ventilteller und sperrt den Kühlerdurchfluss so lange, bis sich das Kühlmittel wieder genügend erwärmt hat.

Jüngste Motorenentwicklungen (bei Škoda bisher nur für den Octavia) arbeiten schon mit elektronisch geregeltem Kühlsystem. Dieses ist mit einem Thermostat für kennfeldgeregelte Motorkühlung ausgestattet.

Ausgleichsbehälter: Lässt bei zu hohem Druck durch ein Überdruckventil im Deckel Wasserdampf entweichen. Der beim Fabia kugelförmige Ausgleichsbehälter hat an der Außenseite eine Anzeige des Kühlmittelstandes (max/min). Der Behälter befindet sich im Motorraum rechts hinten dicht am Federbeindom.

Kühlungsventilator: Dieser Lüfter für Kühlmittel verhindert ein Überhitzen des Kühlmittels. Einige Fahrzeuge haben noch einen Zusatzlüfter.

Motorseitig setzt sich das Kühlsystem mit Rohren, Schläuchen, ATF- und Ölkühler, Kühlmittelpumpe und Antrieb per Zahnriemen oder Keilrippenriemen fort.

Das Kühlmittel

Kühlflüssigkeit (Kühlmittel) besteht aus einer Mischung aus Wasser und Kühlmittelzusatz. Alle Motoren des Fabia sind bis zum Modelljahr 2003 mit Kühlmittelzusätzen G12 aus dem Original-Ersatzteilkatalog von Škoda befüllt, die der Norm TL VW 774 D entsprechen. Zusätze nach dieser Norm haben eine rote Färbung. Sie verhindern Frost- und Korrosionsschäden sowie Kalkansatz und heben außerdem die Siedetemperatur des Kühlmittels an. Das Kühlsystem muss unbedingt ganzjährig mit einem solchen Kühlmittel befüllt sein.

Vermischen alter und neuer Zusätze

Dieses Mittel darf auf keinen Fall mit früher eingesetzten Kühlmittelzusätzen G11 nach TL VW 774 B oder C (blaugrüne Farbe) oder gar noch anderen Zusätzen gemischt werden. Andernfalls kann es zu schwerwiegenden Motorschäden und Beschädigungen des Kühlsystems kommen. Eine braune Färbung des Kühlmittels zeigt solche Vermischung an. Dann muss das Kühlmittel sofort abgelassen und das Kühlsystem mit (Trink-)Wasser durchgespült werden (Motor zwei Minuten laufen lassen). Neues Kühlmittel einfüllen.

Ab Modelljahr 2003 werden die Fahrzeuge werkseitig mit dem Kühlmittel G12 PLUS aufgefüllt. Es hat eine lila Färbung und entspricht der Norm TL VW 774 F. Fahrzeuge mit Kühlmittel G12 dürfen mit G12 PLUS nachgefüllt werden. Zum Kühlmittelwechsel wird aktuell natürlich G12 PLUS für alle Fahrzeuge empfohlen. Wird G12 PLUS gegen G11 ausgewechselt, muss das ganze Kühlsystem mit Trinkwasser gespült werden.

Die folgende Tabelle zeigt die Kühlmittelzusätze bis 2002 und ab 2003 aus dem Škoda-Ersatzteilkatalog. Sie sind jeweils untereinander mischbar.

Kühlmittelzusätze G12

Kühlmittelzusätze	Hersteller
Glysantin G30-72	BASF AG
XT 4030	Elf Oil AG
Coolant ETX 6280	Texaco
Frostox SF-D 12	Henkel Haertol GmbH

Kühlmittelzusätze G12 PLUS

Kühlmittelzusätze	Hersteller
Glysantin G30-81	BASF AG
Havoline XLC+B (VL 02)	ARTECO
Frostox SF-D 12	Henkel Haertol GmbH

Der Kühlmittelzusatz verliert seine Wirksamkeit nach etwa vier Jahren und sollte dann erneuert werden. Die Hersteller schreiben einen turnusmäßigen Wechsel jedoch nicht mehr vor. Der Wasseranteil des Kühlmittels beträgt je nach gewähltem Frostschutz bis zu 60 Prozent. Höher darf der Anteil nicht sein, weil sonst der Frostschutz aufgehoben wird und die Kühlwirkung nachlässt. Aber weniger als 30 Prozent dürfen es aus Korrosionsschutzgründen auch im Sommer nicht sein. Besonders in Ländern mit tropischem Klima trägt das Kühlmittel durch den höheren Siedepunkt bei hoher Belastung des Motors zur Betriebssicherheit bei. Der Frostschutz muss bis etwa -25 °C (in Ländern mit arktischem Klima bis etwa -35 °C) gewährleistet sein. Empfohlene Mischungsverhältnisse enthält die folgende Tabelle.

Mischungsverhältnisse

Frostschutz bis	Frostschutzanteil	Trinkwasser
-25 °C	40 % (2,0 Liter)	60 % (3,0 Liter)
-35 °C	50 % (2,5 Liter)	50 % (2,5 Liter)

Die angegebene Menge in Litern trifft z. B. für den Motorisierungsfall mit 1,2 Liter-Motor AWY zu. Die Mengen variieren je nach Ausstattung etwas. Beim TDI-Motor entsprechen 40% einer Menge von 2,4 Litern, 50% also 3,0 und 60% demnach 3,6 Litern. Bei den Benzinmotoren AQV, AZF und AQW entsprechen 40% einer Menge von 2,25 Litern, 50% also 2,8 und 60% demnach 3,35 Litern.

Kühlsystem auf Dichtheit prüfen

Ihre Werkstatt kontrolliert das Kühlsystem auf **Dichtheit** mit einem speziellen Prüfgerät (V.A.G 1274 mit Adaptern 1274/8 und 1274/9). Bei betriebswarmem Motor wird der Verschlussdeckel vom Kühlmittel-Ausgleichsbehälter geöffnet (Vorsicht! Druck langsam abbauen!) und das Prüfgerät mit Adapter 8 auf den Ausgleichsbehälter aufgesetzt. Mit der Handpumpe des Prüfgeräts wird dann ein Überdruck von ca. 1,0 bar (0,1 MPa) erzeugt. Fällt der Druck ab, sind undichte Stellen zu suchen und die Fehler zu beseitigen.

Mit dem V.A.G 1274 können Sie auch das **Überdruckventil** im Verschlussdeckel des Ausgleichsbehälters prüfen. Dazu wird der Verschlussdeckel mit Adapter 9 auf das Prüfgerät geschraubt. Erzeugen Sie dann mit der Handpumpe einen Überdruck von etwa 1,5 bar (0,15 MPa). Bei einem Überdruck von 1,2 bis 1,5 bar muss das Überdruckventil öffnen.

Ohne das Gerät 1274 können Sie nur die folgende Sichtprüfung vornehmen:

Arbeitsschritte | W | 15.000 km 12 Monate

① Sind die Wasserschläuche am Kühler, am Motor und zur Heizanlage dicht?

② Den Zustand der Schläuche stellen Sie durch Kneten fest. Harte, spröde oder rissige Teile sollten Sie sofort austauschen.

③ Sitzen die Schlauch-Enden satt auf ihren Stutzen?

④ Sitzen die Federbandschellen fest? Lockere Schellen können während der Fahrt und bei vollem Betriebsdruck im Kühlsystem nachgeben. Verrostete Schellen unbedingt auswechseln.

Kühlflüssigkeit prüfen und nachfüllen

Arbeitsschritte | W | ständige Kontrolle

① Kontrollieren Sie den Stand des Kühlmittels am besten nur bei kaltem Motor. Das Kühlsystem ist dann praktisch drucklos.

② Bei kaltem Motor soll der Pegel zwischen den max- und min-Markierungen am Ausgleichsbehälter stehen. Vorsicht: Bei warmem Motor steht das Kühlmittel über der max-Marke. Lassen Sie sich nicht durch diesen hohen Stand täuschen!

③ Zum Nachfüllen den Verschlussdeckel öffnen. Legen Sie bei heißem Motor einen dicken Lappen über den Deckel und drehen Sie ihn langsam auf. Das baut den Druck im System allmählich ab. Wenn Sie den Deckel zu schnell öffnen, kann die Flüssigkeit brühend heiß aus dem Behälter sprudeln.

④ Ausgleichsbehälter nicht über die obere Markierung (max) nachfüllen. Das Kühlmittel dehnt sich bei Erwärmung aus, der Überschuss entweicht aus dem System.
⑤ Kleinere Mengen können Sie bei warmem ebenso wie bei kaltem Motor einfüllen.

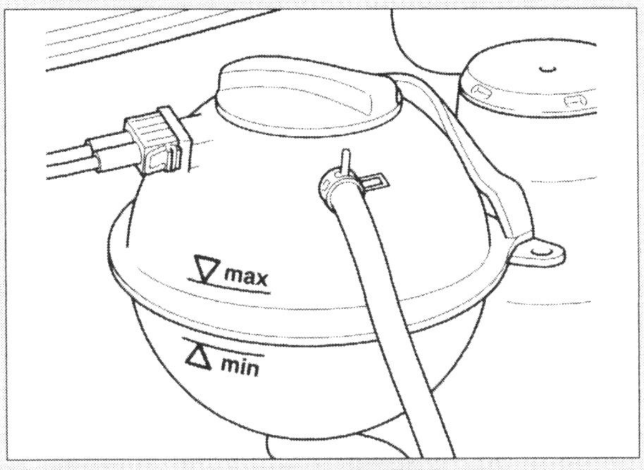

***Kühlmittel-Ausgleichsbehälter im Fabia**: Je nach Motortyp und Baujahr weichen die Ausführungen etwas voneinander ab. In der Literatur werden verschiedene Positionen des Gebersteckanschlusses und unterschiedliche Ansichten der Markierung angegeben. Immer aber befindet sich der Behälter im Motorraum rechts hinten unmittelbar vor dem Federbeindom.*

Kühlflüssigkeit wechseln

Arbeitsschritte

① **Ablassen**: Am Verschlussdeckel des Ausgleichsbehälters den Druck aus dem Kühlsystem entweichen lassen (Lappen!) und Deckel abnehmen. Vorsicht bei heißem Motor: Verbrühungsgefahr!

② Geräuschdämmung an der Motor-Unterseite abbauen. Auffangbehälter unter den Motor stellen. Auf keinen Fall Kühlflüssigkeit in den Boden laufen lassen! Eventuell ist es ratsam, einen Hilfsschlauch auf den Stutzen der Ablassschraube aufzusetzen.

③ Die Ablassschraube am Kühler nach links drehen und nach hinten ziehen.

④ Bauen Sie zusätzlich den Kühlmittelschlauch unten am Ölkühler ab und lassen Sie das restliche Kühlmittel ablaufen. Achten Sie auf die vorschriftsmäßige Entsorgung von nicht mehr verwendetem Kühlmittel.

⑤ **Befüllen**: Drehen Sie die Ablassschraube für Kühlmittel ein. Bauen Sie den Ölkühler-Schlauch wieder an.

Verwenden Sie zur Wiederbefüllung das gebrauchte Kühlmittel am besten nicht mehr, auf jeden Fall dann nicht, wenn Kühler, Wärmetauscher, Zylinderblock oder Zylinderkopf ersetzt wurden. Gebrauchtes Kühlmittel enthält nicht mehr genügend Bestandteile, um auf den neuen Teilen einen Antikorrosionsbelag bilden zu können. Stellen Sie sich Kühlmittel aus den vorgeschriebenen Zusätzen im empfohlenen Mischungsverhältnis mit Wasser her.

⑥ Füllen Sie Kühlmittel bis zur max-Markierung am Ausgleichsbehälter auf. Verschließen Sie den Behälter. Beim 1,2 Liter-Motor **AWY**: Geber für Kühlmitteltemperatur ausbauen, langsam so viel Kühlmittel einfüllen, bis es im Stutzen für den Geber sichtbar wird, dann den Geber wieder einbauen und langsam weiter Kühlmittel bis zur max-Markierung auffüllen; Ausgleichsbehälter verschließen. Bei Benzinmotoren **AQV**, **AZF** und **AQW** (1,0 Liter-Motor und leistungsschwächere 1,4 Liter-Motoren) Halteklammer vom Geber für Kühlmitteltemperatur abziehen, Geber aus dem Kühlmittelregler-Gehäuse herausnehmen, Kühlmittel langsam bis zur max-Markierung in den Ausgleichsbehälter laufen lassen, Geber wieder einbauen und Ausgleichsbehälter verschließen.

⑦ Starten Sie den Motor und lassen Sie ihn laufen, bis der Lüfter anläuft.

⑧ Prüfen Sie den Kühlmittelstand. Liegt er bei betriebswarmem Motor unter der max-Markierung, bei kaltem Motor unterhalb der min-Markierung, dann füllen Sie noch Kühlmittel auf, bis der Sollstand erreicht ist.

Praxistipp

Motor verliert Kühlmittel

Wenn Ihr Motor während der Fahrt viel Kühlmittel verliert, dürfen Sie auf keinen Fall kaltes Wasser nachfüllen. Der heiße Motor erhält dann einen Kälteschock, bei dem sich der Zylinderkopf verziehen kann. Die Zylinderkopfdichtung schließt nicht mehr richtig und Kühlmittel kann in den Schmierkreislauf des Motors gelangen. Im schlimmsten Fall reißt durch einen Kälteschock der Motorblock. Warten Sie, bis der Motor abgekühlt ist, füllen Sie Wasser nach und lassen Sie in der nächsten Werkstatt die Ursache für den Kühlmittelverlust feststellen.

Reparaturarbeiten am Kühlsystem

Bei warmem Motor steht das Kühlsystem unter Druck. Vor Arbeiten und Reparaturen an der Anlage muss also ggf. Druck abgebaut werden. Beim Öffnen des Ausgleichsbehälters kann heißer Dampf entweichen. Darum sollte man den Verschlussdeckel mit einem Lappen abdecken und vorsichtig öffnen.

Sichern Sie alle Schlauchverbindungen mit Federbandschellen, die dem Serienstand (Teilekatalog des Herstellers) entsprechen. Zur Montage der Federbandschellen wird die Schlauchklemmenzange V.A.G 1921 empfohlen. Dichtungen und Dichtringe sind grundsätzlich zu ersetzen. Die Pfeile (oder anderen Markierungen), die an den Kühlmittelrohren und Kühlmittelschlauchenden angebracht sind, müssen sich gegenüber stehen. Nur so ist spannungsfreie Verlegung der Kühlmittelschläuche gesichert. Vermeiden Sie jede Berührung der Schläuche mit anderen Bauteilen!

Die folgenden Škoda-Explosionsbilder machen die aufbauseitige Zuordnung der einzelnen Teile des Kühlsystems (vergleiche auch Techniklexikon weiter oben) und die motorseitigen Teile deutlich. Motorseitig sind Kühlmittelregler(-gehäuse) und Kühlmittelpumpe getrennt dargestellt. An diesen Zeichnungen, die im Prinzip für alle Motorisierungen gelten, aber vor allem motorseitig in Details variieren, kann man sich hinsichtlich Aus- und Einbau von Kühler, Lüftern, Ausgleichsbehälter, Schläuchen und Kühlmittelregler orientieren.

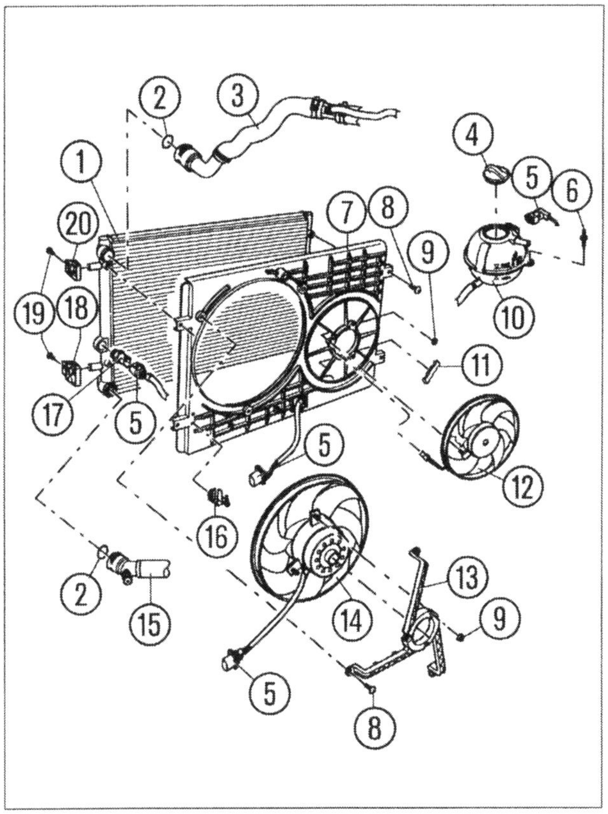

Die Teile des Kühlsystems: *❶ Kühler, ❷ O-Ring, ❸ mit Halteklammern am Kühler zu sichernder oberer und ⓯ unterer Kühlmittelschlauch, ❹ Verschlussdeckel, ❺ diverse Verbindungsstecker, ❻/❽/❾/⓳ Schrauben, ❼ Luftführungshutze, ❿ Kühlmittel-Ausgleichsbehälter, ⓫ Halteklammer für Lüfterkabel, ⓬ Zusatzlüfter (Ventilator) bei Fahrzeugen mit Klimaanlage, ⓭ Lüfterring, ⓮ Kühlerlüfter, ⓰ Halter für den Lüfteranschlussstecker, ⓱ Thermoschalter F18 für den Kühlerlüfter (oder beide Lüfter); er wird mit 35 Nm fest gezogen und schaltet in zwei Stufen für die Betriebstemperaturbereiche 91 bis 97 °C und 99 bis 105 °C ein sowie in den beiden Stufen 84 bis 91 °C und 91 bis 98 °C aus, ⓲ unteres (schwarz) und ⓴ oberes (weiß) Kühlerlager.*

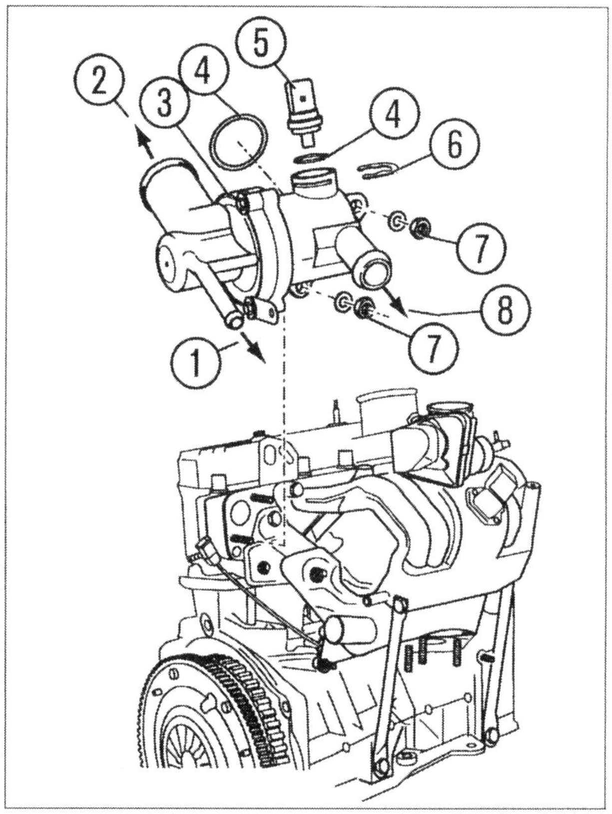

Motorseitiges Kühlsystem/Regler: *❶ zum Ausgleichsbehälter oben, ❷ zum Kühler oben, ❸ Gehäuse mit Kühlmittelregler (Öffnungsbeginn ca. 88 °C, Öffnungsende ca. 103 °C, ❹ O-Ring, ❺ Geber G62 für Kühlmitteltemperatur, ❻ Halteklammer, ❼ Mutter, ❽ zum Wärmetauscher.*

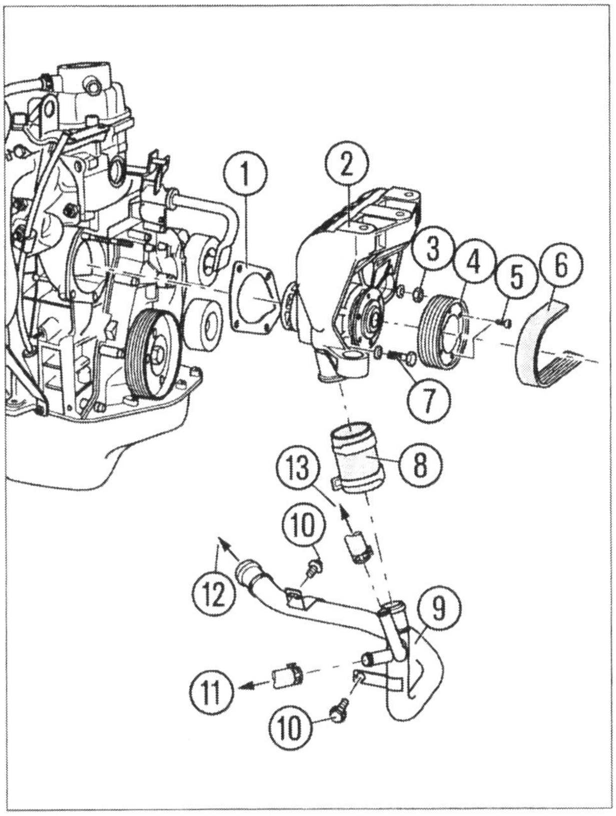

__Motorseitiges Kühlsystem/Pumpe:__ ❶ Dichtung, ❷ bei Beschädigung und Undichtigkeit komplett zu ersetzende Kühlmittelpumpe, ❸/❺/❼/❿ Mutter und Schrauben, ❹ Riemenscheibe für ❻ Keilrippenriemen, ❽ Kühlmittelschlauch, ❾ Kühlmittelrohr vorn, ⓫ zum Anschlussstutzen für Wärmetauscher, ⓬ zum Kühler unten, ⓭ zum Ausgleichsbehälter unten.

Kühler mit Lüfter aus- und einbauen

Ehe ein Kühler ausgewechselt wird, sollte man ihn in einer Werkstatt abdrücken lassen. Kühlerwerkstätten sind in der Lage, kleinere Leckstellen zu flicken. So können Sie eine Erneuerung des Kühlers möglicherweise noch vermeiden.
Wenn Sie einen Wagen mit Automatikgetriebe fahren, sollten Sie den Ausbau des Kühlers der Werkstatt überlassen. Denn in den Kühler ist der ATF-Ölkühler integriert, dessen Zuleitungen getrennt werden müssen. Das Wiederbefüllen des Getriebes mit ATF-Öl ist problematisch. Beschrieben wird der Kühlerausbau für alle Motoren. Abweichende oder zusätzliche Arbeitsschritte für einige Motorisierungsfälle werden extra ausgewiesen.

Arbeitsschritte

① **Ausbau**: Das Fahrzeug muss mindestens aufgebockt werden; besser ist Anheben mit der Hebebühne. Lassen Sie das Kühlmittel ab.

② Ziehen Sie den Anschlussstecker vom Thermoschalter F18 ab. Trennen Sie die Steckverbindung (im Falle von Klimaanlagen zwei) am Halter der Luftführungshutze durch Drücken der Arretierlaschen.

③ Trennen Sie den Kühlmittelschlauch oben und unten an den Anschlussstutzen vom Kühler. Ziehen Sie dazu die Halteklammer bis zum Anschlag und die Schnellkupplung nach hinten ab.

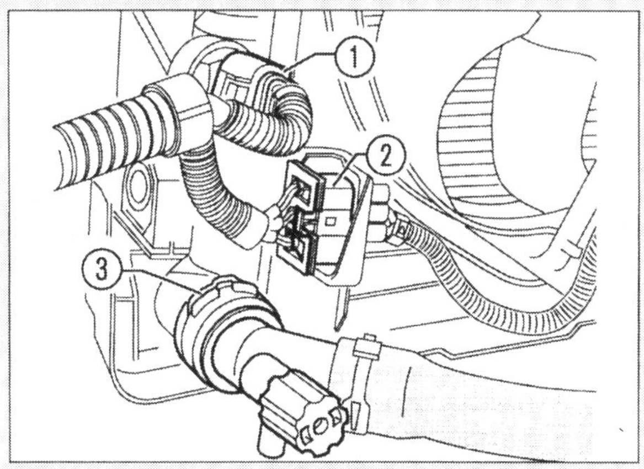

__Steckverbindungen trennen:__ ❶ Stecker am Thermoschalter F18, ❷ Stecker am Halter der Luftführungshutze, ❸ Halteklammern an der Schnellkupplung.

④ Bei Fahrzeugen **ohne Klimaanlage**: Kabelhalter am Anlasser abschrauben und Kabel mit Halter nach hinten legen. Stoßfänger vorn ausbauen (Kapitel Karosserie). Die vier Schrauben für Kühlerlager herausdrehen. Kühler mit Lüfter nach hinten ziehen und nach unten heraus nehmen.

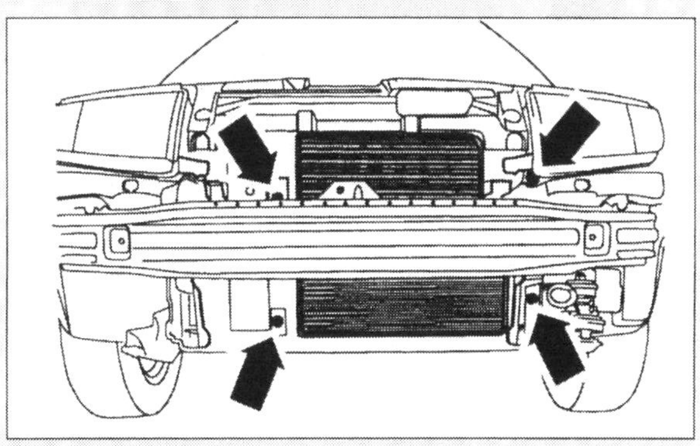

__Kühler abschrauben:__ Die Pfeile weisen auf die Schrauben für Kühlerlager. Bei Fahrzeugen mit Klimaanlage ist die Einbausituation ähnlich.

Bei Motorisierung mit **Benzinmotoren 1,4 Liter BBY und BBZ sowie 2,0 Liter AZL**: Batterie-Masseband abklemmen, Kühlmittel ablassen, Kühlmittelschläuche vom Kühler abziehen, Anschlussstecker vom Kühlerventilator abziehen, Steckverbindung des Thermoschalters F18 abziehen, Schlossträger ausbauen und seitlich ablegen, Befestigungsschrauben des Kühlers herausschrauben und zusammen mit Luftfänger und Ventilator heraus nehmen.

⑤ Bei Fahrzeugen **mit Klimaanlage**: Die vier Schrauben für Kühlerlager heraus drehen. Den Schlossträger mit Anbauteilen ausbauen (Kapitel Karosserie). Kondensator mit Kühler am Motor befestigen oder abstützen. Hängen Sie den Kondensator nicht an den Leitungen auf! Die Leitungen dürfen nicht geknickt oder verbogen werden. Auf keinen Fall dürfen Sie den Kältemittelkreislauf der Klimaanlage öffnen! Drehen Sie die vier Schrauben für die Kondensatorbefestigung heraus und nehmen Sie den Kühler mit Lüfter ab.

Bei Motorisierung mit **Benzinmotoren 1,4 Liter BBY und BBZ sowie 2,0 Liter AZL**: Batterie-Masseband abklemmen, Kühlmittel ablassen, Kühlmittelschläuche vom Kühler abziehen, Anschlussstecker vom Kühlerventilator abziehen, Steckverbindung des Thermoschalters F18 abziehen, Keilrippenriemen ausbauen, Klimakompressor-Steckverbindung abziehen, Klimakompressor ausbauen und mit angeschlossenen Leitungen an Schlossträger anbinden, Schlossträger ausbauen und seitlich ablegen, Schlauchhalteschellen für Luftfänger an der Klimaanlage ausbauen, Befestigungsschrauben des Kühlers herausschrauben und zusammen mit Luftfänger und Ventilator heraus nehmen; Kondensator der Klimaanlage abschrauben und vorsichtig herausnehmen.

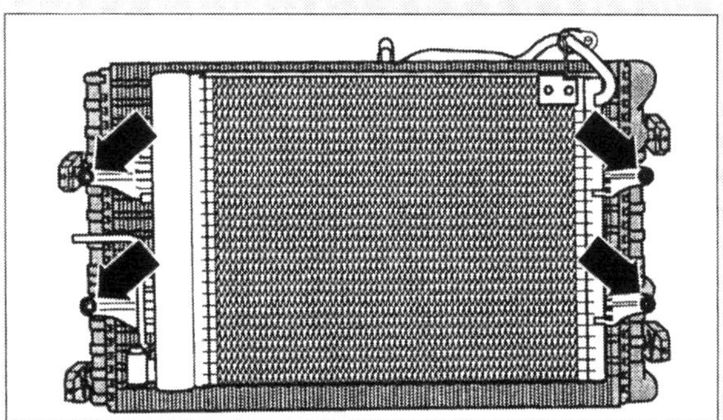

Fahrzeuge mit Klimaanlage: *Schrauben für Kondensatorbefestigung (Pfeile) herausdrehen.*

⑥ Der **Einbau** erfolgt sinngemäß in umgekehrter Reihenfolge. Drehen Sie die Ablassschraube für Kühlmittel ein und füllen Sie neues Kühlmittel auf. Bei Fahrzeugen mit Klimaanlage müssen nach dem Einbau die Scheinwerfer eingestellt werden.

Praxistipp

Defekter Kühlerventilator

Die Kühlerventilatoren werden nur bei hoher Belastung zugeschaltet. Wenn ein Kühlerlüfter defekt ist, müssen Sie Ihre Fahrt deshalb nicht zwangsläufig beenden. Lassen Sie den Motor abkühlen und fahren Sie mit zügigem Tempo in die nächste Werkstatt. Leerlauf und Schleichfahrt sollten Sie vermeiden, weil dabei kaum kühlende Luft durch die Lamellen des Kühlers strömt. Behalten Sie die Temperaturanzeige und die Warnleuchte im Auge.

Vorsicht: Bei gerade abgestelltem und heiß gefahrenem Motor niemals mit den Händen in die Nähe des Lüfters kommen! Der Ventilator kann auch bei ausgeschalteter Zündung unvermittelt loslaufen.

Schläuche des Kühlsystems auswechseln

Reißt während der Fahrt der Kühlwasserschlauch, können Sie die Leckstelle provisorisch mit Klebeband abdichten. Lösen Sie zur Sicherheit den Verschlussdeckel des Ausgleichsbehälters eine Umdrehung. Dann baut sich nicht der volle Betriebsdruck auf und das Klebeband platzt nicht ab. Achten Sie während der Fahrt stets auf die Kühlmitteltemperatur-Warnlampe. Den schadhaften Schlauch sollten Sie schnell ersetzen. Kaufen Sie nur Originalschläuche in der richtigen Bogenform und dazu neue Federbandschellen gemäß Škoda-Ersatzteilkatalog.

Arbeitsschritte

① Kühlmittel ablassen und in Gefäß auffangen.

② Schlauchschellen lösen, Schläuche abziehen.

③ Festsitzende Schlauch-Enden mit einem Schraubendreher lockern. Das Werkzeug zwischen Schlauch und Stutzen schieben und vorsichtig ringsum vom jeweiligen Anschlussstutzen hebeln.

④ Neue Schläuche weit genug auf die Stutzen schieben, damit sie nicht wieder abrutschen können.

⑤ Alle Schläuche vorschriftsmäßig nur mit Federbandschellen befestigen und sichern.

Thermostat

Störungs-beistand

Erkennungsmerkmal	Ursache/Auswirkungen
A Motorbetriebstemperatur wird nur langsam erreicht, Heizwirkung ungenügend.	Thermostat-Ventilteller ist in »Offen«-Stellung. Blockiert (etwa durch Ablagerungen); der Zufluss zum Kühler bleibt ständig offen. Motor bleibt zu lange im Kaltlaufbetrieb. Es kommt jedoch kurzfristig zu keinen Schäden. Trotzdem Thermostat so bald wie möglich wechseln.
B Temperatur-Warnleuchte brennt trotz richtigem Kühlmittelstand. Kühler und unterer Schlauch zum Kühler sind kalt.	Thermostat-Ventilteller ist in »Geschlossen«-Stellung. Blockiert (etwa durch eine defekte oder undichte Thermostatbuchse). Auf keinen Fall weiterfahren, sonst entstehem schwere Hitzeschäden am Motor.

Kühlsystem

Störungs-beistand

Störung	Ursache	Abhilfe
A Temperatur-Warnleuchte brennt.	**1** Keilriemen bzw. Keilrippenriemen zu schwach gespannt oder gerissen.	Riemenspannung kontrollieren oder Riemen ersetzen.
	2 Zu wenig Flüssigkeit im Kühlsystem.	Auffüllen, notfalls aus der Scheibenwaschanlage.
	3 Kabel zur Warnlampe hat Masseschluss.	Kabel am Temperaturgeber abziehen, Warnlampe muss verlöschen, sonst Masseschluss; Kabelverlauf kontrollieren.
	4 Thermostat öffnet den Kaltwasserzufluss aus dem Kühler nicht (Kühler kalt).	Thermostat ausbauen und ohne ihn weiterfahren oder Wagen abschleppen lassen.
	5 Elektrischer Kühlerventilator schaltet nicht ein.	Stecker am Thermoschalter und am Lüftermotor prüfen. Thermoschalter prüfen, Lüftermotor prüfen (lassen).
	6 Überdruckventil im Verschlussdeckel des Ausgleichsbehälters defekt.	Ventil prüfen (lassen), Deckeldichtung kontrollieren, ggf. Verschlussdeckel ersetzen.
	7 Geber der Temperaturanzeige hat Kurzschluss.	Austauschen.
	8 Kühler verstopft oder Lamellen zugesetzt.	Kühler reinigen.
B Schwache Heizleistung.	Thermostat schließt nicht völlig, aufgeheizte Kühlflüssigkeit strömt zu früh durch den Kühler.	Thermostat säubern, ggf. ersetzen.

DAS MOTOR-MANAGEMENT

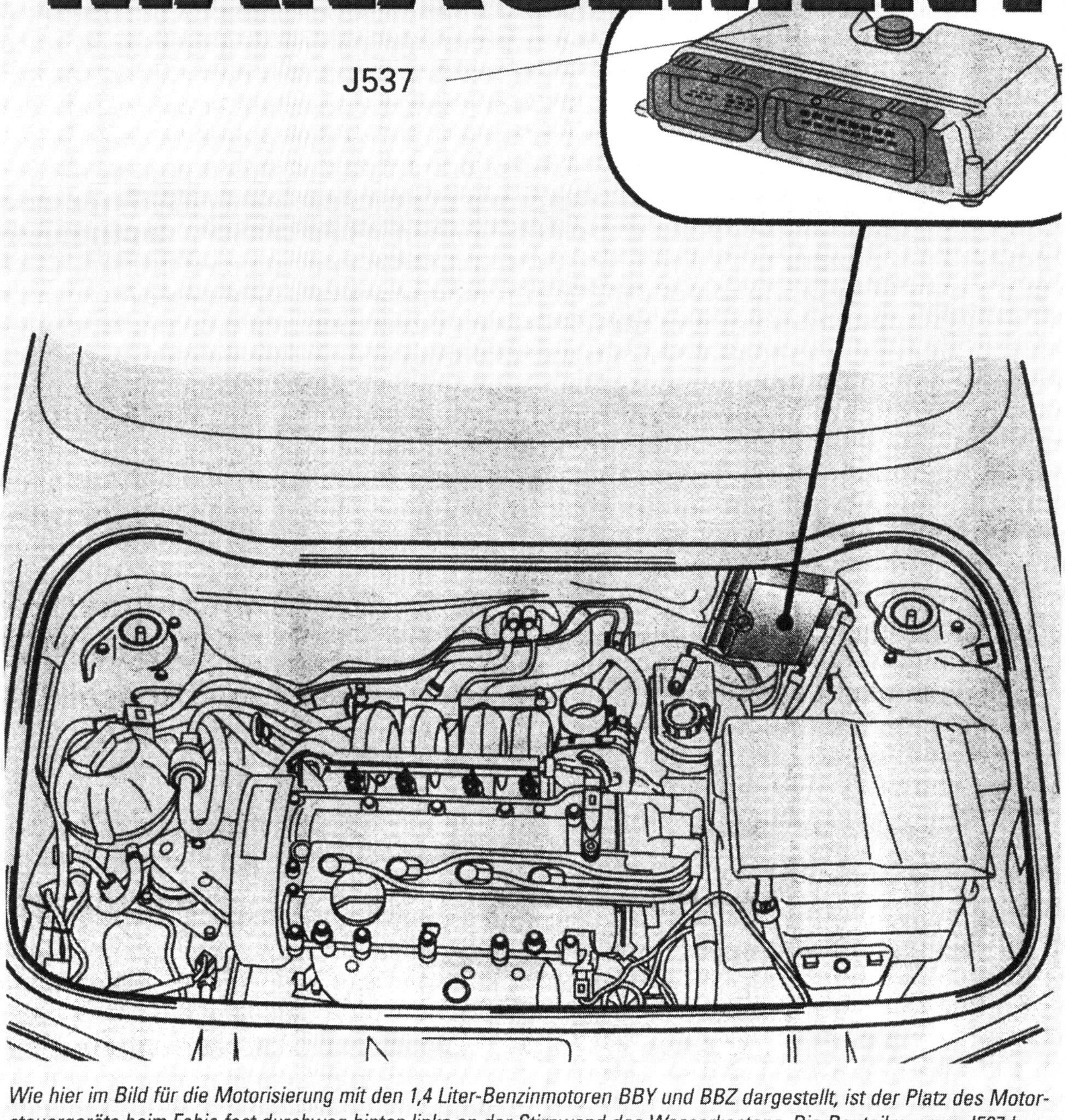

Wie hier im Bild für die Motorisierung mit den 1,4 Liter-Benzinmotoren BBY und BBZ dargestellt, ist der Platz des Motorsteuergeräts beim Fabia fast durchweg hinten links an der Stirnwand des Wasserkastens. Die Bauteilnummer J537 kennzeichnet ein Gerät für die 4MV Einspritzanlage Magneti Marelli. Ferner kommen die Geräte J361 Simos, J220 für die Motronic-Einspritzanlage und das Steuergerät J248 für Diesel-Direkteinspritzanlagen zum Einsatz.

Kraftstoffzufuhr und -dosierung, Zündung und Abgaskontrolle sind beim Škoda Fabia Stand der Technik. Diese Aufgaben übernehmen von Computern geregelte Systeme im Zusammenspiel mit der Kraftstoffeinspritzung. Das Rechner basierte, lernfähige Motormanagement ist mit Kennfeldern vorprogrammiert, bezieht Informationen von Sensoren und Gebern, steuert über Aktoren die Motorfunktion, stützt sich dabei auf Fehlerspeicher und kommt mittels Selbstdiagnosesystem den Fehlfunktionen auf die Spur.

Die leistungsfähigen Otto-Motoren und Diesel-Direkteinspritzanlagen werden von Geräten verschiedener namhafter Hersteller gesteuert. Eingesetzt werden 4LV-Anlagen von Magneti Marelli, Siemensgeräte Simos 3PA, 3PB und 3 PD sowie Boschgeräte Motronic ME 7.5 und für die Dieselmotoren VP- sowie PDE-Satzeinspritzer. Diese Steuergeräte sind fast durchweg hinten links im Motorraum an der Spritzwand (Wasserkasten-Stirnwand) montiert. Nur das Steuergerät für die Diesel-Direkteinspritzanlage des TDI-Motors befindet sich im Motorraum vorn, leicht links von der Mitte.

Präzise Informationen zum Motorzustand

Sensoren am, auf und um den Motor liefern der zentralen Motorelektronik die Angaben über Motor- und Kühlmitteltemperatur, Ansauglufttemperatur, Luftdichte, Abgaszusammensetzung, Motorbelastung, Drehzahl und Saugrohrdruck. Das Steuergerät wird ständig genau über den jeweiligen Motorzustand informiert. Ein weiterer Geber signalisiert die Gaspedalstellung. Mit diesem komplexen System des elektronischen Motormanagements lassen sich niedriger Kraftstoffverbrauch und die Einhaltung strenger Abgasgrenzwerte bis hin zu EU 4 optimal realisieren.

Für Enthusiasten des Do it yourself, auch für den geübten Schrauber, ist diese Entwicklung der Motortechnik eher etwas frustrierend. Selbst Hand anlegen kann man kaum noch. Dennoch gibt es eine ganze Reihe von Arbeiten im Bereich von Motormanagement und Kraftstoffeinspritzung, die man mit Übung und Erfahrung, am besten unter Einsatz bestimmter Spezialwerkzeuge und in Kooperation mit der Fachwerkstatt, ausführen kann.

Motorsteuergeräte regeln in erster Linie die Gemischaufbereitung, die Kraftstoffeinspritzung, die Zündung (Ottomotoren) und die Abgasnachbehandlung. Dazu erfassen sie den Ist-Zustand im Motorbetrieb, bestimmen den Soll-Zustand, steuern zur Einflussnahme Aktoren an und kontrollieren sich und die Abläufe über Diagnosefunktionen.

Da das Steuergerät die Zündzeitpunkt-Regelung übernimmt, ist eine strenge Trennung von Einspritz- und Zündanlage beim Motormanagement nicht mehr möglich. Wegen der besseren Übersichtlichkeit stellen wir jedoch die Zünd-Komponenten der Benzinmotoren in einem gesonderten Kapitel vor.

Der Computer im Motorraum hat im Einzelnen folgende Funktionen:

- Die zylindersequenzielle Einspritzung mit Schnellstart,
- die lernfähige Leerlaufregelung,
- die lernfähige Lambda-Regelung,
- die lernfähige Tankentlüftung,
- die lernfähige Abgasrückführung,
- die lernfähige Klopfregelung,
- die Eigendiagnose.

Was die Ottomotoren im neuen Fabia betrifft, gibt es eine ruhende Hochspannungsverteilung, den Hallgeber G40 an der Einlassnockenwelle als Positionssensor sowie den Geber G28 für Motordrehzahl an der Kurbelwelle. Die Erkennung über den Zündverteiler wird durch die neuen Geber abgelöst.

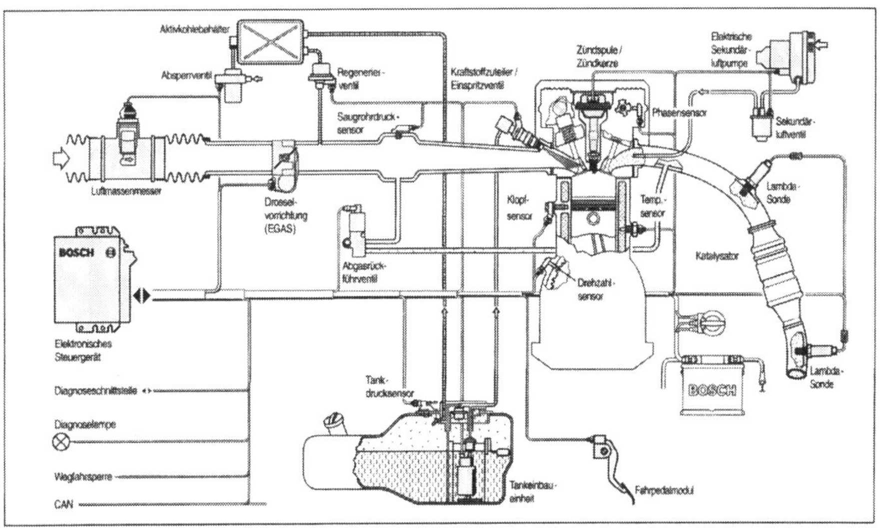

***Prinzip der Steuerung**: Das Steuergerät verarbeitet eine Vielzahl Signale. In einigen Fällen von Sensor-Ausfall kommen Notlauffunktionen zum Einsatz. Setzt allerdings der Drehzahlgeber (G28) aus, steht der Motor still und kann nicht wieder gestartet werden.*

Die Euro-On-Board-Diagnose EOBD

Die Motorelektronik arbeitet mit anderen Fahrzeugsystemen zusammen. Im Zusammenspiel mit dem Steuergerät des Automatikgetriebes beispielsweise ermöglicht das elektronische Motormanagement sanftere Schaltvorgänge, indem es beim Schalten das Drehmoment etwas zurücknimmt. Die Motronik steht auch in Verbindung mit dem Antiblockiersystem (ABS) und der Antriebsschlupfregelung (ASR).

Eine ganz wesentliche Funktion ist die Diagnose aller für das Abgas relevanten Bauteile und Abläufe. Dieses in den USA als On-Board-Diagnose OBD eingeführte und seit Anfang 2000 in der Europäischen Union (zunächst für Ottomotoren, künftig auch für Dieselmotoren) als EOBD verbindliche System überwacht alle Fehlfunktionen und defekten Bauteile, die zu beträchtlicher Erhöhung des Schadstoffausstoßes führen können.

Die Konzentration der Schadstoffkomponenten Kohlenmonoxid, Kohlenwasserstoffe und Stickoxide direkt zu messen, ist mit vertretbarem Aufwand nicht zu realisieren. Deshalb wird diese Prüfung der relevanten Bauteile und Funktionen durch das Motormanagement genutzt. Das hat auch den Vorteil, dass Störungen direkt über ein Auslesegerät festgestellt werden können.

Sichtbares Element der Ausstattung Ihres Fahrzeugs mit Euro-On-Board-Diagnose ist die Abgaswarnleuchte K83. Sie ist in den Instrumenteneinsatz integriert. Zusammen mit den Warnleuchten für ASR und ABS, für Bremskontrolle, Airbag und Sicherheitsgurt sitzt sie im Tachometer, und zwar halbunten links. Das Signal K83 leuchtet, wie alle Kontrollleuchten, beim Einschalten der Zündung für einige Sekunden auf. Es leuchtet gelb. Wenn die Leuchte nach dem Starten des Motors nicht erlischt oder während der Fahrt leuchtet oder blinkt, liegt ein Systemfehler in der Motorelektronik oder in abgasrelevanten Systembauteilen vor. Dauerlicht signalisiert einen Fehler, der die Abgaswerte verschlechtert. Blinken verweist auf einen Fehler, der bei diesem Fahrzustand Katalysatorschäden verursacht. Dann darf nur noch mit reduzierter Leistung gefahren werden. Das Aufsuchen der Werkstatt ist unumgänglich.

Das elektronische Steuergerät

Das Steuergerät mit Funktionsrechner und Überwachungsrechner, bei den Ottomotoren Bauteil J220, J537 oder J361, bei den Dieselmotoren J248, ist in einem Metallgehäuse gekapselt. Über einen Spannungsregler wird es konstant mit Spannung für die digitalen Schaltungen versorgt. Das Gerät enthält Endstufen, die genügend Leistung für den direkten Anschluss der Stellglieder liefern. Diese Endstufen sind vor Kurzschlüssen gegen Masse oder Batteriespannung und vor Zerstörung durch elektrische Überlastung geschützt.

Die Diagnosefunktion erkennt mögliche Fehler und schaltet bei Bedarf den fehlerhaften Ausgang ab. Im RAM wird der Fehlereintrag gespeichert. Die Fehler sind als Zahlencodes in Listen erfasst, die in den Fachwerkstätten abgearbeitet werden. Der Eintrag kann in der Werkstatt mit den hoch entwickelten Auslesesystemen abgerufen werden. Škoda Auto verweist darauf, dass ein beliebiges herstellerunabhängiges Datenauslesegerät gegenwärtig noch nicht verfügbar ist. Genutzt werden daher der Fahrzeugsystemtester V.A.G 1552, das Fehlerauslesegerät V.A.G 1551 und das Fahrzeugdiagnose-, Mess- und Informationssystem VAS 5051. Im Fahrzeug gibt es dafür links neben der Ablage Fahrerseite einen Anschluss.

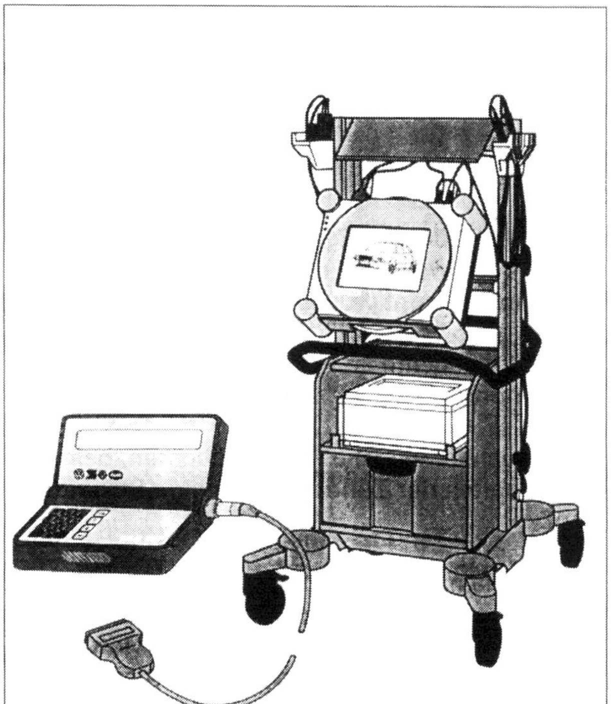

Das Škoda-Bild zeigt links den Systemtester V.A.G 1552 und rechts das Werkstattgerät für Diagnose und Fahrzeug-Information VAS 5051.

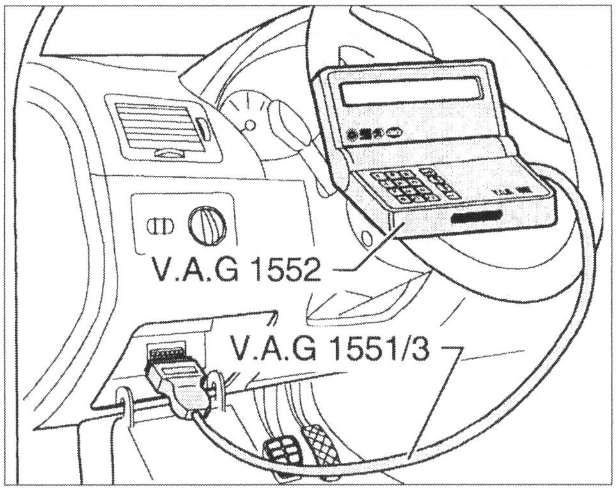

Der Fahrzeugsystemtester (Beispiel: V.A.G 1552) wird an der Schnittstelle am Fahrerplatz angeschlossen (Beispiel: mit Leitung V.A.G 1551/3). Dann wird je nach gewünschter Funktion die Zündung eingeschaltet oder der Motor angelassen. Alle elektrischen Verbraucher wie Licht, Heckscheibenheizung und Klimaanlage müssen ausgeschaltet sein. Batteriespannung mindestens 11,5 V, Sicherungen in Ordnung.

Die Datensammelschiene CAN

Die konventionelle Kommunikation im Kraftfahrzeug ist dadurch gekennzeichnet, dass jedem Signal eine Einzelleitung zugeordnet ist. Die gewaltige Zunahme des Datenaustauschs zwischen den elektronischen Komponenten beim modernen Motormanagement kann so nicht mehr sinnvoll bewältig werden. Schon seit einiger Zeit ist die Komplexität konventioneller Kabelbäume nur noch mit großem Aufwand beherrschbar.

Die Lösung bietet das speziell für Kraftfahrzeuge konzipierte Bussystem CAN. Die elektronischen Steuergeräte brauchen eine serielle Schnittstelle CAN, dann sind sie über die entsprechende Datensammelschiene miteinander zu verbinden.

Für CAN gibt es im Kraftfahrzeug drei wesentliche Einsatzgebiete:

- die Steuergerätekopplung,
- die Karosserie- und Komfortelektronik (Multiplex),
- die mobile Kommunikation.

CAN ist bei der internationalen Normenorganisation ISO als Standard für den Einsatz im Kfz vorgesehen. Der Standard gilt für festgelegte Datenreihen.

Im Fabia ist auch das CAN-Bus-System neu organisiert. Für das Teilsystem **Antrieb** (Motorsteuergeräte J537, J361, J220 oder J248, ABS/ASR-Steuergerät J104, Steuergerät im Schalttafeleinsatz J285, Airbag-Steuergerät J234, Steuergerät für Lenkhilfe J500 und Steuergerät für Bordnetz J519) wurde eine Übertragungsgeschwindigkeit von 500 kBit/s gewählt, um eine schnelle Datenübertragung innerhalb der für die Sicherheit wichtigen Systeme zu erreichen. Dieser CAN-Bus läuft in das Steuergerät J519 ein. Im Teilsystem **Komfort** (Zentralsteuergerät J393, vier Türsteuergeräte J386-389, Steuergerät für Klimaanlage J301, Steuergerät J519 für Bordnetz) beträgt die Übertragungsgeschwindigkeit für diese Zwecke ausreichende 100 kBit/s.

Praxistipp: Arbeiten am Motormanagement

Beachten Sie bei allen Arbeiten an Komponenten des Motormanagements die üblichen Regeln für Sauberkeit und Sicherheit, wie sie auch bei Prüfungen und Reparaturen am Motor, am Kraftstoffsystem, am Kühlsystem oder an der Einspritz- und Zündanlage sowie der Dieseldirekteinspritz- und Vorglühanlage gelten.

Wenn Sie für bestimmte Arbeiten die Batterie ab- und wieder anklemmen müssen, schalten Sie zuvor stets die Zündung aus, um Beschädigungen am Motorsteuergerät zu vermeiden. Beim Abschleppen eines Fahrzeugs aufgrund von Zündungsschäden müssen die Kabel des elektronischen Steuergerätes abgeklemmt sein.

Technik-lexikon: Wichtigste Komponenten im Fabia-Steuersystem

Die wichtigsten Motordaten erhält das Steuergerät von folgenden Gebern:

Luftmassenmesser G70 mit Geber G42 für Ansauglufttemperatur: Bei 1,2 Liter-Motoren AWY, Mitte links im Motorraum am Saugrohr. Bei anderen Motoren **Geber G71 für Saugrohrdruck mit Geber G72 für Saugrohrtemperatur**: Mitte hinten unter der Drosselklappe. Nehmen den Saugrohr-Absolutdruck auf. Von der Luftdichte hängt der Anteil der für die Verbrennung entscheidenden Sauerstoffteilchen ab. Die Luftfüllung wird zu einem Berechnungsfaktor für Einspritzmenge und aktuell abgegebenes Motor-Drehmoment.

Drehzahlsensor und OT-Geber (G28): Informiert über die Motordrehzahl und dank seiner Position im Kurbelwellengehäuse auch über die genaue Stellung der

Kurbelwelle. Damit übermittelt er Daten zur Stellung des Kolbens jedes einzelnen Zylinders. Diese Informationen sind wichtig für Einspritz- und Zündzeitpunkte.

Hallgeber (G40): Meist schwungradseitig am Nockenwellengehäuse über der Einlassnockenwelle. Die Einlassnockenwelle hat dann drei Zähne, die zur Information über die Nockenwellenposition abgetastet werden. Beim 2,0 Liter-Benzinmotor AZL übernimmt diese Aufgabe der **Nockenwellenpositionssensor G136** hinter dem Nockenwellenantriebsrad. Auf der Rückseite des Antriebsrades ist ein Messrad befestigt, das der Geber zur Informationsgewinnung benutzt.

Mit den Gebern G40/G136 und G28 wird der Zünd-OT des ersten Zylinders erkannt. Diese Information ist für die zylinderselektive Klopfregelung und die sequenzielle Einspritzung notwendig.

Geber für Gaspedalstellung (G79 und G185): Sitzt in einem Gehäuse direkt am Gaspedal und bildet mit diesem zusammen ein Modul. Erfasst den Winkel der Drosselklappe, teilt mit, wie viel Gas der Fahrer gibt. Wenn der Luftmassen-Messer ausfällt, greift das Steuergerät zur Ermittlung der Motorlast auf Signale dieses Gebers zurück.

Umgebungsdrucksensor/Höhenmesser (F96): Sitzt direkt im Motorsteuergerät. Der Sensor bestimmt präzise die Dichte der Umgebungsluft, was für viele Diagnosefunktionen wichtig ist.

Geber für Kühlmitteltemperatur (G62): Sitzt im Kühlmittel-Kreislauf und gibt dessen Temperatur an das Steuergerät weiter.

Nur bei Benzinmotoren:

Lambda-Sonden (G39, G130): Sitzen vor und nach dem Katalysator. Lambda-Sonden messen anhand der Abgaszusammensetzung das Luft-Kraftstoff-Verhältnis des Frisch-Gemisches. Werte über 1 bedeuten mageres Gemisch mit mehr Luft, Werte kleiner als 1 ein fettes Gemisch. Bei Lambda = 1 arbeitet der Katalysator optimal. Die Motorelektronik regelt das Gemischverhältnis über die Einspritzmenge.

Da die Lambda-Sonde erst ab 300-350 °C funktioniert, findet kurz nach dem Kaltstart noch keine Regelung statt. Um diese Phase zu verkürzen, wird die Lambda-Sonde beheizt.

Klopfsensoren (G61 und G66): Eingebaut in den Zylinderblock. Sie registrieren unregelmäßige (klopfende) Verbrennung und regulieren danach den Zündzeitpunkt.

Zündtrafo mit Leistungsendstufe = Zündleiste (N152): Bei den Benzinmotoren AQV, AZF und AQW. Vorn Mitte im Motorraum.

Zündtrafo mit Leistungsendstufe N122 und Zündspulen N und N128: Beim 2,0 Liter-Motor AZL. Vorn Mitte im Motorraum.

Zündspulen mit Leistungsendstufe N70, N127, N291, N292: Bei Motoren BBY und BBZ. In Motorraummitte auf dem Zylinderkopf. Beim 1,2 Liter-Dreizylinder AWY ohne N292.

Magnetventil für Aktivkohlebehälter (N80): Rechts im Motorraum am Kühlmittelausgleichsbehälter.

Drosselklappen-Steuereinheit (J338) mit Drosselklappensteller (V60): Sie befindet sich im Saugrohr und besteht aus Drosselklappengehäuse, Drosselklappe, Drosselklappenantrieb G186 sowie den beiden Winkelgebern (Potentiometer) G187 und G188 für Drosselklappenantrieb. Diese Baugruppe ist nicht zu öffnen und nicht zu reparieren.

Nur bei Dieselmotoren:

Geber für Nadelhub (G80): Sitzt beim SDI-Motor ASY an der zweiten Einspritzdüse von links in Motorraummitte.

Magnetventil für Ladedruckbegrenzung (N75): Der TDI-Motor ATD arbeitet mit verstellbarem Turbolader, um den Ladedruck optimal den jeweiligen Fahrbedingungen anzupassen. Im Zusammenspiel mit dem Motorsteuergerät wird so der Unterdruck für die Leitschaufelverstellung eingestellt und damit der Ladedruck geregelt. Hinten rechts im Motorraum; ab November 2001 an gleicher Stelle in einem Ventilblock.

Geber für Kraftstofftemperatur (G81): Befindet sich in der Kraftstoff-Rücklaufleitung von der Einspritzpumpe zum Kraftstoffkühler des SDI-Motors und ermittelt die aktuelle Kraftstofftemperatur. Dieses Signal benötigt das Motorsteuergerät zur Berechnung des Förderbeginns und der Einspritzmenge, um die Dichte des Kraftstoffs bei unterschiedlichen Temperaturen zu berücksichtigen. Der G81 bildet mit dem Mengensteller N146 eine Baueinheit im Mengenstellwerk der Einspritzpumpe vorn Mitte im Motorraum.

Umschaltventil für Saugrohrklappe (N239): Befindet sich in der Nähe des Luftmassenmessers. Schaltet den Unterdruck für die Betätigung der Saugrohrklappe im Ansaugrohr, die Ruckelbewegungen des Motors beim Abstellen verhindert. Diese Ruckelbewegungen entstehen bei Dieselmotoren wegen des hohen Verdichtungsdrucks der angesaugten Luft. Hinten rechts im Motorraum, seit November 2001 zusammen mit N75 und Magnetventil N18 für Abgasrückführung im Ventilblock.

Die Funktion des Systems

Das Drehzahlsignal (Drehzahlsensor G28, Hallgeber G40, Nockenwellenpositionssensor G136) und das Lastsignal vom Saugrohr-Drucksensor (G71) bilden die Grundlage zur Bestimmung des motorspezifischen Kennfeldes. Dieses Basiskennfeld wird durch Informationen über Kühlmitteltemperatur und Abgaszusammensetzung korrigiert und zur Anpassung des Zündzeitpunktes sowie der Einspritzzeit im jeweiligen Betriebszustand genutzt. Zusätzliche Informationen sind die über Lufttemperatur und Drosselklappenstellung.

Zum Öffnen oder Schließen der Drosselklappe steuert das Motorsteuergerät den Elektromotor für Drosselklappenantrieb an. Die beiden Winkelgeber (aus Sicherheitsgründen sind es zwei) melden die aktuelle Stellung der Drosselklappe an das Motorsteuergerät zurück. Der obere elektrische Anschlag ist im Motorsteuergerät festgelegt. Er ist der maximale Öffnungswinkel der Drosselklappe im Fahrbetrieb. Wenn der Klappenantrieb ausfällt, wird die Drosselklappe automatisch über ein Federrückstellsystem auf die Notlaufposition gezogen. Es erfolgt ein Eintrag in den Fehlerspeicher und die Fehlerlampe für elektrische Gasbetätigung (EPC-Kontrolllampe K132) wird eingeschaltet. In der Notlaufposition ist eingeschränkter Fahrbetrieb mit erhöhter Leerlaufdrehzahl möglich.

Elektronische Motorleistungsregelung E-Gas

Der Škoda Fabia verfügt über ein elektronisches Gaspedal. Die Drosselklappe wird dabei nicht mehr durch einen Seilzug vom Gaspedal aus betätigt. Zwischen den beiden Teilen besteht keine mechanische Verbindung mehr. Am Gaspedal sitzen stattdessen zwei Geber (veränderbare Widerstände in einem Gehäuse), die das Steuergerät über die Gaspedalstellung informieren.

Die Stellung des Gaspedals (Fahrerwunsch) ist eine Haupteingangsgröße für das Motorsteuergerät. Die Betätigung der Drosselklappe erfolgt durch den Drosselklappensteller in der Drosselklappen-Steuereinheit, und zwar über den gesamten Drehzahl- und Lastbereich. Die Klappe wird exakt nach den Vorgaben des Motorsteuergerätes betätigt.

Bei stehendem Motor und eingeschalteter Zündung steuert die Elektronik die Drosselklappenstellung genau nach Geber für Gaspedalstellung. Ist das Gaspedal dann halb durchgetreten, wird auch die Drosselklappe in etwa zur Hälfte geöffnet. Bei laufendem Motor aber, also unter Last, kann das Motorsteuergerät die Drosselklappe unabhängig vom Geber für Gaspedalstellung öffnen und schließen. Es erfolgt Anpassung an den jeweiligen Betriebszustand. So kann beim Beschleunigen die Drosselklappe schon ganz geöffnet sein, obwohl das Gaspedal erst halb durchgetreten ist. Dies hat den Vorteil, dass Drosselverluste an der Klappe vermieden werden.

Dadurch ergeben sich in bestimmten Lastzuständen deutlich bessere Werte in Bezug auf Schadstoffausstoß und Verbrauch. Das erforderliche Drehmoment des Motors kann vom Motorsteuergerät über die optimale Kombination von Drosselklappenquerschnitt und Ladedruck hergestellt werden.

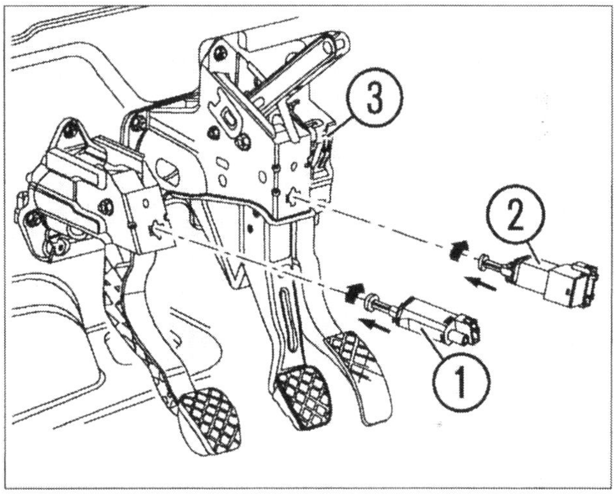

Fußhebelwerk mit E-Gas: *❶ Kupplungspedalschalter F36, ❷ Bremslichtschalter F und Bremspedalschalter F47, ❸ Geber für Gaspedalstellung G79 und G185.*

Die EPC-Kontrolllampe

E-Gas besteht also aus den Bauteilen Geber für Gaspedalstellung, Drosselklappen-Steuereinheit und Motorsteuergerät. Alle tragen dazu bei, die Stellung der Drosselklappe zu bestimmen, zu regeln und zu überwachen. Zur Anzeige des überwachten Status dient die EPC-Kontrolllampe. Werden beim Betrieb des Motors Fehler im E-Gas-System erkannt, schaltet das Motorsteuergerät zur Warnung eine Kontrollleuchte (Fehlerlampe K132 für elektrische Gasbetätigung) im Schalttafeleinsatz Ihres Fabia ein. Gleichzeitig wird natürlich der entsprechende Eintrag in den Fehlerspeicher des Motorsteuergeräts vorgenommen. Die

Kontrollleuchte zeigt die drei Buchstaben EPC (Electronic Power Control) und sitzt links im Kombiinstrument, in der rechten Hälfte des Drehzahlmessers. Wie andere Kontrolllampen auch, muss die EPC-Anzeige aufleuchten, wenn die Zündung eingeschaltet wird.

Das Motorsteuergerät prüft nach Einschalten der Zündung alle für die Funktion des E-Gas-Systems wichtigen Bauteile. Leuchtet die EPC-Kontrolllampe bei eingeschalteter Zündung nicht, muss der Schalttafeleinsatz überprüft werden (entsprechende Reparaturgruppe der elektrischen Anlage). Leuchtet die Lampe bei eingeschalteter Zündung und erlischt nicht etwa drei Sekunden nach Anlassen des Motors (Leerlauf), muss der Fehlerspeicher abgefragt werden (Fahrzeugsystemtester). Etwaige Fehler sind zu beheben, der Fehlerspeicher zu löschen.

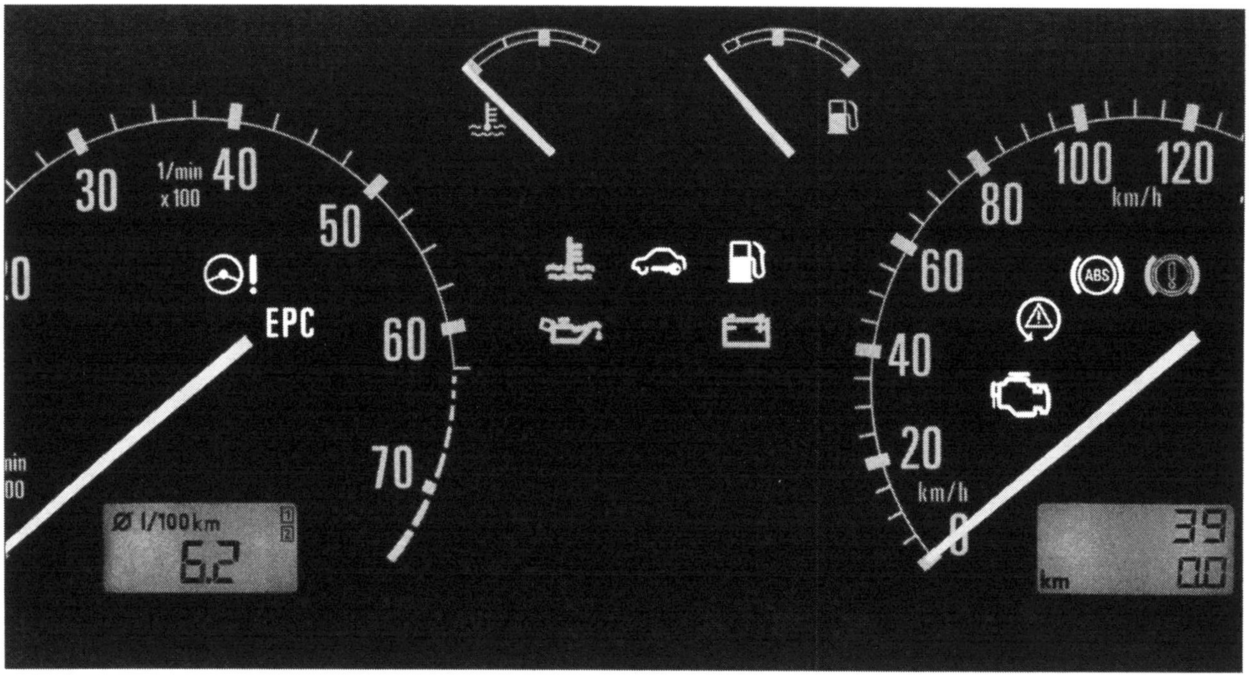

EPC-Kontrolllampe links im Kombi-Instrument im rechten oberen Abschnitt des Drehzahlmessers.

DIE BENZIN-EINSPRITZUNG

Luftumfasstes Einspritzventil: *Der 2,0 Liter-Motor AZL wartet mit neuen Einspritzventilen auf. Bei ihnen führt Wechselwirkung zwischen Kraftstoff- und Luftmolekülen dazu, dass der Kraftstoff sehr fein zerstäubt wird. Dadurch werden die Verbrennung noch verbessert und die Schadstoffe im Abgas weiter reduziert.*

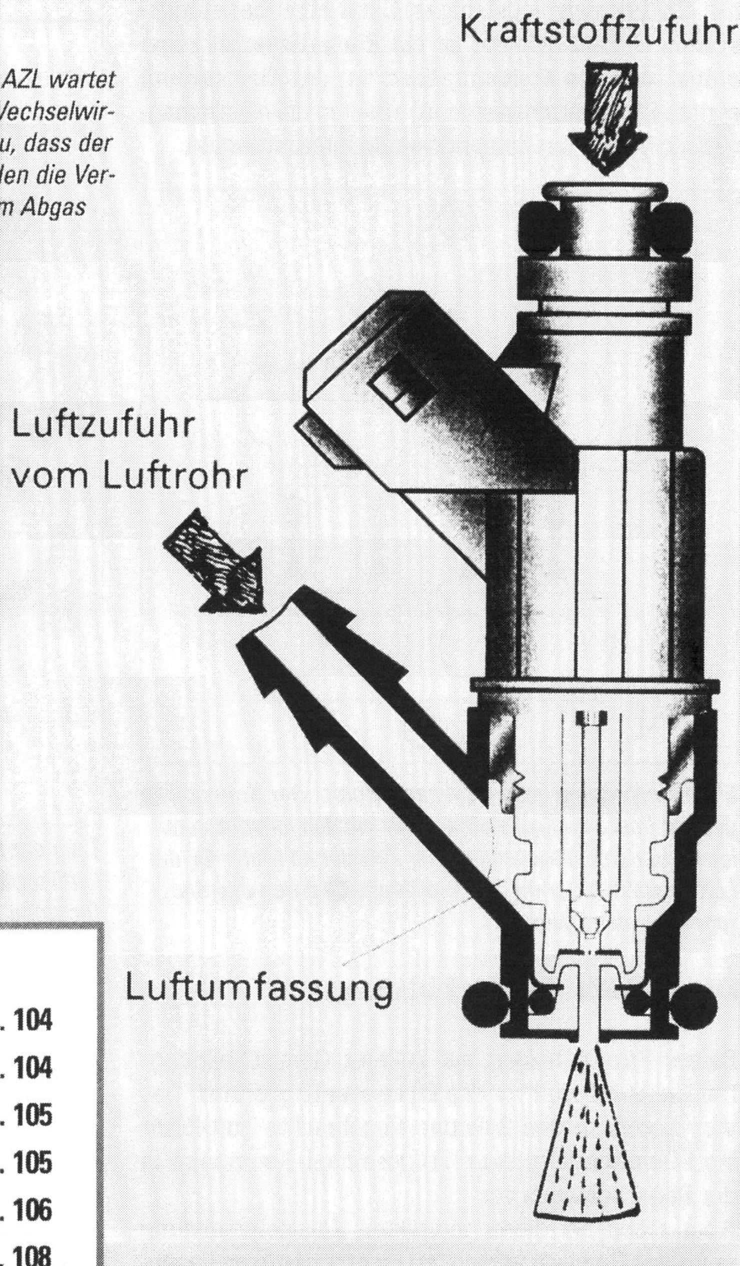

Reparatur

Grundsätzlich gibt es zwei Versionen von Einspritzanlagen: Die Zentraleinspritzung mit einer einzigen Einspritzdüse für alle Zylinder und die Einzeleinspritzung. Die Ottomotoren jüngster Bauart so gut wie aller Hersteller und also auch die Ihres Fabia sind mit der heute modernsten Version der vollelektronischen Benzineinspritzung ausgestattet: Einem integrierten System zur Steuerung von **Einzelzylinder-Einspritzung** und Zündanlage, fachsprachlich Motronic mit sequenzieller Einspritzung.

Die Einzeleinspritzung bietet ideale Voraussetzungen für ein hochleistungsfähiges Gemischaufbereitungssystem. Jedem Zylinder ist ein **Einspritzventil** zugeordnet, das den Kraftstoff direkt vor das Einlassventil spritzt. Elektronisch gesteuert, arbeiten die elektromagnetisch betätigten Einspritzventile intermittierend.

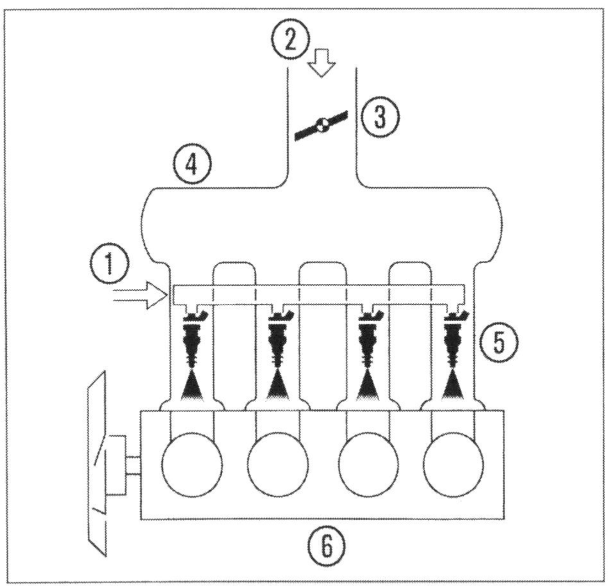

***Einzeleinspritzung beim 4-Zylinder-Motor**: Der Kraftstoff (1) gelangt über den Kraftstoffverteiler mit den Einspritzventilen (5) zu den Einlassventilen der Zylinder im Motor (6); die Luft (2) strömt über die Drosselklappe (3) durch das Saugrohr (4) zu den Zylindern.*

Die äußere Gemischbildung

Dieses Prinzip basiert auf äußerer Gemischbildung: Der Kraftstoff wird vor das Einlassventil gespritzt. Das von diesem in den Zylinder eingebrachte Luft-Kraftstoff-Gemisch liegt dann im gesamten Brennraum in der Regel homogen vor.

Aber schon bei dieser indirekten Einzeleinspritzung muss das Gemisch infolge der dicht zusammen liegenden Einspritz- und Einlassventile keinen langen Weg im Saugrohr mehr zurücklegen. Die Gefahr, dass sich besonders bei kaltem Motor Benzin an der Saugrohrwand niederschlägt, ist verringert.

Die elektronisch gesteuerten Einspritzsysteme (generell Motronik, Markenname bei Bosch: Motronic, bei Siemens: Simos; weitere, auch von Škoda verwendete Systeme stammen von Magneti Marelli) sind unterschiedlich für verschiedene Motorentypen. Ihre Funktionsweise ist aber prinzipiell immer gleich. Abweichend sind die Konstruktion im Einzelnen, die Parameter und die Einbauorte.

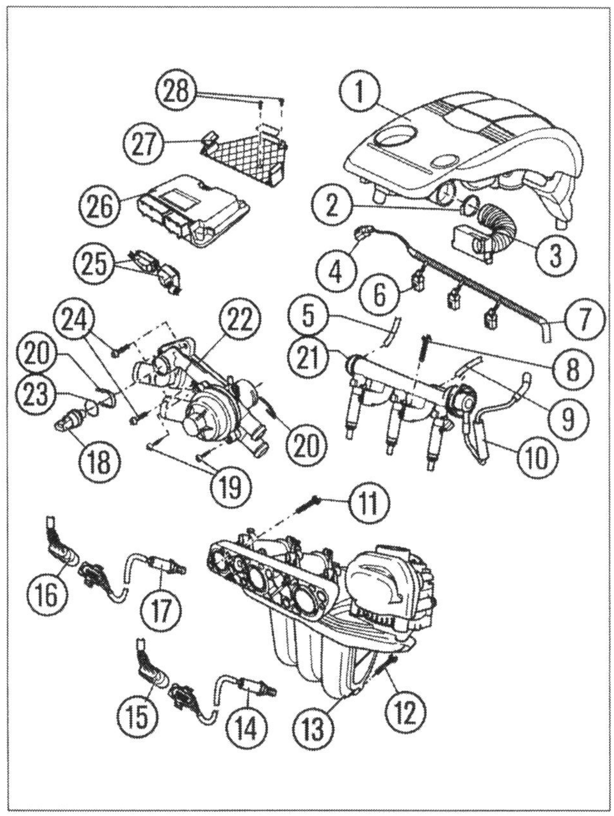

***Teile der Einspritzung beim AWY:** (1) Motorabdeckung mit Luftfilter, (2)/(8)/(11)/(12)/(19)/(23)/(24)/(28) Kleinteile (Klemmschelle, Dichtring, Schrauben), (3) Ansaugschlauch zum Schlossträger, (4)/(6)/(15)/(16) Steckverbindungen (für Ölstandgeber G266, Einspritzventile N30 bis N32, Lambda-Sonden G39 vor und G130 nach Katalysator), (5) schwarzer Vorlaufschlauch vom Kraftstofffilter, (7) Kabelführung, (9) blauer Rücklaufschlauch zur Kraftstoffpumpe, (10) Druckschlauch vom Luftfilter, (13) Saugrohr, (14) Lambda-Sonde G39 im Abgaskrümmer, (17) Lambda-Sonde G130 nach Katalysator, (18) Geber G62 für Kühlmitteltemperatur, (20) Halteklammer, (21) Kraftstoffverteiler mit Einspritzventilen, (22) Kühlmittelreglergehäuse, (25) 81- und 40-poliger Anschlussstecker für Motorsteuergerät J361 Simos, (26) Steuergerät J361, (27) Halterahmen.*

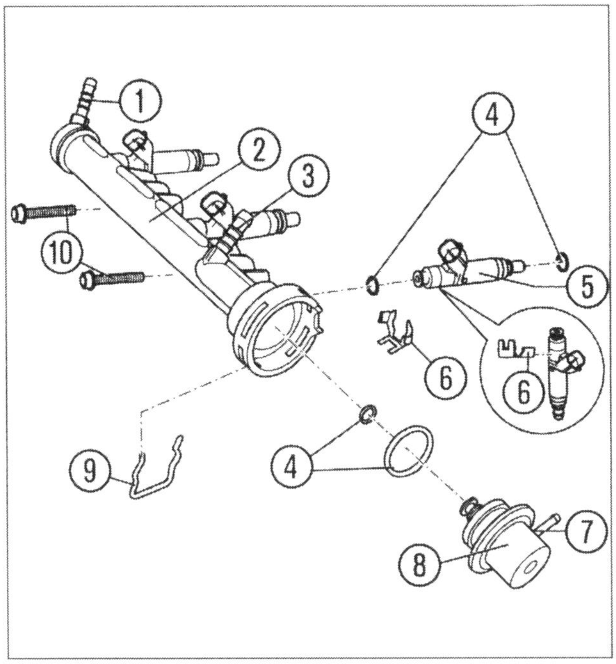

Kraftstoffverteiler beim AWY: *❶ Anschluss für Kraftstoffvorlaufschlauch vom Kraftstofffilter, ❷ Kraftstoffverteiler, ❸ Anschluss für Kraftstoffrücklaufschlauch zur elektrischen Kraftstoffpumpe, ❹ O-Ring, ❺ Einspritzventile N30 bis N32, ❻ Halteklammer Einspritzventil/Kraftstoffverteiler, ❼ Anschluss für Druckschlauch zum Luftfilter, ❽ Kraftstoff-Druckregler, ❾ Halteklammer Kraftstoff-Druckregler/Kraftstoffverteiler, ❿ Schrauben.*

Oft ist bei nötigen Reparaturen an der Einspritzanlage der Austausch von Elementen oder ganzen Baugruppen unumgänglich. Die beiden wichtigsten Baugruppen sind dabei der Kraftstoffverteiler mit den Einspritzventilen und das Saugrohr mit der Drosselklappensteuereinheit. Mit den drei Explosionszeichnungen auf Seite 100 (rechte Spalte) und auf dieser Seite demonstrieren wir Ihnen am Beispiel des neuen 1,2 Liter-Dreizylindermotors AWY den prinzipiellen Aufbau der Einspritzung und ihrer beiden Hauptbaugruppen. Das Prinzip ist auf alle Vierzylinder übertragbar.

So arbeitet die Einspritzung

Beim Kaltstart lässt die Drosselklappen-Steuereinheit zusätzlich zur Ansaugluft weitere Luft einströmen. Über den Geber (G62, G2) für Kühlmitteltemperatur erkennt das Steuergerät die niedrige Temperatur des Motors und errechnet eine längere Öffnungsdauer für die Einspritzventile. Meldet der Geber zunehmende Erwärmung des Kühlmittels, wird die Leerlaufstabilisierung geschlossen und die Einspritzdauer der Ein-

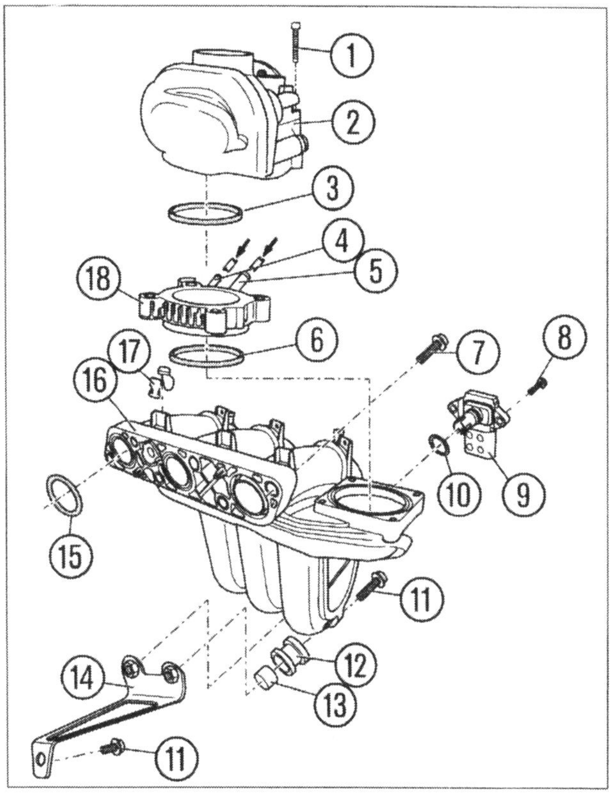

Saugrohr beim AWY: *❶/❸/❻/❼/❽/❿/⓫/⓯ Schrauben und Dichtringe, ❷ Drosselklappen-Steuereinheit J338, ❹ vom Magnetventil N80 für Aktivkohlebehälter, ❺ vom Unterdruckregelventil (PCV-Ventil), ❾ Luftmassenmesser G70 mit Geber G42 für Ansauglufttemperatur, ⓬ elastische Buchse, ⓭ Einsatz, ⓮ Saugrohrabstützung, ⓰ Saugrohr, ⓱ Halteschelle, ⓲ Zwischenstück.*

spritzventile Richtung Normalwert zurückgenommen. Die Einspritzdauer im Normalbetrieb hängt dann in erster Linie von der Drosselklappenstellung und von den Informationen des Luftmassenmessers ab. Im Leerlauf verändert das Steuergerät den Zündzeitpunkt, wenn die Drehzahl unter den erlaubten Wert absinkt. Zusätzlich kann die Drosselklappen-Steuereinheit den Luftdurchsatz und damit die Einspritzmenge erhöhen.

Gibt der Fahrer kräftig Gas, weil er zum Beispiel überholen will, erkennt dies das Steuergerät an der ruckartigen Bewegung am Drosselklappen-Geber. Die Einspritzzeit wird kurzfristig verlängert. Für volle Leistung bei ganz durchgetretenem Gaspedal braucht der Motor noch mehr Kraftstoff. Entsprechend den Signalen von Drosselklappen-Geber und Luftmassenmesser regelt das Steuergerät die Volllast-Einspritzdauer. Wird die erlaubte Maximal-Drehzahl überschritten, schaltet das Steuergerät die Einspritzventile ab.

Beim gegenteiligen Fall, beim Gaswegnehmen, bleiben die Ventile ganz geschlossen. Das Steuergerät aktiviert die so genannte Schubabschaltung aber nur, wenn der Motor betriebswarm ist und der Geber eine Motordrehzahl von über 1.500 U/min meldet. Die Schubabschaltung spart Kraftstoff.
Damit das Auto nicht gleich stehen bleibt, wenn einer der Geber ausfällt oder unwahrscheinliche Werte liefert, sind Notlauffunktionen programmiert. Je nach Defekt muss der Fahrer das nicht einmal bemerken. Leistungsmangel oder schlechte Starteigenschaften sind aber auch möglich.

Das Einspritzsystem — Technik-lexikon

Die elektrische **Kraftstoffpumpe** pumpt den Kraftstoff über das **Verteilrohr (Kraftstoffverteiler)** zu den **Einspritzventilen.** Der **Druckregler** hält den Druck im System konstant und schickt nicht verbrauchtes Benzin zurück in den Tank.

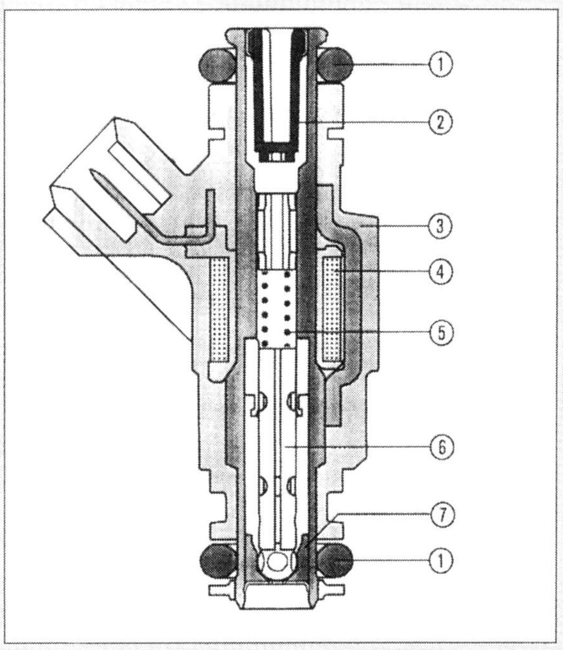

Einspritzventil von Bosch: *❶ O-Ringe, ❷ Filtersieb, ❸ Ventilgehäuse mit elektrischem Anschluss, ❹ Stromspule, ❺ Feder, ❻ Ventilnadel mit Magnetanker, ❼ Ventilsitz mit Spritzlochscheibe.*

Ein weiteres wichtiges Element ist die **Drosselklappen-Steuereinheit.** In ihr sitzt die Drosselklappe, die über Geber und Steuereinheit mit dem Gaspedal verbunden ist. Je stärker das Gaspedal getreten wird, desto weiter öffnet sich die Drosselklappe. Bei Vollgas ist sie ganz geöffnet. Der bereits erwähnte Drosselklappengeber ist hier montiert, ebenso das Ventil für **Leerlaufstabilisierung.** Bei hoher Motorbelastung im Leerlauf, also etwa bei laufender Klimaanlage oder voll eingeschlagener Servolenkung, lässt dieses Ventil zusätzlich Luft einströmen. Das Steuergerät erkennt über den **Luftmassenmesser** den erhöhten Luftstrom und lässt etwas mehr Kraftstoff einspritzen. Damit wird der Leerlauf stabilisiert.
Das **E-Gas-System** mit elektronischem Gaspedal modifiziert den hier prinzipiell beschriebenen Ablauf noch etwas.

Neuentwicklung: Luftumfasste Einspritzventile

Die Einspritzventile haben unabhängig von Motor und Hersteller üblicher Weise einen sehr ähnlichen Aufbau. Es sind im Prinzip modifizierte Magnetventile. Jedem Zylinder ist ein Einspritzventil zugeordnet.
Für den 2,0 Liter-Motor des Fabia wurden die Einspritzventile weiterentwickelt (siehe Schnittbild zum Kapitelbeginn). Diese Ventile stecken oben im Kraftstoffverteiler und unten im Saugrohr des Motors. Sie werden von oben nach unten vom Kraftstoff durchströmt, was als top-feed Verfahren bezeichnet wird.
Durch eine zusätzliche Luftumfassung des Einspritzventils wird die Gemischaufbereitung verbessert: Ein Luftrohr ist mit dem Ansaugrohr verbunden, und jedes Einspritzventil ist am Luftrohr angeschlossen. Durch den Unterdruck im Saugrohr wird Luft aus dem Ansaugrohr angesaugt und über das Luftrohr den einzelnen Einspritzdüsen zugeführt.
Die Luftumfassung wirkt hauptsächlich im Teillastbetrieb des Motors. Die Wechselwirkung zwischen Kraftstoff- und Luftmolekülen bewirkt, dass der Kraftstoff sehr fein zerstäubt wird. Die Verbrennung wird verbessert, die Abgasschadstoffe werden reduziert.

Die Zukunft: Benzindirekteinspritzung

In jüngster Zeit wird die beim Dieselmotor schon längere Zeit praktizierte Kraftstoffdirekteinspritzung zu einer erfolgreich realisierten Technologie auch für den Ottomotor. Nur auf dem Wege solcher FSI-Motoren sind immer weniger oder gleichbleibender Kraftstoffverbrauch bei zunehmender Leistung sowie die Erfüllung der immer strengeren Abgasnormen erreichbar.

Mit der FSI-Technologie (Fuel Stratified Injection = geschichtete Kraftstoff-Einspritzung) führen renommierte Hersteller wie Volkswagen und Audi eine neue Motorengeneration ein, die hinsichtlich des Wirkungsgrades einen Quantensprung bedeutet. Es ist mit Sicherheit davon auszugehen, dass auch Škoda Auto in absehbarer Zeit mit dem Einsatz von FSI-Motoren beginnt. Denn im Vergleich zum konventionellen Saugrohr-Einspritzer bietet der Direkteinspritzer mehr Dynamik, eine Erhöhung von Drehmoment und Leistung sowie eine Verbrauchssenkung bis zu 15 Prozent.
Möglich macht dies vor allem die Schichtladung im Teillastbereich. Das heißt: Nur im Bereich der Zündkerze benötigt man ein zündfähiges Gemisch, der übrige Brennraum wird mit deutlichem Luftüberschuss befüllt. Dadurch kann der Motor entdrosselt gefahren werden. Zusätzlich profitiert der Direkteinspritzer von den reduzierten Wärmeverlusten. Das bedeutet: Die Luftschichten um die Gemischwolke isolieren zum Zylinder und Zylinderkopf.

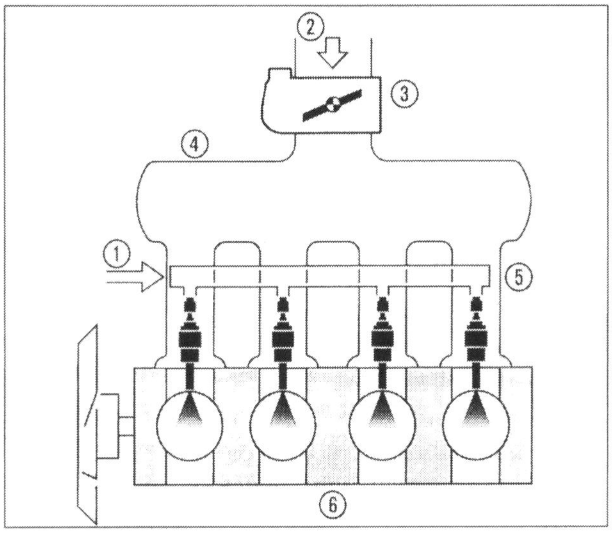

Prinzip der Benzin-Direkteinspritzung: *❶ Kraftstoff, ❷ Luft, ❸ Drosselklappe (E-Gas), ❹ Saugrohr, ❺ Einspritzventile, ❻ Motor.*

Anders als beim Saugrohreinspritzer, wird der Kraftstoff direkt in den Brennraum eingespritzt. Die Einspritzdüse, versorgt durch eine Einkolben-Pumpe und ein Common-Rail-System, sitzt seitlich im Zylinderkopf. Das Einspritzventil dosiert millisekundengenau bei Einspritzdrücken bis 110 bar.
Der Kraftstoff wird im Schichtladebetrieb in die Kompressionsphase eingespritzt. Er gelangt damit in die Bewegung der angesaugten Luft im Brennraum, die durch eine bewegliche Klappe im Ansaugrohr, den Einlasskanal, und die besondere Form des Kolbenbodens in eine gezielte Ladungsbewegung versetzt wurde. Dieser Effekt wird als »Tumble« bezeichnet.
So wird dann auch Schichtladung erreicht: Die Kraftstoffwolke, die sich mit der Luft zu einem zündfähigen Gemisch auf begrenztem Raum aufbereitet hat, befindet sich pünktlich zum Zündzeitpunkt um die Zündkerze herum. Weil der Einspritzwinkel recht flach ausfällt, kommt die Kraftstoffwolke praktisch nicht mit dem Kolbenboden in Kontakt. Zusätzlich befindet sich nach der Verbrennung eine isolierende Luftschicht zwischen dem gezündeten Gemisch und der Zylinderwand. Damit kommt es zu einer Reduktion der Wärmeabfuhr über den Motorblock. Auch dies steigert den Wirkungsgrad des Motors.
Ab einer bestimmten Motorlast und Motordrehzahl schaltet die Motorsteuerung des Fahrzeugs mit FSI-Motor zur vollen Leistungsentfaltung automatisch auf den Homogenbetrieb um. Hierbei wird der Kraftstoff schon während des Ansaugvorgangs eingespritzt, um ein möglichst gleichmäßiges Benzin-Luft-Gemisch zu erreichen.

Selbsthilfe bei der Einspritzanlage

Die Motronik (oder Motronic) bietet nur wenig Spielraum fürs Do it yourself. Nicht einmal die Leerlaufdrehzahl kann man einstellen, sie wird ja über die Leeraufstabilisierung geregelt. Das Steuergerät kann zwar viele Fehler an elektrischen Teilen der Einspritz- und Zündanlage erkennen und diese in einem Datenspeicher ablegen. Dabei wird auch eine Entscheidung getroffen, ob es sich um permanente Fehler oder um sporadische Mängel handelt. Das Steuergerät verrät diese Erkenntnisse aber nur jenen, die mit speziellen Motor-Diagnose-Geräten den Fehlerspeicher auslesen können. Mit Heimwerkermitteln lässt sich seine Funktion nicht kontrollieren.
Bei Fehlern im elektronischen Motormanagement für die Einspritzung des Kraftstoffs müssen zudem eine Reihe von Tests in bestimmter Reihenfolge durchgeführt werden, um einen Defekt einwandfrei zu bestimmen. Bei falscher Vorgehensweise sind Schäden an elektronischen Bauteilen nicht ausgeschlossen, die teure Reparaturen nach sich ziehen. In der Praxis ist bei den wartungsfreien Baugruppen auch nur sehr selten mit Störungen zu rechnen. Geber, Schalter, Kabelverbindungen oder Einspritzventile bereiten jedoch gelegentlich Probleme, nach deren Ursachen man durchaus selbst suchen kann.

Praxistipp

Hinweise und Regeln

- Vor Reparaturen und zur Fehlersuche sollte zunächst der Fehlerspeicher des Motorsteuergeräts abgefragt werden. Das geschieht mit einem Diagnosesystem (Werkstatt). Diese Eigendiagnose weist den richtigen Weg.
- Alle Unterdruckschläuche und Anschlüsse sollten auf Falschluft geprüft werden.
- Kraftstoffschläuche im Motorraum dürfen nur mit Federbandschellen gesichert werden. Die Verwendung von Klemm- oder Schraubschellen ist nicht zulässig.
- Das Ab- und Anklemmen der Batterie darf nur bei ausgeschalteter Zündung erfolgen. Das Motorsteuergerät könnte beschädigt werden.
- Zur einwandfreien Funktion der elektrischen Bauteile ist eine Spannung von mindestens 11,5 Volt erforderlich.
- Es sollten keine silikonhaltigen Dichtmittel verwendet werden. Vom Motor angesaugte Spuren von Silikonbestandteilen werden im Motor nicht verbrannt und schädigen die Lambda-Sonde.
- Bei einigen Prüfungen kann es vorkommen, dass vom Steuergerät ein Fehler erkannt und gespeichert wird. Es ist daher immer angeraten, im Anschluss an die Arbeiten den Fehlerspeicher abfragen und ggf. löschen zu lassen.
- Leitungen aller Art, für stoffliche Medien ebenso wie für elektrischen Strom, müssen immer so verlegt werden, dass die ursprüngliche Leitungsführung wieder hergestellt wird. Achten Sie auf ausreichend Freigang zu allen beweglichen oder heißen Bauteilen. Schützen Sie getrennte elektrische Steckverbindungen vor Schmutz und Nässe, stecken Sie sie nur im trockenen Zustand wieder zusammen.
- Wenn der Motor mit Anlassdrehzahl betrieben werden soll, ohne dass der Motor anspringt, ziehen Sie die Stecker von der Zündung und von den Einspritzventilen ab.
- **Arbeitsschutzmaßnahmen:**
  Das Kraftstoffsystem steht unter Druck. Legen Sie vor dem Öffnen des Systems einen Lappen um die Verbindungsstelle. Bauen Sie durch vorsichtiges Lösen langsam den Druck ab.
  Entfernen Sie vor dem Öffnen des Kraftstoffsystems die Sicherung 40 (Motoren BBY und BBZ) oder 61 (Motoren AZL) aus dem Sicherungshalter, weil die Kraftstoffpumpe durch den Türkontaktschalter aktiviert werden könnte.
  Leitungen der Einspritz- und Zündanlage sowie Messgeräteleitungen nur bei ausgeschalteter Zündung ab- und anklemmen.
- **Sauberkeitsregeln:** Verbindungsstellen vor dem Lösen gründlich reinigen, ausgebaute Teile auf sauberer und nicht fasernder Unterlage ablegen, geöffnete Bauteile über längere Zeit sorgfältig abdecken, nur eingepackte saubere Teile einbauen und Neuteile erst unmittelbar vor dem Einbau aus der Verpackung nehmen. Arbeiten Sie nicht mit Druckluft und bewegen Sie das Fahrzeug möglichst nicht.

Programmierung der Einspritzanlage

Wenn Sie die Batterie abklemmen oder die Steckverbindungen am Steuergerät trennen, werden in dessen Speicher alle so genannten Lernwerte gelöscht. Dazu gehören die Werte für Leerlauf, Teillast, Volllast sowie Verzögerung. Beim Wiederanklemmen der Batterie kann es daher zu Stottern, Aussetzern beim Beschleunigen und zu unrundem Leerlauf kommen.

- Deshalb vor dem Motorstart zehn Sekunden die Zündung einschalten! Spätestens bei einer kurzen Probefahrt lernt das Steuergerät die Anpassung an die Motorgegebenheiten wieder.
- Der Lernvorgang kann allerdings gesperrt sein, wenn ein permanenter Fehler im Fehlerspeicher eingetragen ist. Dann muss erst der Speicher ausgelesen und gelöscht werden (Werkstatt).
- Ein sporadischer (nicht permanenter) Fehler wird in der Regel automatisch aus dem Fehlerspeicher gelöscht, wenn er innerhalb von 40 Warmlaufphasen (Motorstart unter 50 °C Kühlmitteltemperatur, Abstellen über 72 °C) nicht mehr auftritt. Springt der Motor nach Fehlersuche, Reparatur oder Bauteilprüfung nur kurz an und geht dann aus, kann das auch daran liegen, dass die Wegfahrsicherung das Motorsteuergerät sperrt. Auch dann muss (nach Fehlerabfrage) ggf. das Steuergerät neu angepasst werden.
- Wenn allerdings permanente Fehler zu beheben und ihre Einträge aus dem Speicher zu löschen sind, wenn das Steuergerät neu codiert oder der so genannte Readinesscode erzeugt werden muss, dann ist der Fahrzeugsystemtester (V.A.G 1552 mit Leitungen) unerlässlich.

Sichtprüfung der Einspritzanlage

Arbeitsschritte

Wenn Sie Probleme mit dem Motorlauf und das Motormanagement in Verdacht haben, überprüfen Sie zunächst folgende Teile auf Risse und Dichtigkeit:

- Unterdruckschlauch des Bremskraftverstärkers,
- Kraftstoffleitungen,
- Druckregler,
- Kraftstoffrücklaufleitung vom Druckregler.

Der nächste Check:

Wurden die Kabelstecker öfter auseinander gezogen und wieder zusammengesteckt, kann das mangelnden Kontakt zur Folge haben. Kontakte mit Kontaktspray behandeln. Im Notfall die Kontaktzungen mit viel Gefühl ein wenig nachbiegen. Wenn Sie kontrollieren wollen, ob der Motor Nebenluft zieht (bei Leerlaufproblemen oft der Fall), gehen Sie wie folgt vor:

- Unterdruckschläuche auf Risse und festen Sitz prüfen. Alle Schläuche, die am Ansaugkrümmer angeschlossen sind, kontrollieren. Dazu zählen Schläuche zum Bremskraftverstärker, Kraftstoffdruckregler und Magnetventil der Kraftstoffverdunstungs-Anlage.
- Fahren Sie den Motor warm und lassen Sie ihn im Leerlauf laufen. Öffnen Sie die Motorhaube.
- Mit einer Startkraftstoff-Spraydose (z.B. Startpilot) Drosselklappenstutzen, die Flanschdichtungen der Ansaugkanäle und Leitungen zu den durch Unterdruck gesteuerten Aggregaten einsprühen. Trennen Sie dazu die Steckverbindungen zu den Lambda-Sonden.
- Verändert sich beim Besprühen einer bestimmten Stelle die Motor-Drehzahl, haben Sie die Undichtigkeit gefunden.

Einspritzventile aus-/einbauen

Um die Einspritzventile zu überprüfen und ggf. auszutauschen, muss der Kraftstoffverteiler mit den Ventilen ausgebaut werden. Die Einspritzventile sind mit Halteklammern am Verteilerrohr befestigt. Äußerst wichtig ist es, den richtigen und festen Sitz dieser Klammern an Verteiler und Ventil zu gewährleisten.

Im Abschnitt zur äußeren Gemischbildung haben wir bereits den Kraftstoffverteiler mit Einspritzventilen des 1,2 Liter-Motors AWY gezeigt. Hier weitere Beispiele für den Aufbau des Kraftstoffverteilers:

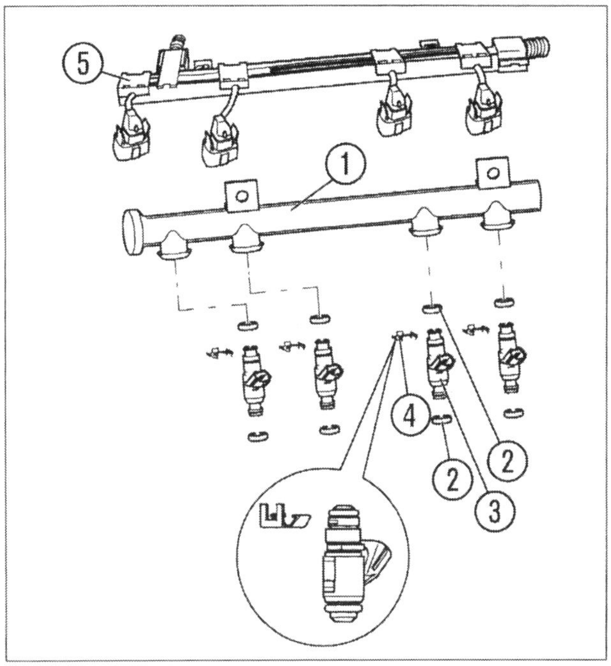

Kraftstoffverteiler der Motoren AQV/AZF/AQW: *❶ Kraftstoffverteiler, ❷ O-Ring, ❸ Einspritzventile N30 bis N33, ❹ Halteklammer, ❺ Steckerleiste für Einspritzventile, Drosselklappensteuereinheit sowie Geber für Saugrohrdruck und Saugrohrtemperatur.*

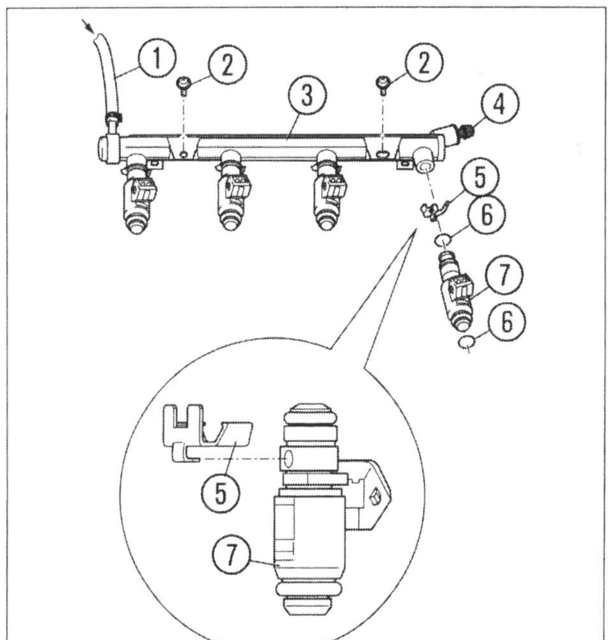

Kraftstoffverteiler der Motoren BBY/BBZ: *❶ Kraftstoffvorlaufschlauch, ❷ Schrauben, ❸ Kraftstoffverteiler, ❹ Entlüfterventil, ❺ Halteklammer, ❻ O-Ring, ❼ Einspritzventile N30 bis N33.*

Arbeitsschritte

① **Ausbau**: Ziehen Sie die Anschlussstecker von den Einspritzventilen ab.

② Ziehen Sie den Kraftstoffvorlaufschlauch vom Verteilerrohr ab. Fangen Sie den ausfließenden Kraftstoff mit einem Putzlappen auf.

③ Bauen Sie den Kraftstoffverteiler mit Einspritzventilen vom Saugrohr ab und nehmen Sie das (lediglich eingesteckte) Einspritzventil aus dem Verteiler heraus.

④ Beim **Einbau** in umgekehrter Reihenfolge müssen Sie die O-Ringe an allen geöffneten Verbindungsstellen ersetzen und vor dem Einbau leicht mit sauberem Motoröl benetzen. Einspritzventile lagerichtig bis zum Anschlag senkrecht in den Kraftstoffverteiler schieben und mit den Halteklammern sichern. Prüfen Sie den einwandfreien Sitz der Halteklammern an Kraftstoffverteiler und Einspritzventilen!

⑤ Setzen Sie den Kraftstoffverteiler mit den gesicherten Ventilen am Saugrohr an und schrauben Sie ihn gleichmäßig fest. Stecken Sie die Anschlussstecker auf.

Einspritzventile prüfen

Die Prüfungen werden hier mit originalen V.A.G-Spezialwerkzeugen und Betriebseinrichtungen demonstriert. Messglas und Messhilfsmittel (Set V.A.G 1594), Digitalpotentiometer (V.A.G 1630), Handmultimeter (V.A.G 1715), Kabel, Krokodilklemmen u. ä. lassen sich sinngemäß ersetzen. Die Prüfbox V.A.G 1598/31 oder das Prüfgerät für Einspritzmenge V.A.G 1348/2B müssen allerdings vorhanden sein.
Für die Prüfung müssen die Sicherung Nr. 35, das Kraftstoffpumpenrelais J17 und der Kraftstoffdruck in Ordnung sein. Ggf. sind Druckregler und Haltedruck zu kontrollieren. Batteriespannung mindestens 11,5 V.

Arbeitsschritte

Ansteuerung der Ventile:

① Bauen Sie die Motorabdeckung aus. Ziehen Sie die Stecker von Zündtrafo oder Zündspulen mit Endstufe ab. Ziehen Sie bei den entsprechenden Motoren mit einem Auszieher (T10094) alle Zündspulen heraus.

② Ziehen Sie die Anschlussstecker der Einspritzventile ab. Schließen Sie eine Diodenprüflampe an die Kontakte des Steckers für das Ventil Zylinder 1 an.

③ Lassen Sie von einem Helfer den Anlasser betätigen und prüfen Sie die Spannungsversorgung für das Ventil Zylinder 1: Die Leuchtdiode muss blinken. Wiederholen Sie diese Prüfung an den Steckern der Einspritzventile aller übrigen Zylinder.

④ Wenn die Leuchtdiode an keinem Zylinder blinkt, schließen Sie die Diodenprüflampe zwischen Kontakt 1 der Ventilstecker und Masse an. Lassen Sie den Anlasser betätigen: Die Leuchtdiode muss jeweils blinken.

⑤ Wenn die Leuchtdiode wieder nicht blinkt, schalten Sie die Zündung aus und prüfen die Leitung zwischen Kontakt 1 des Einspritzventilsteckers und Kraftstoffpumpenrelais J17 entsprechend Stromlaufplan auf Unterbrechung (Leitungswiderstand höchstens 1,5 Ohm) oder Kurzschluss der Leitungen untereinander (Widerstand muss unendlich Ohm betragen). Verwenden Sie dazu die Originalprüfbox 1598/31 oder ein Multimeter.

⑥ Gefundene Leitungs- oder Kontaktschäden müssen behoben werden, damit die Spannungsversorgung für jedes Ventil gesichert ist.

Widerstände der Ventile

⑦ Gemessen wird mit Prüfbox oder Handmultimeter an den Anschlusskontakten der Einspritzventile. Der Widerstands-Sollwert der einzelnen Ventile beträgt bei 20 °C zwischen 14 und 17 Ohm. Bei betriebswarmem Motor erhöht er sich um 4 bis 6 Ohm.

⑧ Wenn der Sollwert nicht erreicht wird, ist das Einspritzventil defekt und muss ersetzt werden.

Strahlbild und Dichtheit der Ventile:

⑨ Ziehen Sie den Stecker vom Geber G62 für Kühlmitteltemperatur ab. Schließen Sie das Digital-Potentiometer an die Steckerkontakte an und stellen Sie das Gerät auf 15 Kiloohm ein. Clipsen Sie den Leitungsstrang der Einspritzventile am Saugrohr und am Kühlmittelregler-Gehäuse ab.

⑩ Bauen Sie den Kraftstoffverteiler komplett mit allen Einspritzventilen aus dem Saugrohr aus. Die Kraftstoffschläuche bleiben angeschlossen.

⑪ Halten Sie ein Messgefäß (schlankes Glas) unter das zu prüfende Ventil. Ziehen Sie von den übrigen Einspritzventilen die Stecker ab.

⑫ Lassen Sie von einem Helfer den Anlasser betätigen. Das Einspritzventil muss **pulsierend abspritzen.**

⑬ Wiederholen Sie die Prüfung an den anderen Ventilen. Es darf dabei immer nur das gerade geprüfte Einspritzventil elektrisch angeschlossen sein.

⑭ Prüfen Sie abschließend die **Dichtheit**. Am Anschluss jedes Ventils dürfen pro Minute nicht mehr als 2 Tropfen Kraftstoff austreten.

⑮ Wenn der Kraftstoffverlust größer ist: Das defekte Einspritzventil ersetzen. Beim einzubauenden Ventil O-Ringe ersetzen, mit Motoröl benetzen. Halteklammern auf festen Sitz prüfen.

⑯ Setzen Sie dann den Kraftstoffverteiler mit gesicherten Einspritzventilen aufs Saugrohr auf und schrauben sie ihn mit 10 Nm gleichmäßig fest.

Der Luftfilter

Der Motor braucht saubere Luft zur Verbrennung. Schmutzpartikel und Staubteilchen auf den Zylinderlaufbahnen würden nach kurzer Zeit Motorschäden verursachen. Die angesaugte Luft muss deshalb erst den Luftfilter im so genannten Ansauggeräuschdämpfer passieren. Auch dieses Bauteil spielt eine wichtige Rolle im Ansaugsystem, weil es Ansauggeräusche unterdrückt und den wirbelnden Luftstrom beruhigt.
Der Luftfilter besteht aus einem Filtergehäuse mit abzunehmendem Oberteil und einem Filtereinsatz, der wie eine Ziehharmonika gefaltet ist. Er befindet sich beim Fabia je nach Motor entweder als integrierte Baueinheit in der oberen Motorabdeckung (1,2 Liter und 1,4 Liter 16V-Motoren) oder als extra Baueinheit im Motorraum hinten neben dem linken Federbeindom.
Auf dem abnehmbaren Oberteil finden sich Hinweise auf die Spezifikation des Filterelements. Denn Form des Gehäuses und Art der Verbindung von Ober- und Unterteil können je nach Motor unterschiedlich sein. Öffnung des Gehäuses und Wechsel des Filterelements sind jedoch Standardarbeiten, die dem später beschriebenen Prinzip folgen.
Bei den meisten Motoren befindet sich im Luftfilteroberteil der Luftmassenmesser G70 mit Geber G42 für Ansauglufttemperatur. Geber G42 kann übrigens durch Widerstandsmessung auf einwandfreie Funktion geprüft werden: Im Temperaturbereich 0 bis 50 °C liegt der Innenwiderstand des G42 bei 6,5...4,9 Kiloohm bis 1,0...0,2 Kiloohm; im Temperaturbereich 50 bis 105 °C liegt der Widerstand bei 950...700 Ohm bis 240...150 Ohm (für den Geber G62 für Kühlmitteltemperatur gelten dieselben Widerstandswerte).

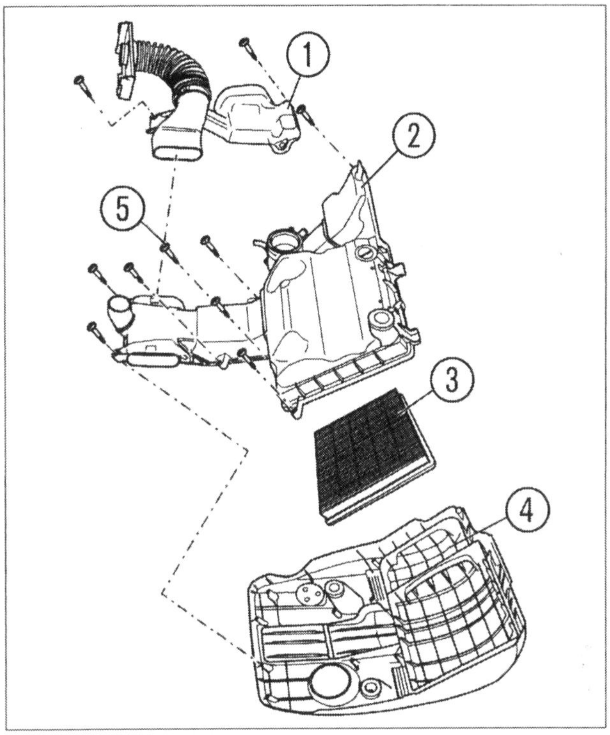

Luftfilter beim 1,2 Liter-Motor: *❶ Ansaugstutzen, ❷ Unterteil der Luftfilterabdeckung mit Regelklappe, ❸ Filtereinsatz, ❹ Oberteil der Luftfilterabdeckung (Blick von unten), ❺ Schrauben.*

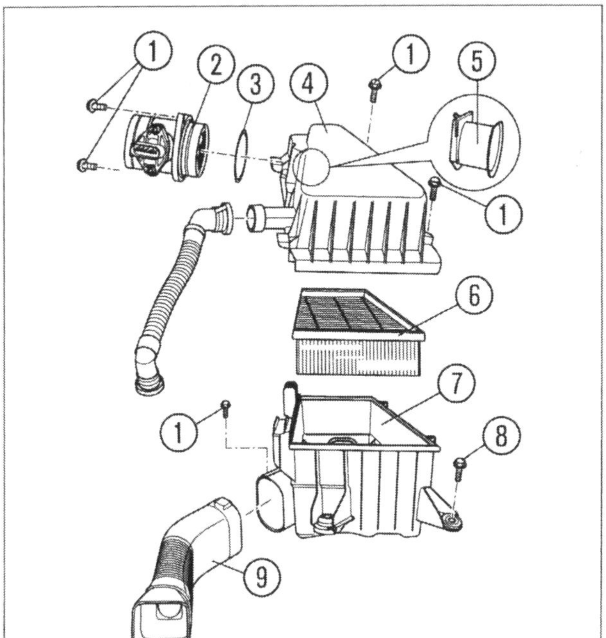

Luftfilter beim 2,0 Liter-Motor: *❶/❽ Schrauben, ❷ Luftmassenmesser G70 mit Geber G42 für Ansauglufttemperatur, ❸ Dichtring, ❹ Luftfilteroberteil, ❺ Luftführung im Filteroberteil, ❻ Filtereinsatz, ❼ Luftfilterunterteil, ❾ Luftführung.*

Regelmäßige Wartung ist ratsam

Eine Gummidichtung dichtet den Filtereinsatz zum Gehäuse hin ab. Auf ihrem Weg durch den Filter lagern sich die unerwünschten Schmutzpartikel im feinporigen Filterpapier ab, größere Staubteilchen fallen ins Filtergehäuse. Der Filter kann seine Aufgabe nur erfüllen, wenn er regelmäßig gewartet wird. Ein verschmutzter Filtereinsatz lässt nicht mehr genügend Ansaugluft in den Motor. Das Gemisch wird fetter, die Leistung sinkt und der Kraftstoffverbrauch steigt.

Luftfiltereinsatz wechseln

Das Filterelement sollten Sie deshalb mindestens einmal im Jahr reinigen, nach zwei Jahren wechseln. Filtereinsätze für Ihren Wagen erhalten Sie beim Vertragshändler oder im Zubehörhandel. Sie brauchen nicht unbedingt ein Original-Ersatzteil. Auch andere Hersteller bieten geeignete Einsätze an.

Arbeitsschritte | W | **alle 12 Monate oder 60.000 km**

- Je nach Bauweise und Art der Schlauchanschlüsse müssen Sie durch Abziehen der Schläuche Baufreiheit schaffen.
- Bauen Sie das Luftfiltergehäuse aus, indem Sie es von den Halterungen abziehen.
- Schrauben Sie das Gehäuseoberteil vom Unterteil ab und schaffen Sie so Zugang zum Filtereinsatz.
- Wenn sich der Filtereinsatz noch reinigen lässt und nicht ausgetauscht werden muss: Papierfilter auf harter Unterlage ausklopfen. So entfernen Sie die gröberen Staubteilchen.
- Den feinen Staub mit Druckluft ausblasen. Luftstrahl seitlich an den Filterlamellen vorbei streichen lassen. Dabei nicht von außen nach innen blasen, sonst wird der Staub noch fester in die Filterporen gedrückt. Den Papierfilter niemals in Flüssigkeiten reinigen. Das verstopft die Filterporen hoffnungslos, die Leistung des Motors lässt nach und die Abgaswerte verschlechtern sich dramatisch.
- Wenn Sie den Filter tauschen: Nehmen Sie den alten Filtereinsatz heraus, reinigen Sie das Filtergehäuse und legen Sie einen neuen Filtereinsatz ein.
- Achten Sie beim Einsetzen des neuen Filterelements darauf, dass die Dichtung sauber im Gehäuseunterteil sitzt.
- Überprüfen Sie alle Dichtungen immer sorgfältig auf Beschädigung. Wenn nötig: ersetzen.

Benzin-Einspritzung — Störungsbeistand

Störung	Ursache	Abhilfe
A Kalter Motor springt nicht oder schlecht an.	**1** Kraftstoffpumpen-Relais defekt.	Überprüfen lassen.
	2 Kraftstoffpumpe fördert nicht oder ungenügend.	Benzin im Tank? Pumpe kontrollieren, Fördermenge messen lassen.
	3 Druckregler defekt.	Systemdruck messen lassen.
	4 Unterdrucksystem undicht.	Sämtliche Schlauchleitungen überprüfen.
	5 Kühlmittel-Temperatursensor defekt.	Prüfen (lassen).
	6 Drosselklappen-Steuereinheit defekt.	Prüfen lassen.
	7 Zündanlage defekt.	Siehe Kapitel »**Die Zündanlage**«.
	8 Drehzahlgeber defekt oder Kabelverbindung unterbrochen.	Überprüfen und/oder auswechseln lassen.
	9 Steuergerät defekt.	Kontrollieren lassen.
	10 Ansaugsystem undicht (Nebenluft).	Sämtliche Schlauchleitungen überprüfen.
	11 Sicherung (40, 61) defekt.	Auswechseln.
	12 Kabelstrang zwischen Hallgeber und Steuergerät defekt.	Kabelverlauf kontrollieren

Störungs-beistand

Benzin-Einspritzung (Fortsetzung)

Störung	Ursache	Abhilfe
B Warmer Motor springt nicht oder schlecht an.	**1** Siehe A1 – 10.	
	2 Unterdruckleitung zum Kraftstoff-Druckregler defekt.	Prüfen lassen.
	3 Einspritzventil(e) undicht.	Ventil(e) überprüfen (lassen).
C Motor springt an, stirbt aber wieder ab.	**1** Drosselklappen-Steuereinheit nicht abgeglichen (nur nach Tausch oder Ausbau).	Grundeinstellung überprüfen (lassen).
	2 Siehe A6.	
	3 Lambda-Sonde defekt.	Funktion prüfen, ggf. ersetzen lassen.
	4 Siehe B2.	
D Kalter Motor schüttelt im Leerlauf.	**1** Siehe A1 und 5.	
	2 Siehe C1.	
E Warmer Motor schüttelt im Leerlauf.	**1** Siehe C1.	
	2 Siehe A6.	
F Leerlauf fällt beim Einschalten starker Stromverbraucher bzw. bei vollem Einschlag der Servolenkung ab.	**1** Siehe A6.	
	2 Siehe C1.	
G Motor hat Aussetzer.	**1** Kraftstofffilter verstopft.	Filter auswechseln.
	2 Siehe A2.	
	3 Siehe B3.	
	4 Siehe C3.	
H Schwankende Drehzahlen bei 2000–4000/min.	Siehe A9.	
I Motor stottert, setzt aus.	Siehe A2.	
J Motorleistung ungenügend.	**1** Siehe A2, 4 und 10.	
	2 Drosselklappe geht nicht in Vollgasstellung.	Steuerung überprüfen (lassen).
K Motor patscht ins Saugrohr.	Siehe A3.	

DIE ZÜNDANLAGE

Das Kernstück aller Zündanlagen von Ottomotoren ist die Zündkerze mit Hochspannungs-Magnetzünder. Im Januar 1902 wurde das Patent auf diese Erfindung erteilt. Seitdem ist das Bauelement zielgerichtet optimiert worden. Die hier vor dem Hintergrund der Patentschrift präsentierte Gleitfunken-Zündkerze mit Yttriumlegierung verkörpert heutigen Stand der Technik.

Wartung

Reparatur

Die Zündanlage hat beim Benzinmotor die Aufgabe, das Kraftstoff-Luft-Gemisch in den Brennräumen der Zylinder zu entflammen. Damit wird die Verbrennung eingeleitet. Gezündet wird mit einem elektrischen Funken, also einer kurzzeitigen Lichtbogenentladung zwischen den Elektroden der Zündkerze.

Das Gemisch kann seine optimale Wirkung nur entwickeln, wenn es exakt zum richtigen Zeitpunkt gezündet wird. Zudem ist eine unter allen Umständen sicher arbeitende Zündung die Voraussetzung für den einwandfreien Betrieb des Katalysators. Kommt es zu Zündaussetzern, kann der Katalysator wegen Überhitzung bei der Nachverbrennung des unverbrannten Gemischs geschädigt oder gar ganz zerstört werden.

Der Zündvorgang ist eine komplizierte Angelegenheit. Läuft der Motor Ihres Fabia zum Beispiel mit 3.000 Umdrehungen pro Minute, müssen rund 50 Zündfunken in der Sekunde punktgenau an die einzelnen Zylinder verteilt werden. Und nicht nur die Zeit, auch die Zündenergie muss stimmen: Wenigstens 0,2 mJ pro Einzelzündung bei im günstigsten Verhältnis zusammengesetzten Gemisch, über 3 mJ bei fettem oder magerem Gemisch sind nötig. Reicht die Zündenergie nicht, kommt die Verbrennung nicht zustande. Dann gibt es die fatalen Verbrennungsaussetzer.

Steuerung der Zündung

Von der Gemischentflammung bis zur vollständigen Verbrennung vergehen zwei Millisekunden. Bei gleicher Gemischzusammensetzung bleibt diese Zeit konstant. Der Zündfunke muss deshalb so frühzeitig überspringen, dass der Verbrennungsdruck in jedem Betriebszustand des Motors optimal ist.

Für den genauen Zündzeitpunkt ist das Steuergerät zuständig, das auch das Einspritzsystem kontrolliert. Der Prozessor ist mit den Zündzeitpunkten für die verschiedenen Lastzustände des Motors programmiert. Um aus dem Speicher den richtigen Zündzeitpunkt auszuwählen, erhält das Steuergerät Informationen über den jeweiligen Belastungszustand des Motors. Dazu wertet es die von den einzelnen Gebern übermittelten Daten wie Temperatur und Drehzahl des Motors sowie Stellung der Drosselklappe und Stellung der Nockenwelle aus.

Der optimale Zündzeitpunkt

Der Zündzeitpunkt soll so gewählt sein, dass folgende vier Forderungen erfüllt werden können:

- maximale Motorleistung,
- sparsamer Kraftstoffverbrauch,
- Vermeidung des Motorklopfens und
- möglichst sauberes Abgas.

Wenn Sie das Gaspedal zum Beispiel nur gering treten (Teillast), verbrennt das Gemisch in den Brennräumen langsamer. Um die Energie des Kraftstoffs trotzdem vollständig zu nutzen, löst das Steuergerät in diesem Fall die Zündung früher aus. Die besten Werte stellen sich ein, wenn das Kraftstoff-Luft-Gemisch im Moment der höchsten Verdichtung gezündet wird. Das ist beim Viertaktmotor der Augenblick, in dem der Kolben von der Aufwärtsbewegung des Kompressionshubs in die Abwärtsbewegung des Arbeitstaktes übergehen will.

Zündung und Verbrennung

Allerdings liegt der Zündzeitpunkt nicht exakt auf dem oberen Totpunkt (OT). Denn die Kraftstoffteilchen brauchen rund eine dreitausendstel Sekunde, bis sie sich entzünden. Der Startschuss für den Funken erfolgt deshalb noch während der Aufwärtsbewegung des Kolbens (Frühzündung). Der Verbrennungsdruck dagegen setzt ein, wenn der Kolben den OT gerade überschritten hat. Da das Kraftstoff-Luft-Gemisch stets die gleiche Zeit zum Entflammen benötigt, wird es mit steigender Motordrehzahl früher gezündet.

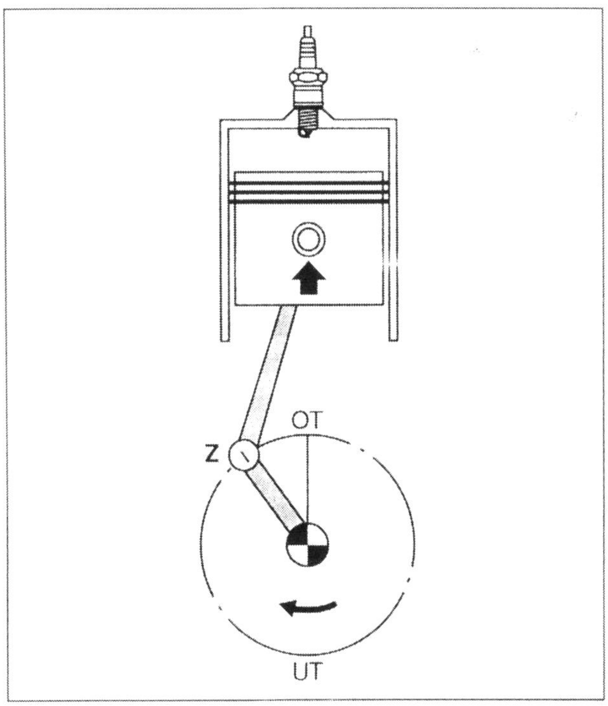

Stellung von Kurbelwelle und Kolben im Zündzeitpunkt Z bei Frühzundung (OT = Oberer, UT = Unterer Totpunkt).

Klopfende Verbrennung

Technik-lexikon

In Ottomotoren können unter bestimmten Bedingungen anormale Verbrennungsvorgänge auftreten. Sie begrenzen die Steigerung von Leistung und Wirkungsgrad. Dieser unerwünschte Verbrennungsvorgang wird als **Klopfen** bezeichnet. Er spielt sich als stoßartige Verbrennung von Gemischteilen ab, die noch nicht von der Flammenfront erfasst sind. Der Zündzeitpunkt liegt dann zu weit in Richtung früh.

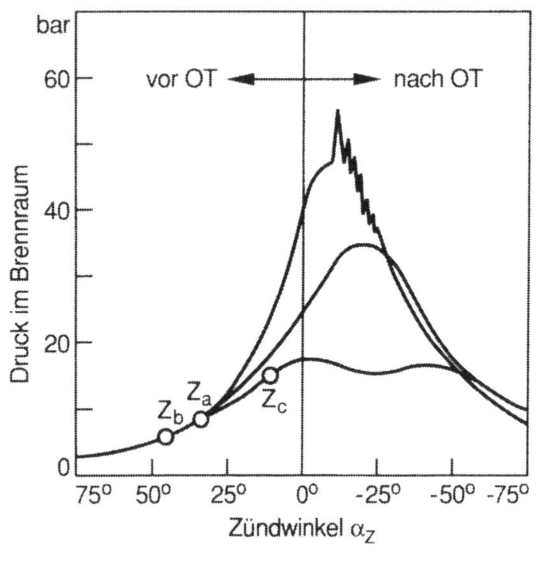

Druckverlauf im Brennraum: *Zündung Za im richtigen Zeitpunkt, Zündung Zb zu früh (klopfende Verbrennung), Zündung Zc zu spät.*

Dabei können Flammgeschwindigkeiten von 2.000 Meter pro Sekunde auftreten, während bei normalen Verbrennungen nur Geschwindigkeiten von 30 Meter pro Sekunde vorkommen. Dauert die schlagartige Verbrennung mit zu starkem Druckanstieg länger an, können Zylinderkopf und Zylinderkopfdichtung, Kolben, Lager und Zündkerzen beschädigt werden.

Die Klopfsensoren nehmen die Schwingungen der unregelmäßigen Verbrennung auf und veranlassen das Steuergerät, die Zündung etwas zurückzunehmen. Dank der Klopfregelung ist es beispielsweise auch möglich, einen für Superbenzin ausgelegten Motor vorübergehend mit Normalbenzin zu fahren.

Die Zündspule

Damit an der Zündkerze ein Funke überspringt, muss an den Zündkerzenelektroden eine Hochspannung anliegen. Sie beträgt je nach Zündanlage bis zu 30.000 Volt. Um diesen Wert zu erreichen, muss die bescheidene Bordspannung von 12 Volt erst einmal transformiert werden.
Diese Aufgabe übernimmt die induktive Zündanlage mit ihrem Kernstück Zündspule (Zündtrafo).
Die Zündspannung muss an jeder einzelnen Zündkerze anliegen Dazu steckt z. B. bei den leistungsstärkeren 1,4 Liter-Motoren (BBY, BBZ) und beim neuen 1,2 Liter-Motor (AWY) direkt auf jeder Zündkerze eine Zündspule mit integrierter Leistungsendstufe.

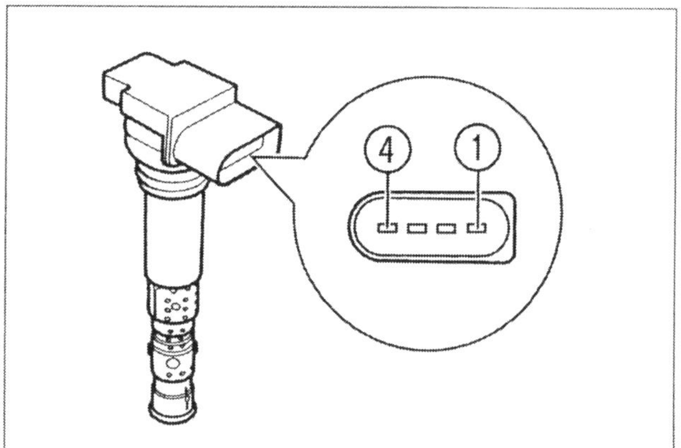

Zündspule mit Leistungsendstufe: *So sehen die Zündspulen aus, die bei den Fabia-Benzinmotoren u. a. mit den Kennbuchstaben BBY, BBZ und AWY auf die Zündkerzen gesteckt werden. An den Steckkontakten lassen sich Messungen zur Funktionstüchtigkeit vornehmen. Zwischen den Kontakten 2 und 3 z. B. muss bei 20 °C ein Widerstandswert zwischen 370 und 410 Ohm gemessen werden können. Diese Zündspulen mit Leistungsendstufe haben in den Schaltplänen die Bauteilnummern N70, N127, N191 und N192.*

Die Zündfunken werden bei der Kombination Kerze/Spule per Direktzündung ohne Zündverteiler erzeugt. Elektronische Bauteile ersetzen den früheren mechanisch arbeitenden Verteilerläufer. Ähnlich ist das auch bei den 2,0 Liter-Ottomotoren Ihres Fabia (AZL), bei denen mit einem Zündtrafo gearbeitet wird, in dem Zündspulen und Leistungsendstufe zusammengefasst sind. Dieser Trafo hat zwei Zündspulen (N und N128), die jeweils zwei Zylindern und Zündkerzen zugeordnet sind, und die Leistungsendstufe N122. Bei den leistungsschwächeren Motoren AQV, AZF und AQW schließlich steckt auf den Zündkerzen eine Zündleiste, in die der Zündtrafo N152 mit Leistungsendstufe eingebaut ist.

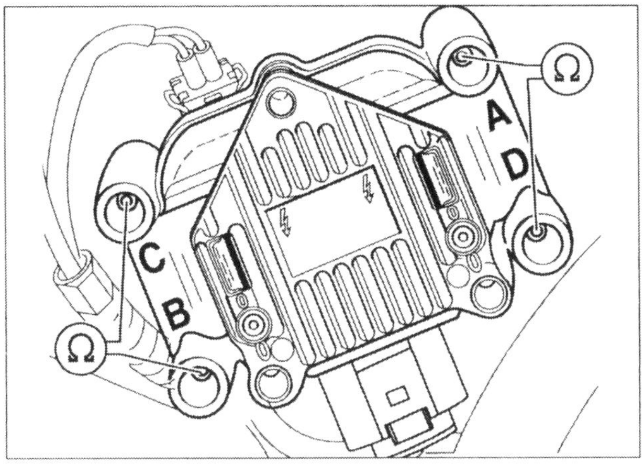

***Zündtrafo der Motoren AZL:** Der Kontakt rechts oben (A) ist der Zündleitung und Zündkerze für Zylinder 1 zugeordnet. Der Kontakt links unten (B) gehört zu Zylinder 2, links oben (C) zu Zylinder 3 und rechts unten (D) zu Zylinder 4. Bei funktionstüchtigem Trafo und 20 °C Temperatur beträgt der Widerstand für die Leistungsendstufe mit Zündspulen zwischen den Kontakten A und D sowie B und C jeweils 4 bis 6 Kiloohm.*

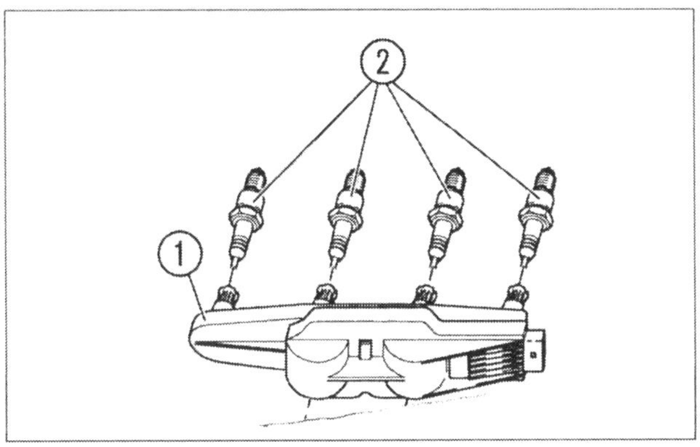

***Zündleiste der Motoren AQV, AZF und AQW:** Der Zündtrafo mit Leistungsendstufe ist in die Zündleiste ❶ eingebaut, die auf die Zündkerzen ❷ aufgesteckt wird.*

Hochspannung durch Induktion

Die Zündspule besteht aus Primärwicklung mit relativ wenigen Windungen und Sekundärwicklung mit einigen Tausend Windungen aus dünnerem Draht. Ein typisches Windungsverhältnis ist 1:100. Beide Wicklungen umschließen einen lamellierten Eisenkern - die Sekundärwicklung innen auf dem Kern, die Primärwicklung darüber.
Vom Steuergerät über die Endstufe gesteuert, erhält die Primärwicklung über die Klemmen 15 und 1 Strom von der Batterie (Niederspannung). Dadurch baut sich ein Magnetfeld auf, das durch den Eisenkern verstärkt wird. Unterbricht das Steuergerät diesen Stromkreis, bricht das Magnetfeld für Bruchteile von Sekunden schlagartig zusammen. Dabei entsteht eine Spannung bis zu 400 Volt. Diese erzeugt in der Sekundärwicklung einen Hochspannungs-Stromstoß (Induktion), der als Zündenergie auf die Zündkerze übertragen wird, wo sich diese Zündenergie in der Funkenstrecke entlädt.

Die Zündkerzen

Die Zündkerzen haben die Aufgabe, das Kraftstoff-Luft-Gemisch im Brennraum zu entzünden. Dabei entstehen Temperaturen von rund 2.500 Grad und Drücke bis 60 bar. Damit der Funke trotzdem zuverlässig zwischen den Elektroden überspringt, ist der Anschlussbolzen der Kerze von einem keramischen Isolator umgeben. Mittelelektrode und Anschlussbolzen stecken außerdem in einer elektrisch leitenden Glasschmelze, die für die Verankerung dieser Teile und die Abdichtung gegenüber dem Brennraum sorgt. Ist die erforderliche Zündspannung erreicht, springt der elektrische Funke von der Mittelelektrode zur Masseelektrode über und entzündet dabei die Kraftstoffteilchen im Brennraum.

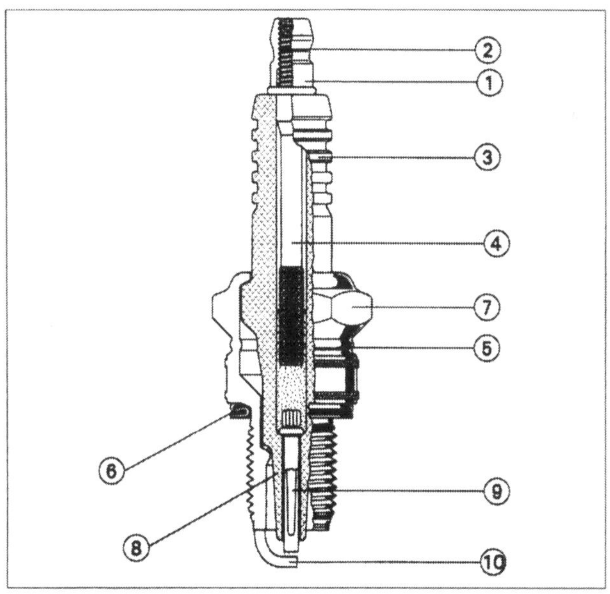

***Aufbau der Zündkerze:** ❶ und ❷ Zündkabel-Anschlussmutter mit Gewinde, ❸ Keramikisolator mit Kriechstrombarriere, ❹ Anschlussbolzen, ❺ Stauch- und Warmschrumpfzone, ❻ Dichtring, ❼ Zündkerzenkörper, ❽ Isolatorfuß, ❾ Mittelelektrode, ❿ Masse-Elektrode.*

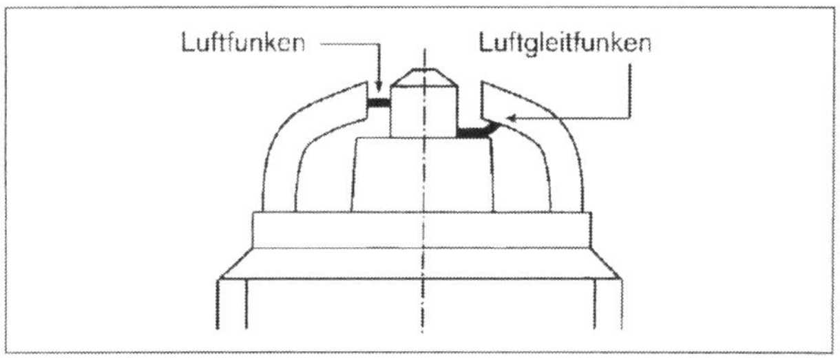

Luftfunken-Zündkerzen werden zunehmend durch Luftgleitfunken-Kerzen mit vier Masse-Elektroden ersetzt.

Moderne Zündkerzen haben inzwischen statt einer meist einen Kranz von vier Masse-Elektroden. Während das Zündsystem verschleiß- und wartungsfrei arbeitet, müssen die Zündkerzen regelmäßig erneuert werden. Allerdings kann das Intervall dafür sehr unterschiedlich sein. Es liegt zwischen 20.000 und 100.000 Fahrtkilometer. Ausschlaggebend hierfür ist vor allem der Elektrodenwerkstoff, und günstig wirkt sich eben auch diese vierfache Masse-Elektrode aus.

***Geringerer Verschleiß**: Nach 90.000 km Fahrt zeigt die Nickel-Yttrium-Legierung (oben) deutlich weniger Abnutzung als die Standard-Nickel-Kerze (unten).*

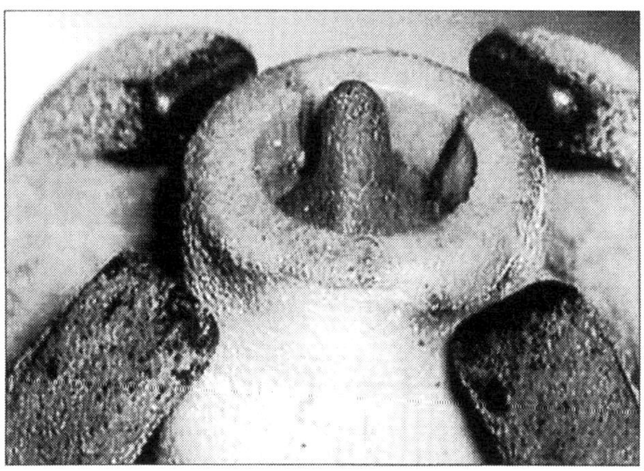

Der Wärmewert

Damit eine Zündkerze exakt arbeitet, muss sie nach dem Motorstart schnell ihre Selbstreinigungstemperatur von etwa 400 Grad erreichen. Sonst setzen sich Verbrennungsrückstände am Isolatorfuß fest. Bei Volllast darf die Temperatur etwa 800 Grad nicht überschreiten. Allerdings sind die Arbeitsbedingungen für die Zündkerzen nicht in allen Motoren gleich. Erst der so genannte Wärmewert entscheidet, ob Zündkerze und Triebwerk zueinander passen. Verwenden Sie zum Beispiel eine Zündkerze mit zu hohem Wärmewert, kann sich der Isolatorfuß stark erhitzen. Das hätte unkontrollierte Glühzündungen zur Folge, die den Motor sogar zerstören können. Wählen Sie dagegen eine Zündkerze mit zu niedrigem Wärmewert, erreicht diese nicht die nötige Temperatur zur Selbstreinigung und der Isolatorfuß verschmutzt. Der richtige Zündkerzen-Wärmewert wird vom Automobilhersteller festgelegt.

Der Elektrodenabstand

Neben dem richtigen Wärmewert müssen die Zündkerzen einen ganz bestimmten Abstand zwischen den Elektroden aufweisen. Er beträgt bei den meisten Motoren 0,9 bis 1,1 Millimeter. Dieser Abstand kann sich jedoch mit zunehmender Laufzeit der Zündkerzen verändern. Durch die hohe Spannung beim Funkenüberschlag werden nämlich immer wieder kleine Metallpartikel von den Elektroden abgesprengt. Dadurch vergrößert sich der Funkenspalt, was eine höhere Zündspannung erforderlich macht. Wird der Abstand zu groß, kann es zu Zündaussetzern kommen. Eventuell springt dann der Motor überhaupt nicht mehr an.

Indikator Kerzengesicht

Technik-lexikon

Am Zustand der Kerzenelektroden (»Kerzengesicht«) können Sie erkennen, ob der Motor optimal arbeitet. Die Zündkerzen sind gewissermaßen Zeugen der Verbrennung im Zylinder. Achten Sie bei der Kontrolle der ausgebauten Zündkerzen auf diese Punkte:

Isolatorspitze hellgrau bis grau gefärbt. Gute Einstellung der Einspritzanlage, der Motor läuft wirtschaftlich.

Isolatorspitze weißlich gefärbt. Zündzeitpunkt stimmt nicht, automatische Zündzeitpunktverstellung im Steuergerät defekt.

Schwarze rußartige Ablagerungen. Zündkerze erreicht ihre Selbstreinigungs-Temperatur nicht (häufiger Kurzstreckenverkehr), falscher Wärmewert, CO-Gehalt zu hoch.

Ölschicht über Elektroden. Kolbenringe, Ventilführungen oder Abdichtungen der Ventilschäfte schadhaft. Möglicherweise haben Sie auch Motoröl oder Kraftstoff mit Zusätzen verwendet. Tauschen Sie die Zündkerzen aus, wechseln Sie Öl und Kraftstoffmarke und prüfen Sie erneut den Zustand der Kerzen.

Arbeiten an der Zündanlage

Zur einwandfreien Funktion der elektrischen Bauteile ist eine Spannung von mindestens 11,5 V erforderlich. Bei einigen Prüfungen kann es vorkommen, dass vom Steuergerät ein Fehler erkannt und gespeichert wird. Deshalb ist nach Beendigung aller Prüfungen und Reparaturen der Fehlerspeicher abzufragen und ggf. zu löschen. Springt der Motor nach Fehlersuche, Reparatur oder Bauteilprüfungen nur kurz an und geht dann aus, kann das daran liegen, dass die Wegfahrsicherung das Motorsteuergerät sperrt. Dann muss der Fehlerspeicher abgefragt und ggf. das Steuergerät angepasst werden.

Die Zündanlage gilt nach gesetzlichen Richtlinien als gefährliche Anlage. Für alle Arbeiten an diesem System sind besondere Sicherheitsmaßnahmen zu beachten. Überlassen Sie die Arbeit an der elektronischen Zündanlage daher der Werkstatt. Aber auch bei Wartungsarbeiten ist besondere Vorsicht angesagt.

- Berühren Sie bei eingeschalteter Zündung auf keinen Fall die spannungsführenden Teile von Primär- und Sekundärstromkreis oder die Zündleitungen.
- Leitungen der Einspritz- und Zündanlage, auch Hochspannungs- und Messgeräteleitungen, nur bei ausgeschalteter Zündung ab- und anklemmen. Auch Motorwäsche nur bei ausgeschalteter Zündung durchführen!
- Schalten Sie bei allen Wartungsarbeiten und Reparaturen stets die Zündung aus. Das gilt für den Wechsel der Zündkerzen ebenso wie für den Anschluss von Prüfgeräten.
- Bei eingeschalteter Zündung genügt eine Erschütterung des Fahrzeugs, um an einer Zündkerze einen Hochspannungsimpuls auszulösen. Bei Arbeiten im Motorraum bedeutet dies Lebensgefahr. Außerdem können Bauteile der Zündanlage zerstört werden.
- Wenn Sie elektrische Schweißarbeiten am Fahrzeug durchführen, müssen Sie beide Kabel an der Batterie abklemmen.
- Wenn der Motor mit Anlassdrehzahl betrieben werden soll, ohne dass er anspringt, beispielsweise bei der Kompressionsdruck-Prüfung, ziehen Sie den 4-poligen Anschlussstecker vom Zündtrafo ab oder alle Zündspulen heraus und von den Einspritzventilen ebenfalls die Stecker ab.
- Zum Schutz des Motorsteuergerätes müssen Sie die Zündung ausschalten, wenn die Batterie an- oder abgeklemmt werden soll.

Sichtprüfung: Zündspulen und Kabel

Arbeitsschritte

- Sitzen die Kabelanschlüsse und Mehrfachstecker an Zündspulen und Steuergerät fest? Die Zündkabel müssen fest in den Buchsen stecken. Sie können durch Erwärmung der eingeschlossenen Luft in den Buchsen etwas abheben und dadurch Stottern des Motors verursachen. Wenn die Kabel an den Kerzen nicht fest sitzen, kann es aufgrund der hohen Spannungen zu Kriechströmen und Funkenüberschlägen kommen.
- Kontrollieren Sie die Kapseln der Zündspulen. Sie dürfen keine Risse oder Brandspuren aufweisen (von überschlagenden Funken).
- Prüfen Sie den Zustand der Leitungen und Kabel. Sie dürfen an keiner Stelle durchgescheuert sein. Kabel mit Scheuer- oder Schmorstellen oder mit den berüchtigten Marderbissen sollten Sie umgehend ersetzen.
- Streusalzschichten auf den Kabeln sollten Sie entfernen.

Zündstrom prüfen

Arbeitsschritte

① Einen Kerzenstecker abziehen, Zündspule abhebeln, Zündkerze herausschrauben.

② Stecker wieder auf die Zündkerze stecken. Dann die Kerze so auf dem Motorblock ablegen, dass sie einwandfrei Massekontakt hat und nicht vom Motor abgeschüttelt werden kann.

③ Ziehen Sie von allen Einspritzventilen die Stecker ab (oder unterbrechen Sie durch Herausnehmen der betreffenden Sicherung die Spannungsversorgung). Tun Sie das nicht, kann unverbrannter Kraftstoff in den Auspuff gelangen und den Katalysator beschädigen.

④ Motor von einem Helfer starten lassen.

⑤ Springen kräftige Funken am Kabelende bzw. an der Kerzenelektrode über, ist Zündstrom vorhanden.

⑥ Springen keine Funken über, sollten Sie zunächst eine Sichtprüfung der Zündanlage vornehmen. Wenn Sie keine Unregelmäßigkeit feststellen, sollten Sie die Stromversorgung der Zündanlage prüfen.

Teile der Zündung aus-/einbauen

So unterschiedlich die Zündanlagen für die verschiedenen Benzinmotortypen des Fabia auch aufgebaut sind, der Gesamtkomplex aller Teile der Zündanlage im Einspritz- und Zündsystem bleibt immer gleich. In diesem Schema lassen sich einzelne Komponenten zum Prüfen oder Auswechseln recht einfach finden. Die Komponenten sind sämtlich mit Steckkontakten zum System verbunden. Neben Zündkerzen, Zündspulen, Leistungsendstufen, Zündleitungen oder Zündleisten gehören einige Sensoren (Geber) zu diesem System (vgl. Zeichnung auf Seite 118).
Wichtigste Geber und Sensoren im Umfeld von Zündkerze und Zündspule sind die Klopfsensoren (G61 und G66), der Geber für Motordrehzahl (G28) und der Nockenwellenpositionssensor (G163). Die Geber können an den Steckverbindungen getrennt und zu Funktionsprüfungen entnommen werden, wobei Widerstandswerte zwischen den Steckkontakten gemessen werden. Zu beachten ist, dass die Kontakte der Anschlussstecker für die Klopfsensoren vergoldet sein müssen.

Zündkerzen ausbauen, prüfen und wechseln

Auch Škoda Auto schreibt heute im Wartungsplan wie die meisten Hersteller einen Wechsel erst nach 60.000 Kilometern vor. In der Regel stehen die Kerzen dieses Intervall ohne Probleme durch. Springt der Motor nur unwillig an oder ruckelt er nach dem Start, kann dies aber doch auch an den Zündkerzen liegen. Unsichtbare Risse im Keramikisolator füllen sich beim Kaltstart mit kondensierendem Kraftstoff, wodurch der Zündfunke abgeleitet wird. Wenn Sie glauben, dass die Kerzen nicht richtig arbeiten, sollten Sie diese Teile zur Sicherheit austauschen.
Die Kerzen sollen bei kaltem Motor gewechselt werden. Wenn die Kerzen bei heißem Motor ausgebaut werden, könnte das Kerzengewinde des Leichtmetall-Zylinderkopfes ausreißen.
Zum Ausbau benötigen Sie einen Zündkerzen-Steckschlüssel 16 mm (HAZET 900AKF; HAZET 2506 oder 4766-1; VW 3122 B). Zum Abziehen der Kerzenstecker verwendet die Fachwerkstatt das Montagewerkzeug T10029, zum Abziehen der Zündspulen das Montagewerkzeug T10094.
Bauen Sie den später angegebenen Arbeitsschritten entsprechend die Zündkerzen aus und ersetzen Sie sie je nach Motor wie in der Tabelle angegeben:

Zündkerzen ersetzen: Alle 60.000 km

Motor	Kennbuchstaben	Bestell-Nummer	NGK	Elektroden-abstand mm*	Anzugsmoment
1,0 l / 37 kW	AQV (ARV)	101 000 065 AA	NGK BKR 6ETA 10	1,0	20...30 Nm
1,2 l / 40 kW	AWY	101 905 600	NGK PZFR5J-11	1,0	20...30 Nm
1,4 l					
44 kW	AZF (AZE)	101 000 060 AA	Brisk DR 15 TC	0,8 (Bosch: 1,0)	20...30 Nm
50 kW	AQW (ATZ)	101 000 049 AC	Champion RC-89 PYC	0,8	20...30 Nm
55 kW	BBY (AUA)	101 000 033 AA	NGK BKUR 6ET-10	0,8	20...30 Nm
74 kW	BBZ (AUB)	101 000 033 AA	NGK BKUR 6ET-10	1,0	20...30 Nm
2,0 l / 85 kW	AZL	101 000 033 AA	NGK BKUR 6ET-10	1,0	20...30 Nm

* **Anmerkung:** Der Elektrodenabstand gibt den Abstand zwischen Masseelektroden und Kerzenstein an.

Arbeitsschritte 60.000 km

① **Ausbau**: Bauen Sie die obere Motorabdeckung aus.

② Ziehen Sie bei ausgeschalteter Zündung die Stecker an den Zündkerzen ab. Bei den Motoren mit Direktzündung müssen Sie die Steckverbindung an den Zündspulen trennen und dann die Zündspulen von den Kerzen abziehen.

③ Schrauben Sie die Zündkerzen mit dem Schlüssel 3122 B oder einem vergleichbaren Zündkerzenschlüssel heraus. Setzen Sie den Schlüssel keinesfalls verkantet an, weil sonst der Keramikisolator der Kerze brechen kann.

④ Prüfen Sie per Augenschein den Zustand der Zündkerze anhand des Kerzengesichts, wie es im entsprechenden vorangegangenen Abschnitt beschrieben wurde. Kontrollieren Sie ggf. den Elektrodenabstand Mittel-Elektrode – Masse-Elektrode mit einer Fühlerblattlehre. Der Abstand sollte 1 mm betragen.

⑤ **Einbau**: Wenn ein Wechsel erfolgen soll, schrauben Sie die neuen Zündkerzen entsprechend obiger Tabelle ein und ziehen sie mit 20 bis 30 Nm Anzugsmoment fest.

⑥ Prüfen Sie Zündleitungen und Kerzenstecker auf festen Sitz.

⑦ Überprüfen Sie, wenn es sich nicht um Motoren mit Direktzündung handelt, ob die Zündkabel in der richtigen Folge an der Zündspule angesteckt sind. Nach möglichem Austausch der Zündkabel muss ein falsches Anschließen der neuen Kabel verhindert werden. Beachten Sie daher die Hochspannungsanschlüsse an der Zündspule. Bei den Motoren mit Direktzündung Stecken Sie die Zündspulen mit einer leichten Drehung auf. Sie müssen spürbar einrasten.

⑧ Motorabdeckung einbauen, Probefahrt vornehmen.

Praxistipp

Zündkerzengewinde erneuern

Die Zündkerze lässt sich beim nächsten Wechsel besser herausdrehen, wenn Sie hochtemperaturfestes Kupferfett sparsam auf die Gewindegänge streichen.

Wenn das Zündkerzengewinde im Zylinderkopf, aus welchem Grunde auch immer, doch defekt sein sollte, muss es erneuert werden. Es gibt dafür Werkzeug- und Reparatursätze. Mit einem Spezialbohrer wird das alte Gewinde herausgeschält. Dazu muss der Zylinderkopf nicht ausgebaut werden. Anschließend wird ein neues Gewinde in den Zylinderkopf geschnitten. Die Zündkerze muss dann aber mit einem speziellen Gewindeeinsatz eingedreht werden. Diese Einsätze sitzen sicher und sind auch kompressionsdicht.

Zündspulen mit Leistungsendstufen prüfen

Arbeitsschritte

① Unterbrechen Sie die Spannungsversorgung der Einspritzventile durch Entnahme der Sicherung 32 oder/und der Kraftstoffpumpe durch Entnahme der Sicherung 28 aus dem Sicherungshalter. Überprüfen Sie, ob die Batteriespannung mindestens 11,5 V beträgt.

② Der Geber für Motordrehzahl und der Hallgeber müssen in Ordnung sein.

③ Messen Sie an den (abgezogenen) Vierfachsteckern jeder Zündspule (oder des Zündtrafos) die Versorgungsspannung mit dem Handmultimeter zwischen den Kontakten 1 und 3 sowie 2 und 3. Schließen Sie das Multimeter mit Hilfsleitungen (z.B. V.A.G 1594) an und betätigen Sie die Zündung. Der zu messende Sollwert beträgt mindestens 11,5V. Schalten Sie die Zündung aus.

④ Wenn keine Spannung vorhanden ist, prüfen Sie die Leitung zwischen Vierfachstecker-Kontakt 3 und Sicherungssteckplatz (nach Stromlaufplan) auf Unterbrechung. Der Leitungswiderstand darf maximal 1,5 Ohm betragen.

⑤ Prüfen Sie jeweils die Leitungen zwischen Steckerkontakt 1 und 2 nach Masse auf Unterbrechung. Auch hier maximaler Leitungswiderstand 1,5 Ohm.

⑥ Wenn kein Fehler in der Spannungsversorgung vorliegt, muss die Ansteuerung geprüft werden. Dazu wird eine Diodenprüflampe (V.A.G 1527) mit Hilfsleitungen (V.A.G 1594) an den Kontakten 4 und Motormasse des abgezogenen Steckers für Zylinder 1 angeschlossen.

⑦ Betätigen Sie den Anlasser und prüfen Sie das Zündsignal vom Motorsteuergerät. Die Leuchtdiode muss flackern. Wiederholen Sie diese Prüfung an den Anschlusssteckern für die weiteren Zylinder. Schalten Sie die Zündung aus.

⑧ Wenn die Leuchtdiode jeweils geflackert hatte und die Spannungsversorgung an der nicht funktionierenden Zündspule in Ordnung ist, muss die betreffende Zündspule mit Leistungsendstufe ersetzt werden.

⑨ Wenn die Leuchtdiode nicht geflackert hatte, müssen noch die Leitungen überprüft werden.

⑩ Wenn kein Fehler in den Leitungen festzustellen und Spannung zwischen den Anschlüssen 1 und 3 sowie 2 und 3 der Vierfachstecker vorhanden ist, muss das Motorsteuergerät ersetzt werden.

⑪ Eine andere wichtige Prüfung besteht darin, die Widerstandswerte von Zündleitungen und Zündspulen zu messen. Der Widerstand der Zündleitungen soll in den meisten Fällen 4 bis 8 Kiloohm betragen. Am Zündtrafo N152 und an den Leistungsendstufen mit Zündspulen muss der Widerstand zwischen den Kontakten 1 und 4 sowie 2 und 3 jeweils 4 bis 6 Kiloohm (bei 20 °C) betragen. Wenn die Sollwerte nicht erreicht werden, müssen die Zündkabel oder die Zündspulen mit Leistungsendstufe ausgewechselt werden.

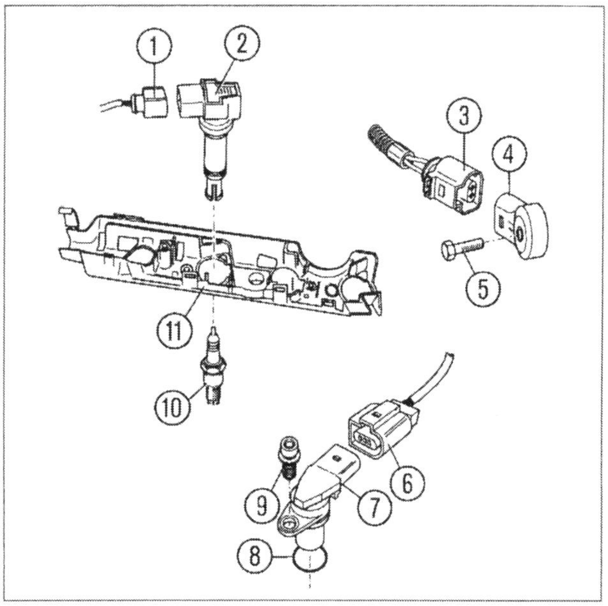

Teile der Zündanlage für Motoren BBY und BBZ: *❶ vierpoliger Anschlussstecker für Zündspulen, ❷ Zündspulen mit Leistungsendstufe (N70, N127, N291, N292), ❸ zweipoliger Anschlussstecker mit vergoldeten Kontakten für ❹ Klopfsensor G61, ❺ Schraube 20 Nm mit Einfluss auf die Funktion des Klopfsensors, ❻ dreipoliger Anschlussstecker für ❼ Hallgeber G40, ❽ O-Ring, ❾ Schraube 10 Nm, ❿ Zündkerze (20 bis 30 Nm; Kerzenschlüssel: 3122 B), ⓫ Halter.*

Klopfsensor und Hallgeber prüfen

Arbeitsschritte

- Klopfsensor, Hallgeber sowie andere wichtige Geber und Komponenten der (Einspritz- und) Zündanlage lassen sich ähnlich wie die Zündspulen durch Spannungs- und Widerstandsmessungen auf Schadhaftigkeit prüfen. Das setzt aber meist im Vorfeld Prüfungen mit den Diagnose- und Fehlerauslesegeräten voraus, wie sie in der Werkstatt verwendet werden.
- Der erste Schritt ist stets die Überprüfung der Spannungsversorgung für die zu prüfenden Komponenten. Dazu werden die Stecker abgezogen und die Messungen an den Kontakten des zuführenden Kabels vorgenommen. Beim Hallgeber G40 wird z. B. zwischen den Kontakten 1 und 3 des 3-poligen Anschlusssteckers gemessen: Der Sollwert muss mindestens 4,5 V betragen.
- Kennzeichnen Sie (grundsätzlich!) die Anschlussstecker vor dem Abziehen, weil sonst Verwechslungsgefahr besteht.
- Wenn die Betriebsspannung anliegt, schließen sich Widerstandsmessungen an. Diese Messungen werden an den Anschlüssen zum Bauteil vorgenommen. Gemessen wird auf Widerstandswert unendlich (keine Kurzschlüsse) und auf die bei den jeweils zu prüfenden Elementen unterschiedlichen Innenwiderstände. Dazu sind aus den Schaltplänen die richtigen Anschlüsse zu ermitteln.
- Zwischen Anschlusskontakten und Buchsen laut Schaltplan sind ferner die Leitungswiderstände zu überprüfen. Der Leitungswiderstand darf in der Regel nicht mehr als 1,5 Ohm betragen. Untereinander dürfen die Leitungen keinen Kurzschluss aufweisen (Widerstand = ∞).
- Wenn keine Leitungsfehler festgestellt werden, löst man in den meisten Fällen die entsprechende Komponente aus dem Stromkreis, schließt sie wieder an und unternimmt eine Probefahrt zur Herstellung der Betriebsbedingungen. Danach muss allerdings der Fehlerspeicher ausgelesen werden (Werkstattgeräte).
- Zeigt der Fehlerspeicher des Steuergerätes weiterhin Beanstandung an, müssen zumeist die entsprechenden Geber ersetzt werden.
- Nach dem Ersetzen wieder Fehlerspeicher abfragen, mögliche weitere Fehler beheben, Speicher löschen.
- Werden keine Fehler in den Leitungen festgestellt und war dennoch keine Spannung zwischen den entsprechenden Steckerkontakten des überprüften Gebers vorhanden (Ansteuerung), muss in vielen Fällen das Motorsteuergerät ersetzt werden.

Motor und Zündanlage

Störungs-beistand

Störung	Ursache	Abhilfe
A Motor springt schlecht oder gar nicht an.	**1** Zündtrafo oder Zündkerzen feucht oder verschmutzt; kein Zündfunke.	Trocknen oder reinigen,evtl. mit Zündspray behandeln.
	2 Steckverbindungen locker oder oxidiert.	Kontrollieren, erneuern (lassen).
	3 Zündkerzen nass (nach häufigen Startversuchen).	Ausbauen und trocknen.
	4 Drehzahl-/Positionssensor lose; zu großer Abstand zur Schwungscheibe.	Festziehen.
	5 Drehzahl-/Positionssensor defekt; Kabel hat Masse oder ist unterbrochen.	Erneuern lassen; Kabel kontrollieren oder. erneuern.
	6 Zündtrafo defekt.	Austauschen.
	7 Endstufe oder Steuergerät defekt.	Kontrollieren lassen, austauschen.
B Motor läuft unrund, hat Zündaussetzer.	**1** Zündkerze defekt.	Austauschen.
	2 Zündkabel unterbrochen.	Leitung ersetzen.
	3 Siehe A1–7.	
C Motor hat keine Leistung.	**1** Luftmassenmesser defekt oder Steckverbindung sitzt nicht korrekt.	Kontrollieren lassen, ersetzen.
	2 Kühlmittel- oder Ansaugluft-Temperatursensor defekt oder Stecker sitzt nicht korrekt.	Steckverbindungen kontrollieren, Sensor ersetzen lassen.
	3 Siehe A4–7.	

Dieser Störungsbeistand setzt voraus, dass der Motor mechanisch in Ordnung ist und Kraftstoffversorgung sowie Benzineinspritzanlage einwandfrei arbeiten.

DIE DIESEL-EINSPRITZ-TECHNIK

Dank fortschrittlicher Direkteinspritz-Technologie ist das Diesel-Triebwerk heute beispielhaft im Verbrauch bei hoher Dynamik und erstaunlichem Komfort. Zeichnen diese Eigenschaften schon den Saugdieselmotor wie den hier im Bild aus, so erst recht den wesentlich leistungsstärkeren Turbo. Die drei Buchstaben TDI stehen inzwischen für modernste Dieseltechnologie mit den Erkennungsmerkmalen sparsamer Kraftstoffverbrauch, geringer Schadstoffausstoß und spritziges Motorverhalten.

Wartung

Reparatur

Pkw-Diesel sind heute ebenso aufwändig und kompliziert gebaut wie die modernsten Benzinmotoren. An elektronischen Komponenten mangelt es nicht. Die Einspritzpumpe, vor nicht allzu langer Zeit ein Wunderwerk ausschließlich der Mechanik, verspritzt heute ohne Bits und Bytes keinen Tropfen Diesel. Dank fortschrittlichster Technologien ist das Diesel-Triebwerk inzwischen anderen Großserienmotoren in puncto Verbrauch meist überlegen. Dynamik und Komfort der Selbstzünder haben ein Niveau erreicht, das noch vor wenigen Jahren undenkbar war.
Gegen die sich hartnäckig haltende These, die Abgase der Diesel könnten schädlicher sein als die der Benziner, spricht der gewaltige Entwicklungsschub der letzten Jahre. Mit den modernen TDI-Motoren, den Bahnbrechern auf dem Entwicklungsweg der Direkteinspritzer, kamen Diesel auf den Markt, die mit ihren Werten sehr strengen Abgasnormen genügen.

Die Einspritzung

Bei Dieseleinspritzmotoren wird reine Luft in die Zylinder gesaugt und dort hoch verdichtet. Dadurch erwärmt sie sich weit über die Zündtemperatur des Dieselkraftstoffs hinaus auf 600 bis 900 °C. Steht der Kolben kurz vor dem Oberen Totpunkt, wird Kraftstoff in den Zylinder eingespritzt. Diesel zündet von selbst, Zündkerzen sind nicht erforderlich.

Die Vorglühanlage und das Nachglühen

Bei sehr kaltem Motor kann es sein, dass die Zündtemperatur nicht erreicht wird. Deshalb wird nach Einschalten der Zündung »vorgeglüht«. In jedem Brennraum steckt dazu eine Glühkerze. Die Vorglühdauer ist abhängig von der Umgebungstemperatur und wird durch das Motor-Steuergerät über ein Vorglührelais gesteuert. Das Motorsteuergerät schaltet die Vorglühanlage bei weniger als +9 °C Kühlmitteltemperatur ein. Wenn das Motorsteuergerät das Glühkerzenrelais ansteuert, schaltet dieses den Arbeitsstrom für die Kerzen ein. Dann leuchtet die Kontrolllampe für Vorglühzeit. Ist der Glühvorgang beendet, erlischt die Kontrolllampe und der Motor kann gestartet werden.
Nach jedem Motorstart wird nachgeglüht, unabhängig davon, ob vorgeglüht wurde. Dadurch werden die Verbrennungsgeräusche vermindert, die Leerlaufqualität verbessert und die Kohlenwasserstoff-Emissionen reduziert. Die Nachglühphase dauert maximal vier Minuten. Sie wird bei Motordrehzahlen über 2.500 U/min unterbrochen.

Direkteinspritzverfahren

Für die Dieseleinspritzung gibt es drei Verfahren: Vorkammer-, Wirbelkammer- und Direkteinspritzung. Bei den Kammer-Einspritzungen wird der Diesel-Kraftstoff in Kammern eingespritzt, die vom Hauptverbrennungsraum des Zylinders abgeteilt sind. Noch bis vor kurzem galt der Wirbelkammer-Motor aus Komfortgründen als für den Pkw am besten geeignet. Direkteinspritzmotoren aber haben einen höheren Wirkungsgrad und arbeiten daher um 20 Prozent wirtschaftlicher. Bei ihnen wird der Kraftstoff direkt in den Brennraum eingespritzt, und zwar in die Brennmulde im Kolben. Als Brennraumform findet heute meist eine zylindrische Kolbenmulde Verwendung. Sie stellt einen guten Kompromiss zwischen ökonomischer Herstellung und zweckmäßiger Luftführung dar.

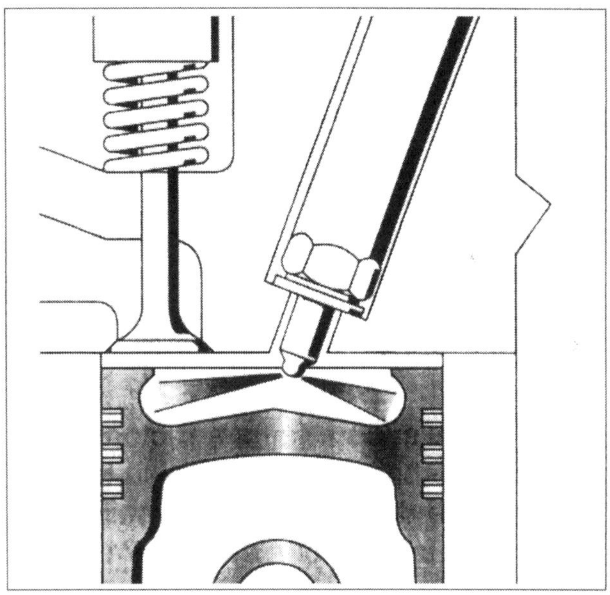

***Einspritzung direkt in den Brennraum:** Das Kraftstoff-Einspritzventil bedient die Brennmulde des Kolbens.*

Auf der Basis der Hochdruck-Einspritzpumpe (Bosch) und der Pumpe-Düse-Technologie haben Hersteller wie Audi und Volkswagen das Direkteinspritzverfahren bei Turbodieseln mit Abgasrückführung beispielhaft vorangetrieben, wovon auch Škoda Auto profitiert. Beim Fabia werden beide Wege genutzt. Beim 1,9 Liter SDI wird der Kraftstoff von einer Verteiler-Einspritzpumpe zu den einzelnen Einspritzventilen befördert (Saugdieselmotor ASY). Den anderen Weg beschreiten die Dieselmotoren mit Abgasturbolader (TDI). Der Fabia-TDI (Kennbuchstaben ATD) arbeitet mit integrierten Einheiten aus Einspritzpumpe und Düse (PDE). Diese Pumpedüsen sitzen auf jedem einzelnen Zylinder.

Elektronische Steuerung

Die gesamte Einspritzanlage Ihres Fabia wird durch ein elektronisches Steuergerät mit Fehleraufzeichnungssystem reguliert: Die EDC, **E**lectronic **D**iesel **C**ontrol. Elektrische Geber versorgen das Steuergerät J248 für Diesel-Direkteinspritzanlage mit verschiedensten Informationen. Von diesen Daten hängt es ab, wie das Steuergerät Einspritzmenge- und -zeitpunkt regelt. Falls eine Störung in einem der Sensoren oder in anderen Bauteilen auftreten sollte, wird sie im Fehlerspeicher festgehalten. Nach Auslesen des Fehlers in der Werkstatt lässt sich präzise sagen, welche Gründe der Ausfall hat.

In den folgenden Übersichtszeichnungen sind die Einbauorte der für die Einspritzung relevanten Komponenten verdeutlicht. Einige Teile der Einspritz- und Vorglühanlage sind nicht abgebildet: Die Relais für Direkteinspritzanlage, für Glühkerzen und für Heizleistung auf dem Relaisträger (Einbaulage und Belegung werden im Kapitel »Die Fahrzeugelektrik« vorgestellt) sowie die Geber und Schalter am Pedalwerk im Fahrerfußraum. Diesen Pedalblock zeigen wir Ihnen im Škoda-Bild im Anschluss an die Motorraum-Übersichten.

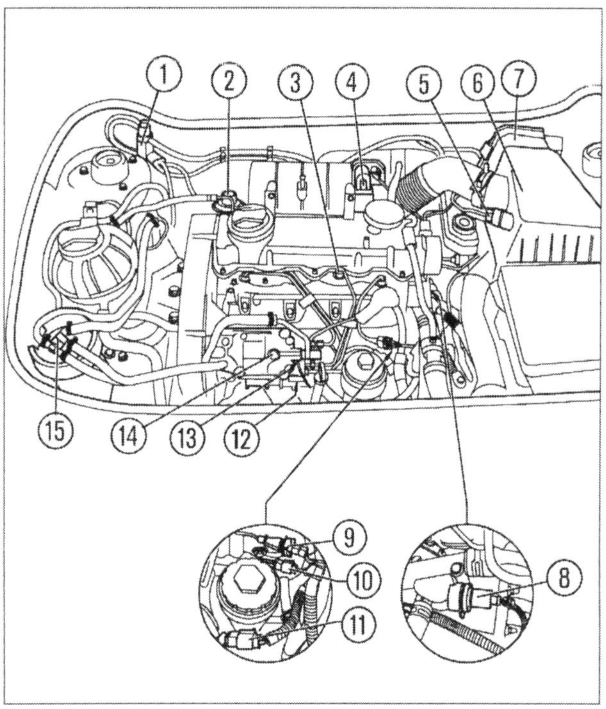

Einspritzanlage mit Verteilerpumpe beim ASY: *❶ Ventil N18 für Abgasrückführung, ❷ mechanisches Abgasrückführungsventil, ❸ Einspritzdüse mit Geber G80 für Nadelhub, ❹ Motor V157 für Saugrohrklappe, ❺ Geber G72 für Saugrohrtemperatur, ❻ Luftfilter, ❼ Steuergerät J248 für Diesel-Direkteinspritzanlage, ❽ Geber G62 für Kühlmitteltemperatur, ❾ braune 2-polige Steckverbindung für Nadelhubgeber G80, ❿ graue 3-polige Steckverbindung für Drehzahlgeber G28, ⓫ schwarze 10-polige Steckverbindung für Geber, Steller und Ventile (G81, N146, G149, N108, N109), ⓬ Kraftstoffabschaltventil N109, ⓭ Ventil N108 für Einspritzbeginn, ⓮ Mengenstellwerk der Einspritzpumpe (mit G81, Mengensteller N146 und Regelschieberweggeber G149), ⓯ Kraftstofffilter.*

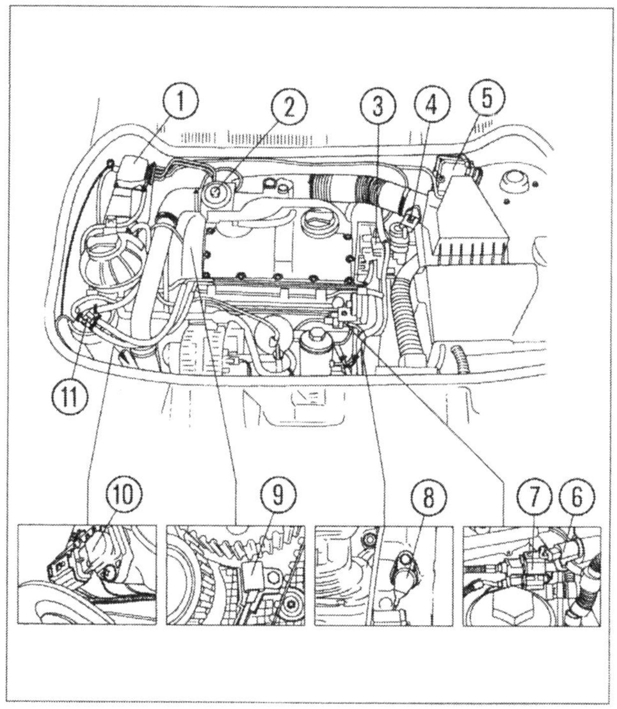

Einspritzanlage mit Pumpe-Düsen beim ATD: *❶ Ventilblock (mit Saugrohrklappen-Umschaltventil N239, Abgasrückführungs-Magnetventil N18 und Ladedruckbegrenzungs-Magnetventil N75), ❷ mechanisches Abgasrückführungsventil, ❸ Geber G62 für Kühlmitteltemperatur, ❹ Luftmassenmesser G70, ❺ Steuergerät J248 für Diesel-Direkteinspritzanlage, ❻ Geber G81 für Kraftstofftemperatur, ❼ graue 3-polige Steckverbindung für Drehzahlgeber G28, ❽ Drehzahlgeber G28, ❾ Nockenwellenpositions-Sensor G40, ❿ Geber G71 für Saugrohrdruck mit Geber G72 für Saugrohrtemperatur, ⓫ Kraftstofffilter.*
Das Bild zeigt den Motorraumblick für Fahrzeuge ab November 2001 mit der seitdem üblichen Baueinheit Ventilblock.

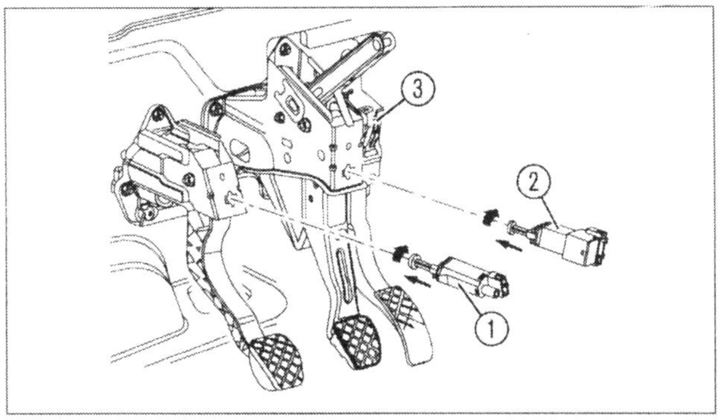

Bauteile im Fahrerfußraum: ❶ *Kupplungspedalschalter F36,* ❷ *Bremslichtschalter F und Bremspedalschalter F47,* ❸ *Geber G79 für Gaspedalstellung.*

So funktioniert die EDC

Technik-lexikon

Damit der Motor in jedem Betriebszustand mit einer optimalen Verbrennung arbeitet, wird die jeweils passende Einspritzmenge im Steuergerät J248 für Diesel-Direkteinspritzanlage berechnet. Beim Starten hängt sie von der Temperatur und der Drehzahl ab. Um sicher starten zu können, benötigt der Motor bei Kälte eine sehr viel größere Einspritzmenge als im warmen Zustand. Bei niedrigen Temperaturen schlägt sich ein Teil des Kraftstoffs an den Zylinderwänden nieder und wird nicht verbrannt. Der Fahrer hat auf die Startmenge keinen Einfluss.

Im normalen Fahrbetrieb regelt das Steuergerät die Einspritzmenge nach der Drehzahl und der Stellung des Gaspedals. Dafür ist ein Kennfeld programmiert. Das Steuergerät regelt unabhängig vom Fahrer eine Begrenzungsmenge, weil nicht immer die physikalisch mögliche oder vom Fahrer gewünschte Kraftstoffmenge eingespritzt werden darf. Andernfalls könnten die Schadstoffemissionen zu hoch werden und der Motor könnte zum Rußen neigen oder mechanisch überlastet werden.

Auch eine thermische Überbeanspruchung von Turbolader, Kühlmittel oder Öl kann das Steuergerät verhindern. Das Steuergerät regelt ferner den Leerlauf, indem es den einprogrammierten Sollwert mit dem Istwert vergleicht. Die Einspritzmenge wird so geregelt, dass die beiden Werte übereinstimmen. Das funktioniert auch, wenn etwa die Klimaanlage eingeschaltet oder ein Gang eingelegt ist.

Damit der Leerlauf über die gesamte Motorlebensdauer gleich bleibt, ermittelt ein Laufruheregler die Drehzahländerungen nach jeder Verbrennung und vergleicht sie miteinander. Die Einspritzmenge wird dann für jeden Zylinder so eingestellt, dass alle Zylinder einen gleichen Anteil zur Drehmoment-Erzeugung liefern.

Einspritzpumpe, Filter und Düsen

Die Einspritzpumpe der Fabia-SDI-Motoren besteht aus Niederdruck- und Hochdruckteil. Das Niederdrucksystem fördert den Kraftstoff vom Tank in den Hochdruckteil der Pumpe, das Drücke über 1.000 bar zur Einspritzung zur Verfügung stellen muss. Nicht in die Pumpe integrierter Teil des Niederdrucksystems ist der Kraftstofffilter. Von ihm werden Verunreinigungen und Wasser zurückgehalten, was den vorzeitigen Verschleiß der empfindlichen Bauteile verhindert. Es ist sehr wichtig, diesen Filter entsprechend Wartungsvorschrift zu entwässern (alle zwölf Monate) oder zu wechseln (alle 30.000 Kilometer).

In der Einspritzpumpe sitzen Kraftstoffabschaltventil und Druckventile. Sie sorgen für konstanten Druck und sichern, dass der Kraftstoffdruck nicht zu stark ansteigt oder absinkt. Das Hochdruckmagnetventil für Einspritzbeginn N108, ein Wunderwerk an Präzisionsarbeit, wird vom Pumpensteuergerät geregelt und reguliert den Zulauf zur Radialkolben-Hochdruckpumpe, die den Diesel durch die vier Einspritzleitungen zu den Einspritzdüsen presst. Das Ventil bestimmt Einspritzmenge und -zeitpunkt.

Damit kein Zylinder zu kurz kommt, verteilt die Verteilerwelle den Diesel so, dass pro Umdrehung jede Einspritzdüse einmal über den Druckrohranschluss mit Kraftstoff versorgt wird. Beim Schließen der Düsen würden rücklaufende Druckwellen entstehen, wenn nicht Rückstromdrosselventile das verhinderten. Die Einspritzdüse für Zylinder 3 hat noch eine besondere Funktion: Sie ist mit dem Geber für Nadelhub ausgestattet. Defekte Einspritzdüsen verursachen Leistungsabfall, starken schwarzen Auspuffqualm, übermäßigen Blaurauch bei Kaltstart, hohen Kraftstoffverbrauch, Motorüberhitzung, Klopfen und Fehlzündungen. Aus- und Einbau bei Schäden sind unumgänglich. Für diese Arbeit sind aber Spezialwerkzeuge wie Fahrzeugsystemtester, Einspritzdüsen-Prüfgerät sowie besondere Schlüssel und Abzieher nötig: Es ist also Werkstattarbeit.

Ein wesentliches Element der Einspritzpumpe ist der Spritzversteller an ihrer Unterseite. Er verdreht hydraulisch den Nockenring der Hochdruckpumpe. Der Kolben der Pumpe hebt dann früher oder später ab, es wird entsprechend früher oder später eingespritzt. Wichtigste Regelgröße für den Spritzversteller ist die Motordrehzahl. Je höher die Drehzahl, desto früher muss eingespritzt werden. Weitere Größen sind die Last und die Motortemperatur. Das Steuergerät regelt das Spritzversteller-Magnetventil entsprechend.

Die Pumpe-Düse-Einheit

Im TDI mit Pumpe-Düsen wird der Kraftstoff von der elektrischen Pumpe im Tank (Fördereinheit) über Kraftstofffilter und Rückschlagventil zu einer mechanischen Kraftstoffpumpe mit Druckregelventil gepumpt. Diese mechanische Kraftstoffpumpe ist eine Sperrflügelpumpe, die schon bei niedrigen Drehzahlen Kraftstoff fördert. Sie ist direkt hinter der Vakuumpumpe seitlich am Zylinderkopf angeflanscht. Beide Pumpen werden gemeinsam direkt von der Nockenwelle angetrieben (Tandempumpe). Die Tandempumpe hat eine besondere Verschlussschraube, an der mit einer Druckmessvorrichtung (z. B. VAS 5187) der Kraftstoffdruck geprüft werden kann (Sollwert bei mindestens 85 °C Kühlmitteltemperatur und 1.500 U/min erhöhter Leerlaufdrehzahl: mindestens 0,35 MPa oder 3,5 bar). Die Sperrflügelpumpe befördert den Kraftstoff über die Kraftstoffvorlaufbohrung im Zylinderkopf zu den Pumpedüsen. In der Vorlaufbohrung befindet sich ein Verteilerrohr. Von dort gelangt der Kraftstoff gleichmäßig und vor allem mit überall gleicher Temperatur zu den PDE. Alle Pumpe-Düsen werden mit der gleichen Kraftstoffmasse versorgt. Dadurch wird ein runder Motorlauf erreicht.

In den PDE sind Einspritzpumpe, Steuermagnetventil und Einspritzdüse integriert. Jeweils eine Pumpe-Düse-Einheit sitzt auf einem Zylinder. Die PDE ist mit einem Spannklotz direkt im Zylinderkopf über dem Zylinder befestigt. Drei O-Ringe dichten sie radial gegen den Zylinderkopf ab. Die Einspritzpumpen der PDE werden beim Fabia-TDI durch zusätzliche, zwischen den Ventilnocken an der Nockenwelle liegende Einspritznocken über Rollenkipphebel betätigt. Die Kraftstoffmenge für jeden Zylinder wird vom Motor-Steuergerät über Magnetventile geregelt. Durch die genau dosierte Kraftstoffmenge in jedem Betriebszustand des Motors ergibt sich der bei sehr guten Fahrleistungen vergleichsweise geringe Verbrauch.

Der Einspritzvorgang lässt sich mit PDE präzise steuern, eine Voreinspritzung wird realisierbar (siehe Techniklexikon zu den Einspritzphasen). Die PDE kann Einspritzdrücke bis maximal 205 MPa (2.050 bar) erzeugen. Bei diesem hohen Druck wird der Kraftstoff sehr fein zerstäubt, wodurch die Verbrennung noch effizienter erfolgen kann. Gegenüber Einspritzsystemen mit Verteilereinspritzpumpe gibt es weniger Verbrennungsrückstände und damit geringere Schadstoffemission. Der Kraftstoffverbrauch sinkt, die Leistungsausbeute ist höher.

Das Škoda-Bild zeigt eine Pumpe-Düse-Einheit, wie sie im Fabia-Motor ATD verwendet wird.

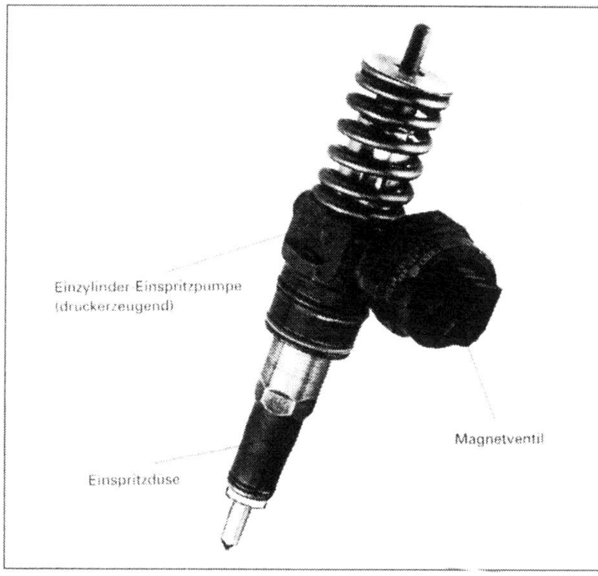

Die Pumpedüse der Fabia-TDI-Motoren mit den Kennbuchstaben ATD.

Die Phasen der Einspritzung mit PDE

Technik-lexikon

Wichtig für den Verbrennungsablauf eines Dieselmotors ist ein geringer Zündverzug, also möglichst kurze Zeit zwischen Einspritzbeginn und Beginn des Druckanstiegs im Brennraum. Wird während dieser Zeit eine große Kraftstoffmenge eingespritzt, führt dies zu schlagartigem Druckanstieg und dadurch zu lauten Verbrennungsgeräuschen.

- **Voreinspritzung**: Um einen möglichst sanften Verbrennungsablauf zu erreichen, wird vor Beginn der Haupteinspritzung eine kleine Kraftstoffmenge mit geringem Druck eingespritzt. Durch die Verbrennung dieser kleinen Dieselmenge steigen Druck und Temperatur im Brennraum. Dies schafft die Voraussetzung für eine schnelle Zündung der Haupteinspritzmenge und verringert den Zündverzug. Voreinspritzung und die Spritzpause bis zur Haupteinspritzung bewirken, dass die Drücke im Brennraum nicht schlagartig auftreten, sondern flach ansteigen. Die Folge sind geringe Verbrennungsgeräusche und weniger Stickoxid-Emissionen.
- **Haupteinspritzung**: Sie muss eine gute Gemischbildung sichern, damit der Kraftstoff möglichst vollständig verbrennt. Mit dem hohen Einspritzdruck der PDE,

der bei maximaler Motorleistung (hohe Drehzahl, große Einspritzmenge) am größten ist, wird der Kraftstoff sehr fein zerstäubt, so dass er sich sehr gut mit der Luft mischen kann. Die so bewirkte vollständige Verbrennung führt zu Schadstoffreduzierung und hoher Leistungsausbeute.

- **Einspritzende**: Die PDE-Technologie sichert, dass der Einspritzdruck schnell abfällt und die Düsennadel sich schnell schließt. Es wird verhindert, dass Kraftstoff mit geringem Einspritzdruck und großem Tropfendurchmesser in den Brennraum gelangt und nur noch unvollständig verbrennt.

Die Elektronik

Die elektronische Steuerung besteht aus den Sensoren oder Gebern, den Steuergeräten und den Relais und Stellgliedern (siehe auch Techniklexikon zu den wichtigsten Komponenten im Kapitel »Das Motormanagement«). Besonders wichtig für die präzise Regelung sind Informationen über Temperaturen. Die

- **Temperaturgeber** sitzen im Kühlmittelkreislauf (G62), im Ansaugkanal (G72 mit G71) und in der Kraftstoffrücklaufleitung nach der Kraftstoffpumpe (G81). Entscheidend für die Berechnung des richtigen Einspritzzeitpunktes und der Einspritzmenge ist der induktive
- **Geber für Motordrehzahl** (G28): Er ist an der Schwungradseite am Zylinderblock befestigt und tastet ein Geberrad an der Kurbelwelle ab. Das Geberrad hat auf seinem Umfang 56 Zähne und 2 Lücken von jeweils 2 Zähnen. Die Lücken sind um 180° versetzt und dienen als Bezugsmarken zur Ermittlung der Kurbelwellenposition. Der Drehzahlgeber erfasst die Motordrehzahl und die genaue Stellung der Kurbelwelle. Fällt sein Signal aus, bleibt der Motor stehen und kann nicht wieder gestartet werden.

Zur Erkennung der Zylinder beim Motorstart nutzt das Steuergerät das Signal vom

- **Nockenwellenpositions-Sensor** (G40): Er arbeitet nach dem Hallgeber-Prinzip. Der Sensor ist am Zahnriemenschutz unterhalb des Nockenwellenzahnrades befestigt. Er tastet die sieben unterschiedlich platzierten Zähne auf dem Geberrad der Nockenwelle ab: Vier im gleichen Abstand von 90° angeordnete Zähne (je 1 pro Zylinder) plus je einen zusätzlichen Zahn für Zylinder 1, 2 und 3 mit jeweils unterschiedlichem Abstand. Bei Ausfall des G40-Signals benutzt das Steuergerät das Signal des Drehzahlgebers G28, der ja auch die Kurbelwellenstellung erfasst. Ein
- **Luftmassenmesser** (G70) misst die Menge der angesaugten Luft im Ansaugrohr und deren Dichte.

Den Beschleunigungswunsch des Fahrers registriert anstelle des früheren Gaspedals mit Gaszug der

- **Geber für Gaspedalstellung** (G79 zusammen mit F8 und F60): Er liefert Informationen über die aktuelle Gaspedalstellung an das Steuergerät (elektronisches Gaspedal, EGAS). Zur Höhenkorrektur der Ladedruckregelung dient dem Steuergerät das Signal des in ihn integrierten
- **Höhengebers** (F96): Das
- **Motorsteuergerät** (Steuergerät für Diesel-Direkteinspritzanlage J248) sitzt an der Motorraum-Spritzwand links hinten im Wasserkasten. Es wertet die Signale der externen Geber/Sensoren aus und berechnet daraus die Ansteuersignale für die Stellglieder. Das J248 überwacht die gesamte Einspritzanlage und legt Defekte und Unregelmäßigkeiten im Fehlerspeicher ab. Das Gerät unterscheidet nach Auswertung aller Informationen zwischen mehreren Dutzend unterschiedlicher Fehler und speichert sie bis zum Löschen (VAS 5051 oder V.A.G 1552; Werkstatt). Das
- **Mengenstellwerk der Einspritzpumpe** (Temperaturgeber G81, Mengensteller N146 und Geber G149 für Regelschieberweg) bei den SDI-Motoren erfasst pumpeninterne Signale wie die Kraftstofftemperatur und regelt zusammen mit dem Motorsteuergerät Einspritzmenge und -zeitpunkt. Das Mengenstellwerk steuert direkt den Spritzversteller an. Bei den TDI mit Pumpe-Düse-Einheiten wird diese Ansteuerung der Einspritzpumpen in den PDE von den
- **Ventilen für Pumpedüse** (N240 bis N243) entsprechend der Signale des Motorsteuergeräts übernommen.

Fehlerquellen bei Ventilen und Gebern

Das ordnungsgemäße Funktionieren von (Magnet-) Ventilen, Sensoren und Gebern ist wesentlich für die Funktion der gesamten Einspritzanlage. Bei einem Defekt am Ventil für Einspritzbeginn zum Beispiel kann es zu lautem Nageln und zu Leistungsmangel kommen. Beim Ausfall des Gebers für Motordrehzahl bleibt der Motor stehen und lässt sich nicht mehr starten. Ein schadhafter Geber für Nadelhub (Einspritzdüse Zylinder 3) kann zu rauerem Motorlauf, zu geringe-

rer Leistung, zu Aussetzern und Ruckeln oder gar zum Motorstillstand führen.
Der einwandfreie Zustand dieser Bauteile und ihrer elektrischen Kabelverbindungen wird in der Werkstatt mit Prüfbox und Systemtester überprüft. Wenn Sie bei Funktionsstörungen selbst zu dem Schluss kommen, dass ein bestimmtes Bauelement der verschiedenen Regelkreise defekt sein muss, lassen Sie deshalb Bauteile und Leitungen in der Werkstatt überprüfen.
Beim Einsatz lediglich von Multimeter und Diodenprüflampe, wie er beim Hobbyschrauber meist üblich ist, können Sie nur grobe Abschätzungen möglicher Schäden vornehmen. Sie können auf jeden Fall immer an den Kontakten der Anschlussstecker die Ansteuerungsspannung für den betreffenden Geber und an den Steckkontakten der Geber deren Innenwiderstand messen. Dieser liegt je nach Bauteil und Umgebungstemperatur zwischen einigen Dutzend Ohm oder mehreren Kiloohm. Der Nadelhubgeber z. B. hat einen Widerstandssollwert von 90 bis 120 Ohm, der Geber für Motordrehzahl einen solchen von 450 bis 550 Ohm. Messen Sie keinen Widerstand, ist das Bauteil meist schadhaft und muss ersetzt werden.
An den Kontakten der Zuleitungen können Sie gegen Motormasse mittels Lampe, Multimeter oder Prüfbox Kurzschlüsse oder Leitungsunterbrechungen feststellen. Gehen Sie systematisch nach den zutreffenden Schaltplänen vor. Gefundene Leitungsfehler müssen beseitigt werden.

Raum für Selbsthilfe

Der wirtschaftliche und ökologische Vorzug der elektronisch geregelten Kraftstoffdirekteinspritzung, wirksam Einfluss zu nehmen auf sparsamen Verbrauch, möglichst schadstoffarme Abgase und hohe Laufkultur, kommt bei den Dieselmotoren des Fabia ganz besonders zur Geltung. Die Technologie der Turbodiesel-Direkteinspritzung (TDI), die durch rasanten Fortschritt der Kfz-Elektronik möglich wurde, repräsentiert den gegenwärtigen Höchststand der Entwicklung von Dieselmotoren für Pkw. TDI ist einfach gut für Effizienz, Umweltfreundlichkeit und Sicherheit.
Für Enthusiasten des Do it yourself, auch für den geübten Schrauber, ist diese Entwicklung der Motortechnik jedoch eher etwas frustrierend. Selbst Hand anlegen kann man kaum noch. Vor jeder Prüf- und Einstellarbeit, vor Reparaturen und zur Fehlersuche muss der Fehlerspeicher des Steuergeräts abgefragt werden, was wohl nur der Werkstatt möglich ist. Außerdem ist die Stellglieddiagnose durchzuführen. Nach Beendigung aller Prüf- und Einstellarbeiten, bei denen das Steuergerät möglicherweise Fehler erkennt und abspeichert, muss der Fehlerspeicher unbedingt gelöscht werden.
Und trotzdem: Es gibt eine ganze Reihe von Arbeiten im Bereich der Einspritz- und Vorglühanlage, die man mit Übung und Erfahrung, am besten unter Einsatz bestimmter Spezialwerkzeuge und in Kooperation mit der Fachwerkstatt, ausführen kann. So fallen immerhin als regelmäßige Wartungsarbeiten der Austausch und das Entwässern des Kraftstofffilters und der Wechsel des Luftfilters an. Bei allen Wartungen und Reparaturen sind aber auf jeden Fall die bereits in anderen Kapiteln erwähnten Verhaltensregeln zu beachten.

Sicherheitsvorkehrungen

Um jegliche Verletzung von Personen und Schäden an der Einspritz- und Vorglühanlage zu vermeiden, sind folgende Maßnahmen zu treffen:

- Leitungen der Vorglüh- und Einspritzanlage, auch Messgeräteleitungen, nur bei ausgeschalteter Zündung ab- und anklemmen.
- Wenn der Motor mit Anlassdrehzahl betrieben werden soll, ohne dass er anspringt (wie bei der Kompressionsdruckprüfung), trennen Sie bitte die Steckverbindungen für die Einspritzpumpe oder für die Pumpe-Düse-Einheiten am Zylinderkopf.
- Das Ab- und Anklemmen der Batterie (Radio-Codierung!) darf nur bei ausgeschalteter Zündung erfolgen, da sonst das Steuergerät für Diesel-Direkteinspritzanlage beschädigt werden kann.
- Leitungen für Kraftstoff, Hydraulik, Kühl- und Kältemittel, Bremsflüssigkeit und Unterdruck sowie elektrische Leitungen müssen Sie immer so verlegen, dass die ursprüngliche Leitungsführung wieder hergestellt wird.
- Achten Sie auf ausreichenden Freigang zu allen beweglichen oder heißen Bauteilen.

Sauberkeitsregeln

- Verbindungsstellen und deren Umgebung müssen Sie vor dem Lösen gründlich reinigen.
- Ausgebaute Teile auf einer sauberen Unterlage ablegen und abdecken. Verwenden Sie keine fasernden Lappen!
- Geöffnete Teile sorgfältig abdecken, wenn die Reparatur nicht sofort ausgeführt wird.

- Bauen Sie nur saubere Teile ein. Nehmen Sie die Teile erst unmittelbar vor dem Einbau aus der Verpackung. Verwenden Sie keine Teile, die unverpackt (in Werkzeugkästen) aufbewahrt wurden.
- Vermeiden Sie bei geöffneter Anlage das Arbeiten mit Druckluft und das Bewegen des Fahrzeugs.
- Die Kühlmittelschläuche dürfen nicht mit Diesel in Berührung kommen. Geschieht das doch, reinigen Sie die Schläuche sofort. Angegriffene Schläuche sind zu ersetzen.

Kraftstofffilter entwässern

Dieselkraftstoff ist ein problematischer Stoff, der auf gar keinen Fall einfach weggeschüttet oder in den Hausmüll gegeben werden darf. Üblicher Weise informieren Gemeinde- und Stadtverwaltungen darüber, wo sich die für Sie nächste Problemstoff-Sammelstelle befindet.

Halten Sie deshalb, wenn Sie den Kraftstofffilter entwässern, ein geeignetes Auffanggefäß für den Wassersatz und einen kraftstoffresistenten Hilfsschlauch zum Ableiten des Wassersatzes bereit.

Der Kraftstofffilter ist im Motorraum ganz rechts zwischen Kühlmittelausgleichsbehälter und Scheibenwascherbehälter von oben zugänglich.

Der Kraftstofffilter (Pfeil) des Fabia mit Dieselmotor befindet sich ganz vorn rechts im Motorraum.

Arbeitsschritte (W) **jährlich**

① Ziehen Sie die Halteklammer ❸ ab und nehmen Sie das Regelventil ❹ mit angeschlossenen Kraftstoffleitungen ab. (Dieses Ventil leitet in Abhängigkeit von der Filtertemperatur den erwärmten Kraftstoff um: Unter +15 °C von Tandem- oder Einspritzpumpe in den Filter; über +31 °C direkt in den Tank, da Durchgang zum Filter geschlossen.)

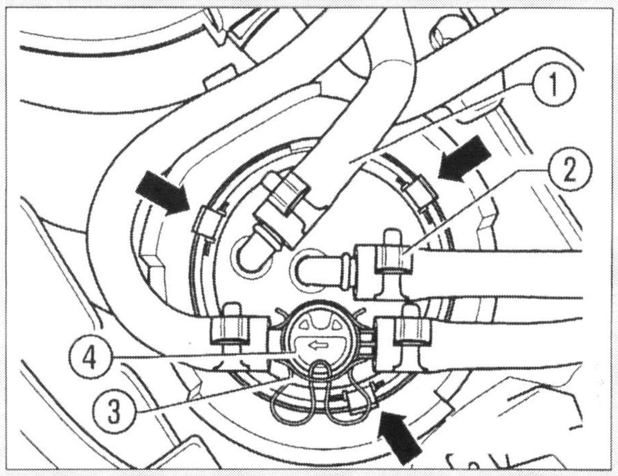

Oberseite des Kraftstofffilters: *❶ und ❷ mit Schlauchschellen aus- und einzubauende Kraftstoffleitungen, ❸ Halteklammer, ❹ Regelventil mit Kennzeichnung (Pfeil) der Durchflussrichtung. Die drei schwarzen Pfeile verweisen auf die Sicherungshäkchen zum Abnehmen und Festklemmen des Filters.*

② Öffnen Sie die Entwässerungsschraube (Pfeil) unten am Filter A und lassen Sie etwa 0,1 Liter Flüssigkeit ablaufen. Zur Orientierung: Das ist der Inhalt eines 100 ml-Glases oder einer kleinen Kaffeetasse. Evtl. kann auf den Ablaufstutzen an der Schraube ein Schlauchstück zur Einleitung in das Auffanggefäß aufgesteckt werden.

A *Filter mit Entwässerungsschraube (Pfeil).*

③ Ersetzen Sie die beiden Dichtringe (blauer O-Ring unbedingt nach oben) und stecken Sie das Regelventil wieder auf. Sichern Sie es mit der Halteklammer.

④ Ziehen Sie die Entwässerungsschraube fest und nehmen Sie ggf. den Schlauch ab.

⑤ Starten Sie den Motor und lassen Sie ihn im Leerlauf drehen. Unterziehen Sie alle Leitungen und Anschlüsse des Kraftstoffsystems einer Sichtprüfung auf Dichtheit.

⑥ Geben Sie mehrmals Gas, um die Kraftstoffanlage zu entlüften. Danach muss im Leerlauf Kraftstoff blasenfrei durch die durchsichtige Leitung fließen.

Kraftstofffilter ersetzen

Arbeitsschritte | W | jährlich

① **Ausbau**: (Orientieren Sie sich an der Abbildung des Filteroberteils in der Arbeitsanleitung zur Filterentwässerung.) Ziehen Sie die Halteklammer ❸ ab.

② Nehmen Sie das Regelventil ❹ mit angeschlossenen Kraftstoffleitungen ab.

③ Ziehen Sie die Kraftstoffschläuche ❶ und ❷ ab.

④ Entsichern Sie die Häkchen (Pfeile). Lösen Sie den Filter und nehmen Sie ihn ab.

⑤ **Einbau**: Setzen Sie einen neuen Kraftstofffilter ein.

⑥ Sichern Sie ihn mit den drei Haltehäkchen.

⑦ Setzen Sie neue O-Ringe für das Regelventil ❹ auf. Bauen Sie das Regelventil mit angeschlossenen Kraftstoffleitungen ein.

⑧ Bringen Sie die Halteklammer ❸ an. Stecken Sie die Kraftstoffschläuche ❶ und ❷ wieder auf und sichern sie mit Federbandschellen. Vertauschen Sie beim Aufstecken der Schläuche nicht die Anschlüsse! Die Durchflussrichtung ist mit Pfeilen gekennzeichnet.

⑨ Starten Sie den Motor und lassen Sie ihn im Leerlauf drehen. Unterziehen Sie alle Leitungen und Anschlüsse des Kraftstoffsystems einer Sichtprüfung auf Dichtheit.

⑩ Geben Sie mehrmals Gas, um die Kraftstoffanlage zu entlüften. Danach muss im Leerlauf Kraftstoff blasenfrei durch die durchsichtige Leitung fließen.

Luftfilter aus-/einbauen und Einsatz erneuern

Ober- und Unterteil sowie der Einsatz des Luftfilters sind bei SDI und TDI in Form und Aufbau gleich. Während aber beim SDI der Geber G72 für Saugrohrtemperatur ins Filteroberteil eingebaut ist, verfügt der TDI an dieser Stelle (etwas anders in der Form) über den Luftmassenmesser G70. Beide Geber sind mit Steckern anzuschließen, die beim Filterausbau abgezogen werden müssen. Das Filtergehäuse ist mit einer Schraube durch eine Lasche am Fuß (in den folgenden Abbildungen unten rechts) im Motorraum befestigt. Diese Schraube wird zum Herausnehmen des Filters abgeschraubt. Das Filteroberteil ist mit drei Schrauben (Position 3 in den Abbildungen) am Unterteil befestigt. Unterschiedlich ist der Anschluss des (dünnen) Entlüftungsschlauches: Beim SDI etwa mittig am Oberteil, beim TDI in Fahrtrichtung hinter dem Luftführungsschlauch.

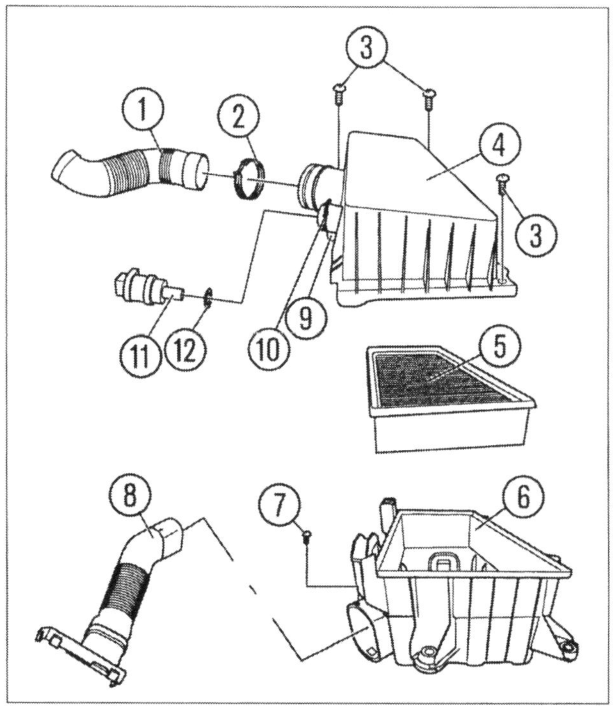

Luftfilter der Fabia-Dieselmotoren: *❶ Luftführungsschlauch zum Saugrohr, ❷ Federbandschelle, ❸ Befestigungsschrauben Oberteil/Unterteil, ❹ Luftfilteroberteil, ❺ Filtereinsatz, ❻ Luftfilterunterteil, ❼ Schraube, ❽ Luftführung zum Schlossträger.* ***Beim SDI*** *(obere Zeichnung): ❾ Anschluss für den Entlüftungsschlauch, ❿ Halteklammer, ⓫ Geber G72 für Saugrohrtemperatur, ⓬ Dichtring.* ***Beim TDI*** *(Zeichnung nächste Seite oben): ❾ Luftmassenmesser G70.*

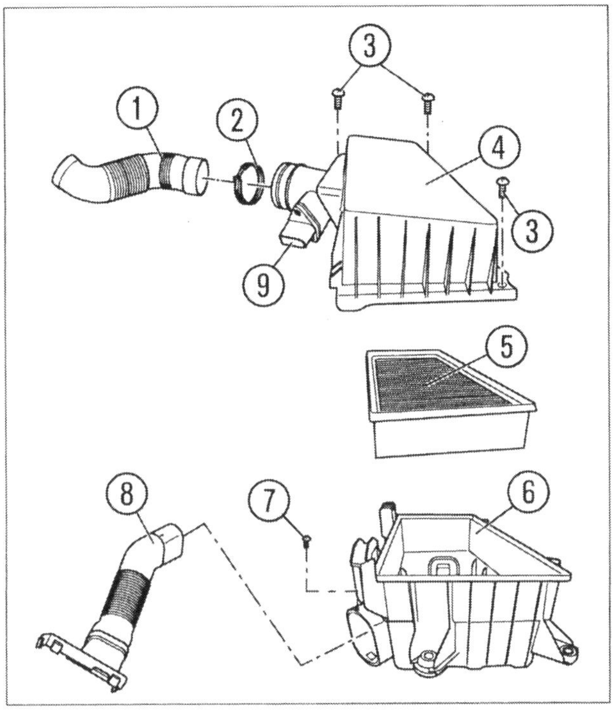

Arbeits-schritte

① **Ausbau**: Öffnen Sie die Motorhaube. Lösen Sie die Federbandschelle am Luftführungsschlauch am Luftfilteroberteil. Ziehen Sie den Schlauch ab.

② Ziehen Sie den Entlüftungsschlauch und den Stecker am Geber für Saugrohrtemperatur (SDI) oder am Luftmassenmesser (TDI) ab.

③ Bauen Sie die Luftführung zum Schlossträger vom Luftfilteroberteil ab.

④ Schrauben Sie die Befestigungsschraube für das Filtergehäuse ab und ziehen Sie den Luftfilter vorsichtig nach oben heraus. Öffnen Sie das Filtergehäuse durch Herausschrauben der drei Verbindungsschrauben.

⑤ Nehmen Sie den alten Filtereinsatz heraus. Beim Entsorgen beachten Sie die geltenden Vorschriften!

⑥ Wischen Sie das Filtergehäuse gründlich mit einem Lappen aus.

⑦ **Einbau**: Setzen Sie einen neuen Filtereinsatz in das Gehäuse ein.

⑧ Setzen Sie das Filtergehäuse-Oberteil auf und schrauben Sie es an. Prüfen Sie das Gehäuse auf festen Sitz beider Teile.

⑨ Schrauben Sie den Filter wieder im Motorraum an. Schraube mit 8 Nm festziehen.

Vorglühanlage prüfen

Arbeits-schritte

① Stellen Sie sicher, dass die Batteriespannung mindestens 11,5 Volt beträgt. Die Zündung muss ausgeschaltet sein. Das Steuergerät für Diesel-Direkteinspritzanlage J248 muss einwandfrei arbeiten. Die Sicherungen im Sicherungshalter auf der Batterie müssen in Ordnung sein.

② Ziehen Sie den 2-poligen Stecker ❶ am Geber ❷ für Kühlmitteltemperatur (G62) ab. Damit wird der Motorzustand kalt simuliert und beim Einschalten der Zündung ein entsprechender Vorglühvorgang eingeleitet. Die Kontrolllampe K29 für Vorglühzeit muss leuchten. Wenn Sie nicht leuchtet, muss sie auf Funktionstüchtigkeit überprüft werden (Systemtester und Prüfbox).

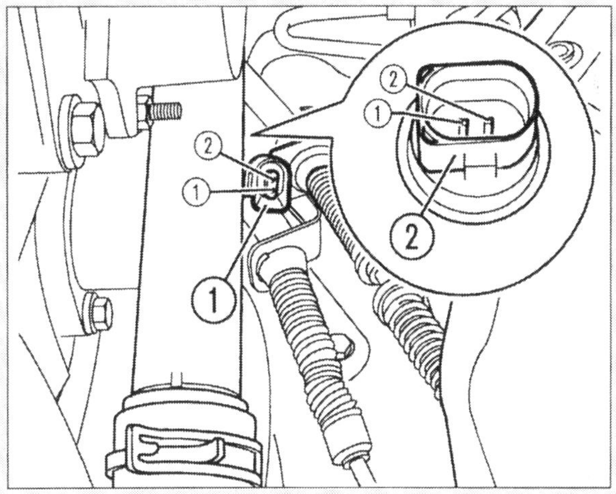

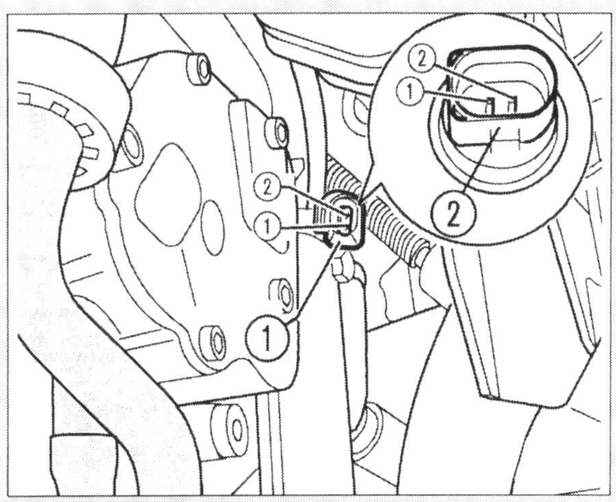

***Stecker am Kühlmittel-Temperaturgeber**: Große Ziffern ❶ Stecker, ❷ Geber G62. Die kleinen Ziffern ❶ und ❷ markieren die Kontakte am Stecker. Das obere Bild gibt die Einbaulage beim SDI an, das untere Bild die beim TDI.*

③ Ziehen Sie die Stecker von allen Glühkerzen ab.

④ Schließen Sie ein Handmultimeter zur Spannungsmessung (z. B. V.A.G 1526) an einen Glühkerzenstecker und Fahrzeugmasse an.

⑤ Wenn Sie jetzt die Zündung einschalten, muss für rund 20 Sekunden etwa Batteriespannung am Voltmeter angezeigt werden.

⑥ Wenn das nicht der Fall ist, gibt es eine Leitungsunterbrechung oder einen Kurzschluss. Diese müssen Sie mit Hilfe des zutreffenden Stromlaufplanes suchen und beseitigen.
Bei bleibendem Fehler: Vorglühanlage reparieren lassen.

Glühkerzen prüfen und wechseln

Arbeitsschritte

① Stellen Sie sicher, dass die Batteriespannung mindestens 11,5 Volt beträgt.

② Schalten Sie die Zündung aus.

③ Ziehen Sie die Stecker von den Glühkerzen ab.

④ Schließen Sie eine Diodenprüflampe (z. B. V.A.G 1527 B) an den Batteriepluspol an.

⑤ Legen Sie die Prüfspitze der Diodenprüflampe nacheinander an jeder Glühkerze an.

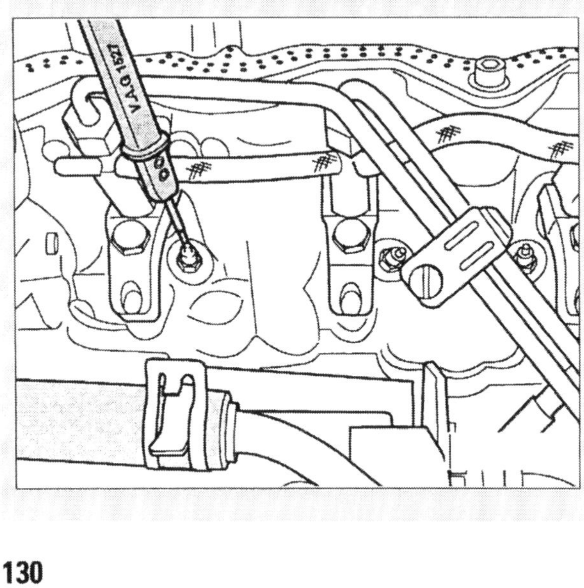

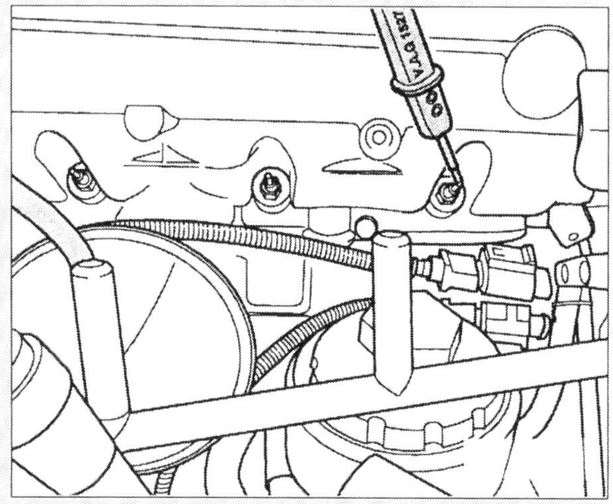

Prüfung der Glühkerzen: *Die Prüfspitze der Diodenprüflampe wird an die Glühkerze angelegt. Das Bild links unten zeigt die Einbaulage beim SDI, das obere beim TDI.*

⑥ Wenn die Diode leuchtet, ist die Kerze in Ordnung. Leuchtet die Prüflampe nicht, müssen Sie die entsprechende Glühkerze ersetzen.

⑦ Bauen Sie die Glühkerze mit Gelenkschlüssel 3220 (oder HAZET 2530) aus und schrauben Sie eine neue Kerze mit 15 Nm Anzugsdrehmoment ein.

Diesel-Einspritzung

Störungs-beistand

Störung	Ursache	Abhilfe
A Motor springt nicht an.	**1** Geber für Motordrehzahl defekt oder Leitung unterbrochen.	Leitung und Geber prüfen lassen.
	2 Steuergerät defekt oder bei eingeschalteter Zündung aufgesteckt.	Steuergerät prüfen lassen.
	3 Versorgungsspannung der Einspritzung unterbrochen.	Spannungsversorgung prüfen.
	4 Kraftstoffleitungen undicht, verstopft oder geknickt.	Prüfen, ob Kraftstoff gefördert wird. Leitungen prüfen und reinigen.
	5 Kraftstofffilter verstopft.	Filter ersetzen.
	6 Eis oder Wachs in Filter und Leitungen, Filterheizung defekt.	Fahrzeug in beheizte Garage schieben, Filterheizung prüfen.
	7 Tankbelüftung zu, Kraftstoffsieb im Tank verstopft.	Belüftung reinigen.
	8 Einspritzdüsen defekt.	Düsen prüfen lassen.
B Leistungs-mangel.	**1** Geber für Saugrohrdruck oder Zuleitung undicht.	Geber und Leitung prüfen lassen.
	2 Geber für Kraftstofftemperatur oder Zuleitung defekt.	Geber und Leitung prüfen lassen.
	3 Einspritzdüsen defekt.	Einspritzdüsen prüfen lassen.
	4 Luftfilter verstopft.	Luftfilter reinigen/ersetzen.
	5 Kraftstoffleitung oder -filter verstopft.	Teile reinigen.
	6 Magnetventil für Ladedruckbegrenzung oder Zuleitung defekt.	Geber und Leitung prüfen lassen.
C Schwarzrauch (nach dem Start).	**1** Geber für Kühlmitteltemperatur oder Zuleitung defekt.	Geber und Leitung prüfen lassen.
	2 Einspritzdüsen defekt.	Einspritzdüsen prüfen lassen.
	3 Luftmassenmesser defekt.	Luftmassenmesser prüfen lassen.
D Kraftstoffver-brauch zu hoch.	**1** Luftfilter verschmutzt.	Filtereinsatz ersetzen.
	2 Kraftstoffanlage undicht.	Sichtprüfung durchführen.
	3 Rücklaufleitung verstopft.	Leitung von der Einspritzpumpe bis zum Tank durchblasen.
	4 Leerlauf- oder Höchstdrehzahl zu hoch.	Prüfen lassen.
	5 Motor ist defekt.	Kompression prüfen.
	6 Einspritzdüsen defekt.	Düsen prüfen lassen.

DIE KRAFTSTOFF-VERSORGUNG

Wartung

Reparatur

Die Motoren des Fabia sind bei großer Leistung sehr sparsam. Aber es hängt doch sehr von Ihrem ganz persönlichen Fahrverhalten ab, wie viel Kraftstoff Ihr Fahrzeug konkret verbraucht. Wenn Sie einige Hinweise konsequent befolgen, sparen Sie Geld an der Tankstelle und belasten die Umwelt weniger.

Als so genannte clevere Alternative rollen bereits recht viele Erdgas betriebene Fahrzeuge über unsere Straßen. Zu Beginn 2003 waren es deutschlandweit schon 15.000 Autos. Dies sind die einzigen Automobile, die in Zeiten steigender Benzin- und Dieselkosten noch richtig preiswert betankt werden können. Ein 100 PS-Erdgas-Pkw kostet auf 100 Kilometer tatsächlich nur wenig über 3,50 € an Treibstoff. Auch das dafür nötige Tankstellennetz wächst unaufhörlich: Im April 2003 gab es schon 340 Erdgastanken in Deutschland. Tankgutscheine von Gasversorgern und geringerer Kraftstoffsteuersatz belohnen den Käufer, der sich allerdings noch für die in der Anschaffung merklich teurere Variante entscheidet.

Aufbau des Systems

Die große Masse der Autofahrer tankt ganz konventionell Diesel oder Benzin. Und darauf ist auch das Kraftstoffversorgungssystem Ihres Fabia eingerichtet. Zu diesem System gehören fünf Baugruppen:

- Der Kraftstoffbehälter, in den der Kraftstoff über Tankklappeneinheit und Einfüllstützen eingebracht wird. Seitlich ist in den Einfüllstutzen das Entlüftungsventil eingeclipst;
- die Kraftstoff-Fördereinheit (Kraftstoffpumpe) mit dem Geber für die Kraftstoffvorratsanzeige (Tankgeber);
- der Kraftstofffilter, durch den der Kraftstoff von der Fördereinheit über die schwarze Vorlaufleitung zum Kraftstoffverteiler und damit zum Motor fließt;
- die Kraftstoff-Leitungen (schwarz = Vorlauf, blau = Rücklauf) und
- die Einspritzanlage. Diese wurde in den vorangegangenen Kapiteln bereits ausführlich besprochen und wird hier nur noch einmal der Vollständigkeit halber erwähnt.

Der Kraftstofftank Ihres Fabia fasst bei Limousine, Sedan und Combi 45 Liter. Unmittelbare Anbauteile sind Kraftstoffpumpe (beim Benziner), Tankgeber, Tankklappeneinheit und Entlüftung.

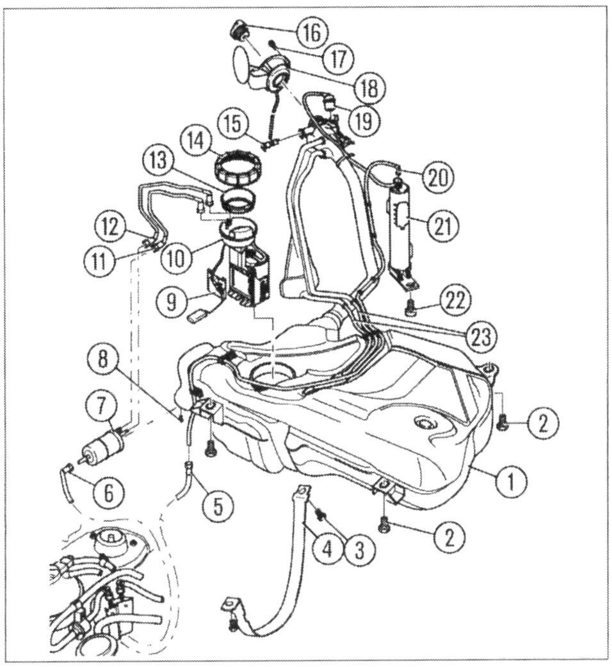

Tank und Anbauteile beim Fabia mit Benzinmotor: *❶ Kraftstoffbehälter (Tank), ❷/❸/❽/⓱/㉒ Schrauben, ❹ Spannband, ❺ Entlüftungsleitung zum Magnetventil für Aktivkohlebehälter, ❻ schwarze Vorlaufleitung zum Kraftstoffverteiler am Saugrohr, ❼ Kraftstofffilter mit Druckregler, ❾ Geber für Kraftstoffvorrat (Tankgeber), ❿ Kraftstofffördereinheit, ⓫ blaue Rücklaufleitung zwischen Fördereinheit und Filter, ⓬ schwarze Vorlaufleitung zwischen Fördereinheit und Filter, ⓭ Dichtring, ⓮ Überwurfmutter, ⓯ Entlüftungsventil, ⓰ Verschlussdeckel, ⓲ Tankklappeneinheit mit Gummitopf, ⓳ Schwerkraftventil, ⓴ Entlüftungsleitung, ㉑ Aktivkohlebehälter, ㉓ Entlüftungsleitung.*

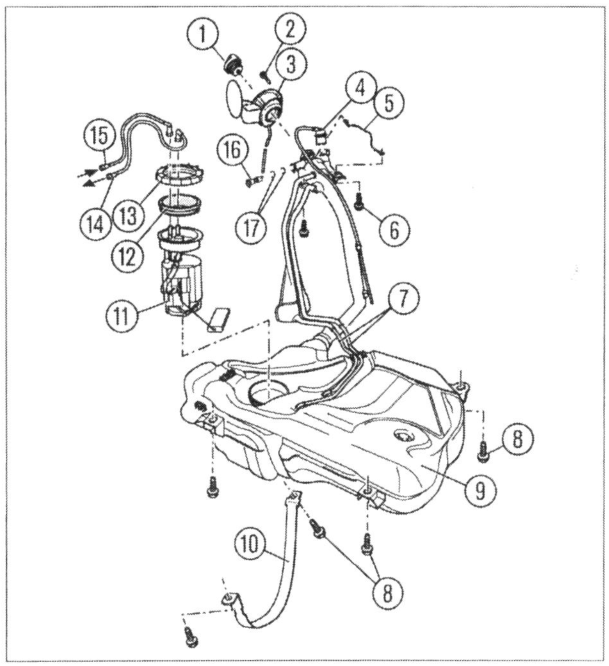

Tank und Anbauteile beim Fabia mit Dieselmotor: *❶ Verschlussdeckel, ❷/❻/❽ Schrauben, ❸ Tankklappeneinheit mit Gummitopf, ❹ Schwerkraftventil, ❺ Masseverbindung, ❼ Entlüftungsleitung, ❾ Kraftstoffbehälter (Tank), ❿ Spannband, ⓫ Gebereinheit für Kraftstoffvorratsanzeige, ⓬ Dichtring, ⓭ Überwurfmutter, ⓮ schwarze Vorlaufleitung zum Kraftstofffilter, ⓯ blaue Rücklaufleitung vom Kraftstofffilter, ⓰ Entlüftungsventil, ⓱ O-Ring.*

Kraftstoffvor- und -rücklaufleitung müssen einem hohen Betriebsdruck widerstehen. Sie sind daher aus besonders druckfestem Material gefertigt und werkseitig mit Schellen gesichert. Aus Sicherheitsgründen sollen bei einem Austausch immer originale Federbandschellen, neuerdings auch Schnellbandschellen, benutzt werden. Klemm- oder Schraubschellen sind nicht erlaubt!

Äußerst wichtig ist die Tankent- und -belüftung, wozu das Entlüftungsventil und das ebenfalls in den Stutzen geclipste Schwerkraftventil sowie die Aktivkohlebehälter-Anlage gehören. Durch dieses geschlossene Lüftungssystem entweicht die Luft, wenn der Tank mit Kraftstoff gefüllt wird. Während der Fahrt strömt durch diese Leitung entsprechend der verbrauchten Kraftstoffmenge von außen Luft in den Tank hinein, so dass sich kein Unterdruck bilden kann. Wurde der Kraftstoff im Motor verbrannt, müssen die Abgase gereinigt und abgeleitet werden. Wir behandeln deshalb im Zusammenhang mit der Kraftstoffanlage in einem Unterkapitel die Auspuffanlage Ihres Fahrzeugs.

Die wichtigsten Bauteile des Systems

- **Kraftstoffbehälter (Tank)**: Der Behälter aus Kunststoff ist am Fahrzeugunterboden hinter der Hinterachse montiert. Er fasst 45 Liter inkl. 7,5 Liter Reserve.
- **Kraftstoffpumpe (-fördereinheit)**: Ist bei den Fabia mit **Benzin**motor zusammen mit dem Tankgeber direkt in den Tank eingebaut (Intank-Kraftstoffpumpe). Zu beachten ist ihre Einbaulage: Die Markierung am Tankgeber muss mit der Markierung auf dem Kraftstoffbehälter übereinstimmen. Bei Fahrzeugen mit **Diesel**motor wird der Kraftstoff meist durch die Einspritzpumpe angesaugt. Bei diesen Fahrzeugen sitzt am Einbauplatz der Fördereinheit nur der Tankgeber. Das ist auch bei den Fabia mit SDI-Motor so und war so für die TDI-Fabia zu Serienbeginn bis Baudatum April 2000. Seit Mai 2000 ist wie bei Benzinern eine elektrische Kraftstoffpumpe im Tank platziert.
- **Geber für die Kraftstoffvorratsanzeige** ist über eine elektrische Steckverbindung in die Baueinheit mit der Kraftstoffpumpe integriert. Besteht aus Schwimmer und Potenziometer. Bei sinkendem Kraftstoffniveau sinkt der Schwimmer, verstellt das Potenziometer und verursacht so durch Veränderung eines elektrischen Widerstandes die Anzeige im Schalttafeleinsatz.
- **Kraftstofffilter**: Filtert flüssige und feste Fremdstoffe aus dem Kraftstoff. Bei den Benzinmotoren befindet er sich am Unterboden vor dem Tank und ist in die Kraftstoff-Vorlaufleitung eingebaut. Bestandteil des Filters ist der Kraftstoffdruckregler, der nicht mehr am Kraftstoffverteiler des Motors platziert ist. Beim Dieselmotor sitzt der Filter rechts vorn im Motorraum. Der Filter nimmt Verunreinigungen auf, die der Einspritzanlage schaden würden. Wegen der besonderen Rolle des Filters beim Dieselmotor wurde er bereits im Kapitel zur Dieseleinspritztechnik behandelt.
- **Tankklappeneinheit**: Das Bauteil aus Tankklappe und Tankklappentopf ist am fest mit der Karosserie verbundenen Montageteil mit Stellelement für die Klappe verschraubt. Sie ist auszubauen, indem man den Verschlussdeckel abschraubt, einen Verrastmechanismus entriegelt und herauszieht und eine dann frei liegende Schraube herausdreht. Vom Tankeinfüllstutzen lässt sich das Gummiteil abziehen. Dann ist die Tankklappeneinheit aus ihrer Halterung herauszuschwenken. Das
- **Schwerkraftventil** lässt sich nach oben aus seinem Stutzen ausclipsen. Um es auf Durchgang zu prüfen, muss kontrolliert werden, ob es sich beim Kippen um 45° schließt. In senkrechter Lage ist es offen. Auch das
- **Entlüftungsventil** lässt sich auf Funktion überprüfen. Durch leichtes Drücken eines Sperrriegels lässt es sich entriegeln und herausziehen. Wenn sich der kleine Hebel am Ventil in Ruhelage befindet, ist es geschlossen. Drückt man den Hebel seitlich, muss es öffnen.

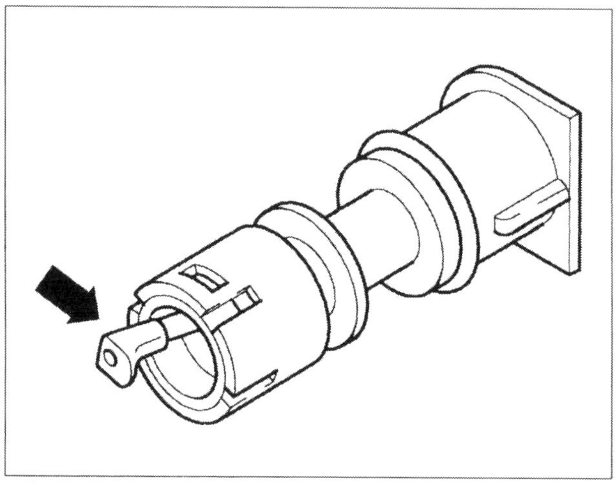

Wird der Hebel am Entlüftungsventil in Pfeilrichtung gedrückt, muss es öffnen.

- **Aktivkohlebehälter-Anlage**: Mit ihr werden bei den Fahrzeugen mit Benzinmotor die sich im Tank bildenden Kraftstoffdämpfe wie in einem Schwamm gespeichert und dem Motor wieder kontrolliert zur Verbrennung zugeführt. Der Aktivkohlebehälter ist hinter der Radhausschale hinter dem rechten hinteren Kotflügel eingebaut. Er ist über flexible Kunststoffleitung mit dem Kraftstoffbehälter verbunden.
- **Vor- und Rücklaufleitungen**, teils seitlich am Kraftstoffbehälter eingeclipst, müssen stets fest sitzen. Die blaue Rücklaufleitung der Fördereinheit muss am mit R markierten Anschluss, ihre schwarze Vorlaufleitung am mit V markierten Anschluss sitzen.
  Wenn Tank, Kraftstofffilter oder Kraftstofffördereinheit ausgewechselt wurden, muss die gesamte Kraftstoffanlage entlüftet werden.
- **Kraftstoffkühler**: Die TDI-Fabia mit Pumpe-Düsen haben in der Kraftstoffrücklaufleitung einen zusätzlichen gerippten Kühler links am Unterboden des Fahrzeugs. Durch den hohen Druck in den Pumpe-Düsen-Einheiten erwärmt sich nämlich der Kraftstoff so stark, dass er abgekühlt werden muss, bevor er in den Kraftstoffbehälter zurück fließt.

Die Kraftstoffpumpen beim Fabia

Technik-lexikon

Benzinmotoren:

Die Pumpe in der Kraftstofffördereinheit fördert den Kraftstoff durch den Kraftstofffilter zu den Einspritzventilen. Im Filter wird der Systemdruck von 3 bar (0,3 MPa) eingeregelt. Zu viel geförderter Kraftstoff fließt auf kurzem Weg in den Tank zurück. Bei einigen Motorisierungen (z. B. BBY und BBZ) gibt es Komfortverbesserung beim Startvorgang durch Kraftstoff-Vorförderung. Dazu kann bei spezieller Ansteuerung das Kraftstoffpumpenrelais J17, das die Pumpe ein- und ausschaltet, schon beim Öffnen der Fahrertür über den Türkontaktschalter F2 eine gewisse Förderung aktivieren. Die Zeit zwischen dem Öffnen der Fahrertür und dem Anlassen des Fahrzeugs mit Beginn der Hauptförderung wird so effektiv genutzt, damit sich im Kraftstoffsystem schon Druck aufbauen kann, der dann beim Anlassen bereits verfügbar ist.

Dieselmotoren TDI PDE ab 05.2000

Die (elektrische) Vorförderpumpe im Tank pumpt Kraftstoff mit 0,5 bar (0,05 MPa) zur mechanischen Kraftstoffpumpe (Sperrflügelpumpe). Diese ist direkt am Motor neben der Vakuumpumpe am Zylinderkopf angeflanscht. Da mechanische Kraftstoffpumpe und Vakuumpumpe gemeinsam von der Nockenwelle angetrieben werden, bezeichnet man diese Baueinheit auch als Tandempumpe.

Von der (mechanischen) Sperrflügelpumpe, die schon bei geringen Drehzahlen fördern kann, wird der Kraftstoff über die Vorlaufbohrung im Zylinderkopf (dort sitzt das Verteilerrohr) zu den Pumpe-Düse-Einheiten gefördert. Der Rotor der Pumpe bleibt auch bei leer gefahrenem Tank immer mit Kraftstoff benetzt. Das selbsttätige Ansaugen ist also stets gewährleistet. Die Pumpe saugt durch Volumenvergrößerung an und fördert durch Volumenverkleinerung. Sie hat eine Verschlussschraube, die sich herausnehmen lässt und damit den Anschluss einer Druckmessvorrichtung (VAS 5187) gestattet. Sollwert des Kraftstoffdruckes: mindestens 3,5 bar (0,35 MPa).

Die Aktivkohlebehälter-Anlage

Über der Oberfläche des Kraftstoffs im Tank bilden sich in Abhängigkeit von Luftdruck und Umgebungstemperatur Dämpfe, die als Kohlenwasserstoff-Emissionen (HC) beim Entweichen die Atmosphäre verunreinigen würden. Deshalb werden die Dämpfe vom höchsten Punkt des Tanks über das Schwerkraftventil (schließt bei 45° Neigung) und das Druckhalteventil in den Aktivkohlebehälter geführt. Die Aktivkohle speichert die Kraftstoffdämpfe.

Während des so genannten Spülvorgangs, der Regenerierung der Aktivkohle, wird durch den Saugrohrunterdruck Frischluft durch die Belüftungsöffnung an der Unterseite des Aktivkohlebehälters angesaugt. Die gespeicherten Dämpfe und Frischluft werden dosiert der Verbrennung zugeführt. Das Druckhalteventil verhindert, dass bei geöffnetem Magnetventil und anliegendem Saugrohrunterdruck Kraftstoffdämpfe aus dem Tank gesaugt werden. Es sichert, dass vorrangig eine Entleerung des Aktivkohlefilters stattfindet. Stromlos (z. B. bei Leitungsunterbrechung) ist das Magnetventil geschlossen. Der Aktivkohlebehälter wird dann nicht entleert.

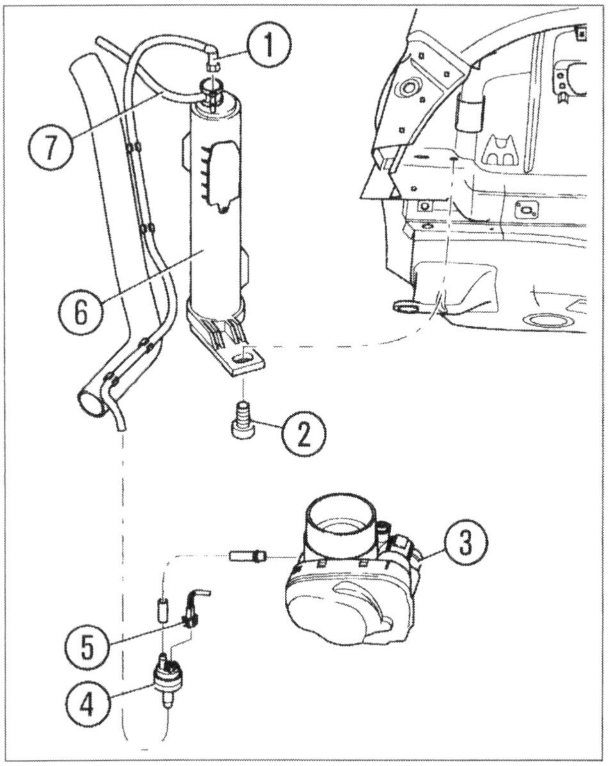

Die Aktivkohlebehälter-Anlage: ❶ *Entlüftungsleitung vom Magnetventil N80 (im Motorraum rechts),* ❷ *Schraube,* ❸ *Drosselklappen-Steuereinheit,* ❹ *Magnetventil N80,* ❺ *schwarzer 2-poliger Anschlussstecker des Ventils N80,* ❻ *im Radhaus hinten rechts an der Karosserie befestigter Aktivkohlebehälter (wird von Ventil N80 und Schwerkraftventil gefüllt),* ❼ *Entlüftungsleitung vom Schwerkraftventil am Kraftstoffbehälter.*

Arbeiten an der Kraftstoffversorgung

Bei Arbeiten an der Kraftstoffversorgung sind Sicherheitsmaßnahmen zu treffen und die fünf Sauberkeitsregeln zu befolgen, die auch für Arbeiten an Motor und Einspritzanlagen gelten. Beachten Sie immer die

Sicherheitshinweise:

- Das Kraftstoffsystem steht unter Druck. Vor dem Öffnen von Schlauchverbindungen Putzlappen um die Verbindungsstelle legen. Dann durch vorsichtiges Abziehen des Schlauches Druck abbauen.
- Die Temperatur der Kraftstoffleitungen bzw. des Kraftstoffes kann bei Fahrzeugen mit Pumpe-Düse-Einspritzmotoren im Extremfall bis zu 100 °C betragen. Vor dem Öffnen von Leitungsverbindungen Kraftstoff abkühlen lassen, da akute Verbrühungsgefahr besteht. Schutzhandschuhe und Schutzbrille tragen!
- Bei allen Arbeiten muss in die Nähe der Montageöffnung des Kraftstoffbehälters der Abgasschlauch einer eingeschalteten Abgas-Absauganlage gelegt werden. Verwendet werden kann ein Radiallüfter mit einem Fördervolumen über 15 m^3/h. Jeder Hautkontakt mit Kraftstoff ist zu vermeiden. Tragen Sie kraftstoffbeständige Handschuhe!
- Beim Aus- und Einbau des Tankgebers oder der Kraftstoff-Fördereinheit aus dem Kraftstoffbehälter darf der Behälter zu höchstens zwei Drittel gefüllt sein.

Beim Ausbauen des Kraftstoffbehälters gilt: Kein offenes Feuer im Umfeld, nicht rauchen, keine glühenden oder sehr heißen Teile in die Nähe des Arbeitsplatzes bringen. Der Tank sollte vor dem Ausbauen möglichst leer gefahren werden, ggf. pumpt man Kraftstoff mit einer entsprechenden Spezialpumpe ab, denn eine Ablassschraube für den Kraftstoff gibt es am Behälter nicht.

Sauberkeitsregeln:

- Verbindungsstellen und deren Umgebung vor dem Lösen gründlich reinigen.
- Ausgebaute Teile auf einer sauberen Unterlage ablegen und abdecken. Keine fasernden Lappen benutzen.
- Geöffnete Bauteile sorgfältig abdecken oder verschließen, wenn die Reparatur nicht umgehend ausgeführt wird.
- Bauen Sie nur saubere Teile ein. Nehmen Sie Ersatzteile erst unmittelbar vor Einbau aus der Verpackung und verwenden Sie keine unverpackt aufbewahrten Teile.
- Arbeiten Sie bei geöffneter Anlage möglichst nicht mit Druckluft und bewegen Sie das Fahrzeug nicht.

Bei Arbeiten an der Diesel-Kraftstoffanlage ist darauf zu achten, dass kein Diesel auf die Kühlmittelschläuche läuft. Ist das doch der Fall, dann die Schläuche sofort wieder reinigen! Angegriffene Schläuche müssen ersetzt werden.

Der Kraftstoff

Für die Ottomotoren des Fabia ist Normalbenzin (91 ROZ) oder Super bleifrei (95 ROZ) vorgesehen. Bei Normalbenzin müssen Sie mit einer geringen Leistungsminderung bzw. einem höheren Kraftstoffverbrauch rechnen. Wird Kraftstoff niedrigerer Oktanzahl verwendet als für Ihr Fahrzeug vorgesehen (Tankklappe!), könnte starke Motorbelastung durch Vollgas oder hohe Drehzahlen allerdings auch zu Motorschäden führen. Tanken Sie baldmöglichst Benzin höherer Oktanzahl nach. Kraftstoff mit höherer Oktanzahl als vom Motor benötigt kann immer verwendet werden, bringt allerdings keine Vorteile hinsichtlich Motorleistung und Verbrauch. Natürlich darf wegen des Katalysators nur mit bleifreiem Kraftstoff gefahren werden.

Der Kraftstoff für die Dieselmotoren muss der DIN EN 590 entsprechen. Seine Cetan-Zahl (CZ) darf nicht niedriger sein als 51. Die Fabia-Dieselmotoren sind auch für Rapsölfettsäure-Methylester (RME-Kraftstoff) nach DIN E 51 606 zugelassen. Um für Biodiesel tauglich zu sein, müssen Tank sowie alle Kraftstoff führenden Leitungen und Dichtungen aus Metall oder einem speziellen Kunststoff bestehen.

Bei niedrigen Temperaturen nimmt die Fließfähigkeit von Dieselkraftstoff ab. Bei Temperaturen unter Null können Paraffinausscheidungen den Kraftstofffilter zusetzen und den Motorbetrieb empfindlich stören. In Deutschland gibt es daher während der kalten Jahreszeit generell kältebeständigen Winterdiesel. Kraftstoffzusätze und so genannte Fließverbesserer oder Benzin dürfen nicht zugesetzt werden.

Die Kraftstoffversorgung der TDI-Motoren ist mit einer Filter-Vorwärmanlage ausgerüstet, durch die mit Winterdiesel bis zu einer Außentemperatur von ca. -24 °C betriebssicher gefahren werden kann. Sollte der Kraftstoff bei noch niedrigeren Temperaturen so dickflüssig geworden sein, dass der Motor nicht mehr anspringt, muss das Fahrzeug einige Zeit in einen geheizten Raum (Garage, Werkstatt) gestellt werden.

Unterwegs mit regenerativer Energie

Seit Einführung der Ökosteuer in Deutschland und dem Anstieg des Ölpreises ist die Suche nach Alternativen zum herkömmlichen Kraftstoff aus Mineralöl lohnend geworden. Mit Biodiesel sind einige Cent pro Liter zu sparen. Eine Vision von Rudolf Diesel wurde Wirklichkeit: »Der Gebrauch von Pflanzenöl als Kraftstoff mag heute unbedeutend sein. Aber derartige Produkte können im Laufe der Zeit ebenso wichtig werden wie Petroleum und diese Kohle-Teer-Produkte von heute«, schrieb Diesel schon im Jahre 1912 in seiner Patentschrift.

Allerdings ist beim Tanken von RME-Kraftstoff auf Qualität zu achten. Noch ist die DIN E 51 606 lediglich ein deutscher Norm-Entwurf: Doch die meisten Pächter versichern, nur Qualitätskraftstoff gemäß dieser Norm anzubieten, und belegen dies mit einem Aufkleber an der Zapfsäule.

So sparen Sie Kraftstoff

Nach dem Motorstart gleich losfahren, auch bei Frost. Beschleunigen Sie zügig, schalten Sie früh in den nächst höheren Gang. Ist die gewünschte Geschwindigkeit erreicht, lassen Sie den Wagen im höchstmöglichen Gang mit wenig Gas rollen. Der Motor soll nur beim Überholen oder beim Einspuren in den fließenden Verkehr hochdrehen.

Beim Halt vor einer Eisenbahnschranke oder Baustellenampel und im Stau stellen Sie unbedingt den Motor ab. Schon nach 30 bis 40 Sekunden Motorpause ist die Kraftstoffersparnis größer als die Kraftstoffmenge, die zum erneuten Anlassen des Motors benötigt wird. Immer vorausschauend fahren und nicht unnötig bremsen. Niemals mit Höchstgeschwindigkeit fahren! Wenn Sie die mögliche Höchstgeschwindigkeit Ihres Fahrzeugs nur zu dreiviertel ausnutzen, sinkt der Kraftstoffverbrauch um rund die Hälfte.

Der Reifendruck kann um 0,1 bis 0,2 bar erhöht werden, was den Rollwiderstand verringert und Kraftstoff spart. Fahren Sie vor allem nicht Winterreifen ganzjährig! Das kostet bis zu 10 Prozent mehr Kraftstoff. Und: Schalten Sie elektrische Verbraucher ab, wenn Sie sie nicht unbedingt benötigen.

Mit einem Mehrverbrauch muss rechnen, wer überflüssige Kilogramm im Kofferraum hin- und herfährt oder andere unnötige Zuladung (Dachgepäckträger) mit sich führt. Sie sparen deshalb, wenn Sie auf das Reserverad verzichten und auf das Dichtungssystem mit 12-Volt-Kompressor und Reifendichtmittel vertrauen.

Wer einen Fabia mit Automatikgetriebe fährt, sollte das Gaspedal langsam betätigen und nicht bis zur Kick-down-Stellung durchtreten. So wird automatisch ein ökonomisches Programm gewählt, das verbrauchsorientiert früh hoch und spät herunter schaltet.

Auch regelmäßige Wartung spart. Prüfen Sie den Ölstand bei jedem Tanken und verwenden Sie die empfohlenen Leichtlauföle!

Sparklicks im Internet

Sie können die Spritkasse auch aufbessern, wenn Sie die richtigen Tricks und Klicks im Internet kennen. Vor einer größeren Reise ist unbedingt die Konsultation eines guten Routenplaners zu empfehlen. Für Clubmitglieder gibt es diesen Service unter www.adac.de. Kostenlose Routenplaner sind auch unter www.teleinfo.de, www.aral.de oder www.shell.de zu finden. Vergleichen Sie ferner die Preise der Tankstellen in unmittelbarer Nachbarschaft ihrer Postleitzahl. Aktuelle Infos bieten www.clever-tanken.de und www.niceprices.de/tanken.htm.

Begriffe rund um den Kraftstoff

Technik-lexikon

Normalbenzin/Superbenzin: Fast identisch hinsichtlich Reinheitsgrad, Verhalten bei Verdampfung (wichtig für Entzündbarkeit) und Energiebilanz (Heizwert je Kilogramm Kraftstoff). Entscheidender Unterschied: die Klopffestigkeit. Sie ist bei Super höher als bei Normalbenzin.

Klopffestigkeit: Je höher das Kompressionsverhältnis ist, umso leichter kommt es zu Selbstentzündungen im Zylinder, wenn der Kraftstoff nicht klopffest genug ist. Superkraftstoff hält höhere Drücke aus als Normalbenzin, entzündet sich daher schwerer. Haben Sie ein Fahrzeug, das im Regelfall Super verlangt, mit Normalbenzin betankt, ist das nicht schlimm: Der Klopfsensor des Motormanagements regelt die Zündung entsprechend. Es ist allerdings mit geringerer Motorleistung zur rechnen.

Oktanzahl: Steht für die Klopffestigkeit eines Kraftstoffs. An der Zapfsäule findet man in der Regel die Bezeichnung »ROZ« (Research-Oktanzahl), seltener die Spezifikation »MOZ« (Motor-Oktanzahl). Die Oktanwerte für die Mindestanforderungen an bleifreien Kraftstoff wurden in Deutschland früher vom Deutschen Institut für Normung (DIN) nach DIN 51 607 festgeschrieben. Heute gilt die Euro-Norm EN 228.

Dieselkraftstoff: Besteht aus vielen verschiedenen Kohlenwasserstoffen und ist perfekt auf den Dieselmotor zugeschnitten. Durch seine hohe Zündwilligkeit läuft die Selbstzündung kontrolliert im Bruchteil einer Sekunde ab.

RME-Kraftstoff: Biodiesel (Rapsölfettsäure-Methylester, auch PME-Kraftstoff – Pflanzenöl-Methylester genannt) wird aus Raps gewonnen. Nach dem Pressen und der Zugabe von Methylalkohol wird durch Umesterung Glycerin entzogen und der Treibstoff fließfähiger gemacht. Die regenerative Energie aus Rapsöl gibt es in Deutschland an fast 1.000 Zapfsäulen ohne Mineralöl- oder Ökosteuer. Ein weiterer Vorzug: Die Umwelt wird geschont, weil Biodiesel keinen Schwefel enthält und mit einem Anteil von elf Prozent Sauerstoff sauberer verbrennt. Der Kraftstoff erreicht von Natur aus eine Cetanzahl von 53 bis 58, erfüllt also ohne Zusatz von Additiven die Forderung der Motorenhersteller nach hochwertigen Treibstoffen. Auch Biodiesel greift aber Gummidichtungen und Leitungen an, weshalb alle Kraftstoff führenden Teile aus Metall oder resistentem Kunststoff sein müssen.

PME-Kraftstoff ist nur bis minus 10 Grad wintertauglich. Bei tieferen Temperaturen muss herkömmlicher Diesel im Verhältnis 1:1 nachgetankt werden, um ein Ausflocken zu verhindern. Durch Zugabe von Additiven kann aber auch Biodiesel winterfest bis minus 20 Grad gemacht werden. Infos unter www.biodiesel.de.

Cetanzahl: Steht für die Zündwilligkeit eines Kraftstoffs. Eine reine Verhältniszahl, die im Labor ermittelt wird. Dem sehr zündwilligen Kraftstoff Cetan wird die Zahl 100 zugeordnet, dem extrem zündträgen Vergleichskraftstoff (Methylnaphtalin) die Ziffer 0. Die Cetanzahl gibt an, wieviel Volumenprozent Cetan sich in einem Gemisch mit diesem Vergleichskraftstoff befinden müssen, um die gleiche Zündwilligkeit zu besitzen wie der Diesel-Kraftstoff mit eben dieser Oktanzahl.

Der Umgang mit Kraftstoff

Gefahren-hinweis

Der Umgang mit Kraftstoff ist gefährlich. Nehmen Sie daher Wartungsarbeiten und Reparaturen an Teilen der Kraftstoffanlage nicht auf die leichte Schulter. Vor allem beim Entleeren des Kraftstoffbehälters müssen Sie mit äußerster Vorsicht vorgehen. Grundsätzlich müssen Sie beim Umgang mit Kraftstoff folgende Vorsichtsmaßnahmen beachten:

- Zuerst die Batterie abklemmen, Kabel gegen Berühren mit den Polen der Batterie sichern.
- CO_2-Pulver- oder Schaumlöscher der Brandklasse B muss in greifbarer Nähe sein.
- Kraftstoffbehälter nur im Freien entleeren. Dazu brauchen Sie ein entsprechendes Abpumpgerät (z. B. kraftstofffeste Balgen-Schlauchpumpe). Auf keinen Fall den Kraftstoff durch die Öffnung des Gebers der Kraftstoff-Vorratsanzeige auskippen oder durch Saugen an einem Schlauch mit dem Mund entleeren – Vergiftungsgefahr durch die hochgiftigen Kraftstoffzusätze!
- Hautkontakt mit Kraftstoff vermeiden! Deshalb möglichst kraftstoffbeständige Handschuhe tragen.
- Den Kraftstoffbehälter nie über einer Grube entleeren. Die entweichenden Gase sind schwerer als Luft, würden für mehrere Stunden in der Grube bleiben. Folge: Gesundheitsschädigung durch Einatmen, akute Explosionsgefahr.

- Stellen Sie sicher, dass sich während der Arbeit mit Kraftstoff keine eingeschalteten elektrischen Geräte, offenen Flammen, Wärme- und Funkenquellen im Raum befinden.
- Kraftstoff darf nur in einen verschließbaren, klar beschrifteten Behälter umgefüllt werden. Dazu gibt es spezielle Behälter mit Flammschutz und Druckausgleichs-Verschluss.
- Im entleerten Kraftstofftank befinden sich Restgase. Auch die sind gefährlich. Alle Arbeiten deshalb mit besonderer Vorsicht ausführen!

Kraftstoff ablassen

Wie wir schon anmerkten, hat der Tank keine Ablassschraube. Da die Kraftstoffsaugleitung und der Rücklauf an der Tankoberseite sitzen, kann man nicht einfach eine Leitung abziehen und den Kraftstoff auslaufen lassen. Man muss ihn per Schlauch und Pumpe in ein Auffanggefäß umfüllen.

Arbeitsschritte

① Ist der Tank noch gut gefüllt, durch den Einfüllstutzen einen Schlauch so tief wie möglich in den Behälter schieben.

② Obere Schlauchöffnung mit dem Finger dicht verschließen. Das Auffanggefäß muss unterhalb des Tankbodenniveaus stehen. Schlauch wieder ein Stück herausziehen und ins Gefäß halten. Reicht der Schlauch weit genug in den Kraftstoff, fließt er jetzt infolge des Gefälles heraus.

Saugen Sie Kraftstoff nicht mit dem Mund an, das gefährdet Ihre Gesundheit!

③ Befindet sich nur noch wenig Kraftstoff im Tank, hilft diese Methode meist nicht mehr. Dann müssen Sie den Inhalt mit einer kraftstofffesten Handpumpe (Schlauch-Balgenpumpe) abpumpen. Noch besser geht es mit einem Kraftstoffabsauggerät wie dem V.A.G 1433 A.

Kraftstoffbehälter aus-/einbauen

Arbeitsschritte

① **Ausbau:** Beachten Sie die zuvor gegebenen Sicherheitshinweise. Bei Fahrzeugen mit codiertem Radiogerät legen Sie die entsprechende Codierungsnummer bereit.

② Die Fahrzeugzündung ist ausgeschaltet. Klemmen Sie das Masseband an der Batterie ab.

③ Öffnen Sie den Verschlussdeckel und schrauben Sie die Tankklappe ab. Bauen Sie die Radhausschale (Kunststoff) hinten rechts aus (siehe Kapitel über die Karosserie).

④ Entleeren Sie den Kraftstoffbehälter (Absauggerät V.A.G 1433A) und reinigen Sie das Umfeld am Kraftstoff-Einfüllrohr. Bauen Sie dann die Tankklappeneinheit mit Gummitopf aus (Kapitel Karosserie). In einigen Fällen (TDI) brauchen Sie nur den Einfüllstutzen aus dem Gummitopf zu ziehen.

⑤ Lösen Sie vom Radhaus her die zwei Schrauben für den Tankeinfüllstutzen.

⑥ Klappen Sie den Rücksitz hoch. Drücken Sie die Abdeckung der Kraftstofffördereinheit ab. Entriegeln Sie den Anschlussstecker und ziehen Sie ihn vom Flansch der Kraftstofffördereinheit (oder Tankgebereinheit) ab. Die Fördereinheit bleibt zum Tankausbau in den Behälter eingebaut.

Wenn Sie allerdings die **Kraftstofffördereinheit ausbauen** müssen: Ziehen Sie die Vor- und die Rücklaufleitung vom Flansch der Fördereinheit (Entriegelungstasten) ab. Schrauben Sie mit einem geeigneten Schlüssel (z. B. MP 1-227) die Überwurfmutter ab. Ziehen Sie Kraftstoff-Fördereinheit und Dichtring aus der Öffnung im Kraftstoffbehälter. Wenn die Fördereinheit noch mit Kraftstoff gefüllt ist, entleeren Sie sie vorschriftsgemäß. (Ihr **Einbau** erfolgt sinngemäß in umgekehrter Reihenfolge. Achten Sie darauf, den Geber für die Kraftstoff-Vorratsanzeige nicht zu verbiegen. Benetzen Sie den Dichtring des Flansches mit Kraftstoff. Beachten Sie genau die Einbaulage der Schläuche: Die blaue Rücklaufleitung muss an den Anschluss **R**, die schwarze Vorlaufleitung an den Anschluss **V** angeschlossen werden.)

⑦ Bei den Fahrzeugen mit Benzinmotor müssen Sie den Aktivkohlebehälter (Radhaus) ausbauen.

⑧ Bauen Sie die Hinterachse sowie den Vor- und Nachschalldämpfer (Diesel) oder das Endstück des Abgasrohres an den Scharnieren (Benziner) aus.

⑨ Bei einigen Fahrzeugen müssen Sie eine Abdeckung unter dem Kraftstoffbehälter (Schrauben an allen vier Ecken), bei den Dieselfahrzeugen das Wärmeschutzblech links neben dem Kraftstoffbehälter ausbauen.

⑩ Trennen Sie die zwei Kraftstoffleitungen am Tank, indem Sie die Tasten an den Schlauchkupplungen niederdrücken. Diesel: Schwarz ist die Vorlauf-, Blau die Rücklaufleitung. Bei den Benzinern trennen Sie am Tank die (blaue) Rücklauf- und die Entlüftungsleitung. Die (schwarze)

Vorlaufleitung ist am Kraftstofffilter durch Tastendruck von der Verbindung abzuziehen.

⑪ Schrauben Sie das Spannband (zwei Schrauben) vom Tank ab. Stellen Sie einen Motor/Getriebeheber (z. B. V.A.G 1383 A) zum Abfangen unter den Kraftstoffbehälter.

⑫ Lösen Sie die Verschraubungen (drei, in einigen Fällen vier Schrauben). Senken Sie den Kraftstoffbehälter ab.

⑬ **Einbau**: Sinngemäß in umgekehrter Reihenfolge. Wenn Sie einen neuen Tank einbauen, dann bauen Sie (bei Dieselmotoren) das Wärmeschutzblech vom alten an den neuen Behälter um. Prüfen Sie die Kraftstoff- und Entlüftungsschläuche auf Beschädigung. Achten Sie auf richtigen und festen Sitz der Schläuche und sichern sie mit Federbandschellen.

Lassen Sie den Fehlerspeicher abfragen und ggf. löschen.

Leitungen und Schläuche aus-/einbauen

Auch längere Zeit nach dem Abschalten des Motors steht das Kraftstoffsystem noch unter Druck. Beim Losschrauben einer Kraftstoffleitung sollten Sie daher stets einen Lappen über die Trennstelle halten, damit kein Kraftstoff herausspritzen kann.

Arbeitsschritte

① Bei Quetschklemmen mit einem feinen Schraubendreher unter die Schelle fahren und diese durch seitliches Hebeln lockern.

② Schlauch unter Drehbewegungen abziehen. Ist dies nicht möglich, kleinen Gabelschlüssel hinter dem Schlauchende ansetzen und Schlauch damit abdrücken.

③ Zum Wiederanschluss der Schläuche nur Federbandschellen verwenden. Klemm- oder Schraubschellen sind nicht erlaubt! Škoda-Auto empfiehlt die Verwendung von Schnellspannschellen.

Kraftstoffpumpe prüfen

Für diese Prüfung, bei der die Pumpe in der Fördereinheit bei ausgeschalteter Zündung arbeiten soll, brauchen Sie neben Handmultimeter (z.B. V.A.G 1526) mit Anschlussleitungen und Schlüssel MP 1-227 für Überwurfmutter die **Fernbedienung V.A.G 1348/3A** mit Adapterleitung. Ein solches Spezialwerkzeug können Sie sich aus einem Flachstecker für den Sicherungshalter, einigen Metern Kabel mit zwei Adern zu je 1,5 mm^2 Querschnitt, einem Druckkontaktschalter, einer großen Krokodilklemme für Batteriepol und einer 8 A-Sicherung im Halter selbst herstellen.

Die Fernbedienung muss auf folgende Weise angeschlossen werden:

- Deckel des Sicherungskastens an der linken Seite der Schalttafel öffnen.
- Sicherung 61 für Kraftstoffpumpe aus dem Sicherungshalter herausziehen. Die Sicherungen sind beschriftet. Nr. 61 sitzt ziemlich in der Mitte des Sicherungskastens.
- Fernbedienung mit Adapterleitung am Steckplatz der Sicherung 61 anschließen.
- Abgreifklemme der Fernbedienung an den Pluspol der Fahrzeugbatterie mit mindestens 11,5 V Spannung anschließen.

Wird der Eigenbau verwendet, muss er entsprechend der gewünschten Funktion angeschlossen werden. Die eine Kabelader führt vom Druckschalter über die 8 A-Sicherung zur Krokodilklemme an Batterieplus. Die andere Kabelader führt über den Flachstecker zum Kontakt von Sicherung 61 im Sicherungskasten. Wenn der Druckschalter betätigt wird, muss die Kraftstoffpumpe anlaufen. Läuft sie an, hören Sie das am Geräusch.

Arbeitsschritte

Wenn eine vorherige Prüfung (bei mindestens 11,5 V Batteriespannung, intakter Sicherung 61 und ordnungsgemäßem Kraftstofffilter) durch Einschalten der Zündung ergeben hatte, dass die Pumpe nicht anläuft (kein hörbares Geräusch), dann diese Prüfung vornehmen.

① Schalten Sie die Zündung aus. Entnehmen Sie die Sicherung 61. Schließen Sie die Fernbedienung (V.A.G 1348/3A mit Adapterleitung oder Eigenbau) wie beschrieben an.

② Betätigen Sie die Fernbedienung (Druckschalter). Wenn die Pumpe jetzt anläuft (Geräusch), muss das Kraftstoffpumpenrelais überprüft werden. Ist es funktionsuntüchtig, muss es ersetzt werden.

③ Wenn die Kraftstoffpumpe nicht anläuft, drücken Sie die Abdeckung unter dem (zurück geklappten) Rücksitz ab.

④ Entriegeln Sie den 4-fach-Stecker am Flansch des Kraftstoffbehälters und ziehen Sie ihn ab.

⑤ Schließen Sie ein Handmultimeter (z. B. V.A.G 1526 mit Hilfsleitungen) an die äußeren Steckerkontakte an.

⑥ Betätigen Sie die Fernbedienung. Am Voltmeter muss ca. Batteriespannung angezeigt werden. Wird der Sollwert nicht erreicht, muss nach etwaigen Leitungsunterbrechungen gesucht werden.

⑦ Wird der Sollwert (Batteriespannung) erreicht, schrauben Sie die Überwurfmutter an der Kraftstofffördereinheit (Schlüssel MP 1-227) ab. Prüfen Sie, ob die elektrischen Leitungen zwischen Flansch und Pumpe angeschlossen (oder unterbrochen) sind.

⑧ Wenn es keine Leitungsunterbrechung gibt, ist die Kraftstoffpumpe defekt. Die Fördereinheit muss ersetzt werden.

⑨ Nach Abschluss der Prüfung und evtl. Auswechseln der Fördereinheit bauen Sie die Fernbedienung ab, setzen Sie die Sicherung 61 wieder ein, schrauben Sie die Überwurfmutter auf die Kraftstoff-Fördereinheit, stecken Sie die 4-fach-Steckverbindung auf und schließen Sie die Abdeckung unter der Rücksitzbank.

Die Abgasanlage

Die Abgas- oder Auspuffanlage hat die Aufgabe, Verbrennungsabgase abzuleiten und dabei die Schadstoffe im Abgas möglichst gering zu halten (Katalysatorbetrieb). Außerdem werden durch das Auspuffsystem die Geräusche, die bei der Verbrennung entstehen, auf ein Minimum reduziert.

Der Aufbau der Auspuffanlage hängt von der Motorbauart ab. Die Anlage beginnt mit dem

- Abgaskrümmer, in den bei den Fabia-Motoren BBY, BBZ, AZL und AWY bereits ein Vorkatalysator integriert ist. Nach dem Krümmer folgen
- der Katalysator (bei Dieselmotoren ein Oxidationskatalysator), der ins
- vordere Abgasrohr integriert ist, sowie
- der Vor- und der Nachschalldämpfer. Die Katalysatoren der Benzinmotoren arbeiten durch
- Lambda-Sonden geregelt. Die Lambda-Sonde 1 (G39) ist vor dem Katalysator, die Lambda-Sonde 2 (G130) nach dem Katalysator eingebaut.

Die Teile der Abgasanlage sind miteinander verschraubt beziehungsweise mit Klemmschellen verbunden und lassen sich einzeln auswechseln. Vorderes Abgasrohr und Schalldämpfer sind mit

- Doppelschelle verbunden, deren Einbaulage (Markierung auf dem Abgasrohr) genau eingehalten werden muss: Schrauben unten und waagerecht.

Vor- und Nachschalldämpfer sind in der Erstausstattung mit einem durchgehenden, gebogenen Abgasrohr verbunden. Bei einer Reparatur können die Schalldämpfer aber einzeln erneuert werden. Dazu muss man das Verbindungsrohr an der markierten Stelle, der so genannten

- Trennstelle, durchsägen. Die Wieder-Verbindung erfolgt dann mit einer Reparatur-Doppelschelle.
- Hitzeschutzbleche im Rohrverlauf verhindern zu starke Hitze-Abstrahlung auf die Bodengruppe. Selbstsichernde Muttern und Dichtungen müssen nach dem Ausbau ersetzt werden. Halteringe und Gummipuffer sind gegebenenfalls auszuwechseln.

Bei Montagearbeiten an der Abgasanlage muss immer darauf geachtet werden, dass kein Bauteil mit Vorspannung montiert wird und dass die Anlage ausreichend Abstand zur Karosserie hat. Ggf. müssen die Doppelschelle gelöst und Schalldämpfer sowie Abgasrohr so ausgerichtet werden, dass der Abstand zur Karosserie ausreicht und die Aufhängungen gleichmäßig belastet sind.

Die Schraubgewinde der Lambda-Sonden sind beim Einbau mit Heißschraubenpaste G 052 112 A3 einzustreichen, wobei keine Paste an die Schlitze des Sondenkörpers kommen darf. Die Sonden werden mit 50 Nm festgezogen.

Die folgenden beiden Abbildungen zeigen die genannten Bauteile in ihrer Zuordnung. Wir wählen Škoda-Bilder mit der vorderen Abgasanlage der Benzinmotoren BBY und BBZ (die vordere Abgasanlage ist bei allen Benzinern vom Prinzip her gleich) sowie mit dem gesamten System des TDI-Motors ATD aus. Die TDI-Abgasanlage ist nahezu identisch der beim SDI-Motor, und die Baueinheit Vor-/Nachschalldämpfer ist bei allen Fahrzeugen sehr ähnlich.

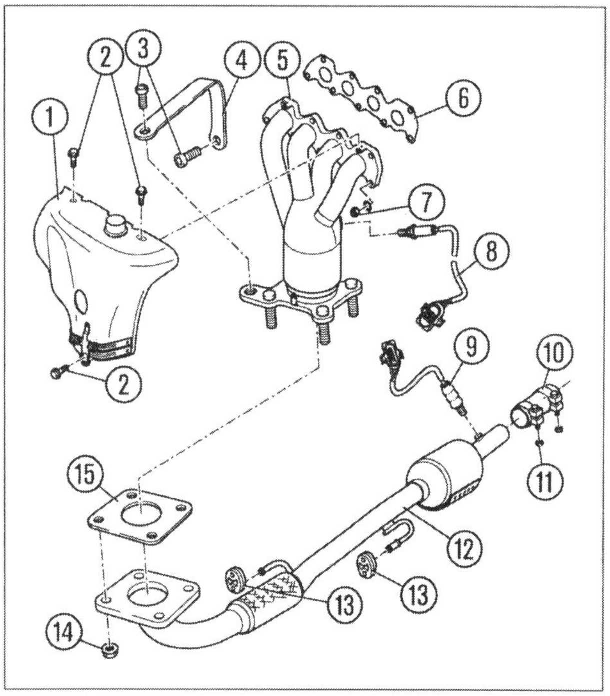

__Vordere Abgasanlage Benzinmotoren:__ ❶ Warmluftfangblech/Abschirmblech, ❷/❸/❼/⓫/⓮ Schrauben und Muttern, ❹ am Motorblock befestigter Halter, ❺ Abgaskrümmer mit integriertem Vor-Katalysator, ❻/⓯ Dichtungen, ❽ Lambda-Sonde G39 vor Katalysator, ❾ Lambda-Sonde G131 nach Katalysator, ❿ Doppelschelle, ⓬ Abgasrohr vorn mit Katalysator, ⓭ Federschlaufe.

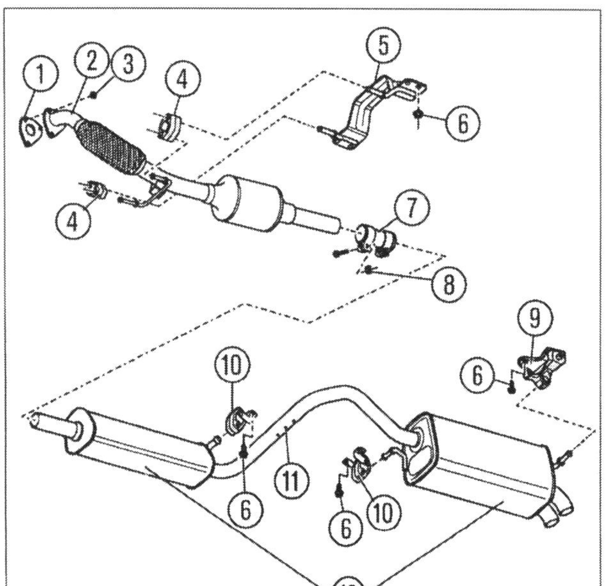

__Abgasanlage Dieselmotoren:__ ❶ Dichtung, ❷ Abgasrohr vorn mit Katalysator, ❸/❻/❽ Schrauben und Muttern, ❹ Haltering, ❺ Traverse, ❼ Doppelschelle, ❾/❿ Aufhängungen, ⓫ Trennstelle, ⓬ Vor- und Nachschalldämpfer.

Die Abgasuntersuchung (AU)

Alle Kraftfahrzeuge müssen regelmäßig auf die Einhaltung der vorgeschriebenen Abgaswerte untersucht werden. Die Untersuchung wird am Fahrzeug durch eine Plakette dokumentiert.
Am Neuwagen ist die AU-Plakette drei Jahre gültig, dann sind Kontrollen im Zweijahres-Rhythmus fällig. AU führen markengebundene und freie Werkstätten, Tankstellen, DEKRA und TÜV durch. Die Auspuffanlage muss intakt sein, ins Ansaugsystem darf keine Nebenluft eintreten. Wenn Sie Ihr Fahrzeug stets in der Werkstatt warten lassen, gehört die AU zum Service dazu.

Lebensdauer des Auspuffs

Der Auspuff Ihres Fabia ist für etwa 60.000 Kilometer gut. Die Lebensdauer hängt natürlich auch von den Einsatzbedingungen Ihres Fahrzeugs ab. Sind Sie überwiegend auf kurzen Strecken unterwegs, fallen wesentlich mehr Kondensat, Ruß und aggressive Säuren im Innern der Anlage an als beim Langstreckenbetrieb mit voll durchgewärmtem Motor.

- Das Auspuffrohr mit angebautem Katalysator ist seltener als die anderen Teile vom Rost bedroht, weil dort die Verbrennungsgase noch mit Temperaturen zwischen 800 und 1.000 °C einströmen.
- Im Auspuffrohr und im Nachschalldämpfer verlieren die Abgase zunehmend Temperatur; am Endrohr sind sie nur noch 150 bis 300 °C heiß. Im Nachschalldämpfer tritt daher das meiste Kondenswasser aus. Es vermischt sich mit Verbrennungsrückständen zu aggressiven Säuren und lässt das Auspuffblech von innen nach außen durchrosten.
- Die vorderen Teile der Auspuffanlage können bei Langstreckenfahrten unter Temperaturspannungen leiden, wenn bei Regen das heiße Blech ständig kalten Duschen ausgesetzt ist. Dann kann das Material reißen oder brechen.
- Spritz- und Salzwasser fördern den Rostfraß von außen. Steinschlag oder Aufsetzen auf hartem Untergrund wirken ebenso lebensverkürzend wie Schwingungen, die bei defekten oder fehlenden Aufhängegummis entstehen.

Entgiftung der Abgase

Kraftstoff besteht im Wesentlichen aus den Elementen Kohlenstoff und Wasserstoff. Bei der Verbrennung im

Motor verbindet sich der Kohlenstoff mit dem Sauerstoff der Luft zu Kohlendioxid (CO_2), der Wasserstoff (H) vereinigt sich mit Sauerstoff (O_2) zu Wasser (H_2O). Aus einem Liter Diesel z.B. entstehen rund 0,9 Liter Wasser, das infolge der Verbrennungswärme unsichtbar als Dampf aus dem Auspuff entweicht. Im Winter können Sie nach dem Kaltstart eines Fahrzeugs oft weiße Auspuffwolken beobachten. Das ist ein Hinweis auf kondensierendes Wasser.
Selbst beim Dieselmotor, der im Gegensatz zum Ottomotor mit Luftüberschuss arbeitet, bilden sich Schadstoffe, allerdings in vergleichsweise geringer Menge. Eine Entgiftung ist zum Einhalten strenger Abgasnormen auch beim TDI unerlässlich.
Die Herstellung günstiger Kraftstoff-Luft-Gemische und die Entgiftung der Abgase erfolgen durch ausgeklügelte Techniken und Bauteile: Ladeluftsystem, Abgasrückführung, Katalysatoren, Rußfilter, Sekundärluftsystem etc.

Bessere Verbrennung durch Turbolader

Bei großem Luftüberschuss verbrennt der Kraftstoff im Brennraum »sauber«. Abgasbestandteile wie Kohlenmonoxid und Ruß bilden sich in sehr geringen Konzentrationen. Turbolader sorgen für mehr Ansaugluft. Bei den verhältnismäßig geringen Einspritzmengen des Kraftstoffs entsteht dadurch Luftüberschuss bei der Verbrennung. Weniger Schadstoffe im Abgas sind die Folge. Die Abgasturboaufladung vermindert Schadstoffe im Abgas und das Geräusch. Sie erhöht zudem die Leistungsausbeute und den Wirkungsgrad (siehe auch Kapitel »Die Motoren«).

Geregelte Katalysatoren und Lambda-Sonden

Neben Turbolader und Abgasrückführung sorgen Katalysatoren für saubere Abgase. Bei Benzinern sind es durch Lambda-Sonden und Motorsteuergerät geregelte Katalysatoren, bei den Dieselmotoren ungeregelte Oxidationskatalysatoren.
Bei den Ottomotoren sind die von den Lambda-Sonden gemeldeten Sauerstoffkonzentrationen im Abgas und die Daten zum Betriebszustand des Motors (Drehzahl, Last) Grundlage für die Regelung. Das Motorsteuergerät stellt das Kraftstoff-Luft-Gemisch daher nicht unbedingt auf das Verhältnis Lambda = 1 ein, was so viel bedeutet, dass für die Verbrennung von 1 kg Kraftstoff 14,7 kg Luft zur Verfügung stehen. Dieses Verhältnis wird auch als stöchiometrisches Gleichgewicht (theoretisch optimales Kraftstoff-Luft-Mischungsverhältnis) bezeichnet. Das Motorsteuergerät ermittelt vielmehr einen solchen Lambda-Regelwert, dass ein für den jeweiligen Betriebszustand optimales Gemisch erzeugt wird.

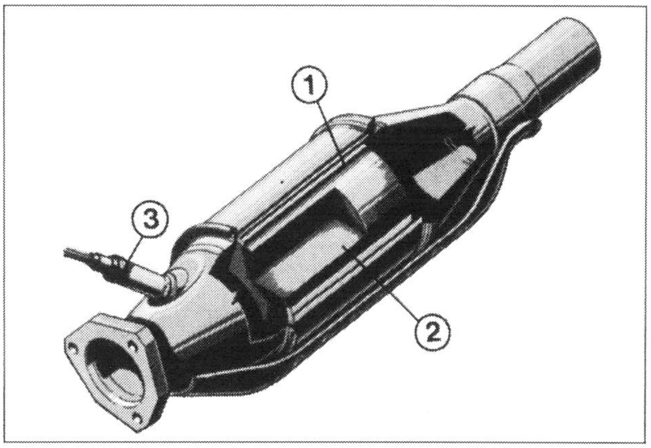

Der geregelte Katalysator im Schnitt: *❶ elastisches Metallgewebe, ❷ Keramikkörper mit Edelmetallschicht, ❸ Lambda-Sonde.*

Der Katalysator entfaltet seine reinigende Wirkung ab 300 °C. Bei Kaltstart wird also eine gewisse Aufheizzeit benötigt, ehe der Katalysator befriedigend arbeitet. Das betrifft auch die Arbeit der Lambda-Sonden, die aus diesem Grunde beheizt werden. Nun kann aber durch das Auftreten von Kondensat in der Kaltstartphase eine beheizte Sonde beschädigt werden. Daher wird die Nach-Kat-Sonde erst nach Erreichen einer Temperatur von ca. 300 °C beheizt. Bei der Vor-Kat-Sonde besteht die Gefahr der Zerstörung durch Kondensat nicht, weil sie sehr nahe dem Motor angeordnet ist. Sie kann unmittelbar nach dem Motorstart beheizt werden. Mit zwei Lambda-Sonden wird auch gearbeitet, weil die Sonden im Abgas einer hohen Verschmutzung ausgesetzt sind. Nach dem Katalysator ist eine Sonde weniger verschmutzungsanfällig.
Die Lambda-Regelung mit nur einer Sonde nach dem Katalysator wäre wegen der längeren Gaslaufzeiten zu träge. Die neuen Abgasnormen zwingen zur schnellen und präzisen Lambda-Regelung. Mit zwei Sonden kann weitgehend allen Forderungen entsprochen werden, wobei die Nach-Kat-Sonde G130 zudem noch die Katalysatorfunktion überprüft. Die Lambda-Sonden unterscheiden sich in ihrem inneren Aufbau und in der Regelcharakteristik. Von außen sind sie kaum zu unterscheiden. Äußeres Merkmal sind die Anschlussstecker: 6-polig für G39 und 4-polig für G130.

Um die Abgase schon früher zu reinigen, die wirksame Abgasregelung also schon in der Startphase zu garantieren, kommt ferner ein Vorkatalysator zum Einsatz. Er ist unmittelbar nach dem Abgaskrümmer montiert und erreicht dadurch schon kurz nach dem Motorstart Betriebstemperatur.

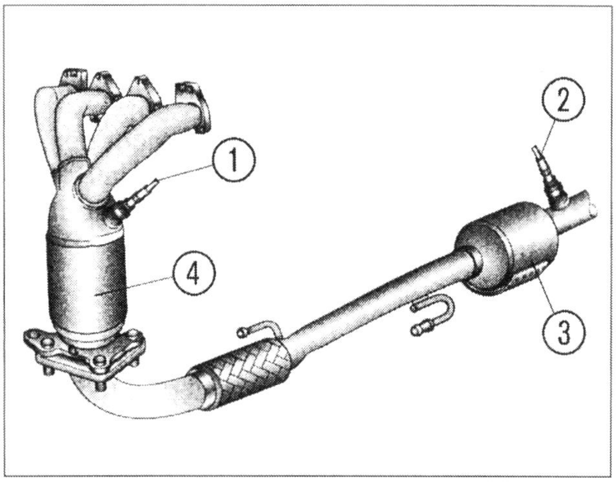

***Vor- und Hauptkatalysator mit 2 Lambda-Sonden**: Die Škoda-Zeichnung verdeutlicht die Einbausituation der Katalysatoren und der Sonden bei den 1,4 Liter-Motoren BBY und BBZ. ❶ Lambda-Sonde G39, ❷ Lambda-Sonde G130, ❸ Hauptkatalysator, ❹ Vorkatalysator.*

Sekundärluft für den Kaltstart

Die 2,0 Liter-Benzinmotoren Ihres Fabia (Kennbuchstaben AZL) verfügen über ein Sekundärluftsystem. Dieses ermöglicht ein schnelleres Aufheizen und dadurch frühere Betriebsbereitschaft des Katalysators nach dem Kaltstart.

Vom Sekundärluftsystem wird nach dem Kaltstart (Kühlmitteltemperatur zwischen +5 und +30 °C) für maximal 100 Sekunden Luft hinter die Auslassventile geblasen. Dadurch reichert sich das Abgas mit Sauerstoff an, leitet eine Nachverbrennung ein und verkürzt somit die Aufheizphase des Katalysators. Die Ansteuerung erfolgt vom Motorsteuergerät J220 über das Relais J229 für die Sekundärluftpumpe V101 zum Kombiventil. Das Relais J229 ist in der Zentralelektrik im Fußraum Fahrerseite links untergebracht.

Zusätzlich wird nach jedem folgenden Motorstart (bis maximal +96 °C Kühlmitteltemperatur) das Sekundärluftsystem im Leerlauf für 10 Sekunden eingeschaltet. Das Sekundärluftsystem wird per Eigendiagnose geprüft.

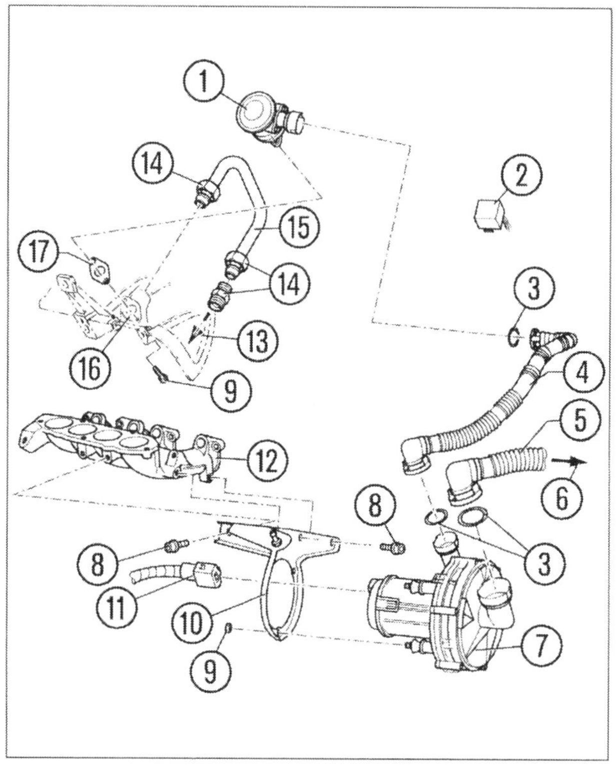

***Sekundärluftsystem des AZL**: ❶ Kombiventil, ❷ Relais J299 für Sekundärluftpumpe, ❸ O-Ring, ❹ Druckschlauch, ❺ Ansaugschlauch für Sekundärluftpumpe, ❻ zum Luftfilter, ❼ Motor für Sekundärluftpumpe, ❽/❾/⓮ Schraube, Mutter, Verschraubungen, ❿ am Saugrohr befestigter Halter für den Pumpenmotor, ⓫ Anschlussstecker, ⓬ Saugrohr-Unterteil, ⓭ zum Anschluss am Abgaskrümmer, ⓯ Verbindungsrohr, ⓰ Saugrohrabstützung mit Aufnahme für Kombiventil, ⓱ Dichtung.*

Nachverbrennung mit Oxidationskatalysator

Dieselmotoren arbeiten mit einem Luftüberschuss im Kraftstoff-Luft-Gemisch, Lambda ist hier also größer als 1. Deshalb wird der Sauerstoffanteil im Gemisch nicht extra geregelt. Die Reinigung in Form einer Nachverbrennung übernimmt ein Oxidationskatalysator, der den hohen Restsauerstoffanteil im Abgas ausnutzt. Dadurch werden Kohlenwasserstoffe (HC) und Kohlenmonoxid (CO) deutlich reduziert. Stickoxidanteile (NO_x) im Abgas werden nicht von der Nachverbrennung beeinflusst. Sie können nur durch Gestaltung des Brennraums und der Einspritzanlage reduziert werden. Die für Dieselverbrennung typischen Rußpartikel aus einem Kern mit Anlagerungen verschiedener Komponenten werden durch die Nachverbrennung auch nur hinsichtlich ihrer HC-Komponenten reduziert. Die Rußpartikel müssen in speziellen Filtern (Rußfilter, Partikelfilter) aus Edelstahlwolle oder Keramik aufgefangen werden.

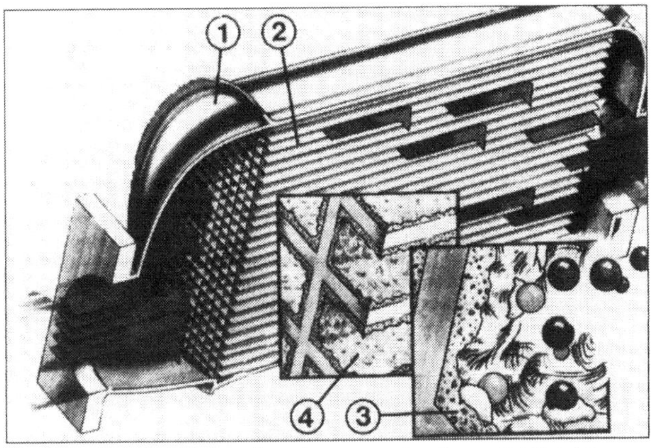

***Aufbau des Oxidationskatalysators:** In einem Edelstahlgehäuse ❶ sitzt der wabenförmige Keramikkörper ❷. Dieser ist mit Aluminiumoxid ❸ beschichtet, wodurch sich seine Oberfläche um das 7000-fache vergrößert. Auf diese Trägerschicht ist das Edelmetall Platin ❹ als Katalysatorstoff aufgedampft.*

Filter gegen Rußpartikel

Die Partikelemission ist eine Eigenart des Dieselmotors. Sie liegt deutlich höher als beim Ottomotor. Die Partikel (englisch: Particulate Matter = PM) bestehen zum größeren Teil aus Kohlenstoffteilchen (Ruß). Den Rest bilden an den Ruß gebundene Kohlenwasserstoffverbindungen, Kraftstoff- und Schmierölaerosole und Sulfate in Abhängigkeit vom Schwefelgehalt des verwendeten Kraftstoffs.

Die Rußpartikel stellen Aneinanderkettungen von Kohlenstoffteilchen mit einer sehr großen spezifischen Oberfläche dar, an die sich unverbrannte oder teilverbrannte Kohlenwasserstoffe anlagern. Meist sind es Aldehyde (hohe Molekülzahl) mit aufdringlichem Geruch. Verschmutzungswirkung, Sichtbehinderung und Geruchsbelästigung sind natürlich eine Umweltbelastung. Hinzu kommt, dass von den am Ruß angelagerten Aromaten eine gesundheitsgefährdende Wirkung vermutet wird. Es gibt dafür keine Belege, aber dennoch wird natürlich bei der Entwicklung moderner Dieselmotoren ganz vorrangig an der Partikelbeseitung gearbeitet.

Dazu sind bereits verschiedene Systeme entwickelt worden: Filter aus Stahlwolle, monolithische Keramikfilter und Keramik-Wickelfilter. Die Filter saugen die Partikel auf und müssen in bestimmten Zeitabständen durch chemische oder thermische Verfahren regeneriert werden.

Die Abgas-Rückführung

Eine Möglichkeit zum Absenken der unweigerlich hohen Temperaturen in den Brennräumen des Dieselmotors, die für den hohen Anteil von Stickoxiden verantwortlich sind, ist die Einleitung von Abgasen. Durch die Abgas-Rückführung kann Stickoxid verringert werden, und zwar auch bei Ottomotoren (Fabia: 1,4 Liter-Motoren 75 und 101 PS/BBY und BBZ). Dazu wird aus dem Abgasstrom des Motors durch ein ventilgeregeltes System ein Teil abgezweigt. Die Menge wird je nach Motorbelastung dosiert und ins Ansaugrohr zurück geleitet.

Das Abgas kann natürlich nicht noch einmal verbrannt werden, da es kaum noch verbrennungsfähige Anteile enthält. Es verringert aber den Zustrom frischer Verbrennungsluft und bewirkt so eine Absenkung der Temperaturen und damit eine Verringerung des Stickoxidanteils.

Die Abgas-Rückführung wird über Ventile am Ansaugkrümmer geregelt. Bei den Fabia-Dieselmotoren SDI und TDI ist ein Magnetventil für Abgasrückführung (N18) mit einem mechanischen Abgasrückführungsventil gekoppelt, das mit kegelig geformtem Ventilstößel je nach Ventilhub den Öffnungsquerschnitt verändert und damit auch Zwischenwerte ermöglicht.

Die Steuerung des Ventils N18 und darüber des mechanischen Abgasrückführungsventils ist beim Fabia abhängig vom Kennfeld des Steuergeräts J248 für die Diesel-Direkteinspritzanlage. Die Magnetventile werden von der Stellglieddiagnose automatisch geprüft.

Die Abgasrückführung bei den leistungsstärkeren 1,4 Liter-Ottomotoren mit den Kennbuchstaben BBY und BBZ ist eine Neuerung für den Fabia. Damit werden der Stickoxid-Ausstoß weiter vermindert und der Kraftstoffverbrauch gesenkt. Eine bestimmte Abgasmenge wird über das Ventil für Abgasrückführung der Ansaugluft zugeführt. Angesteuert wird das Ventil N18 vom Motorsteuergerät J537 (für Einspritzanlage 4LV von Magneti Marelli) nach einem festgelegten Kennfeld.

Ein Potenziometer meldet dem Motorsteuergerät den Öffnungsquerschnitt. Bei aktivierter Abgasrückführung ist die Höchstmenge an Abgas auf 18 % der Ansaugluftmenge begrenzt. Im Leerlauf, im Schub und während des Motorwarmlaufs wird kein Abgas zugeführt. So werden niedrigste Teillastverbräuche erreicht.

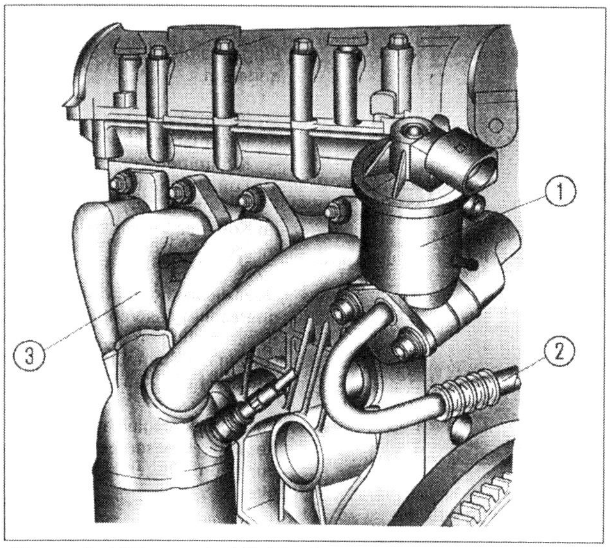

Abgasrückführung bei Fabia-Ottomotoren: Das elektrisch direkt angesteuerte Ventil für Abgasrückführung ist direkt am Zylinderkopf der 1,4 Liter-Motoren mit 75 und 101 PS Leistung angeflanscht. Es hat über einen Kanal im Zylinderkopf mit dem Abgaskanal des 4. Zylinders direkte Verbindung. Über eine Edelstahlleitung ist das Ventil mit dem Saugrohr verbunden. ❶ Ventil für Abgasrückführung, ❷ Zuleitung zum Saugrohr, ❸ Abgaskrümmer.

Die Komponenten im Abgas

Technik-lexikon

Kohlendioxid (CO_2): Farbloses, nicht brennbares, ungiftiges Gas. Entsteht bei der Verbrennung kohlenstoffhaltiger Brennstoffe wie Benzin und Diesel, indem der Kohlenstoff eine Verbindung mit Sauerstoff eingeht. CO_2 verringert die Schutzwirkung der Ozonschicht gegen die UV-Strahlung der Sonne.

Kohlenmonoxid (CO): Ein farb- und geruchloses, explosives, sehr giftiges Gas. Wird bei der Abgasuntersuchung gemessen. Auch beim Diesel tritt CO bei unvollständiger Verbrennung von Kohlenstoff auf, allerdings nur in vergleichsweise geringen Mengen (zwei Drittel weniger als beim Benziner). In geschlossenen Räumen schon in geringer Konzentration in der Atemluft tödlich, da der Sauerstofftransport der roten Blutkörperchen blockiert wird. Verbindet sich im Freien in kurzer Zeit mit Sauerstoff zum ungiftigen Kohlendioxid.

Kohlenwasserstoffe (HC): Unverbrannte Kraftstoffanteile im Abgas infolge unvollständiger Verbrennung. Beim Dieselmotor entstehen sie in nur geringem Ausmaß. Wirken reizend auf Sinnesorgane oder (Benzol) sogar krebserregend.

Stickoxide (NO_x): Der Anteil dieser Verbindungen zwischen Stickstoff und Sauerstoff steigt bei hohen Verbrennungstemperaturen, hohem Druck und Sauerstoffüberschuss. Einige Stickoxide sind gesundheitsschädlich. Im Vergleich zum Benziner mit per Lambda-Sonden geregeltem Kat produziert der Diesel etwa das Doppelte an Stickoxiden.

Schwefeldioxid (SO_2): Das farblose, stechend riechende, nicht brennbare Gas, das Erkrankungen der Atemwege begünstigt, bildet sich in geringen Mengen vor allem bei Dieselmotoren. Ursache sind die im Kraftstoff enthaltenen Schwefelanteile. Unter Einwirkung von Licht entstehen Schwefelsäure oder schwefelige Säure, die beide zum sauren Regen beitragen.

Schwefel: Die Wirksamkeit des Oxidationskatalysators wird erheblich vom Schwefelgehalt im Diesel-Kraftstoff beeinflusst. Üblicher Tankstellen-Diesel hat bis zu 350 ppm Schwefel (1 ppm = ein Millionstel Teil).

Rußpartikel: Entstehen aus unverbrannten Kohlenstoffen und Asche. Dies ergibt sich beim Dieselmotor zwangsläufig aus dessen Verbrennungsprinzip. Durch einen Turbolader wird vermehrt Ansaugluft herbeigeschafft. Der so entstehende Luftüberschuss bei der Verbrennung verringert den Rußanteil im Abgas.

Arbeiten an der Auspuffanlage

Auf rostigem Blech können Sie nicht mehr richtig schweißen. Der Erfolg von Reparaturen an einer durchgerosteten Auspuffanlage ist daher meist nur von kurzer Dauer. Auspuffkitt und Bandagen halten zwar einigermaßen, aber das Blech bricht dann bald neben der Reparaturstelle aus.

Bei den Auspuffanlagen mit Vor- und Nachschalldämpfer kommt es häufig vor, dass nach dem Austausch des einen wenige Monate später auch der zweite den Geist aufgibt. Werkstätten wechseln deshalb die Auspuffanlage in der Regel komplett aus. Das muss natürlich nicht immer sein. Prüfen Sie daher den Zustand der Anlage genau und entscheiden Sie erst dann, ob Sie einzelne Teile oder das ganze System austauschen.

Die Auspuffanlage ist mit dem Auspuffkrümmer durch Bolzen und Muttern fest verbunden. Am Fahrzeugboden hängt sie freischwingend in Gummistegschlaufen. Bei gründlicher Kontrolle der Anlage müssen diese Schlaufen unbedingt mit untersucht werden.

Bei einer Demontage darf die Abgasanlage keinesfalls herunterfallen. Der Keramikkörper im Katalysator könnte beschädigt werden, wodurch dieser unbrauchbar würde.

Beim Ausbau der Abgasrohre ist zu beachten, dass der unten am Abgaskrümmer angeschraubte Abgasturbolader bei einem Defekt nur komplett ersetzt werden kann. Der Turbolader ist ein in Präzisionsarbeit hergestelltes Bauteil. Zum Austausch empfiehlt sich eine Werkstatt.
Der am Motorblock angeflanschte Abgaskrümmer und das sich daran anschließende Abgasrohr können nur zusammen ausgebaut werden.
Denken Sie vor Arbeiten an der Abgasanlage grundsätzlich daran, beim Ersatzteilkauf neue selbstsichernde Muttern sowie Dichtungen und Haltegummis mitzunehmen.

Zustand der Auspuffanlage kontrollieren

Arbeitsschritte | W 6 Monate

- Der Wagen muss absolut rüttelsicher aufgebockt sein. Er soll schließlich nicht kippen, wenn Sie heftig an den Rohren drehen oder zerren.
- Gummistegschlaufen auf Brüchigkeit, Einrisse oder sonstige Schäden überprüfen, bei Bedarf ersetzen. Zur Kontrolle den Auspuff an den Gummischlaufen etwas nach unten ziehen.
- Verschraubungen am Auspuffkrümmerflansch auf festen Sitz überprüfen. Wenn sich später beim Demontieren eine Verschraubung nicht lösen lässt, sollten Sie sie durch Überdrehen abreißen. Beim Einbau grundsätzlich neue Schrauben und Muttern verwenden.
- Halten Sie mit einem Lappen in der Hand das Auspuffendrohr zu. Der Motor muss nach kurzer Zeit ausgehen. Verschließen Sie mit Lappen oder Stöpsel das Endrohr. Hören Sie zischelnde Geräusche an Verbindungsstellen (Zylinderkopf/Abgaskrümmer, Abgaskrümmer/Abgasrohr/Katalysator etc.) und läuft der Motor ungestört weiter, ist die Anlage an der Geräuschstelle undicht. Die Undichtigkeiten müssen beseitigt werden.
- Ein sehr dumpfer Auspuffton und Knallen im Schiebebetrieb weisen auf einen durchgerosteten Auspuff hin.
- Klopfen Sie den Schalldämpfer mit einem Hammer rundum gründlich ab, auch an den Stirnseiten. Dabei nicht zu zaghaft hämmern. Klingt es bei jedem Schlag hell, ist das Blech noch gesund. Wird das Klopfgeräusch an manchen Stellen dumpfer, ist die Außenhaut bereits geschwächt und wird bald durchbrechen.
- Stellen Sie fest, dass ein Teil der Auspuffanlage schon einmal ersetzt worden ist, dann sollten Sie bei späteren Arbeiten daran die Steckverbindungen der Rohrenden am besten in erhitztem Zustand trennen. Die Werkstatt nimmt dafür einen Schweißbrenner. Sie können aber auch einen Propangasbrenner für Heimwerker verwenden (Feuerlöscher bereit halten).
- Wenn die Untersuchung ergibt, dass Rohre getrennt werden müssen, geschieht das am besten durch kräftige Drehbewegungen oder Hammerschläge. Wenn das nicht funktioniert, sägen Sie die Rohrverbindung des defekten Schalldämpfers knapp 10 Zentimeter hinter der Verbindungsstelle ab. Den Rest des Rohres mit der Metallsäge in Längsrichtung aufsägen und mit einem kräftigen Schraubendreher aufhebeln.
- Die Verschraubungen der Auspuffanlage lassen sich beim nächsten Mal leichter lösen, wenn Sie die Gewinde beim Einbau mit hochhitzefestem Kupferfett bestreichen. Das gilt auch für die Rohrverbindungen.

Abgasanlage spannungsfrei einrichten

Arbeitsschritte

Die Abgasanlage wird in kaltem Zustand eingerichtet. Das Einrichten wird im Folgenden an der Abgasanlage des 1,2 Liter-Motors (AWY) demonstriert. Bei den anderen Motorisierungen geschieht es ähnlich. Eventuell ist dazu ein Hilfswerkzeug in Form einer vorn auf 25 mm Länge und 4 mm Tiefe abgefeilten Sechskantschraube M10 dienlich. Diese Schraube können Sie durch die hintere Bohrung der Tunnelbrücke mit der Flachstelle in Richtung Aufhängungsbolzen der Abgasanlage stecken. Bei eingestecktem Hilfswerkzeug wird dann die Abgasanlage in Fahrtrichtung vorgespannt. Vor- und Nachschalldämpfer werden waagerecht ausgerichtet.

① Lösen Sie die Verschraubungen an der Doppelschelle zwischen Katalysator und Vorschalldämpfer. Ersetzen Sie die Muttern durch neue.

② Positionieren Sie die Doppelschelle im Abstand a = 5 mm von der Markierung am Rohr des Katalysators (Abgasrohr). Die Markierung findet sich dreimal auf dem Umfang des Rohres. Beachten Sie eventuell unterschiedliche Markierungen für Fahrzeuge mit Schaltgetriebe (S) und mit automatischem Getriebe (A). Die Schrauben müssen sich unten befinden und waagerecht liegen.

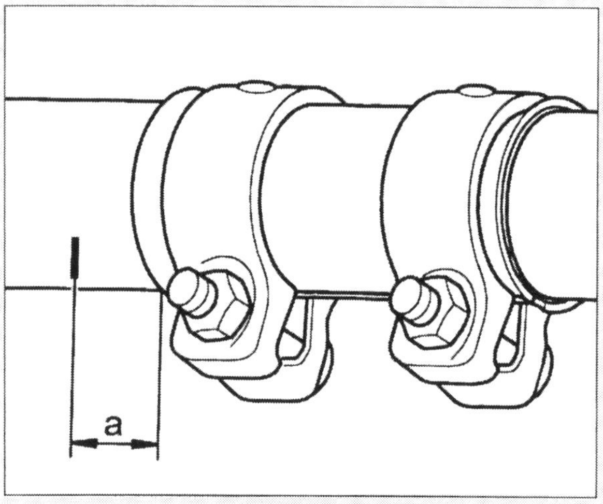

Beim Positionieren der Doppelschelle Markierung am Abgasrohr und Maß a beachten.

③ Ziehen Sie die vordere Verschraubung leicht an. Schieben Sie den Vorschalldämpfer ❶ so weit nach vorn in die Doppelschelle, bis das Maß b zwischen Aufhängung Karosserie und Aufhängung Vorschalldämpfer zwischen 3 und 7 mm beträgt. Ziehen Sie die Verschraubungen der Doppelschelle in dieser Lage mit 23 Nm (in einigen Fällen sind dafür auch 40 Nm verlangt) fest.

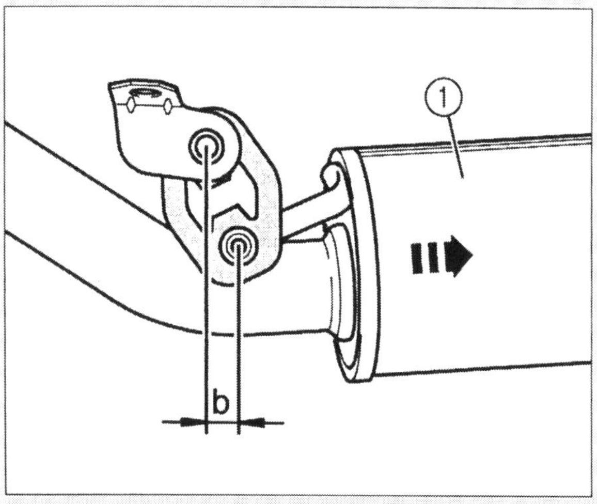

❶ Vorschalldämpfer, Pfeil deutet Fahrtrichtung an, Maß b beträgt 3 bis 7 mm.

Vor- oder Nachschalldämpfer ersetzen

Arbeitsschritte

Für den Ersatz des Vorschalldämpfers (oder des Nachschalldämpfers) ist am Verbindungsrohr zwischen beiden werkseitig eine Trennstelle vorgesehen und markiert.

① Trennen Sie das Abgasrohr an dieser markierten Stelle (Pfeil ❶) rechtwinklig mit einer Karosseriesäge.

② Positionieren Sie die nun zusammen mit dem Ersatzschalldämpfer einzubauende Doppelschelle ❹ an den seitlichen Markierungen (Pfeile ❷ und ❸).

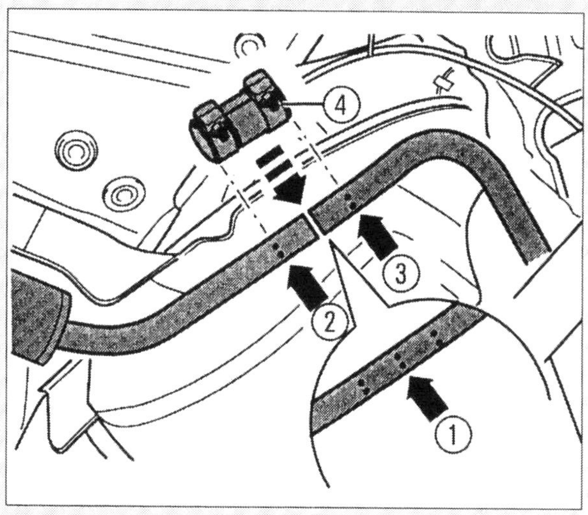

❶ Trennstelle, ❷ und ❸ Markierungen, ❹ Doppelschelle.

③ Richten Sie die Abgasanlage spannungsfrei ein und den Nachschalldämpfer waagerecht aus.

④ Ziehen Sie die Verschraubungen der Doppelschelle gleichmäßig mit 23 (bzw. 40) Nm an. Die Schrauben müssen senkrecht vor dem Abgasrohr stehen.

⑤ Prüfen Sie zum Abschluss die Abgasanlage auf Dichtheit (Motor im Leerlauf, Abgasendrohr verschließen, Verbindungsstellen abhören, Undichtigkeiten beseitigen).

DIE KRAFT-ÜBERTRAGUNG

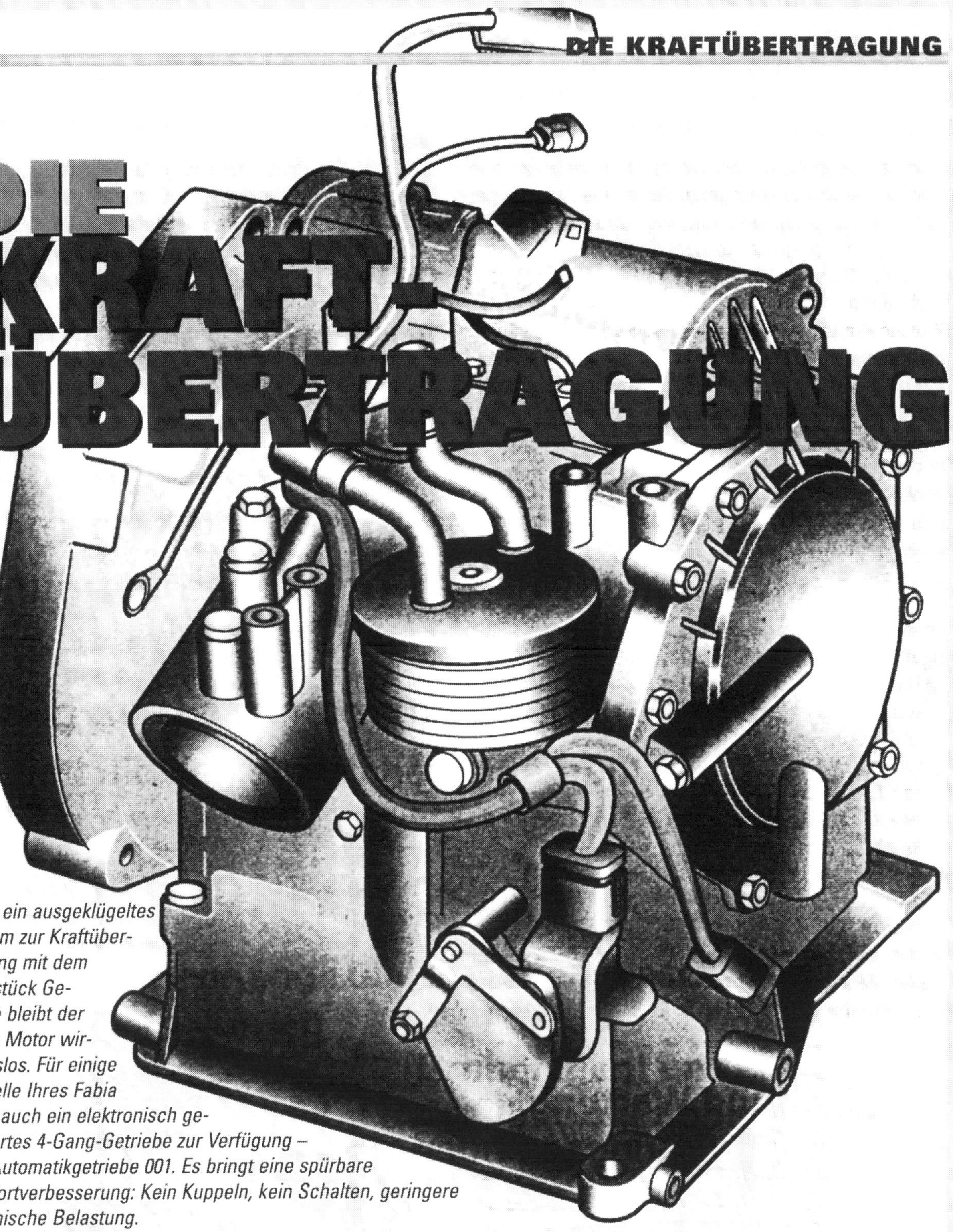

Ohne ein ausgeklügeltes System zur Kraftübertragung mit dem Kernstück Getriebe bleibt der beste Motor wirkungslos. Für einige Modelle Ihres Fabia steht auch ein elektronisch gesteuertes 4-Gang-Getriebe zur Verfügung – das Automatikgetriebe 001. Es bringt eine spürbare Komfortverbesserung: Kein Kuppeln, kein Schalten, geringere psychische Belastung.

Wartung

Reparatur

Getriebe, Kupplung und Achsantrieb gehören zum System der Kraftübertragung. Damit alle Akteure perfekt zusammenarbeiten und die vom Motor produzierte Leistung an die Antriebsräder übertragen, sind sie durch Gelenke, Wellen und Zahnräder miteinander verbunden.

Welche Kraft tatsächlich an den Rädern benötigt wird, hängt davon ab, was Sie Ihrem Fahrzeug während der Fahrt abverlangen. Der Motor bietet jedoch nur in einem begrenzten Drehzahlbereich eine verwertbare Leistung an. Damit Ihr Auto beim Beschleunigen und bei Bergfahrten trotzdem genügend Zugkraft entwickelt, ist das Getriebe nötig. Mit seinen verschiedenen Gängen gewährleistet es eine jeweils passende Übersetzung.

Die verschiedenen Modelle von Fabia und Fabia Combi sind je nach Motorisierung mit unterschiedlichen Getrieben ausgestattet. Vier der wesentlichen Bauformen sind:

- Das 5-Gang-Schaltgetriebe **002**, das mit den Motoren 1,0 Liter 50 PS sowie 1,4 Liter 60 und 68 PS (AQV, AZF, AQW) verbaut wird;
- das 5-Gang-Schaltgetriebe **02T**, das mit den Motoren 1,4 Liter 75 und 101 PS, dem 2,0 Liter 115 PS sowie dem 64 PS-Saugdiesel (BBY, BBZ, AZL, ASY) kombiniert wird;
- das 5-Gang-Schaltgetriebe **02R**, das speziell für den 1,9 Liter/74 kW TDI mit Pumpe-Düse (ATD) entwickelt wurde, und
- das automatische 4-Gang-Getriebe **001**, das mit dem Motor 1,4 Liter 75 PS (BBY) gekoppelt wird.

Die Getriebe sind mit diesen Benennungen gekennzeichnet. Sie sind ferner wie die Motoren mit Kennbuchstaben (3 Buchstaben: Getriebe 002 z. B. EMJ, FCM, FNK, GCG oder FJQ; Getriebe 02T z. B. FVU, GDJ; Getriebe 02R z. B. EWT, GGU; Automatikgetriebe 001 z. B. ESK, GJF, GJG), mit Produktionsnummer, Herstellungsdatum (Monat und Jahr) sowie einer Kennziffer zum Übersetzungsverhältnis des Achsantriebs versehen. Die Kennungen, die Sie auch in den Fahrzeugdatenträgern verzeichnet finden, sind für Reparaturfälle wichtig.

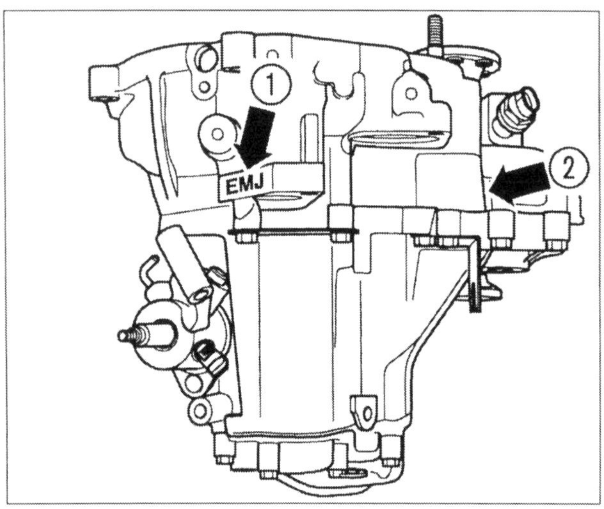

***5-Gang-Schaltgetriebe 002**: Pfeil ❶ weist auf die Kennbuchstaben, Pfeil ❷ auf das Baudatum.*

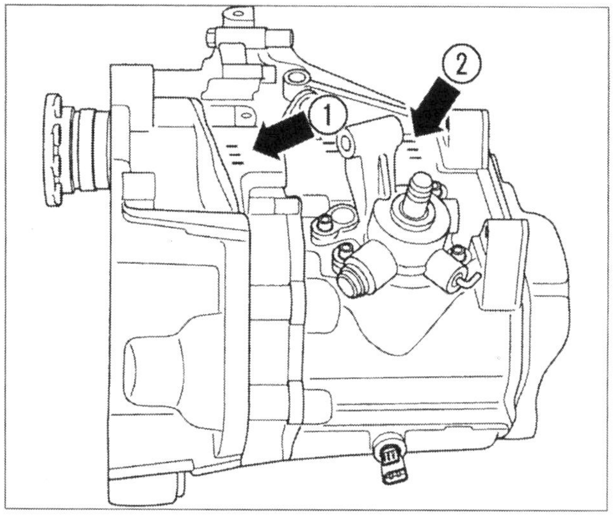

***5-Gang-Schaltgetriebe 02T**: Pfeil ❶ weist auf Kennbuchstaben und Baudatum, Pfeil ❷ zeigt auf eine Kennzeichnung für das Material des Getriebegehäuses.*

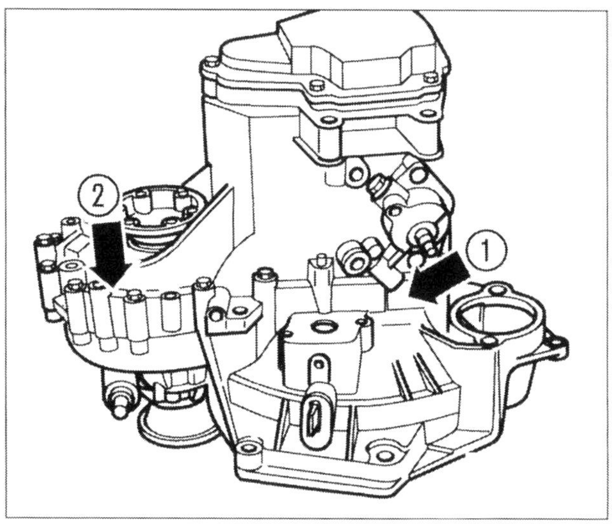

***5-Gang-Schaltgetriebe 02R**: Pfeil ❶ weist auf Kennbuchstaben und Baudatum, Pfeil ❷ zeigt auf die Getriebekennzeichnung 02R.*

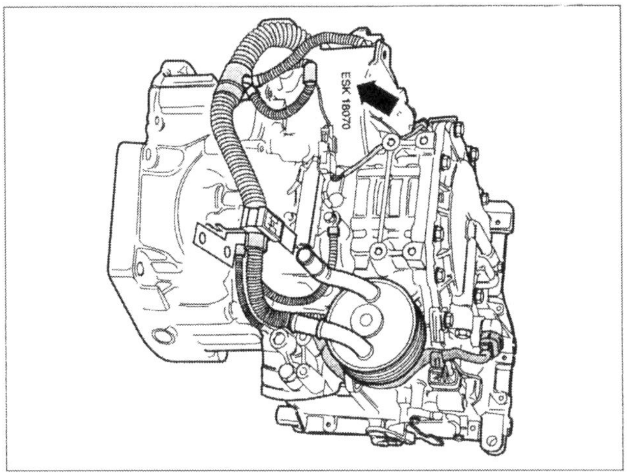

***4-Gang-Automatikgetriebe 001**: Der Pfeil weist auf Kennbuchstaben und Baudaten.*

Übersetzungen für die Zugkraft

Beim Anfahren zum Beispiel wird an den Antriebsrädern ein großes Drehmoment benötigt, während der niedrig drehende Motor nur ein geringes Drehmoment zur Verfügung stellt. Legen Sie den ersten Gang ein, ist die Motordrehzahl durch die Übersetzung ins Langsamere größer als die Drehzahl der Antriebsräder. Bei der schnellen Autobahnfahrt im fünften Gang verhält es sich genau umgekehrt. Dann ist eine Übersetzung ins Schnellere wirksam, die Motordrehzahl ist im Vergleich zur Drehzahl der Antriebsräder geringer. Das Getriebe passt die Umdrehungen des Motors der gewünschten Geschwindigkeit der Räder an. Die folgende Zeichnung veranschaulicht diesen Mechanismus am Beispiel des 5-Gang-Schaltgetriebes 02T.

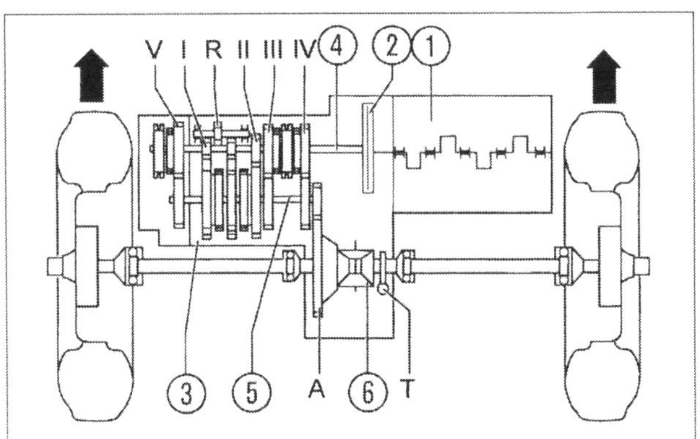

***Prinzipbild des Getriebes 02T**: ❶ Motor, ❷ Kupplung, ❸ Schaltgetriebe, ❹ Antriebswelle, ❺ Abtriebswelle (Triebwelle), ❻ Ausgleichsgetriebe. Die römischen Zahlen **I** bis **V** kennzeichnen die Vorwärtsgänge 1 bis 5, **R** steht für Rückwärtsgang, **A** für Achsantrieb und **T** für den Tachoantrieb. Die Pfeile an den Rädern (Schnittbild) weisen in Fahrtrichtung.*

Komplizierter verhält es sich beim automatischen Getriebe. Ein elektronisches Steuergerät sorgt bei den modernen Getriebeautomaten dafür, dass für jeden Betriebszustand des Fahrzeugs und für jeden Fahrerwunsch die sinnvollste Übersetzung ausgewählt wird. Das Steuergerät erkennt an der Geschwindigkeit, mit der das Gaspedal getreten wird, wie sportlich oder verbrauchsorientiert der Fahrer fahren möchte. In die Regelung der Schaltpunkte werden Fahrwiderstände wie Bergauf- und Bergabfahrten, Hängerbetrieb oder Gegenwind einbezogen. Die Reparatur solcher Hightech-Getriebe ist nur in einer Fachwerkstatt möglich.

Kupplung unterbricht den Kraftfluss

Der direkte Kraftfluss vom Motor zum Getriebe muss auch unterbrochen werden können. Das ist erforderlich, wenn Sie das Fahrzeug starten, mit laufendem Motor an einer roten Ampel stehen oder die Gänge wechseln wollen. Dieses Trennen übernimmt bei Fahrzeugen mit Schaltgetriebe die Kupplung. Sie ermöglicht auch ruckfreies Anfahren, indem sie die unterschiedlichen Drehzahlen von Kurbelwelle und Antriebswelle des Getriebes ausgleicht. Die Kupplungsbetätigung basiert auf dem Zusammenwirken von Elementen in einem hydraulischen System mit dem Kernstück Ausrücklager.

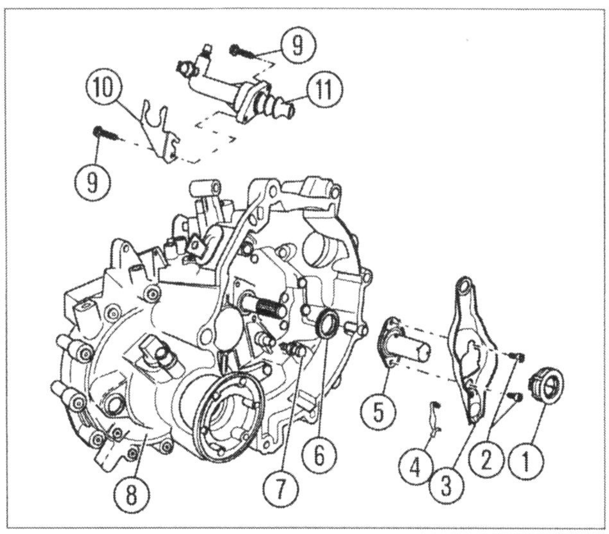

***Getriebe 02T mit Kupplungsausrückung**: ❶ Ausrücklager, ❷/❾ Schrauben, ❸ Kupplungsausrückhebel, ❹ am Kupplungsausrückhebel zu befestigende Haltefeder, ❺ Führungshülse für Ausrücklager, ❻ Dichtring für Antriebswelle, ❼ Kugelzapfen (mit MoS2-Schmierfett zu fetten), ❽ Getriebe, ❿ Halter, ⓫ Nehmerzylinder (Stößelende mit MoS2-Schmierfett zu fetten).*

Endstation Achsantrieb

Der Achsantrieb ist die letzte Zwischenstation, über die das vom Motor produzierte Drehmoment die Antriebsräder erreicht. Seine Aufgabe besteht darin, die vom Getriebe kommenden Drehzahlen ins Langsamere zu übersetzen, das Drehmoment zu vergrößern und gleichmäßig an die Antriebsräder zu übertragen. Wesentliche Baugruppe dabei ist das Ausgleichsgetriebe.

Die Kupplung

Die Fabia-Modelle mit Schaltgetriebe haben eine hydraulisch betätigte Einscheiben-Trockenkupplung mit asbestfreien Belägen und Zweimassen-Schwungrad. Fahrzeuge mit der automatischen Viergangschaltung arbeiten mit einer hydraulisch betätigten Lamellenkupplung. Die Kupplungen sind zum Teil sehr komplizierte Konstruktionen. Für das Do it yourself gibt es dabei mindestens den Nachteil, dass das Verschleißteil Mitnehmerscheibe nicht ohne weiteres zugänglich ist. Dazu muss das Getriebe vom Motor getrennt und nach unten ausgebaut werden. Diese Arbeit erfordert viel Know-how und Spezialwerkzeuge. Der Verschleiß der Mitnehmerscheibe, die gewöhnlich erst nach mehr als 100.000 Kilometern zu erneuern ist, hängt von Belastung (zum Beispiel Anhängerbetrieb) und Fahrweise ab. Den Austausch von Kupplungsteilen sollten Sie ebenso wie die Arbeiten am Getriebe der Werkstatt überlassen.

Die wichtigsten Teile der Kupplung

Je nach Getriebebauweise und Motorisierung weichen auch Kupplungen in konstruktiven Details voneinander ab. Im Wesentlichen aber ist jede Kupplung zunächst einmal wartungsfrei, weil das System Kupplungsverschleiß selbsttätig ausgleicht, und arbeitet mit den gleichen Komponenten:

- Das **Schwungrad** (Motorschwungscheibe) ist fest mit der Kurbelwelle verbunden. Das Zweimassen-Schwungrad reduziert mit seinem Feder- und Dämpfersystem die Weitergabe von Motorschwingungen auf das Getriebe.
- Die **Kupplungsscheibe** (Mitnehmerscheibe) sitzt auf der Eingangswelle des Getriebes. Auf beiden Seiten sind Beläge aufgenietet.
- Die **Druckplatte** ist mit dem Schwungrad fest verschraubt. Sie presst die Kupplungsscheibe mittels Tellerfeder (Membranfeder) gegen die Schwungscheibe. Druckplatten sind korrosionsgeschützt und gefettet. Sie dürfen nur an der Anlauffläche gereinigt werden, weil sonst die Lebensdauer der Kupplung erheblich verringert wird.
- Das **Ausrücklager** gewährleistet beim Tritt aufs Kupplungspedal über die Kupplungshydraulik das Andrücken oder Lösen der Ausrückplatte auf der Ausrückwelle gegen die Tellerfeder der Kupplungsdruckplatte.

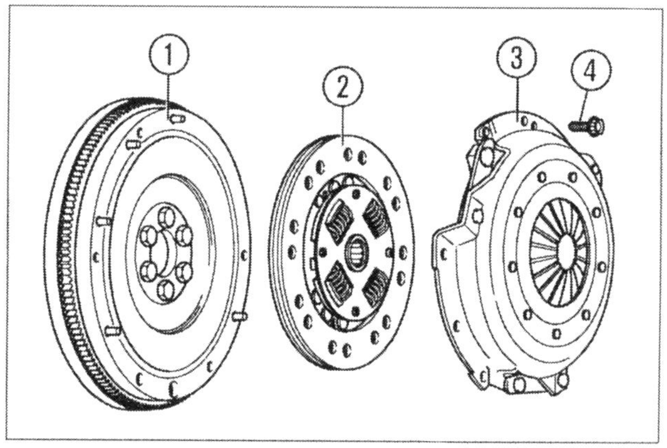

Kupplungsaufbau beim 5-Gang-Getriebe 02T: *❶ Schwungrad, ❸ Kupplungsscheibe (Mitnehmerscheibe) mit zur Druckplatte zeigendem Federkäfig, ❸ Druckplatte, ❹ Schraube.*

Hydraulisches System

Am Kupplungspedal sitzt der Geberzylinder der Hydraulik. Der Nehmerzylinder sitzt am Getriebe. Beide Zylinder sind über eine hydraulische Leitung verbunden. In der Leitung fließt dieselbe Flüssigkeit wie im Bremssystem. Ein Defekt in der Kupplungsbetätigung kann also durchaus sinkenden Pegel im Bremsflüssigkeitsbehälter verursachen. Für die Bremse besteht aber keine Gefahr: Der Entnahmestutzen zur Kupplungshydraulik ist relativ hoch am Bremsflüssigkeitsbehälter angebracht, so dass immer ein ausreichender Flüssigkeitsrest für die Bremse zurückbleibt.
Solange das Kupplungspedal nicht gedrückt wird, sorgt das Kupplungsspiel dafür, dass das Ausrücklager nicht ständig unter Druck steht. Das Kupplungsspiel verringert sich mit der Abnutzung der Beläge (Pedalspiel wird größer). Die Druckplatte nähert sich dem Ausrücklager. Liegt das Lager ohne Spiel am Aus-

rückhebel an, stützt sich die Tellerfeder der Druckplatte gegen das Ausrücklager ab. Statt die Mitnehmerscheibe gegen die Anlageflächen von Schwungscheibe und Druckplatte zu pressen, wird die Feder entlastet und die Reibungskraft geringer – die Kupplung rutscht durch. Wenn Sie das Kupplungspedal treten, überwindet das Ausrücklager die Federkraft der Tellerfeder. Die Druckplatte wird entlastet und bei völlig durchgetretenem Pedal zurückgezogen. Die Mitnehmerscheibe (Ausrückplatte) kann nun im Raum dazwischen frei umlaufen.
Beim Einkuppeln drückt die Tellerfeder der Druckplatte die Mitnehmerscheibe langsam gegen das Motorschwungrad, bis sie sich mit der gleichen Drehzahl dreht. So werden die Kräfte sanft übertragen. Dabei schleifen die Anlageflächen eine kurze Zeit aufeinander, ehe die Reibung wieder so groß ist, dass die Motorleistung vollständig auf das Getriebe übertragen wird.

Praxistipp

Die Kupplungsmörder

Anfahren mit hoher Motordrehzahl (Kavalierstart) oder im 2. Gang bewirkt einen starken Verschleiß der Kupplungsbeläge. Wenn Sie während der Fahrt den Fuß nicht neben dem Kupplungspedal abstellen, sondern ihn darauf ausruhen lassen, schleift die Kupplung ständig leicht. Das halten die besten Beläge nicht lange aus.

Ebenso wenig die Unsitte, das Fahrzeug an einer Steigung mit Kupplungs- und Gaspedal in der Waage zu halten. Wenn Sie stets mit eingelegtem 1. Gang und durchgetretenem Kupplungspedal an der roten Ampel warten, ist dies ebenfalls ein Verschleißfaktor. Dann wird nämlich das Ausrücklager stark beansprucht.

Kuppeln Sie lieber aus, solange die Ampel rot zeigt, und legen Sie den 1. Gang erst ein, wenn die Ampel auf Gelb schaltet.

Kupplung prüfen

Eine schleifende Kupplung macht sich zuerst bemerkbar, wenn Sie Ihr Fahrzeug im höchsten Gang beschleunigen. Der Motor dreht hoch, ohne dass die Fahrgeschwindigkeit zunimmt. Eine kleine Prüfung zeigt Ihnen, ob die Kupplung noch gut funktioniert. Diesen Test sollten Sie jedoch nur gelegentlich durchführen. Außerdem muss dafür die Handbremse in Ordnung sein.

Arbeitsschritte

- Handbremse anziehen und Motor starten.
- Legen Sie den 3. Gang ein; dann langsam einkuppeln und Gas geben.
- Bei einwandfreier Kupplung wird der Motor abgewürgt.
- Dreht der Motor weiter, ist ein Kupplungstausch fällig.

Trennen der Kupplung prüfen

Wenn kratzende oder krachende Geräusche den Schaltvorgang untermalen, trennt meistens die Kupplung nicht mehr richtig. Machen Sie die folgende Probe mit dem nicht synchronisierten Rückwärtsgang, damit Sie die mögliche Ursache der Geräusche durch ein defektes Getriebe ausschließen.

Arbeitsschritte

- Kupplungspedal voll durchtreten, etwa drei Sekunden warten, dann Rückwärtsgang einlegen. Wenn Sie jetzt das kratzende Geräusch hören, läuft die Mitnehmerscheibe nicht ganz frei. Dann trennt die Kupplung nicht sauber.
- Kontrollieren Sie in diesem Fall die Funktion der hydraulischen Übertragungselemente. Eventuell muss die Kupplungsbetätigung entlüftet werden. Untersuchen Sie die Teile der Kupplungsbetätigung auf Undichtigkeiten.

Praxistipp

Fahren mit defekter Kupplungsbetätigung

Wenn unterwegs die Kupplungsbetätigung ausfällt, muss das nicht unbedingt das Ende der Fahrt bedeuten. Ein nahes Ziel oder die nächste Werkstatt erreichen Sie auch ohne Betätigung der Kupplung. Bei feinfühligem Umgang mit Gaspedal und Schalthebel können Sie sogar hoch- und herunterschalten.

Anfahren: 1. Gang einlegen und Anlasser betätigen. Der Wagen ruckelt los und setzt sich mit anspringendem Motor in Bewegung. Wer während der Fahrt nicht schalten will, fährt auf diese Weise in der Ebene im 2. Gang an.

Hochschalten: 1. Gang nur knapp über Leerlaufdrehzahl hinausdrehen (ca. 1.000/min). Gas etwas zurücknehmen, Schalthebel in Leerlauf-Stellung ziehen. Wenn der Gang klemmt, ein wenig Gas geben. Dann Gaspedal loslassen und den Schalthebel sachte in Richtung des 2. Gangs drücken.

- Bei richtiger Drehzahl von Motor und Getriebe rutscht der Gang fast von selbst hinein.
- Wenn Sie zu lange gewartet haben, müssen Sie ein wenig Gas geben, damit sich die Fahrstufe ohne knirschende Zahnräder einlegen lässt.
- Hat es nicht geklappt, halten Sie nochmals an und versuchen das Ganze von neuem.
- In die weiteren Gänge schalten Sie auf die gleiche Weise hoch. Am leichtesten geht das mit niedrigen Geschwindigkeiten: In den 3. Gang bei 30 km/h, in den 4. bei 40 km/h und in den 5. bei 50 km/h.

Herunterschalten: Geht am besten bei niedrigen Drehzahlen und Geschwindigkeiten.

- Zuerst mit dem Fuß vom Gas gehen und Gang herausnehmen.
- Dann behutsam Gas geben, um die Motordrehzahl anzuheben. Gleichzeitig den Schalthebel in Richtung des niedrigeren Gangs drücken. Bei richtiger Motordrehzahl rutscht der Gang fast ohne Nachdruck hinein.

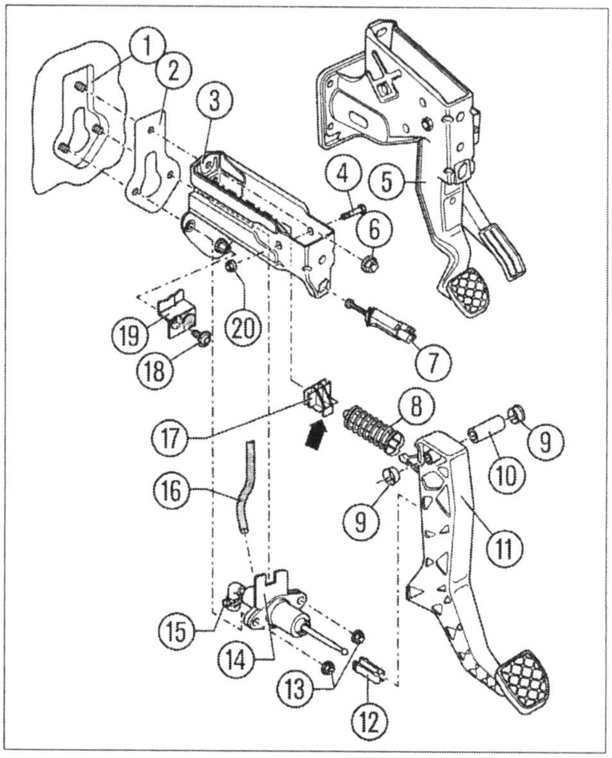

Fußhebelwerk mit Kupplungspedal: *❶ Aufnahme für Geberzylinder und Lagerbock in der Fabia-Stirnwand, ❷ Dichtung, ❸ Lagerbock, ❹/❻/⓭/⓴ Schrauben und Muttern, ❺ Fußhebelwerk Gas/Bremse, ❼ Kupplungspedalschalter, ❽ Übertotpunktfeder, ❾ Distanzbuchse, ❿ Lagerbuchse, ⓫ Kupplungspedal, ⓬ Aufnahme, ⓮ Geberzylinder, ⓯ Klammer, ⓰ Nachlaufschlauch, ⓱ Lagerung der Übertotpunktfeder (der Pfeil weist auf die Nase, die in die Aussparung des Geberzylinders eingreifen muss), ⓲ Pedalanschlagschraube, ⓳ Anschlag für das Kupplungspedal.*

Kupplungspedal aus-/einbauen

Vor den Arbeiten am Fußhebelwerk müssen Sie die Ablage Fahrerseite ausbauen (siehe Kapitel »Der Innenraum«). Alle Lager- und Berührungsflächen müssen mit Polyharnstofffett G 052 142 A2 gefettet werden. Wenn das Masseband der Batterie abgeklemmt wird, ist die Codierung des Radiogerätes zu beachten.

Arbeitsschritte

① **Ausbau**: Bauen Sie den Kupplungspedalschalter aus: Drücken Sie das Kupplungspedal nach unten, den Schalter um 90° nach rechts drehen und durch die Montageöffnung herausziehen (Einbau: Schalter durch die Öffnung führen und bis zum Anschlag nach links drehen).

② Bauen Sie die Übertotpunktfeder aus. Dazu müssen Sie ein Spezialwerkzeug, nämlich die Zange T10005, in die Vertiefungen links und rechts oben am Kupplungspedal einsetzen. Drücken Sie die Aufnahme zusammen und trennen Sie das Kupplungspedal vom Geberzylinder.

③ Drücken Sie die Übertotpunktfeder zur Stirnwand und nehmen Sie sie nach unten aus dem Lagerbock.

④ Schrauben Sie die Sechskantmutter oben links von der Lagerung des Pedals ab. Ziehen Sie die Sechskantschraube aus dem Lagerbock heraus. Entnehmen Sie das Kupplungspedal.

⑤ Der **Einbau** erfolgt in umgekehrter Reihenfolge. Dazu muss sich die Aufnahme A auf der Betätigungsstange B des Geberzylinders befinden. Zum Einrasten der Aufnahme müssen Sie das Kupplungspedal zur Stirnwand (Pfeilrichtung) drücken. Achten Sie auf korrekte Arretierung.

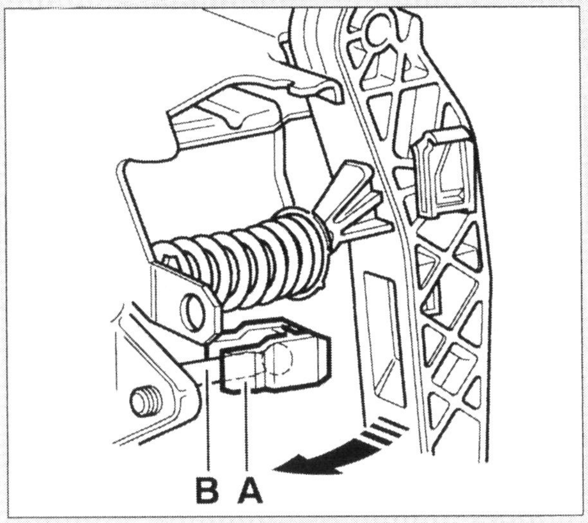

A *Aufnahme,* **B** *Betätigungsstange des Geberzylinders.*

⑥ Bauen Sie den Kupplungspedalschalter wieder ein. Führen Sie ihn dazu durch die Montageöffnung und drehen Sie ihn bis zum Anschlag nach links.

⑦ Zum Wiedereinbau der Übertotpunktfeder setzen Sie die Lagerung in den Lagerbock ein. Die Nase der Lagerung muss sich in der Aussparung des Geberzylinders befinden. Setzen Sie die Feder in die Lagerung ein.

⑧ Drücken Sie die Feder zur Lagerung hin und setzen Sie sie auf die Aufnahme des Kupplungspedals. Verbinden Sie das Kupplungspedal mit dem Geberzylinder.

Kupplungshydraulik entlüften

In der Škoda-Werkstatt wird die Hydraulikanlage der Kupplung mit dem Bremsen-Füll- und -Entlüftungsgerät Romess S15 und einem 670 mm langen Entlüfterschlauch entlüftet. Der Schlauch wird auf den Stutzen der Auffangflasche des Romess S15 sowie auf den Nehmerzylinder der Kupplung aufgesteckt. Dann wird das Entlüfterventil geöffnet. Abschließend wird das Kupplungspedal mehrmals betätigt.
Mit etwas Geschick können Sie das Entlüften aber auch ohne dieses Gerät vornehmen. Es funktioniert in etwa ebenso wie das Entlüften der Bremsanlage. Beachten Sie dabei also unbedingt die Sicherheitshinweise für den Umgang mit der giftigen Bremsflüssigkeit, die keinesfalls über einen Schlauch mit dem Mund abgesaugt werden darf.

Arbeitsschritte

① Fahrzeug vorn aufbocken und untere Motorraumabdeckung abbauen.

② Der Bremsflüssigkeitsstand im gemeinsamen Vorratsbehälter ist zu prüfen und gegebenenfalls bis zur MAX-Markierung aufzufüllen.

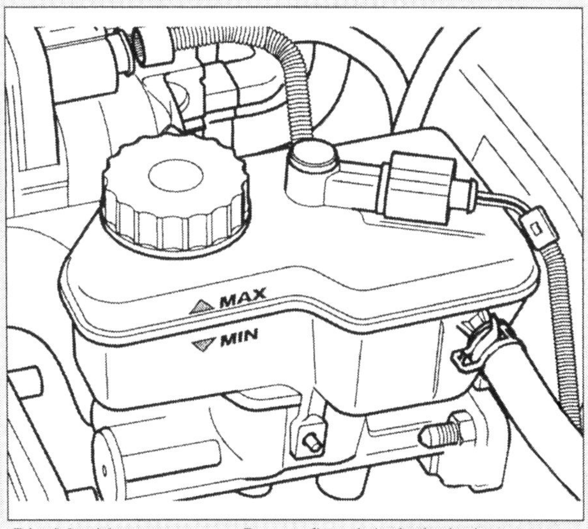

Die Markierungen am Bremsflüssigkeitsbehälter müssen beachtet werden.

③ Nehmen Sie die Schutzkappen von den Entlüftungsnippeln am Nehmerzylinder und an einer Vorderradbremse ab, um die Entlüftungsventile vorsichtig gangbar zu machen. Drehen Sie die Nippel um etwa 1,5 Umdrehungen los.

④ Verbinden Sie beide Nippel mit einem Schlauch.

⑤ Lassen Sie das Bremspedal von einem Helfer langsam durchtreten. Wenn das Pedal ganz durchgetreten ist, drehen Sie die Entlüfterschraube an der Bremse zu. Der Helfer kann das Pedal loslassen. Auf diese Weise pumpen Sie Bremsflüssigkeit von der Vorderradbremse durch die Kupplungshydraulik. Lassen Sie den Schlauch nicht abrutschen!

⑥ Behalten Sie den Flüssigkeitsstand im Bremsflüssigkeits-Behälter im Auge. Der Pegel darf nicht unter die MIN-Marke absinken.

⑦ Wenn keine Luftbläschen mehr aus der Kupplungshydraulik im Bremsflüssigkeitsbehälter aufsteigen, können Sie beide Nippel zudrehen und den Schlauch abnehmen. Die Kupplungshydraulik ist entlüftet.

⑧ Kontrollieren Sie zum Schluss noch einmal den Pegel im Bremsflüssigkeits-Behälter.

Kupplung

Störungsbeistand

Störung	Ursache	Abhilfe
A Kupplung rutscht.	**1** Kupplungsbeläge abgenutzt.	Mitnehmerscheibe ersetzen lassen.
	2 Anpressdruck der Kupplung zu gering.	Kupplungsdruckplatte ersetzen lassen.
	3 Kupplungsbelag verölt.	Mitnehmerscheibe und defekte Getriebe- oder Kurbelwellendichtung ersetzen lassen.
	4 Kupplung wurde überhitzt.	Defekte Teile ersetzen lassen.
B Kupplung trennt nicht.	**1** Luft in der Kupplungshydraulik.	Entlüften, defektes Teil ersetzen.
	2 Mitnehmerscheibe klemmt auf Getriebewelle.	Kerbverzahnung reinigen und schmieren.
	3 Mitnehmerscheibe hat Schlag.	Mitnehmerscheibe ersetzen lassen.
	4 Mitnehmerscheibe verzogen oder Belag gebrochen.	Mitnehmerscheibe ersetzen lassen.
	5 Belag nach sehr langer Standzeit an Schwungrad fest gerostet.	Brutal anfahren: Kupplungspedal dauernd durchgetreten halten. Gaspedal ruckartig durchtreten und loslassen, um die Kupplung loszubrechen. Andernfalls wechseln lassen.
C Kupplung trennt nicht und rutscht gleichzeitig durch.	Kupplungsdruckplatte defekt.	Auswechseln lassen.
D Kupplung rupft.	**1** Siehe A3.	
	2 Motor- oder Getriebeaufhängung locker oder defekt.	Motor- oder Getriebeaufhängung festziehen oder ersetzen.
	3 Unebenheiten auf der Anlagefläche von Schwungscheibe oder Druckplatte.	Defektes Teil ersetzen lassen.
	4 Falsche Beläge.	Mitnehmerscheibe ersetzen lassen.
E Kupplungsgeräusche.	**1** Unwucht der Kupplungsdruckplatte.	Defektes Teil ersetzen lassen.
	2 Torsions-Dämpferfeder defekt.	Mitnehmerscheibe ersetzen lassen.
	3 Ausrücklager defekt.	Ausrücklager ersetzen lassen.
	4 Nietverbindungen in der Kupplung locker.	Kupplungsdruckplatte ersetzen lassen.

Das Schaltgetriebe

Der Fabia wird in allen Motorisierungsvarianten mit einem 5-Gang-Handschaltgetriebe ausgestattet. Die Vorwärtsgänge beim Schaltgetriebe sind alle vollsynchronisiert, die Übersetzungsverhältnisse der einzelnen Gänge genau auf die jeweilige Motorleistung abgestimmt.

Die Zahnradsätze haben eine sehr hohe Lebenserwartung. Wenn das Getriebe trotzdem einmal defekt ist, müssen Sie die Reparatur der Werkstatt überlassen. Das Zerlegen der Wellen und Zahnräder erfordert Spezialwerkzeuge und viel Know-how. Selbst Fachwerkstätten schicken reparaturbedürftige Getriebe in der Regel zu einem Spezialbetrieb.

Neuentwicklungen im Rahmen der Plattformstrategie

Die meisten Fabia-Motorisierungsvarianten sind mit den beiden neuen 5-Gang-Schaltgetrieben 02T und 002 ausgerüstet. Dabei handelt es sich um variable neue Baugruppen, die dem Baukastenprinzip der Plattformstrategie des Konzerns entsprechen. Die Getriebe sind mittels moderner Rechentechnik entwickelt und konstruktiv hinsichtlich Gewicht, Leistung und Umweltfreundlichkeit optimiert worden.

Das Schaltgetriebe 002 ist eine Weiterentwicklung der schon im Octavia verwendeten Basisausführung. Es ist zum Einsatz in Modellreihen mit einem Drehmoment bis 150 Nm vorgesehen. Oben auf dem Getriebe ist der Schaltdeckel angeordnet, der die Schaltwelle für die innere Schaltung und die Umlenkmechanik der Seilzugschaltung aufnimmt. Die Schaltbewegungen werden von oben in das Getriebe eingeleitet.

Das Getriebe 002 wird von Škoda für ein übertragbares Drehmoment bis 150 Nm eingesetzt.

Für stärkere Motorisierungen wird, beginnend im Fabia, das neu entwickelte Getriebe 02T universell innerhalb des Konzerns eingesetzt. Es ist für Modellreihen mit einem zu übertragenden Drehmoment von maximal 200 Nm bestimmt.

Dieses Getriebe der Baureihe MQ200 ist ein extrem leichtes 2-Wellen-Getriebe. Sein aus den beiden Teilen Getriebegehäuse und Kupplungsgehäuse zusammen geschraubtes Gehäuse wird aus Magnesium gefertigt. Da Magnesium nicht die Festigkeit von Aluminium besitzt, hat es dickere Wände und stärkere Verrippung. Es ist aber um 2,5 kg leichter als ein konventionelles Alu-Gehäuse.

Die Variantenvielfalt bezüglich der Gang- und der Achsübersetzungen erlaubt für alle Fahrzeuge einen optimalen Kompromiss zwischen sportlicher und verbrauchsorientierter Getriebeauslegung. Die Schaltung des Getriebes erfolgt über Seilzüge, die Kupplungsbetätigung hydraulisch.

Getriebe und Schaltung

Technik-lexikon

Die Motorleistung wird über die Kupplung auf die Antriebswelle (Eingangswelle) des Schaltgetriebes geleitet. Auf dieser Welle sitzen fünf oder sechs Zahnräder für die Vorwärtsgänge und eines für den Rückwärtsgang. Sie stehen mit passenden Zahnrädern auf der Abtriebswelle (bei manchen Getrieben auch zwei Abtriebswellen) ständig im Eingriff.

Alle Zahnräder sind auf stiftartigen Rollen (Nadeln) gelagert. Diese Nadellager gewährleisten hohe Laufruhe. Zwischen Welle und Rad besteht keine starre Verbindung.

Die Zahnräder laufen frei um, bis eines von ihnen durchs Schalten in einen Gang mit seinem Gegenpart auf der anderen Welle gekuppelt wird. Dazu wird zunächst auf jeder Welle über einen Synchronring eine starre Verbindung zwischen Zahnrad und Welle hergestellt. Das Zahnrad sitzt dann fest auf der Welle und kann eine Kraft übertragende Verbindung mit dem Gegenrad eingehen.

Damit die Zahnräder ineinander greifen können, müssen zuerst die Drehzahlen der Wellen übereinstimmen. Zu diesem Zweck schleift ein Teil einer Welle über Reibelemente gegen einen Teil der anderen Welle. Durch die Reibung wird die schnellere Welle abgebremst, bis beide Wellen gleich (synchron) drehen. Der 1. und der 2. Gang, die auf der Abtriebswelle geschaltet werden (3., 4. und 5. Gang auf der Antriebswelle), haben eine Doppel-Synchronisierung.

Die ersten drei Gänge übersetzen die Drehzahl ins Langsamere. Der vierte Gang ist der so genannte direkte Gang, der die Motordrehzahl etwa im Verhältnis 1:1 überträgt. Im fünften und im sechsten Gang ist die Drehzahl der Abtriebswelle größer als die Motordrehzahl. Damit rückwärts gefahren werden kann, sitzt auf jeder Antriebswelle ein zusätzliches Zahnrad, das den Drehsinn der Antriebsräder umkehrt. Gegen versehentliches Einlegen des Rückwärtsganges sichert eine Tauchdrucksperre ab.

Mit dem Schalthebel wählen Sie den gewünschten Gang. Zwei Seilzüge, der Schaltseilzug und der Wählseilzug, übertragen die Bewegung des Schalthebels über Umlenkhebel und Getriebeschalthebel auf das Getriebe. Die Seilzüge koppeln besser als ein (auch übliches) Gestänge die Vibrationen und Schwingungen aus dem Triebstrangbereich ab. Die am Schalthebel eingeleitete Wählbewegung (rechts-links) wird über den Wählhebel auf den Wählseilzug in Vor- und Rückbewegung übertragen. Diese Bewegung wiederum wird durch die äußere Mechanik des Wählseilzuges in eine Auf-Ab-Bewegung der Schaltwelle umgesetzt.

Das Ausgleichsgetriebe

Eine Baueinheit mit dem Schaltgetriebe bildet das Ausgleichsgetriebe. Es ist über zwei optimierte Kegelrollenlager im Getriebe- und Kupplungsgehäuse gelagert. Zwei im Durchmesser unterschiedliche Dichtringe dichten das Gehäuse an den Flanschwellen nach außen ab. Das Zahnrad für den Achsantrieb ist mit dem Gehäuse des Ausgleichsgetriebes fest vernietet und mit dem Zahnrad der Abtriebswelle gepaart.

Arbeiten am Getriebe

Generell gilt, dass die Arbeit am Getriebe der Fachwerkstatt überlassen bleiben sollte. Wenn Sie dennoch in die Lage kommen oder wenn nur kleine Reparaturen auszuführen sind: Für einwandfreie und erfolgreiche Getriebereparatur sind größtmögliche Sorgfalt und Sauberkeit sowie die richtigen, funktionstüchtigen Werkzeuge erforderlich. Bei Instandsetzungen gelten die üblichen Grundregeln der Sicherheit. Folgende allgemeingültige Hinweise aus der Škoda-Serviceliteratur sind zu befolgen:

- Beim Einbau auf den richtigen Sitz der Passhülsen zwischen Motor und Getriebe achten;
- beim Auswechseln des Getriebes ist Getriebeöl bis zur Unterkante der Einfüllbohrung aufzufüllen;
- bei Getrieben mit Papierdichtungen sind diese immer zu ersetzen;
- bei Getrieben mit Dichtmitteln werden die Trennflächen gründlich gereinigt. Dann gleichmäßig und nicht zu dick Dichtmittel AMV 188 200 03 auftragen;
- Rundschnurringe sind zu ersetzen;
- Bei Radial-Wellendichtringen vor dem Einbau den Außendurchmesser leicht ölen, den Raum zwischen den Dichtlippen mit Fett füllen. Nach dem Einbau Getriebeölstand prüfen, ggf. bis Unterkante Einfüllbohrung ergänzen;
- Sicherungsringe dürfen nie überdreht werden. Sie sind immer zu ersetzen und müssen im Grund der Nut anliegen;
- Spannhülsen müssen immer ersetzt und mit dem Schlitz längs zum Kraftverlauf eingebaut werden;
- Bei Schrauben und Muttern sind die selbst sichernden immer zu ersetzen. Bei Befestigungen von Deckeln und Gehäusen die Schrauben und Muttern immer über Kreuz lösen und anziehen. Vorgegebene Anzugsdrehmomente gelten für ungeölte Schrauben und Muttern;
- Sämtliche Lager im Getriebe mit Getriebeöl einsetzen. Nadellager mit der beschrifteten Seite (größere Blechdicke) zum Eintreibdorn ansetzen. Kegelrollenlager auf einer Welle nur gemeinsam ersetzen und gleiche Fabrikate verwenden. Innenringe vor dem Aufpressen auf 100 °C erwärmen. Außen- und Innenringe gleich großer Lager nicht vertauschen, denn die Lager sind gepaart;
- Einstellscheiben an mehreren Stellen genau nachmessen (Mikrometerschraube). Die erforderliche Scheibendicke ist genau einzustellen. Dabei auf Grat oder Beschädigung achten und nur einwandfreie Einstellscheiben einbauen;
- Synchronringe nicht vertauschen und bei Wiederverwendung demselben Gangrad zuordnen. Immer auf Verschleiß prüfen und ggf. ersetzen, dann mit Getriebeöl einsetzen;
- Zahnräder vor dem Aufpressen reinigen und auf einer Heizplatte auf ca. 100 °C erwärmen (Temperaturmessgerät z. B. V.A.G 1558).

Schaltung einstellen

Wenn die Schaltung Probleme bereitet, kann sie unter Einsatz des Absteckstiftes T10027 eingestellt werden. Die früher recht aufwendige Montagearbeit des Ein-

stellens wurde von Škoda durch diesen Stift für den Schalthebel und durch einen Winkel am Schaltdeckel erheblich vereinfacht.
Wir demonstrieren das Einstellen am Schaltgetriebe 02T. Die Vorgehensweise ist prinzipiell auf die Getriebe 002 und 02R übertragbar. Kontrollieren Sie vor Arbeitsbeginn, ob die Teile der Schaltbetätigung nicht verbogen und die Lagerbuchsen nicht verschlissen sind. Außerdem müssen die Schaltbetätigung leichtgängig und Getriebe, Kupplung und Kupplungsbetätigung in einwandfreiem Zustand sein.

Arbeitsschritte

① Legen Sie den Leerlauf ein. Die Einstellung beginnt immer in dieser Lage.

② Am Schaltseilzug und am Wählseilzug befindet sich jeweils ein Sicherungsmechanismus. Dieser muss bis zum Anschlag nach vorn gezogen werden (Pfeil ❶). Verriegeln Sie ihn dann durch Drehen nach links (Pfeil ❷). Die Seilzüge sind jetzt gelöst und in der Länge verstellbar.

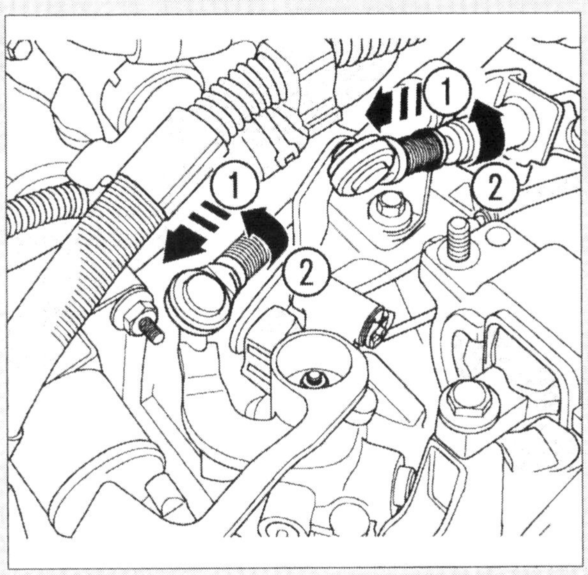

Pfeil ❶: Sicherungsmechanismus nach vorn ziehen, Pfeil ❷: nach links verriegeln.

③ Arretieren Sie jetzt die Schaltwelle. Drücken Sie dazu die Welle in der Gasse zum 1./2. Gang herunter (Pfeil ❶). Drücken Sie den am Schaltdeckel angebrachten Winkel A in Richtung Schaltwelle und drehen Sie ihn gleichzeitig in Pfeilrichtung ❷. Er rastet ein und arretiert die Schaltwelle in dieser Position.

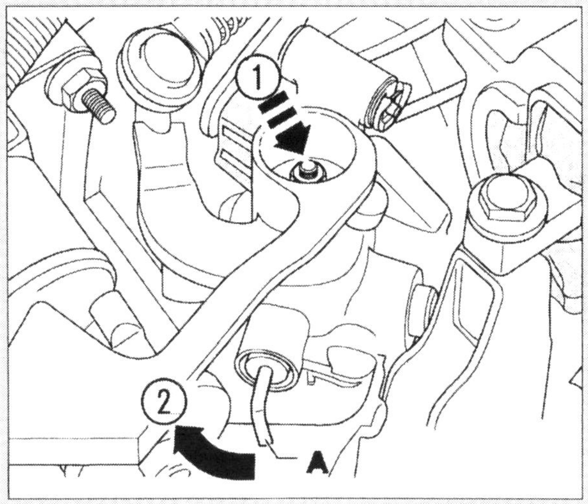

Pfeil ❶: Schaltwelle herunter drücken, Pfeil ❷ Winkel A drehen.

④ Jetzt muss der Schalthebel arretiert werden. Hebeln Sie zunächst die Manschette nach oben aus dem Rahmen für Mittelkonsole aus (Pfeile). Führen Sie den Schalthebel im Leerlauf nach links in die Gasse 1./2. Gang.

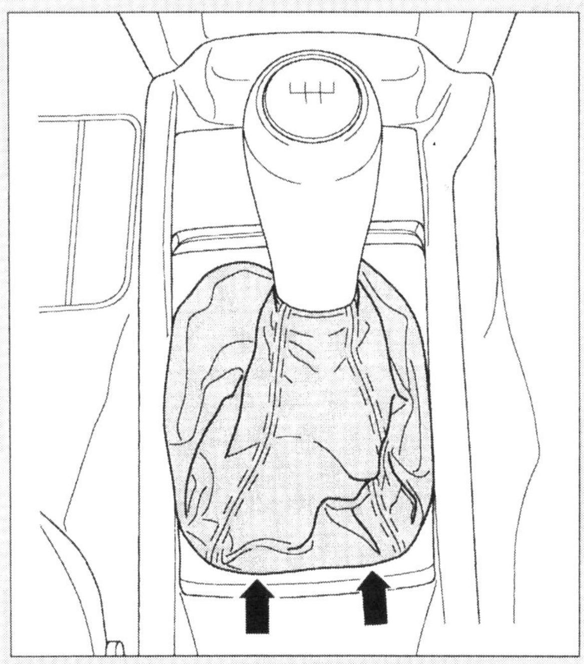

Die Manschette am Schalthebel wird nach oben ausgehebelt (Pfeile).

⑤ Der Schalthebel hat eine Fixierbohrung A. Durch diese Bohrung hindurch müssen Sie den Absteckstift T10027 in die darunter liegende Bohrung B im Schaltgehäuse stecken.

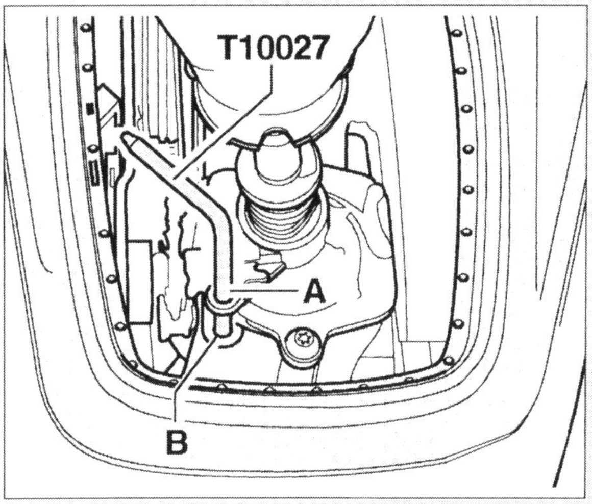

Der Absteckstift T10027 wird durch die Bohrungen A und B gesteckt.

⑥ Jetzt werden die Seilzüge festgestellt. Drehen Sie dazu den Sicherungsmechanismus an beiden Seilzügen wieder nach rechts bis zum Anschlag. Die Feder drückt den Mechanismus in die eingestellte Position und sichert diese.

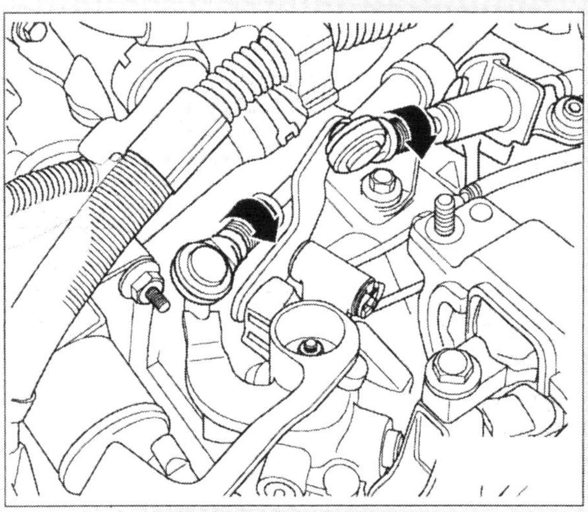

Der Sicherungsmechanismus an beiden Seilzügen wird in Richtung der Pfeile nach rechts gedreht.

⑦ Der Winkel am Schaltdeckel wird nun zurückgedreht in die Ausgangsstellung. Der Absteckstift wird aus den Bohrungen entnommen. Zum Schluss muss die Manschette wieder in den Rahmen für Mittelkonsole eingeknüpft werden.

⑧ Prüfen Sie, ob die Einstellung korrekt ist: Steht der Schalthebel im Leerlauf in der Gasse für den 3. und 4. Gang? Lassen sich bei getretenem Kupplungspedal alle Gänge sauber durchschalten? Achten Sie besonders auf die Funktion der Rückwärtsgang-Sperre. Der Schalthebel muss sich auch selbsttätig von der Gasse des 5. Gangs in die Gasse des 3. und 4. Ganges zurückstellen und darf beim Durchschalten nicht an der Abdeckung für die Mittelkonsole anstoßen.

⑨ Wenn es beim wiederholten Einlegen eines Gangs noch hakt: 1. Gang einlegen, Schalthebel ganz nach links drücken und wieder loslassen. Ein Helfer muss dabei die Schaltwelle am Getriebe beobachten: Sie soll beim Bewegen des Schalthebels einen Hub von ca. 1 mm machen. Wenn das nicht der Fall ist, Einstellprozedur wiederholen und nochmals prüfen.

Getriebeölstand kontrollieren und Getriebeöl nachfüllen

Das Schaltgetriebe ist mit einer Dauerfüllung versehen. Im Getriebe wird, anders als im Motor, das Schmiermittel nicht verbraucht. Zeigt das Getriebegehäuse von außen keine öldurchtränkte Schmutzkruste, dürfte kaum Öl fehlen. Andernfalls muss der Ölstand geprüft werden. Bei Automatikgetrieben lässt sich der Ölstand nur im Achsantrieb, im Getriebe selbst jedoch nur mit einem speziellen Diagnosegerät prüfen (Arbeit einer Fachwerkstatt).
Getriebeöl kann durch undichte Stellen ins Freie gelangen. Kontrollieren Sie daher die Dichtheit durch Augenscheinprüfung an folgenden Stellen:

- Trennstelle zwischen Motorblock und Getriebe,
- Gelenkwelle an Getriebe,
- Öleinfüllschraube und
- Ölablassschraube.

Wenn Sie Öl nachfüllen (müssen), hat das Schmiermittel den Anforderungen des Herstellers zu entsprechen. Für die 5-Gang-Schaltgetriebe 02Tund 002 (und 02R) ist Synthetik-Getriebeöl nach Spezifikation G 50 SAE 75W90 vorgeschrieben. Ein kompletter Ölwechsel ist nur nach Getriebereparaturen fällig.

① Zur Ölstandsprüfung soll das Fahrzeug absolut waagerecht stehen. Am besten eignet sich hierzu eine Montagegrube oder eine 4-Säulen-Hebebühne.

② Drehen Sie die Verschlussschraube für die Ölkontrolle und -einfüllung (Pfeile in den Abbildungen) aus dem Getriebegehäuse heraus. Läuft dann bereits etwas Getriebeöl aus, stimmt der Ölstand. Wollen Sie bei der Kontrolle ganz sicher gehen, biegen Sie ein Stück Draht rechtwinklig ab und prüfen Sie damit den Ölstand. Er soll mit der Unterkante der Einfüllöffnung übereinstimmen.

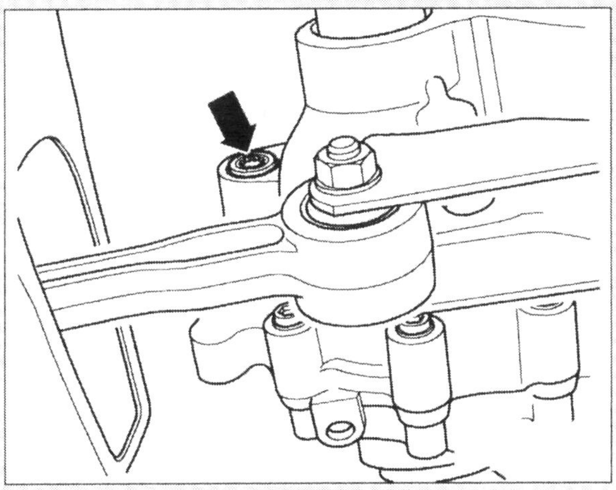

Verschlussschraube für Öleinfüllung beim Getriebe 02T.

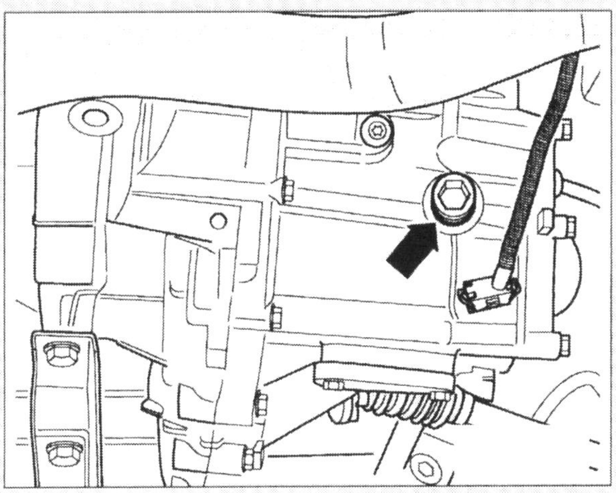

Verschlussschraube für Öleinfüllung bei Getrieben 002 und 02R.

③ Stimmt der Ölstand, drehen Sie die Einfüllschraube wieder ein und ziehen sie mit 24...25 Nm fest. Empfehlenswert ist es, die Einfüllschraube immer zu ersetzen.

④ Wenn Sie Getriebeöl nachfüllen müssen, füllen Sie bis zur Unterkante der Einfüllbohrung auf. Drehen Sie dann die Schraube ein, lassen Sie den Motor an, legen Sie einen Gang ein und lassen das Getriebe etwa 2 Minuten drehen. Stellen Sie den Motor ab, drehen Sie die Schraube heraus und kontrollieren Sie erneut. Bei Bedarf Auffüllen bis Unterkante Bohrung. Drehen Sie dann die Schraube ein und ziehen sie fest.

⑤ Wenn das Öl vollständig gewechselt werden soll, müssen Sie zunächst das alte Öl ablassen. Bei Getrieben bis Baudatum September 2001 geht das über die Ölablassschraube. Getriebe jüngeren Herstellungsdatums haben diese Schraube nicht mehr. Bei ihnen muss das Öl mit einem Absauggerät entnommen werden. Man kann es ablassen, wenn die Flanschwelle auf der Seite des Kupplungsgehäuses, der Schaltgehäusedeckel oder der Getriebedeckel abgebaut werden.

⑥ Stellen Sie eine Auffangwanne unter das Fahrzeug. Günstig ist es, den Motor auf normale Betriebstemperatur gebracht zu haben, damit das warme und dünnflüssige Getriebeöl vollständig abläuft. Für den Ölwechsel sind Trichter, Schlauch oder eine Ölspritzkanne hilfreich, denn das Einfüllen des sehr zähflüssigen Getriebeöls durch die seitliche Getriebeöffnung ist eine ziemliche Geduldsprobe. Füllen Sie neues Öl entsprechend Spezifikation ein.

⑦ Warten Sie einige Zeit, bis sich der Ölstand beruhigt hat. Bestreichen Sie die Dichtflächen der gut gereinigten (oder besser: neuen) Einfüllschraube mit Dichtmittel. Einfüllschraube einschrauben und festziehen. Fahrzeug wieder auf den Boden ablassen.

Praxistipp

Getriebegeräusche

Geräusche aus dem Getriebe deuten fast immer auf Verschleiß von Zahnrädern oder Wellenlagern hin. Solche Geräusche treten meist nur bei Fahrzeugen auf, die schon eine hohe Laufleistung auf dem Buckel haben. Kontrollieren Sie in diesem Fall zunächst einmal den Ölstand im Getriebe.

- Ein heulendes Geräusch nur in einem Gang bedeutet, dass die Verzahnung des betreffenden Gangradpaares vermutlich verschlissen ist.
- Bei Geräuschen in allen Gängen liegt die Ursache am Achsantrieb oder an den Wellenlagern des Getriebes.
- Raue, mahlende Geräusche, die erst bei warmem Getriebe hörbar werden, zeigen schlagende Synchronringe an.

Das Automatikgetriebe

Der Fabia mit dem 1,4 Liter-Ottomotor mit 55 kW/75 PS Leistung wird auch mit einem elektronisch gesteuerten 4-Gang-Getriebe ausgestattet. Dieses Automatikgetriebe 001 übernimmt beim Anfahren die Aufgaben der herkömmlichen Kupplung und während der Fahrt die sonst übliche Schaltarbeit.

Das automatische 4-Gang-Getriebe 001 ist mit vier hydraulisch angesteuerten Vorwärtsgängen ausgestattet. Der 3. und 4. Gang werden bei geschlossener Überbrückungskupplung durch Umgehen des Wandlerschlupfes zu mechanisch angetriebenen Gängen.

Als Schmierstoff für das Planetengetriebe und den Achsantrieb der Automatik dient ATF (**A**utomatic **T**ransmission **F**luid) der Spezifikation Ersatzteilnummer G 052 990 A2. Dafür ist eine Lebensdauerfüllung von 5,7 Litern vorgesehen, die im Rahmen der Wartung nicht gewechselt werden muss. Die wesentlichen Baugruppen des Automatikgetriebes sind

- der Drehmomentwandler mit integrierter Überbrückungskupplung, der als hydraulische Anfahrkupplung dient und das Motordrehmoment auf das Getriebe überträgt. Er treibt auch die ATF-Pumpe an. Die Überbrückungskupplung kann den 3. und 4. Gang mechanisch ohne Schlupf antreiben;
- das Planetengetriebe. Es ist der mechanische Teil des automatischen Getriebes und wird über Kupplungen und Bremsen ohne Kraftflussunterbrechung geschaltet;
- öldruckbetätigte Lamellenkupplungen, Lamellenbremse und Bandbremse; sie sind den einzelnen Elementen des Planetengetriebes zur Gangwahl ohne Kraftflussunterbrechung und zum Halten der drehenden Teile zugeordnet. Im Unterschied zu den Kupplungen stützen sich die Bremsen am Getriebegehäuse ab;
- die ATF-Pumpe und der ATF-Kühler;
- Freiläufe zur Optimierung der Lastzuschaltung;
- der Achsantrieb und
- die elektronisch-hydraulische Getriebesteuerung.

Die Elektronik des Automatikgetriebes 001

Ein Automatikgetriebe ist heute ohne den Großeinsatz von Elektronik nicht mehr denkbar. Die Fabia-Getriebeautomatik verfügt über das Steuergerät J217 für automatisches Getriebe. Dieses ist links hinter Motor und Getriebe im Motorraum eingebaut und steht in ständigem Austausch mit dem Motorsteuergerät J537 (für 4 LV) links hinten im Motorraum an der Stirnwand. Das Getriebesteuergerät legt die Schaltpunkte fest. Es verfügt über die beiden Programme SPORT oder ECO, die je nach Fahrerwunsch automatisch geschaltet werden, indem die Elektronik die Informationen zur Fahrweise auswertet. Zur Selbstdiagnose des Steuergerätes gibt es einen Anschluss in der Ablagemulde unter der Lenksäule.

Weitere Komponenten, die bei der elektronischen Steuerung des Automatikgetriebes eine Rolle spielen, sind:

- der Winkelgeber G187 für Drosselklappenantrieb in der Drosselklappen-Steuereinheit J338, deren Steuersignale über das Motorsteuergerät an das Getriebesteuergerät gegeben werden;
- die Geber G38 für Getriebedrehzahl (erfasst die Drehzahl der Kupplung K3 und meldet sie dem Getriebesteuergerät), G68 für Fahrgeschwindigkeit (erfasst die Drehzahl des Abtriebsrades und meldet sie dem Getriebesteuergerät) sowie G93 für Getriebeöltemperatur (ATF). Steigt die ATF-Öltemperatur auf über 120 Grad, wird die Wandlerüberbrückung früher geschlossen;
- der von der Ölwanne umschlossene Schieberkasten unten am Getriebe mit den sechs Magnetventilen N88 bis N93. Seine Ventile regeln den hydraulischen Druck und verteilen ihn über die Ölkanäle auf die Schaltglieder (Kupplungen und Bremsen). N91 und N93 sind Modulationsventile, die stufenlos den Öldruck einstellen. Die anderen vier sind Schaltventile für Gänge, Freilauf oder Wandlerüberbrückungskupplung;
- der Multifunktionsschalter F125 am Getriebegehäuse. Er wird über den Wählhebelseilzug vom Wählhebel betätigt und erfasst die Stellungen P, R, D, 3, 2 oder 1 und meldet sie an das Getriebesteuergerät;
- der Magnet N110 für Wählhebelsperre in der Schaltbetätigung;
- die Geber G79 und G185 für Gaspedalstellung mit Kick-down-Schalter F8. Tritt der Fahrer das Gaspedal bis zum Anschlag, schaltet das Getriebe bis zu zwei Stufen direkt herunter, danach eine weitere. Nagelt der Fahrer das Gaspedal länger am Bodenblech fest, wird die Klimaanlage abgeschaltet, um mehr Motorleistung zur Verfügung zu stellen. Fällt dieser Schal-

ter aus, holt sich das Steuergerät entsprechende Informationen vom Drosselklappen-Geber;
- der Bremslichtschalter F im Fußhebelwerk, der mit dem Steuergerät J104 für ABS zusammenwirkt, und
- das Relais J207 für Anlasssperre und Rückfahrlicht auf dem Relaisträger.

Das Steuergerät J217 für automatisches Getriebe erhält Informationen von allen Bauteilen, die Einfluss auf die Schaltungen haben, und gibt sie an den Schieberkasten mit den Magnetventilen weiter. Dieser steuert durch hydraulische Schaltungen die Schaltelemente an.

Steuergerät und Notlaufprogramm

Das Steuergerät erkennt Fehler während des Fahrzeugbetriebes und speichert sie im Fehlerspeicher ab. Es unterscheidet nach Auswertung der Informationen zwischen sporadischen und zur Zeit vorhandenen (statischen) Fehlern. Ist ein statischer Fehler für eine bestimmte Zeit oder eine längere Fahrstrecke nicht mehr gegeben, wird er zum sporadischen Fehler. Diese werden bei Abfrage auf dem Display als SP gekennzeichnet. Tritt nach einer bestimmten Zeit oder einer längeren Fahrstrecke ein sporadischer Fehler nicht mehr auf, wird er automatisch im Fehlerspeicher gelöscht. Der Fehlerspeicher ist ein Dauerspeicher. Fehler werden nicht gelöscht, wenn das Steuergerät spannungslos ist. Um bei erkannten Fehlern (Leitungsunterbrechung, Kurzschluss, defekte Bauteile) die Fahrsicherheit weiter zu gewährleisten, das Getriebe vor Schaden zu schützen und dabei das Fahrverhalten so wenig wie nötig zu beeinträchtigen, gibt es Ersatzfunktionen und Notlaufprogramme. Fällt z. B. der Multifunktionsschalter F125 während der Fahrt aus, geht das Steuergerät in den Notlauf (gestartet werden kann das Fahrzeug mit ausgefallenem F125 nicht mehr). Ihr Fahrzeug bleibt im Notlauf also fahrtüchtig, muss aber so schnell wie möglich in die Werkstatt. Das Getriebe wird so lange im Notlauf betrieben, bis der Fehler beseitigt wurde oder das Steuergerät ihn über eine bestimmte Zeitdauer nicht mehr erkennt.
Fällt das Steuergerät aus, ist auch noch eine Weiterfahrt im Notlauf möglich. Sie müssen dann den Wählhebel betätigen: Der 3. Gang, der 1. Gang und der Rückwärtsgang bleiben funktionsfähig.

Der Drehmomentwandler

Zwischen Planetengetriebe und Motor sitzt ein hydraulischer Drehmomentwandler, der mittels einer Wandlerflüssigkeit das eingeleitete Motor-Drehmoment ans Getriebe weitergibt. Dazu treibt der Motor das ATF-Pumpenrad im Drehmomentwandler an. Die ATF-Flüssigkeit wird über ein so genanntes Leitrad gegen das mit dem Getriebe verbundene Turbinenrad gedrückt, das sich dann in Bewegung setzt.
Zwischen dem Pumpenrad und dem Turbinenrad besteht immer eine gewisse Drehzahldifferenz. Sie ist beim Anfahren am größten und nimmt mit zunehmender Geschwindigkeit immer mehr ab. Es herrscht also immer ein gewisser Schlupf. Bei hohen Drehzahlen werden nur noch 85 Prozent des Motordrehmoments weitergeleitet. Deshalb verursacht eine Automatik gegenüber handgeschalteten Getrieben einen etwas höheren Kraftstoffverbrauch. Um diesen Nachteil zu vermeiden, werden die Automatikgetriebe mit der Wandlerüberbrückungskupplung ausgestattet. Sie ist einer Kupplungsscheibe nicht unähnlich: Bei geschlossener Überbrückungskupplung drückt ein Reibbelag auf den Wandlerdeckel. Auf der anderen Seite ist die Kupplung über eine Verzahnung mit der Getriebeeingangswelle formschlüssig verbunden.
Beim Fabia treten wegen der permanenten Entwicklungsarbeiten unterschiedliche Drehmomentwandler auf. Zur Unterscheidung haben die Drehmomentwandler drei Kennbuchstaben auf dem Umfang. Die Kennbuchstaben verweisen auf die Zuordnung zu Getrieben mit bestimmten Kennbuchstaben. Die von Juli 2000 bis November 2002 gebauten Automatikgetriebe (Kennbuchstaben ESK) und die am Dezember 2002 gebauten Automatikgetriebe (Kennbuchstaben GJF und GJG) haben Drehmomentwandler mit der Kennung AAN. Bei eingebautem Getriebe kann diese Kennung gesehen werden, indem das Abdeckblech von einem kleinen Sichtfenster ausgebaut wird.

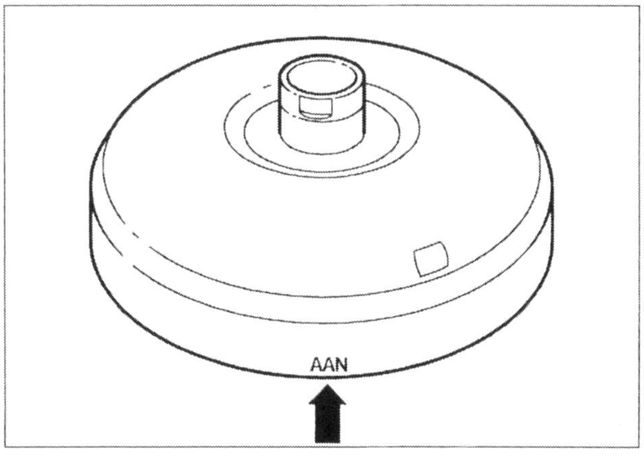

Drehmomentwandler AAN (Pfeil) für automatisches Getriebe 001.

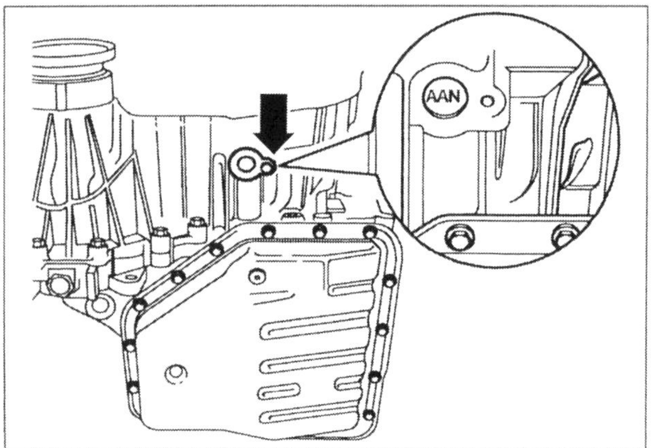

Abdeckblech (Pfeil) des Sichtfensters für Drehmomentwandler-Kennbuchstaben am Getriebe.

Bei Verschmutzung des ATF durch Abrieb oder bei Grundüberholung des Getriebes muss der Drehmomentwandler entleert werden. Dazu muss vom ausgebauten Wandler mit Spezialwerkzeugen (Treibhülse T30024 und Ausdrückhebel MP 3-418) ein Dichtring ausgebaut werden. Mit dem Hebel wird er ausgebaut, mit der Hülse wieder bündig eingetrieben. Die Ölfüllung kann bei ausgebautem Dichtring entleert werden. Den Wandler mit 1,5 Liter ATF (G 052 990 A2) befüllen und wieder einbauen. Der Antrieb oben am Drehmomentwandler muss in die Aussparungen des Innenrades der ATF-Pumpe fassen. Der Wandler ist korrekt eingebaut, wenn das Maß zwischen Anschraubflansch Getriebegehäuse und Anlagefläche Führungszapfen des Wandlers 18 mm beträgt.

Stellungen des 01M-Wählhebels

Technik-lexikon

Die Position des Wählhebels wird in der entsprechenden Anzeige im Kombiinstrument angezeigt.

P (Parksperre und auch Startposition): In dieser Position wird das Antriebsrad im Ausgleichsgetriebe des Getriebes blockiert. Die Räder lassen sich in dieser Stellung nicht drehen und bleiben blockiert. Bei Stellung P kann der Zündschlüssel abgezogen werden.

R (Rückwärtsgang): Um diesen Gang einzulegen, muss der Wagen stehen oder der Motor im Leerlauf drehen. In Stellung R leuchten bei eingeschalteter Zündung die Rückfahrscheinwerfer.

N (Neutral oder Leerlauf): In dieser Position besteht zwischen Motor und Antriebsrädern keine Verbindung, es wird kein Drehmoment übertragen. Die Stellung N ist auch eine Startposition.

D (Drive; automatische Fahrstellung): Es ist der Vorwärts-Fahrbereich mit automatischer Schaltung aller vier Gänge.

3 Vorwärts-Fahrbereich 3: Die Gänge 1 bis 3 schalten automatisch, der 4. Gang wird nicht benutzt.

2 Vorwärts-Fahrbereich 2: Die Gänge 1 und 2 schalten automatisch, die Gänge 3 und 4 werden nicht benutzt.

1 Vorwärts-Fahrbereich 1: Es wird nur der 1. Gang benutzt.

Diese Fahrstufen sind bei häufigem, kurzzeitigem Gangwechsel, bei langen oder extremen Gefällestrecken und Steigungen oder bei Eis und Schnee empfehlenswert.

Wählhebelsperre: In den Stellungen P und N ist der Wählhebel auch bei eingeschalteter Zündung gesperrt. Zum Entriegeln der Sperre müssen gleichzeitig die Fußbremse und die Sperrtaste am Wählhebel betätigt werden. Erst dann lässt sich eine Fahrstufe einlegen.

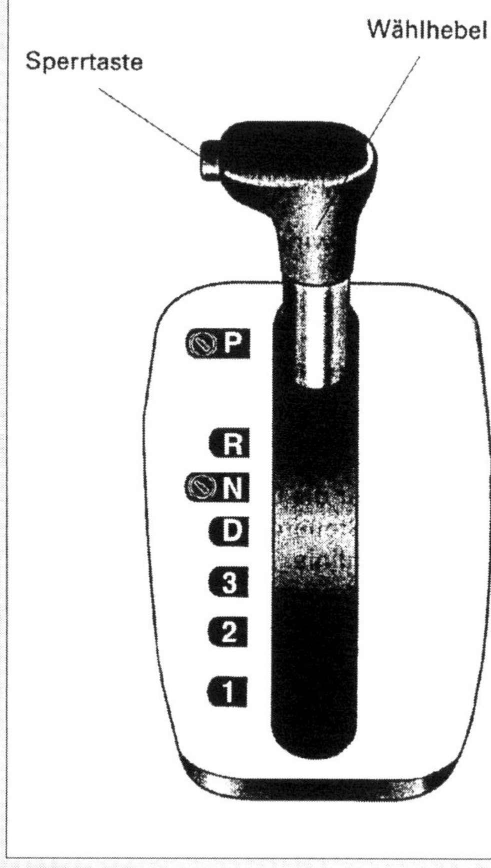

Der Wählhebel des Automatikgetriebes 001.

Praxistipp

Vorsicht beim Abschleppen

Springt Ihr Auto mit Automatikgetriebe einmal nicht an, helfen Anschieben oder Anschleppen nicht weiter. Ein Starten des Motors ist dann wegen des fehlenden ATF-Drucks nicht möglich. Versuchen Sie es daher zunächst mit Starthilfekabeln. Müssen Sie Ihr Fahrzeug abschleppen lassen, dann nur in Vorwärtsrichtung bei Wählhebelstellung »N«. Dabei nicht schneller als 50 km/h fahren und höchstens 50 km weit schleppen, sonst reicht die Getriebeschmierung wegen Überhitzung nicht aus. Lassen Sie im Zweifelsfall das Auto lieber verladen.

Von einem Abschleppwagen darf das Fahrzeug nur vorn angehoben werden.

Automatikgetriebe prüfen

Achten Sie während der Fahrt gelegentlich darauf, ob das Automatikgetriebe noch richtig funktioniert. Die Art, wie die Schaltvorgänge erfolgen, gibt Aufschluss über den Zustand der Automatik.

Arbeitsschritte

Hochschalten: Bei teilweise durchgetretenem Gaspedal ist der Gangwechsel kaum wahrnehmbar; bei Vollgas oder Kickdown werden die Übergänge zwar etwas deutlicher, doch muss der höhere Gang stets geschmeidig fassen. Kurzes Hochdrehen des Motors beim Gangwechsel deutet auf Fehler hin, die genauer untersucht werden müssen.

Herunterschalten: Das Herunterschalten darf bei niedrigen Geschwindigkeiten (Fuß vom Gas) kaum spürbar sein. Ein Stoß ist beim Zurückschalten mit Teil- oder Vollgas normal. Das Zurückschalten ohne Gas mit dem Wählhebel dauert eine bis zwei Sekunden. Wird bei zwangsweisem Zurückschalten mit dem Wählhebel zugleich Gas gegeben, erfolgt der Gangwechsel ohne Verzögerung.

ATF-Stand prüfen, ATF nachfüllen

Ohne ATF darf der Motor nicht gestartet werden. Lassen Sie das Fahrzeug dann auch nicht abschleppen! Nachfüllen nur mit Automatikgetriebeöl G 052 990 A2 nach Škoda-Ersatzteile-Katalog. Das automatische Getriebe 001 (Planetengetriebe plus Achsantrieb) ist neu mit 5,7 Litern ATF gefüllt. Es ist eine Lebensdauerfüllung, Wechsel ist nicht vorgesehen.

Befindet sich ATF im Getriebe, dann ist zu berücksichtigen: Eine zu kleine und eine zu große Füllmenge beeinträchtigen gleichermaßen die Funktion des Getriebes. Es muss also Prüfung erfolgen.

Zur Prüfung wird der Fahrzeugsystemtester V.A.G 1552 mit Diagnoseleitung, zum Nachfüllen das ATF-Befüllsystem V.A.G 1924 gebraucht. Für die Prüfung darf das Getriebe nicht im Notlaufprogramm arbeiten. Die ATF-Temperatur soll zu Prüfungsbeginn 30 °C nicht übersteigen. Das Fahrzeug steht waagerecht, der Wählhebel ist auf P gestellt. Klimaanlage und Heizung sind ausgeschaltet.

Arbeitsschritte

① Der Vorratsbehälter des ATF-Befüllsystems wird innen an der hochgeklappten Motorhaube befestigt. Der Fahrzeugsystemtester wird mit der Diagnoseleitung am Steckplatz Ablage unter der Lenksäule angeschlossen.

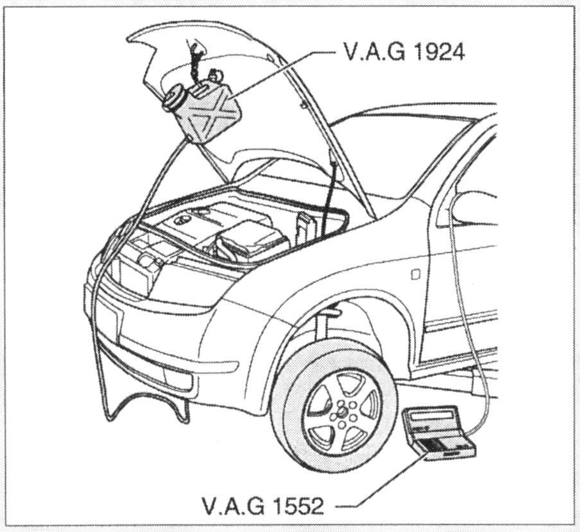

ATF-Stand prüfen: *Vorratsbehälter befestigen und Systemtester anschließen.*

② Geben Sie das Adresswort **02 Getriebeelektronik** ein. Schalten Sie weiter, bis **Funktion anwählen XX** am Display angezeigt wird. Dann wird der Motor angelassen.

③ Fahrzeug anheben und einen Auffangbehälter unter das Getriebe (vorn links in Radnähe) stellen. Am Tester sind 0 und 8 zu drücken und diese Eingabe mit Q zu quittieren. Dann 0, 0 und 2 eingeben und wieder mit Q quittieren. Am Display wird jetzt im dritten Anzeigeblock die ATF-Temperatur angezeigt, die nicht über 30 °C liegen soll. Lassen Sie nun den Motor laufen, bis das ATF die Prüftemperatur von 35 bis 45 °C (in heißen Ländern: 50 °C) erreicht hat.

④ Bauen Sie die Verschlussschraube zur ATF-Kontrolle unten in der Ölwanne aus. Von unten in die Ölwanne hineingeschraubt (Innensechskant, 2 Nm) ist das Überlaufrohr mit der Verschlussschraube am unteren Ende, nach oben über das Ölwannenniveau hinaus ragt das Einfüllrohr mit Verschlusskappe. Wenn Sie die Verschlussschraube ausgebaut haben, läuft im Überlaufrohr vorhandenes ATF ab.

⑤ Wenn ATF heraustropft, ist Nachfüllung nicht erforderlich. Dann wird die Verschlussschraube mit einem neuen Dichtring versehen und mit 15 Nm festgezogen. Die Prüfung ist damit abgeschlossen.

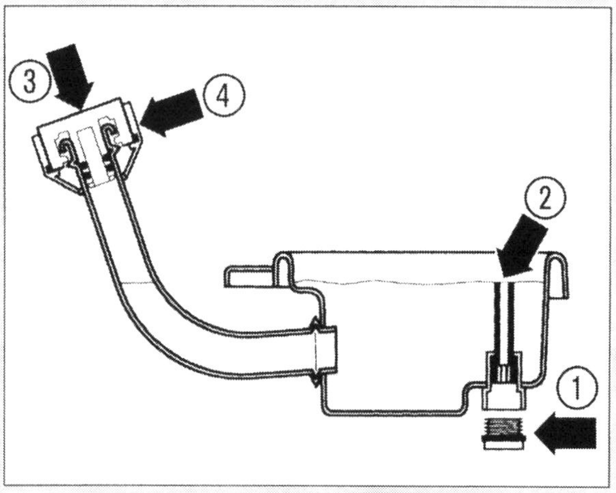

Schnittbild ATF-Ölwanne: ❶ *Verschlussschraube mit Dichtring,* ❷ *Überlaufrohr,* ❸ *Verschlussstopfen und* ❹ *Kappe des Einfüllrohres.*

⑥ Wenn kein ATF austritt und also nachgefüllt werden muss: Hebeln Sie die Verschlusskappe des Einfüllrohres mit einem Schraubendreher ab. Die Verrastung der Kappe wird dabei zerstört. Deshalb muss die Kappe bei Abschluss der Prüfung ersetzt werden. Ziehen Sie den Verschlussstopfen vom Einfüllrohr.

⑦ Füllen Sie ATF mit dem Befüllsystem ein, bis ATF unten aus der Kontrollbohrung austritt. Dann kann die Verschlussschraube mit einem neuen Dichtring eingedreht und mit 15 Nm festgezogen werden. Die ATF-Stand-Prüfung ist dann abgeschlossen. Auf das Einfüllrohr kann der Verschlussstopfen gesteckt und mit neuer Kappe gesichert werden.

⑧ Wenn das ATF vollständig ersetzt werden soll: Auffangbehälter unterstellen, Verschlussschraube aus Kontrollbohrung ausbauen, Überlaufrohr durch die Bohrung ausschrauben, ATF ablaufen lassen, Überlaufrohr einbauen, Verschlussschraube handfest einbauen. Etwa 2,0 Liter ATF (G 052 990 A2) durch das Einfüllrohr einfüllen. Motor anlassen und im Stand einmal alle Wählhebelstellungen durchwählen. Anschließend entsprechend vorangegangener Beschreibung den ATF-Stand prüfen und ergänzen.

Automatikgetriebe

Störungsbeistand

Störung	Ursache	Abhilfe
A Verzögerter Einschaltstoß bei manueller Gangvorwahl.	**1** ATF-Stand stimmt nicht.	Prüfen (lassen).
	2 Mehrfachstecker sitzen nicht korrekt oder sind oxidiert.	Alle Steckverbindungen kontrollieren.
	3 ATF verunreinigt.	ATF wechseln (lassen).
	4 Gestörte Kupplungs- oder Bremsband-Funktion bzw. falscher Steuerdruck.	Druckprüfung durchführen lassen.
	5 Schaltzug beschädigt, klemmt oder falsch eingestellt.	Einstellen (lassen).
B Harter Einschaltstoß bei Vorwärts- oder Rückwärtsgang-Vorwahl.	**1** Siehe A1 – 4.	
	2 Leerlaufdrehzahl zu hoch.	Leerlaufdrehzahl einstellen (lassen).
	3 Unterdrucksystem undicht.	»Falschluft«-Prüfung durchführen.
	4 Achswellengelenke oder Motorlager ausgeschlagen.	Kontrollieren und ggf. erneuern (lassen).

Automatikgetriebe (Fortsetzung)

Störungs-beistand

Störung	Ursache	Abhilfe
C Schaltzeitpunkte unkorrekt.	**1** Siehe A1, 3 und 4.	
	2 Steuergerät hat Defekt.	Überprüfen und ggf. austauschen lassen.
D Fahrzeug fährt in der 2. oder 3. Fahrstufe an.	**1** Siehe A1, 4 und 5.	
	2 Siehe C2.	
	3 Druckprobleme durch innere Undichtigkeiten.	Druckprüfung durchführen und Getriebe überholen lassen.
E Getriebe schaltet direkt von der 1. in die 3. Fahrstufe.	**1** Siehe A1 und 4.	
	2 Bremsband verschlissen.	Erneuern lassen.
F Kein Zurückschalten bei Kickdown.	**1** Siehe A1, 4 und 5.	
	2 Siehe C2.	
G Motor dreht beim Zurückschalten zwischen den Fahrstufen hoch.	**1** Siehe A1, 4 und 5.	
	2 Siehe C2.	
	3 Siehe E2.	
H Keine Motorbremswirkung.	**1** Siehe A1 – 5.	
	2 Siehe C2.	
	3 Siehe E2.	
I Parksperre hält nicht in Wählhebelposition »P«.	Siehe A5.	
J Motor kann in »N« oder »P« nicht gestartet werden.	**1** Siehe A2 und 5.	
	2 Magnetschalter defekt.	Kontrollieren und ggf. auswechseln lassen.
	3 Bremsfunktionsschalter defekt.	Kontrollieren und ggf. auswechseln.
K Motor kann in allen Wählhebelpositionen gestartet werden.	**1** Siehe A5.	
	2 Schalter der Startsperre defekt oder Kabel hat Masseschluss.	Überprüfen und ggf. austauschen lassen.
L Kein Antrieb in allen Wählhebelpositionen.	**1** Siehe A1 und 5.	
	2 Innere Undichtigkeiten.	Druckprüfung durchführen und Getriebe überholen lassen.
	3 Kupplungen oder Bremsband verschlissen.	Getriebe überholen lassen.
	4 Drehmomentwandler defekt.	Austauschen lassen.
M Kein Antrieb im Rückwärtsgang bzw. Schlupf und Rattern (Vorwärtsgänge in Ordnung).	**1** Siehe A1 und 5.	
	2 Rückwärtsgang-Kupplung verschlissen.	Überprüfen lassen.

Automatikgetriebe (Fortsetzung)

Störungsbeistand

Störung	Ursache	Abhilfe
N Kein Antrieb in Wählhebelposition »D«, »1« und »2« (Rückwärtsgang in Ordnung).	**1** Siehe A1, 4 und 5.	
	2 Siehe L3.	
O Kein Hochschalten in Wählhebelstellung »D«.	**1** Siehe A1 und 3 – 5.	
	2 Siehe C2.	
P Schlürfgeräusche oder plötzliche Kraftschlussunterbrechung beim Anfahren.	Siehe A1, 4 und 5.	
Q Getriebe wird zu heiß.	**1** Siehe A1, 3 und 4.	
	2 Siehe B2.	
	3 Zuglast (bei Hängerbetrieb) zu hoch.	Siehe Kfz-Schein.
	4 Ölkühler oder/und Ölleitungen verengt oder verstopft.	Reinigen oder auswechseln (lassen).

Der Achsantrieb

Das Getriebe gibt das gewandelte Drehmoment über ein kleines und ein großes Zahnrad (Achsantriebsrad) an den Achsantrieb weiter. An das große Zahnrad ist das Gehäuse des Achsantriebs angeschraubt. Die Antriebswellen stellen die kraftschlüssige Verbindung zwischen Achsantrieb und Radnabe her.

Die Funktion des Achsantriebs

Der Achsantrieb sitzt mit dem Ausgleichsgetriebe (Differenzial) und dem Schaltgetriebe (oder Automatikgetriebe) in einem Gehäuse. Darin befinden sich auch vier ineinander greifende Kegelräder, von denen zwei mit den Antriebswellen verbunden sind. Bei Geradeausfahrt rollen beide Vorderräder mit der Drehzahl des Achsantriebsrades. Das Ausgleichsgetriebe dreht im gleichen Tempo, die Kegelräder stehen still.

Bei Kurvenfahrt muss das kurvenäußere Rad einen längeren Weg zurücklegen als das innere. Die unterschiedlichen Radumdrehungen müssen also ausgeglichen werden, da sonst der Wagen ruckartig mit durch-

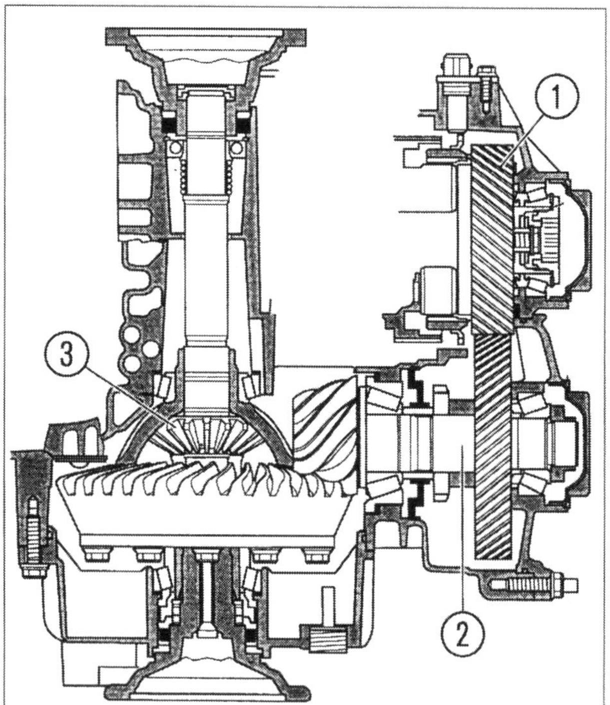

Achsantrieb im Schnitt. *Die Kraft verläuft über das Antriebsrad ❶ über den Triebling ❷ zum Ausgleichsgetriebe (Differenzial) ❸.*

drehenden Vorderrädern durch die Kurven fahren würde. Jetzt treten die Kegelräder in Aktion: Die schnellere Drehung des äußeren Kegelrades wirkt über die beiden Übertragungskegelräder auf das Kegelrad auf der Kurveninnenseite ein. Dieses dreht sich dann langsamer.
Vom Ausgleichsgetriebe erfolgt die Kraftübertragung über zwei Antriebswellen (Gelenkwellen) auf die Vorderräder. Dabei kommen zwei verschiedene Gelenk-Typen zum Einsatz: Eine Version sind die so genannten homokinetischen Gelenke oder Gleichlaufgelenke. Bei ihnen laufen beim Knicken des Gelenks sechs Kugeln in speziell geschliffenen Laufbahnen. So kann bei jedem Beugewinkel der Antriebswelle eine gleichmäßige Kraftübertragung gewährleistet werden. Die andere Version sind die Tripodegelenke. Statt der sechs Kugeln besitzt dieses Gelenk drei Rollen auf Nadellagern. Diese Technik überträgt weniger Schwingungen vom Antrieb zur Karosserie.

Wenn die Antriebswelle knackt

Praxistipp

Die Lebensdauer der Antriebswellen hängt auch von Ihrer Fahrweise ab. Vermeiden Sie Vollgasstarts mit eingeschlagenen Vorderrädern und Anfahren mit durchdrehenden Antriebsrädern. Geräusche, die auf einen Defekt hinweisen, können plötzlich auftreten, dann aber wieder für mehrere Tage aufhören.

- Rhythmische Schlag- oder Knack-knack-knack-Geräusche beim Gasgeben und im Schiebebetrieb (können sich beim Lenkeinschlag verändern) deuten auf einen Defekt am radseitigen Gelenk hin.
- Wenn bei eingeschlagenen Rädern das Lenkrad vibriert und zittert, ist vermutlich ebenfalls das äußere Gelenk beschädigt.
- Ein Knackgeräusch beim Anfahren mit eingeschlagenen Rädern kann einen Defekt an der Antriebswelle bedeuten. Achtung: Ein Schaden am Radlager äußert sich mit dem gleichen Symptom!

Manschetten der Antriebswellen prüfen

Arbeitsschritte | W 12 Monate

① Wagen vorn mit frei hängenden Rädern aufbocken.

② Am Rad drehen und beide Gummimanschetten der Welle auf feine Risse und spröde Stellen kontrollieren. Dringen Schmutz und Feuchtigkeit ein, dauert es nur kurze Zeit, bis das Gelenk hinüber ist.

③ Sitz der Haltebänder prüfen.

Bei der Kontrolle der Gelenkmanschetten sollten Sie auch den festen Sitz der Spannbänder (Pfeil) überprüfen.

④ Fettspuren an der Manschette sind ein Alarmsignal. Wenn Schmiermittel fehlt, kann nämlich das Gelenk zerstört werden.

⑤ Beschädigte Manschetten sofort ersetzen. Dazu muss allerdings die Antriebswelle aus dem jeweiligen Antriebsgelenk ausgebaut werden (Werkstatt).

DAS FAHRWERK

Das Fahrwerk des Fabia mit seiner McPherson-Federbein-Vorderachse folgt neuesten Erkenntnissen des Automobilbaus. Neu sind die zweireihigen Schrägkugellager mit integrierter Radnabe als Radlager. Stand der Technik verkörpert auch die Verbundlenkerachse hinten. Doppelwandiges Trägerprofil ergibt einen hohlen Grundkörper, der die Achse sehr stabil macht.

Wartung

Reparatur

Ausgereifte Technik ist auch beim Fahrwerk Ihres Fabia zuständig für Fahreigenschaften und Fahrkomfort. Das Fahrwerk hat vor allem die Aufgabe, die Räder bei ihrer Bewegung präzise zu führen. Nur dann bleibt das Auto sicher beherrschbar. Dieser Job ist nicht einfach: Die Räder müssen sich bei der Fahrt nicht nur drehen, sondern auch Auf- und Abwärtsbewegungen durchführen. Schließlich ist keine Fahrbahn völlig eben.

Auch beim Bremsen, beim Beschleunigen und bei der Fahrt durch eine Kurve entstehen erhebliche Kräfte, mit denen das Fahrwerk fertig werden muss. Das geht jedoch nur, wenn seine Komponenten optimal aufeinander abgestimmt sind. Zum Fahrwerk gehören die Federung und Dämpfung, die Radaufhängung an Vorder- und Hinterachse, die Lenkung sowie die Räder und Reifen. Die Bremsen, ebenfalls Teil des Fahrwerks, stellen wir Ihnen in einem eigenen Kapitel vor.

Auslegung des Fahrwerks

Die richtige Radaufhängung ist eine Wissenschaft für sich. Fahren Sie mit Ihrem Wagen zum Beispiel über eine Bodenwelle oder mit hohem Tempo durch eine Kurve, verändert sich jedes Mal die Geometrie der Räder, die in genau definierten Winkeln zur Fahrzeugachse stehen. Die Reifen dürfen nie den Kontakt zur Fahrbahn verlieren, weil sie dann keine Brems- und Lenkkräfte mehr übertragen können.

Damit die Räder auf dem Boden bleiben, tritt die Federung in Aktion. Sie nimmt Stöße auf und folgt den Unebenheiten der Straße. Unerwünschtes Nachschwingen des Aufbaus verhindern die Stoßdämpfer. Sie müssten eigentlich Schwingungsdämpfer heißen, da sie keine Stöße dämpfen, sondern durch Federn verursachte Schwingungen abschwächen.

Die Vorderachse

Die McPherson-Federbeinvorderachse des Fabia wird mit unteren Dreiecksquerlenkern und Querstabilisator komplettiert. Schraubenfeder und Stoßdämpfer sind jeweils zu einem Platz sparenden Federbein zusammen gefasst. Die Achse ist unter Verwendung von Leichtbau-Elementen konstruiert: Die Aggregateträger-Konsole besteht aus Aluminiumguss. Das Radlager verkörpert eine neue Generation bei diesen Bauteilen.

Die Übertragung der Motor-Antriebskraft erfolgt über zwei Gelenkwellen. Sie sind über jeweils zwei Gleichlaufgelenke (oder Tripodegelenke) mit den Rädern und dem Achsantrieb verbunden.

Optimale Fahreigenschaften und geringster Reifenverschleiß sind aber nur dann zu erreichen, wenn die Räder einwandfrei eingestellt sind. Bei unnormaler Reifenabnutzung und mangelhafter Straßenlage sollte deshalb eine Werkstatt zur optischen Vermessung aufgesucht werden.

Linke Seite des Fahrwerks vorn mit ❶ Achslenker, ❷ Gelenkwelle mit Gleichlaufgelenk, ❸ Federbein, ❹ Lenkgetriebe mit Spurstange sowie Scheibenbremse mit Bremsscheibe ❺ und Bremssattel ❻.

Die Hinterachse

Die Verbundlenker-Hinterachse Ihres Fabia ist aus einem doppelwandigen Trägerprofil aufgebaut. Der deshalb hohle Achskörper verleiht der Achse hohe Stabilität. Die Anordnung der Gasstoßdämpfer getrennt von den Schraubenfedern erlaubt es, den Ladeboden des Kofferraums sehr tief zu legen, wodurch wiederum die Durchladebreite erfreulich groß ist. Spur und Sturz sind konstruktiv vorgegeben. Die Lagerböcke zur Achsbefestigung sind mit der Karosserie verschweißt. Einstellungen sind nicht vorgesehen.

Die Befestigung der Achse erfolgt über schräg gestellte, Spur korrigierende Gummilager. Diese Maßnahme entkoppelt die Achse akustisch vom Karosseriekörper, Rollgeräusche von den Rädern werden unterdrückt. Die Schrägstellung des Lagers führt ferner zu einer Spurkorrektur, die die Kurvenfahrt optimiert.

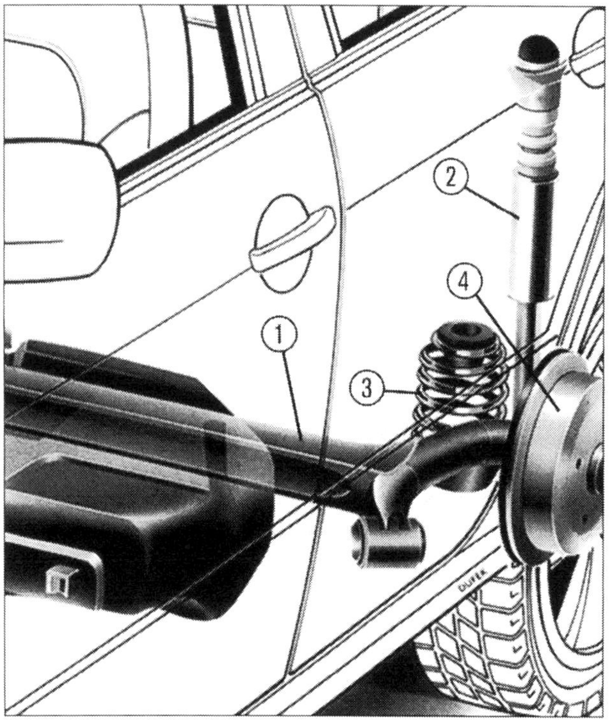

Linke Seite des Fahrwerks hinten mit Achskörper ❶, Feder ❸, Dämpfer ❷ und Trommelbremse ❹.

Lenkung und Fahrsicherheit

Die Lenkung soll feinfühlig sein und zielgenaues Lenken ermöglichen. Sie ist auf Achsen und Lenkgeometrie präzise abgestimmt. Wie fast alle Autos heutzutage hat der Fabia eine wartungsfreie Zahnstangenlenkung. Servounterstützung erleichtert die Lenkarbeit.

Die Lenkung ist ein Bauteil, von dem die Fahrsicherheit besonders stark abhängt. Defekte, falsche Einstellungen und fehlerhafte Reparaturarbeiten können fatale Auswirkungen haben. Nach Unfall und bei Beschädigung der Vorderachse können verschiedene Lenkungsteile ersetzt werden, z. B. Faltenbälge, Spurstangen und Spurstangenköpfe.

Eine Instandsetzung des Lenkgetriebes ist nicht vorgesehen. Es muss bei Beanstandungen komplett ausgetauscht werden. Die Zahnstange der Fabia-Lenkung wird übrigens mit Getriebefließfett AOF 063 000 04 gefettet (23 bis 27 g Füllmenge). Als Hydrauliköl für die Servolenkung werden 0,7 bis 0,9 Liter G 002 000 eingesetzt.

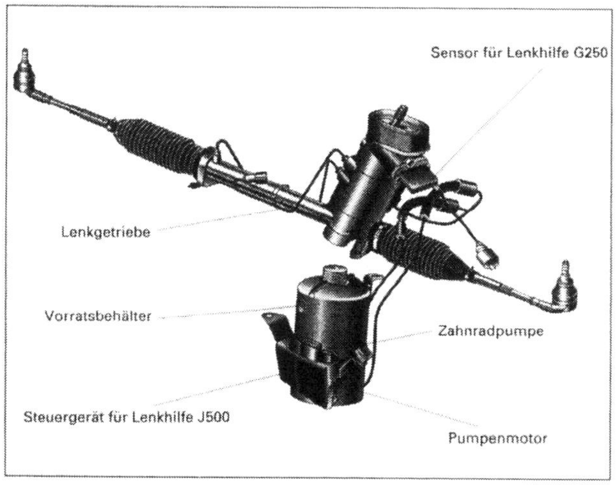

***Bauteile der Lenkung**: Links und rechts außen die Spurstangen mit den Spurstangenköpfen.*

Begriffe der Lenkgeometrie

Technik-lexikon

Vorspur: Die Vorderräder stehen vorn enger zusammen als hinten (rollen aufeinander zu). Das gleicht die Reibung zwischen Rad und Straße aus, die das linke Rad nach links und das rechte nach rechts drücken will. Die Vorspur verhindert Flattern der Räder und Radieren der Reifen. Bei der Fahrt durch eine Kurve schwenkt das kurveninnere Rad zur Unterstützung der Lenkbewegung und der Lenkkräfte stärker ein als das kurvenäußere. Die Vorspur geht in Nachspur über (Räder stehen hinten enger zusammen als vorn).

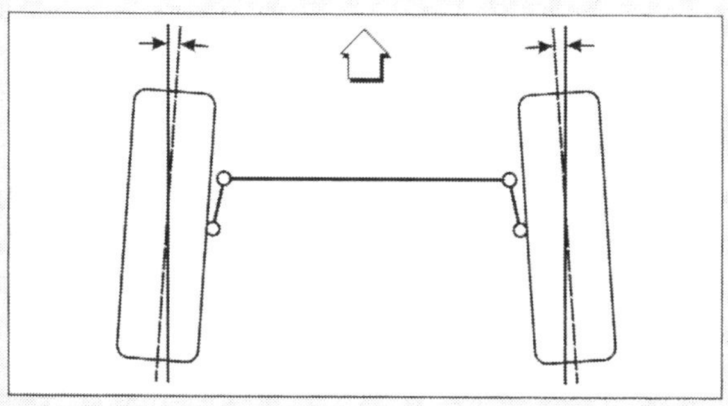

***Vorspurschema**: Die Räder laufen vorne »ineinander«.*

Nachlauf: Abstand (in Fahrtrichtung) zwischen der gedachten Verlängerungslinie der Lenkdrehachse zum Boden und dem Mittelpunkt der Reifenaufstandsfläche.

Durch den Nachlauf werden die Räder gezogen (und nicht geschoben). Sie neigen deshalb dazu, sich von selbst geradeaus zu stellen und diese Stellung beizubehalten.

Sturz: Die Neigung des Rades zu einer Senkrechten. Vermindert Fahrbahnstöße auf die Teile der Lenkung, reduziert Lenkkräfte und Reibung der Räder auf der Fahrbahn. Die Vorderräder haben positiven Sturz. Sie stehen oben im Radkasten geringfügig weiter auseinander als unten am Boden.

Spreizung: Die Neigung der Lenkungsdrehachse zu einer Senkrechten. Denkt man sich eine Linie dieser Achse zum Boden und misst den Abstand zur Mittellinie durch das Rad (Mittelpunkt der Reifenaufstandsfläche), erhält man den Lenkrollradius. Dieser soll möglichst klein sein, um die Störkräfte in der Lenkung zu verringern. Die Spreizung bewirkt außerdem zusammen mit dem Nachlauf, dass sich bei eingeschlagenen Rädern das Fahrzeug etwas anhebt. Lässt man das Lenkrad los, stellen sich die Räder selbst in die Mittelstellung zurück (Rückstellmoment).

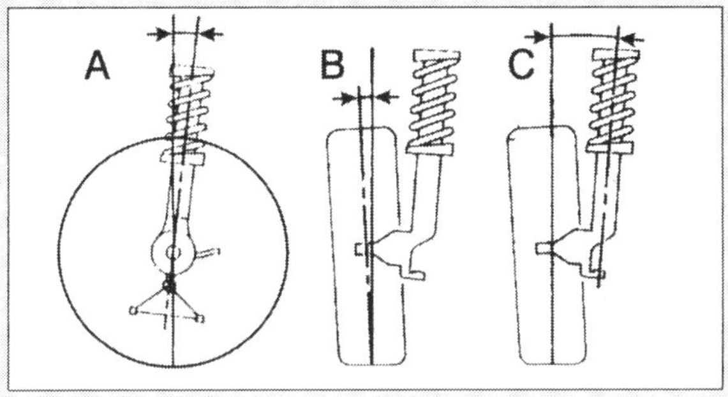

Die Radeinstellungen:
A: Nachlauf. B: Radsturz. C: Spreizung.

Radeinstellung prüfen

Die richtige Stellung der Vorderräder entscheidet darüber, ob Ihr Fahrzeug auf ebener Strecke und in Kurven ruhig und sicher auf der Straße liegt. Eine harte Berührung des Bordsteins kann die Geometrie der Vorderradaufhängung jedoch empfindlich stören. Auch verschlissene Gelenke und Gummilager oder unsachgemäße Reparaturen können sich negativ auf das Fahrverhalten auswirken.

Die Vermessung der Radstellung ist Sache der Werkstatt, die dazu einen speziellen Achsmessstand verwendet. Einer fehlerhaften Lenkgeometrie können Sie beim Fahren aber selbst auf die Schliche kommen. Dazu müssen beide Vorderreifen dieselbe Reifensorte und Profiltiefe aufweisen. Sie müssen ferner beide den vorgeschriebenen Luftdruck haben.

Arbeitsschritte

- Stehen die Lenkradspeichen bei Geradeausfahrt symmetrisch? Ein schief sitzendes Lenkrad ist ein Zeichen für falsche Einstellung der Spur.
- Stehen die Vorderräder in Geradeausstellung symmetrisch zueinander?
- Läuft das Auto auf ebener Fahrbahn und bei losgelassenem Lenkrad geradeaus? Oder zieht es zur Seite?
- Stellt sich die Lenkung nach Kurven von selbst geradeaus?
- Ist das Reifenprofil gleichmäßig abgenutzt? Oder zeigen die Außenkanten stärkere Verschleißspuren als innen?

Arbeiten an Fahrwerk und Lenkung

Alle Arbeiten am Fahrwerk und an der Lenkung setzen viel Erfahrung und oft auch spezielle Werkstattgeräte voraus. Wenn Sie sich nicht sicher sind, ob Sie die betreffende Reparatur selbst ausführen können, oder wenn Ihnen die erforderlichen Werkzeuge nicht zur Verfügung stehen: Überlassen Sie die Arbeit der Werkstatt! Mit fehlerhaften Reparaturen gefährden Sie sich und andere.

Schweiß- und Richtarbeiten an tragenden und Rad führenden Bauteilen der Radaufhängung und an Lenkungsteilen sind prinzipiell nicht zulässig. Beschädigte Teile müssen grundsätzlich erneuert werden.

Zustand der Stoßdämpfer prüfen

Nach zwei verschlissenen Reifensätzen haben die Stoßdämpfer in der Regel nur noch die Hälfte ihrer ursprünglichen Wirkung. Sie sind dann reif für den Austausch. Die nachlassende Wirkung der Dämpfer gleichen die meisten Fahrer unbewusst durch verändertes Fahrverhalten aus.

Lassen Sie das Bauteil zur exakten Diagnose einmal im Jahr auf dem Prüfstand eines Automobilclubs oder von TÜV und DEKRA kontrollieren. Die Schaukelmethode, bei der man den Wagen am betreffenden Kotflügel aufschaukelt und plötzlich loslässt, ersetzt keine Prüfung. Damit können Sie nur einen total ausgefallenen Stoßdämpfer feststellen. Es gibt jedoch einige Anzeichen, die auf eine nachlassende Wirkung der Stoßdämpfer hinweisen. Achten Sie auf die folgenden Punkte.

Arbeitsschritte

- Flattert die Lenkung? In diesem Fall haben die Räder keinen ständigen Kontakt zum Boden.
- Schwingt die Karosserie bei der Fahrt über Fahrbahnunebenheiten nach?
- Wirkt das Fahrzeug in Kurven schwammig? Dann werden die kurveninneren Räder nicht genügend auf den Boden gedrückt, die äußeren nicht stark genug entlastet.
- Springen die Räder auch auf normaler Fahrbahn?
- Nutzen sich die Reifen ungleichmäßig ab?

An der Dichtung der Kolbenstange des Dämpfers (vorn wie hinten) kann geringfügig Öl austreten (schwitzen). Das ist kein Grund, einen Dämpfer zu ersetzen. Der geringe Ölaustritt ist sogar von Vorteil, weil dadurch der Dichtring geschmiert wird und sich die Lebensdauer erhöht. Wenn ein Ölfleck sichtbar ist (aber stumpf, matt, eventuell durch Staub trocken) und sich nicht weiter ausbreitet als vom oberen Dämpferverschluss (Kolbenstangendichtring) bis zum unteren Federteller (Pfeil), gilt der Dämpfer als in Ordnung.

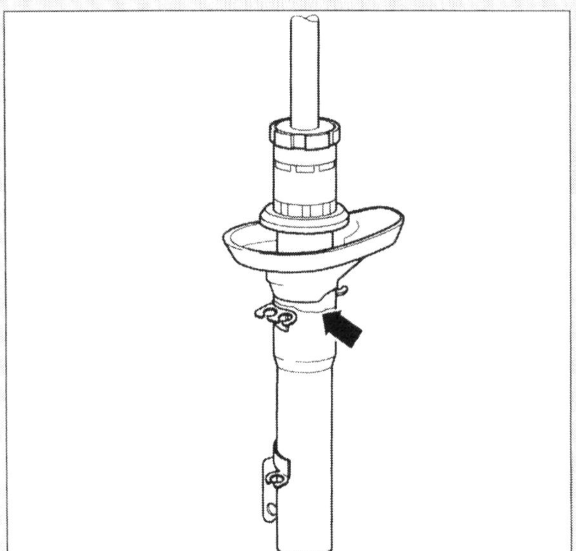

Der Pfeil weist auf den unteren Federteller am Stoßdämpfer.

Technik-lexikon: Das Elektronische Stabilitätsprogramm ESP

Bis an die physikalische Grenze stabil gegen ein Ausbrechen wird das Fahrzeug durch ein von Škoda wie von Volkswagen, Audi, Ford oder Mercedes als elektronisches Stabilitätsprogramm ESP bezeichnetes System. Von anderen Herstellern sind dafür die Bezeichnungen AHS, DSC3, PSM, VDC oder VSC bekannt. Das Auto braucht dieses – vereinfacht gesagt – Anti-Schleuderprogramm nicht, um etwaige Fahrwerksschwächen zu kompensieren. Der Wagen erhält das ESP, um die aktive Fahrsicherheit weiter zu erhöhen. Er bleibt damit selbst in schwierigen und unerwarteten Situationen wie plötzlichem Wildwechsel noch besser beherrschbar.

Das ESP überwacht ständig den Fahrzeugkurs und greift in fahrdynamisch kritischen Situationen ein, wenn das Fahrzeug beginnt, außer Kontrolle zu geraten. Es baut auf dem elektronischen Antiblockiersystem ABS (und anderen Traktionssystemen) auf und enthält zusätzlich eine Antriebsschlupf-Regelung ASR. Während ABS und ASR in Fahrzeug-Längsrichtung wirken, beeinflusst das ESP die Querdynamik. Diese Möglichkeit wurde durch neue Sensoren (Geber) geschaffen. Ein Kombinierter Geber G200/G202 (Geber für Querbeschleunigung mit Geber für Drehrate) liefert Informationen zum seitlichen Ausbrechen und zur Schleudertendenz, aus denen das Steuergerät den Ist-Zustand errechnet und mit dem Sollzustand (Informationen der Drehzahlfühler an den Rädern und des Gebers für Lenkwinkel) vergleicht. Aus dem Ergebnis wird ein Regeleingriff abgeleitet.

Wenn sich das Fahrzeug in der Kurve drehen will, bremst das ESP in Bruchteilen von Sekunden das kurvenäußere Rad ab, noch bevor das Heck nach außen drängen kann. Wenn der Wagen plötzlich untersteuert, weil die Vorderräder zuerst auf rutschige Fahrbahn kommen und aus der Kurve drängen, greift das ESP an der Hinterachse ein, bremst das kurveninnere Hinterrad und dreht das Auto auf den neutralen Kurs zurück.

Die Fahrfreude wird durch den elektronischen Fahrstabilisator nicht gestört. Das ESP überwacht zwar permanent den Fahrzustand, bleibt aber im fahrdynamisch stabilen Bereich für den Fahrer unmerklich im Hintergrund. Per Knopfdruck kann das ESP ja auch ausgeschaltet werden. Diese Möglichkeit dient aber in erster Linie dem Abschalten des ASR in bestimmten Fahrsituationen. Wenn das Programm abgeschaltet ist, leuchtet im Tacho eine gelbe Warnleuchte auf.

ESP-Systeme gibt es von verschiedenen Herstellern. Im Fabia findet das ESP-System Bosch 5.7 Verwendung. Wenn sich die Systeme auch in Aufbau und Grundprinzip gleichen, so unterscheiden sich doch ihre Bauteile. **Achten Sie daher immer auf die Originalbauteile!**

Lenkungsspiel prüfen

Das Spiel der Lenkung kann nachgestellt werden, wenn es nicht durch einen Defekt verursacht wird. Die Einstellung sollten Sie jedoch besser der Werkstatt überlassen.

Arbeitsschritte

- Die Räder geradeaus stellen.
- Greifen Sie durchs geöffnete Fenster und drehen Sie das Lenkrad kurz hin und her.
- Das Vorderrad muss sich sofort mit bewegen. Achten Sie auf die Felge! Der elastische Reifen kann einen Teil des Einschlags schlucken, ehe er sich sichtbar bewegt.
- Hat die Lenkung um die Geradeausstellung kein Spiel, klemmt aber bei stärkerem Einschlag, ist die Zahnstange der Lenkung verschlissen. Das Lenkgetriebe muss dann ausgetauscht werden.

Manschetten der Spurstangen prüfen

Die Verschraubungsstellen von Zahnstange und Spurstangen links und rechts werden durch Gummimanschetten geschützt. Dringen durch einen rissigen oder beschädigten Faltenbalg Schmutz und Feuchtigkeit ein, verbinden sie sich mit dem Fett des Lenkgetriebes zu einer Schleifpaste, die ständig am Lenkritzel nagt. Eine verschlissene Manschette sollten Sie daher sofort ersetzen.

Arbeitsschritte

- Leuchten Sie mit einer Taschenlampe jeden Faltenbalg ab.
- Schlagen Sie die Lenkung voll nach rechts oder links ein. Um Risse in den Falten zu erkennen, ziehen Sie den Faltenbalg Stück um Stück auseinander.
- Die Klemmschellen müssen fest auf der Manschette sitzen. Bei einem Wechsel des Faltenbalgs in der Werkstatt wird die Schlauchbinderzange V.A.G 1275 zum Spannen der Klemmschellen verwendet.

Spurstangenköpfe und Manschetten prüfen

Das Spurstangengelenk sitzt rechts und links zwischen Spurstange und Lenkspurhebel. Selbstschmierender Kunststoff umhüllt den stählernen Kugelkopf, eine Manschette schützt ihn vor Schmutz und Feuchtigkeit. Diese Gelenkschutzhüllen sind beim Fabia aus dem Polyelastomer Hytrel hergestellt. Spurstangenköpfe mit defekter Manschette oder mit Spiel müssen Sie umgehend ersetzen. Beim Bewegen der Spurstangen und Räder darf kein Spiel vorhanden sein.

Arbeitsschritte W 15.000 km 12 Monate

- Prüfen Sie, ob das Gelenk Spiel hat. Fahren Sie das Auto dazu am besten über eine Grube.
- Bei angehobenem Fahrzeug (Räder frei hängend) bewegen Sie Spurstangen und Räder. Es darf kein Spiel spürbar sein.
- Kontrollieren Sie die Dichtungsbälge auf Risse, Scheuerstellen und richtigen Sitz. Innen sind die Kappen mit dem Dichtungsmittel D454 300 A2 zu bestreichen.
- Ist die Manschette (Dichtungsbalg, Gelenkschutzhülle) defekt, muss der komplette Spurstangenkopf gewechselt werden.

Achsgelenke kontrollieren

Die Kugelgelenke der Achsgelenke (rechts und links zwischen Querlenker und Lenk-Schwenklager) sitzen in einer Fett-Dauerfüllung in Kunststoffschalen. Staubkappen aus Kunststoff schützen sie vor Nässe und Schmutz. Die Gelenke sind wartungsfrei. Eine beschädigte Staubkappe bedeutet allerdings das vorzeitige Aus fürs Gelenk. Eindringender Schmutz wirkt wie Schmirgelsand, Feuchtigkeit lässt es mit der Zeit festrosten.

Arbeitsschritte W 15.000 km 12 Monate

① Schlagen Sie die Lenkung nach einer Seite voll ein.

② Kontrollieren Sie die Kappen der Achsgelenke rechts und links auf Beschädigungen. Drücken Sie dabei die Kappen zusammen! So entdecken Sie auch versteckte Risse.

Eine schadhafte Staubkappe können Sie nicht einzeln ersetzen, der Querlenker muss komplett ausgetauscht werden.

③ Prüfen Sie das Axialspiel, indem Sie den Achslenker kräftig nach unten ziehen und wieder hoch drücken.

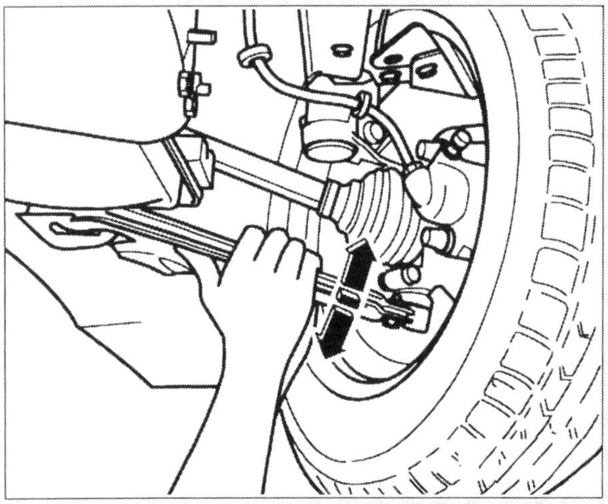

Prüfen des Axialspiels am Achslenker.

④ Das Radialspiel prüfen Sie, indem Sie das Rad kräftig nach innen und außen drücken.

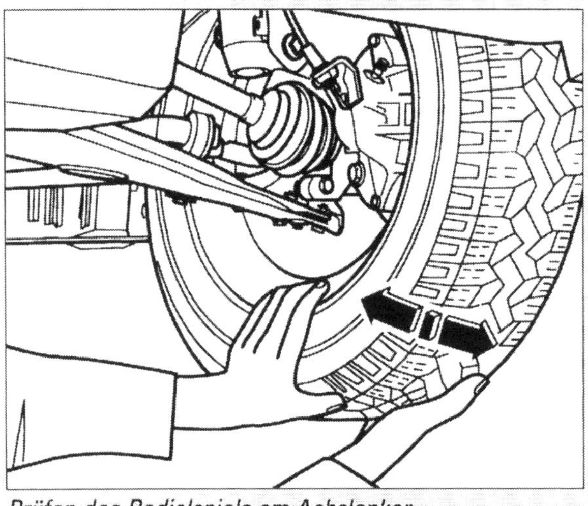

Prüfen des Radialspiels am Achslenker.

Radlagerspiel prüfen

Ein Defekt macht sich meist durch laute Laufgeräusche bemerkbar. Treten sie zum Beispiel in Rechtskurven auf, ist das linke Radlager defekt. Die Radlager können nicht eingestellt werden, man muss sie bei einem Schaden austauschen. Das ist freilich Sache der Werkstatt. Denn Lager, Laufringe, Nabe und Lenkschwenklager sind in sehr engen Toleranzen gefertigt, die bei der Montage Spezialwerkzeuge erforderlich machen.

Beim Fabia kommt an der Vorderachse überdies ein Radlager neuer Generation zum Einsatz: Ein zweireihiges Schrägkugellager mit integrierter Radnabe. Bei diesem Lager ist die Vorspannung durch Verbördeln des Lagerinnenringes mit der Radnabe vorgegeben. Im Radlagergehäuse wird das Lager durch einen Ring mit Haltenasen positioniert, die beim Einpressen in eine Nut einrasten. Beim Ausbau brechen die Haltenasen ab. Es muss ein neues Radlager (über den Lageraußenring mit dem neuen Spezialwerkzeug T10064) eingebaut werden.

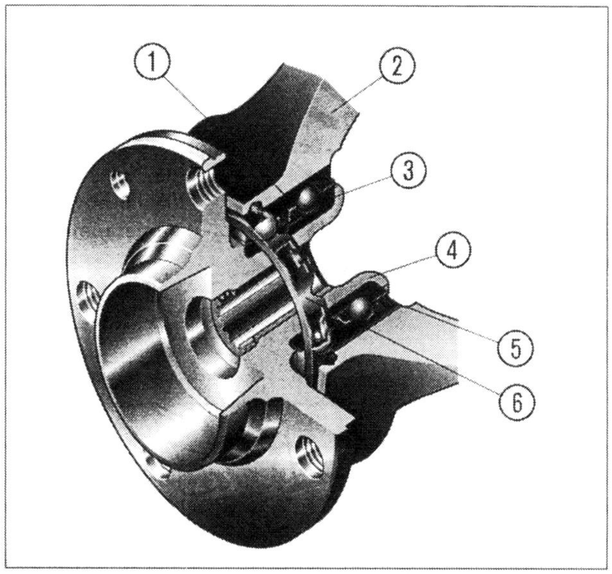

Das neue vordere Radlager des Fabia. ❶ *Lageraußenring,* ❷ *Radlagergehäuse,* ❸ *Lagerinnenring,* ❹ *Radnabe,* ❺ *Sensorring ABS,* ❻ *Ring mit Haltenasen.*

Arbeitsschritte

- Wagen auf festem Boden abstellen. Packen Sie das Rad im oberen Bereich und versuchen Sie, es quer zum Wagen zu bewegen. Bei einwandfreien Lagern darf kein Spiel vorhanden sein.
- Wenn Sie Spiel an den vorderen Radlagern feststellen, lassen Sie einen Helfer die Bremse treten. Wiederholen Sie dann die Kontrolle. Wenn immer noch Spiel festgestellt wird, ist das Achsgelenk defekt.

Die Servolenkung

Die Servolenkung, eine Hilfskraftlenkung, erleichtert erheblich die Lenkarbeit. Sie sorgt für größtmöglichen Komfort beim Rangieren und für präzises Lenkgefühl bei schnellen Autobahnfahrten.

Die Möglichkeit, mit geringem Kraftaufwand am Lenkrad eine relativ direkte Lenkung zu erreichen, guten Kontakt zur Fahrbahn zu halten und dennoch den Fahrer relativ unbehelligt von den Fahrbahnstößen zu lassen, wird mit Hilfe eines hydraulischen Systems aus Pumpe, Ölvorratsbehälter und Hydraulikleitungen realisiert.

Als Hochdruck-Ölpumpe findet wegen ihrer gleichmäßig hohen und kontinuierlichen Förderrate üblicher Weise eine doppelt wirkende Flügelpumpe Verwendung. Das von ihr geförderte Drucköl wirkt bei der Zahnstangenlenkung Ihres Fabia auf Arbeitszylinder zu beiden Seiten der Zahnstange. Diese unterstützen mit ihrem Druck über ein Steuerteil die Lenkbewegung. Je nach Drehrichtung des Lenkrads wird jeweils der Arbeitszylinder angesteuert, der die Lenkbewegung unterstützt.

Die Flügelpumpe muss nun allerdings angetrieben werden. Das geschieht bisher meist, wie aus dem Kapitel zum Motor bekannt, über den Keilrippenriemen durch das Antriebsaggregat des Fahrzeugs. Diese an sich elegante Lösung hat den Nachteil, dass ständig ein gewisser Prozentsatz der Motorleistung für die Pumpe gebraucht wird. Außerdem wird bei stehendem Fahrzeugmotor die Lenkung nicht unterstützt.

Deshalb sind auch andere Wirkprinzipien entwickelt worden. Bei der elektrischen Servolenkung z. B. wird ein Elektromotor in der Lenksäule immer dann von einem Steuergerät eingeschaltet, wenn der entsprechende Geber (in der Lenksäule) eine Bewegung des Lenkrades meldet. Die Drehrichtung des Motors hängt von der Bewegungsrichtung am Lenkrad ab. Der Elektromotor greift über einen Zahnradtrieb auf die Lenksäule zu. Gegenüber der hydraulischen Lenkhilfe hat eine solche elektrische Servolenkung aber den Nachteil, nicht so unmittelbar anzusprechen. Auch ihr Regelverhalten ist schlechter.

Elektro-hydraulisch und vom Lenkwinkel abhängig

Augenblicklich setzt sich daher ein Wirkprinzip durch, das Elektrik und Hydraulik kombiniert. Volkswagen verwendete die elektro-hydraulische Servolenkung (**E**lectrically **P**owered **H**ydraulic **S**teering = EPHS-Lenksystem) bereits in einigen Pkw-Typen wie dem Lupo FSI. Eingesetzt werden bislang Produkte der Hersteller TRW-Fahrwerksysteme und KOYO.
Škoda Auto setzt die EPHS-Servolenkung erstmals im Fabia ein, und zwar für Fahrzeuge mit 14- Zoll- und 15-Zoll-Fahrwerken. Unter Beibehaltung der ausgezeichneten Lenkeigenschaften der konventionellen hydraulischen Servolenkung bietet die Elektro-Hydraulik besseren Komfort.
Zwar unterstützt auch hierbei die Hydraulik die menschliche Lenkkraft. Die Hydraulikpumpe, eine Zahnradpumpe, wird aber von einem Elektromotor angetrieben und ist vom Fahrzeugmotor mechanisch unabhängig.
Neu ist auch die lenkwinkelabhängige und damit spürbar Kraftstoff sparende Lenkkraftunterstützung. Hierfür ist über dem Lenkgehäuse zusätzlich ein Lenkwinkelsensor vorhanden, der die Lenkwinkelgeschwindigkeit an die Steuerelektronik übermittelt.
Alles in allem bringt die elektrohydraulische Servolenkung eine Komfortverbesserung, ist im Rangierbereich leichtgängig und bei hohen Geschwindigkeiten straff und spart etwa 0,2 Liter Kraftstoff pro 100 km.

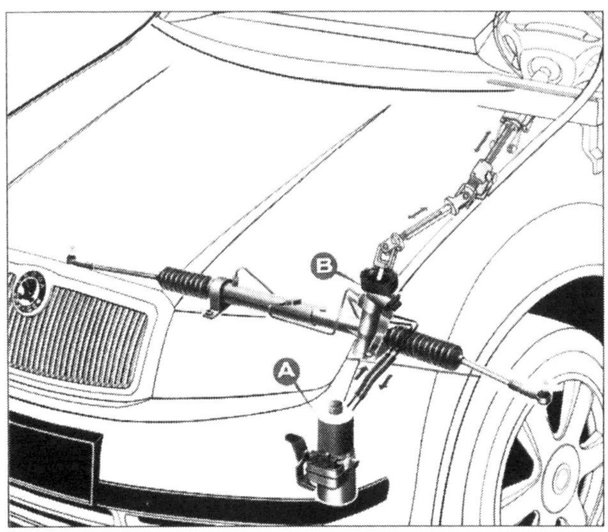

Das EPHS des Fabia: A *Motorpumpenaggregat,* B *Lenkgetriebe mit dem Sensor für Lenkhilfe G250 (umfasst die Eingangswelle des Lenkgetriebes).*

Motorpumpen-aggregat

Technik-lexikon

Neu bei der elektrohydraulischen Servolenkung des Fabia ist das Motorpumpenaggregat, das die

- Hydraulikeinheit mit Zahnradpumpe, das Druckbegrenzungsventil und den Elektromotor,
- den Vorratsbehälter für das Hydrauliköl und
- das Steuergerät für Lenkhilfe umfasst.

Das Aggregat ist wartungsfrei, nicht zerlegbar und nicht für Instandsetzungen vorgesehen. Für seine innere Schmierung wird das Hydrauliköl verwendet. Eine Druckleitung verbindet die Pumpe mit dem Servolenkgetriebe. Die Rücklaufleitung des Hydrauliköls mündet in den Vorratsbehälter.

Ein spezieller Halter für das Motorpumpenaggregat ist im Motorraum links zwischen Stoßfänger und Radhaus fest am Längsträger verschraubt. Daran ist das Aggregat in Gummilagern elastisch aufgehängt und mit einer Geräuschdämmkapsel umhüllt.

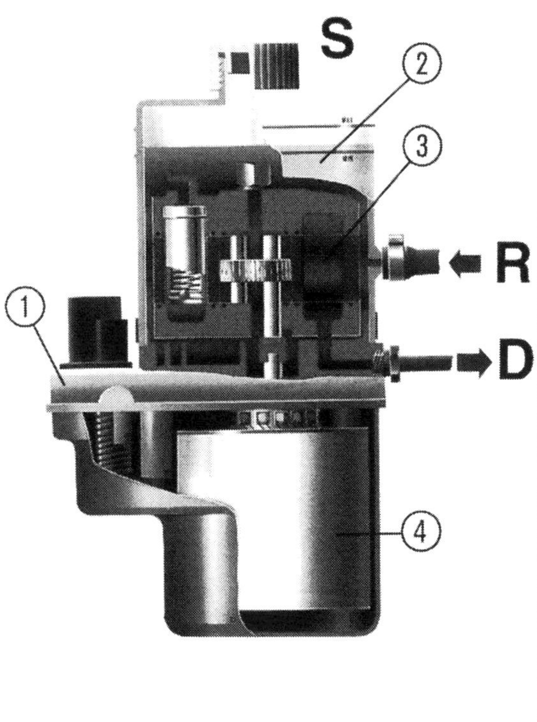

Das Motorpumpenaggregat: ❶ *Steuergerät für Lenkhilfe,* ❷ *Vorratsbehälter mit MIN- und MAX-Markierungen,* ❸ *Zahnradpumpe,* ❹ *Elektromotor;*
S = Schraubdeckel, R = Anschluss Rücklauf, D = Anschluss Druckschlauch.

Arbeiten an der Servolenkung

Abgesehen von einigen Einstell- und Wartungsarbeiten lässt sich an der Servolenkung nicht viel selbst reparieren. Häufigste Arbeit ist die regelmäßige Kontrolle des Ölstandes im Vorratsbehälter. Normaler Weise sind Reparaturen an der Servolenkung eine Sache der Werkstatt. Sie verfügt über spezielle typgebundene Prüfgeräte mit genauen Codeabfragen für das Steuergerät und über das entsprechende Know-how. Nur so lassen sich Schäden an den elektronischen Bauteilen und Folgeschäden mit teuren Reparaturen verhindern. Denn bei fehlerhafter Instandsetzung kann die Servounterstützung beim Lenken ausfallen. Ohnehin sind auch für die Fachwerkstatt als Instandsetzung an der Servolenkung nur das Ersetzen der Faltenbälge und der Spurstangen(köpfe) vorgesehen.

Auf jeden Fall ist bei allen Arbeiten (z. B. Aus- und Einbau des Motorpumpenaggregats oder des Lenkgetriebes) größte Sauberkeit erforderlich. Verbindungsstellen und deren Umgebung müssen vor dem Lösen gründlich gereinigt werden. Legen Sie ausgebaute Teile auf einer sauberen Unterlage ab und decken Sie sie ab, wenn die Reparatur nicht sofort ausgeführt wird. Verwenden Sie keine fasernden Lappen.

Geöffnete Bauteile müssen ebenfalls sorgfältig abgedeckt oder verschlossen werden, wenn die Reparatur erst später erfolgt. Nehmen Sie Ersatzteile erst unmittelbar vor dem Einbau aus der Verpackung und verwenden Sie nur original verpackte Teile. Bei geöffneter Anlage darf nicht mit Druckluft gearbeitet werden. Bewegen Sie dann auch bitte nicht das Fahrzeug.

Abgelassenes Hydrauliköl soll nicht wieder verwendet werden. Die Spezifikation für das Hydrauliköl Ihres Fabia lautet TL 52 146 oder N 052 146 00. Verwendet werden kann z.B. PENTOSIN CHF 11S (G002 000). Die Ölmenge im System beträgt 0,80 Liter.

Airbag-Lenkrad – ein Fall für die Werkstatt

Praxistipp

Schon bei Transport und Lagerung des Airbags sind strenge Vorschriften zu beachten, ebenso für den Arbeitsplatz, an dem Ein- und Ausbau der Einheit vorgenommen werden. Überdies unterliegt der Gasgenerator, der mit seiner Festbrennstoff-Füllung im Fall eines Crashs für das blitzschnelle Aufblasen des Prallsacks sorgt, den Bestimmungen des Sprengstoffgesetzes. Der Hersteller lässt daher schon beim serienmäßigen Einbau nur speziell geschulte Fachkräfte ans Werk; in den Werkstätten werden Mechaniker für Airbag-Arbeiten extra qualifiziert.

Wir raten Ihnen daher dringend von Arbeiten an einem Lenkrad mit Airbag und am Beifahrer-Airbag ab. Das gilt auch für Schönheitsreparaturen, bei denen Sie zum Beispiel ein Lenkrad mit Holz- oder Lederbezug nachrüsten. Der Umgang mit dem Airbag ist in jedem Fall ein Job für die Werkstatt.

Geräusche prüfen

Arbeitsschritte

Ein geschlossenes Hydrauliksystem verursacht stets Arbeitsgeräusche. Sie können das am besten wahrnehmen, wenn die Lenkung wie bei Einparkvorgängen bis zu den Endanschlägen betätigt wird. Das dann auftretende erhöhte Pumpengeräusch ist systembedingt und technisch nicht zu vermeiden. Sie sollten übrigens das Lenken bis zu den Endanschlägen nur kurzzeitig vornehmen. Wenn allerdings Geräusche auftreten, die von den üblichen und nicht vermeidbaren Arbeitsgeräuschen abweichen, sind folgende Maßnahmen zu empfehlen:

- Prüfen Sie den Hydraulikölstand im Vorratsbehälter des Motorpumpenaggregats.
- Prüfen Sie den Förderdruck des Motorpumpenaggregats (Prüfgerät und zahlreiche Spezialwerkzeuge erforderlich; Werkstattarbeit).
- Überprüfen Sie die Anschlüsse der Druckleitung (Dehnschlauch) und der Rücklaufleitung (Rücklaufschlauch) an Servolenkgetriebe und Motorpumpenaggregat auf die Möglichkeit, dass Luft ins Lenksystem gelangt.
- Prüfen Sie die Verlegung der Schlauchleitungen. Diese dürfen nicht eingequetscht sein oder Berührung mit anderen Fahrzeugteilen haben.
- Prüfen Sie die Befestigung des Halters mit dem Motorpumpenaggregat am Aufbau und ziehen Sie ggf. die drei Sechskantmuttern fest. Prüfen Sie auch die drei Verschraubungen des Motorpumpenaggregats am Halter. Wenn nötig: festziehen.
- Bei anhaltenden Störgeräuschen müssen auch die drei Gummilager auf Beschädigung kontrolliert werden. Dazu müssen das Motorpumpenaggregat mitsamt seiner Geräuschdämmung (Kapsel) ausgebaut und der Halter demontiert werden. Die Lager müssen auf Einrisse oder Abriss der Metallplatten mit Gewindebolzen untersucht werden. Bei Beschädigung sind die Gummilager zu ersetzen.
- Schließlich ist die Befestigung des Servolenkgetriebes auf dem Aggregateträger (vier Sechskantschrauben) zu prüfen. Ggf. festziehen.
- Wenn ein Motorpumpenaggregat so schadhaft ist, dass es ausgetauscht werden muss, sind Vorschriften für die Entsorgung zu beachten: Schraubdeckel des Vorratsbehälters öffnen, Aggregat über einen Auffangbehälter halten und mehrfach wenden, ausgelaufenes Hydrauliköl wie Altöl entsorgen, altes Aggregat entsorgen.

Ölstand prüfen

Arbeitsschritte | W | **60.000 km 12 Monate**

① Bringen Sie die Räder Ihres Fabia in Geradeausstellung. Wenn das Hydraulik-Öl kalt ist, lassen Sie den Motor nicht laufen. Ist das Hydrauliköl betriebswarm (ab 50 °C) lassen Sie den Motor zwei Minuten lang im Leerlauf drehen.

② Der Hydraulikölstand ist mit dem Ölmessstab des Verschlussdeckels (Schraubdeckel) vom Vorratsbehälter des Motorpumpenaggregats zu prüfen. Den grünlich gefärbten Schraubdeckel ❶ des Vorratsbehälters ❷ finden Sie im Längsträger des Motorraums links. Bei einigen Fabia-Modellen kann der Schraubdeckel durch den Batterietrog verdeckt sein. In solchen Fällen (abhängig von den Batterieabmessungen) müssen Batterie und Haltetrog ausgebaut werden.

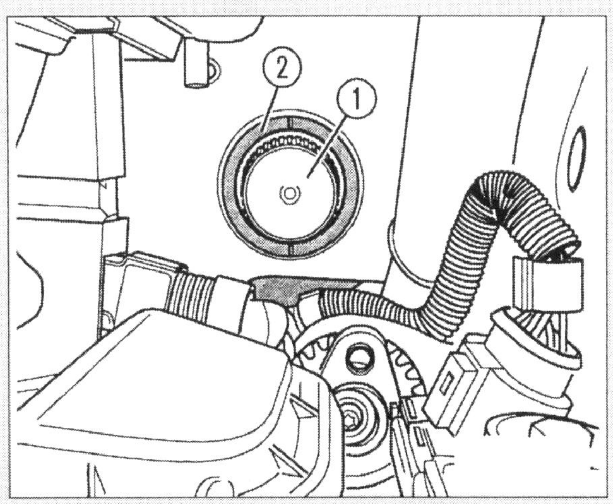

❶ *Verschluss(-Schraub-)Deckel des* ❷ *Vorratsbehälters für Hydrauliköl links im Motorraum.*

③ Wischen Sie den am Verschlussdeckel sitzenden Messstab mit einem sauberen Lappen ab und schrauben Sie den Deckel wieder handfest ein. Es gilt nur der Ölstand bei vorher voll eingeschraubtem Verschlussdeckel.

④ Schrauben Sie den Deckel mit Messstab wieder heraus. Je nach Hersteller (beim Fabia TRW oder KOYO) hat der Messstab Kerb- oder Min-/Max-Markierungen. Prüfen Sie den Ölstand: Bei kaltem Motor (bis 50 °C) muss er im Bereich der durch die Pfeile A und B (TRW) angezeigten oder durch Max und Min (KOYO) gekennzeichneten Markierungen liegen. Auch bei betriebswarmem Motor (ab 50 °C) soll sich der Ölstand zwischen den Kerben oder den Min-/Max-Markierungen befinden, er darf aber über der Maximalmarke liegen.

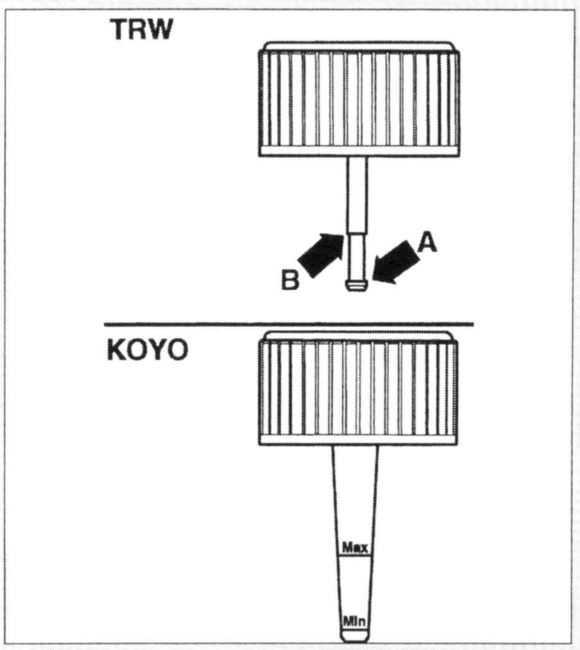

Markierungen an den Hydrauliköl-Messstäben der Hersteller TRW und KOYO.

⑤ Liegt der Ölstand bei kaltem Motor über der oberen Marke, muss Öl abgesaugt werden. Liegt er bei mehr als 50 °C warmem Motor darüber, wird kein Öl abgesaugt. Befindet sich der Ölstand unter dem angegebenen Bereich, kontrollieren Sie das System auf Dichtheit. Es genügt dann nicht, lediglich Öl nachzufüllen. Wenn das System kontrolliert wurde (Reparaturmaßnahme), ggf. Öl der oben angegebenen Spezifikation nachfüllen.

⑥ Der Verschlussdeckel wird wieder eingeschraubt und mit 2 Nm festgezogen.

Ggf. Batterie und Batterietrog sowie Luftfilter wieder einbauen. Wenn Fehler abgespeichert wurden: Fehler beseitigen und aus dem Fehlerspeicher löschen.

Entleeren, befüllen und entlüften

Arbeitsschritte

Das System muss entlüftet werden, wenn Teile der Hydraulik demontiert wurden. Prüfen Sie zuerst den Hydraulikölstand, gegebenenfalls ist nachzufüllen. Entleeren Sie das System vollständig, dann müssen 0,7 bis 0,9 Liter Zentralhydrauliköl (G 002 000) eingefüllt werden.

① **Entleeren**: Motor nicht laufen lassen. Heben Sie das Fahrzeug soweit an, dass beide Vorderräder frei sind. Bringen Sie die Vorderräder in Geradeausstellung.

② Stellen Sie eine Auffangwanne für Hydrauliköl unter. Öffnen Sie den Schraubdeckel des Vorratsbehälters für Hydrauliköl. Lassen Sie das Öl auslaufen.

③ Drücken Sie die Restmenge des Hydrauliköls heraus, indem Sie die Lenkung etwa zehn mal von Anschlag zu Anschlag drehen.

④ Senken Sie das Fahrzeug ab und schließen Sie die Hydraulikleitungen wieder an. Das abgelassene Öl wird nicht wieder verwendet, sondern den Vorschriften entsprechend wie Altöl entsorgt.

⑤ **Befüllen**: Befüllt wird ein leeres Hydrauliksystem nur bei kaltem Motor. Füllen Sie den Vorratsbehälter (Verschluss mit Messstab herausschrauben) mit G 002 000 bis zum Erreichen der Max-Markierung am Messstab auf.

⑥ **Entlüften**: Fahrzeug wieder so weit anheben, bis die Vorderräder frei sind. Stellen Sie die Räder geradeaus. Drehen Sie bei abgestelltem Motor das Lenkrad zehn Mal von Anschlag zu Anschlag durch. Prüfen Sie den Ölstand und füllen Sie ggf. nach.

⑦ Schrauben Sie den Schraubdeckel des Vorratsbehälters für Hydrauliköl lose auf, ziehen Sie ihn keinesfalls fest. Starten Sie den Motor und lassen Sie ihn etwa 10 Sekunden laufen.

⑧ Stellen Sie den Motor ab. Prüfen Sie wieder den Hydraulikölstand und füllen Sie ggf. nach.

⑨ Starten Sie wiederum den Motor und drehen Sie das Lenkrad zehn Mal durch. Lassen Sie einen Helfer den Hydraulikölstand im Vorratsbehälter beobachten und ggf. nachfüllen, bis der Ölstand nicht mehr abfällt. Der Ölstand muss sich an der oberen Markierung (Max) befinden.

⑩ Stellen Sie den Motor ab. Ölstand nochmals prüfen und ggf. nachfüllen. Schrauben Sie den Deckel des Vorratsbehälters nun handfest zu. Jetzt eventuell noch im System verbliebene Restluft entweicht im Fahrbetrieb nach 10 bis 20 Kilometern von selbst.

Dichtheit prüfen

Arbeits-schritte | 60.000 km 12 Monate

Nach Montagearbeiten und bei Hydraulikölverlusten im Vorratsbehälter muss das System auf Dichtheit geprüft werden. Die schon bekannten vorbereitenden Arbeiten sind erforderlich: (Evtl.) Luftfilter, Batterie und Batterietrog ausbauen; Fahrzeug anheben, Geräuschdämmung ausbauen (9 Befestigungspunkte, Schnellspannschrauben); Vorderrad links abbauen, Radhausschale vorn links ausbauen. Ggf. Batterie mit Starthilfekabel anschließen.

① Lassen Sie den Motor an und in Leerlaufdrehzahl drehen. Drehen Sie die Lenkung bei laufendem Motor einmal ganz nach rechts und ganz nach links. Halten Sie es jeweils 5 bis 10 Sekunden mit einer Kraft von 10 bis 20 Nm fest. So baut sich im System der höchste Druck auf, Undichtigkeiten werden dann am ehesten sichtbar.

② Prüfen Sie nun die Druckleitung (Dehnschlauch) und die Rücklaufleitung (Rücklaufschlauch) auf Dichtheit. Ersetzen Sie bei Undichtheiten Leitung oder Schlauch.

③ Beobachten Sie dann alle Leitungsanschlüsse. Prüfen Sie diese auf festen Sitz und Dichtheit. Ziehen Sie ggf. Anschlüsse unter Beachtung der zulässigen Anzugsdrehmomente nach. Ersetzen Sie wenn nötig Dichtung oder Leitung.

④ Prüfen Sie das Motorpumpenaggregat auf Dichtheit. Es muss bei Undichtigkeiten ersetzt werden.

⑤ Prüfen Sie den Vorratsbehälter für Hydrauliköl. Bei Undichtigkeit muss das Motorpumpenaggregat ersetzt werden.

⑥ Prüfen Sie den Hydraulikölstand und füllen Sie ggf. nach.

⑦ Treten nach mehrfachen intensiven Dichtheitsprüfungen aller Komponenten und Elemente immer wieder Hydraulikölverluste im Vorratsbehälter auf, muss das Servolenkgetriebe ausgebaut und geprüft werden.

Links und rechts werden dann die Klemmschellen der Faltenbälge geöffnet und die Faltenbälge zurückgeschoben. Darunter werden die Zahnstangendichtringe auf Undichtigkeit geprüft. Auch der Dichtring für die Eingangswelle des Servolenkgetriebes ist zu überprüfen. Wenn sich Hydrauliköl im Lenkgetriebegehäuse befindet und/oder in den Faltenbälgen sichtbar ist, muss das Lenkgetriebe ersetzt werden.

⑧ Dann Faltenbälge mit neuen Klemmschellen befestigen und im umgekehrten Ausbausinn alles wieder einbauen. Zum Schluss etwaige Fehler aus dem Fehlerspeicher löschen (lassen).

Servolenkgetriebe einstellen

Wenn die Lenkung zu viel Spiel hat, versuchen Sie zunächst, diese einzustellen. Das ist durchaus möglich, wenn die Zahnstange noch keinen zu großen Verschleiß aufweist. Bei dem erforderlichen Arbeitsablauf handelt es sich um die Druckstück-Spieleinstellung. Sie müssen dazu das Auto so aufbocken, dass beide Vorderräder angehoben sind. Außerdem brauchen Sie einen Helfer.

Arbeits-schritte

① Das vorn angehobene Fahrzeug mit Unterstellböcken sichern. Noch besser: Hebebühne.

② Die Räder müssen in Geradeausstellung gebracht werden.

③ Drehen Sie das Lenkrad hin und her (etwa 30° um die Mittelachse). Wenn die Lenkung zu viel Spiel hat, ist jetzt im Fahrzeuginnenraum ein Klappergeräusch zu hören.

④ Während der Lenkbewegungen muss jetzt der Helfer die Einstellschraube ❶ am Lenkgetriebe vorsichtig einschrauben, bis kein Klappergeräusch mehr im Fahrzeuginneren zu hören ist.

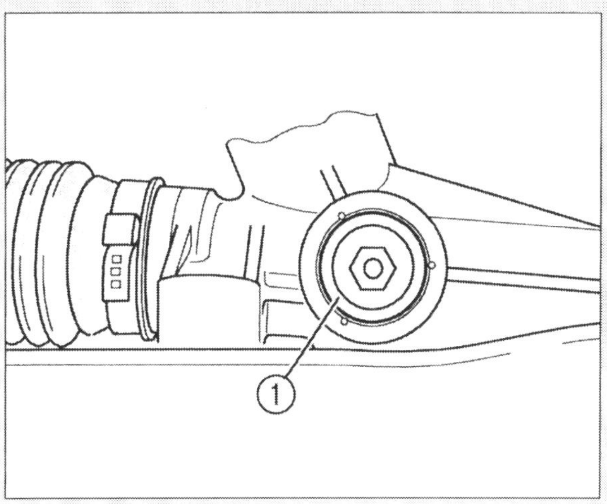

Einstellschraube ❶ am Lenkgetriebe.

⑤ Machen Sie jetzt eine Probefahrt. Stellt sich die Lenkung nach dem Rangieren oder nach einer Kurvenfahrt selbsttätig und ohne zu haken zurück? Wenn nicht, korrigieren Sie die Einstellung.

⑥ Sichern Sie zum Schluss die Einstellschraube durch drei Körnerschläge (Pfeile und Körner) in den Bund des Lenkgetriebegehäuses gegen Verdrehen.

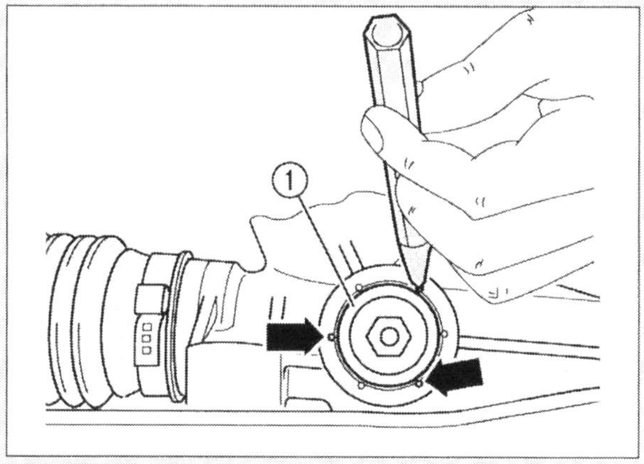

Körnerschläge (Pfeile und Körner) in den Bund des Lenkgetriebegehäuses sichern die Einstellschraube ❶.

Servolenkung

Störungsbeistand

Störung	Ursache	Abhilfe
A Hydraulikölstand im Behälter zu niedrig.	**1** Eingeschlossene Luft im Hydrauliksystem hat sich selbst ausgeschieden.	Hydrauliköl bis »MAX« auffüllen.
	2 Undichtigkeiten im Hydrauliksystem.	Leitungsanschlüsse nachziehen, neue Dichtungen einsetzen, Hydraulikpumpe prüfen (lassen).
B Lenkung ist schwergängig.	**1** Förderdruck der Pumpe ist zu gering.	Druck prüfen lassen.
	2 Lenkgetriebe defekt.	Ersetzen lassen.
C Lenkgeräusche.	**1** Ölstand zu niedrig, Flüssigkeit mit Luftbläschen durchsetzt.	Lenkung entlüften, Öl auffüllen.
	2 Saugseitige Verschraubung der Pumpe undicht.	Dichtungen ersetzen, Verschraubungen nachziehen.
	3 Keilrippenriemen lose.	Nachspannen.
D Die Lenkung ist nur in eine Richtung schwergängig.	Hydraulischer Defekt am Servolenkgetriebe.	Lenkgetriebe ersetzen lassen.

Reifen und Felgen

Reifenunterbau, Gummimischung und das ausgefeilte Reifenprofil machen moderne Reifen zu echten Hightech-Produkten, die einen wichtigen Beitrag zur passiven Sicherheit Ihres Autos leisten. Sie tragen das Gewicht des Fahrzeugs, fangen kleinere Stöße der Fahrbahn ab und übertragen die Kräfte, die bei Antrieb, Bremsen und Kurvenfahrt entstehen.
Angaben über die voraussichtliche Kilometer-Laufleistung der Reifen sind von den Herstellern kaum zu erwarten. Denn der Reifenverschleiß hängt von Motorisierung und Straßenbeschaffenheit, vor allem aber stark von der Fahrweise ab. Die Reifen an den Vorderrädern bringen es erfahrungsgemäß durchschnittlich auf eine Laufleistung von 50.000 bis 60.000 Kilometer, wenn eine ausgeglichene Fahrweise bei mittlerer Motorisierung und normaler Straßenbeschaffenheit praktiziert wird. An den Hinterrädern können die Reifen noch ein gutes Stück länger halten.
Aber auch wenn Sie Ihr Fahrzeug nur selten bewegen, sind die Reifen spätestens nach sieben bis acht Jahren am Ende. Denn die Mischung des Gummis löst sich mit der Zeit auf.

Aufbau in Schichten

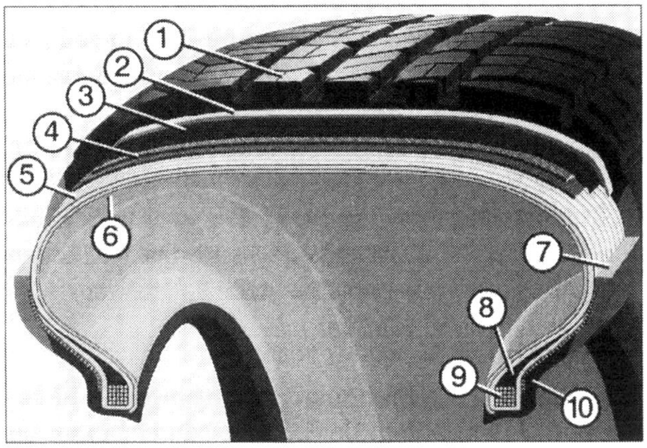

Aufbau eines Pkw-Reifens: *❶ Laufstreifen, ❷ Base, ❸ Nylon-Spulbandagen, ❹ Stahlcord-Gürtellagen, ❺ Karkasse, ❻ Innenseele, ❼ Seitenteil, ❽ Kernprofil, ❾ Kern, ❿ Wulstverstärker.*

Die schlauchlosen Gürtelreifen Ihres Fabia sind in mehreren Schichten aufgebaut. Profil und Mischung des äußeren Laufstreifens beeinflussen entscheidend die Eigenschaften. Die darunter liegende Base senkt den Rollwiderstand. Die Stahlcordlagen unter Nylonbandagen steigern die Fahrstabilität. Form- und Festigkeitsträger des Reifens ist die dann folgende Karkasse. Die so genannte Innenseele, eine gasdichte Schicht, ersetzt den früher üblich gewesenen Schlauch. Das Seitenteil schützt die Karkasse vor Beschädigungen. Kernprofil und Wulstverstärker unterstützen Lenk- und Fahrpräzision und fördern die Fahrstabilität. Der Kern schließlich sorgt für festen Sitz auf der Felge.

Bestimmungsgrößen für Reifen

Auf der Flanke eines Reifens befinden sich eine Reihe von Ziffern und Buchstaben, mit denen die Hersteller die vorgeschriebenen Reifendaten verschlüsseln. Den Autofahrer interessiert freilich vor allem das Format des Reifens. 195/65 R 15 bedeutet zum Beispiel, dass der Reifenquerschnitt eine Breite von 195 Millimetern aufweist. Die zweite Zahl bestimmt das Verhältnis von Höhe und Breite des Reifens. Im Beispiel beträgt es 65 Prozent. Je kleiner dieses Verhältnis, umso flacher und breiter ist der Reifen. »R« steht für die Radialbauart von Gürtelreifen, die Zahl hinter diesem Buchstaben bestimmt den Durchmesser der Felge in Zoll.

Bestimmungsgrößen für Felgen

Die Größe einer Felge gibt man nach Normvorschrift stets in Zoll an. Die Bezeichnung 7J x 15 zum Beispiel bezeichnet eine Tiefbettfelge (x) mit einer Breite von sieben Zoll und einem Durchmesser von 15 Zoll. Der Buchstabe »J« steht für die Form des Felgenhorns. Das

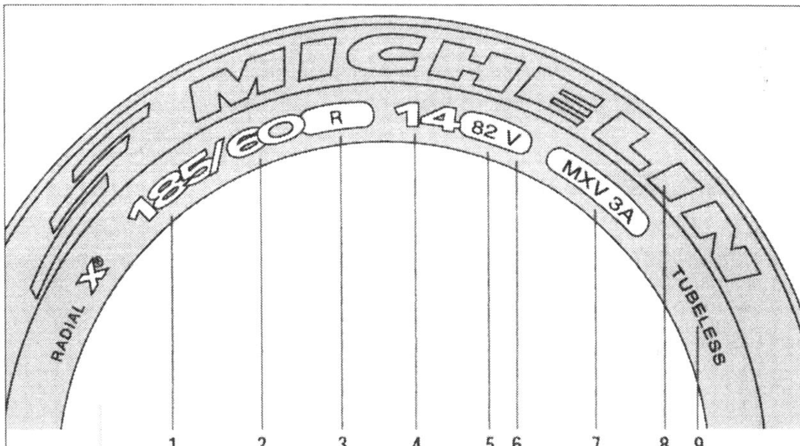

1 Reifen-Nennbreite in mm
2 Höhen-Breiten-Verhältnis in %
3 Radialkarkasse
4 Nenndurchmesser in Zoll
5 Load-Index 82=475 kg
6 Speed Symbol V=bis 240 km/h
7 MXV 3A=Reifentyp
8 Herstellerangabe
9 Schlauchloser Reifen

Die DOT-Nummer benennt Produktionswoche und Jahr
Beispiel: 4200 → Herstellerdatum 42. Kalenderwoche (KW) 2000 (WWJJ)

Reifen vor 2000:
dreistellige DOT-Nummer (WWJ)
Beispiel: 039 → Herstellerdatum 03. KW 1999

Reifendaten auf der Flanke: *Beachten Sie beim Reifenkauf die Daten auf seiner Flanke, damit der neue Reifen wirklich auf die Felge passt.*

Besondere der Tiefbettfelge: Damit die Reifen besser sitzen, befindet sich an einer Schulter der Felge eine rundum laufende Erhöhung (Hump). Sie verhindert, dass bei schneller Fahrt durch eine Kurve der Reifenwulst durch die Seitenkräfte von der Schulter der Felge ins Tiefbett gedrückt wird.

Kennbuchstabe für die Höchstgeschwindigkeit

Der Buchstabe nach dem Last-Index steht auf dem Reifen für die zulässige Höchstgeschwindigkeit, mit der er gefahren werden darf. Ein Reifen mit dem Kennbuchstaben »S« ist für eine Top-Speed bis 180 km/h, mit »T« bis 190 km/h zugelassen. Eine Höchstgeschwindigkeit bis 210 km/h gilt für Reifen mit dem Kennbuchstaben »H«. Für maximal 300 km/h gilt das Geschwindigkeitssymbol »Y«.
Wenn Sie mit einem herkömmlichen M+S-Reifen durch den Winter fahren, müssen Sie früher vom Gas gehen: Die Pneus mit dem Kürzel »Q« sind nur für 160 km/h zugelassen.

Reifen und Felgen für den Fabia

Welche Reifengrößen und Felgen für Ihr Fahrzeug zugelassen sind, steht in den Kfz-Papieren. Der Fabia hat Scheibenräder mit Fünflochbefestigung als

- Stahlfelgen 5J x 13, ET 35; 5J x 14, ET 35; 6J x 14, ET 43; 6J x 15, ET 43 oder
- Leichtmetallfelgen 6J x 14, ET 43 und 6J x 15, ET 43.

Die Bereifung umfasst entsprechend den vielfältigen Motorisierungsvarianten eine große Palette vom

- 155/80 R 13 79T bis zum
- 205/45 R 16 83W, V.

Die folgende Tabelle zeigt die häufigsten Räder-Reifen-Kombinationen. Der Lochkreisdurchmesser beträgt dabei immer 100 mm, der Mittenlochdurchmesser 57 mm. Verwendet werden sollen Radschrauben mit Kugelbund und einem Gewinde M14 x 1,5 (120 Nm). Die Bilder zeigen Räder in Original-Ausstattung von Škoda. Scheibenräder (Stahl) wie Leichtmetallfelgen, Radzierblenden und Radzierkappen können durch Design-Änderungen allerdings auch anders aussehen.

Motoren, Reifen und Felgen

Motorisierung	Reifengröße	Felgengröße	Einpresstiefe in mm
1,0 Liter/37 kW	155/80 R13 79T	5J x 13 H2 Stahl	35
1,2 Liter/40 kW	165/70 R14 81T	5J x 14 H2 Stahl	35
1,4 Liter/44 kW	185/60 R14 82T	6J x 14 H2 Stahl und Leichtmetall	43 / 38
1,4 Liter/50 kW	195/50 R15 82T	6J x 15 H2 Stahl und Leichtmetall	43
	185/55 R15 81T	6J x 15 H2 Stahl und Leichtmetall	43
	205/45 R16 83W, V	6,5J x 16 H2 Leichtmetall	42
1,4 Liter/55 kW	165/70 R14 81T	5J x 14 H2 Stahl	35
	185/60 R14 82T	6J x 14 H2 Stahl und Leichtmetall	43 / 38
	185/55 R15 81T	6J x 15 H2 Stahl und Leichtmetall	43
	195/50 R15 82V, T	6J x 15 H2 Stahl und Leichtmetall	43
	205/45 R16 83W, V	6,5J x 16 H2 Leichtmetall	42
1,4 Liter/74 kW	185/60 R14 82T	6J x 14 H2 Stahl und Leichtmetall	43 / 38
1,9 Liter/74 kW TDI	195/50 R15 82V, H	6J x 15 H2 Stahl und Leichtmetall	43
	185/55 R15 81H	6J x 15 H2 Stahl und Leichtmetall	43
	205/45 R16 83W, V	6,5J x 16 H2 Leichtmetall	42
2,0 Liter/85 kW	195/50 R15 82V, H	6J x 15 H2 Leichtmetall	43
	185/55 R15 81H	6J x 15 H2 Leichtmetall	43
	205/45 R16 83W, V	6,5J x 16 H2 Leichtmetall	42
1,9 Liter/47 kW SDI	165/70 R14 81T	5J x 14 H2 Stahl	35
	185/60 R14 82T	6J x 14 H2 Stahl und Leichtmet.	43 / 38
	195/50 R15 82T	6J x 15 H2 Stahl und Leichtmet.	43
	185/55 R15 81T	6J x 15 H2 Stahl und Leichtmet.	43
	205/45 R16 83W, V	6,5J x 16 H2 Leichtmetall	42

Last-Index: 79 = 437 kg; 81 = 462 kg; 82 = 475 kg; 83 = 500 kg.
Geschwindigkeitssymbole: T = 190 km/h; H = 210 km/h; V = 240 km/h; W = 270 km/h

Wenn Sie andere Reifen oder Felgen montieren wollen, müssen Sie die Papiere von der Zulassungsstelle berichtigen lassen. Dazu ist ein so genanntes Teilgutachten von TÜV/DEKRA erforderlich. Wenn Sie das Reifenformat wechseln wollen und Ihr Auto ein Navigationssystem hat, muss es in der Werkstatt neu kalibriert werden.

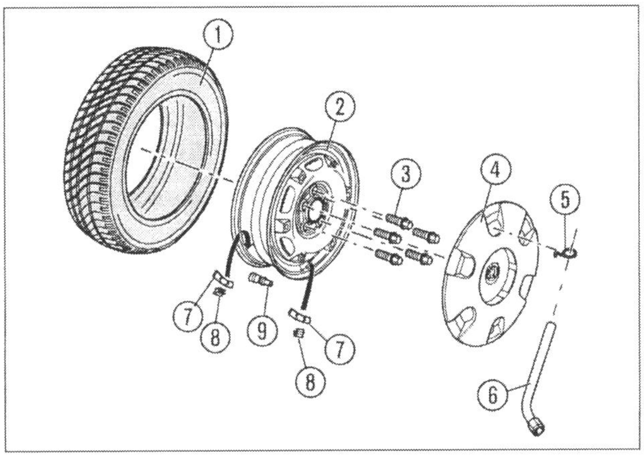

Fabia-Scheibenrad mit Stahlfelge: *❶ Reifen, ❷ Scheibenrad (4 mögliche Größen: 5J x 13, ET 35; 5J x 14, ET 35; 6J x 14, ET 43; 6J x 15, ET 43), ❸ Radschraube (120 Nm), ❹ Radzierblende, ❺ Abziehhaken (Bordwerkzeug), ❻ Radschraubenschlüssel (Bordwerkzeug), ❼ Auswuchtgewichte maximal 60 g je Felgenhorn, ❽ Haltefeder für Auswuchtgewichte, ❾ Ventil (nur nach Ersatzteilekatalog verbauen!).*

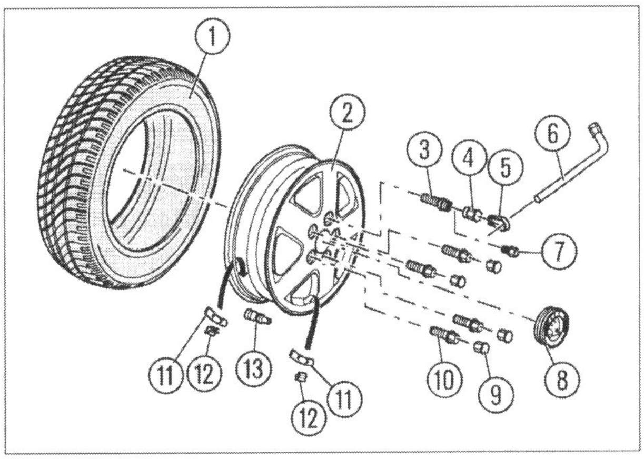

Fabia-Leichtmetallrad: *❶ Reifen, ❷ Leichtmetallfelge (6J x 14, ET 43; ähnlich: 6J x 15, ET 43), ❸ Diebstahl hemmende Radschraube (120 Nm), ❹ Abdeckkappe für ❸, ❺ Abziehbügel (Bordwerkzeug), ❻ Radschraubenschlüssel, ❼ Adapter für Diebstahl hemmende Radschraube (Bordwerkzeug), ❽ Radzierkappe (kann nur bei demontiertem Rad ausgebaut werden), ❾ Abdeckkappe für ❿, ❿ Radschraube (120 Nm), ⓫ Auswuchtgewichte maximal 60 g je Felgenhorn, ⓬ Haltefeder für Auswuchtgewichte, ⓭ Ventil (nur nach Ersatzteilekatalog verbauen!).*

Reifenalter und ECE-Prüfnummer

Auf Reifen, die seit Januar 2000 hergestellt wurden und werden, sind Herstellungswoche und Jahr mit einer 4-stelligen Zahl angegeben. So bedeutet 0901, dass der Reifen in der 9. Produktionswoche des Jahres 2001 hergestellt wurde. Bis Ende 1999 war das Datum der Herstellung mit einer dreistelligen »DOT«-Nummer angegeben worden. Auf Reifen ab Produktionsjahr 1990 steht hinter dieser Zahl ein kleines Dreieck. Die Nummer 187 plus Dreieck besagt zum Beispiel, dass der Reifen in der 18. Woche des Jahres 1997 produziert wurde.

Reifen, die nach dem 1. Oktober 1998 hergestellt wurden, müssen eine ECE-Prüfnummer auf der Reifenflanke ragen. Diese Nummer besagt, dass der Pneu ein typgeprüftes Bauteil entsprechend dem Qualitäts-Standard der Economic Commission of Europe (ECE) ist. Die ECE-Prüfnummer ist erkennbar an einem großen E und der Zahl für das Herkunftsland (1 = Deutschland, 4 = Niederlande).

Spezialisten für Schnee und Eis

Winterreifen rollen auf kalter Fahrbahn sowie auf Schnee und Eis sicherer als Sommerreifen. Sie werden aus einer speziellen Gummimischung mit einem hohen Anteil Naturkautschuk hergestellt, die bei Temperaturen unter sieben Grad auf trockener und nasser Straße besser haftet. Voraussetzung für die gute Übertragung der Motor- und Bremskräfte auf die Straße ist jedoch ein Profil von mindestens 4,0 Millimetern gegenüber der minimal zulässigen Profiltiefe von 1,6 mm (besser sind 2,0 mm) bei Sommerreifen. Weniger Profil als vier Millimeter ist nicht erlaubt und disqualifiziert den Reifen für den Wintereinsatz. Bestücken Sie in jedem Fall alle vier Räder mit Winterreifen! Eine Kombination von Sommer- und Winterreifen kann gefährlich werden.

Winterreifen auf Felgen montieren

Für einen Winterreifen genügt durchaus eine schmale Ausführung. Investieren Sie das für breitere Pneus gesparte Geld lieber in einen zweiten Satz passender Felgen. Das Ummontieren der Reifen im Frühjahr und Herbst kommt auf die Dauer viel teurer.

Manche Händler und Werkstätten lagern Ihre Winterreifen gegen eine geringe Gebühr bis zum nächsten Tausch. Die Räder müssen übrigens nach jeder Montage neu ausgewuchtet werden. Erhöhen Sie den Luftdruck um 0,2 bar. Wenn die Höchstgeschwindigkeit der Winterreifen (bis zu 160 km/h) unter der Ihres Fahrzeugs liegt, sollten Sie sich zur Erinnerung einen entsprechenden Aufkleber ins Blickfeld (nicht an die Windschutzscheibe!) kleben.

Feingliedrige Schneeketten verwenden

Im Fall von Schnee und Eis – aber auch nur dann – sind an den Vorderrädern Schneeketten zulässig. Auf Reifen der Formate 185/60 R14 82T, H und 195/50 R15 82V, T, H dürfen allerdings keine Schneeketten aufgezogen werden.
Um Beschädigungen an den Radzierblenden zu vermeiden, sollten Sie diese bei Schneekettenbetrieb abnehmen. Die Radschrauben sollten dann mit Abdeckkappen aus der Škoda-Werkstatt gesichert werden. Verwenden Sie nur feingliedrige Schneeketten, die einschließlich Kettenschloss nicht mehr als 15 mm auftragen.

Reifenverschleiß und seine Ursachen

Ihre Fahrweise hat erheblichen Einfluss auf Lebensdauer, Leistungsfähigkeit und Sicherheit der Reifen. So ist heftiges Aufprallen auf die Bordsteinkanten gefährlich. Dabei können Schäden an der Reifenstruktur auftreten, die zunächst unsichtbar sind. Die Gefahr von anfangs unsichtbaren Schäden besteht auch beim Parken, wenn der Reifen an die Bordsteinkante gequetscht wird oder nur auf einem Teil der Aufstandsfläche an einer Kante abgestellt wird. Schließlich können Vollbremsungen mit blockierenden Rädern zu einem »Bremsplatten« führen. Dabei wird der Reifen durch extreme Hitzeeinwirkung an einer Stelle erheblich abgeschliffen, das Rad erzeugt Vibrationen. Nach einem »Bremsplatten« ist der Reifen in den Regel auszutauschen.

Praxistipp

So halten die Reifen länger

- Fahren Sie höchstens mit der Geschwindigkeit, für die Ihre Reifen zugelassen sind. Das gilt vor allem für M+S-Reifen der Kategorie »Q« (160 km/h). Zu hohes Tempo bewirkt mehr Abrieb, im schlimmsten Fall den Reifenkollaps.
- Vermeiden Sie Höchstgeschwindigkeit, wenn Ihr Auto schwer beladen ist. Machen Sie die Wärmeprobe: Ist der Reifen handwarm, steht es gut um ihn. Ein heißer Gummi ist ein Alarmzeichen, das auf zu niedrigen Luftdruck oder einen beschädigten Unterbau hinweist. In diesem Fall: Reifen abmontieren, beim Fachmann prüfen lassen.
- Wenn Sie häufiger auf der Autobahn mit hohem Tempo unterwegs sind: Montieren Sie Reifen, deren Geschwindigkeitsindex eine Klasse höher ist als im Fahrzeugschein verlangt (zum Beispiel »T« statt »S«).
- Achten Sie darauf, dass Sie beim Einparken mit der Reifenflanke nicht am Bordstein schrammen. Über Bordsteine und Schwellen nur langsam und immer im rechten Winkel rollen.

Räder richtig tauschen

Wenn sich unter der Kofferraumabdeckung das neue Ersatzrad befindet, können Sie Geld sparen. Voraussetzung ist, dass das gleiche Fabrikat mit demselben Profil noch lieferbar ist. Dann kaufen Sie einen entsprechenden Reifen dazu und haben bereits eine Achse neu bereift. Sie können den Kauf neuer Reifen auch hinausschieben, indem Sie die Räder jeweils einer Fahrzeugseite (gleiche Laufrichtung, also nicht über Kreuz!) gegeneinander austauschen. Der Abrieb der Reifen erfolgt so gleichmäßiger.
Nachteil dieser Methode: Beim Ersatz der Reifen sind vier Exemplare auf einmal fällig. Außerdem können Sie beim Wechsel in kurzen Kilometerabständen im Reifenprofil mögliche Fehler der Radaufhängung, Lenkung und Stoßdämpfer nicht mehr deutlich erkennen. Achten Sie beim Tausch der Reifen in jedem Fall darauf, dass Sie auf jeder Achse Reifen des gleichen Fabrikats, mit gleichem Profil und Alter montieren.

Reifendruck prüfen

Die Fülldruckwerte für die Reifen Ihres Fabia sind mit Piktogrammen und Zahlenangaben für jede Reifengröße auf einem Aufkleber an der Innenseite der Tankklappe zu finden. Gehen Sie beim Prüfen wie folgt vor:

- Messen Sie den Luftdruck stets bei kalten Reifen. Denn während der Fahrt erwärmt sich der Reifen, der Reifeninnendruck steigt. Sie erhalten daher falsche Werte, wenn Sie direkt nach einer Autobahnfahrt zum Luftdruckprüfer greifen.

Reifenfülldruck in bar (1 bar = 100 kPa)

Reifentyp	Halbe Zuladung vorn	Halbe Zuladung hinten	Volle Zuladung vorn	Volle Zuladung hinten
Fabia Benzinmotoren				
155/80 R13	2,30	2,20	2,30	2,50
165/70 R14	2,10	2,0	2,10	2,60
185/60 R14	2,20	2,0	2,30	2,70
195/50 R15	2,10	2,10	2,40	2,80
185/55 R15	2,10	2,0	2,20	2,70
Fabia Dieselmotoren				
165/70 R14	2,20	2,0	2,40	2,80
185/60 R14	2,10	2,0	2,30	2,70
195/50 R15	2,30	2,10	2,50	2,80
Fabia Combi Benzinmotoren				
165/70 R14	2,20	2,10	2,20	2,80
185/60 R14	2,10	2,20	2,30	2,80
195/50 R15	2,10	2,20	2,30	2,80
185/55 R15	2,20	2,10	2,30	2,80
Fabia Combi Dieselmotoren				
165/70 R14	2,30	2,10	2,30	3,00
185/60 R14	2,20	2,20...2,30	2,20	2,90
195/50 R15	2,10...2,20	2,30	2,30	2,80
Fabia Sedan Benzinmotoren				
165/70 R14	2,20	2,10	2,20	2,80
185/60 R14	2,10	2,20	2,30	2,80
195/50 R15	2,10...2,20	2,20	2,30	2,80
185/55 R15	2,20	2,10	2,30	2,80
Fabia Sedan Dieselmotoren				
165/70 R14	2,30	2,10	2,30	3,0
185/60 R14	2,20	2,20...2,30	2,20...2,30	2,80...2,90
195/50 R15	2,20	2,30	2,30	2,80

- Prüfen Sie den Reifendruck regelmäßig alle drei bis vier Wochen. Bei einem Markenreifen ist ein Druckverlust von 1,5 Prozent im Monat normal. Verliert der Reifen mehr Luft, sollten Sie sich ihn genauer ansehen.
- Der Reifendruck sollte keinesfalls unter die in der Tabelle aufgeführten Werte sinken. Ein um 0,2 – 0,3 bar höherer Luftdruck hat dagegen Vorteile: Die Lenkung arbeitet feinfühliger, die Reifen halten länger und sogar der Kraftstoffverbrauch sinkt ein wenig. Nachteil: Das Fahrzeug federt nicht mehr so komfortabel wie bei normalem Druck.
- Denken Sie bei Winterreifen daran, dass ihr Fülldruck um 0,2 bar höher als der in Tabellen und auf der Tankklappe angegebene Druck sein soll.
- Die Reifenventile sollten Sie stets mit den Schutzkappen verschließen. Gelangt Schmutz ins Ventil, kann die Nadel klemmen. Dann schließt das Ventil nicht mehr dicht. Neuere Reifen haben Verschlusskappen, die zum Luftdruckmessen oder Aufpumpen nicht mehr abgenommen werden müssen.

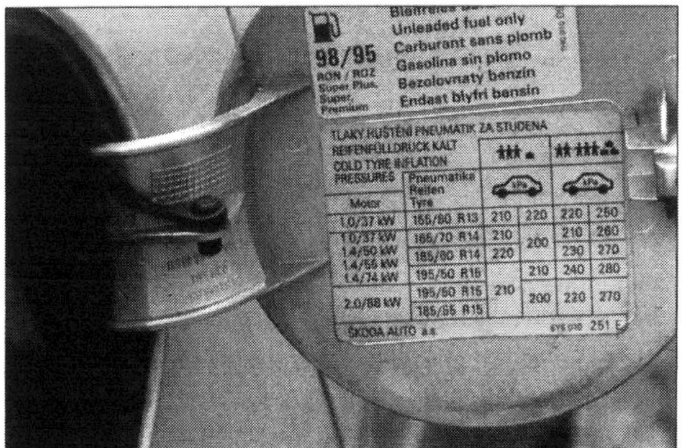

***Aufkleber Tankklappe innen**: Angaben zur Kraftstoffklasse und zum Reifenfülldruck.*

Risikofaktor geringer Luftdruck

Technik-lexikon

Ein schlecht oder gar nicht gewarteter Reifen kann sich zum Risikofaktor für Fahrer und Auto entwickeln. Fahren Sie zum Beispiel einen Reifen mit zu geringem Luftdruck unter sehr hoher Last, kann dies zu teilweisen Ablösungen der Reifenlauffläche führen. Diese Schäden bleiben jedoch oft längere Zeit verborgen. Wird der vorher geschädigte Reifen dann stark beansprucht, können durch die enormen Fliehkräfte bei hohen Geschwindigkeiten sogar einzelne Reifenteile abreißen.

Von einem schlecht gewarteten Reifen können einzelne Teile abreißen.

Rad wechseln

Arbeitsschritte

① Handbremse anziehen und 1. Gang oder Rückwärtsgang einlegen. Unterwegs ggf. Warnblinker einschalten.

② Räder der anderen Wagenseite gegen Wegrollen sichern (Keile, Steine). Bordwerkzeug aus der Kunststoffbox im Reserverad unter dem Gepäckraumboden entnehmen.

③ Ziehen Sie Zierblende oder Zierkappe ab. Abziehhaken oder -bügel dazu finden Sie im Bordwerkzeug. Bei einigen Leichtmetallfelgen müssen Sie Kunststoffkappen von den Radschrauben abziehen.

④ Schieben Sie den Radschraubenschlüssel (Bordwerkzeug) bis zum Anschlag auf die Schraube. Alle Radschrauben lockern (eine Umdrehung nach links). Fassen Sie den Radschraubenschlüssel möglichst weit am Ende an. Lassen sich Schrauben nicht lockern, sorgen Sie für sicheren Stand, halten Sie sich am Fahrzeug fest und drücken Sie mit dem Fuß auf das Ende des Schlüssels. Gehen Sie dabei vorsichtig mit der Felge um. Sie ist mit einer Klarlackschicht versehen, die gegen Rost schützt. Wird die Schicht beschädigt, sollten Sie diese mit Klarlack ausbessern.

⑤ Den Wagenheber (Bordwerkzeug; nur für diesen Wagentyp) nur unter dem bezeichneten Bereich (Eindrückungen am Unterholm) ansetzen und einrasten. Die Klaue des Wagenhebers muss den senkrechten Steg des Unterholms umfassen, während der Heberfuß mit seiner ganzen Fläche auf festem Untergrund aufliegt. Wagenheber ausrichten und Klaue weiter hochdrehen, bis sie fest am Steg anliegt. Wagen anheben.

⑥ Markieren Sie das Rad, damit es in gleicher Stellung wieder montiert werden kann. Drehen Sie zunächst eine Radschraube heraus und an ihrer Stelle (wenn vorhanden; gehört manchmal zum Bordwerkzeug) einen Montagestift aus Plastik hinein. Er erleichtert das spätere Aufstecken des Rades. Drehen Sie nun auch die restlichen Radschrauben heraus.

⑦ Rad abnehmen. Bevor Sie das neue Rad aufsetzen, fetten Sie den Zentrierstift des Scheibenrades an der Radnabe dünn ein. So verhindern Sie ein Festrosten des Rades.

⑧ Rad auf der Nabe so drehen, dass die Radschraubenbohrungen der Felge mit dem Gewinde in der Radnabe in Deckung stehen.

⑨ Radschrauben eindrehen und so gut wie möglich mit dem Radschlüssel fest drehen. Die Schrauben dürfen nicht gefettet oder geölt werden. Beachten Sie auch, dass Bolzen und Felgen aufeinander abgestimmt sind. Radschrauben falscher Länge oder Kalottenform dürfen Sie nicht eindrehen, andernfalls können die Funktion der Bremse oder der Festsitz des Rades beeinträchtigt werden.

⑩ Wagen ablassen und Radschrauben festziehen. Das Anzugsdrehmoment soll 120 Nm betragen. Knallen Sie die Schrauben nicht etwa mit einem verlängerten Radschlüssel an. Andernfalls können sich die Bremsscheiben verziehen, was ungleichmäßige Bremswirkung und Reifenverschleiß zur Folge hätte.

⑪ Stecken Sie die Kappe oder Blende wieder auf.

⑫ Kontrollieren Sie in jedem Fall nach einigen Kilometern Fahrt (spätestens bei 50 km), ob die Radschrauben noch fest angezogen sind.

Zustand der Reifen kontrollieren

Die Vorderräder treiben das Fahrzeug an, lenken es und müssen die Hauptbelastung beim Bremsen aushalten. Sie sind daher auch früher verschlissen als die hinteren Pneus. Den Zustand der Reifen kontrollieren Sie am besten bei aufgebocktem Wagen.

Arbeitsschritte | 15.000 km 12 Monate

① Drehen Sie jedes Rad einmal komplett durch. Entfernen Sie Steinchen und andere Fremdkörper vorsichtig mit einem kleinen Schraubendreher aus den Profillamellen. Sitzt in der Reifendecke eine Glasscherbe oder ein Nagel, kann an dieser Stelle Luft entweichen.

② Achten Sie auf Unregelmäßigkeiten wie Einstiche, Schnitte, Risse und heraus gebrochene Profilstücke. Bei einem beschädigten Gummi dringt leicht Feuchtigkeit ins Reifeninnere. Sie können jedoch von außen nicht erkennen, ob der stabilisierende Stahlgürtel schon vom Rost angefressen ist. Lassen Sie den Reifen zur Sicherheit vom Fachmann prüfen. Das gilt übrigens auch bei auffälligem Reifenabrieb.

③ Das Reifenprofil muss über die gesamte Lauffläche mindestens 1,6 Millimeter tief sein. Bei dieser Profiltiefe wird auf der Lauffläche an mehreren Stellen ein Profilstandsanzeiger sichtbar. Die Buchstaben »twi« (tread wear indicator) auf der Reifenflanke zeigen, wo sich diese Verschleißanzeiger befinden.

Das Fahrverhalten wird mit abnehmendem Profil schlechter, vor allem auf nasser Fahrbahn. Tauschen Sie Sommerreifen zur Sicherheit bereits bei einer Profiltiefe von zwei Millimetern, Winterreifen bei vier Millimetern.

④ Kontrollieren Sie, ob alle Reifen gleichmäßig abgefahren sind und ob es Auswaschungen gibt.

⑤ Sehen Sie sich die Seitenwände (Flanken) der Reifen genau an. Beulen deuten auf eine Beschädigung des Reifenunterbaus hin.

Was das Reifenlaufbild zeigt

Technik-lexikon

Außenseite abgefahren (Vorderreifen): Flotte Fahrweise in Kurven. Reifen auf den Felgen drehen lassen oder gegen Hinterräder austauschen.

Außenseiten stärker abgefahren als Profilmitte: Der Reifen wurde lange Zeit mit zu niedrigem Luftdruck gefahren.

Gleichmäßige Auswaschungen: Vermutlich Stoßdämpfer defekt.

Ungleiche Abnutzung (an mehreren Stellen): Unwucht im Rad. Auswuchten lassen.

Stelle mit starker Abnutzung: Bremsung mit blockiertem Rad (Bremsplatte). Selbst das ABS kann kurzzeitiges Blockieren und damit einen gewissen Reifenverschleiß (Abflachungen) nicht verhindern.

Bremsplatten.

Starke Abnutzung in der Profilmitte: Entsteht durch häufiges Fahren mit Höchstgeschwindigkeit. Die Reifen bauchen durch die Fliehkraft aus, nutzen daher in der Mitte stärker ab. Dieser Effekt tritt besonders deutlich an den Hinterrädern auf. Auch bei zu hohem Reifendruck.

Starke Abnutzung in der Profilmitte.

Schräges Profil: Deutet auf falsche Radeinstellung hin. Auch Leichtmetallräder können die Radstellung negativ beeinflussen, zum Beispiel durch die oft geringere Einpresstiefe der Felgen.

Schräges Profil.

Eine **Unwucht** im Rad macht sich durch Vibrationen am Lenkrad oder Schütteln im Vorderwagen bemerkbar. Ursache ist eine ungleichmäßige Gewichtsverteilung am Rad, die auch für erhöhten Reifenverschleiß sorgt. Die Beseitigung einer Unwucht ist Sache der Werkstatt. Dort schraubt man das Rad auf eine Auswuchtmaschine, die Unwuchten anzeigt. Bleigewichte an den richtigen Stellen der Felgen gleichen den unrunden Lauf des Rades aus.

- **Statische Unwucht A** zeigt sich bereits, wenn man das Rad am hochgebockten Wagen frei auspendeln lässt: Der Schwerpunkt wird sich ganz von selbst nach unten begeben. Ein Rad mit einer statischen Unwucht hüpft beim Fahren, die Stoßdämpfer verschleißen schneller.

- **Dynamische Unwucht B** kommt erst beim schnellen Drehen des Rades zur Wirkung. Die übergewichtige Stelle sitzt nicht in der Mittelebene des Rades, sondern etwas nach außen bzw. innen versetzt. Das Rad flattert und wackelt bei schneller Fahrt.

Gratbildung am Reifenprofil lässt auf Spurfehler schließen (Achsvermessung!).

Einseitig abgefahrene Laufflächen sind meist auf Sturzfehler zurückzuführen (Achsvermessung!).

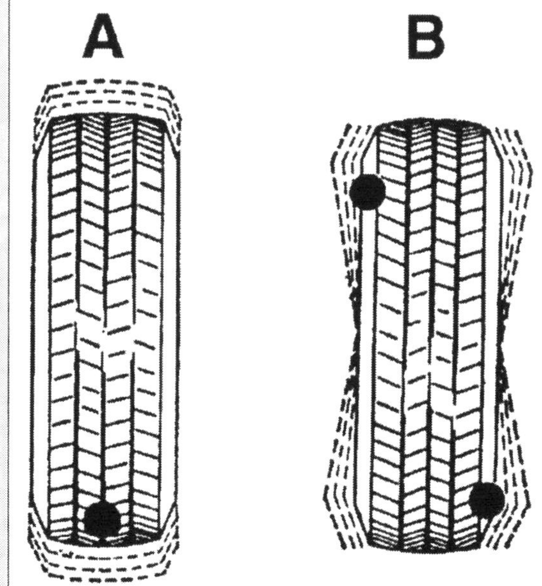

Die Wirkung von statischer (A) und dynamischer (B) Unwucht.

Praxistipp

So lagern Sie Reifen richtig

Nach dem Ummontieren der Sommer- oder Winterreifen sollten Sie die alten Reifen richtig lagern. Dazu eignet sich am besten ein trockener, kühler und dunkler Raum. Halten Sie Benzin, Öl, Fett und Chemikalien von den Reifen fern. Sie sind Gift für das Gummi.

- Markieren Sie zunächst Laufrichtung und Position der Reifen (VR = vorne rechts, VL = vorne links, HR = hinten rechts, HL = hinten links).

- Reifen abnehmen, mit Wasser reinigen und gut trocknen. Entfernen Sie Rollsplitt und andere Fremdkörper aus den Profilrillen.

- Reifen mit Felgen stapelt man liegend, am besten auf einer alten Holzpalette.

- Reifen ohne Felgen sollten Sie senkrecht stellen. Drehen Sie die Pneus von Zeit zu Zeit.

DIE BREMSANLAGE

Eine leistungsfähige Bremsanlage gehört zum Fahrwerk. Der Fabia hat vorn, wie hier im Bild gezeigt, innenbelüftete Scheibenbremsen und hinten meist Trommel-, in einigen Motorisierungsfällen aber auch Scheibenbremsen. ABS und ESP sind ebenfalls verfügbar.

Wartung

Reparatur

Ihr moderner und kraftvoller Fabia braucht eine leistungsfähige Bremsanlage. Schließlich erreichen die stärker motorisierten Modelle Höchstgeschwindigkeiten zwischen 185 und 196 km/h. Ein weiterer Stressfaktor neben der Geschwindigkeit ist für die Bremse die Masse des Fahrzeugs, und der Fabia hat ein zulässiges Gesamtgewicht von etwas über 1.500 kg.
Um hohen konstruktiven Aufwand kommt man bei der Bremsanlage nicht herum. Die Vorderräder aller Modelle sind mit Scheibenbremsen ausgestattet. Die Hinterräder haben Trommelbremsen und in den Fällen stärkster Motorisierung ebenfalls Scheibenbremsen. Zur besseren Wärmeabfuhr sind die Bremsscheiben vorn generell innenbelüftet. Die Bremsen brauchen nicht nachgestellt zu werden.
Bremskraftverstärker und Antiblockiersystem ABS holen die volle Leistung aus den Bremsen heraus. Für optimale aktive Sicherheit ist in jenen Fabia-Modellen gesorgt, die mit dem elektronischen Stabilitätsprogramm ESP ausgestattet sind. So wird bei maximaler Spurstabilität in Notsituationen für kräftiges Bremsen und kürzestmöglichen Bremsweg gesorgt.

Die innenbelüfteten Scheibenbremsen vorn müssen auch nach einer Laufleistung von mehr als 80.000 Kilometern (unser Bild) zuverlässig funktionieren.

Die Zweikreisbremsanlage

Die Straßenverkehrs-Zulassungsordnung (StVZO) schreibt vor, dass ein Kfz stets mit zwei Bremsanlagen ausgestattet ist, die unabhängig voneinander arbeiten. Sinn dieser Vorschrift: Fällt ein System aus, kann das andere das Fahrzeug immer noch abbremsen.

Die Bremsanlage erfüllt diese Bestimmung mit einer diagonal aufgeteilten Zweikreisbremsanlage. Dabei ist ein Bremskreis jeweils für ein Vorderrad und das diagonal gegenüberliegende Hinterrad zuständig. Fällt ein Bremskreis aus, bleiben Vorderrad und Hinterrad des anderen Systems bremsfähig. In diesem Fall müssen Sie freilich stärker aufs Bremspedal treten, um die gleiche Wirkung zu erreichen wie bei einer intakten Anlage. Das Pedal lässt sich weiter durchtreten und der Anhalteweg wird wesentlich länger.

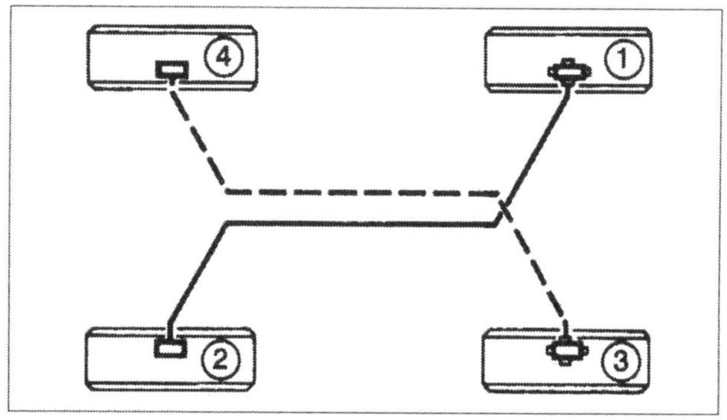

Diagonal geteilte Bremsanlage: *❶ linkes Vorderrad, ❷ rechtes Hinterrad, ❸ rechtes Vorderrad, ❹ linkes Hinterrad.*

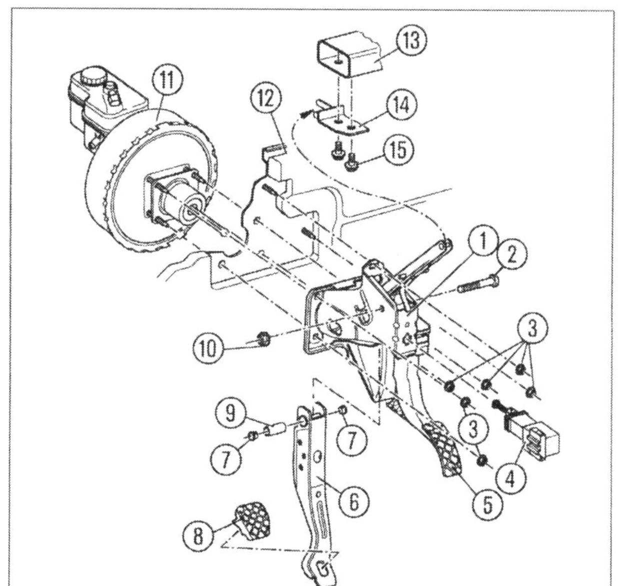

Bremspedal und Umgebung: *❶ Lagerbock für Fußhebelwerk, ❷/❸/❿/⓯ (z. T. selbstsichernde) Schrauben und Muttern, ❹ Bremslichtschalter, ❺ Gaspedal mit Gebern, ❻ Bremspedal, ❼ und ❾ Lagerbuchse und Lagerbolzen, ❽ Trittkappe für Bremspedal, ⓫ Bremskraftverstärker, ⓬ Fahrzeugstirnwand zwischen Motorraum und Innenraum, ⓭ Modulträger, ⓮ Abstützung für die mit dem Lagerbock verschweißte Crashstrebe.*

Hydraulischer Druck

Wenn Sie aufs Bremspedal treten, presst eine mit dem Pedal verbundene Druckstange zwei hintereinander liegende Kolben in den Hauptbremszylinder, der an den Bremskraftverstärker montiert ist. Der Hauptbremszylinder ist nicht für Reparaturen ausgelegt. Wenn er Funktionsstörungen aufweist, muss er komplett ersetzt werden. Die Kolben übertragen die Fußkraft auf die im Hauptbremszylinder eingeschlossene Bremsflüssigkeit. Dadurch entsteht ein hydraulischer Druck, der sich über Rohr- und Schlauchleitungen zu den Radbremszylindern fortsetzt.

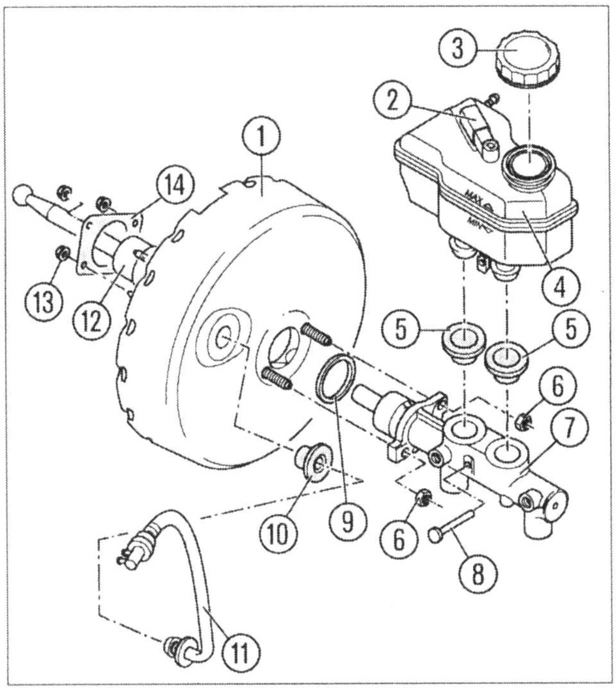

Bauen den Bremsdruck auf: *❶ Bremskraftverstärker, ❷ Warnkontakt F34 für Bremsflüssigkeitsstand, ❸ Verschlussdeckel des ❹ Bremsflüssigkeitsbehälters, ❺ Dichtungsstopfen, ❻/⓭selbstsichernde Muttern, ❼ Hauptbremszylinder, ❽ Haltestift für Bremsflüssigkeitsbehälter und Hauptbremszylinder, ❾ Dichtring, ❿ Dichtungsstopfen, ⓫ Unterdruckschlauch und ⓮ Dichtung für Bremskraftverstärker, ⓬ Kappe.*

An den Rädern drücken die in den Radbremszylindern gleitenden Kolben die Bremsklötze gegen die Bremsscheiben (oder die Bremsbacken gegen die Trommeln). Beim Lösen des Bremspedals zieht die Kolbendichtung den Kolben und dadurch auch den Bremssattel von den Bremsscheiben zurück. So entsteht zwischen Bremsklotz und Scheibe ein Spiel - zwar nur von weniger als einem Millimeter, aber die Bremsscheibe dreht wieder frei.

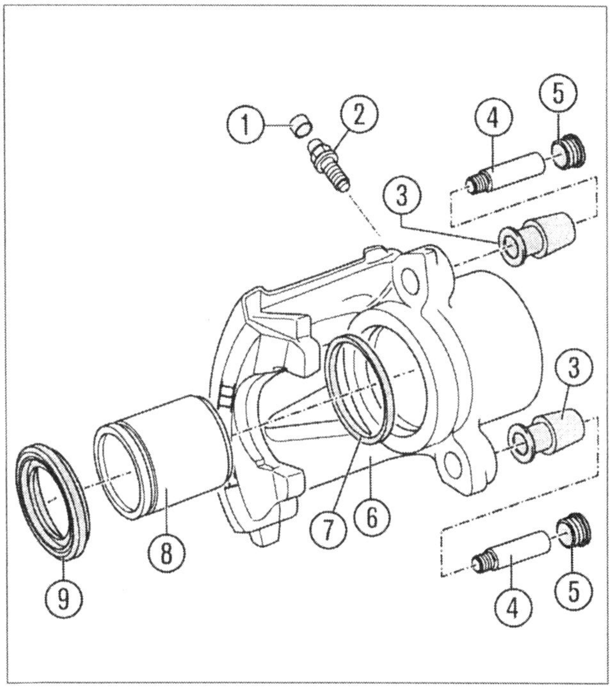

Bremssattel FS-III mit Bremszylinder: *❶ Staubkappe für ❷ Entlüftungsventil (mit Lithiumschmierfett G 052 150 A2 eingeschraubt), ❸ die beiden Lagerbuchsen des Bremssattelgehäuses, ❹ die beiden Führungsbolzen mit ❺ Abdeckkappen, ❻ Bremssattelgehäuse mit Bremszylinder, ❼ Dichtring, ❽ Kolben, ❾ Schutzkappe.*

Viel Elektronik

Ein komplexes Zusammenspiel vieler Komponenten kennzeichnet die Bremsanlage des Fabia. Die meisten Fahrzeuge sind mit einem Antiblockiersystem (ABS) ausgestattet. Dieses verhindert bei scharfem Bremsen ein Blockieren der Räder. Vorteil des Antiblockiersystems: Der Wagen lässt sich auch bei einer Vollbremsung lenken. Dazu dosiert das ABS die Bremskraft an den einzelnen Rädern. Eine reine Blockierbremsung ist nicht mehr möglich. Störungen am ABS haben keinen Einfluss auf Bremsanlage und Verstärkung. Die Bremsanlage bleibt auch ohne ABS funktionsfähig.
Die Bremskraftverstärkung erfolgt pneumatisch durch den Vakuumbremskraftverstärker. Bei Ausstattungen mit ABS gibt es keinen mechanischen Bremskraftregler mehr. Eine speziell abgestimmte Software im Steuergerät sorgt für die Bremskraftverteilung an der Hinterachse.

Andere elektronisch gesteuerte Hilfen im Bremssystem sind z. B. die Antriebsschlupfregelung ASR und das elektronische Stabilitätsprogramm ESP.
Das Übersichtsbild veranschaulicht die verschiedenen Baugruppen und ihre um die Lenksäule, in der Schalttafel und im Motorraum konzentrierten Einbauorte.

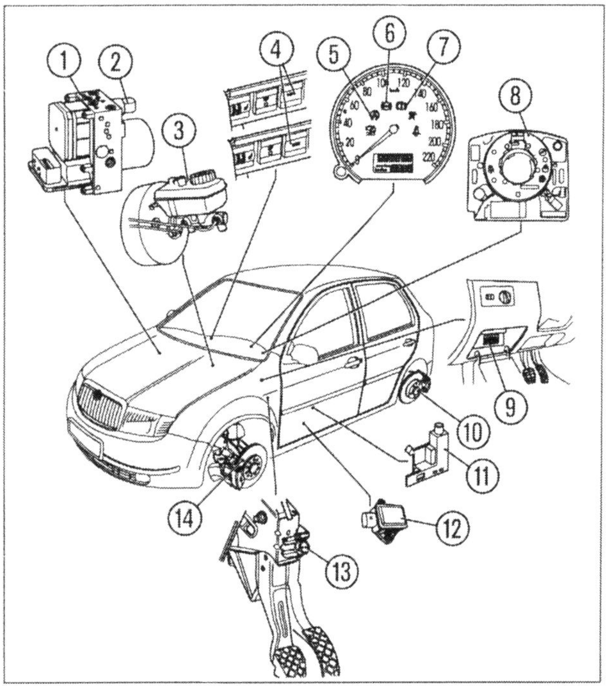

Elektrik/Elektronik im Bremssystem: *❶ Hydraulik-Steuereinheit (rechts im Motorraum) mit ❷ Geber G201 für Bremsdruck bei Fahrzeugen mit ESP, ❸ Hauptbremszylinder und Bremskraftverstärker (mit Behälter für Bremsflüssigkeit), ❹ Taster E132 für ASR oder Taster E256 für ASR/ESP im Schalttafelmittelteil über dem Radio, ❺/❻/❼ Kontrolllampen im Schalttafeleinsatz: K86 für ASR oder K155 für ESP, K47 für ABS, K7 für Handbremse/Bremsflüssigkeitsstand, ❽ Geber G85 für Lenkwinkel (auf der Lenksäule zwischen Lenkrad und Lenkstockschalter), ❾ Diagnoseanschluss in der Ablage Fahrerseite, ❿ ABS-System an der Hinterachse (abgebildeter Fall: Scheibenbremsen hinten), ⓫ Schalter F9 für Handbremskontrolle am Handbremshebel, ⓬ Geber G200 für Querbeschleunigung und G202 für Drehrate (bei Fahrzeugen mit ESP, unter dem linken Vordersitz), ⓭ Bremslichtschalter F, ⓮ ABS-System an der Vorderachse mit Drehzahlfühler G45/G47 (in der Radnabe eingebaut).*

Die mechanischen Komponenten

Im Zusammenwirken mit der steuernden und regelnden Elektronik und mit dem hydraulischen Drucksystem verrichten einige Standardkomponenten die mechanische Arbeit in den beiden Bremskreisen des Systems. Diese z. T. schon in den Abbildungen vorgestellten **Baugruppen** sind:

- **Hauptbremszylinder**: Wandelt die mechanische Kraft des Bremspedals in hydraulische Kraft um. Sorgt für schnellen Druckabbau im System beim Lösen der Bremsen.
- **Bremskraftverstärker**: Bringt etwa 60 Prozent der Bremskraft auf. Bei Benzinmotoren wird der erforderliche Unterdruck am Ansaugrohr entnommen. Bei Dieselmotoren ist zur Unterdruckerzeugung eine Vakuumpumpe bzw. eine Tandempumpe für Kraftstoff- und Unterdruckversorgung eingebaut.
- **Bremskraftregler**: Dient zur Behebung von Bremskraftveränderungen, die durch Achslastunterschiede beim Bremsen entstehen. Er vermindert ab einem Grenzwert über ein Ventil den Druck an den hinteren Bremsen oder baut den Leitungsdruck lastabhängig ab. Der vom Hauptbremszylinder erzeugte hydraulische Druck wird in voller Höhe auf die Vorderradbremsen abgegeben, während der Bremsdruck für die Hinterräder, je nach Beladezustand oder Achslastverlagerung als Folge der Abbremsung, mehr oder weniger reduziert wird.
- **Bremskraftminderer**: Werden nur in Fahrzeuge ohne ABS und ohne lastabhängigen Bremskraftregler eingebaut, und zwar in jeden Bremskreis: einer direkt in den Hauptbremszylinder, der andere mit kurzer Leitung an den Hauptbremszylinder.
- **Radbremszylinder**: Die Kolben dieser Zylinder übertragen den Druck an Bremsklötze (Bremsbeläge). Der Bremsflüssigkeitsdruck erreicht hier bis zu 120 bar.
- **Bremsscheibe**: Eine massive Stahlscheibe. Die innenbelüfteten Ausführungen leiten beim freien Drehen im Luftstrom besonders wirksam Reibungswärme ab.
- **Bremssattel**: Sitzt wie ein Sattel auf der Bremsscheibe. Beim meist verwendeten so genannten Faustsattel wird nur ein Bremskolben benötigt, um beide Bremsbeläge gegen die Bremsscheibe zu drücken.
- **Bremstrommel**: Gebräuchliche Bremsenform an den Hinterrädern bei nicht zu starker Motorisierung. Bremsbacken drücken gegen die Innenwand der Trommel und bremsen die Drehbewegung ab.

Die beiden folgenden Übersichtszeichnungen zeigen Ihnen die unmittelbar an den Rädern wirkenden Komponenten dieser Bremsmechanik beim Fabia an den gängigsten Varianten: Vorderradbremse mit Bremssattel FS III und Hinterrad mit Trommelbremse.

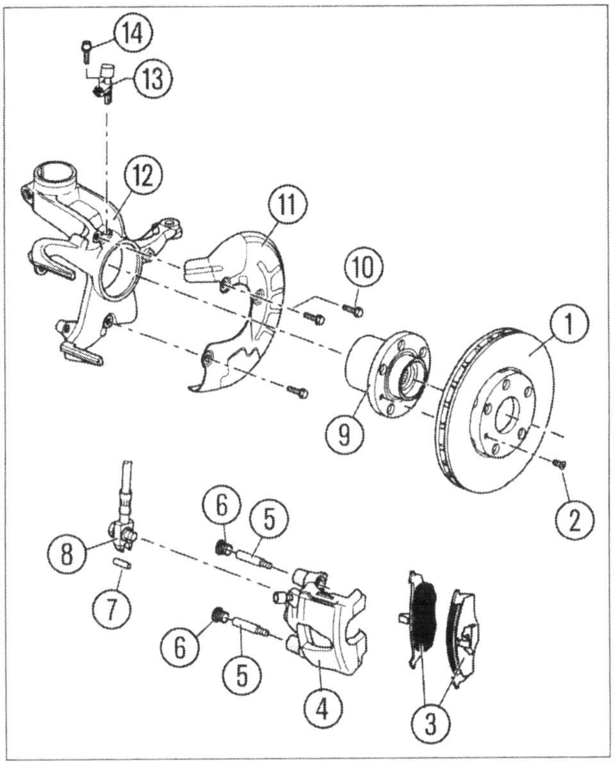

__Scheibenbremse vorn mit Bremssattel FS III:__ ❶ Bremsscheibe (22 mm, Verschleißgrenze 19 mm), ❷/❿ Schrauben, ❸ Bremsbeläge (19,6 mm mit Stützplatte), ❹ Bremssattel, ❺ Führungsbolzen, ❻ Abdeckkappe, ❼ Spannhülse, ❽ Bremsschlauch mit Stutzen, Hohlschraube und Dichtringen, ❾ Radnabe mit Radlager, ⓫ Abdeckblech, ⓬ Radlagergehäuse, ⓭ Drehzahlfühler ABS, ⓮ Innensechskantschraube für ABS-Drehzahlfühler.

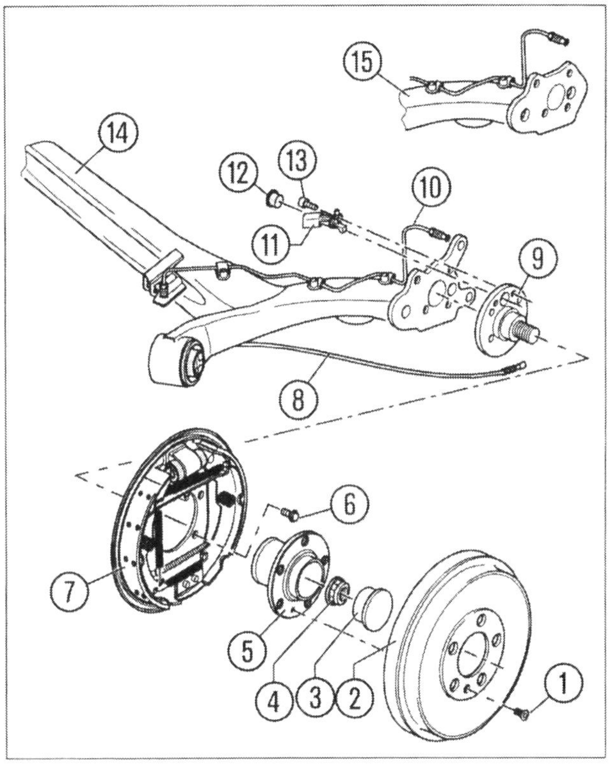

__Trommelbremse hinten:__ ❶/❻/⓭ Schrauben, ❷ Bremstrommel (200 mm Durchmesser), ❸ Kappe, ❹ selbstsichernde 12-Kant-Mutter, ❺ Radnabe mit Radlager (und eingebautem ABS-Sensorring), ❼ Bremsträger mit Bremsbacken, ❽ Handbremsseil, ❾ Achszapfen, ❿ Bremsleitung, ⓫ ABS-Drehzahlfühler, ⓬ Stopfen (verschließt bei Fahrzeugen ohne ABS die Bohrung für Drehzahlfühler im Achszapfen, ⓮ und ⓯ Achskörper.

Bremsbelag-Verschleißanzeige

Serienmäßig bei bestimmten Modellausführungen oder als Mehrausstattung bei einigen weiteren Modellen des Fabia gibt es einen automatischen Bremsbelagwächter. Das Erreichen einer bestimmten Verschleißmarke des Bremsbelages wird von ihm elektrisch angezeigt. Dazu ist der Bremsbelag der linken Vorderbremse mit einer Kontaktschleife versehen. Wenn der Bremsbelag die kritische Verschleißmarke erreicht hat, wird die Kontaktschleife zerstört (Brechelement). Dieser Vorgang wird im Kombiinstrument von einer Warnleuchte mit dem Bremsensymbol (Kreis mit Strichellinien am Umfang links und rechts) angezeigt und auch akustisch durch einfachen Piepton signalisiert.

ABS und integrierte Systeme

Technik-lexikon

ABS-Steuergerät (J104): Im Fabia wird das Antiblockiersystem Bosch 5.7 eingesetzt. Dessen Steuergerät ist mit der Hydraulikeinheit verschraubt und räumlich getrennt von Bremskraftverstärker und Hauptbremszylinder neben dem rechten Stoßdämpferdom im Motorraum montiert. Das Steuergerät verarbeitet ständig die Drehzahl-Informationen der Radsensoren und vergleicht sie mit den programmierten Werten. Wenn unterschiedliche Drehzahlfrequenzen drohende Blockiergefahr an einem oder mehreren Rädern signalisieren, aktiviert das Steuergerät die Hydraulikeinheit. Der Bremsdruck für das betreffende Rad wird reduziert, bis es wieder frei läuft und erneut gebremst werden kann. Je nach Fahrbahnzustand erfolgt dieses Wechselspiel während des gesamten Bremsvorgangs im Millisekundentakt. Übrigens wird beim Fabia zur Abnahme der Raddrehzahlen für ABS ein neues System verwendet: Der aktive Drehzahlsensor mit Messelement und Verstärker. Er steckt im Radlagergehäuse

Das Steuergerät ist auch zuständig für eine Reihe weiterer Systeme zur Erhöhung der Fahrsicherheit. Zu nennen sind die elektronische Differenzialsperre (EDS), die Antriebsschlupfregelung (ASR) und das elektronische Stabilitätsprogramm (ESP).

EDS ist eine Anfahrhilfe. Beim Anfahren auf glatten Fahrbahnen bremst die EDS automatisch das durchdrehende Rad ab. Dabei wird das Antriebsmoment durch das Differenzial-Getriebe auf das stillstehende Rad übertragen. Das EDS ist in die Antriebsschlupfregelung

ASR integriert. Diese greift nicht in die Bremsregelung ein, sondern in das Motormanagement. Melden die ABS-Drehzahlfühler durchdrehende Räder, wird die Motorleistung zurückgenommen. Diese Regelung funktioniert bei allen Geschwindigkeiten. Das

ESP reduziert automatisch die Schleudergefahr und erhöht damit die Fahrsicherheit in kritischen Situationen. Das System ist in der Lage, ein einzelnes Rad abzubremsen, wodurch ein zum Ausbrechen neigendes Fahrzeug stabilisiert werden kann. Beginnt beispielsweise das Heck auszubrechen, bremst das ABS das kurvenäußere Vorderrad ab.

Hydraulikeinheit: Hauptteil des ABS-Bremssystems. Sie ist mit dem Steuergerät verschraubt und kann nur im ausgebauten Zustand getrennt werden. Im Fabia ist die Hydraulikeinheit N55 ein Ventilblock mit Steuerventilen und Kontaktfedern. Sie ist nicht trennbar mit der Hydraulikpumpe V39 verbunden.

Beim Tritt aufs Bremspedal drückt der Hauptbremszylinder die Bremsflüssigkeit über den Ventilblock zu den Rädern. Tritt das ABS in Aktion, erteilt das Steuergerät den Befehl »Bremsdruck reduzieren«. Die Bremsflüssigkeit fließt direkt vom Ventilblock in den Ausgleichsbehälter zurück.

Wird der Bremsdruck dann wieder verstärkt, strömt die Bremsflüssigkeit aus dem Ausgleichsbehälter durch die Hydraulikpumpe direkt in den entsprechenden Bremskreis. Wenn die Pumpe läuft, merken Sie das übrigens am Bremspedal: Es beginnt leicht zu pulsieren.

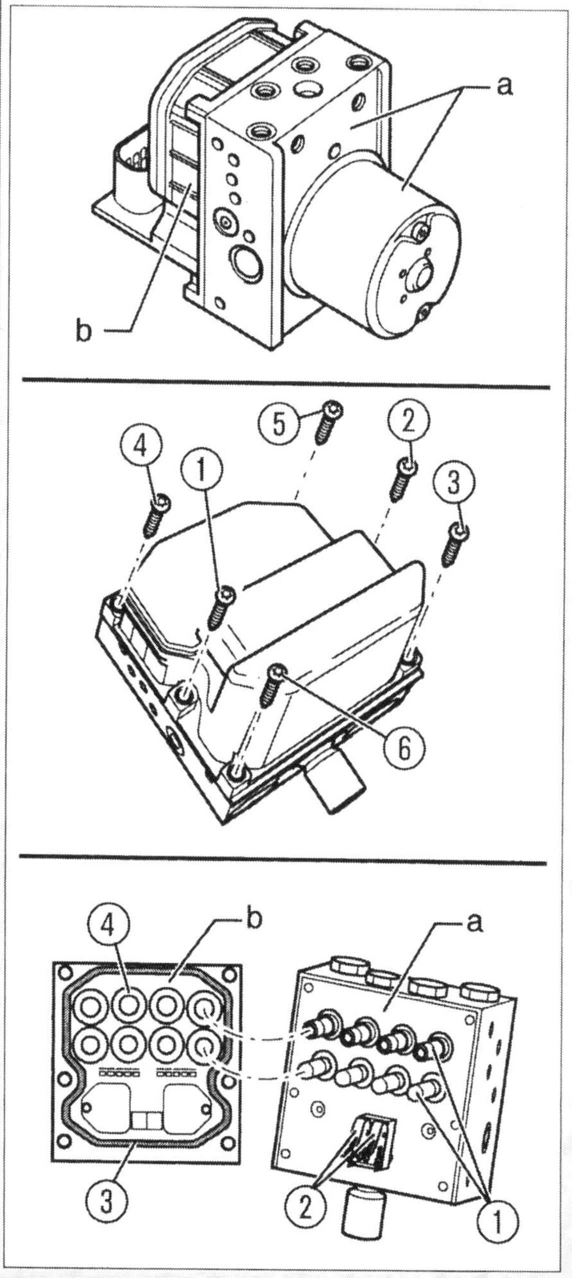

Die Hydraulik-Steuereinheit des Fabia: *a = Hydraulikeinheit N55 mit Hydraulikpumpe V39; b = ABS-Steuergerät J104 (Abbildung oben). Zum Abnehmen des Steuergerätes b müssen sechs Innentorxschrauben herausgedreht werden (mittleres Bild). Beim Abziehen des Steuergerätes b von der Hydraulikeinheit a (unteres Bild) dürfen die Ventildome ❶ nicht mit den Magnetspulen ❹ verkanten; die Magnetspulen, die Ventildome und die Kontaktfedern ❷ für die Hydraulikpumpe müssen durch Abdecken vor Schäden und Verunreinigung geschützt werden. ❸ ist eine Silicondichtung.*

Störungen am ABS-Bremssystem

Die Kontrollleuchte des ABS-Bremssystems leuchtet mit dem Einschalten der Zündung auf und verlischt, wenn der Motor läuft, spätestens jedoch nach 2 Sekunden oder wenn schneller als sechs Kilometer pro Stunde gefahren wird. Leuchtet Sie während der Fahrt, dreht entweder ein Rad länger als 20 Sekunden durch oder es liegt eine Störung im ABS-System vor. Es kann auch sein, dass die Bordspannung unter 10,0 Volt gefallen ist.
Sie können trotzdem weiterfahren. Die Bremse funktioniert dann eben wie bei einem Wagen ohne ABS. Vorsicht ist allerdings angebracht, weil die elektronische Bremskraftverteilung nicht funktioniert und die Hinterräder leicht blockieren können. Zur Beseitigung des Defekts müssen Sie eine Werkstatt aufsuchen. Dort fragt man die im Steuergerät gespeicherten System-Störungen mit dem Systemtester (Fehlerauslesegerät) ab.

Praxistipp

Zur Wartung in die Werkstatt

Im Straßenverkehr entscheiden die Bremsen über Ihre Sicherheit und die anderer Verkehrsteilnehmer. Deshalb ist eine regelmäßige Kontrolle der Bremsanlage Ihre beste Lebensversicherung. Scheuen Sie sich nicht, die Räder abzunehmen und den Zustand der Bremsbeläge zu prüfen.
Die Wartungen an der Bremsanlage sind nicht übermäßig kompliziert. Auch die meisten Arbeiten an den Bremsen sind nicht anspruchsvoller als die Demontage eines Kotflügels oder Stoßfängers.

- Trotzdem sollten Sie sich nur ans Schrauben machen, wenn Sie sich Ihrer Sache wirklich sicher sind. Überlassen Sie Arbeiten an der Bremse lieber einer Fachwerkstatt.
- Bremsbeläge sind Bestandteil der Allgemeinen Betriebserlaubnis (ABE), außerdem vom Werk auf das jeweilige Fahrzeug abgestimmt. Deshalb dürfen nur vom Automobilhersteller beziehungsweise vom Kraftfahrtbundesamt (KBA) freigegebene Bremsbeläge verwendet werden. Diese haben eine KBA-Freigabenummer.
- Beim Reinigen der Bremsanlage fällt Bremsstaub an, der zu gesundheitlichen Schäden führen kann. Achten Sie darauf, dass niemals Bremsstaub eingeatmet wird.

Stand der Bremsflüssigkeit prüfen

Arbeitsschritte | W | ständige Wartung

① Der Behälter für die Bremsflüssigkeit mit den MAX-/MIN-Markierungen ist im Motorraum links hinten direkt auf dem Hauptbremszylinder zu finden. Kontrollieren Sie den Stand der Bremsflüssigkeit regelmäßig.

Bremsflüssigkeitsbehälter des Fabia.

② Auch bei einer intakten Bremsanlage kann der Pegel sinken. Ursache ist der Verschleiß an den Bremsbelägen. Dann wandern die Kolben der Radzylinder aus den Zylindern heraus. Die Bremsflüssigkeit fließt nach. Da die Kupplungshydraulik ebenfalls dort angeschlossen ist, kann ein sinkender Pegel auch mit Defekten an diesem System zusammenhängen.

③ Ein sinkender Bremsflüssigkeits-Pegel ist kein Grund zur Sorge, solange die Bremsflüssigkeit im Behälter zwischen den Markierungen »MIN« und »MAX« steht. Sind die Bremsbeläge neu oder noch weit von der Verschleißgrenze entfernt, muss der Stand unbedingt dort liegen.

④ Ob Sie Bremsflüssigkeit nachfüllen müssen, hängt vom Verschleißgrad der Bremsbeläge ab. Sind die Beläge nahezu abgefahren, kann der Pegel nahe der »MIN«-Marke verbleiben. Beim Einbau neuer Beläge werden die Bremskolben zurückgedrückt, der Stand im Bremsflüssigkeitsbehälter steigt dadurch wieder an.

⑤ Füllen Sie Bremsflüssigkeit aber erst auf, nachdem Sie sich vergewissert haben, dass keine Undichtigkeit am Bremssystem vorliegt. Zum Nachfüllen verwenden Sie nur Bremsflüssigkeit nach US-Norm FMVSS 571.116 DOT 4. Achtung! Bremsflüssigkeit ist giftig und greift Lacke an. Weil sie zudem Wasser anzieht, muss sie immer in einem fest verschlossenen Behälter aufbewahrt werden.

Der auffällig gelb gefärbte Verschlussdeckel weist auf die ausschließlich zulässige Verwendung von Originalbremsflüssigkeit DOT 4 hin. Darunter die Füllstandsmarkierungen.

Zustand der Bremsanlage prüfen

Arbeitsschritte — 15.000 km / 12 Monate

① Die Unterseite des Wagens muss trocken sein, damit Sie undichte Stellen erkennen.

② Prüfen Sie die Anschlüsse und Verbindungen von Schläuchen und Leitungen und die Bremssättel. Achten Sie auf dunkle und feuchte Flecken.

③ Prüfen Sie die Bremsschläuche. Sie dürfen keine Scheuerstellen aufweisen, weder feucht noch aufgequollen sein. In diesen Fällen: Schläuche auswechseln.

④ Reinigen Sie die Bremsleitungen mit einem Kaltreiniger. Die Leitungen sind zum Schutz gegen Rost mit einer Kunststoffschicht überzogen. Verwenden Sie daher zur Säuberung nie Schraubendreher, Schmirgelleinen oder Drahtbürste. Ist die Schutzschicht beschädigt, sollten Sie dünn und gleichmäßig Rostschutzgrundierung aufstreichen. Stellen Sie Rostnarben oder Verformungen an den Bremsleitungen fest, müssen Sie diese umgehend ersetzen.

⑤ Befinden sich Schutzkappen auf allen Entlüftungsventilen an den Bremssätteln?

⑥ Machen Sie eine (provisorische) Bremsdruckprobe. Treten Sie eine Minute mit voller Kraft aufs Bremspedal. Das Pedal darf dabei nicht nachgeben, sonst ist eine der Manschetten im Hauptbremszylinder defekt. Eine exakte Druckprüfung ist allerdings Sache der Werkstatt.

Bremskraftverstärker prüfen

Der Lagerbock mit Gaspedal, Bremspedal und Bremslichtschalter ist durch die Fahrzeugstirnwand Ihres Fabia mit dem Bremskraftverstärker (im Motorraum direkt am Bremsflüssigkeitsbehälter) zusammengeschraubt. Wie bereits dargestellt, bilden Hauptbremszylinder, Bremskraftverstärker und Bremsflüssigkeitsbehälter eine enge Baueinheit. Hauptbremszylinder und Bremskraftverstärker können unabhängig voneinander komplett ersetzt werden, eine Instandsetzung ist jedoch nicht möglich. Der Faltenbalg am Bremskraftverstärker muss immer korrekt sitzen, weil es sonst zu Sauggeräuschen kommen kann.

Arbeitsschritte

① Motor abstellen, das Bremspedal mehrmals durchtreten und in seiner tiefsten Stellung halten. Dadurch wird der im Gerät vorhandene Unterdruck abgebaut.

② Halten Sie jetzt das Bremspedal mit mittlerer Fußkraft in Bremsstellung und starten Sie den Motor.

③ Bei einem einwandfrei funktionierenden Bremskraftverstärker wird jetzt die Verstärkung wirksam. Das Bremspedal gibt unter dem Fuß spürbar nach. Senkt sich das Pedal nicht, liegt eine Störung vor. Meistenfalls muss dann der Bremskraftverstärker komplett ersetzt werden.

Bremsen prüfen

Suchen Sie sich eine ebene, möglichst abgelegene Straße. Führen Sie die Bremsprüfung nur durch, wenn Sie Ihr Fahrzeug beherrschen und andere Verkehrsteilnehmer nicht behindern oder gefährden.

Arbeitsschritte

- Fahren Sie zuerst mit Schritttempo. Mit voller Kraft bremsen, dann den Gummiabrieb auf der Straße ansehen. Die Bremsen ziehen gleichmäßig, wenn die Spuren gleich lang sind. Die gleiche Übung mit der Handbremse durchführen.
- Beschleunigen Sie auf etwa 50 km/h. Lassen Sie das Lenkrad los (Hände griffbereit halten), bremsen Sie zuerst sanft und dann scharf bis zum Stillstand. Das Fahrzeug sollte die Spur halten. Zieht es zum Beispiel nach links, ist eine der rechten Bremsen nicht in Ordnung (Wagen zieht in Richtung des stärker gebremsten Rades). Bei scharfem Bremsen spüren Sie den Regeldruck des ABS im Pedal.
- Lassen Sie Ihr Fahrzeug nach diesem Test auf einer leicht abschüssigen Strecke aus dem Stand losrollen. So stellen Sie fest, ob die Räder frei und leichtgängig sind. Machen Sie nach einer kurzen Fahrt die Wärmeprobe an den Felgen: Sie müssen alle gleich warm sein. Ursache für zu hohe Temperatur können schleifende Bremsen oder defekte Radlager sein.

Bremsbeläge messen

Die Beläge an den vorderen Scheibenbremsen leisten mehr Arbeit beim Bremsen als ihre Partner an den Hinterrädern. Sie nutzen sich daher auch schneller ab. Kontrollieren Sie die Stärke der Beläge regelmäßig, mindestens jedoch alle 15.000 Kilometer oder einmal im Jahr. Bei einer Belagdicke von 7 mm einschließlich Rückenplatte (2 mm ohne Rückenplatte) haben die Bremsbeläge ihre Verschleißgrenze erreicht und sind zu ersetzen. Ist Ihr Fahrzeug hinten mit Trommelbremsen ausgestattet, dann gilt für diese eine Verschleißgrenze von 1,5 mm Belagdicke ohne Stützbacke.

Arbeitsschritte 15.000 km 12 Monate

① Die äußeren Bremsbeläge können Sie bei angebautem Rad mit einer Taschenlampe durch den Durchbruch erkennen. Den inneren Belag jedoch sehen Sie höchstens mit einem Spiegel. Nehmen Sie daher das Rad ab. Nur so können sie die Restbelagdicke wirklich prüfen. Das Rad muss nach der Prüfung wieder in gleicher Position angebaut werden. Die Radschrauben dann mit 120 Nm anziehen.

② Zur genauen Prüfung eignet sich am besten eine Münze von 7 mm Dicke. Halten Sie sie zwischen Bremsscheibe und Belagsträger. Ist der Belag plus Rückenplatte bei der Dicke des Geldstücks angelangt, ist es höchste Zeit für einen Tausch. Bremsbeläge müssen grundsätzlich achsweise ersetzt werden.

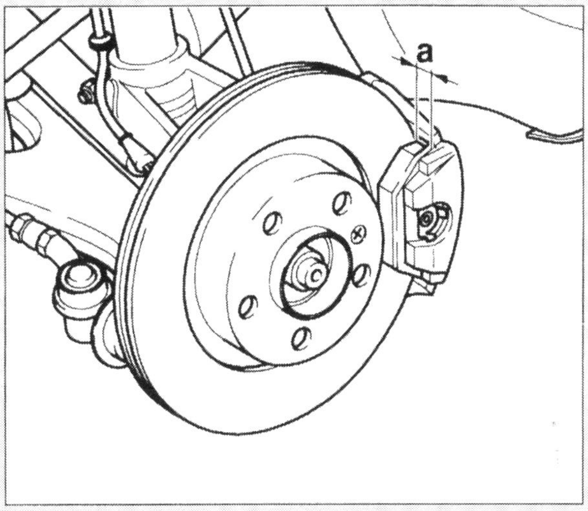

Bremsbelag bei vorderer Scheibenbremse (Verschleißgrenze a = 7 mm einschließlich Rückenplatte).

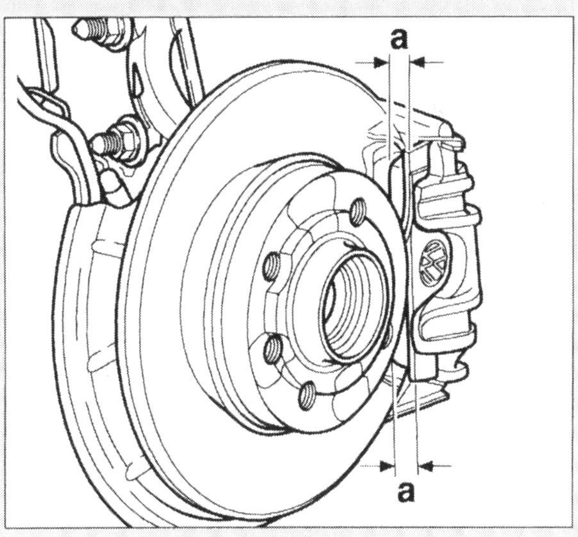

Bremsbelag bei hinterer Scheibenbremse (Verschleißgrenze a = 7,6 mm einschließlich Rückenplatte).

③ Zur Prüfung der Bremsbeläge bei Trommelbremsen hinten durch die Schaulöcher in den Bremsträgerblechen (Pfeil) blicken. Die Verschleißgrenze liegt bei 1,5 mm Belag ohne Stützbacke.

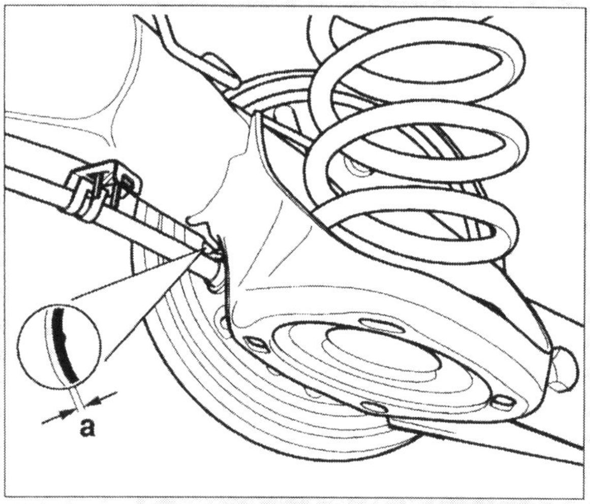

Bremsbelag bei hinterer Trommelbremse (Verschleiß-grenze = 1,5 mm).

④ Achten Sie bei der Prüfung auf Verschmutzung durch austretende Bremsflüssigkeit oder Fett. Auch wenn Sie die Beläge hinten wechseln, muss das grundsätzlich achsweise geschehen.

⑤ Nach dem Ersetzen von Bremsbelägen treten Sie das Bremspedal im Stand mehrmals kräftig durch. Die Beläge nehmen auf diese Weise ihren dem Betriebszustand entsprechenden Sitz ein.

Praxistipp

Bremspedal und Bremsbelag

Der Leerweg des Bremspedals soll höchstens ein Drittel des gesamten Pedalwegs betragen. Lässt sich das Pedal weiter nach unten drücken (mit der Hand prüfen), sollten Sie sofort die Scheibenbremsen untersuchen, denn die Bremsbeläge könnten stark abgefahren oder verklemmt sein. Vielleicht ist auch die Bremszange im Bremssattel fest gerostet.

Die Prüfung des Pedalwegs ersetzt jedoch keine Kontrolle der Bremsbeläge. Der Bremskolben schiebt den sich abnutzenden Belag beim Bremsen so weit nach, dass er nach dem Loslassen des Pedals immer die gleiche Grundstellung zur Bremsscheibe hat. Der Pedalweg bleibt also fast gleich, solange die Beläge nicht auf das Mindestmaß geschrumpft sind. Wird der Pedalweg durch Pumpen geringer, ist möglicherweise Luft im System. Dann muss die Anlage entlüftet (siehe später) und nach der Ursache geforscht werden.

Zustand der Bremsscheiben kontrollieren, Rotor prüfen

Für diese Wartung müssen Sie die Vorderräder abnehmen. Kontrollieren Sie den Zustand der Bremsscheiben stets gemeinsam mit den Bremsbelägen. Dabei sind Taschenlampe, Spiegel und Schieblehre hilfreich. Bei dieser Gelegenheit sollte auch der Rotor durch Drehen der Bremsscheibe auf Verschmutzung und Beschädigung geprüft werden.

Maße der Fabia-Bremsscheiben

Typ	Durchmesser	Dicke	Verschleißgrenze
Vorn für FS III-Sattel	256,0 mm	22,0 mm	19,0 mm
Vorn für FS II-Sattel	239,0 mm	18,0 mm	15,0 mm
Vorn für C54-II-Sattel	288,0 mm	25,0 mm	22,0 mm
Hinten Trommel	200,0 mm	–	201,0 mm

Arbeitsschritte

① Eine bläuliche Verfärbung der Scheibe ist normal.

② Achten Sie auf Rillen in den Scheiben. Sie entstehen durch Schmutz oder zu stark abgefahrene Beläge. Die Rillen dürfen nicht zu tief sein.

③ Die Bremsscheiben dürfen nicht nachgearbeitet werden. Bei Riefen oder zu starken Verschleißspuren ist stets ein paarweiser Austausch fällig.

④ Die Stärke der Scheiben messen Sie am besten, indem Sie zwischen Schieblehre und Bremsscheibe jeweils eine Münze legen. So erhalten Sie auch bei eingelaufenen Bremsscheiben genaue Werte. Die Dicke der Münzen müssen Sie dann natürlich vom gemessenen Wert abziehen. Messen Sie die Bremsscheibe an mehreren Punkten. Es gilt der jeweils schlechteste Wert.

⑤ Zu dünne Scheiben müssen immer paarweise (achsweise) ausgetauscht werden.

Bremsen

Störungs-beistand

Störung	Ursache	Abhilfe
A Bremse quietscht.	**1** Resonanzgeräusche zwischen Bremsscheibe und Belägen.	Beläge wechseln, ggf. Bremsbelag-Trägerplatte auf der Rückseite mit Anti-Quietsch-Paste einstreichen.
	2 Beläge verschlissen bzw. verhärtet.	Erneuern.
	3 Bremsflächen der Scheiben stark verschmutzt, verschmiert oder abgenutzt.	Scheiben abschleifen, ausdrehen lassen. Ggf. austauschen.
	4 Belagführung am Bremssattel verschmutzt oder verrostet.	Säubern bzw. blank schleifen.
	5 Festsitzender Kolben im Bremssattel.	Gängig machen oder Bremssattel überholen lassen.
	6 Neue Bremsbeläge liegen nicht plan an.	Außenkanten der Beläge mit einer Feile brechen.
B Bremswirkung lässt nach (Fading).	**1** Pedalweg normal: a) Beläge verölt, verbrannt oder verhärtet. b) Siehe A3.	Bremsbeläge ersetzen (lassen).
	2 Pedalweg kurz: Bremskraftverstärker arbeitet nicht oder kein Unterdruck am Verstärker.	Bremskraftverstärker bzw. Unterdruckleitung auf Knicke prüfen; das Teil prüfen und evtl. ersetzen (lassen).
	3 Pedalweg lang: a) Siehe A5. b) Ein Bremskreis ausgefallen.	Kontrollieren, schadhafte Teile auswechseln lassen.
	4 Falscher Belag.	Bremsbeläge tauschen (lassen).
C Bei hohem Bremspedaldruck schwache Bremsleistung.	**1** Siehe A2 bis 6. **2** Siehe B1 bis 4.	
D Bremspedalweg schwammig.	**1** Luft in der Anlage.	Bremsanlage prüfen, entlüften lassen.
	2 Bei überbeanspruchter Bremse (Gebirgsfahrt, Anhängerbetrieb) Dampfblasenbildung.	Anhalten, Bremse abkühlen lassen. Verhalten fahren und bremsen, häufiger herunterschalten (Motorbremse).
	3 Hauptbremszylinder nicht richtig befestigt.	Befestigung prüfen.
E Bremspedal lässt sich ganz durchtreten, keine Bremswirkung.	**1** Hauptbremszylinder ausgefallen.	Austauschen.
	2 Bremsschlauch oder Leitung gerissen, Dichtung leck.	Ersetzen.
	3 Bremsflüssigkeit zu alt oder überhitzt.	Auswechseln.
F Pedalweg zu lang.	**1** Lager an der Radseite lose oder verschlissen.	Befestigen, evtl. ersetzen lassen.
	2 Scheiben unrund, Beläge verschoben.	Scheibe und Beläge prüfen, evtl. ersetzen lassen.
	3 Bremsflüssigkeit läuft aus.	Hydraulik auf Leck prüfen und Mangel beheben lassen.
G Stand der Bremsflüssigkeit zu niedrig.	**1** Bremsbeläge verschlissen.	Bremsbeläge prüfen, ersetzen (lassen).
	2 Leck in der Hydraulik.	Hydraulik auf Leck prüfen und Mangel beheben (lassen).

Bremsen

Störungsbeistand

Störung	Ursache	Abhilfe
H Bremsen ziehen einseitig.	**1** Bremsscheiben defekt oder unterschiedliche Beläge.	Prüfen, evtl. ersetzen (lassen).
	2 Siehe A3.	
	3 Siehe A5.	
	4 Falsche Reifen oder falscher Reifendruck.	Prüfen, richtige Reifen aufziehen, Reifendruck kontrollieren.
	5 Stoßdämpfer verschlissen.	Prüfen, evtl. ersetzen (lassen).
I Beläge stark oder ungleichmäßig verschlissen.	**1** Bremsscheiben sind korrodiert oder weisen Riefen auf.	Prüfen, evtl. ersetzen (lassen).
	2 Siehe A5.	

Bremsanlage entlüften

Gelangt Luft ins Bremssystem, müssen Sie die Anlage entlüften. Das gilt zum Beispiel für alle Arbeiten, bei denen Sie die Bremsschläuche abnehmen oder die Bremsleitungen öffnen. In der Regel genügt es, wenn Sie nur den Bremskreis entlüften, an dem Sie gearbeitet haben. Fürs Entlüften brauchen Sie neue Bremsflüssigkeit (Spezifikation US-Norm FMVSS 116 DOT 4) und einen durchsichtigen Schlauch aus dem Baumarkt oder eine handelsübliche Entlüfterflasche. Außerdem sollten Sie sich von einem Helfer unterstützen lassen. Das Fahrzeug muss mit allen vier Rädern auf ebenem Boden stehen. Achtung: Beobachten Sie während des Entlüftens stets den Stand der Bremsflüssigkeit im Vorratsbehälter. Füllen Sie bei Bedarf Bremsflüssigkeit nach. Der Behälter darf nicht leer sein, sonst wird wieder Luft ins System gesaugt.

Sicherheitshinweis: Wenn beim Entlüften der Pegel im Bremsflüssigkeitsbehälter so weit absinkt, dass Luft angesaugt wird, muss die Bremsanlage in der Werkstatt mit einem speziellen Entlüftergerät entlüftet werden. Der Grund: Luft kann in die ABS-Hydraulikpumpe gelangt sein. Nach dem Einbau eines neuen Bremsschlauches muss ebenfalls in der Werkstatt entlüftet werden. Škoda -Werkstätten verwenden das Bremsenfüll- und Entlüftungsgerät Romess S15.

Arbeitsschritte

Wenn erforderlich, die Entlüftungsventile einige Stunden vor der Arbeit mit Rostlöser einsprühen. Das mindert das Risiko, dass die Ventile beim Lösen abgerissen werden.

① Gummikappe vom Entlüftungsventil abziehen, Ventilnippel säubern (hinten rechts beginnen).

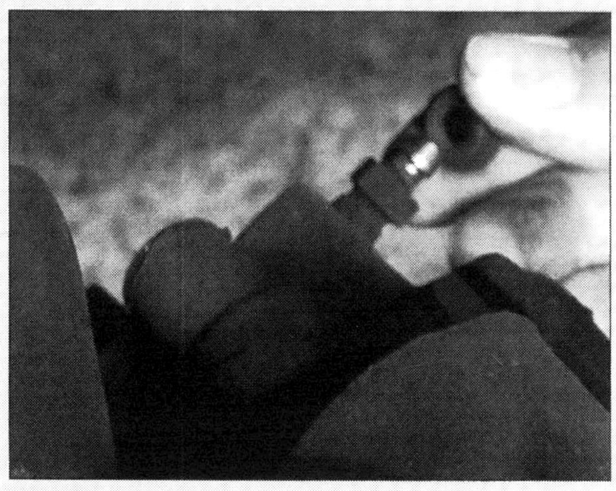

Entlüftungsventil an einem FS-III-Bremssattel. Bild: Abnehmen der Staubkappe.

② Durch Pumpen mit dem Bremspedal Druck im Bremssystem aufbauen. Kunststoffschlauch auf den Nippel schieben und das freie Schlauchende in einen teilweise mit Bremsflüssigkeit gefüllten Auffangbehälter (handelsübliche Entlüfterflasche) stecken.

③ Entlüftungsschraube mit einem Ringschlüssel maximal eine Umdrehung lösen. Der Helfer tritt das Bremspedal langsam bis zum Boden, damit die Bremsflüssigkeit und die darin eingeschlossene Luft herausgepumpt werden. Achten Sie dabei auf Schlauch und Auffangbehälter: Sie müssen die Luftbläschen sehen können. Das Bremspedal bleibt noch am Boden.

④ Schließen Sie die Entlüftungsschraube. Jetzt kann der Helfer das Pedal zurücknehmen.

⑤ Wiederholen Sie diesen Vorgang so lange, bis keine Luftbläschen mehr aufsteigen, es ist dann keine Luft mehr im System. Beobachten Sie ständig den Stand der Bremsflüssigkeit. Füllen Sie bei Bedarf nach, aber nur soviel, dass der vorherige Stand im Bremsflüssigkeitsbehälter nicht überschritten wird. Dadurch verhindern Sie, dass bei einem späteren Wechsel der Bremsbeläge zuviel Bremsflüssigkeit im System ist und der Behälter beim Zurückdrücken der Bremskolben überläuft. Warten Sie bis zum nächsten Pumpen jeweils etwa drei Sekunden, damit sich der Hauptbremszylinder wieder füllen kann.

⑥ Nach dem letzten Durchgang muss der Helfer das Bremspedal wieder am Boden halten, bis das Entlüftungsventil endgültig geschlossen ist (Schraube nicht anknallen).

⑦ Die Arbeit an den anderen Entlüftungsventilen wiederholen. Arbeitsreihenfolge: 1. Radbremszylinder/Bremssattel hinten rechts, 2. Radbremszylinder/Bremssattel hinten links, 3. Bremssattel vorn rechts, 4. Bremssattel vorn links.

⑧ Lässt sich die Bremse nach vorgenannter Methode nicht vollständig entlüften, sollten Sie alle Entlüftungsventile schließen, den Motor starten und mehrfach die Bremse betätigen. Dann nochmals einen Entlüftungsdurchgang vornehmen.

⑨ Kontrollieren Sie zum Schluss noch einmal alle Bremsleitungen, Entlüftungsventile (angezogen?), den Stand im Bremsflüssigkeitsbehälter und die Funktion der Bremsen bei einer Probefahrt. Bremsen Sie einmal so stark, dass die ABS-Regelung greift. Bei der Probefahrt muss mindestens eine ABS-Regelung erfolgen.

Die Bremsflüssigkeit — Technik-lexikon

Im Fabia wird die Bremsflüssigkeit FMVSS 571.116 DOT 4 verwendet. Ihre Hauptbestandteile sind Glykol und Polyglykoläther. Diese Mischung ist bei minus 40 °C noch dünnflüssig und hat einen sehr hohen Siedepunkt von etwa 270 °C. Als hygroskopische Flüssigkeit nimmt Bremsflüssigkeit allerdings Wasser auf (undichte Bremsschläuche und Gummimanschetten). Dadurch sinkt der Siedepunkt. Bei einem Wassergehalt von 2,5 Prozent liegt er nur noch bei 150 °C (eine kritische Grenze). In diesem Fall können sich bei stark erhitzten Bremsen (Gebirgsfahrt, Vollbremsungen) Dampfblasen in der Bremsflüssigkeit bilden. Diese werden beim Bremsen zusammengepresst, das System kann keinen stabilen Bremsdruck aufbauen, das Bremspedal lässt sich tief durchtreten (im Extremfall bis auf den Boden). Wechseln Sie daher zu Ihrer Sicherheit die Bremsflüssigkeit regelmäßig. Sie soll alle zwei Jahre, möglichst im Frühjahr, erneuert werden.

Vorsicht beim Umgang mit Bremsflüssigkeit!

Bremsflüssigkeit ist giftig. Nicht mit dem Mund oder mit offenen Wunden in Berührung bringen. Sie greift zwar Metall- und Gummiteile nicht an, wirkt jedoch auf Autolack aggressiv. Mit Bremsflüssigkeit befleckte Stellen müssen unbedingt mit viel Wasser abgewaschen werden. Auf keinen Fall darf die Bremsflüssigkeit mit mineralölhaltigen Flüssigkeiten in Verbindung gebracht werden, weil Mineralöle die Dichtungen und Manschetten der Bremsanlage beschädigen.

Bremsflüssigkeit, die Sie einmal aus dem System abgelassen haben, dürfen Sie später nicht mehr einfüllen. Verwenden Sie auch keine Bremsflüssigkeit aus einem Behälter, der längere Zeit offen gestanden hat. Gebrauchte Bremsflüssigkeit ist Sondermüll. Kümmern Sie sich um eine fachgerechte Entsorgung.

Bremsflüssigkeit wechseln

Der Wechsel der Bremsflüssigkeit ist alle zwei Jahre fällig und sollte möglichst nach der kalten Jahreszeit stattfinden. Die Sachverständigenorganisation Dekra hat bei Prüfungen zu Jahresbeginn 2003 festgestellt, dass ein Drittel aller Fahrzeuge in Deutschland mit Bremsflüssigkeit unzulänglicher Qualität fährt. Geprüft wurden 759 Autos mit einem Durchschnittsalter von 7,5 Jahren (durchschnittliche Fahrleistung 92.200 Kilometer). Bei jedem fünften überprüften Fahrzeug unterschritt die Bremsflüssigkeit den äußerst kritischen Siedepunkt von 150 °C (neuwertige Bremsflüssigkeit: 270 bis 300 °C). Das kann im schlimmsten Fall zum Versagen der Bremsen führen, weshalb die Dekra den Wechsel aller zwei Jahre dringend empfiehlt.

Sie benötigen knapp einen Liter frische Bremsflüssigkeit der Spezifikation FMVSS 571.116 DOT 4. Die Werkstatt erledigt den Flüssigkeitswechsel mit einer speziellen Absaugvorrichtung und benutzt einen Bremspedalfeststeller oder Bremspedalbelaster (V.A.G 1238 B oder 1869/2).

Wenn Sie sich ohne die Absaugvorrichtung ans Werk machen, ist die Arbeit prinzipiell die gleiche wie beim Entlüften der Bremsanlage. Wir beschreiben deshalb hier den Arbeitsablauf mit Absauger.

Arbeitsschritte W 2 Jahre

① Schrauben Sie den Verschlussdeckel vom Bremsflüssigkeitsbehälter. Nehmen Sie das Sieb heraus und reinigen Sie es.

② Stecken Sie den Absaugschlauch des Gerätes in den Behälter und saugen Sie so viel Bremsflüssigkeit wie möglich ab.

③ Füllen Sie den Ausgleichsbehälter mit neuer Bremsflüssigkeit auf.

④ Stecken Sie den Schlauch der Absaugvorrichtung (Pfeil) auf die Entlüftungsschraube ❶ des Kupplungs-Geberzylinders.

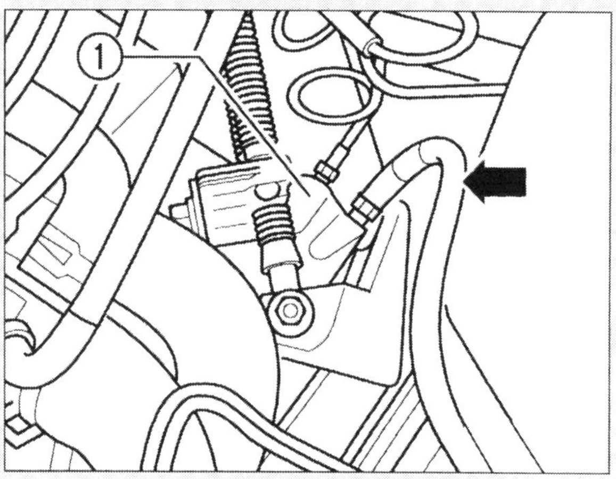

❶ *Saugschlauch der Absaugvorrichtung im Bremsflüssigkeitsbehälter.*

⑤ Lösen Sie die Entlüftungsschraube und drücken Sie durch Betätigen des Kupplungspedals etwa 0,1 Liter Bremsflüssigkeit heraus. Sichern Sie das Kupplungspedal mit dem Bremspedalbelaster in der unteren Position. Ziehen Sie die Entlüftungsschraube wieder an und nehmen Sie den Schlauch ab.

⑥ Bringen Sie das Kupplungspedal in Ruhestellung.

⑦ Sie müssen nun in der Reihenfolge hinten rechts, hinten links, vorne rechts, vorne links an die Entlüftungsschrauben von Radbremszylindern und Bremssätteln heran. Nachdem Sie aus dem Bremsflüssigkeitsbehälter etwa 0,1 Liter abgesaugt hatten und aus der Kupplungshydraulik die 0,1 Liter Bremsflüssigkeit haben abfließen lassen, müssen aus den Bremsen an jedem der vier Räder jeweils 0,2 Liter fließen (insgesamt also etwa 1 Liter). Während des Wechselns müssen Sie kontinuierlich die entsprechenden Mengen durch das wieder eingelegte Sieb im Bremsflüssigkeitsbehälter nachfüllen.

⑧ Stecken Sie den Schlauch der Absaugvorrichtung auf die jeweiligen Entlüftungsschrauben am Rad. Drehen Sie sie auf und lassen Sie durch Betätigen des Bremspedals an jedem Rad die 0,2 Liter ausfließen. Die ausgepumpte Flüssigkeit muss klar und blasenfrei fließen.

⑨ Sichern Sie das Bremspedal mit dem Belaster in der unteren Position. Ziehen Sie die Entlüftungsschraube wieder an und nehmen Sie den Schlauch ab. Dann können Sie die Pedalstütze entfernen.

⑩ Nach Absaugen der Bremsflüssigkeit an jedem Rad die Flüssigkeit im Behälter wieder auf den vorgeschriebenen Stand zwischen MAX- und MIN-Marke auffüllen. Prüfen Sie dann Pedaldruck und Leerweg am Bremspedal. Der Leerweg darf nicht größer als ein Drittel des gesamten Pedalweges sein. Bei Fahrzeugen mit ABS muss nach dem Wechseln der Bremsflüssigkeit eine Probefahrt unternommen werden. Dabei muss mindestens eine ABS-Regelung erfolgen.

Bremsschläuche aus-/einbauen

Der Hauptbremszylinder und die vier Radbremsen sind mit starren Bremsleitungen und flexiblen druckfesten Bremsschläuchen verbunden. Arbeiten an den Bremsleitungen aus Metall sollten der Werkstatt überlassen bleiben, da zur fachgerechten Montage viel Erfahrung gehört. Bremsschläuche können Sie bei erkennbaren Schäden selbst auswechseln. Bei der Montage sind sie an den Originalbefestigungspunkten fest zu machen.

Arbeitsschritte

① Zum **Ausbauen** die Überwurfmutter der betreffenden Bremsleitung losdrehen. Dabei darauf achten, dass sich die Leitung nicht verdreht.

② Manche Bremsschläuche sind mit einem so genannten Schlauchhalter (Blechbügel) gegen Rutschen an der Karosserie gesichert. Beim Zusammenbau diesen Schlauchhalter nicht vergessen!

③ Beim **Einbau** den Schlauch immer zuerst an der Stelle festdrehen, an der das Außengewinde sitzt. Dann die andere Verschraubung anziehen.

④ Der Bremsschlauch darf nicht in sich verdreht sein. Den richtigen Sitz erkennen Sie am durchgehenden Farbstreifen, dem Gummianguss oder dem Gummiprofil entlang des Schlauches.

⑤ Bremssystem entlüften.

⑥ Kontrollieren Sie unbedingt, ob der Bremsschlauch bei Federbewegungen an einer Stelle scheuern kann. Dann müssen Sie den Abstandshalter verschieben. Wiederholen Sie diese Kontrolle nach einer längeren Fahrstrecke.

Bremsbeläge vorn aus-/einbauen

Bei dieser Arbeit müssen Sie sich gleich zweimal ans Werk machen. Die Beläge dürfen nämlich grundsätzlich nur auf beiden Seiten ausgetauscht werden. Mit neuen Bremsbelägen sollten Sie auf den ersten 200 Kilometern häufige Vollbremsungen vermeiden. Der Belag verändert sonst seine Struktur. Er verhärtet (»verglast«) und erreicht dadurch nicht seine beste Bremswirkung. Weiter zu verwendende Bremsbeläge sollten beim Ausbau gekennzeichnet werden. Sie müssen an gleicher Stelle wieder eingebaut werden, da sonst ungleichmäßige Bremswirkung die Folge wäre.
Für die folgenden Arbeiten sind eine Kolbenrücksetzvorrichtung (MP 9-403), ein Bremsenfüll- und Entlüftungsgerät, eine Entlüftungsflasche und Bremsflüssigkeit erforderlich.
Sollen Bremsbeläge weiter verwendet werden, müssen Sie sie beim Ausbau kennzeichnen. Sie müssen wieder an gleicher Stelle eingebaut werden. Zum Belagwechsel sollte der Bremsschlauch nicht abgeschraubt werden.

Arbeitsschritte

Bremssattel FS III

① **Ausbau:** Wagen vorne aufbocken, Räder abbauen. Sichern Sie die Bremsscheiben, indem Sie zwei Radbolzen eindrehen. Trennen Sie bei Fahrzeugen mit Bremsbelags-Verschleißanzeige die Steckverbindung.

② Schlagen Sie die Lenkung ein, damit die Beläge gut zugänglich sind.

③ Nehmen Sie die Abdeckkappen von den beiden Führungsbolzen und schrauben Sie die Bolzen heraus. Nehmen Sie das Bremssattelgehäuse ab und sichern Sie es mit Draht (Bremsschlauch nicht belasten oder gar beschädigen). Jetzt können Sie die Bremsbeläge herausnehmen.

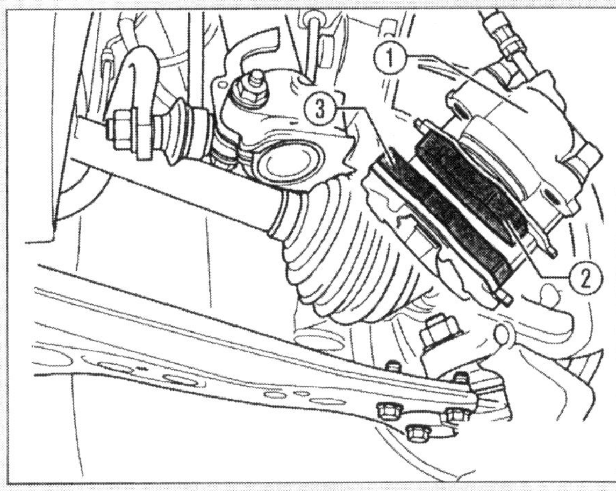

Beläge im Bremssattel FS-III: *❶ Bremssattel, ❷ und ❸ Beläge.*

④ Wenn Sie neue Bremsbeläge montieren, müssen Sie den Bremskolben in den Zylinder zurückdrücken. Falls Sie dafür kein Spezialwerkzeug (siehe Abbildung: MP 9-403) haben, können Sie auch eine Schraubzwinge verwenden. Schützen Sie den Kolben mit einem Stück Holz. Beschädigen Sie die Manschette nicht. Vor dem Zurückdrücken sollten Sie mit einer Entlüfterflasche Flüssigkeit aus dem Bremsflüssigkeitsbehälter absaugen. Es könnte sonst Bremsflüssigkeit auslaufen und zu Schäden führen. Reinigen Sie das Bremssattelgehäuse, und zwar ausschließlich mit Spiritus.

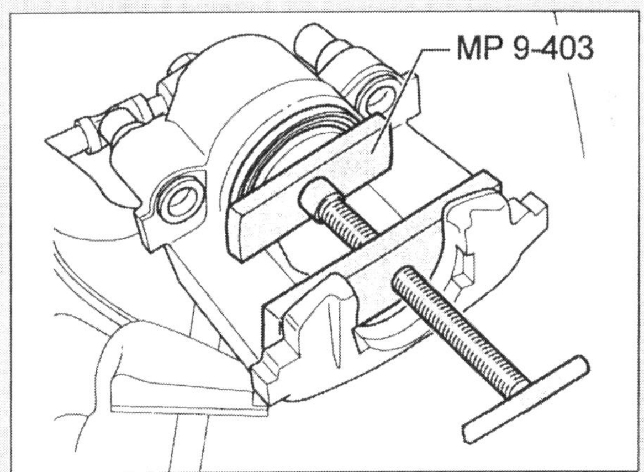

Zurücksetzen des Kolbens mit Spezialwerkzeug MP 9-403.

⑤ **Einbau:** Setzen Sie die Bremsbeläge ein und das Bremssattelgehäuse wieder auf.

Zuerst werden die Beläge mit der weißen Beschriftung Kolbenseite auf der Rückseite in den Kolben eingesetzt. Danach setzen Sie die Bremsbeläge mit dem schwarzen Dreifingerclip in den Bremssattel ein.

⑥ Setzen Sie das Bremssattelgehäuse zuerst unten an. Montieren Sie das Bremssattelgehäuse mit Belägen am Radlagergehäuse. Der Zapfen (Pfeil) vom Bremssattel muss hinter der Führung vom Radlagergehäuse stehen.

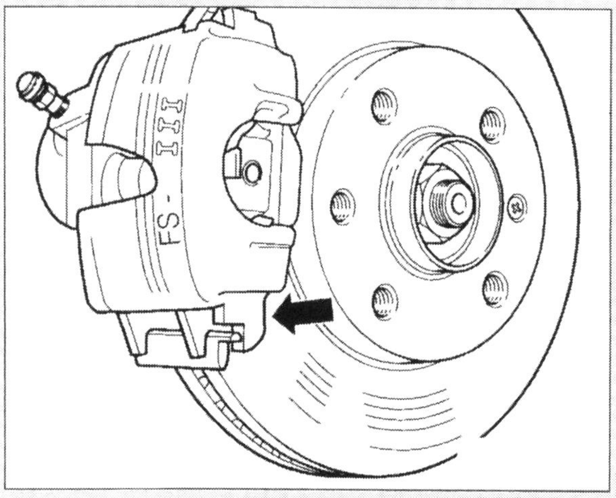

Der Zapfen (Pfeil) vom Bremssattel steht hinter der Führung vom Radlagergehäuse.

⑦ Setzen Sie die beiden Führungsbolzen ein und ziehen sie mit 28 Nm fest. Bei Vorhandensein von Bremsbelags-Verschleißanzeige Stecker wieder aufstecken. Beide Abdeckkappen auf die Bolzen aufstecken. Bauen Sie die Räder wieder an.

⑧ Nach jedem Belagwechsel sollten Sie das Bremspedal mehrmals kräftig durchtreten. So nehmen die Beläge den für den Betrieb richtigen Sitz ein. Danach kontrollieren Sie den Stand im Bremsflüssigkeitsbehälter und füllen eventuell nach.

Bremssattel FS-II

Arbeitsablauf wie beim Bremssattel FS-III. Statt der beiden Führungsbolzen sind Zylinderschrauben mit Innensechskantkopf aus- und einzuschrauben. Beim Einbau müssen Sie die Bremsbeläge mit kleinerer Belagsfläche kolbenseitig und die Bremsbeläge mit größerer Fläche in den Bremssattel einsetzen.

Bremssattel C54-II

Arbeitsablauf ähnlich. Bei dieser Bremse sind allerdings ein Wärmeschutzblech im Bremssattel und Belaghaltebleche auszubauen und zu erneuern. Aus einem Halter am Radlagergehäuse ist die Bremsleitung auszuhängen, wenn der Sattel abgebaut wird. Vor dem Einbau von Belaghalteblechen und Belägen sind die Auflageflächen am Bremsträger zu reinigen und von eventueller Korrosion zu befreien. Wenn Sie die Bremsleitung wieder in den Halter am Radlagergehäuse eingehängt haben, müssen Sie sie mit einer neuen Klammer sichern.

Scheibenbremsbeläge hinten aus-/einbauen

Der Aus- und Einbau der Scheibenbremsbeläge für die Hinterräder erfolgt prinzipiell wie bei den Vorderrädern. In den Arbeitsschritten werden die abweichenden Arbeiten illustriert. Zum Beispiel muss das Handbremsseil ausgehängt werden. Außerdem ist zum Zurückdrücken des Bremskolbens unbedingt das spezielle Rückstell- und Ausdrehwerkzeug MP 9-401 erforderlich. Wird für das Zurückdrücken eine übliche Kolbenrücksetzvorrichtung benutzt, dann wird die automatische Nachstellung im Bremssattel zerstört.

Arbeitsschritte !

① **Ausbau:** Lassen Sie die Bremsleitung am Bremssattel angeschraubt, trennen Sie (wenn vorhanden) die Steckverbindung für Bremsbelagverschleißanzeige und hängen Sie das Handbremsseil aus (siehe später folgende Arbeitsanleitung).

② Schrauben Sie die jeweils zwei Befestigungsschrauben vom Bremsträger heraus. Halten Sie am Führungsbolzen mit einem Maulschlüssel gegen. Nehmen Sie den Bremssattel ab und befestigen Sie ihn so mit Draht, dass er den Bremsschlauch nicht belastet oder beschädigt.

③ Bremsbeläge und Belaghaltefedern ausbauen. Wenn Sie die Beläge wieder einbauen wollen, müssen Sie diese kennzeichnen und an derselben Stelle wieder einsetzen.

④ Reinigen Sie den Bremssattel ausschließlich mit Spiritus. Keine Drahtbürste zum Reinigen des Gehäuses verwenden! Die Klebefläche für Bremsbeläge muss frei sein von Kleberesten und Fett.

⑤ **Einbau:** Saugen Sie (mit einer Entlüfterflasche) Bremsflüssigkeit aus dem Behälter ab. Drücken Sie den Kolben im Bremssattel mit dem Werkzeug MP 9-401 in den

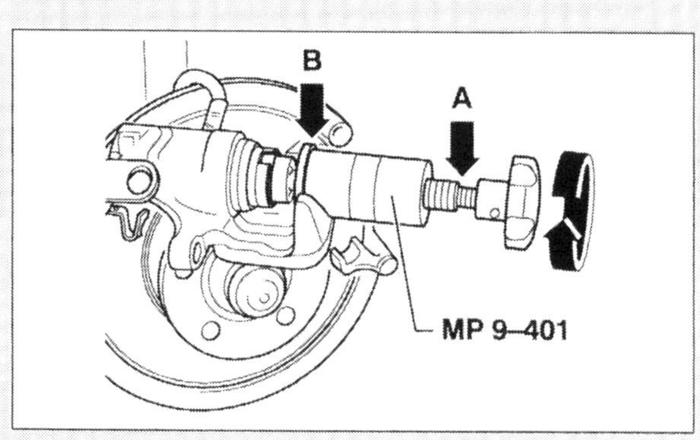

Rückstellwerkzeug MP 9-401: **A** *Schlüsselflächen,* **B** *Bund.*

Zylinder zurück. Setzen Sie das Werkzeug so ein, dass der Bund (Pfeil B) des Werkzeugs am Bremssattel anliegt. Bei schwergängigen Kolben kann ein Maulschlüssel SW 13 an den dafür vorgesehenen Schlüsselflächen (Pfeil A) angesetzt werden. Kolben durch Rechtsdrehen am Rändelrad des Werkzeugs einschrauben (Richtungspfeil).

⑥ Neue Belaghaltefedern (Pfeile) und Bremsbeläge in den Bremsträger einsetzen.

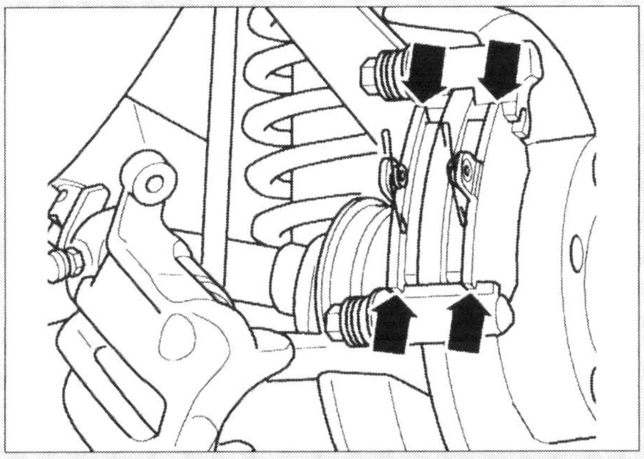

Die Pfeile weisen auf die Belaghaltefedern im Bremsträger.

⑦ Ziehen Sie die Schutzfolie von der Stützplatte (Rückenplatte) des Bremsbelages ab. Bremssattelgehäuse mit neuen selbstsichernden Sechskantschrauben befestigen. Mit 35 Nm anziehen und am Führungsbolzen gegenhalten.

⑧ Hängen Sie das Handbremsseil am Bremssattel ein und stellen Sie die Handbremse ein (siehe später). Montieren Sie die Räder und senken Sie das Fahrzeug ab. Bremspedal im Stand mehrmals durchtreten; Stand der Bremsflüssigkeit kontrollieren, ggf. nachfüllen.

Bremsbacken der Trommelbremse aus-/einbauen

Für diese Arbeit brauchen Sie einen handelsüblichen Haken zum Aushängen der Rückzugfeder und Festschmierstoffpaste G 000 650. Dieser Spezifikation entspricht z. B. Wolfrakote-Top-Paste.

Arbeitsschritte ⚒ ▦ !

① **Ausbau:** Fahrzeug hinten aufbocken. Bauen Sie die Räder ab und die Bremstrommel(n) aus.

② Bauen Sie aus der jeweiligen Bremstrommel den Federteller mit den Druckfedern aus. Drücken Sie dazu den Federteller gegen die Feder und verdrehen Sie ihn um 90°. Mit Hilfe eines Schraubendrehers werden dann die Bremsbacken von der unteren Abstützung seitlich nach außen abgehoben.

③ Legen Sie die Bremsbacken auf dem Abstützblech unten ab. Hängen Sie die untere Rückzugfeder und das Handbremsseil aus. Jetzt können Sie die Bremsbacken zwischen Radnabe und Bremsträger vorsichtig ausfädeln.

④ Spannen Sie die Bremsbacken in einen Schraubstock ein. Bauen Sie die Zugfeder ❶ für Keil ❷ aus und hängen Sie mit dem Haken **A** zunächst die Rückzugfeder oben ❸ und dann die parallel dahinter liegende Anlagefeder aus. Jetzt können die Druckstange ❹ und der Keil von der Bremsbacke abgenommen werden.

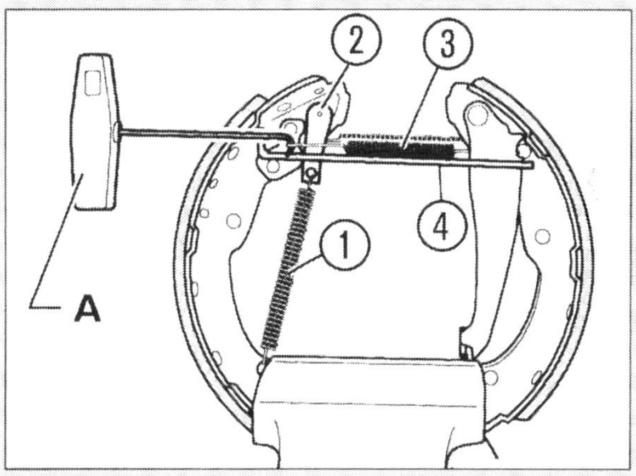

Bremsbacke im Schraubstock: **A** *Haken zum Aushängen der Federn,* ❶ *Zugfeder,* ❷ *Keil,* ❸ *Rückzugfeder oben (verdeckt Anlagefeder),* ❹ *Druckstange.*

⑤ Nehmen Sie die Bremsbacke aus dem Schraubstock und spannen Sie die Druckstange ein.

⑥ **Einbau:** Fetten Sie die Anlagestelle der Druckstange ❸ mit Festschmierstoffpaste G 000 650. Hängen Sie die Anlagefeder ❶ in die Bremsbacke ❷ ein und setzen Sie die Bremsbacke auf die Druckstange.

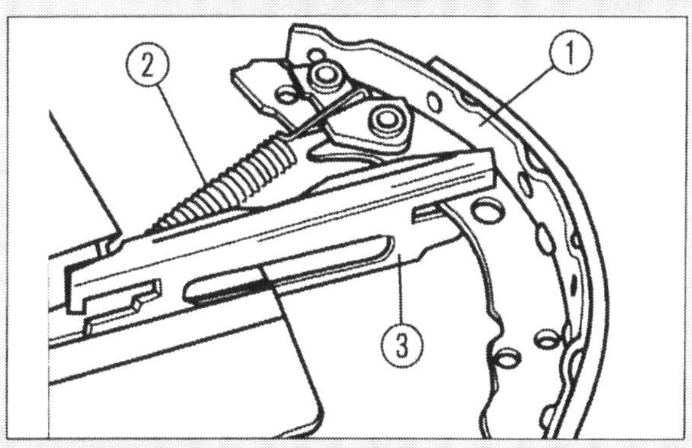

Die Bremsbacke ❶ *wird mit eingehängter Anlagefeder* ❷ *auf die Druckstange* ❸ *gesetzt.*

⑦ Die Anlagefeder wird mit dem Haken in die Druckstange eingehängt, der Keil eingesetzt. Beachten Sie die Einbaulage des Keils: Die Erhöhung muss beim Einbau sichtbar bleiben. Anlagestelle der Druckstange wieder fetten (G 000 650), Bremsbacke mit Bremshebel in die Druckstange einsetzen.

⑧ Erst Rückzugfeder oben mit dem Haken, dann Zugfeder für den Keil einhängen. Bremsbacken zwischen Radnabe und Bremsträger vorsichtig einfädeln und auf die Kolben des Radbremszylinders setzen. Handbremsseil am Bremshebel einhängen. Schmieren Sie die Anlagestellen der Rückzugfeder unten an den Bremsbacken mit G 000 650. Dann Rückzugfeder unten einsetzen und Bremsbacke auf die untere Abstützung heben.

⑨ Setzen Sie die Druckfeder mit Federteller ein, bauen Sie die Bremstrommel ein.

⑩ Betätigen Sie einmal kräftig die Fußbremse, wodurch die Hinterradbremse eingestellt wird. Stellen Sie die Handbremse ein. Räder montieren, Fahrzeug ablassen.

Bremsscheiben aus-/einbauen

Bremsscheiben müssen Sie stets auf beiden Seiten erneuern. Ein Wechsel nur auf einer Seite kann eine ungleiche Wirkung der Bremsen zur Folge haben und ist deshalb nicht zulässig. Der Ausbau ist vorn und hinten weitgehend identisch. Sie müssen im Prinzip nur den Bremssattel abbauen, dann fällt Ihnen die Bremsscheibe schon entgegen. Beachten Sie dabei, dass zum Zurückdrücken des Bremskolbens am hinteren Bremssattel das Spezialwerkzeug MP 9-401 nötig ist.

Arbeitsschritte

① Wagen aufbocken und Rad abbauen.

② **Vorn**: Lösen Sie die zwei Führungsbolzen des Bremssattels. Ziehen Sie den Bremssattel vom Radlagergehäuse in Pfeilrichtung ab. Hängen Sie den Sattel mit einem Stück Draht an die Karosserie. Bremsschlauch nicht beschädigen!
Hinten: Bauen Sie den Bremssattel und die Bremsbeläge ab. Der Bremsschlauch sollte nicht abgezogen werden. Andernfalls ist eine Entlüftung der Bremsanlage nötig.

③ Die Bremsscheibe kann nun abgezogen werden. Ist sie fest gerostet, helfen Sie mit kräftigen Hammerschlägen nach. Das gilt natürlich nur, wenn neue Scheiben eingebaut werden sollen.

④ Bevor Sie die neue Scheibe aufsetzen, sollten Sie die Radnabe säubern. Die neue Bremsscheibe kann mit einem Schutzlack gegen Korrosion versehen sein, den Sie mit Verdünner entfernen müssen. Dann aufsetzen.

⑤ Schrauben Sie den Bremssattel fest. Benutzen Sie neue selbstsichernde Schrauben.

⑥ Rad montieren. Wagen ablassen.

Bremskolben aus-/einbauen

Wirkt die Bremse an den Rädern ungleichmäßig, kann das zwei Ursachen haben: 1. Korrosion an den Gleitflächen von Bremssattel und Bremszange macht den Bremssattel schwergängig. 2. Bei einer defekten oder nachlässig montierten Staubmanschette können Schmutz und Feuchtigkeit in das Bremssattelgehäuse eindringen und die Arbeit des Kolbens hemmen; außerdem kann sich der Kolben im Bremssattel festsetzen. Dann sind Ausbau des Kolbens und gründliche Reinigung geboten.

Arbeitsschritte

① **Ausbau**: Bei den Vorderradbremsen drücken Sie den Kolben mit Druckluft aus dem Bremssattelgehäuse. Durch Einlegen eines Holzbretts die Beschädigung des Kolbens vermeiden. Bei den Hinterradbremsen benutzen Sie das Ausdrehwerkzeug MP 9-401: Setzen Sie es so an, dass der Bund vor dem Kolben steht und drehen Sie das Rändelrad nach links. So drehen Sie den Kolben heraus.

② Nehmen Sie mit einem Kunststoffkeil (3409) den Dichtring aus dem Bremszylinder des Bremssattelgehäuses. Beschädigen Sie nicht die Innenfläche des Zylinders.

③ Reinigen Sie die Flächen von Kolben und Dichtring mit Spiritus, lassen Sie die Teile trocknen.

④ Bestreichen Sie einen neuen Dichtring mit Bremsflüssigkeit oder Montagepaste G 052 150 A2 und setzen Sie ihn in die Nut des Bremssattelgehäuses ein. Bestreichen Sie auch den Kolben mit Bremsflüssigkeit oder Paste. Setzen Sie eine neue Schutzkappe mit der äußeren Dichtlippe auf den Kolben.

⑤ **Einbau**: Halten Sie den Kolben vor das Bremssattelgehäuse. Setzen Sie die innere Dichtlippe der Schutzkappe mit einem Kunststoffkeil (z. B. 3409) in die Zylindernut ein.

⑥ An den Vorderradbremsen drücken Sie nun den Kolben mit der Rücksetzvorrichtung MP 9-403 in das Bremssattelgehäuse. An den Hinterradbremsen drehen Sie den Kolben per Rechtsdrehung des Rändelrades mit dem Sonderwerkzeug MP 9-401 ein.

Bremskraftregler prüfen und einstellen

Der Bremskraftregler ist an einem Halter am Lagerbock für die Hinterachse befestigt. Er wird über eine Feder von der Bewegung der Hinterachse gesteuert. Wenn die Schraubverbindung mit dieser Feder getrennt wird, lässt sich der Regler ausbauen: Bremspedal unten arretieren, Auffangwanne unter Regler stellen, die vier Bremsleitungen abschrauben und gegen Auslaufen/Verschmutzen verschließen, Anschlüsse am Regler mit Stopfen (Ersatzteilenummer 1H0 698 311 A) verschließen, Sechskantmutter abdrehen und Schraube herausziehen, Senkschraube ausschrauben, Bremskraftregler abnehmen.

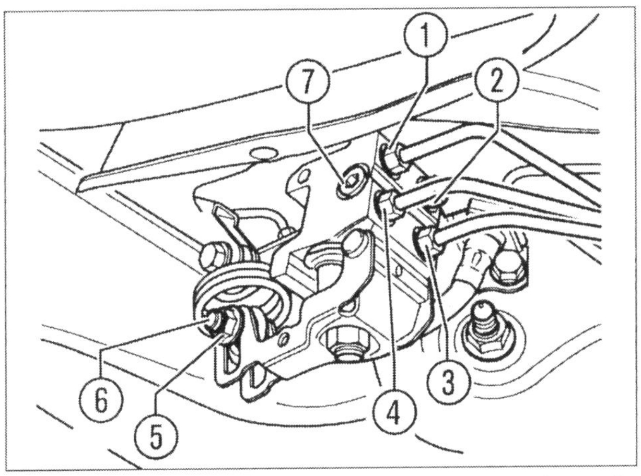

Bremskraftregler am Lagerbock der Hinterachse: *❶ bis ❹ Bremsleitungen, ❺ Sechskantmutter, ❻ Sechskantschraube, ❼ Linsenkopf-Senkschraube.*

Arbeitsschritte

① **Funktion prüfen**: Treten Sie bei auf dem Boden stehendem Fahrzeug das Bremspedal kräftig durch. Lassen Sie es dann schnell los. Der Hebel des Bremskraftreglers muss sich bewegen.

② **Druck prüfen und Regler einstellen**: Das Fahrzeug muss fahrfertig sein (Kraftstofftank und Wascherbehälter voll, Reserverad, Bordwerkzeug im Wagen). Heben Sie das Fahrzeug an (Hebebühne oder Böcke). Schließen Sie ein Doppelmanometer (Prüfgerät für Bremskraftregler V.A.G 1310 oder 1310 A) am Bremssattel linkes Vorderrad und am Radbremszylinder rechtes Hinterrad an.

③ Entlüften Sie beide Manometer. Lassen Sie das Fahrzeug ab und federn Sie es an der Hinterachse mehrmals ein- und aus. Belasten Sie das Bremspedal, messen Sie die Drücke und notieren sie. Der Einstelldruck vorn soll je nach Fahrzeugmodell 70 oder 100 bar, hinten dann entsprechend 40 bis 46 bzw. 53 bis 59 bar (7 oder 10,0 bzw. 4,0...4,6 und 5,3 bis 5,9 MPa) betragen.

④ Entlasten Sie das Bremspedal und nehmen Sie eine Einstellung vor, wenn der Prüfdruck vom Einstellwert abweicht: Wenn der Druck zu hoch ist, Zugfeder am Regler entspannen; wenn er zu niedrig ist, Zugfeder am Bremskraftregler spannen.

⑤ Belasten Sie das Bremspedal erneut. Lesen Sie wieder die Werte ab und notieren sie. Wenn Sie die Einstellung korrigieren müssen, entlasten Sie wieder das Bremspedal und entspannen/spannen Sie die Feder wie unter ④ beschrieben.

⑥ Bauen Sie die Prüfgerät-Manometer ab und entlüften Sie die Bremsanlage.

Die Handbremse

Mit der Handbremse sichern Sie Ihr Fahrzeug im Stand gegen eine unbeabsichtigte Fortbewegung. Sie wirkt auf die beiden Hinterräder und wird mechanisch betätigt. Damit wird auch den gesetzlichen Vorschriften Genüge getan, die eine zweite unabhängige Bremsbetätigung fordern.

Die Handbremsbetätigung ist in die Bremssättel (Bremsbacken) der Hinterrad-Bremse integriert. Weil sich die Hinterradbremse automatisch nachstellt, muss die Handbremse nicht regelmäßig nachgestellt werden. Ein Nachstellen wird allerdings erforderlich, wenn Handbremsseil, Bremsträger oder Bremsbeläge bzw. Bremsbacken ersetzt wurden. Zum einwandfreien Nachstellen muss das Bremspedal entlüftet sein und ordnungsgemäß funktionieren.

Wirkung der Handbremse prüfen

Lassen Sie für diese Prüfung Ihr Fahrzeug auf einer Straße mit leichtem Gefälle im Leerlauf rollen.

- Ziehen Sie den Handbremshebel in die erste Raste. Schon jetzt sollte die Bremse wirken (Wagen darf nicht schneller werden).
- Ziehen Sie den Hebel weiter nach oben. In der dritten, spätestens der vierten Raste sollten die Hinterräder blockieren.
- Ein längerer Leerweg kann im Prinzip kaum durch abgefahrene Bremsbeläge entstehen. Das Spiel wird ja durch die Nachstellvorrichtung automatisch kompensiert. Trotzdem sollten Sie die hinteren Bremsbeläge prüfen. Andere Ursachen: Wenn Sie beim Parken die Handbremse regelmäßig kräftig anziehen, kann ein langer Leerweg des Hebels bedeuten, dass die Seilzüge gedehnt sind oder Spiel in den Übertragungsteilen von Handbremse und Nachstellmechanismus entstanden ist.

Handbremse einstellen

Arbeitsschritte

① Bauen Sie die Mittelkonsole aus (siehe Kapitel »Der Innenraum«). Lösen Sie die Handbremse. Betätigen Sie mehrmals kräftig das Bremspedal.

Trommelbremsen

② Ziehen Sie den Handbremshebel dreimal an und lösen Sie ihn wieder. Damit werden die Bauteile richtig in ihre Position gesetzt.

③ Bringen Sie den Handbremshebel in die 1. Raste nach der Lösestellung. Ziehen Sie die Nachstellmutter (Pfeil) so weit an, bis sich beide Räder von Hand nur noch schwer durchdrehen lassen.

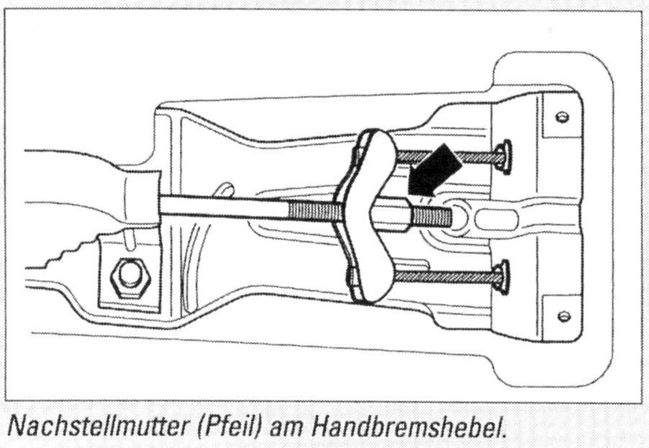

Nachstellmutter (Pfeil) am Handbremshebel.

④ Dann lösen Sie die Handbremse und prüfen, ob beide Räder frei durchdrehen. Ggf. müssen Sie die Nachstellmutter wieder etwas zurückdrehen.

⑤ Bringen Sie den Bremshebel in die 4. Raste nach der Lösestellung. Kein Rad darf sich mehr drehen lassen, sonst Nachstellmutter anziehen.

⑥ Handbremshebel in die 1. Raste bringen und Handbremse lösen. Unterhalb der 1. Raste muss sich die Handbremse selbsttätig in die Lösestellung zurückstellen. Mittelkonsole wieder einbauen.

Scheibenbremsen

② Ziehen Sie die Nachstellmutter (Abbildung zu Arbeitsschritt ③/Trommelbremse) so weit an, bis sich die Hebel an den Bremssätteln von den Anschlägen abheben. Prüfen Sie den Abstand zwischen Hebel und Anschlag am linken und rechten Bremssattel mit der Fühlerlehre. Der Abstand **a** zwischen Hebel und Anschlag darf in der Summe beider Bremsen 1 bis 4 mm betragen. Mindestens 1 mm muss **a** in der Summe betragen. An jeder einzelnen Bremse darf der maximale Abstand von 3 mm nicht überschritten werden.

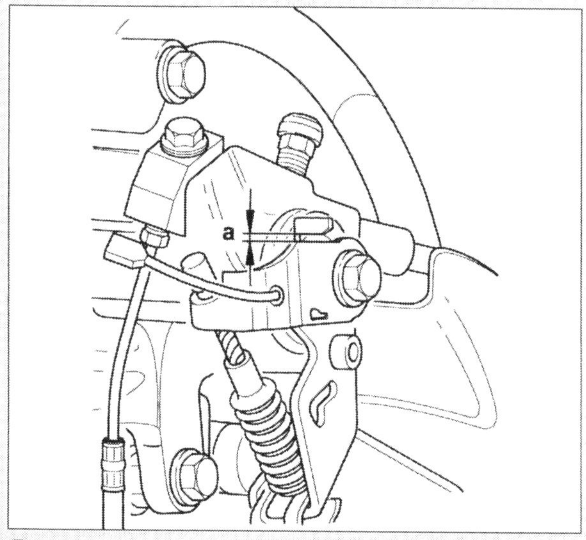

***Bremssattel an der hinteren Scheibenbremse:** **a** = Abstand zwischen Hebel und Anschlag.*

③ Ziehen Sie die Handbremse dreimal fest an und lösen sie anschließend wieder. Damit erfolgen Positionieren und Setzen der Bauteile.

④ Prüfen Sie bei gelöster Handbremse, ob beide Räder frei durchdrehen. Falls nicht: Nachstellmutter zurückdrehen und Abstand a nochmals prüfen.

⑤ Handbremshebel in die 1. Raste bringen und Handbremse lösen. Unterhalb der 1. Raste muss sich die Handbremse selbsttätig in die Lösestellung zurückstellen. Mittelkonsole wieder einbauen.

DIE FAHRZEUG-ELEKTRIK

Der seit Jahrzehnten als Lichtmaschine bekannte Bordgenerator ist ein regelrechtes Symbol der Fahrzeugelektrik. Doch die geht heute wesentlich weiter. Der Fabia verfügt über ein dezentrales Bordnetz mit Bordnetzsteuergerät, über Daten-Bus-Systeme und Komfortelektrik. Und trotzdem: Eine gute Lichtmaschine gehört noch immer dazu.

Wartung

Reparatur

Schon im Stand, aber erst recht während der Fahrt benötigt Ihr Fabia elektrischen Strom. Motorsteuerung und Kraftstoffeinspritzung müssen mit Energie versorgt werden. Alle weiteren unbedingt erforderlichen oder für Ihre Sicherheit und Bequemlichkeit eingebauten automatischen Systeme sowie natürlich die gesamte Lichtanlage sind ohne elektrische Energie arbeitsunfähig. Autoelektrik ist eine hochwichtige Angelegenheit.

Experten gehen davon aus, dass in Zukunft rund 90 Prozent der Innovationen im Fahrzeug von der Schlüsseltechnologie Elektronik geprägt sein werden. Im Automobil der Zukunft tauschen intelligente Systeme in Echtzeit Informationen aus. Das Auto soll mit seiner Umwelt via Internet kommunizieren und über zahlreiche Sensoren seine Umgebung wahrnehmen können, aber dennoch einfach zu bedienen sein.

Bordnetz im Wandel

Die Übergänge zu den innovativen Ausstattungen von morgen sind fließend. Vieles ist schon heute bei Ihrem Fabia verwirklicht, anderes kommt im Abstand von wenigen Monaten hinzu.

Ihr Wagen gehört mit seinem dezentralen System der Fahrzeugelektrik und dem Bordnetzsteuergerät als dessen Kern schon zu einer Generation künftiger Bordnetze, an der weltweit viele Fahrzeughersteller arbeiten. Ein weiteres Merkmal des Fortschritts der Autoelektrik ist die multimediale Ausstattung: Bei komfortabler Bedienbarkeit werden einzelne Systeme in einer Logik zusammengeführt. Damit können die komplexen Fähigkeiten der elektrisch/elektronischen Systeme ohne aufwändige Lernarbeit gehandhabt werden. Erreicht wird das über weitere Fortschritte in der Vernetzungstechnik CAN und mit leistungsfähigen Rechnern zur Menüführung.

Das Neue beim Fabia

Bei Ihrem Fahrzeug ist die bislang meist noch übliche Zentralelektrik aufgelöst in separate Steckerstationen, Relaiskästen und Sicherungshalter. Diese Teile-Einheiten sind dezentral angeordnet, sie befinden sich in der Nähe der zu ihnen gehörenden Baugruppen und Funktionseinheiten. Die Funktionen des Gesamtsystems Auto sind auf mehrere spezialisierte Steuergeräte aufgeteilt. Die Steuergeräte kommunizieren untereinander über CAN-BUS-Datenleitungen.

Durch die kurzen Leitungsstränge können Leitungsverbindungen einfacher gefunden und zugeordnet werden. Tatsächlich wird Ihr Auto auch recht beträchtlich leichter infolge der kurzen Leitungen. Auch Prüfpunkte lassen sich unkomplizierter zuordnen. Die Komponenten des Bordnetzes sind weitgehend vor Feuchtigkeit geschützt, das ganze Netz wird servicefreundlicher.

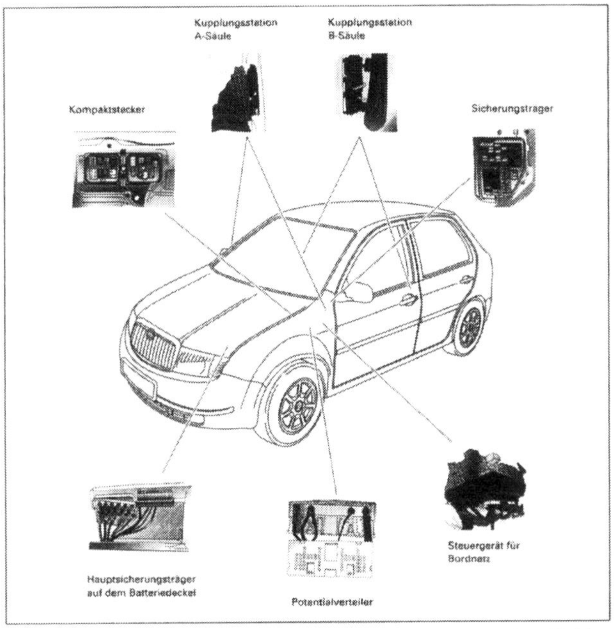

Die Hauptkomponenten im dezentralen Bordnetz des Fabia.

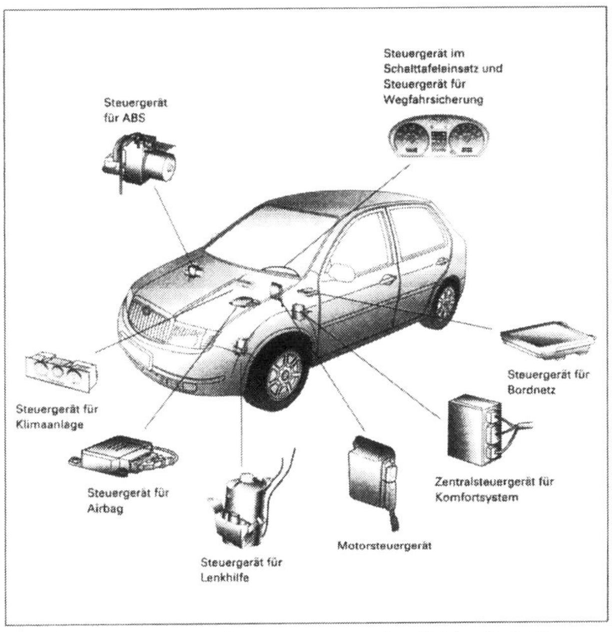

Die Steuergeräte im Gesamtsystem der Fabia-Elektrik.

Zur Vereinfachung der elektrischen Leitungssysteme und zur Sicherung der effektiven Verarbeitung aller Bordnetzdaten hat der Fabia ein spezielles Steuergerät mit einem Gateway. Dieses Steuergerät J519 für Bordnetz ist links hinter der Verkleidung der Instrumententafel unterhalb des Relaisträgers angeordnet. Wie andere Hauptkomponenten ist es für Eigendiagnose eingerichtet. Die Diagnoseleitungen sind, zumindest zur Zeit noch, als K-Leitung zusätzlich im Fahrzeug. Daher hat das so genannte Gateway neben seiner Aufgabe, unterschiedliche Datentelegramme zu einem neuen Datentelegramm zusammenzusetzen, die Funktion des Umsetzens der Diagnosedaten von der CAN- auf die K-Leitung.

Steuergerät für Bordnetz

Das Steuergerät J519 nimmt eine zentrale Stellung im Bordnetz ein. Es ist für folgende fünf Funktionen zuständig:

- Es ist Verbindungsstelle der beiden BUS-Systeme CAN-Antrieb und CAN-Komfort (siehe später im Abschnitt zur Vernetzung).
- Es realisiert Relaisfunktionen, die bisher von separaten Relais (wie z. B. dem Blinkrelais) wahrgenommen wurden.
- Es überwacht Fahrzeug-Komponenten, die nicht in den beiden CAN-BUS-Systemen integriert sind, z. B. Schalter und Sicherungen.
- Es überwacht die Stromversorgung zu den Verbrauchern und deren Stromverbrauch.
- Es bearbeitet über sein Gateway CAN-Botschaften.

Keine Angst vor der Elektrik

Trotz des modernen Bordnetzes haben Sie es aber zunächst noch immer mit Bauteilen zu tun, die schon die gesamte Entwicklungsgeschichte des Automobils begleiten: Batterie, Anlasser (Starter) und Generator (Lichtmaschine). Sie sind zusammen für die Arbeitsaufnahme des Motors verantwortlich. Um seine Aufgabe zu erfüllen, ist jedes Bauteil auf das andere angewiesen. Ohne Batterie dreht sich der Anlasser nicht; ohne diesen Starter bleiben Motor und Lichtmaschine (Generator) bewegungslos; ohne Lichtmaschine kann die Batterie verbrauchte Energien nicht erneuern.
Strom wird im Motorraum produziert, und die Arbeitsbedingungen dort sind nicht gerade ideal. Mal ist es zu kalt, mal zu warm, oft ist es feucht und manchmal richtig nass. Batterie und Lichtmaschine, die Stromerzeuger, sorgen daher bisweilen für Ärger. Weil viele Stromverbraucher an exponierten Stellen sitzen, sind

auch bei ihnen Störungen programmiert. Arbeiten an der elektrischen Anlage sind daher gar nicht so selten. Sie brauchen jedoch nicht gleich den Mut zu verlieren, wenn Sie einen Schalter drücken und nichts geschieht. Oft sitzt nur ein Kabel lose oder ein Kontakt ist korrodiert. Viele Störungen an der Elektrik lassen sich mit einfachen Mitteln beheben. Auch dann, wenn man kein Elektrik-Profi ist. Ein wenig muss man sich natürlich auskennen, weswegen wir Ihnen hier die Grundbegriffe erläutern, Hilfen bieten und Wege zeigen wollen.

Grundbegriffe und Messtechnik

Technik-lexikon

- **Elektrischer Strom** kann nur in einem geschlossenen **Stromkreis** fließen. Der besteht aus Erzeuger (z. B. Batterie), Verbraucher (z. B. Glühlampe, Anlasser) und den Leitungen (Kabel), mit denen Erzeuger und Verbraucher (über Schalter, Relais und Sicherungen) verbunden sind.

  Stellen Sie sich eine Wasserleitung vor, durch die unter einem bestimmten Druck eine bestimmte Menge Wasser fließt: Dieses System lässt sich mit einem Stromkreis vergleichen. Mit einer

- **Prüflampe** mit Nadelkontakt testen Sie, ob in einem Stromkreis Spannung anliegt. Je heller die Lampe leuchtet, desto mehr Spannung ist vorhanden. Mit der Nadel der Lampe die Isolierung des zu prüfenden Kabels durchstechen. Die Klemme am Kabel der Lampe wird am blanken Metall angeclipst (Masse). Die Prüflampe nimmt viel Leistung auf und eignet sich nicht für Messungen an elektronischen Bauteilen. Hierfür müssen Sie einen **Spannungsprüfer mit Leuchtdioden** verwenden. Je nach Ausführung zeigt dieses Gerät Gleich- und Wechselspannungen zwischen sechs und rund 700 Volt an. Die Spannungsanzeige erfolgt optisch über die Leuchtdioden. Wenn Sie nicht nur prüfen, sondern genau messen wollen, brauchen Sie ein

- **Multimeter** (Vielfachinstrument). Geeignete Geräte mit digitaler Anzeige gibt es schon für 10 bis 20 €. Die Stromversorgung des Multimeters erfolgt in der Regel durch eine Batterie.

- **Spannung**: Sie entspricht dem Druck in der Wasserleitung und wird in Volt (V) gemessen. Um mit einem Multimeter zum Beispiel die Ruhespannung der Batterie zu messen, müssen Sie das mit dem Minus-Zeichen markierte Kabel an den Minuspol der Batterie oder an Masse anklemmen. Das Plus-Kabel des Messgeräts wird an den Pluspol der Batterie oder an die zu messende Leitung geklemmt. Zeigt das Instrument z. B. nur 10,4 Volt an, deutet das auf einen Kurzschluss in einer Batteriezelle hin.

- **Stromstärke**: Entspricht der Wassermenge, die in einer bestimmten Zeit durch die Leitung fließt. Maßeinheit ist Ampere (A). Zum Messen der Stromstärke müssen Sie den Stromkreis auftrennen und das Messgerät dazwischen schalten. Bei einer Reihe von Messungen in Ihrem Fabia genügt es, wenn Sie einen Steckkontakt abziehen und dann das Messgerät zwischen Stecker und Kontaktzunge schalten. Vorsicht: Achten Sie stets auf den Messbereich Ihres Multimeters. In Verbrauchern wie z.B. dem Anlasser fließen sehr hohe Ströme, die Ihr Gerät bei einer Messung beschädigen könnten.

- **Leistung**: Das Produkt aus Spannung und Strom gibt an, welche elektrische Arbeit ein Stromerzeuger an einen Verbraucher abgibt. Wird in Watt (W) angegeben.

- **Widerstand**: Vergleichbar mit dem Absperrhahn der Wasserleitung. Ist er ganz geöffnet, fließt das Wasser ungehindert (Widerstand 0). Dreht man den Hahn zu, erhöht sich der Widerstand, bis das Wasser nicht mehr fließen kann (Widerstand ∞). Maßeinheit ist Ohm (Ω). Mit dem Multimeter prüfen Sie, ob eine Leitung oder ein Schalter Durchgang hat. Fließt der Strom ungehindert, zeigt das Gerät den Messwert 0. Ist der Stromweg jedoch an einer Stelle unterbrochen, erhalten Sie den Messwert unendlich (∞). Außerdem können Sie feststellen, welchen Innenwiderstand ein bestimmtes Bauteil hat.

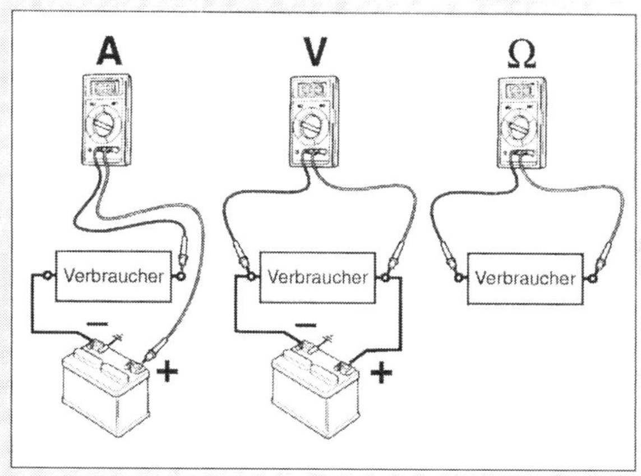

***Anschluss des Multimeters:** Zur Strommessung (A) in Reihe mit Batterie und Verbraucher, zur Spannungsmessung (V) parallel zu Batterie und Verbraucher, zur Widerstandsmessung (Ω) in Reihe mit eingebauter Stromquelle an die Anschlüsse des Verbrauchers.*

Kabel: Entsprechen der Wasserleitung. Die Dicke der Leitung (Querschnitt) hängt vom Verbraucher ab. Ein Kontrolllämpchen kommt mit einer Kabelstärke von 0,5 mm^2 aus, der Anlasser braucht dagegen eine 16-mm^2-Leitung. Ein zu dünnes Kabel heizt sich auf, die Spannung fällt ab. Dann liegen zum Beispiel am Scheinwerfer nicht 12 Volt, sondern nur 10 oder 9,5 Volt an. Das Licht wird trübe.

Die Batterie

Sechs in Reihe geschaltete Zellen bilden das Herz einer 12-Volt-Auto-Batterie. Jede Zelle besteht aus einer Kombination positiver und negativer Platten, die eine Spannung von etwa zwei Volt produzieren. Die Platten aus Hartblei-Gittern sind mit einer aktiven Masse gefüllt: Die positive Platte enthält Bleidioxid, die negative Platte reines Blei. Dazwischen sitzt ein Separator. Er trennt die beiden Platten voneinander, lässt den Elektrolyten jedoch durch mikroskopisch kleine Poren passieren. Der Elektrolyt ist eine leitfähige Flüssigkeit, die zu etwa 37 Prozent aus konzentrierter Schwefelsäure und zu 63 Prozent aus destilliertem Wasser besteht.

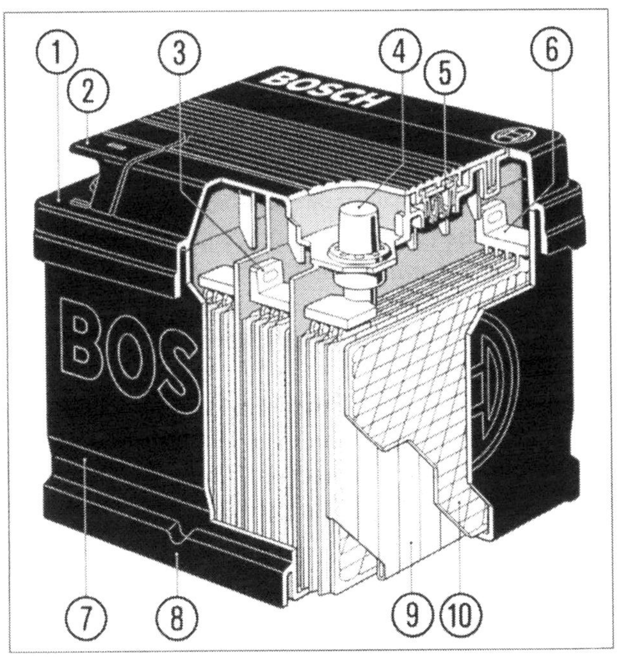

Moderne wartungsfreie Batterie. ❶ *Blockdeckel,* ❷ *Polabdeckkappe,* ❸ *Direktzellenverbinder,* ❹ *Endpol,* ❺ *Zellenverschlussstopfen (unter der Abdeckplatte),* ❻ *Plattenverbinder,* ❼ *Blockkasten,* ❽ *Bodenleiste,* ❾ *in Folienseparatoren »eingetaschte« Plusplatten,* ❿ *Minusplatten.*

Chemische Vorgänge

Im Inneren der Batterie laufen chemische Prozesse ab, durch die sie Energie aufnimmt und speichert. Bei der Stromabgabe wird diese chemische Energie in elektrische Energie umgewandelt. Die wichtigste Aufgabe der Batterie ist es, dem Anlasser die nötige Power für den Start des Motors zu liefern. Das ist nicht wenig. Je nach Motor und Anlassertyp werden im Augenblick des Starts bis zu 2.000 Watt gebraucht. Zum Durchdrehen des warmen Motors dagegen benötigt der Anlasser nur ein Fünftel dieser Leistung. Sein Strombedarf wächst bei niedrigen Temperaturen, weil dann die Schmierstoffe zäher werden.

Die Zentralentgasung

Batterien neuester Generation sind mit einer Zentralentgasung und einem Rückzündungsschutz (Fritte) ausgestattet. Die Fritte ist eine kleine runde Glasfasermatte von 15 mm Durchmesser und 2 mm Dicke. Sie lässt ähnlich wie ein Ventil das bei Ladung in der Batterie entstehende Gas ausströmen. Das Gas tritt zentral durch eine Öffnung in der oberen Deckelseite aus. Die Fritte verhindert dort die Zündung des brennbaren Gases in der Batterie.
Bei Batterien mit Schlauch und Rohr für die Zentralentgasung muss beim Einbau darauf geachtet werden, den Schlauch nicht abzuklemmen. Bei Batterien ohne Schlauch/Rohr muss die Öffnung in der oberen Deckelseite frei von Verstopfungen sein. Nur dann kann die Batterie störungslos entgasen.

Die Batterie – Begriffe und Normen

Technik-lexikon

Kennzeichnung: Befindet sich auf dem Gehäuse der Batterie, bezeichnet ihre Eigenschaften. Beispiel: 12 V 280 A 70 Ah (12V = Nennspannung; 280A = Kälteprüfstrom; 70Ah = Nennkapazität).

Die Kennzeichnung auf der Batterie.

Nennspannung: Die allgemeine Spannungsabgabe beträgt bei allen Fabia-Modellen 12V (Volt). Die tatsächliche Spannung hängt vom Ladezustand der Batterie ab. Sie kann größer oder kleiner sein als die Nennspannung.

Nennkapazität: Diese Batterienorm steht für das Speichervermögen einer Batterie, gemessen in Amperestunden (Ah). Sie gibt an, wie viel eine voll geladene Batterie bei einer Temperatur von 27 °C in 20 Stunden abgeben kann, ohne dass dabei die Spannung unter 10,5 Volt absinkt (Entladeschlussspannung).

Kälteprüfstrom: Ein definierter Entladestrom in Ampere (A), der einer 12-Volt-Batterie bei -18 °C entnommen werden kann, ohne dass die Spannung innerhalb von 30 Sekunden unter 9 Volt, innerhalb von 150 Sekunden unter 6 Volt absinkt.

Selbstentladung: Chemische Vorgänge im Inneren der Batterie führen zur Entladung, auch wenn kein Verbraucher angeschlossen ist. Eine geladene Starterbatterie verliert täglich etwa 0,5 Prozent ihrer Ladung. Hohe Temperaturen, Beschädigungen und Verschmutzungen des Batteriedeckels beschleunigen die Selbstentladung.

Die Batterieverordnung

Für Kauf und Entsorgung von Starterbatterien gelten die Vorschriften der »Batterieverordnung«. Das Regelwerk richtet sich an Händler und Werkstätten ebenso wie an Endverbraucher. Sie müssen jetzt zum Beispiel eine ausgediente Batterie bei einem Händler oder einer Werkstatt abgeben. Dort ist man verpflichtet, die Alt-Akkus unentgeltlich abzunehmen. Eine besondere Regel gilt für den Neukauf einer Autobatterie:

- Kaufen Sie bei einem Händler oder einer Werkstatt eine neue Starterbatterie, wird zusätzlich zum Verkaufspreis ein Pfand fällig. Als Beleg erhalten Sie eine Quittung oder Pfandmarke.
- Die Zahlung eines Pfandgeldes entfällt, wenn Sie beim Kauf eine alte Batterie zurückgeben.
- Haben Sie dem Händler oder der Werkstatt für die alte Batterie bereits Pfand gezahlt, erhalten Sie Ihr Geld gegen Vorlage der Quittung zurück.
- Ihr Pfand können Sie grundsätzlich nur dort einlösen, wo Sie die Batterie gekauft haben. Dazu dem Händler oder der Werkstatt die Quittung (Pfandmarke) vorlegen und die alte Batterie abgeben.
- Die zurückgegebene Starterbatterie muss nicht mit der Batterie identisch sein, für die Sie das Pfandgeld bezahlt haben. Sie können bei Vorlage der Quittung auch jede andere Starterbatterie abgeben.
- Geben Sie beim Kauf der neuen Batterie eine alte zurück, für die Sie noch kein Pfand entrichtet haben, ist es egal, wo Sie diesen Akku gekauft haben. Ein Pfand für die neue Batterie entfällt aber auch in diesem Fall.

Der Generator

Ein leistungsfähiger Drehstrom-Synchrongenerator ist das Kraftwerk (Lichtmaschine) Ihres Fahrzeugs. Er versorgt schon bei Leerlauf des Verbrennungsmotors alle elektrischen Aggregate mit Strom und lädt ständig die Batterie auf. Der Generator in den meisten modernen Kraftfahrzeugen bringt es auf etwas mehr als 2 kW elektrische Leistung. Angetrieben wird die Lichtmaschine über den Keilrippenriemen.

Eine Drehstrom-Lichtmaschine produziert dreiphasigen Wechselstrom. Da die Batterie mit Gleichstrom geladen werden muss, besorgen Leistungsdioden die Gleichrichtung des Wechselstroms. Diese Gleichrichter verhindern auch die Entladung der Batterie bei stehendem Fahrzeug. Der Generator ist praktisch wartungsfrei, da es nichts zu schmieren gibt. Selbst die Schleifkohlen sind ohne weiteres für 100.000 Kilometer gut. Reparaturen an der Lichtmaschine müssen Sie der Werkstatt überlassen.

Der Spannungsregler

Je schneller die Lichtmaschine dreht, umso höher steigt wie bei einem Fahrraddynamo die Spannung. Ein solches Auf und Ab ertragen weder die Stromverbraucher im Auto noch die Batterie. Ein Regler schützt daher vor Überspannungen und verhindert ein Überladen der Batterie.

Der Regler ist an die Lichtmaschine angeschraubt. Er reguliert die Betriebsspannung je nach Temperatur von Batterie und Umgebung auf Werte zwischen 13,8 und 14,5 Volt (so genanntes 14-Volt-Toleranzfeld).

Der Anlasser

Ihr Fabia ist wie die meisten Fahrzeuge mit einem so genannten Schub-Schraubtrieb-Anlasser ausgestattet, der sich vorn am Motor an der Trennstelle zwischen Motor und Getriebe befindet. Auf dem eigentlichen

Anlasser sitzt der Magnetschalter mit den für Überprüfungen wichtigen Anschlüssen Klemme 30 (dickes Pluskabel von der Batterie) und Klemme 50 (dünnes Kabel vom Zündanlassschalter, dem Zündschloss).

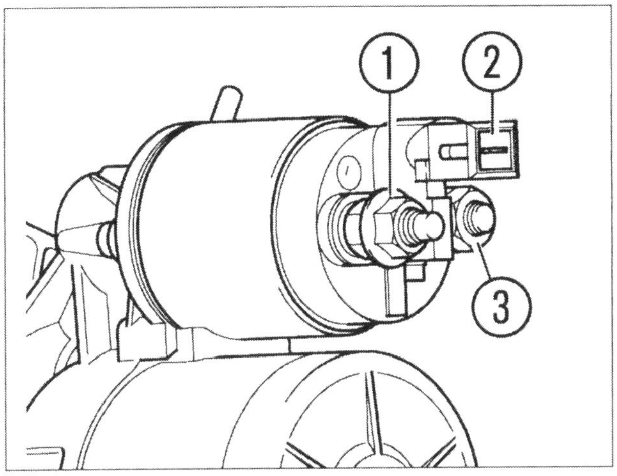

Anlasser mit Magnetschalter: *❶ Klemme 30 von der Batterie, ❷ Klemme 50 vom Zündanlassschalter, ❸ Anschluss für die Feldwicklung.*

Beim Drehen des Zündschlüssels in Richtung Start gibt das Zündschloss Spannung an die Halte- und Einzugswicklungen des Einrückrelais frei, das oben auf dem Anlasser sitzt.

- **Schubweg**: Der Relaisanker zieht den Einrückhebel an. Dieser schiebt über Führungsringe und Einspurfeder den Mitnehmer mit dem Zahnritzel gegen den Zahnkranz des Motorschwungrads, wodurch sich diese Teile drehen. Der Anker des Startermotors dreht sich noch nicht, der Hauptstrom für Erreger- und Ankerwicklung ist noch nicht eingeschaltet. Erst wenn das Ritzel so weit eingespurt ist, dass das Ende des Schubweges erreicht ist und die Kontaktbrücke im Einrückrelais an den Relaiskontakten anliegt, wird der Startermotor eingeschaltet.
- **Schraubweg**: Der nun umlaufende Starteranker schraubt durch die Wirkung des Steilgewindes das im Zahnkranz gegen Drehung festgehaltene Ritzel weiter in den Zahnkranz hinein, bis es am Anschlagring der Ankerwelle anschlägt. Die Einzugswicklung ist kurzgeschlossen, die Haltewicklung hält den Relaisanker bis zum Abschluss des Startvorgangs in der eingezogenen Stellung fest. Der Motor wird durchgedreht.

Wenn der Motor angesprungen ist, steigt die Drehzahl des Starterritzels über die Leerlaufdrehzahl des Startermotors an. Der Rollenfreilauf löst die kraftschlüssige Verbindung zwischen Ritzel und Ankerwelle. Der Anker wird vor Hochdrehen geschützt, das Ritzel bleibt im Eingriff. Beim Ausschalten des Startschalters gehen Einrückhebel, Mitnehmer und Ritzel durch eine Rückstellfeder in die Ruhestellung zurück. Das Ritzel bleibt bis zum nächsten Startvorgang in der Ruhelage.

Die Vernetzung

In Ihrem modernen Škoda-Fahrzeug kommt das **C**ontroller **A**rea **N**etwork (CAN) zum Einsatz. Es verbindet einzelne Steuergeräte zu einem Gesamtsystem (BUS-System, Datenbus). Die Technik hat verschiedene Vorteile: Sie gewährleistet sehr schnelle Datenübertragung zwischen den Steuergeräten, gestattet Platzgewinn durch kleinere Steuergeräte und Stecker und ermöglicht die Einsparung von Signalleitungen und Sensoren, weil ein Sensorsignal mehrfach genutzt werden kann.

Das Grundprinzip des CAN: Anstatt einer Leitung für jede Information gibt es generell nur zwei Leitungen. Darüber werden alle Infos zu Motordrehzahl, Verbrauch, Drosselklappenstellung, Motoreingriff oder Schaltvorgänge ausgetauscht. CAN funktioniert prinzipiell so, dass ein Steuergerät seine Daten in das Leitungsnetz hinein gibt, während die anderen Geräte partizipieren. Registriert ein Steuergerät für die eigene Arbeit wichtige Daten, werden diese berücksichtigt.

Der CAN-Datenbus des Fabia ist in zwei Teilsystemen organisiert:

- CAN-Antrieb mit Priorität 1 und einer Übertragungsgeschwindigkeit von 500 kbit/s, um eine schnelle Datenübertragung in den für die Sicherheit wichtigen Systemen zu erreichen. Zum CAN-Antrieb gehören das Motorsteuergerät und das Steuergerät im Schalttafeleinsatz sowie die Steuergeräte für ABS, für Bordnetz (in das der CAN-BUS Antrieb einläuft), für Lenkhilfe und für Airbag.
- CAN-Komfort mit Priorität 2 und der hierfür ausreichenden Übertragungsgeschwindigkeit von 100 kbit/s. Hierzu gehören das Zentralsteuergerät für Komfortsystem mit den vier Türsteuergeräten (vorn und hinten, rechts und links) und dem Steuergerät für Klimaanlage. Der CAN-BUS Komfort läuft in das Steuergerät für Bordnetz ein.

Zentralverriegelung, Diebstahlwarnanlage und weitere elektrische Komponenten sind im Komfortsystem eng verknüpft. Informationen erfolgen teilweise über

CAN-BUS, teilweise über direkte Leitungen. Das Steuergerät für Komfortsystem überwacht die Zustände der Schalter in den Türen, die Rückmeldungen zu Lock/Unlock (Schließen/Öffnen) und zu SAFE. Komponenten der Heckklappe sind direkt mit dem Bordnetzsteuergerät verbunden.

Sichtprüfung der Batterie vornehmen

Aus produktionstechnischen Gründen werden unterschiedliche Batterien in Ihrem Fahrzeug verbaut. Wir können hier nur Arbeitsanleitungen geben, die für alle Typen gelten. Spezifische Hinweise (z.B. für Batterien mit überklebten oder ohne Zellverschlussstopfen, für Batterien ohne Magisches Auge) müssen Sie den jeweiligen Betriebsanleitungen entnehmen.

Prüfen Sie bitte, bevor Sie umfangreiche Messungen vornehmen, per Augenschein den äußeren Zustand und die Anschlüsse der Batterie. Festzustellen ist

- ob es Schäden am Gehäuse gibt (Säure könnte auslaufen);
- ob die Batteriepole (Leitungsanschlüsse) beschädigt sind. Bei Polbeschädigungen könnte der nötige Kontakt der Klemmen nicht mehr gewährleistet sein. Die Batteriepolklemmen müssen korrekt aufgesteckt und festgezogen sein, weil es sonst zu Leitungsbränden und Funktionsstörungen der elektrischen Anlage kommen kann. Der Funktionszustand des Fahrzeugs ist dann in erheblichem Maße nicht gewährleistet.
- Bei zentraler Entgasung, also Gasaustritt sämtlicher Zellen an einer definierten Stelle, darf der Austritt, möglich ist ein Schlauch, nicht verstopft oder geknickt sein.

Batterie richtig behandeln

- Oxidkristalle an den Batterieklemmen mit warmem Sodawasser abwaschen oder mit Neutralon (Varta-Produkt) behandeln.
- Die Batteriepole dürfen nicht gefettet oder geölt werden.
- Die Batterie-Polklemmen dürfen nur gewaltfrei von Hand aufgesteckt werden, um Beschädigungen des Gehäuses zu vermeiden.
- Das Anzugsdrehmoment für die Klemmen (Pfeil) beträgt 6 Nm.

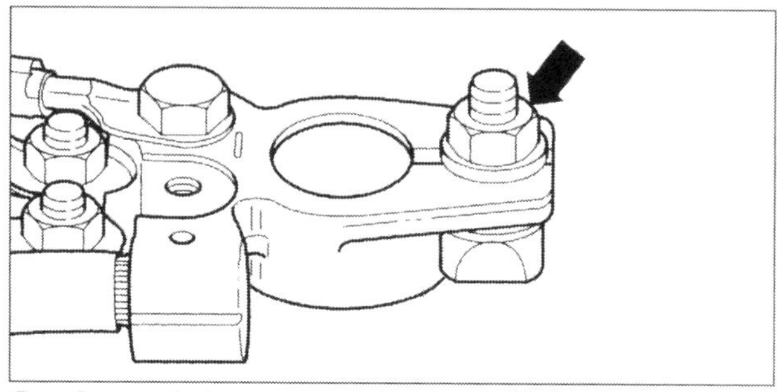

Das Anzugsdrehmoment an der durch Pfeil gekennzeichneten Mutter der Batterie-Polklemme beträgt 6 Nm.

- Prüfen Sie bitte beim Wiederanklemmen einer Batterie die Fahrzeugausstattungen entsprechend Bedienungsanleitung (Codierung Radio, Uhr, Fensterheber etc.).

Warnhinweise beachten

Piktogramme auf der Batterie-Oberseite weisen Sie darauf hin, dass im Umgang mit Blei-Säure-Batterien bestimmte Sicherheitsvorschriften gelten:

- **1** Beachten Sie die Hinweise in der Betriebsanleitung und auf der Batterie;
- **2** Tragen Sie Augenschutz und Schutzhandschuhe, die Verätzungsgefahr ist groß. Batterie nicht kippen;
- **3** Feuer, Funken, offenes Licht und Rauchen sind verboten. Vermeiden Sie Funkenbildung durch elektrostatische Entladungen und Kurzschlüsse (keine Werkzeuge auf der Batterie ablegen!);
- **4** unbedingt Augenschutz tragen;
- **5** Halten Sie Kinder von Säure und Batterien fern;
- **6** Entsorgen Sie Altbatterien nur bei Sammelstellen und
- **7** niemals über den Hausmüll!
- **8** Bei der Ladung von Batterien entsteht ein hochexplosives Knallgasgemisch, es besteht also Explosionsgefahr.

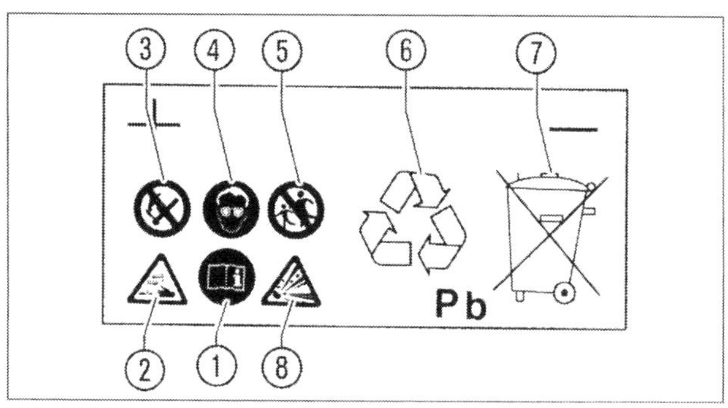

Warnhinweise auf der Batterie.

Säurestand prüfen, Wasser nachfüllen

Ihre Fahrzeugbatterie ist unter normalen Betriebsbedingungen weitgehend wartungsfrei. Bei hohen Außentemperaturen oder langen täglichen Fahrten empfiehlt es sich jedoch, den Säurestand von Zeit zu Zeit zu prüfen. Auch nach jedem Ladevorgang ist der Säurestand zu kontrollieren.
Die Batterieflüssigkeit aus Schwefelsäure und destilliertem Wasser kann bei hohen Temperaturen oder bei defektem Lichtmaschinen-Spannungsregler Wasser verlieren. Auch eine Selbstentladung (lange Standzeiten) oder eine Tiefentladung durch einen nicht ausgeschalteten starken Stromverbraucher kommen als Ursache in Frage. Füllen Sie dann nur destilliertes Wasser nach. Leitungswasser enthält ebenso wie abgekochtes Wasser leitfähige Salze und andere mineralische Stoffe, die der Batterie schaden.

Arbeitsschritte | W | **15.000 km 12 Monate**

① Normalerweise können Sie den Säurestand am Magischen Auge (kleine runde Glasscheibe in der Nähe des Batterie-Minuspols) ablesen, das über Säurestand und Ladezustand der Batterie informiert. Allerdings befindet es sich nur in einer Batteriezelle, die Anzeige ist nur für diese eine Zelle gültig. Natürlich kann daraus auf die anderen Zellen geschlossen werden, aber eine exakte Beurteilung des Batteriezustandes ist nur durch eine Belastungsprüfung möglich.

② Klopfen Sie leicht und vorsichtig mit dem Griff eines Schraubendrehers auf das Magische Auge. Luftblasen lösen sich auf, die Farbanzeige wird genauer.

③ Drei unterschiedliche Farbanzeigen sind möglich: **Grün** = Batterie ausreichend geladen. **Schwarz** = Keine oder zu geringe Ladung, die Batterie muss geladen werden. **Farblos oder gelb** = Der kritische Säurestand ist erreicht, es muss unbedingt destilliertes Wasser nachgefüllt werden (mit anschließender Belastungsprüfung). Wenn die Batterie älter als fünf Jahre und die Anzeige farblos ist, muss die Batterie ausgetauscht werden.

④ Den genauen Säurestand können Sie von außen prüfen, wenn erkennbare MIN- und MAX-Markierungen am Batteriegehäuse vorhanden sind. Die Batteriesäure muss mindestens bis zur MIN-Markierung am Gehäuse reichen (Oberkanten der Platten müssen gut bedeckt sein), darunter darf der Stand nicht abfallen. Richtig ist es, den Säurestand immer auf der MAX-Marke zu halten.

⑤ Gibt es keine Markierungen am Batteriegehäuse oder kann man den Säurestand nicht ablesen (schwarzes Gehäuse), schalten Sie die Zündung und alle elektrischen Verbraucher aus. Ziehen Sie die Kunststofffolie (falls überklebt) von den Zellverschlussstopfen ab und schrauben Sie alle Verschlussstopfen heraus. Jetzt können Sie durch einen Blick in das Innere des Batteriegehäuses den Säurestand prüfen.
Verwenden Sie zum Ausleuchten nur eine Taschenlampe, niemals eine offene Flamme!
Der Säurestand ist in Ordnung, wenn er mit der inneren Säurestandsmarkierung abschließt. Dieser Kunststoffsteg entspricht der MAX-Markierung für den Säurestand.

⑥ Bei zu niedrigem Säurestand müssen Sie durch Nachfüllen korrigieren: Folie über den Verschlussstopfen abziehen und Verschlussstopfen herausschrauben. Zum Nachfüllen von destilliertem Wasser die Batterie-Füllflasche V.A.S 5045 verwenden! Ihr Einfüllstutzen verhindert ein Überfüllen der Batteriezelle und das Austreten von Säure. Bei Erreichen des maximalen Füllstandes wird der Zufluss von destilliertem Wasser unterbrochen. Danach Belastungsprüfung vornehmen.

⑦ Bei einer geladenen Batterie bis zum MAX-Strich (15 mm über den Oberkanten der Platten) mit destilliertem Wasser auffüllen. In eine stark entladene Batterie nur so viel Wasser füllen, dass die Platten gerade bedeckt sind. Beim Aufladen steigt der Säurestand erheblich. Erst nach dem Laden bis zur oberen Marke nachfüllen.

⑧ Der Akku darf aber nicht überfüllt werden, weil der Elektrolyt (Schwefelsäure-Wassergemisch) sonst an den Verschlussstopfen oder an der seitlichen Entlüftungsbohrung austritt. Daher muss überschüssige Batteriesäure unbedingt mit einem Säureheber abgesaugt werden.

⑨ Saugen Sie so viel Säure-Wasser-Gemisch ab, bis der Säurestand den Kunststoffsteg oder die MAX-Markierung erreicht hat. Schrauben Sie die originalen Verschlussstopfen wieder ein. Nur so gewährleisten Sie die Dichtigkeit der Batterie. Benutzen Sie bei Verlust oder Beschädigung nur Verschlussstopfen der gleichen Bauart. Die Zellverschlussstopfen müssen mit einer O-Ring-Dichtung ausgestattet sein. Kleben Sie die Schutzfolie wieder über die Stopfen.

Säuredichte prüfen

Wirkt die Batterie trotz richtigem Säurestand kraftlos, können Sie mit einem handelsüblichen Säureheber die Säuredichte prüfen. Seine Skala zeigt die Dichte des Elektrolyten in der Batteriezelle an. Diese Prüfung gibt allerdings nur zusammen mit der Belastungsprüfung (siehe Praxistipp) Aufschluss über den Batteriezustand.

Arbeitsschritte | 12 Monate

① Führen Sie die Messung erst durch, wenn die letzte Aufladung mindestens sechs Stunden zurückliegt.

② Schrauben sie alle Verschlussstopfen der Batteriezellen heraus.

③ Tauchen Sie den Säureheber senkrecht in die Batteriezelle. Dann soviel Batteriesäure ansaugen, bis die Messspindel (Schwimmer) frei in der Säure schwimmt. Je höher die Säuredichte, desto mehr taucht der Schwimmer auf. An der Skala des Säurehebers können Sie die Säuredichte in kg pro Kubikdezimeter (Liter) ablesen.

④ Vergleichen Sie nun den abgelesenen Messwert mit den Werten in der Tabelle:

Säuredichte in kg/dm³ und Ladezustand

Dichte in normalen Klimazonen	1,28	1,22	1,15
Ladezustand	gut geladen	halb geladen	entladen
Dichte in tropischen Klimazonen	1,23	1,16	1,08
Ladezustand	gut geladen	halb geladen	entladen

⑤ Die Säuredichte muss in normalen Klimazonen mindestens 1,24 kg/l (kg/dm³) betragen. Ferner dürfen die Messwerte für die Säuredichte der einzelnen Batteriezellen nicht mehr als 0,03 kg/l voneinander abweichen. Ist die Dichte zu gering: Batterie laden. Nach dem Laden die Säuredichteprüfung wiederholen.

⑥ Wenn die Sollwerte erreicht werden, Verschlussstopfen wieder einschrauben. Stets nur die zum jeweiligen Batteriesystem gehörenden Original-Stopfen verwenden. Sie müssen mit einer O-Ring-Dichtung ausgestattet sein! Werden die Sollwerte nicht erreicht, muss die Batterie ersetzt werden.

Belastungsprüfung der Batterie (Praxistipp)

Im Zusammenhang mit der Säuredichteprüfung gibt eine Belastungsprüfung Aufschluss über den Zustand der Batterie. Erforderlich ist dazu ein Batterieprüfgerät. Wird ein Gerät wie z.B. V.A.G 1498 verwendet, muss die Batterie nicht ausgebaut und auch nicht abgeklemmt werden. Dann Zündung ausschalten und die Zangen der Prüfleitungen an die Batteriepole anschließen. Je nach Batteriekapazität muss am Prüfgerät der richtige Belastungsstrom eingestellt werden:

Batterie-kapazität	Kälteprüf-strom	Belastungs-strom	Mindest-spannung
36 Ah	175 A	100 A	10,0 V
40 – 49 Ah	220 A	200 A	9,2 V
50 – 60 Ah	265 – 280 A	200 A	9,4 V
61 – 80 Ah	300 – 380 A	300 A	9,0 V
81 – 110 Ah	380 – 500 A	300 A	9,5 V

Durch die hohe Belastung der Batterie während dieser Prüfung sinkt die Batteriespannung, bei einwandfreier Batterie allerdings nur bis zur Mindestspannung. Wird die Mindestspannung bei einer Belastungsmessung von 5 bis 10 Sekunden unterschritten: Ersetzen Sie die Batterie!

Ruhespannung messen

Sie können zur Überprüfung des Batteriezustandes auch ein hochgenau anzeigendes Multimeter verwenden (Anzeigegenauigkeit ± 0,02 Volt). Die Werte der Ruhespannung geben Aufschluss über den Ladezustand.

Arbeitsschritte | 12 Monate

① Messen Sie an einer eingebauten Batterie, muss das Masseband (bei ausgeschalteter Zündung) abgeklemmt werden. Die Batterie darf mindestens zwei Stunden vor der Messung nicht durch angeschlossene Verbraucher belastet und ebenfalls zwei Stunden vor Messung nicht geladen worden sein.

② Schließen Sie das Voltmeter zur Messung an die Batteriepole an. Alle Stromverbraucher schalten Sie aus. Die Spannungsmessung zwischen den Polklemmen sollten Sie mehrfach wiederholen!

③ Zeigt das Messgerät 12,5 Volt oder darüber an, ist die Batterie in Ordnung. Die folgende Tabelle verdeutlicht Ihnen das Verhältnis von Ruhespannung und Batteriezustand:

Spannung (V)	12,66 (und mehr)	12,48	12,3
Zustand der Batterie	100 % geladen	75 % geladen	50 % entladen

④ Unterschreitet nach Auffüllen der Batteriesäure und Aufladen der Batterie die Ruhespannung doch den Wert von 12,5 V, muss die Batterie ersetzt werden.

Batterie aus- und einbauen

Arbeitsschritte

① **Ausbau**: Schalten Sie die Zündung aus. Bauen Sie den Sicherungsträger mit Abdeckung von der Batterie ab. Bei Fahrzeugen mit Baudatum bis Juni 2001 müssen Sie dazu links und rechts am Sicherungsträger Laschen nach außen drücken. Der Sicherungsträger mit Abdeckung wird dann nach vorn geklappt.

Bei Fahrzeugen ab Juli 2001 gibt es diese Laschen nicht mehr. Jetzt ist der Sicherungsträger anzuheben, aus dem Batterietrog zu schieben und zur Seite zu legen.

② Schrauben Sie die beiden Batterieklemmen ab, und zwar zuerst das Batterie-Masseband und danach die Plusleitung. Legen Sie die Kabel so zur Seite, dass kein Kurzschluss entstehen kann.

③ Drehen Sie die Halteschraube des Befestigungsbügels heraus und nehmen Sie den Bügel ab. Jetzt können Sie die Batterie aus dem Trog entnehmen.

Falls der Batterietrog ausgebaut werden soll: Sicherungsträger mit Abdeckung ausclipsen, Kabelstrang aushängen und drei Sechskantschrauben (20 Nm) am Trogboden herausschrauben. Dann den Trog aus dem Fahrzeug (links vorn im Motorraum) entnehmen. Einbau sinngemäß umgekehrt.

④ Der **Einbau** der Batterie erfolgt in umgekehrter Reihenfolge. Beachten Sie das Anzugsdrehmoment der Batterieklemmen von 6 Nm. Bei Fahrzeugen bis 06.01 sind beim Zurückkippen des Sicherungshalters mit Kappe die Arretierungsklinken links und rechts unten zu drücken.

⑤ Wird die Batterie wieder angeklemmt, denken Sie bitte daran, die Fahrzeugausstattungen (Radio, Uhr, elektrische Fensterheber) entsprechend der Bedienungsanleitung zu aktivieren und einzustellen.

⑥ Überprüfen Sie die eingebaute Batterie auf einwandfreien Zustand: Unbeschädigtes Gehäuse, unbeschädigte Pole und Anschlüsse, Batteriestopfen gut schließend eingeschraubt. Überprüfen Sie ferner den festen Sitz der Batterie und der Batterieklemmen.

Batterie laden

Eine aus Ihrem Fabia ausgebaute Batterie oder den Akku in einem vorübergehend stillgelegten Fahrzeug sollten Sie einmal im Monat nachladen. Batterien, die längere Zeit nicht im Fahrbetrieb waren, entladen sich selbst und können sulfatiert sein. Zum Akkuladen ist ein Gerät V.A.G 1974 zu empfehlen.
Räume, in denen Batterien geladen werden, dürfen wegen des sich bei diesem Vorgang bildenden Gases nicht mit offenem Licht oder rauchend betreten werden. Stellen Sie Durchlüftung sicher: Funken beim An- oder Abklemmen könnten das leicht entzündliche Gas ebenfalls zur Explosion bringen.
Die Batteriestopfen müssen gut schließend eingeschraubt sein. Die Batterie muss eine Mindesttemperatur von 10 °C haben. So genanntes Schnellladen schadet der Batterie. Tiefentladene Batterien (siehe Arbeitsschritt ③) nehmen dabei keinen Ladestrom auf oder werden durch Oberflächenladung zu früh als voll ausgewiesen. Sie sind dann nur scheinbar in Ordnung. Schnellladen soll deshalb nur im Ausnahmefall, etwa bei Starthilfe, praktiziert werden.
Befindet sich die Batterie noch an Bord, schalten Sie zum Laden die Zündung aus. Klemmen Sie zuerst das Batterie-Masseband und danach die Plusleitung ab.

Arbeitsschritte

① Schließen Sie die Plusleitung des ausgeschalteten Ladegerätes an den Pluspol der Batterie an. Danach schließen Sie die Minusleitung an den Batterie-Minuspol an.

② Ladestrom am Batterieladegerät entsprechend der Batteriekapazität einstellen. Maximale Ladespannung: 14,4 V. Schalten Sie das Ladegerät ein.

③ Bei **tiefentladenen Batterien**, bei denen die Ruhespannung unter 11,6 V abgesunken ist, besteht die Batteriesäure fast nur noch aus Wasser, der Schwefelsäureanteil ist stark reduziert. Daher können völlig leere Batterien bei Frost einfrieren und platzen. Tiefentladene Batterien sulfatieren, die gesamten Plattenoberflächen verhärten. Die Batteriesäure ist nicht klar, sondern schwach weißlich eingefärbt.

Werden tiefentladene Batterien unmittelbar nach der Tiefentladung wieder geladen, bildet sich die Sulfatierung zurück. Werden sie nicht nachgeladen, verhärten die Platten weiter, und die Fähigkeit zur Ladungsaufnahme wird eingeschränkt. Eine Reduzierung der Batterieleistung ist die Folge.

Tiefentladene Batterien, die sulfatiert sind, müssen mit einem kleinen Ladestrom geladen werden. Stellen Sie deshalb den Ladestrom auf maximal 10 % der Batteriekapazität ein, bei einer 45 Ah-Batterie also auf 4,5 A. Die Ladespannung (U_{max}) darf höchstens 14,4 V erreichen.

④ Wenn die Batteriespannung unter 11,6 V gesunken war, muss die Ladezeit 24 Stunden betragen.

⑤ Wird die Batterie wieder angeklemmt, denken Sie daran, die Fahrzeugausstattungen wie Radio, Uhr und elektrische Fensterheber entsprechend der Bedienungsanleitung zu aktivieren.

Defekten Verbraucher ermitteln

Liefert die am Vortag intakte Batterie keinen Strom, hat vielleicht ein defekter Verbraucher im Bordnetz den Akku über Nacht leer gesaugt. Das überprüfen Sie zunächst mit einer Strommessung. Wenn nötig, ermitteln Sie dann den betreffenden Verbraucher.

Arbeitsschritte

① Batterie-Minuskabel abnehmen, Kabel des Multimeters zwischen Minuspol und Batteriekabel anschließen. Dauerverbraucher wie die Zeituhr abklemmen, Türen schließen. Zeigt das Gerät einen Stromfluss an, ist ein Verbraucher defekt.

② Massekabel anschließen, Abdeckung des Sicherungshalters öffnen und eine Sicherung herausnehmen. An die von der Sicherung befreiten Kontakte das Multimeter anschließen. Fließt kein Strom, ist der betreffende Stromkreis in Ordnung. Ein geringer Stromfluss ist kein Alarmsignal: Geräte wie Bordcomputer, Uhren, Radios und Warnanlagen entnehmen ständig Energie von der Batterie.

③ Wiederholen Sie die Messungen, bis das Gerät einen höheren Stromfluss anzeigt. Die Sicherungstabelle (siehe weiter hinten in diesem Kapitel und/oder in der Bedienungsanleitung Ihres Fahrzeugs) zeigt Ihnen, welche Verbraucher zu diesem Stromkreis gehören.

④ Die Verbraucher der Reihe nach ausbauen und jeweils den Strom messen. Wenn das Multimeter keinen Stromfluss anzeigt, haben Sie das fehlerhafte Teil ermittelt.

Motor mit Starthilfekabel starten

Verwenden Sie zur Überbrückung von einer vollen zu einer leeren Batterie spezielle Elektronik-Starthilfekabel. Damit schützen Sie die elektronischen Bauteile Ihres Fahrzeugs vor gefährlichen Spannungsspitzen.

Arbeitsschritte

① Hilfsfahrzeug dicht an Ihr Fahrzeug heran fahren, damit die Batterien durch die Starthilfekabel verbunden werden können.

② Schalten Sie alle Stromverbraucher ab.

③ Die Pluspole mit dem Starthilfekabel verbinden, zuerst die leere, dann die volle Batterie anklemmen.

④ Das andere Kabel zuerst am Minuspol der Fremdbatterie und dann an Masse des Fahrzeugs mit der entladenen Batterie anschließen.

⑤ Motor des Hilfswagens starten und mit erhöhter Drehzahl laufen lassen, damit die Lichtmaschine viel Spannung liefert.

⑥ Starten Sie Ihr Fahrzeug. Wenn der Motor nicht gleich anspringt, sollten Sie nach weiteren Versuchen immer wieder eine Pause einlegen, damit der Anlasser abkühlen kann. Dabei den Motor des Hilfsfahrzeugs weiterlaufen lassen. Ihre leere Batterie wird schon allein dadurch nachgeladen.

⑦ Zum Abnehmen der Starthilfekabel zuerst den Minuspol der eigenen Batterie, dann den der Fremdbatterie abklemmen. Anschließend Kabel von den Pluspolen abnehmen: Erst volle Batterie, dann Leerbatterie.

⑧ Nach dem Start eine Zeitlang mit höheren Drehzahlen fahren, damit die Lichtmaschine die Batterie aufladen kann.

Praxistipp: Wagen anschieben

Das klappt am besten, wenn Motor und Anlasser in Ordnung sind. Verzichten Sie aufs Anschieben, wenn der Motor wegen einer defekten Zündanlage nicht startet. Unverbrannte Gemischanteile können nachgezündet werden und die Temperatur im Katalysator auf gefährliche Höhen treiben. **Anschieben oder Anschleppen über eine Strecke von mehr als 50 Metern ruiniert den Katalysator.** Fahrzeuge mit Automatikgetriebe können nicht angeschoben werden.

- Zündung einschalten und zweiten oder dritten Gang einlegen. In höheren Gängen wird die Lichtmaschine für kräftige Stromlieferung zu langsam durchgedreht.
- Kupplung durchtreten, Wagen anschieben lassen, bis er in Schwung ist.
- Kupplung schnell kommen lassen. Der Motor wird abrupt durchgedreht und müsste anspringen. Dann sofort Kupplung treten und Gas geben.

Praxistipp: Wagen anschleppen

Auch diese Methode eignet sich nicht bei einer defekten Zündanlage. Arbeiten Sie nur mit einem erfahrenen Helfer zusammen. Denken Sie daran, dass Bremskraftverstärker und Servolenkung bei stehendem Motor nicht wirken. Fahrzeuge mit Automatikgetriebe können nicht angeschleppt werden. Wiederum gilt: **Anschieben oder Anschleppen über eine Strecke von mehr als 50 Metern ruiniert den Katalysator.**

- Zündung einschalten, zweiten oder dritten Gang einlegen und Kupplung treten.
- Der Zugwagen muss langsam anfahren.
- Bei etwa 15 km/h die Kupplung langsam kommen lassen. Bleiben Sie stets bremsbereit (Hand an die Handbremse!).
- Ist der Motor angesprungen, Kupplung treten und Gas geben.
- Dem Schleppfahrer ein Hupsignal geben, beide Fahrzeuge sanft abbremsen.

Lichtmaschine aus- und einbauen

Fahrzeuggeneratoren sind Austauschteile: Ein defekter wird beim Kauf eines überholten oder neuen Generators vom Hersteller in Zahlung genommen. Bei allen Arbeiten an der Lichtmaschine gelten die bekannten Hinweise: Nach Abklemmen des Batterie-Massekabels den Minuspol an der Batterie am besten mit Isolierband abkleben, Generator nicht bei angeschlossener Batterie ausbauen, beim Ausbau Radio-Codierungen beachten, nach Wiedereinbau die Fahrzeugausstattungen reaktivieren.
Der etwas aufwändige Aus- und Einbau der Lichtmaschine wird im wesentlichen von der jeweiligen Keilrippenriemen-Demontage (Kapitel »Die Motoren«) bestimmt.

Arbeitsschritte

① **Ausbau:** Klemmen Sie das Batterie-Masseband am Minuspol der Batterie ab.

② Bauen Sie den Keilrippenriemen aus. Kennzeichnen Sie für den richtigen Wiedereinbau seine Laufrichtung! Entspannen Sie den Riemen durch Schwenken der Spannrolle. Nehmen Sie den Keilrippenriemen ab.

③ Schrauben Sie am Generator die Leitung B+ ab. Die Anschlussschraube ist am Generator mit B1+ bezeichnet.

④ Bauen Sie die Befestigungsschrauben des Generators aus und nehmen Sie ihn nach oben heraus.

⑤ Der **Einbau** erfolgt sinngemäß in umgekehrter Reihenfolge. Klopfen Sie die Gewindebüchsen für die Befestigungsschrauben am Generator vor dem Einbau etwa 1 mm zurück. Ziehen Sie den Schraubanschluss für die Leitung B+ (Klemme 30) am Generator mit 15 Nm fest. Geschieht das nicht mit dem vorgeschriebenen Anzugsdrehmoment, bestehen folgende Gefahren:

- Die Batterie wird nicht vollständig geladen.
- Die Fahrzeugelektrik/-elektronik kann komplett ausfallen (Liegenbleiber).
- Funkenbildung kann zu Bränden führen.
- Durch Überspannungen an elektronischen Bauteilen und Steuergeräten können Schäden entstehen.

⑥ Reaktivieren Sie die elektrischen Ausstattungen, evtl. Radiocodierung.

Spannungsregler prüfen

Arbeits-schritte

① Multimeter zwischen Plus-Klemme der Lichtmaschine und Masse schalten.

② Motor zwei Minuten mit 3.000 bis 4.000 U/min drehen lassen, damit die Lichtmaschine betriebswarm wird (ca. 80 °C). Beim Start darf die Spannung (bei +20 °C Außentemperatur) bis 8 Volt absinken.

③ Schalten Sie Standlicht, Radio oder Frischluftgebläse ein. Das entspricht einer Strombelastung von drei bis sieben Ampere. Die Regulierspannung muss jetzt zwischen 13,5 und 14,8 Volt liegen, dann arbeiten Generator und Regler korrekt. Die Generatorspannung (auch: Bordspannung) muss höher als die Batteriespannung sein, damit die Batterie im Fahrbetrieb aufgeladen werden kann.

④ Schalten Sie das Fernlicht ein und wiederholen Sie die Messung bei 3.000 U/min. Die Spannung darf nicht mehr als 0,4 V über dem zuvor gemessenen Wert liegen.

⑤ Messen Sie höhere Spannungen, ist der Regler defekt und muss ausgetauscht werden. Den **Spannungsregler ausbauen:** Schrauben Sie die zwei Sechskant-Befestigungsmuttern ab. Drehen Sie die Befestigungsschraube der Schutzkappe heraus. Nehmen Sie die Kappe ab. Darunter befinden sich die drei Kreuzschlitzschrauben, mit denen der Spannungsregler befestigt ist. Schrauben herausdrehen und Regler abnehmen. **Spannungsregler einbauen:** Sinngemäß umgekehrt.

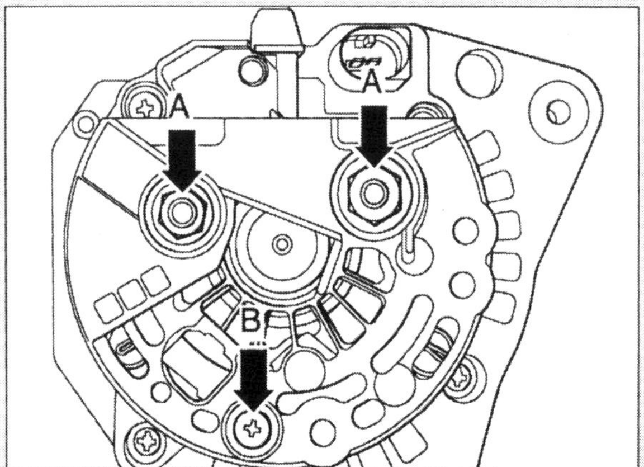

Regler am Generator: **A** *zwei Befestigungsmuttern,* **B** *Befestigungsschraube.*

⑥ Ist die Spannung zu niedrig, deutet das auf abgenutzte Schleifkohlen hin. In diesem Fall sollten Sie die Lichtmaschine ausbauen und zum Überholen in die Autoelektrik-Werkstatt bringen.

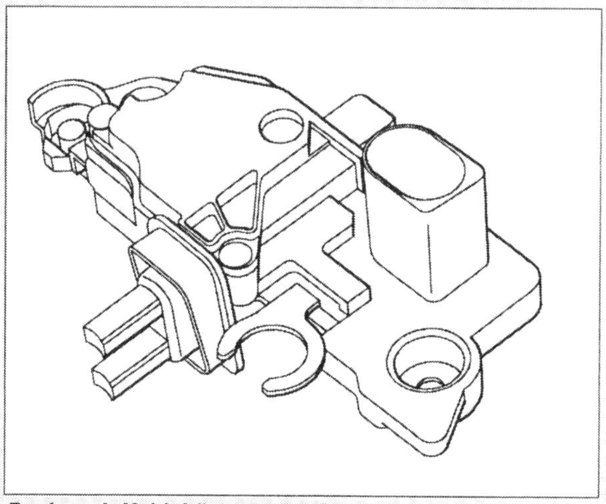

Regler mit Kohlebürsten: *Am Spannungsregler befinden sich die Kohlebürsten für den Drehstromgenerator.*

⑦ Die **Länge der Kohlebürsten** beträgt neu 12 mm. Die Verschleißgrenze liegt bei 5 mm. Die Längenabweichung der beiden Schleifkohlen zueinander darf maximal 1 mm betragen. Werden die Verschleißgrenze unterschritten oder die Toleranz nicht eingehalten: Kohlebürsten wechseln lassen.

Fahren mit defekter Lichtmaschine

Praxistipp

Wenn Lichtmaschine oder Regler unterwegs streiken, können Sie trotzdem weiterfahren. Die Batterie übernimmt dann die Stromversorgung. Je nach Ladezustand und Kapazität reicht die Energie für etwa fünf Stunden, wenn Sie bei der Fahrt keine überflüssigen Verbraucher einschalten.

- Mehrfachstecker an der Lichtmaschine abziehen, damit sich die Batterie nicht über den defekten Generator oder Spannungsregler entladen kann.
- Die Fahrt nicht unnötig unterbrechen, denn der Anlasser braucht besonders viel Strom. Wenn möglich, den Wagen anrollen lassen.
- Heckscheiben-Beheizung, Gebläse und Radio nicht einschalten.
- Scheibenwischer und Scheibenwaschanlage nur bei unumgänglichem Bedarf in Betrieb nehmen.
- Bei Dunkelheit möglichst ohne Fernlicht und Nebelscheinwerfer fahren.

Anlasser aus- und einbauen

Streikt der Anlasser, sind meist mehrere Teile die Ursache. Der Magnetschalter oder die Schleifkohlen zum Beispiel können klemmen oder stark abgenutzt sein. Auch ein Verschleiß der Lagerung ist möglich. Dreht sich der Anlasser bei geladener Batterie nicht oder dreht er sich zu langsam und zieht den Motor nicht durch, sollten auch die Leitungsanschlüsse am Magnetschalter und die Massebänder zwischen Motor, Aufbau und Batterie auf festen Sitz überprüft werden; sie dürfen nicht oxidiert sein.

Arbeitsschritte

① **Ausbau**: Schalten Sie die Zündung aus. Klemmen Sie das Masseband der Batterie ab (Codierungen für Radio beachten). Wagen anheben.

② Bauen Sie die obere (Motorschutz) und die untere (Geräuschdämmung) Motorabdeckung aus.

③ Ziehen Sie den Stecker ❶ (Klemme 50) ab. Schrauben Sie die Leitung ❷ (Klemme 30) am Magnetschalter ❸ ab (Schraubverbindung 13 Nm).

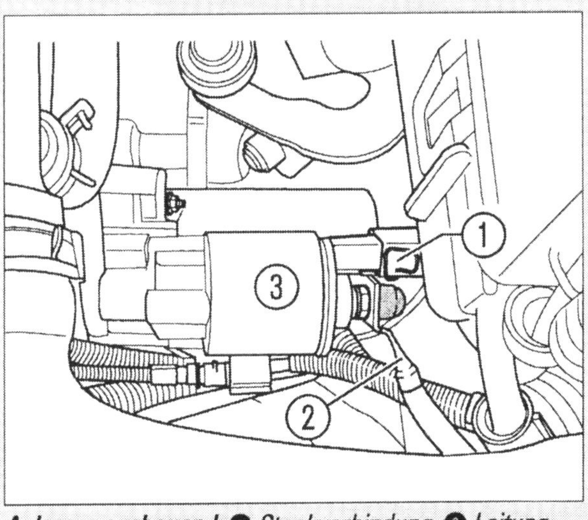

Anlasser ausbauen I: *❶ Steckverbindung, ❷ Leitung, ❸ Magnetschalter.*

④ Schrauben Sie die beiden Sechskantmuttern (Pfeile; Schraubverbindung 65 Nm) ab. Nehmen Sie den Anlasser ❶ (mit Magnetschalter) nach unten heraus.

Anlasser ausbauen II: *Die beiden Pfeile zeigen auf die Befestigungsmuttern des Anlassers.*

⑤ Bei Motorisierung mit dem 1,0 Liter-Motor und den beiden leistungsschwächeren 1,4 Liter-Motoren (Getriebe 002) sind Bauform und Einbausituation des Anlassers etwas anders. Auch in diesen Fällen werden Stecker und Leitungen abgezogen und getrennt. Der Anlasser ist aber mit drei Innensechskantschrauben (65 Nm) befestigt. Diese sind zu lösen und der Anlasser nach oben heraus zu nehmen.

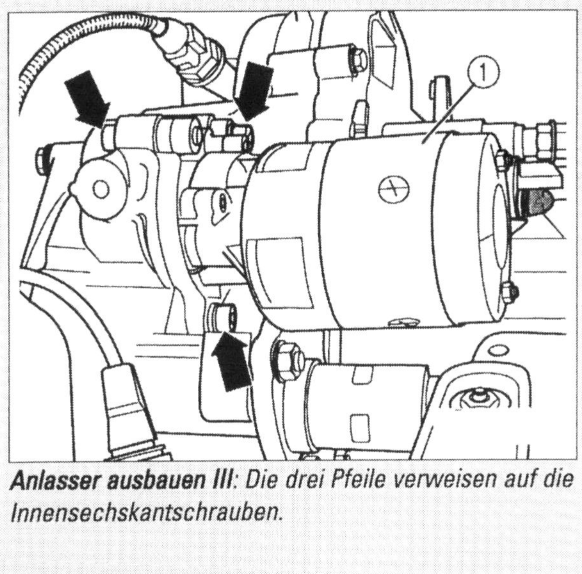

Anlasser ausbauen III: *Die drei Pfeile verweisen auf die Innensechskantschrauben.*

⑥ Beim **Einbau** verfahren Sie sinngemäß in umgekehrter Reihenfolge. Beachten Sie bei der Montage unbedingt das Anzugsdrehmoment für Anlasser an Getriebe von 65 Nm. Wenn die Batterie wieder angeklemmt wird, müssen Sie die Fahrzeugausstattungen wie Radio, Uhr und elektrische Fensterheber entsprechend Bedienungsanleitung aktivieren.

Batterie und Lichtmaschine

Störungsbeistand

Störung	Ursache	Abhilfe
A Rote Ladekontrollleuchte brennt nicht beim Einschalten der Zündung.	**1** Batterie leer.	Mit Starthilfekabeln starten oder Wagen anschleppen.
	2 Batteriekabel gebrochen, Kabelklemmen lose oder oxidiert.	Batteriekabel und -klemmen kontrollieren.
	3 Kontrollleuchte defekt.	Ersetzen.
	4 Kabelweg zwischen Zündschloss, Kontrolllampe und Lichtmaschine unterbrochen.	Stromweg mit Prüflampe kontrollieren.
	5 Schleifkohlen abgenutzt.	Regler austauschen.
	6 Spannungsregler defekt.	Regler austauschen.
	7 Lichtmaschine schadhaft.	Lichtmaschine überholen lassen oder austauschen.
	8 Feuchtigkeit bildet einen isolierenden Schmierfilm zwischen den Schleifringen und Kohlen (z. B. nach Motorwäsche).	Lichtmaschine mit Druckluft ausblasen oder Schleifringe und Kohlen sauber reiben.
B Ladekontrolle brennt oder glimmt bei laufendem Motor.	**1** Keilrippenriemen lose bzw. ohne Spannung.	Keilriemenspannung kontrollieren.
	2 Mangelnder Kontakt an Kabelanschlüssen der Lichtmaschine oder unterbrochene Kabel.	Kabelanschlüsse und Kabel prüfen.
	3 Siehe A5 bis 7.	
C Batterieoberfläche feucht.	**1** Zuviel eingefülltes destilliertes Wasser.	Ausgasen lassen, keine Säure absaugen.
	2 Batterieverschlüsse verstopft.	Entlüftungsbohrungen säubern.
	3 Siehe A8.	

Anlasser

Störungs-beistand

Störung	Ursache	Abhilfe
A Beim Drehen des Zündschlüssels in Startstellung dreht der Anlasser zu langsam oder gar nicht.	**1** Kontrolllampen brennen schwach oder verlöschen:	
	a) Batterie entladen,	Mit Starthilfekabeln starten, Auto anschieben oder anschleppen.
	b) Kabelanschlüsse lose oder oxidiert,	Kabel befestigen, Anschlüsse säubern.
	c) Anlasser hat Masseschluss.	Anlasser überholen lassen oder austauschen.
	2 Kontrolllampen brennen hell, Klicken aus Richtung Anlasser: Kurz auf den Magnetschalter klopfen. Dreht der Anlasser immer noch nicht:	
	a) Kohlebürsten bzw. deren Anschlüsse im Anlasser gelöst,	Anlasser überholen lassen.
	b) Kontakte im Magnetschalter verschmort,	Anlasser überholen lassen oder austauschen.
	c) Anlasserwicklung schadhaft.	Anlasser überholen lassen oder austauschen.
	3 Kontrolllämpchen brennen hell, keinerlei Anlassergeräusche:	
	a) Anschluss der Klemme 50 am Magnetschalter lose,	Anschluss überprüfen.
	b) Klemme-50-Leitung vom Zündschloss zum Magnetschalter unterbrochen.	Leitung mit Prüflampe kontrollieren.
B Anlasser läuft, ohne den Motor durchzudrehen.	**1** Ritzel verschmutzt.	Ritzel reinigen.
	2 Einrückvorrichtung klemmt.	Anlasser überholen lassen.
	3 Verzahnung des Ritzels oder der Motorschwungscheibe beschädigt.	Wagen bei eingelegtem Gang ein Stück vorschieben. Erneut starten. Beschädigte Teile ersetzen lassen.
C Magnetschalter schaltet in schneller Folge ein und aus, Anlasser läuft nicht an.	Batterie stark entladen, beim Einschalten des Magnetschalters fällt die Spannung ab und er schaltet wieder aus.	Batterie laden.
D Anlasser läuft weiter, obwohl der Zündschlüssel losgelassen wurde.	**1** Magnetschalter hängt oder schaltet nicht ab.	Zündung sofort abschalten, notfalls Batterie abklemmen. Magnetschalter reparieren oder Anlasser austauschen.
	2 Zünd-/Anlassschalter defekt.	Schalter ersetzen.
E Ritzel spurt nach Anspringen des Motors nicht aus.	**1** Rückstellfeder des Einrückhebels lahm oder gebrochen.	Zündung abschalten, ggf. Anlasser austauschen.
	2 Siehe B3.	

Die Beleuchtung

Die Fahrzeugbeleuchtung ist das zentrale aktive Sicherheitselement im nächtlichen Straßenverkehr. Darüber hinaus aber wird wegen der ständig noch wachsenden Verkehrsdichte auch das Fahren mit Licht am Tag immer aktueller. In vielen skandinavischen und osteuropäischen Ländern ist es seit langem Pflicht, bei uns in Deutschland wird es immer wieder diskutiert. Nach Untersuchungen könnte mit Tagfahrlicht allein die Zahl der tödlichen Unfälle um 25 Prozent reduziert werden.

Markenhersteller bieten kompakte und energiesparende Leuchten zum Nachrüsten an. Diese brauchen mit rund 12 Watt nur vergleichsweise wenig Energie und werden wie Zusatzscheinwerfer an der Fahrzeugfront montiert. Schaltet man das normale Fahrlicht ein, verlöschen sie automatisch.

In Zukunft Licht nach Maß

Weltweit sind Autohersteller dabei, die Lichttechnik in den Daten- und Kommunikationsverbund des Fahrzeugs zu integrieren. Funktionen werden vernetzt, um neue Systeme realisieren zu können. Bewegliche Scheinwerfer und durch Software veränderbare Leuchten werden konzipiert.

Auch die Bordnetze werden auf zukünftige Lichtanforderungen wie vorausschauend agierende Scheinwerfer, intelligente Heckleuchten und adaptives Innenlichtkonzept ausgerichtet.

Die Lichtverteilung wird künftig an wechselnde Umfeldsituationen wie Straßenverlauf und -typ, Witterungsbedingungen und Fahrerwunsch angepasst. Durch zeitlich veränderbare Lichtverteilung erhält der Fahrer bestmögliche Sichtbedingungen, ohne dabei den Gegenverkehr zu blenden. Unterschiedliche Hell-Dunkel-Verläufe können definiert werden: Stadtlicht mit breiter Ausleuchtung, schwenkbares Landstraßenlicht und Autobahnlicht mit höherer Sichtweite werden Wirklichkeit.

Der Hauptscheinwerfer gibt der Fabia-Front eine edle Note.

Beim Durchfahren von Kurven wird künftig das Schwenken von Fern- oder Abblendlicht eine optimale Nutzung des Lichtstroms ermöglichen.

Die Heckbeleuchtung als Kommunikationsmittel des Fahrers mit dem nachfolgenden Verkehr muss eindeutig und gut erkennbar sein, ohne zu stören. Das Nebelschlusslicht kann durch intelligente Elektronik zum adaptiven Schlusslicht werden, dessen Lichtstärke sich den Umfeldbedingungen anpasst: Es leuchtet bei Nebel oder Gischt am stärksten, bei klarer Sicht in der Nacht schwächer.

Ferner soll künftig eine Notbremsanzeige Verzögerungssignale der ABS- und ESP-Steuerung auswerten und durch automatisches Warnblinken die Gefahrensituation signalisieren.

Ein weiteres Entwicklungsfeld ist eine in die Leuchte integrierte Schmutz- und Sichtweitesensorik. Sie soll Nebel, Gischt, Regen, Schnee und Verschmutzungen auf der Lichtscheibe erkennen. Entfernung und Geschwindigkeit des nachfolgenden Verkehrs werden erfasst und realisieren zusammen mit weiteren Fahrzeugdaten eine angepasste Lichtausbringung nach hinten. Das Heckleuchtendesign kann durch LED-Matrixfelder variabel in Form und Helligkeit gestaltet werden.

Die Beleuchtung im Innenraum wird eine optimale Orientierung im Fahrzeug erlauben und dadurch die Fahrsicherheit erhöhen. Außerdem soll sie harmonischer Bestandteil des Innendesigns sein und bei Dunkelheit eine Wohlfühlatmosphäre erzeugen. Neben Leuchtdioden in allen Farben stehen als neue Lichtquellen blendfreie Elektrolumineszenzfolien (EL-Folien) bereit, wie sie in Flugzeugcockpits eingesetzt werden. Sie eignen sich besonders zum Markieren von Konturen und bilden gleichmäßig leuchtende Bänder.

Zeitgemäße Klarglas-Optik

In der Beleuchtungsanlage nehmen die Hauptscheinwerfer den ersten Platz ein. Sie sollen den Gegenverkehr möglichst nicht blenden, auch bei höheren Geschwindigkeiten die Fahrbahn gut ausleuchten und dem Fahrzeug ein unverwechselbares Gesicht geben. Ihre wichtigsten Teile waren lange Zeit Lichtquelle, Reflektor und Streuscheibe. Denn der Gesetzgeber schreibt für das Abblendlicht eine spezielle Lichtverteilung mit einer asymmetrischen Hell-Dunkel-Grenze vor, bei der sich das Lichtmaximum auf der rechten Seite der Fahrbahn konzentriert. Dazu diente die Streuscheibe mit Zylinderlinsen, Prismen und Parallelflächen auf der Innenseite. Diese verteilen das vom Reflektor kommende Licht in der gewünschten Richtung.

Moderne Scheinwerfer wie der Ihres Fabia kommen aber inzwischen schon ohne Streuscheibe aus. Der aktuelle Trend heißt Klarglasoptik: Die Scheibe vor den Scheinwerfern ist völlig klar – also nur noch Schutz- und keine Streuscheibe mehr. Sie besteht aus Kunststoff, der gegen Steinschlag widerstandsfähiger ist als Glas. Der Scheinwerfer ist dadurch auch leichter als einer mit Glasscheibe. Eine harte Decklackschicht schützt vor Kratzern. Die Blinkleuchten sind integriert und haben also ebenfalls klare Lichtaustrittsscheiben. Deshalb sind die Lampen dafür orangegelb eingefärbt. Die Heckleuchten sind dem Trend zur Verwendung klarer Scheiben angepasst. Allerdings gibt es Klarglaselemente nur für Blinklicht und Rückfahrlicht.

Hauptscheinwerfer und Nebelscheinwerfer beim Fabia RS.

Fabia-Heckleuchte mit Klarglasscheiben für Blinklicht und Rückfahrlicht. Der Rückstrahler ist Teil der Lichtaustrittsscheibe.

Reflektor mit drei Kammern

Um einen genau definierten Lichtkegel auch ohne Linsen und Prismen zu erzeugen, hat in Ihrem modernen Fahrzeug der früher fast ausschließlich parabolische Reflektor Freiformflächen, die mit einer dünnen Schicht Aluminium plus Spezialschicht präpariert sind. Die optimale Form des Reflektors ist nach speziellen mathematischen Verfahren per Computer berechnet. Bestimmte Segmente im Reflektor sind bestimmten Bereichen auf der Straße zugeordnet. Infolge dadurch ermöglichter kleinerer Brennweiten können im Bauraum herkömmlicher parabolischer Reflektoren mehrere getrennte Reflektoren untergebracht werden. Gleichzeitig wird die Lichtausbeute erhöht.

Beim Fabia ist der Reflektor in drei Kammern gegliedert: Die Kammer zur Fahrzeugmitte hin enthält die Lampe für Fernlicht, die mittlere Kammer enthält die Lampen für Abblendlicht und für Standlicht, und in den jeweils äußeren Kammern sitzen die Lampen für Blinklicht. Als Lichtquelle für die Hauptscheinwerfer werden Halogenlampen eingesetzt. Fernlicht und Abblendlicht werden von getrennten Glühlampen erzeugt. Weitere Lampen sorgen für Standlicht und erzeugen das Licht für die Nebelscheinwerfer.

Es gibt allerdings auch die Fabia-Ausstattung mit Gasentladungslampen (Xenonlicht). Bei diesen Scheinwerfern mit D2S-Lampen für das Abblendlicht der Hauptscheinwerfer ist der innere Aufbau leicht modifiziert. Zur Zündung verfügt jede Entladungslampe über eine Hochspannungseinheit.

Kontrolle ist nötig

Lassen Sie die Einstellung der Scheinwerfer an Ihrem Fahrzeug regelmäßig prüfen. Eine gute Möglichkeit hierzu sind die im Herbst stattfindenden Aktionen von ADAC, TÜV und DEKRA. Außerdem sollten Sie vor jeder Fahrt die Beleuchtung Ihres Fahrzeugs kontrollieren. Zumindest ist das vom Gesetzgeber so vorgeschrieben.

Zur Überprüfung der Beleuchtung, die Sie auf jeden Fall einmal wöchentlich vornehmen sollten, schalten Sie die Zündung ein und dann nacheinander Standlicht, Abblendlicht, Fernlicht und Nebelscheinwerfer. Am Heck des Wagens müssen Rücklichter, Kennzeichenleuchten, Rückfahrscheinwerfer und Nebelschlussleuchte einwandfrei funktionieren.

Kontrollieren Sie auch die Einstiegswarnleuchten, mit denen die vorderen Türen ausgestattet sind. Sie bringen einen deutlichen Zuwachs an Sicherheit. Geschaltet wird die Einstiegsleuchte über den Kontaktschalter im Türschloss. Das Relais J348 für Einstiegs- und Fußraumleuchten gewährleistet, dass diese Warnleuchte beim Abstellen des Fahrzeugs mit geöffneten Türen nur begrenzte Zeit leuchtet, damit unnötige Batteriebelastungen vermieden werden.

Legen Sie sich einen kleinen Vorrat für unterwegs mit den wichtigsten Lampen an. Škoda-Betriebe halten diese Lampen für Sie bereit. Die Lampenbezeichnung steht auf dem Sockel oder auf dem Glaskörper.

Ersatzlampen (12 V) für den Fabia

Glühlampe für:	Typ	Leistung
Fernlicht/Nebelscheinwerfer	H3	55 W
Abblendlicht vorn	H7	55 W
Standlicht vorn	W	5 W
Seitliche Blinkleuchte	W	5 W
Leseleuchte	W	5 W
Vordertürwarnleuchte	W	5 W
Blinklicht vorn	PY Bajonett, orange	21 W
Bremslicht	P Bajonett	21 W
Blinklicht hinten	PY Bajonett, orange	21 W
Schlusslicht rechts	P Bajonett	4 W
Zweifadenglühlampe		
Nebelschlusslicht und		
Schlusslicht links	P Bajonett	21 W / 4 W
Kennzeichenleuchte	C Steckfassung	5 W
Ablagefachleuchte	C Steckfassung	3 W
Gepäckraumleuchte	Soffitte	5 W
Innenraumleuchte	Soffitte und	10 W
	2x C Steckfassung	5 W

Technik-lexikon: Die Leuchtweitenregelung

In Deutschland ist für Neuwagen eine Leuchtweitenregelung gesetzlich vorgeschrieben. Sie soll verhindern, dass der Gegenverkehr bei beladenem Fahrzeug geblendet wird. Wird die Leuchtweite elektrisch verstellt, befindet sich an jedem Scheinwerfer ein Stellmotor, der bei Betätigen des Reglers von Hand oder auch automatisch angesteuert wird. Der Motor lässt sich aus dem Scheinwerfer ausbauen und ähnlich wie eine Glühlampe wechseln.

Bei Xenon-Scheinwerfern erfolgt die Regelung automatisch. Dazu verfügt das Fahrzeug über das Steuergerät für Xenon-Scheinwerfer und über Geber an der Hinterachse.

Bessere Sicht mit Entladungslampen

Bei der Fabia-Ausstattung mit Gasentladungslampen (Xenonlicht) für das Abblendlicht der Hauptscheinwerfer finden Gasentladungslampen D2S Anwendung. Sie werden nur in Verbindung mit automatischer Leuchtweitenregelung eingebaut. Die Lichtausbeute ist zweieinhalb Mal höher als bei herkömmlichen Lampen, der Fahrbahnrand wird besser ausgeleuchtet, der Fahrer ermüdet nicht so schnell. Außerdem beträgt die Lebensdauer von Gasentladungslampen mit etwa 2.500 Stunden ein Vielfaches der von Halogenlampen.

Bei Scheinwerfern mit Xenonlampen ist der innere Aufbau leicht modifiziert. In der Reflektorkammer zur Fahrzeugmitte hin sitzen Fernlicht- und Standlichtlampe. Die Entladungslampe sitzt in der mittleren Kammer. Zur Zündung der Entladungslampe ist eine Hochspannungseinheit erforderlich. Für den Scheinwerfer rechts befindet sich die Zünd-Hochspannungseinheit unten am Schlossträger der Fahrzeugkarosserie. Für den Scheinwerfer links ist die Zünd-Hochspannungseinheit an der hinteren Plastikabdeckung des Scheinwerfereinsatzes angebracht.

Der Scheinwerfer hat ferner eine umschaltbare Innenblende: Mit einem kleinen Hebel lässt sie sich für Fahrten in Ländern mit Linksverkehr um- (und wieder zurück-)schalten. Bei den Scheinwerfern mit Halogenlampen wird die Lichtanpassung an Länder mit Linksverkehr durch Aufkleben einer speziellen Folie auf das Scheinwerferglas erreicht.

Glühlampenausfall wird signalisiert

Einen nicht zu unterschätzenden Zuwachs an Sicherheit im Straßenverkehr bringt die Überwachung von wichtigen Leuchten des Fahrzeugs. Mit dieser Funktion sind einige Modellausführungen und Ausstattungsvarianten des Fabia versehen. Ein im Schalttafeleinsatz gelb aufleuchtendes Glühlampensymbol mit Rufzeichen im Zentrum zeigt den Ausfall von Leuchten an. Überwacht werden die Glühlampen im Standlicht hinten, eine oder beide Glühlampen des Abblendlichts sowie des Bremslichts und die LED in der Zusatzbremsleuchte. Die Leuchtenüberwachung erfolgt durch ein spezielles Steuergerät, das die Position 13/14 auf dem Relaisträger einnimmt.

Lampen in Scheinwerfern und Blinkleuchte wechseln

Fassen Sie intakte Glühlampen niemals mit bloßen Fingern am Glaskolben an! Selbst geringe Spuren von Handschweiß verdampfen auf der brennenden Lampe, trüben den Glaskolben und können im Extremfall das Lampenglas zerstören. Verwenden Sie deshalb beim Einsetzen einer Lampe Handschuhe oder ein sauberes Tuch.

Der Wechsel einer Lampe fürs Standlicht verändert die Justierung des Scheinwerfers nicht. Bei allen anderen Lampen sollten Sie nach einem Tausch die Einstellung des betreffenden Scheinwerfers prüfen (lassen).

Lampen und Stellmotor im Hauptscheinwerfer

Arbeitsschritte

- Vor dem Auswechseln einer Glühlampe des Fern-, Abblend- und Standlichtes sowie des Stellmotors für Leuchtweitenregelung muss die Abdeckung im hinteren Teil des Scheinwerfers abgenommen werden. Dazu die Motorraumklappe öffnen, Laschen der Abdeckung (Pfeile) nach unten drücken, Abdeckung nach hinten kippen und aus der unteren Halterung herausnehmen.

  An die Fassung der Blinklichtlampe kommen Sie ohne Ausbau des Verschlussdeckels heran. Der Nebelscheinwerfer ist ohnehin als extra Leuchte unten im Stoßfänger platziert.

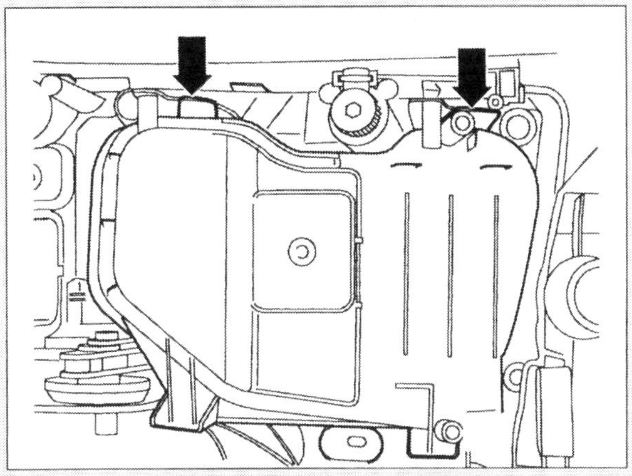

***Hinterer Verschlussdeckel des Scheinwerfers:** Zum Abnehmen auf die Laschen (Pfeile) drücken.*

- **Abblendlichtlampe**: Ziehen Sie die Steckverbindung ab. Entrasten Sie den Federdrahtbügel (zum Entriegeln über die Rastnasen ziehen) und nehmen Sie die Glühlampe aus dem Gehäuse heraus. Einbau in umgekehrtem Sinne.
- **Abblendlichtlampe D2S**: Die Gasentladungslampe D2S (Xenon) kann nur gewechselt werden, wenn zuvor der Scheinwerfer ausgebaut wurde (siehe spätere Arbeitsanleitung). Dann Stecker von der Zündeinheit abziehen, die Plastikabdeckung abbauen und die Zündeinheit aus der Entladungslampe lösen. Bauen Sie den Halter für die Entladungslampe aus und nehmen Sie die Lampe D2S heraus. Der Einbau erfolgt sinngemäß umgekehrt.
- **Standlichtlampe**: Die Glühlampe ist unter der für Abblendlicht angeordnet. Lampe mit Fassung am Anschlussstecker aus dem Reflektor herausziehen. Nach Lampenwechsel die Fassung mit Lampe bis zum Anschlag in den Reflektor eindrücken.
- **Fernlichtlampe**: Ziehen Sie die Steckverbindung ab. Entrasten Sie den Federdrahtbügel (zum Entriegeln über die Rastnasen ziehen) und Glühlampe aus dem Gehäuse herausnehmen. Einbau umgekehrt.
- **Stellmotor**: Trennen Sie die Steckverbindung (rechter Pfeil) am Motor. Drehen Sie den Motor am linken Scheinwerfer nach links (gestrichelter Pfeil), am rechten Scheinwerfer nach rechts. Dadurch entriegeln Sie ihn und können ihn beim linken Scheinwerfer nach unten, beim rechten nach oben aus der Verrastung am Reflektor herausziehen.

  Zum Einbauen die kugelförmige Stellachse des Motors in die Kugelkopfaufnahme stecken, beim linken Scheinwerfer von oben, beim rechten von unten. Durch Drehen in die Einbaulage verriegeln. Stecker aufstecken.

Nach dem Aus-/Einbau des Stellmotors muss der Scheinwerfer mit dem Einstellgerät eingestellt werden. Das nötige Neigungsmaß ist auf dem Gummischeinwerfergehäuse aufgeprägt.

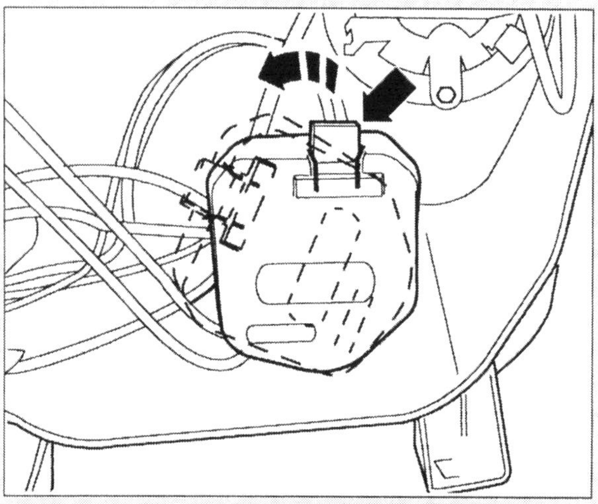

Stellmotor für Leuchtweitenregelung: *Steckverbindung trennen und durch Verdrehen entriegeln (Pfeile).*

Bauen Sie den Verschlussdeckel hinten am Scheinwerfer wieder an. Achten Sie auf sicheres Verrasten.

Lampe im Blinklicht vorn

Arbeitsschritte

① Mit dem flachen Griffstück die Lampenfassung nach links drehen (Pfeil) und herausnehmen. Lampe in die Bajonettfassung drücken, ebenfalls nach links drehen und herausnehmen.

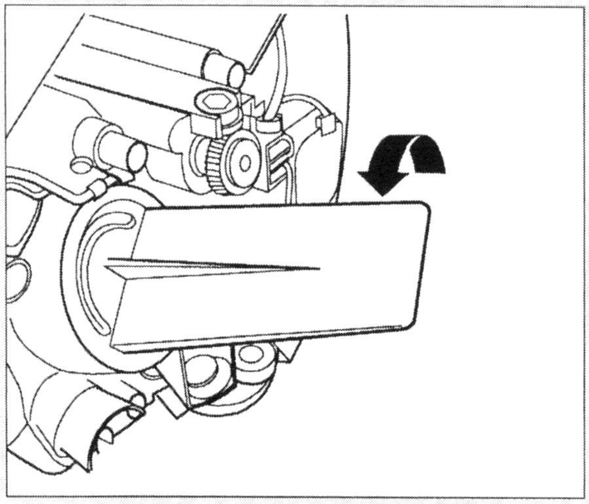

Lampe für Blinklicht: *Zum Entriegeln und Entnehmen Fassung nach links drehen (Pfeil).*

② Neue Lampe in die Fassung einsetzen und bis zum Anschlag rechtsherum drehen. Fassung wieder in die Halterung stecken und durch Drehen am Griffstück nach rechts sichern.

Lampe im Nebelscheinwerfer

Arbeitsschritte

① Zum Lampenwechsel muss der Scheinwerfer ausgebaut werden. Dazu die Abdeckung ❶ ausclipsen. Stecken Sie einen flachen Schraubendreher zuerst an der Kennzeichenseite in die Lasche des Lüftungsgitters. Lasche leicht nach unten drücken. Gleichzeitig das Lüftungsgitter nach vorn ziehen.

② Den gleichen Arbeitsablauf an der zweiten Lasche des Lüftungsgitters wiederholen. Lüftungsgitter aus den unteren Arretierungen heraus nehmen.

③ Die beiden Schrauben ❷ herausdrehen, Nebelscheinwerfer heraus nehmen.

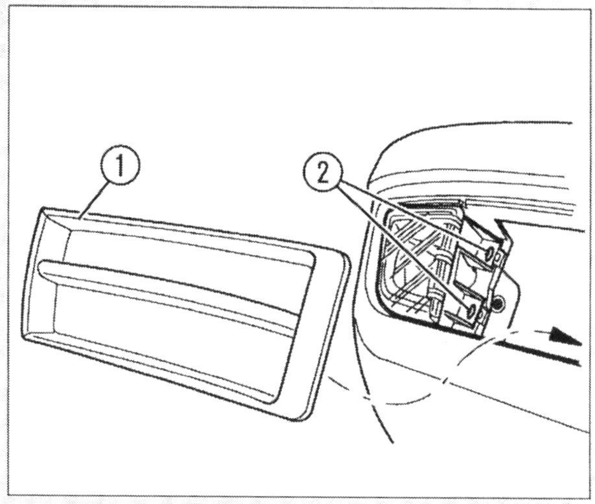

Nebelscheinwerfer: *❶ Abdeckung im Stoßfänger, ❷ Schrauben.*

④ Dann wie bei den Hauptscheinwerferlampen die Steckverbindung trennen und den Federdrahtbügel über die Rastnasen entriegeln. Glühlampe herausziehen, wechseln.

Einbau in umgekehrter Reihenfolge.

Praxistipp

Glühlampen rechtzeitig wechseln

Eine schwach leuchtende Glühlampe deutet darauf hin, dass der Kolben zu stark geschwärzt ist. Das ist zum Beispiel öfter bei der Kennzeichenbeleuchtung der Fall. Dann die Lampe rechtzeitig wechseln. Fällt eine Lampe nach einer längeren Betriebszeit aus, sollten Sie auch die intakte Lampe auf der anderen Seite des Fahrzeugs wechseln, da sie erfahrungsgemäß kurze Zeit später ebenfalls versagt.

Scheinwerfer aus- und einbauen

Vor dem Ausbau wie bei allen Arbeiten an der elektrischen Anlage das Batterie-Masseband (Minuspol) abklemmen. Im Anschluss an die Arbeiten Scheinwerfer einstellen.

Arbeitsschritte

① **Ausbau**: Bauen Sie den vorderen Stoßfänger aus (Kapitel »Die Karosserie«). Drehen Sie die beiden Schrauben (Pfeile) heraus. Beim Einschrauben: 3,5 Nm.

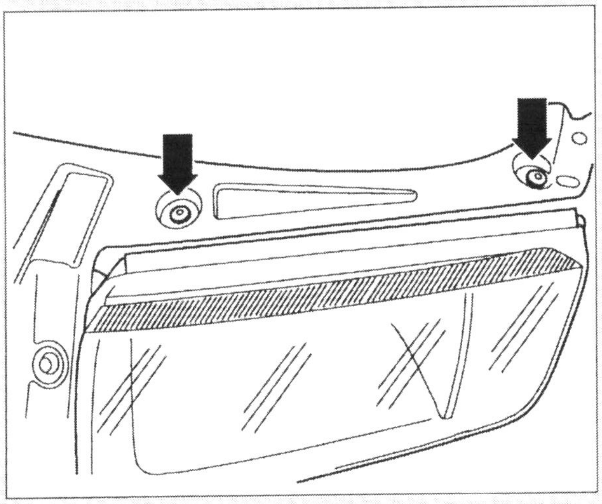

***Scheinwerfer im Stoßfänger**: Die beiden Pfeile weisen auf die Befestigungsschrauben.*

② Trennen Sie die Steckverbindung.

③ Schrauben Sie die beiden anderen Befestigungsschrauben (Pfeile) heraus. Beim Einschrauben: 5 Nm.

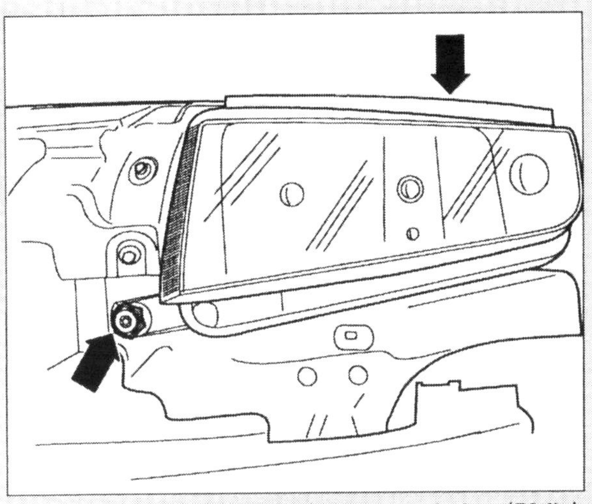

Zwei weitere Schrauben sind heraus zu drehen (Pfeile).

④ Nehmen Sie den Scheinwerfer nach vorn heraus.

⑤ Der **Einbau** erfolgt in umgekehrter Reihenfolge. Die Scheinwerfer sind grundsätzlich nach den Konturen der Karosserie (Spaltmaße) auszurichten und zu befestigen.

⑥ Scheinwerfer einstellen.

Haupt- und Nebelscheinwerfer (provisorisch) einstellen

Zur exakten Einstellung der Scheinwerfer benutzt die Fachwerkstatt ein Scheinwerfer-Einstellgerät. Überlassen Sie die knifflige Einstellarbeit also der Werkstatt, die auch die genauen Sollwerte kennt.
Sie können die Scheinwerfer aber provisorisch prüfen und einstellen, wenn Sie zum Beispiel am Wochenende eine Glühlampe oder einen kompletten Scheinwerfer ausgetauscht haben. Das kann jedoch nur eine Notlösung sein! Lassen Sie den Scheinwerfer bei der nächsten Gelegenheit vom Fachmann einstellen.

Für jede Prüfung und Einstellung

- muss der Reifenfülldruck stimmen;
- dürfen die Lichtaustrittsscheiben weder beschädigt noch verschmutzt sein;
- dürfen keinerlei Schäden an Reflektoren und Glühlampen vorliegen;
- muss die Fahrzeugbelastung hergestellt sein: Tank zu mindestens 90% gefüllt, alle im normalen Fahrzeugbetrieb mitgeführten Ausrüstungsteile

vom Reserverad bis zum Werkzeug an Bord, eine Person oder 75 kg Gewicht auf dem Fahrersitz. Wenn der Tank nicht ausreichend gefüllt ist, müssen Zusatzgewichte (mit Wasser gefüllte Kraftstoffkanister) in den Kofferraum: Bei ¼ Tankfüllung müssen 30 kg, bei ½ Tankfüllung 20 kg, bei ¾ Tankfüllung 10 kg Gewicht eingebracht werden.

Arbeitsschritte

Hauptscheinwerfer

① Stellen Sie Ihr Fahrzeug gegenüber der Einstellwand auf ebener Fläche ab. Der Abstand zwischen Front und Wand muss exakt fünf Meter betragen.

② Drücken Sie das Fahrzeug vorn und hinten mehrmals kräftig durch, damit sich die Federn setzen.

③ Prüfen Sie die manuelle Leuchtweitenregelung (Rändelrad) mit mehrmaligem Durchdrehen auf Funktion. Stellen Sie es dann auf Null.

④ Die Hauptscheinwerfer dürfen nur bei Abblendlicht eingestellt werden. Das vorgeschriebene Neigungsmaß beträgt zehn Zentimeter auf zehn Meter Entfernung (Projektionsabstand). Das Neigungsverhältnis in Prozent (bei 10 m/10 cm ist es 1%) ist oben auf dem Scheinwerfergehäuse eingeprägt. Auf dieses Maß müssen die Scheinwerfer eingestellt werden.

⑤ Messen Sie den Abstand zwischen Boden und Mittelpunkt der beiden Scheinwerfer aus. Markieren Sie das Maß an der Wand und verbinden Sie beide Punkte durch eine Linie (S 1).

⑥ Zeichnen Sie fünf Zentimeter darunter eine parallele Linie E an der Wand an. Das ist die Neigung des Abblendlichts auf fünf Meter Entfernung.

⑦ Peilen Sie durch das Heckfenster nach vorn und lassen Sie von einem Helfer genau in Fahrzeugmitte die senkrechte Linie M einzeichnen.

⑧ Messen Sie den Abstand zwischen Fahrzeugmitte und Mittelpunkt des Scheinwerfers (rechts und links). Diese Werte sind auf die Hilfslinie S1 (rechts und links vom Schnittpunkt der Linien M und S1) zu übertragen und mit einem Einstellkreuz (S2) zu markieren.

⑨ Genau fünf Zentimeter unter diesen Kreuzen müssen die Abknickpunkte des Abblendlichts auf der Einstellinie E justiert werden.

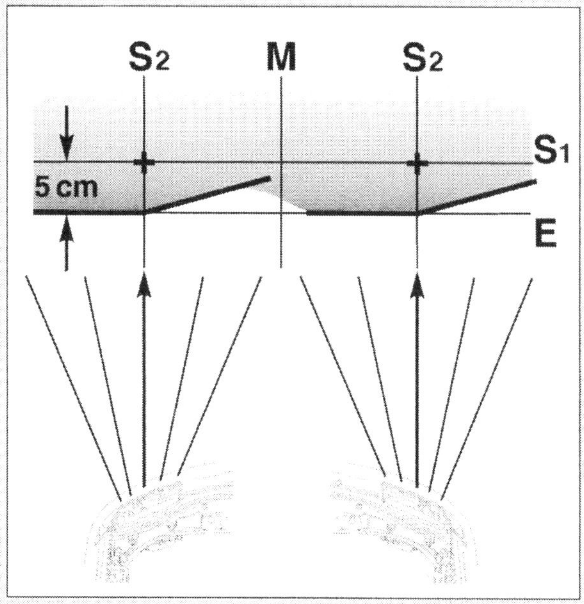

So werden mit Hilfslinien und Einstellkreuzen an einer Wand die Scheinwerfer provisorisch eingestellt.

⑩ Nun müssen Sie die Scheinwerfer an ihren Einstellschrauben verstellen. Dazu Zündung und Abblendlicht einschalten.

⑪ Zuerst an der Höhen-Einstellschraube (Rändelrad ❶) so lange drehen, bis der Strahl des Abblendlichts mit seiner waagerechten Hell-Dunkel-Grenze mit der Einstelllinie E übereinstimmt. Gegebenenfalls muss zur Höheneinstellung auch die Seiten-Einstellschraube (Rändelrad ❷) gedreht werden.

⑫ Seiteneinstellung mit der Einstellschraube so ausrichten, dass der Abknickpunkt im Abblend-Lichtbild genau auf das Einstellkreuz ausgerichtet ist. Dabei darf ein Streuanteil von 15 Prozent über der Linie liegen.

***Scheinwerfer einstellen:** Zur Seitenverstellung das Rändelrad ❷, zur Höhenverstellung das Rändelrad ❶ mit einem Schraubendreher verstellen. Das Bild zeigt die Situation am linken Scheinwerfer. Rechts: spiegelbildlich.*

Nebelscheinwerfer

① Clipsen Sie die Abdeckkappe ❶ am Stoßfänger aus.

② Stellen Sie den Scheinwerfer durch Verdrehen der Schraube ❷ mit einem Kreuzschlitzschraubendreher ein.

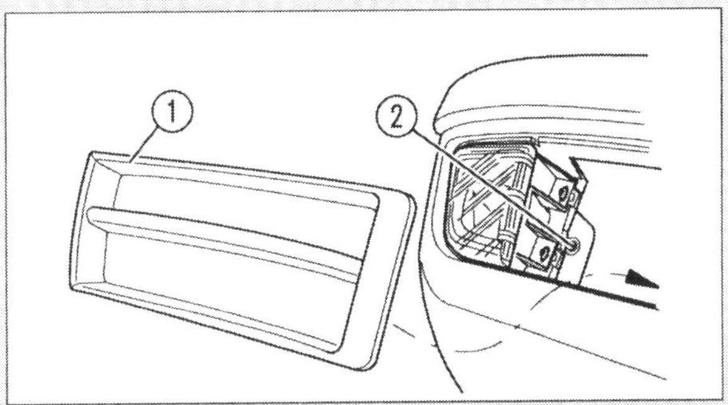

Nebelscheinwerfer einstellen: *Die Kreuzschlitzschraube ❷ verdrehen. Das Bild zeigt die Situation am rechten Scheinwerfer. Links: spiegelbildlich.*

Heckleuchte und Glühlampen aus- und einbauen

Arbeitsschritte

Leuchte

① **Ausbau**: Öffnen Sie die Heckklappe. Schieben Sie die Seitenverkleidung vorsichtig zur Seite und nehmen sie ab. Trennen Sie die elektrische Steckverbindung ❷.

Ausbau der Heckleuchte: *❶ vier Sechskantmuttern (3 Nm), ❷ elektrische Steckverbindung, ❸ Heckleuchte mit Lampenträger.*

② Schrauben Sie die vier Befestigungsmuttern heraus und nehmen Sie die komplette Heckleuchte ❸ nach außen vom Fahrzeugheck ab. Anzugsmoment der Sechskantmuttern: 3 Nm.

③ Beim **Einbau** in sinngemäß umgekehrter Reihenfolge darauf achten, dass die Dichtung zwischen Karosserie und Heckleuchtengehäuse sauber abdichtet. Vor dem Anziehen der Befestigungsmuttern die Heckleuchte nach den Konturen der Karosserie (gleichmäßige Spaltmaße!) ausrichten.

Lampen

① Der **Ausbau** der Lampen kann auch bei eingebauter Heckleuchte erfolgen: Drücken Sie die zwei Verriegelungslaschen (Pfeile) zusammen und nehmen Sie den Lampenträger aus der Heckleuchte.

② Drehen Sie die jeweilige Glühlampe aus der Bajonettfassung heraus.

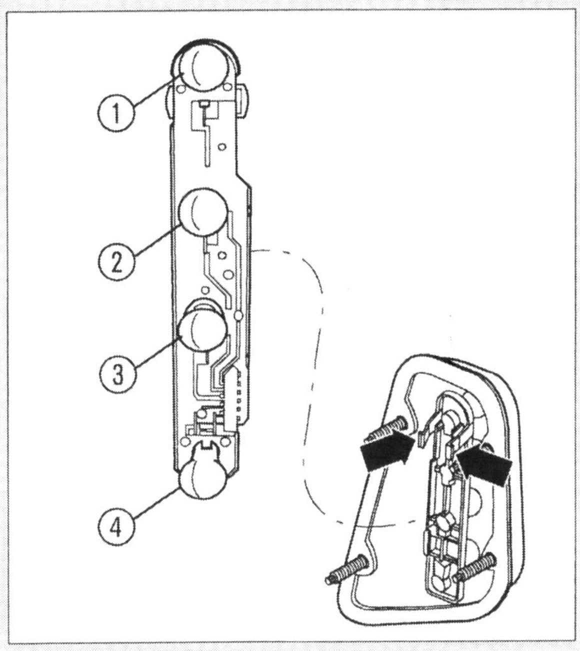

Lampenträger in der Heckleuchte: *Die Pfeile weisen auf die Befestigungslaschen. Glühlampen: ❶ Glühlampe für Bremslicht, ❷ Glühlampe für Blinklicht, ❸ Glühlampe für Rückfahrlicht (alle 3 Lampen 12 V/21 W), ❹ Zweifadenglühlampe für Nebelschlusslicht und Schlusslicht links (21 W/4 W) bzw. Glühlampe für Schlusslicht rechts (4 W).*

③ Der **Einbau** erfolgt sinngemäß in umgekehrter Reihenfolge.

Weitere Leuchten außen

Arbeitsschritte

Kennzeichenleuchte

① Lösen Sie zum **Ausbau** die zwei Befestigungsschrauben ❷ (Kreuzschlitz 2Nm) an der Lichtaustrittsscheibe ❶.

② Entnehmen Sie die Leuchte.

③ Nehmen Sie die Glühlampe (Soffitte 12 V/5 W) aus der Klemmfassung.

④ **Einbau** in umgekehrter Reihenfolge.

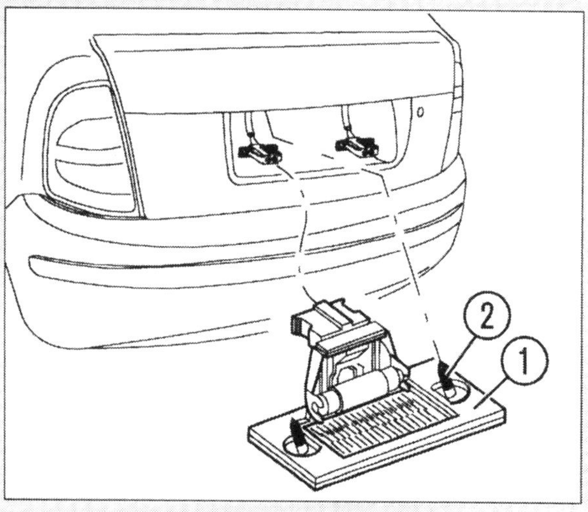

Kennzeichenleuchte: *❶ Lichtaustrittsscheibe, ❷ Befestigungsschraube(n).*

Seitliche Blinkleuchte

Arbeitsschritte

① **Ausbau**: Decken Sie die Lackoberfläche mit einem geeigneten Mittel wie z. B. Textilklebeband ab. Die Rastnase (Pfeil) der Leuchte befindet sich rechts wie links jeweils vorn.

② Schrauben Sie die beiden Schrauben ❹ aus dem Radkasten heraus (1,5 Nm). Drücken Sie die Blinkleuchte mit der Hand von innen heraus.

③ Ziehen Sie die Blinkleuchte aus dem Kotflügel heraus. Ziehen Sie dann das Gehäuse ❶ aus der Gummitülle ❸ heraus. Die Glühlampe ❷ kann zum Wechseln ebenfalls herausgezogen werden.

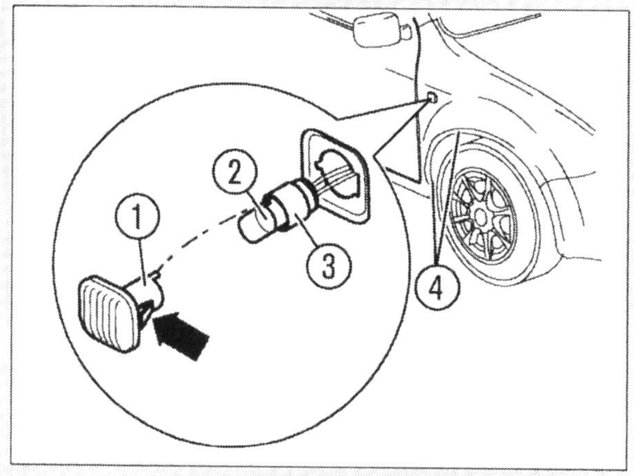

Seitliche Blinkleuchte: *❶ Gehäuse, ❷ Glühlampe, ❸ Gummitülle, ❹ Schrauben. Pfeil: Rastnase.*

④ Der **Einbau** erfolgt in umgekehrter Reihenfolge. Beim Einbau des Gehäuses darauf achten, dass die Führungsnasen in die Aussparungen der Fassung eingreifen. Das Blinkleuchtengehäuse muss im Kotflügel einrasten.

Zusatzbremsleuchte

Arbeitsschritte

① **Ausbau**: Die Zusatzbremsleuchte ist im oberen Teil der Heckklappe eingebaut.

Öffnen Sie die Heckklappe.

② Nehmen Sie die mittlere Verkleidung der Heckklappe nach oben heraus (siehe Kapitel »Der Innenraum«).

③ Schrauben Sie die beiden Befestigungsschrauben ❶ heraus (einschrauben mit 1,5 Nm).

④ Ziehen Sie den Stecker ❸ ab und nehmen Sie die Zusatzbremsleuchte ❷ heraus.

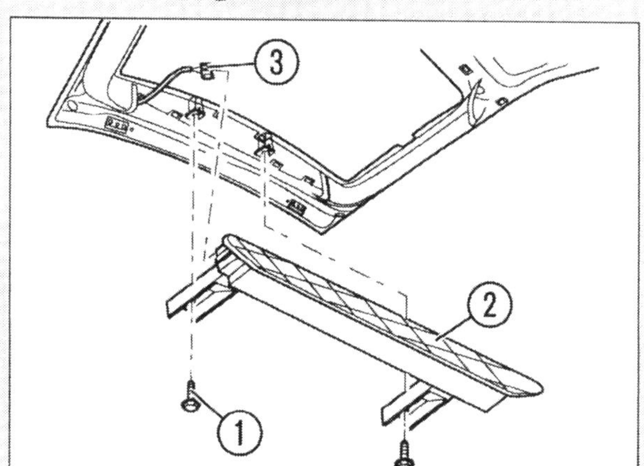

Zusatzbremsleuchte an der Heckklappe: *❶ Befestigungsschrauben, ❷ Leuchte, ❸ Stecker.*

⑤ Ein Auswechseln von Glühlampen erübrigt sich, die Leuchte ist mit Leuchtdioden bestückt.

⑥ Der **Einbau** erfolgt sinngemäß in umgekehrter Reihenfolge.

Leuchten und Lampen innen aus-/einbauen

Innenleuchte mit Schiebedachschalter

Arbeitsschritte

① **Ausbau**: Entnehmen Sie die Streuscheibe im vorderen Bereich (Pfeil), indem Sie sie vorsichtig nach unten abziehen.

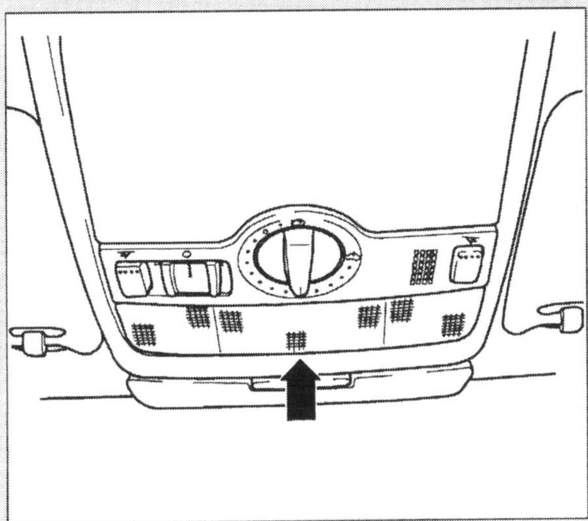

Streuscheibe (Pfeil) nach unten abnehmen.

② Drehen Sie die beiden Kreuzschlitzschrauben ❶ heraus. Jetzt können Sie sowohl die Innenleuchte als auch den eventuell vorhandenen Schalter für elektrisches Schiebedach nach unten entnehmen. Trennen Sie die elektrischen Steckverbindungen.

③ Sie können jetzt auch die Glühlampen wechseln. Dazu braucht die Leuchte aber nicht ausgebaut zu werden. Die beiden Lampen ❷ für Leselicht sind sockellose Glühlampen 12 V/5 W. Die Innenraumlampe ❸ ist eine Soffitte 12 V/10 W.

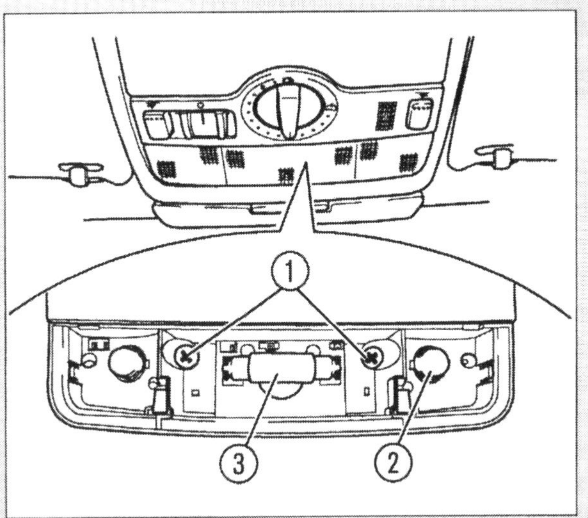

Innenleuchte: ❶ Kreuzschlitzschrauben, ❷ Glühlampen für Leselicht, ❸ Soffitte für Innenlicht.

④ Zum **Einbau** die Stecker aufstecken, Leuchte in den Dachhimmel einsetzen und wieder einschrauben. Setzen Sie die Streuscheibe mit den beiden Nasen zuerst in die Aussparungen der Innenleuchte und drücken Sie die Scheibe nach oben, bis sie spürbar einrastet.

Handschuhfachleuchte, Türwarnleuchte (Einstiegsleuchte), Kofferraumleuchten

Die Glühlampen in allen Leuchten sind 5 W-Lampen (12 V). Sie werden alle trotz leicht verschiedener Bauform der einzelnen Leuchten auf gleiche Weise gewechselt.

Arbeitsschritte

① **Ausbau:** Mit einem flachen Schlitzschraubendreher hinter das Streuglas fassen und die Leuchte vorsichtig aushebeln. Leuchte ganz herausziehen (Handschuhfach) oder die Steckverbindungen trennen.

② Zum Lampenwechsel Glühlampe entnehmen, neue einbauen.

③ Der **Einbau** der Leuchten erfolgt wieder in sinngemäß umgekehrter Reihenfolge.

Die Signaleinrichtungen

Die Signaleinrichtungen Ihres Fahrzeugs sind ein wichtiges Instrument, um andere Verkehrsteilnehmer zuverlässig über Ihre Fahrabsichten zu informieren. Wenn Sie zum Beispiel die Fahrtrichtung ändern wollen, betätigen Sie den Blinker, beim Tritt aufs Bremspedal warnen die Bremslichter den Hintermann. Bevor Sie außerhalb einer geschlossenen Ortschaft ein Fahrzeug überholen, betätigen Sie kurz die Lichthupe. Wenn es einmal gar nicht anders geht, benutzen Sie das Signalhorn. Einige Warnsignale sind eher für den Fahrer gedacht: Die Diebstahlwarnanlage mit Signalhorn zum Beispiel und die Einparkhilfe mit Warnsummer.

Hupe und Warnblinker sind Pflicht

Die Straßenverkehrs-Zulassungsordnung (StVZO) schreibt vor, dass jedes Kraftfahrzeug zum Abgeben von Warnzeichen mit einer Hupe ausgestattet sein muss. Die Fabia-Modelle sind mit einfachem Signalhorn oder mit Doppeltonhorn ausgestattet. Diese Hupe befindet sich vorn unten am Fahrzeug. Sie ist an einem Halter angeschraubt und kann nur im aufgebockten Zustand des Fahrzeugs aus- und eingebaut werden.

Außerdem muss eine funktionstüchtige Warnblinkanlage vorhanden sein, damit im Notfall das haltende oder liegen gebliebene Fahrzeug gesichert werden kann. Da die Warnblinkanlage auch bei ausgeschalteter Zündung arbeiten soll, wird der Schalter direkt von Batterieplus versorgt. Die Richtungsblinker erhalten dagegen nur bei eingeschalteter Zündung Strom.

Innenraumüberwachung und Einparkhilfe

Bei entsprechender Ausstattung wird der Fabia-Innenraum auf unbefugte Aktivitäten überwacht. Diese

- **Warnanlage** arbeitet mit einem speziellen Sensor, der in der Baueinheit Innenleuchte/Schalter und Antrieb Schiebedach untergebracht ist. Der Sensor ist mit einem Regler zur Veränderung der Ansprechempfindlichkeit ausgerüstet. Zum Überprüfen der Sensorfunktion müssen Sie bei aktiviertem Sensor das Fenster der Fahrertür spaltbreit öffnen, das Fahrzeug mit Schlüssel oder Fernbedienung zuschließen, zwei Minuten bis zur vollen Betriebsbereitschaft warten und dann mit der Hand durch den geöffneten Fensterspalt einige Bewegungen im Innenraum ausführen. Das Alarmhorn muss sofort ertönen. Sie beenden den Kontrollalarm durch Aufschließen des Fahrzeugs mit der Fernbedienung.

Die Alarmanlage selbst (H12 mit eigener Stromversorgung) ist in den Fahrzeugen bis Juli 2000 im Wasserkasten, bei den Fahrzeugen ab August 2000 auf der linken Fahrzeugseite am Abgaskrümmer beim Kraftstoffbehälter eingebaut. Aus- und Einbau nehmen Sie durch Abziehen/Aufstecken der Steckverbindung und Ab-/Anschrauben an einem Halter vor. Die

- **Einparkhilfe**, eine Sonderausstattung im Fabia, besteht aus dem Steuergerät J446 hinter der linken Kofferraumseitenverkleidung auf dem Radkasten, den vier Ultraschall-Gebern G203 bis G206 in der Zierleiste des hinteren Stoßfängers und dem Warnsummer H15 im Dachhimmel. Die vier Geber (Ultraschallwandler) arbeiten als Aktoren und Sensoren, sie senden und empfangen. Der Summer mit einer elektrischen Steckverbindung ist mit Klettband am Fahrzeugdach befestigt.

Das System misst nach dem Echolotprinzip beim Rückwärtsfahren den Abstand des Fahrzeughecks zu einem Hindernis. Nach dem Einschalten der Zündung führt das System einen Selbsttest durch, der nach einer Sekunde abgeschlossen ist. Wird ein Fehler erkannt, ertönt ein 3 Sekunden langer Dauerton. Das Steuergerät J446 ist bei eingeschalteter Zündung permanent in Betrieb, die Abstandserfassung wird aber erst mit dem Einlegen des Rückwärtsganges aktiviert. Wenn die Einparkhilfe bereit ist, ertönt ein kurzer Signalton. Die akustische Warnung durch regelmäßige Signaltöne beginnt beim Rückwärtsfahren ab etwa 1,60 m Entfernung zu einem Hindernis. Mit kleiner werdendem Abstand wird die Pausenzeit zwischen zwei Warntönen immer kürzer. Ab nur noch 30 cm Abstand geht der Intervallton in einen Dauerton über.

Aus- und Einbau sind für Geber, Warnsummer und Steuergerät möglich.

- Für die beiden mittleren Geber müssen Sie den hinteren Stoßfänger ausbauen. Die beiden äußeren Geber sind ohne Stoßfängerausbau von unten erreichbar. Steckverbindung trennen, zwei Rastnasen am Ultraschallsensor zur Seite drücken, Sensor nach innen entnehmen. Einbau sinngemäß umgekehrt.
- Beim Warnsummer Innenbeleuchtung ausbauen, der ans Dach geklettete Summer liegt dann frei. Steckverbindung abnehmen, Summer abziehen. Einbau umgekehrt.

Beim Steuergerät Kofferraumseitenverkleidung links ausbauen, Steckverbindungen trennen, zwei Muttern abschrauben und Gerät vom Radkasten entnehmen. Einbau umgekehrt.

Signaleinrichtungen vor Fahrtantritt überprüfen

Warnblinkanlage: Drücken Sie bei ausgeschalteter Zündung auf den Druckschalter der Warnblinkanlage in der Mitte der Schalttafel. Alle vier Blinklampen und die Kontrollleuchte im Druckschalter sollten im gleichen Rhythmus aufleuchten.

Blinker: Zündung einschalten, Blinkerhebel drücken. Die beiden Blinker auf der Fahrzeugseite müssen im gleichen Rhythmus blinken, ebenso die Blinkerkontrolle im Kombiinstrument.

Bremsleuchten: Fahrzeug mit dem Heck zur Garagenwand stellen, Bremspedal drücken. Die Wand muss dann rot aufleuchten. Sie können aber auch während der Fahrt in einer Kolonne prüfen, ob Ihr Bremslicht funktioniert. Kontrollieren Sie durch einen Blick in den Rückspiegel, ob sich Ihre Bremsleuchten in den Scheinwerfern oder in der Lackierung des folgenden Fahrzeugs spiegeln. Funktionieren beide Bremsleuchten nicht, kontrollieren Sie Sicherung und Bremslichtschalter.

Lichthupe: Wenn Sie bei eingeschalteter Zündung den Blinkerhebel zum Lenkrad hin ziehen, müssen Fernlicht und Fernlichtkontrolle stets aufleuchten. Funktioniert die Lichthupe nicht, obwohl die Scheinwerfer bei eingeschalteter Beleuchtung brennen, sollten Sie zuerst prüfen, ob an den beiden roten Klemme-30-Kabeln zum Lenkstockschalter Spannung anliegt. Ist dies der Fall, dürfte der Lichtumschalter im Hebelschalter defekt sein.

Signalhörner aus- und einbauen

Arbeitsschritte

① **Ausbau**: Clipsen Sie am Stoßfänger vorn links die beiden Blenden aus.

② Schrauben Sie die beiden Befestigungsmuttern (Pfeile) ab und nehmen Sie die Hörner nach vorn heraus.

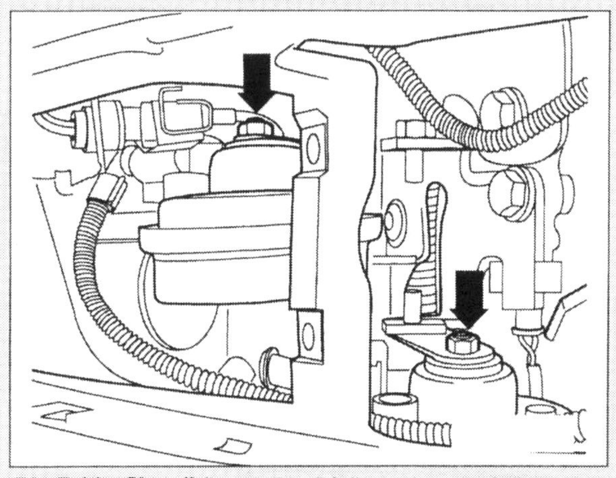

***Die Fabia-Signalhörner**: Die Pfeile weisen auf die Befestigungsmuttern.*

③ Trennen Sie die elektrische Steckverbindung.

④ Der **Einbau** erfolgt sinngemäß in umgekehrter Reihenfolge.

Hupe

Störungsbeistand

Störung	Ursache	Abhilfe
A Hupe tönt nicht.	**1** 20 A-Sicherung (Nr. 40) defekt.	Ersetzen.
	2 Kabel vom Lenkrad zur Hupe unterbrochen.	Kabelverlauf kontrollieren, Steckkontakte der Hupe blank kratzen.
	3 Hupe defekt.	Prüfen, ggf. ersetzen.
	4 Fehler im Bordnetzsteuergerät.	Prüfen, reparieren.
B Hupe tönt dauernd.	**1** Hupenkontakt im Lenkrad defekt, Kabel vom Hupenkontakt zur Hupe hat Dauerstrom.	Schwarz/gelbes Kabel von der Hupe abziehen. Hupt es nicht mehr, Hupenkontakt bzw. Kabel reparieren (lassen).
	2 Hupe hat inneren Masseschluss.	Hupe ersetzen. Unterwegs: Kabel von der Hupe abziehen.

Warnblink- und Blinkanlage

Störungs-
beistand

Störung	Ursache	Abhilfe
A Kontrolllampe für Richtungsblinker leuchtet in ganz kurzen intervallen auf, normaler Blinkrhythmus beim Warnblinken.	LED defekt oder ohne Kontakt.	Schalttafeleinsatz auswechseln.
B Blinkleuchten und Kontrollleuchte brennen bei Richtungs- und Warnblinken dauernd oder gar nicht.	Fehler im Steuergerät für Bordnetz..	Überprüfen lassen.
C Richtungsblinken funktioniert, aber kein Warnblinken.	**1** 15 A-Sicherung (Nr. 44) defekt.	Auswechseln.
	2 Kabel vom Steckkontakt am Warnblinkerschalter zur Sicherung oder zum Steuergerät unterbrochen.	Durchgang kontrollieren, ggf. erneuern.
	3 Warnblinkschalter defekt.	Auswechseln.
D Warnblinken funktioniert, aber kein Richtungsblinken.	**1** Kabel zwischen Blinkerschalter und Steuerrelais unterbrochen.	Durchgang kontrollieren ggf. erneuern.
	2 Blinkerschalter defekt.	Auswechseln (lassen).
	3 Sicherung 44 defekt.	Ersetzen.
E Kein Richtungs- und kein Warnblinken.	**1** Siehe C1 und 3.	
	2 Siehe D.	

Bremslicht

Störungs-
beistand

Störung	Ursache	Abhilfe
A Eine Bremsleuchte brennt nicht.	**1** Glühlampe durchgebrannt.	Austauschen.
	2 Masseverbindung unterbrochen. Brennen alle übrigen Lampen in derselben Heckleuchte? Falls nicht:	
	3 Unterbrechung in der Zuleitung.	Kabel kontrollieren.
B Beide bzw. alle drei Bremslichter brennen nicht.	**1** 10 A-Sicherung (Nr. 2) defekt.	Ersetzen.
	2 Bremslichtschalter defekt.	Überprüfen, ggf. ersetzen.
	3 Siehe A1 und 3.	
C Bremslicht brennt dauernd.	**1** Siehe B2.	
	2 Kabel zum Bremslichtschalter haben direkten Kontakt.	Kabel kontrollieren.

Geräte, Funktionen, Schalter und Schalttafeleinsatz

Die meisten Messstellen im Inneren Ihres Fabia werden elektronisch kontrolliert. Zwischen 12 und 15 Steuergeräte nehmen Ihnen lästige Routinetätigkeiten ab und erleichtern viele Handgriffe. Škoda Auto bewegt sich damit konsequent auf einem inzwischen von führenden Fahrzeugherstellern eingeschlagenen Weg. Was beim Fabia Standard ist, steht für die Fahrzeugelektrik von morgen: Dezentrales Bordnetz mit eigenem Steuergerät, vereinfachte Relaisträger und ein Potenzialverteiler, mindestens zwei BUS-Systeme und deren jeweiliges Steuergeräte-Paket.

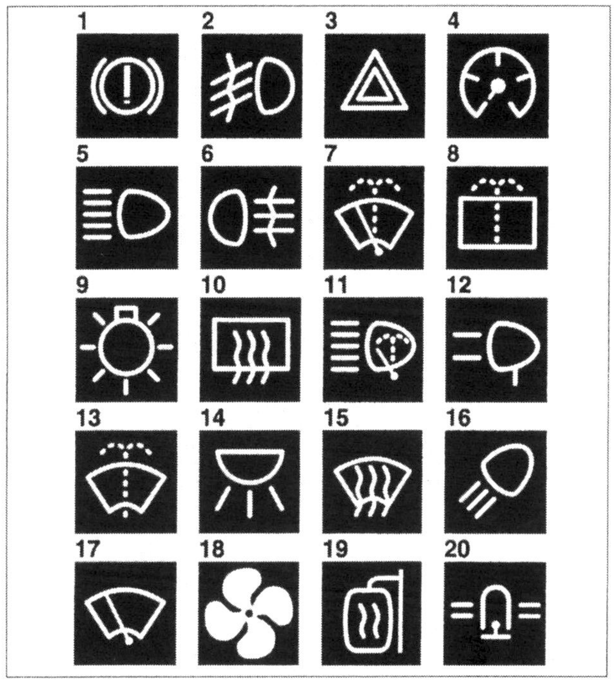

Zeichen, die Sie kennen sollten: *❶ (Fehler in der) Bremsanlage, ❷ Nebelscheinwerfer, ❸ Warnblinker, ❹ Instrumentenbeleuchtung, ❺ Fernlicht, ❻ Nebelschlussleuchte, ❼ Scheibenwischer mit Waschanlage, ❽ Heckscheibenwaschanlage, ❾ Lichthauptschalter, ❿ Heckscheibenheizung, ⓫ Scheinwerferreinigungsanlage, ⓬ Suchscheinwerfer, ⓭ Scheibenwaschanlage, ⓮ Innenraumbeleuchtung, ⓯ Frontscheibenheizung, ⓰ Arbeitsscheinwerfer, ⓱ Scheibenwischer, ⓲ Lüfter/Heizgebläse, ⓳ Spiegelheizung, ⓴ Rundumleuchten.*

Anzeigen und Piktogramme

Die alles umfassende Elektronik spart Ihnen jede Menge Arbeit. Allerdings müssen Sie dazu auch sorgfältig alle Anzeigen und Kontrolllämpchen beachten. Diese sollten Sie stets im Blick haben und eventuelle Fehleranzeigen in jedem Fall ernst nehmen: Leuchtet während der Fahrt plötzlich eine Kontrollleuchte auf, ist dies grundsätzlich ein Alarmzeichen.
Eine wachsende Zahl von Piktogrammen dient dazu, Ihnen die nötigen Informationen zu vermitteln. Über die wichtigsten Symbole sollten Sie Bescheid wissen, um Schalter zu erkennen oder Warnungen zu verstehen. Schalter und vor allem Kontrollleuchten weisen diese Symbole auf, die wir in der obigen Übersichtszeichnung zusammengestellt haben. Die zahlreichen auch ganz neuen Funktionen Ihres Fabia erfordern über diese üblichen hinaus noch weitere Anzeigesymbole. Diese Piktogramme, die wir Ihnen im Bild auf der folgenden Seite vorstellen, finden Sie je nach Fahrzeugausstattung auf Ihrem Schalttafe-

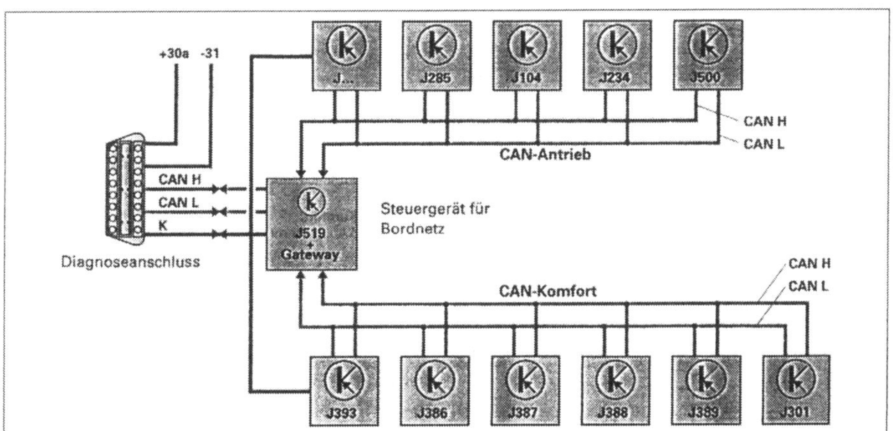

Das Bordnetzsteuergerät: *Im J519 mit Gateway werden die beiden BUS-Systeme CAN-Antrieb und CAN-Komfort zusammengeführt. Das J519 verknüpft sie mit der K-Leitung. Im CAN-Antrieb sind die Steuergeräte für Motor/Einspritzanlage J… (Bauteilnummer verschieden nach Diesel- und Benzinmotoren), für Schalttafeleinsatz J285, für ABS J104, für Airbag J234 und für Lenkhilfe J500 vernetzt. CAN-Komfort führt das Zentralsteuergerät für Komfortsystem mit den vier Türsteuergeräten J386 bis J389 und Steuergerät für Klimaanlage J301 zusammen.*

leinsatz vor. Blinken während der Fahrt oder anhaltendes Leuchten zeigen Fehler oder Ausfälle an. Beachten Sie diese Anzeigen und Signale unbedingt, um schwere Schäden zu vermeiden.

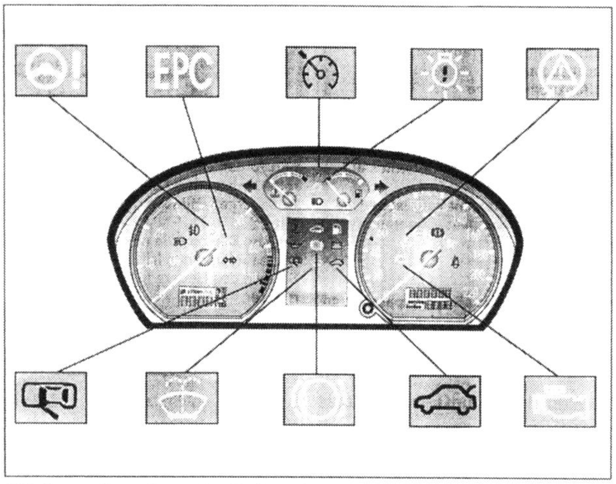

Weitere Anzeigen im Fabia: *Obere Reihe von links nach rechts: Servolenkung, Elektrische Motorleistungssteuerung E-Gas, Geschwindigkeitsregelanlage (leuchtet grün, wenn Tempomat eingeschaltet ist), Glühlampenausfall, Antriebsschlupfregelung ASR; untere Reihe von links nach rechts: Tür offen (rot), Waschwasserstand, Bremsbelagverschleißanzeige, Heckklappe offen (rot), On Board Diagnose OBD für Abgas.*

Kontrollen vor der Fahrt

Bevor Sie mit Ihrem Wagen losfahren, sollten Sie stets einen Blick auf das Armaturenbrett werfen. Die Anzahl der Anzeigen hängt, wie schon erwähnt, von der jeweiligen Ausstattung Ihres Fabia ab. Bestimmte Funktionen und Signale aber werden immer realisiert, und diese sollten Sie kontrollieren:

- Funktioniert die Uhr im Instrumenteneinsatz?
- Wenn Sie die Zündung einschalten, müssen Ladekontrolle und Öldruckwarnleuchte aufleuchten. Auch die Warnleuchten für Kühlflüssigkeitstemperatur, Katalysator, Airbagsystem, Bremsanlage und Handbremse (bei angezogenem Hebel) müssen jetzt leuchten. Es müssen auch die Kontrollleuchten für folgende Systeme brennen: Wegfahrsperre, ABS und Servolenkung.
- Betätigen Sie die Schalter für Warnblinker, Heckscheibenbeheizung, Nebelscheinwerfer und Nebelschlussleuchte. Reagieren jeweils die Kontrollleuchten?
- Brennen bei eingeschaltetem Licht die Leuchten für Instrumente und Schalter sowie für Abblendlicht und Fernlicht? Funktioniert der Warnsummer für nicht ausgeschaltetes Licht und/oder Radio?
- Betätigen Sie den linken Hebel am Lenkstockschalter. Leuchten die Blinkerkontrolle und die Fernlichtkontrolle? Funktioniert die Lichthupe?
- Betätigen Sie den rechten Hebel am Lenkstockschalter. Funktioniert die Scheibenwisch- und Scheibenwaschanlage?
- Funktioniert die Hupe?
- Starten Sie den Motor. Die Lade- und Öldruckkontrollleuchte muss verlöschen.
- Prüfen Sie während der Fahrt die Funktion des Tachometers.

Selbsthilfe bei Anzeigenausfall

In einigen Fällen können Sie sich relativ einfach selbst helfen, wenn Anzeigen nicht einwandfrei funktionieren. Leuchtet z. B. nach dem Start die **Öldruck**-Kontrolle nicht, schalten Sie die Zündung ein, ziehen das Kabel am Öldruckschalter ab und halten es an blankes Metall. Brennt das Warnlicht jetzt, ist der Öldruckschalter defekt und muss ausgetauscht werden. Leuchtet die Kontrolle nicht, ist entweder die Zuleitung, die Leiterfolie des Kombi-Instruments oder die Warnlampe defekt.

Müssen Sie feststellen, dass die **Tankanzeige** ausbleibt, ist entweder das Anzeigeinstrument oder der Tankgeber defekt (Schwimmer klemmt). Eventuell ist auch die Stromzufuhr unterbrochen. Im elektrischen Teil der Kraftstoff-Vorratsanzeige ist nur eine eingeschränkte Fehlersuche möglich. Abdeckung am Geber abnehmen und prüfen, ob an den Zuleitungen zum Mehrfachstecker und am Geber selbst Durchgang vorhanden ist.

Wenn die **Kühlmittel-Warnleuchte** nicht brennt, kann es am Temperaturgeber liegen. Dies ist ein doppelter Geber, der mit einem Kontaktpaar das Motorsteuergerät und mit dem anderen Kontaktpaar den Schalttafeleinsatz versorgt. Er sitzt im Kühlmittelrohr hinter dem Zylinderkopf. Messen Sie mit einem Multimeter den Widerstand des Gebers (siehe Kapitel »Das Kühlsystem«).

Schalterfunktion prüfen

Schalter verschiedener Typen setzen direkt oder über Relais die einzelnen Stromverbraucher in Betrieb. Ein defekter Schalter ist manchmal die Ursache für eine Störung im elektrischen System. Zur Kontrolle der elektrischen Funktion von Schaltern verwenden Sie am besten eine Prüflampe mit Nadelkontakt.

Arbeitsschritte

① Besorgen Sie sich den zutreffenden Stromlaufplan (Schaltplan).

② Stellen Sie zunächst fest, welche Kabel Spannung führen. Dazu mit der Nadel der Prüflampe die Isolierung der Kabel durchstechen.

③ Prüfen Sie, ob am Schalter überhaupt Spannung anliegt. Dazu müssen Sie in der Regel Zündung oder Beleuchtung einschalten.

④ Den Schalter einschalten. Dann kontrollieren, ob der Schalter die Spannung weiterleitet.

Schalter aus- und einbauen

Zündanlass-Schalter

Arbeitsschritte

① **Ausbau:** Lenkrad und Lenkstockschalter müssen nicht ausgebaut werden, sie sind der Übersichtlichkeit wegen in der Zeichnung ausgebaut dargestellt.
Drücken Sie die verstellbare Lenksäule ganz nach unten. Demontieren Sie die Abdeckungen. Trennen Sie die Steckverbindung der Lesespule.

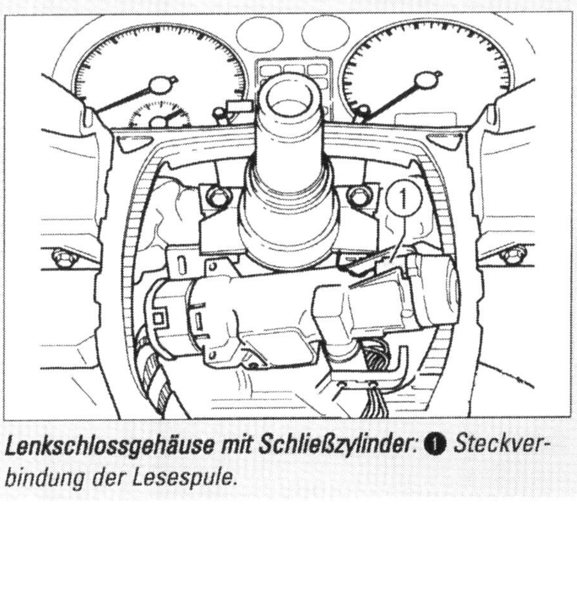

Lenkschlossgehäuse mit Schließzylinder: *❶ Steckverbindung der Lesespule.*

② Stecken Sie den Fahrzeugschlüssel ins Zündschloss und drehen Sie ihn in die Stellung Zündung EIN. An der Stirnseite neben dem Zündschlüsseleinschub wird eine Bohrung (Öffnung) sichtbar.

③ Stecken Sie einen Stahldraht oder einen 1,5 mm dicken Stift bis auf Anschlag in diese Öffnung und ziehen Sie dabei den Schließzylinder mit Lesespule am Schlüssel aus dem Lenkschlossgehäuse heraus.

④ Der **Einbau** erfolgt sinngemäß umgekehrt. Stecken Sie den Schlüssel ins Zündschloss und drehen Sie ihn in die Stellung Zündung EIN. Schieben Sie den Schließzylinder mit Zündschlüssel ganz in das Lenkschlossgehäuse. Stecken Sie die elektrische Steckverbindung an der Lesespule für Wegfahrsicherung zusammen. Montieren Sie die Abdeckungen.

⑤ Die Anschlüsse am Zündanlass-Schalter sind so belegt, wie die folgende Abbildung zeigt.

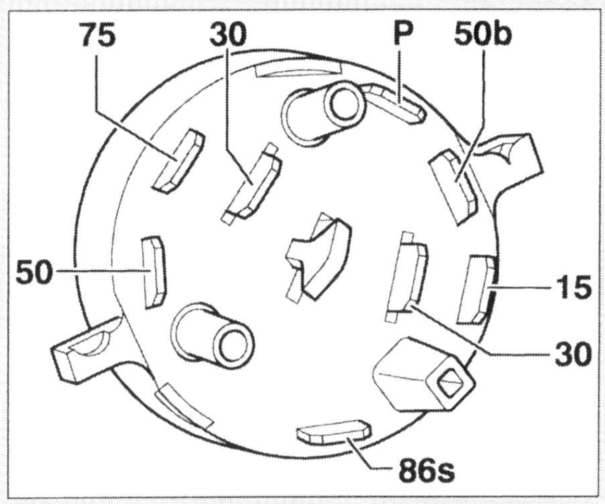

Anschlussbelegung am Zündanlass-Schalter:
15 = Klemme 15, 30 = Klemme 30, 50 = Klemme 50, 50b = Klemme 50b, 75 = Klemme 75, 86s = Klemme 86s, P = Parkstellung.

Lichtschalter

Arbeitsschritte

① **Ausbau:** Drücken Sie den Lichtschalter (Pfeil ❶) und drehen Sie ihn gleichzeitig nach rechts (Pfeil ❷). Halten Sie den Schalter in dieser Stellung.

② Ziehen Sie das Lichtschaltergehäuse nach vorn heraus (Pfeil ❸)

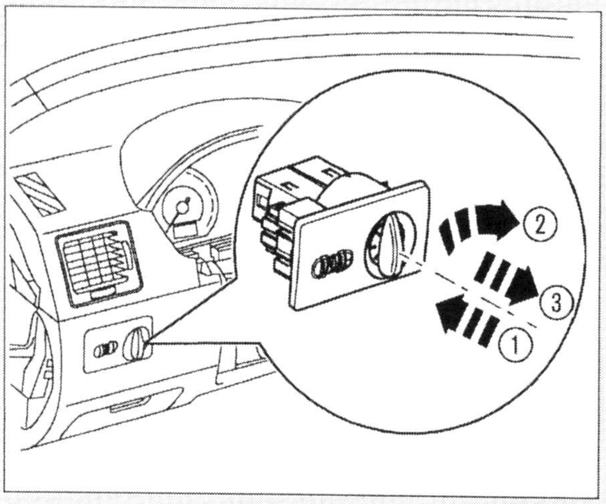

Zum Ausbau den Schalter in der durch die Pfeile gewiesenen Weise bewegen.

③ Trennen Sie die elektrische Steckverbindung am Schalter.

④ **Einbau:** Schließen Sie die Steckverbindung wieder an.

⑤ Schieben Sie den Lichtschalter vorsichtig in die Öffnung, bis er hörbar einrastet.

⑥ Schalten Sie sämtliche Positionen durch und überprüfen Sie den festen Sitz des Schalters.

Einsteller für Leuchtweitenregelung

Arbeitsschritte

① **Ausbau:** Bauen Sie den Lichtschalter wie beschrieben aus.

② Clipsen Sie mit einem geeigneten Schraubendreher den Einsteller ❷ an der Haltelasche ❶ aus. Drücken Sie ihn nach hinten (Pfeil) aus der Abdeckung.

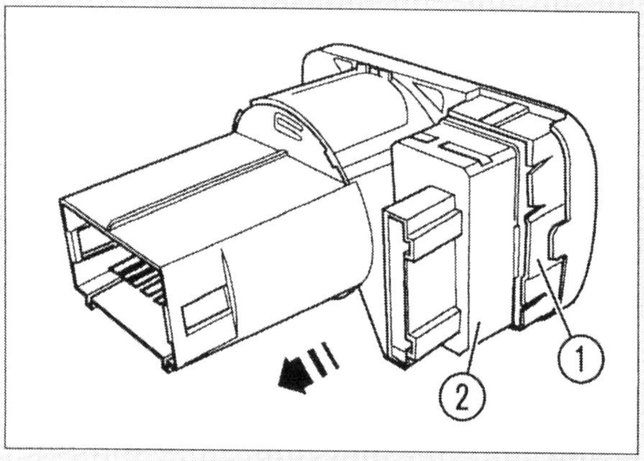

Einsteller für Leuchtweitenregelung: *❶ Haltelasche, ❷ Einsteller, Pfeil = Ausbaurichtung.*

③ **Einbau:** Sinngemäß in umgekehrter Reihenfolge.

Schalter in der Mittelkonsole

Arbeitsschritte

① **Ausbau:** Den jeweiligen Schalter mit einem kleinen Schraubendreher von links vorsichtig aus der Mittelkonsole aushebeln.

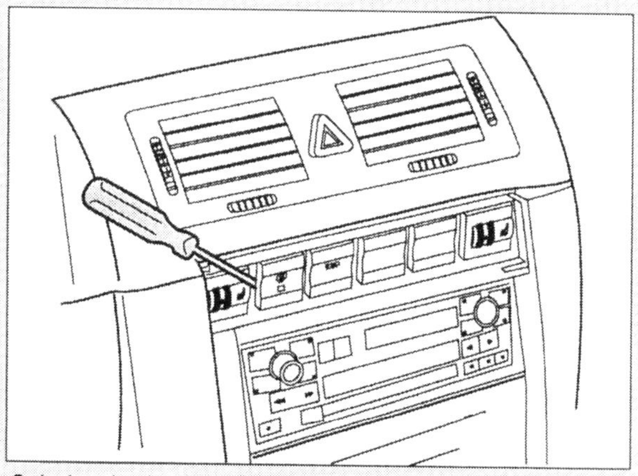

Schalter in der Mittelkonsole aushebeln.

② Ziehen Sie den Schalter ganz heraus und trennen Sie die Steckverbindung.

③ **Einbau:** Setzen Sie die Steckverbindung wieder auf, drücken Sie den jeweiligen Schalter in die Aufnahme in der Mittelkonsole ein und verrasten Sie ihn.

Schalter für Spiegelverstellung

Arbeitsschritte

① **Ausbau:** Clipsen Sie den Schalter mit der Abdeckung (Pfeil) vorsichtig aus.

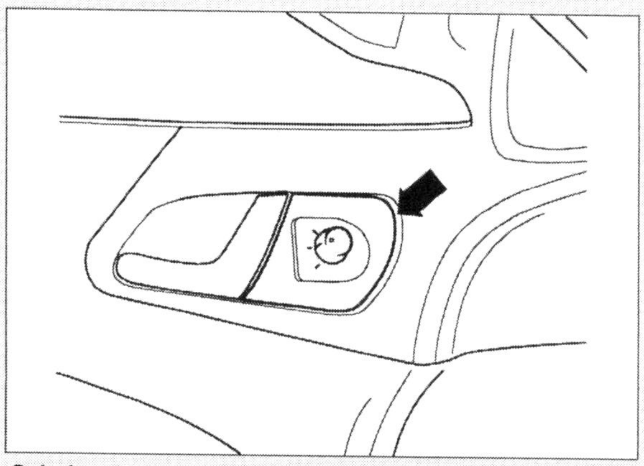

Schalter für Spiegelverstellung: *Der Pfeil markiert die Abdeckung.*

② Trennen Sie die elektrische Steckverbindung.

③ Clipsen Sie den Schalter für Spiegelverstellung aus der Abdeckung heraus.

④ Der **Einbau** erfolgt in sinngemäß umgekehrter Reihenfolge.

Schalter für Fensterheber

Arbeitsschritte

① **Ausbau**: Clipsen Sie die Abdeckung ❶ aus der Türarmlehne aus. Benutzen Sie dazu einen kleinen Flachschraubendreher.

② Ziehen Sie die Steckverbindung ab.

③ Schrauben Sie die drei Befestigungsschrauben ❸ heraus und entnehmen Sie das Bedienteil ❷.

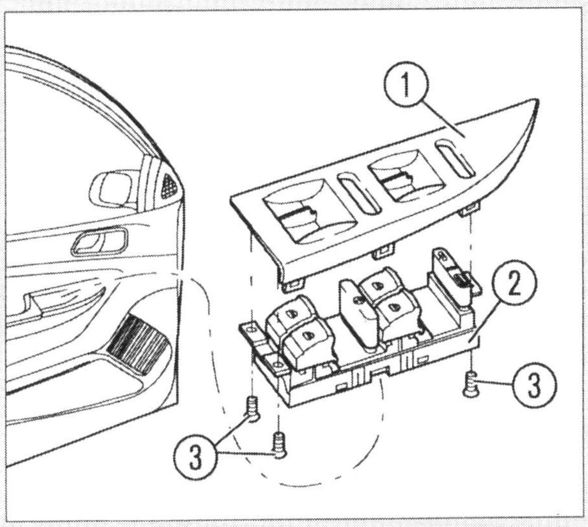

Schalter für Fensterheber: *❶ Abdeckung, ❷ Bedienteil, ❸ Befestigungsschrauben.*

④ Der **Einbau** erfolgt in sinngemäß umgekehrter Reihenfolge.

Schalter für Warnlicht

Arbeitsschritte

① **Ausbau**: Clipsen Sie die mittleren Schalttafelausströmer ❶ aus.

② Ziehen Sie die Steckverbindung am Schalter ab.

③ Clipsen Sie den Warnlichtschalter ❷ aus dem Schalttafelausströmer heraus.

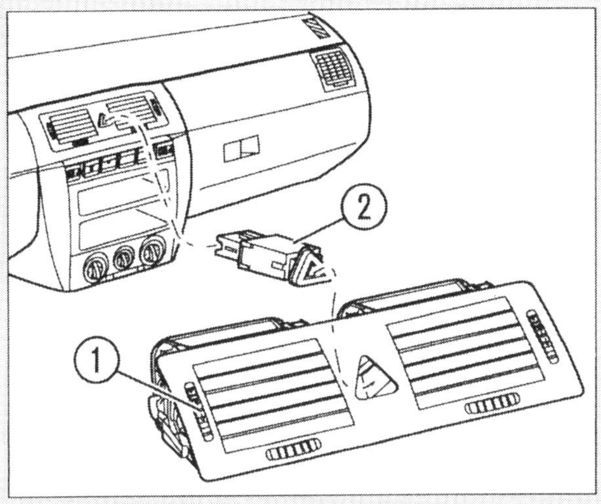

Warnlichtschalter: *❶ mittlerer Schalttafelausströmer, ❷ Schalter.*

④ Der **Einbau** erfolgt sinngemäß in umgekehrter Reihenfolge.

Schalttafeleinsatz aus- und einbauen

Arbeitsschritte

Der Schalttafeleinsatz enthält die Steuergeräte J285 und J362, den Geschwindigkeits- und den Drehzahlmesser, die Kraftstoffvorrats- und die Kühlmitteltemperaturanzeige, die Kontrollleuchten und die Multifunktionsanzeige. Er darf nicht zerlegt werden. Er enthält auch keine auszutauschenden Glühlampen für die Kontrollleuchten, sondern nur Leuchtdioden (LED). Instandsetzungen im Schadensfall sind nicht vorgesehen. Der Einsatz muss bei Funktionsstörungen vollständig ausgetauscht werden. Der Ausbau ist problemlos:

① **Ausbau**: Das Lenkrad muss nicht ausgebaut werden, es ist der Übersichtlichkeit wegen in der Zeichnung nicht dargestellt.

Ziehen Sie das Lenkrad ganz heraus und arretieren Sie es in der untersten Stellung.

② Clipsen Sie die Abdeckung ❶ aus und legen sie ab. Drehen Sie die beiden Schrauben ❷ heraus.

③ Ziehen Sie den Schalttafeleinsatz ❸ etwas heraus und trennen Sie die beiden Steckverbindungen. Nehmen Sie dann den Einsatz vollständig heraus.

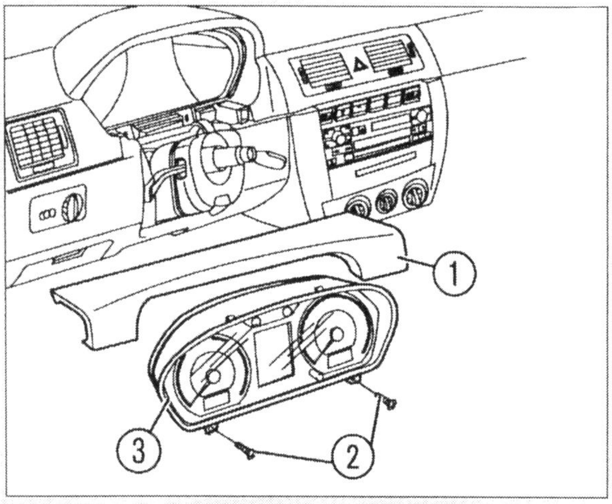

Schalttafeleinsatz: ❶ *Abdeckung,* ❷ *Befestigungsschrauben (2 x 1,4 Nm),* ❸ *Schalttafeleinsatz.*

④ Der **Einbau** erfolgt sinngemäß in umgekehrter Reihenfolge. Beachten Sie: Wenn der Schalttafeleinsatz wegen eines Defektes ersetzt wurde, müssen nach Einbau folgende Arbeiten durchgeführt werden:

- Schalttafeleinsatz codieren.
- Wegstreckenanzeige anpassen.
- Service-Intervall-Anzeige (SIA) anpassen.
- Wegfahrsicherung anpassen.

Bauteile und Leitungen

Kennzeichnung der Bauteile im Schaltplan

Die verwirrende Elektrik in Ihrem Fabia wird anschaulich durch die Stromlaufpläne. Bei ihrer Benutzung geht man am sinnvollsten so vor, dass man in der Legende zunächst das betreffende Bauteil sucht, um das es sich dreht. Die wichtigsten Bauteile haben Kennbuchstaben, die zur Präzisierung mit Zahlen kombiniert werden. In durchweg allen Stromlaufplänen werden für gleiche Bauteile die folgenden gleichen Teile-Bezeichnungen verwendet:

Kennbuchstabe	Bauteil
A	Batterie
B	Anlasser
C	Drehstromgenerator
D	Zündanlassschalter
E	Schalter für Handbedienung
F	Mechanische Schalter
G	Geber, Kontrollgeräte
H	Hupe (Signalhorn, Doppeltonhorn o.Ä.)
J	Relais, Steuergerät
K,L,M,W,X	Kontrolllampen, Lampen, Leuchten
N	Elektroventile, Widerstände, Schaltgeräte
O	Zündverteiler
P,Q	Zündkerzenstecker, Zündkerzen; Glühkerzen
R	Radio
S	Sicherungen
T	Steckverbindungen
V	Elektromotoren

An den meisten Stromverbrauchern sind zwei Kabel angeschlossen. Doch oft lässt sich nur eine Leitung vom Verbraucher zur Batterie oder zum Generator zurückverfolgen. Die andere ist meist schon nach wenigen Zentimetern am Blech der Karosserie, am Motor oder am Getriebe festgeschraubt oder an einer Steckerzunge eingesteckt.

Metallteile: Der Masse-Kontakt

Metallteile, in der Autoelektrik als Masse bezeichnet, können elektrischen Strom leiten. Man erspart sich die langen Kabel für die Rückleitung des Stroms zum Minuspol der Batterie und überlässt diese Aufgabe der Masse. Wenn ein Verbraucher nicht funktioniert, liegt das häufig an fehlender Masseverbindung. Der Kontakt zur Fahrzeugmasse wird dann auf Umwegen hergestellt, wodurch das elektrische System gestört wird. In manchen Fällen reicht die Masseverbindung nicht aus. Dann wird ein zusätzliches Kabel gelegt, das in der Regel braun eingefärbt ist.

Farben und Kennzahlen

In Ihrem Fahrzeug gibt es jede Menge Kabel. Das scheinbare Gewirr ist allerdings sehr gut geordnet: Die Kabelfarben weisen den Weg, und die meisten Anschlüsse an den Mehrfachsteckern wie an den Relais sind nummeriert.

Die Kabelfarben sind seit langem genormt. Sie weisen auf folgende Funktionen hin:

- **Rot (ro).** Erhält dauernd Strom vom Pluspol der Batterie bzw. bei laufendem Motor von der Lichtmaschine. Das kann bei unvorsichtigem Umgang mit Werkzeug zu Kurzschlüssen und Funkenregen führen, wenn das Minuskabel der Batterie nicht abgenommen wurde.
- **Schwarz (sw).** Erhält nur bei eingeschalteter Zündung Strom ab Zündschloss, wobei außer der Zünd- und Einspritzanlage jene Stromverbraucher mit Strom versorgt werden, die nur bei Betrieb des Wagens Strom erhalten sollen.
- **Braun (br).** Ist für direkte Masse-Verbindungen reserviert. Mit einem schwarzen (nicht braunen) Kabel muss ein Stromverbraucher zur Fahrzeugmasse verbunden sein, damit der Stromkreis geschlossen ist.
- **Grau (gr).** Gilt für die Stromkreise der Begrenzungs-, Schluss- und Kennzeichenleuchten und für das Standlicht.

Weitere Kabelfarben sind blau (bl), gelb (ge), grün (gn), lila (li), orange (or) und weiß (ws).
Den Kabelfarben zugeordnete Ziffern geben im Stromlaufplan an, welchen Querschnitt die Leitung hat. Sind Leitungen mit Steckverbindungen (T) verbunden, geben Ziffernkombinationen die Art der Verbindung und den Kontaktpunkt an. So bedeutet z. B. die Kennzeichnung T32/27, dass es sich um eine 32-fach-Steckverbindung mit Kontaktpunkt 27 handelt.
Einige Kabel schließlich haben zur detaillierten Kennzeichnung noch zusätzliche Farbstreifen.
Auch bei der Nummerierung folgt man geltenden Normen. Auf weißen Kabeln finden Sie zur Identifizierung zusätzliche Nummern.

Die Bezeichnung der Klemmen ist ebenfalls genormt. Einige der wichtigsten Klemmen sind:

- **Klemme +30** = Hier liegt immer die Batteriespannung an. Die Kabel sind meist rot oder rot mit Farbstreifen.
- **Klemme 31** = Führt zur Masse, meist über braune Kabel.
- **Klemme 15** = Sie wird über das Zündschloss gespeist. Die Leitungen führen nur bei eingeschalteter Zündung Strom. Die Kabel sind meist grün oder grün mit farbigen Streifen.
- **Klemme X** = Über diese Klemme werden alle größeren Stromaufnehmer gespeist, zum Beispiel das Fernlicht. Die Klemme führt bei eingeschalteter Zündung Strom. Dieser wird aber unterbrochen, wenn Sie den Anlasser betätigen. Dadurch steht der Zündanlage während des Startens die volle Batterieleistung zur Verfügung.

Der Potenzialverteiler

Über dem Relaisträger, der auf dem Steuergerät für Bordnetz links hinter der Verkleidung der Instrumententafel eingebaut ist, befindet sich der Potenzialverteiler. Er gewährleistet die Verteilung der Klemme +30a vom Hauptsicherungsträger auf der Batterie.

Stecker und Kupplungsstationen

Trotz der Fülle von Kabelverbindungen in Ihrem Škoda Fabia müssen Arbeiten an allen Bauteilen möglich sein. Um an Teile heranzukommen oder um sie auszubauen, ist häufig die Unterbrechung von Kabelbündeln erforderlich. Auch Messen, Prüfen und Ersetzen von Teilen und Baugruppen der Elektrik und des Motormanagements erfordern die Trennung von Kabelsträngen.
Aus diesem Grunde gibt es eine ganze Reihe abziehbarer Verbindungen mit Kupplung und Stecker, als Bauteil mit T gekennzeichnet und nummeriert. Manche dieser Steckverbinder sind mit einem Haltebügel an der Karosserie oder an einem bestimmten Bauteil befestigt. Zum Lösen der Verbindung muss dann das Gegenstück am Stecker so aufgebogen werden, dass der Stecker vom Haltebügel abgenommen werden kann. In Ihrem Fahrzeug sind zahlreiche Mehrfachsteckverbindungen schon allein an den wichtigsten Kupplungsstationen zu finden. Daneben sind einzelne Bauteile (von der Lampe bis zu Sensoren, Einspritzventilen oder Pumpen) über Mehrfachstecker an das Bordnetz angeschlossen.
Die wichtigsten Einbauorte für Mehrfachsteckverbindungen im Fabia sind der Schalttafeleinsatz sowie die Kupplungsstationen in den A- und den B-Säulen links und rechts. In der Nähe des oberen Türscharniers an der A-Säule befinden sich von oben nach unten die Kupplungen für Spannungsversorgung Lautsprecher, für Spiegel und CAN-Bus, für Türkontakt und Warnleuchten sowie für Zentralverriegelung. In der Nähe des oberen Türscharniers der hinteren Türen befinden sich an der B-Säule von oben nach unten die Kupplungen für Spannungsversorgung Lautsprecher, für Türkontakt und für Zentralverriegelung.

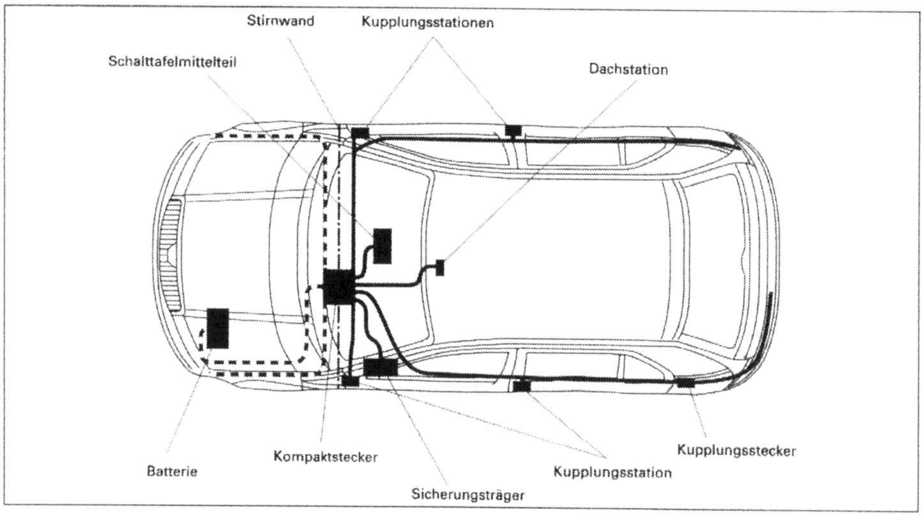

Schema zur Lage der Hauptkomponenten und die im Kompaktstecker zusammengeführten zwei Kabelstränge.

Der Kompaktstecker

Ein ganz neues Kupplungslement ist der im vorangegangenen Bild als zentral ins Auge fallende Kompaktstecker. Er verbindet den Teil des Bordnetzes vom Vorbau/Motorraum mit dem übrigen Bordnetz im Innenraum. Alle Leitungen der Bauteile der zwei Kabelstränge münden in ihren Modulen auf einer Seite des Kompaktsteckers. Über die Einzelstecker der Module wird der Anschluss unabhängig von Ausstattungs- oder Ausführungsvarianten ermöglicht. Der Stecker lässt ein problemloses Trennen des Bordnetzes an dieser Stelle zu.

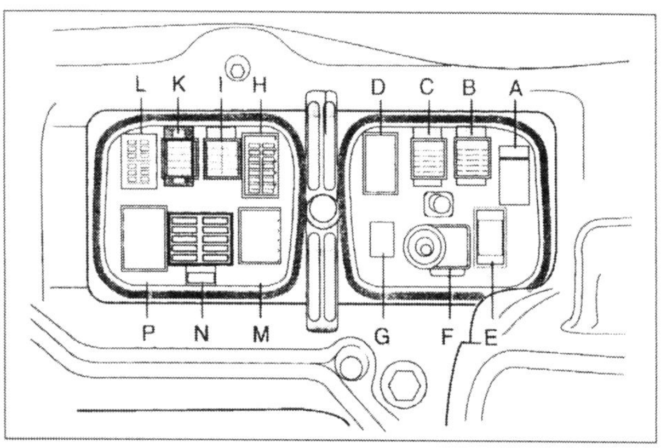

***Kompaktstecker vom Motorraum her:* A** *= ESP/ASR,* **B** *= Getriebe/Motor,* **C** *= Stromversorgung des Motors,* **D** *= Ausstattung Teil 1,* **E** *= Diebstahlschutz,* **F** *= Batterie Klemme +30,* **G** *= Kombiinstrument (Schalttafeleinsatz),* **H** *nicht belegt,* **I** *= Pedale,* **K** *= Kombiinstrument/CAN /Motor,* **L** *= Klimaanlage,* **M** *= Sicherheit (ABS etc.),* **N** *= Benziner: Sekundärluftpumpe; Diesel: Glühen,* **P** *= Ausstattung Teil 2.*

Der Kompaktstecker ist in der Stirnwand links hinter dem Wischergestänge eingebaut. Er ist vom Motorraum und vom Innenraum aus zu erreichen. Mit seinen farblich unterschiedlichen und mechanisch codierten Steckern für die einzelnen Module werden die Verbindungen hergestellt.

Die Stecker A bis P für die einzelnen Module werden in den Stromlaufplänen wie alle anderen Steckverbindungen mit T und einer Zahl gekennzeichnet, die der Anzahl der Anschlusskontakte entspricht. Farben, Nummern und Kontaktezahl sind wie folgt festgelegt:

A = orangefarbener Achtfachstecker T8e, B = blauer Sechsfachstecker T6n, C = brauner Sechsfachstecker T6r, D = weißer Elffachstecker T11a, E = grüner Sechsfachstecker T6v, F = grauer Dreifachstecker T3a, G = roter Sechsfachstecker T6p, H = nicht belegt, I = blauer Elffachstecker T11c, K = roter Elffachstecker T11b, L = brauner Elffachstecker T11d, M = gelber Neunfachstecker T9a, N = grauer Sechsfachstecker T6w und P = weißer Zwölffachstecker T12a.

Relais und Sicherungen

Der Relaisträger

In Ihrem Fahrzeug gibt es eine Reihe von Verbrauchern, die im Vergleich zu anderen einen hohen Strom aufnehmen. Diese werden nicht direkt durch Schalter, sondern durch Schaltrelais in Betrieb genommen. Das bedeutet: Wenn Sie einen Schalter betätigen, aktivieren Sie dadurch zunächst nur einen geringen Schaltstrom. Erst über das Schließen des Schaltstromkreises wird der Stromkreis für den Arbeitsstrom hergestellt. Der Arbeitsstrom wird zur Vermeidung von Spannungsabfall auf kurzem Weg direkt an das Relais herangeführt und von dort bei geschlossenen Schalterkontakten an den Stromverbraucher weitergeleitet.

Die Schalterkontakte werden dadurch nicht durch hohen Stromfluss beansprucht. Außerdem vermeidet man Spannungsverluste, die bei langen Kabelwegen zwischen Schalter und Verbraucher entstehen würden. Daneben gibt es noch Relaistypen, die bestimmte Funktionen auslösen. Diese werden mit der fortschreitenden Entwicklung der Kraftfahrzeugelektronik zunehmend durch Steuergeräte ersetzt. Im Fabia finden sich je nach Ausstattungsgrad und Modellversion neben dem Motorsteuergerät und dem Steuergerät für Bordnetz noch gut 12 solcher Geräte.

Über dem Steuergerät für Bordnetz links hinter der Schalttafelabdeckung befindet sich der Relaisträger des Fabia. Anders als bei vielen anderen Fahrzeugen, bei denen noch Minizentralelektrik plus Zusatzrelaishalter üblich sind, ist der Relaisträger beim Fabia ein Bauteil mit einheitlichem Aufbau zur Aufnahme der Relais. Er ist in einem Rahmen eingebaut, der noch drei Sicherungen für elektrische Zusatzheizungen enthält.

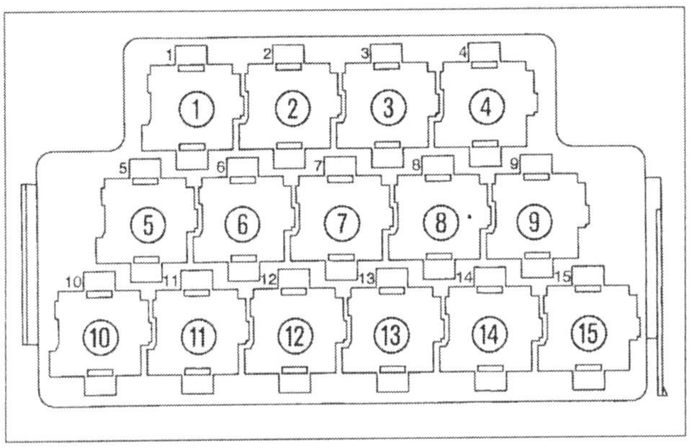

Der Halter trägt die Relais: *❶ für Sekundärluftpumpe, ❷ für Motronic-Stromversorgung, ❸ für Glühkerzen, ❹ für Kraftstoffpumpe, ❺ für Warnleuchten an den Türen, ❻ für Scheinwerferwaschanlage, ❼ für Anlasssperre, ❽ für kleine Heizleistung, ❾ für große Heizleistung, ⓫ zur Entlastung des X-Kontaktes, ⓬ zur Stromversorgung des Simos-Steuergerätes bei den 1,2 Liter/40 kW-Motoren, ⓭ und ⓮ zur Kontrolle von Lampenausfällen und ⓯ für Dieseldirekteinspritzanlage. Der Relaisplatz ❿ ist nicht belegt.*

Die Sicherungshalter

Zahlreiche Schmelzsicherungen sorgen für den Schutz der elektrischen Systeme ihres Fahrzeugs. Eine Sicherung ist Teil eines Stromkreises. Sie tritt in Aktion, wenn zum Beispiel bei einem Kurzschluss (defekter Verbraucher, beschädigtes Kabel) der Strom plötzlich stark ansteigt. Das Innenleben der Sicherung wird zerstört, der Stromfluss unterbrochen, eine Überlastung des Stromkreises verhindert. Das geschieht übrigens auch dann, wenn Sie an einen bereits voll ausgelasteten Stromkreis zusätzliche Verbraucher anschließen.

Damit Ihr Wagen bei einem elektrischen Defekt nicht ohne Strom dasteht, sind die Sicherungen auf verschiedene Stromkreise verteilt. Die Einspritzanlage und die meisten elektrischen Aggregate haben eine eigene Absicherung. Die elektrischen Anschlüsse der Sicherungen sind aus den einzelnen Stromlaufplänen ersichtlich.

Der Fabia verfügt über einen

- Sicherungshalter auf der Batterie im Motorraum links; über einen
- Zusatzsicherungshalter seitlich am Relaisträger und über den
- Sicherungshalter an der linken Schalttafelseite.

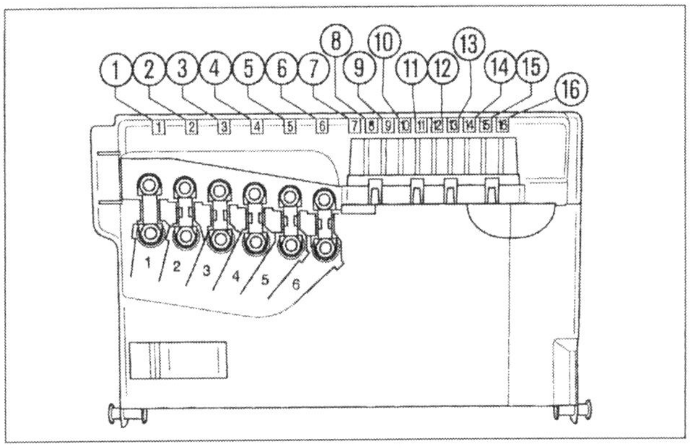

Sicherungen auf der Batterie: *❶ Drehstromgenerator 110/150 oder 175 A, ❷ Innenraum 110 A, ❸ Servolenkung 50 A, ❹ Glühkerzen/Sekundärluftpumpe 40 A, ❺ Lüfter für Kühlmittel 40 A, ❻ ABS/ASR/ESP 40 A, ❼ ABS/ASR/ESP 25 A, ❽ Lüfter für Kühlmittel 30 A, ❿ Steuergerät für Bordnetz 5 A, ⓫ Klimaanlage 5 A, ⓭ automatisches Getriebe 5 A, ⓮ Umschaltrelais für Wischermotor 20 A, ❾/⓬/⓯und ⓰ nicht belegt.*

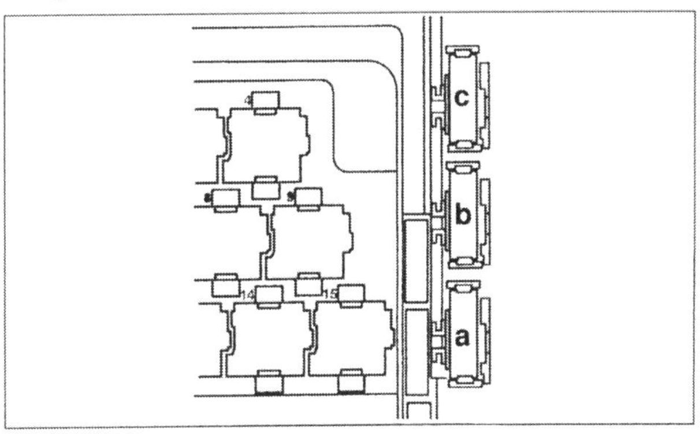

Zusatzsicherungen am Relaisträger: *a = S276 Sicherung 1 für Heizelement, b = S277 Sicherung 2 für Heizelement, c = S278 Sicherung 3 für Heizelement.*

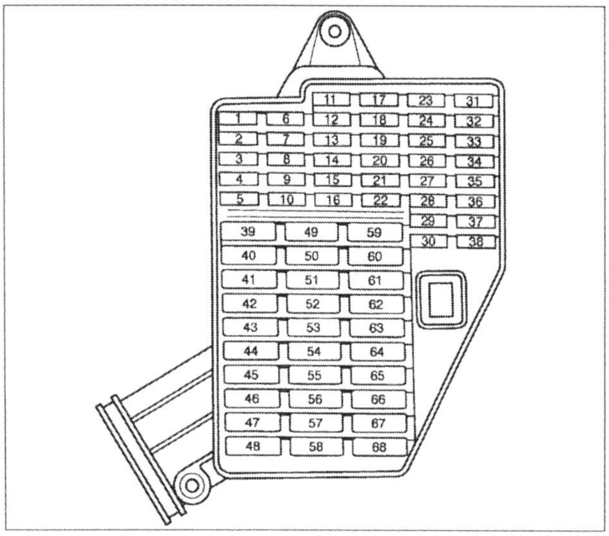

***Sicherungshalter links an der Schalttafelstirnseite**: Das Bild zeigt die Nummerierung der Steckplätze. Die folgende Tabelle gibt die Belegung an.*

Sicherungsbelegung

Sicherung Nummer	Ampere	Verbraucher
1	5	Schalttafeleinsatz, ESP
2	10	Bremsleuchten
3	5	Diagnose-Spannungsversorgung, Klimaanlage
4	10	Innenleuchte, Handschuhfachleuchte, Kofferraumleuchte
5	5	Türwarnleuchte (Einstiegswarnleuchte)
6	5	Leuchtweitenregelung
7	5	Motorelektronik, Servolenkung
8		Nicht belegt
9	10	Lambda-Sonde
10	5	S-Kontakt (86s): Für Verbraucher, die nach dem Ausschalten der Zündung betrieben werden können, solange Zündschlüssel steckt.
11	5	Außenspiegel, beheizbar und verstellbar
12	5	Frisch- und Umluftklappe, Klimaanlage, Navigationssystem, Telefon, Gasentladungslampen
13	10	Rückfahrleuchten
14	10	Motorsteuergerät
15	10	Wisch- und Waschanlage
16	5	Schalttafeleinsatz
17	5 / 15	Motorsteuergerät / Motorsteuergerät für 1,2 Liter/40 kW-Motor
18	5	Telefon
19	10	Automatisches Getriebe
20	5	Kontrolle für Lampenausfall
21	5	Beheizbare Waschdüsen
22		Nicht belegt
23	10	Fernlicht rechts
24	10	Motorelektronik
25	5 / 10	Steuergerät ABS/ASR / Steuergerät ABS/ESP
26		Nicht belegt
27		Nicht belegt
28	5	Bremspedalschalter, Kupplungspedalschalter, Motorelektronik
29		Nicht belegt
30	10	Fernlicht links, Kontrolllampe für Fernlicht
31	10	Zentralverriegelung für Heckklappe
32	10	Heckscheibenwischer
33	5	Standlicht rechts
34	5	Standlicht links
35	10	Benzinmotor – Einspritzventile
36	5	Kennzeichenleuchte
37	5 / 7,5	(Bis 06.01:) Nebelschlussleuchte, Kontrolllampe für Nebelschlussleuchte; (Ab 07.01:) Nebelschlussleuchte, Kontrolllampe für Nebelschlussleuchte
38	5	Außenspiegel, beheizbar und verstellbar
39	20	Heckscheibenheizung
40	20	Signalhorn
41	20	Scheibenwischer
42	15	Steckdose
43	20	Steuergerät für Bordnetz / Wählhebelsperre
44	15	Blinkleuchten
45	20	Radio, Navigationssystem
46	25	Elektrische Fensterheber
47		Nicht belegt
48	30	Motorsteuergerät
49	15	Zentralverriegelung
50	15	Abblendlicht rechts / Gasentladungslampe rechts, Leuchtweitenregelung rechts
51	15	Steckdose im Kofferraum
52	15	Benzinmotor – Zündanlage
53	25	Elektrische Fensterheber
54	15	Abblendlicht links / Gasentladungslampe links, Leuchtweitenregelung links
55		Nicht belegt

56	20	Motorsteuergerät
57	25	Anhängerkupplung
58	25	Elektrische Fensterheber
59		Nicht belegt
60	15	Diebstahlwarnanlage
61	15	Kraftstoffpumpe
62	25	Schiebedach
63	15	Sitzheizungen
64	20	Scheinwerferwaschanlage
65	15	Nebelscheinwerfer
66	25	Elektrische Fensterheber
67		Nicht belegt
68	25	Frischluftgebläse

Diese Belegung ist kleineren Änderungen und Abweichungen unterworfen. Generell gilt, dass die aktuelle Sicherungsbelegung abhängig von Baujahr, Motorisierung und Ausstattung Ihres Fahrzeugs ist. Sie finden genaue Angaben dazu auf der Innenseite der Abdeckkappe des Sicherungshalters.

Die Sicherungen — **Technik-lexikon**

Im Sicherungshalter des Fabia stecken so genannte Flachsteck-Sicherungen. In ein durchscheinendes Kunststoffteil sind zwei flache Stecker eingebettet, die durch einen Schmelzdraht verbunden sind. Eine durchgebrannte Sicherung erkennen Sie am unterbrochenen Schmelzdraht. Oft ist auch der Rücken der Plastikumhüllung heraus gebrochen oder geschmolzen. Beschriftung und Farbe geben die Stärke der Sicherung an:

Hellbraun	5 Ampere	Gelb	20 Ampere
Dunkelbraun	7,5 Ampere	Weiß	25 Ampere
Rot	10 Ampere	Grün	30 Ampere
Blau	15 Ampere		

Potenzialverteiler und Relaisträger aus- und einbauen

Arbeitsschritte

① **Ausbau**: Bauen Sie die Ablage Fahrerseite aus.

② Entnehmen Sie Relaisträger und Potenzialverteiler.

③ Nach Entrasten zweier seitlicher Laschen können Sie den Verschlussdeckel vom Potenzialverteiler abnehmen.

④ **Einbau**: Sinngemäß umgekehrt.

Hauptsicherungen aus- und einbauen

Arbeitsschritte

① **Ausbau**: Öffnen Sie den Deckel über der Batterie und klemmen Sie das Batteriemasseband ab.

② Schrauben sie das Anschlusskabel vom Batteriepluspol ab.

③ Schrauben Sie die Leitungen an den Streifensicherungen ab.

④ Entriegeln Sie die Kontakte in den Stecksicherungen und ziehen Sie diese heraus..

⑤ **Einbau** in sinngemäß umgekehrter Reihenfolge.

Sicherungshalter aus- und einbauen

Arbeitsschritte

① **Ausbau**: Hebeln Sie die seitliche Abdeckung links an der Schalttafel vorsichtig mit einem flachen Schraubendreher ab.

② Bauen Sie die untere Ablage Fahrerseite aus.

③ Drehen Sie die beiden Befestigungsschrauben oben und unten am Sicherungshalter heraus und entnehmen Sie den Halter nach hinten.

④ **Einbau** in sinngemäß umgekehrter Reihenfolge. Die Befestigungsschrauben mit 2 Nm anziehen.

Sicherungen wechseln

Arbeitsschritte

① **Ausbau**: Vor dem Auswechseln einer Sicherung immer zuerst die Zündung und den betreffenden Verbraucher ausschalten. Hebeln Sie mit einem flachen Schraubendreher vorsichtig die Abdeckplatte vom Sicherungshalter an der linken Stirnseite der Schalttafel ab (Schraubendreher unten ansetzen).

② Entnehmen Sie der Sicherungstabelle, auf welchem Steckplatz die Sicherung für den ausgefallenen Verbraucher sitzt. Ziehen Sie mit den Fingerspitzen oder mit einem

Sicherungszieher, einer kleinen Kunststoffpinzette, die defekte Sicherung aus dem Steckplatz. Wenn der Metallstreifen durchgeschmolzen ist, muss die Sicherung ausgewechselt werden.

Mit den Fingerspitzen oder einer kleinen Kunststoffzange können Sie die Sicherung gut greifen und herausziehen.

③ **Einbau**: Neue Sicherung mit gleicher Amperestärke in den Steckplatz eindrücken. Achten Sie dabei auf korrekten Sitz.

④ Brennt die neue Sicherung sofort wieder durch, haben Sie eventuell eine zu schwache Sicherung eingesetzt oder der Verbraucher ist defekt. In diesem Fall sollten Sie dem Problem schnellsten auf den Grund gehen. Der Verbraucher könnte beschädigt werden, im schlimmsten Fall sogar ein Kabelbrand entstehen. Lassen Sie die elektrische Anlage von einem Fachbetrieb prüfen.
Versuchen Sie auf keinen Fall, Sicherungen zu reparieren (Drahtbrücken etc.). Dadurch können Folgeschäden an anderer Stelle der elektrischen Anlage auftreten.

⑤ Abdeckung wieder auf den Sicherungskasten setzen: Zuerst in die Instrumententafel einschieben, dann seitlich andrücken und Führungsnasen in den Öffnungen der Instrumententafel verrasten.

Die Schaltpläne

Die verschiedenen Stromlaufpläne Ihres Fahrzeugs füllen einen Ordner mit einigen hundert Seiten im DIN A4-Format. Sie sind in einzelne Pakete gepackt, die je nach Komplexität der Baugruppe zwischen einer einzigen und zwei Dutzend Seiten umfassen. Ihre Wiedergabe in diesem Ratgeber würde den Rahmen des Buches sprengen.
Wenn Sie der Arbeit an einer Baugruppe den jeweiligen Schaltplan zugrunde legen möchten, müssen Sie ihn direkt bestellen bei
Škoda Auto Deutschland GmbH
Werbemittelversand
Ober-Saulheimer Straße 6
55286 Wörrstadt
Tel 06732/94 05 11

Jeder Stromlaufplan beginnt mit einem Deckblatt, das den entsprechenden Plan benennt, durch eine laufende Zahl kennzeichnet und Sicherungshalter sowie Relaisplätze abbildet. Auf den durchnummerierten Schaltplanseiten kennzeichnet das graue Feld oben die plusseitigen Anschlüsse, meist Relaisplatte oder ein Steuergerät. Die Grundlinie stellt Masse (minus) dar, eine Zahl im Kreis kennzeichnet den Einbauort des jeweiligen Massepunktes.
Hat das obere graue Feld eine Pfeilspitze nach links, geht dem Blatt eine Planseite voran. Hat das graue Feld eine Pfeilspitze nach rechts, folgen weitere Seiten. Gibt es, was ein seltener Fall ist, keinerlei Pfeilverweise, besteht der Plan nur aus der einen Seite. Alle Schalter und Kontakte sind in mechanischer Ruhestellung gezeichnet.
Bauteil-Kennungen an offenen Leitungen verweisen auf Weiterführung der Leitung zu diesem Bauteil. Die Bauteile sind wie weiter oben aufgelistet kenntlich gemacht. Eine rechteckig umrahmte Zahl am offenen Ende einer Leitung sagt Ihnen, in welchem Strompfad die Leitung weitergeführt wird. Eine Legende im Schaltplanblatt informiert stets erneut, wie ein Bauteil heißt (z. B. sind S oder SB = Sicherungen mit Angabe ihrer Stärke in Ampere, T = Steckverbindungen). Über die Schaltzeichen der rund 50 Bauteile vom Anlasser und Drehstromgenerator bis zur Schraubverbindung am Bauteil informieren den Schaltplänen voran gestellte Legenden. In den gezeichneten Leitungen geben klein gedruckte Zahlen den Querschnitt in mm², klein gedruckte Buchstaben die Kabelfarbe an.

Wichtig: Die Artikelnummer

Schon bis Frühjahr 2002 waren von Škoda 82 Pakete von Stromlaufplänen mit einer jeweils sehr unterschiedlichen Anzahl von Seiten veröffentlicht worden. Die jeweils aktuellsten Ausgaben der Stromlaufpläne für die Fahrzeuge mit den in diesem Buch behandelten Motorisierungen haben folgende laufende Nummer:

Motoren AWY ab Juli 2001	= 65/1
Motoren AQV, AZF und AQW ab November 2001 (frühere: 42/1, 30/1, 5/1)	= 72/1
Motoren AZL ab November 2001 (frühere: 68/1, 40/1)	= 74/1
Motoren ASY ab November 2001 (frühere: 44/1, 4/1)	= 75/1
Motoren ATD ab November 2001 (frühere: 45/1, 28/1)	= 76/1
Motoren BBY ab März 2002 und BBZ ab Mai 2002 (frühere: 43/1, 3/1)	= 82/1

Bei der Bestellung von Stromlaufplänen muss die Artikelnummer angegeben werden. Die folgende Liste gibt dazu eine Übersicht:

Schaltpläne und ihre Artikelnummer

Stromlaufplan Nummer	Veröffentlicht unter Artikelnummer
1, 2	S00.5321.00.00
3, 4	S00.5321.01.00
5 – 12	S00.5321.02.00
13 – 25	S00.5321.03.00
26 – 31	S00.5321.04.00
32 – 40	S00.5321.05.00
41 – 62	S00.5321.06.00
63 – 65	S00.5321.07.00
66 – 70	S00.5321.08.00
71 – 82	S00.5321.09.00

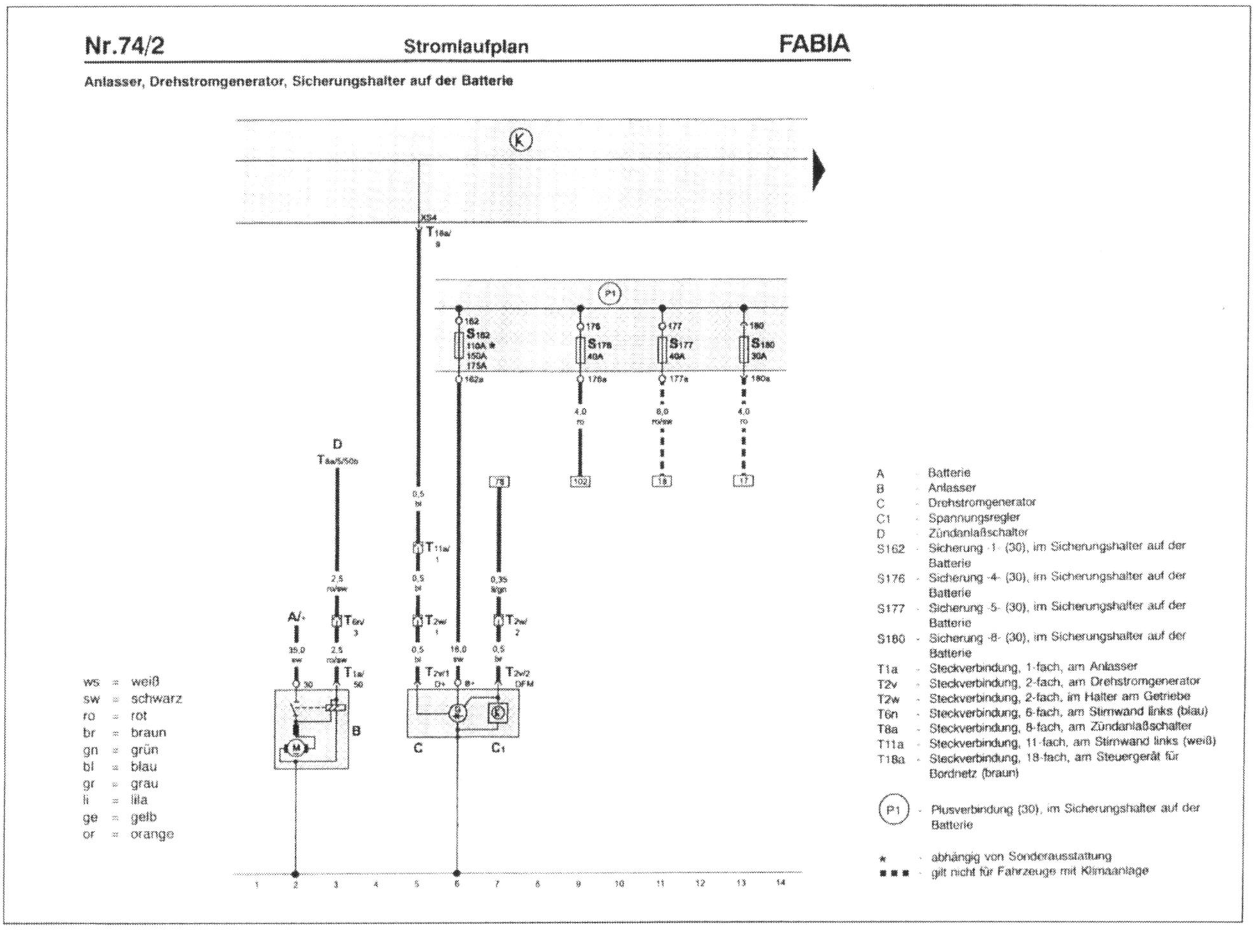

Beispiel Schaltplan Motronic: 2,0 Liter/85 kW-Motor AZL, ab November 2001.

DER INNENRAUM

Schlicht, übersichtlich, funktionell und doch elegant wirkt der Fabia-Innenraum bei diesem Blick aus der Rücksitzposition nach vorn ins Cockpit. Die drei Versionen Limousine, Sedan und Combi erlauben Vielfalt hinsichtlich Bequemlichkeit und Stauraum. Drei Ausstattungsvarianten bieten viele Möglichkeiten vom einfachen Textil bis zum gediegenen Lederinterieur.

Wartung

Reparatur

Die bisherigen Kapitel unseres Buches haben das hohe technische Niveau des Fabia bis hin zum kleinsten Detail gezeigt. Dieser anspruchsvolle Qualitätsstandard setzt sich im Innenraum fort. Interieurs in mehreren Ausstattungslinien, atmungsaktive Materialien für Polster und Bezüge, harmonische Farbzusammenstellungen, durchdachte Lösungen, übersichtliches Cockpit und ergonomische Anordnung der Bedienungselemente sorgen für entspanntes Fahren. Fahrersitz und Lenkrad sind individuell einstellbar, die hinteren Türen haben Kindersicherung.
Das Raumangebot ist sehr gut für diese Fahrzeugklasse. Für Einkäufe und Gepäck erreicht das Ladevolumen im Combi bis zu 1.225 Liter, und auch in der Fabia-Limousine hat man bei umgeklappter Rücksitzbank immerhin 1.016 Liter Stauraum bis hoch zur Fahrzeugdecke.

***Beachtliches Stauvolumen**: Der 426 Liter große Gepäckraum des Combi lässt sich durch Umklappen der Rücksitzbank auf 1.225 Liter erweitern.*

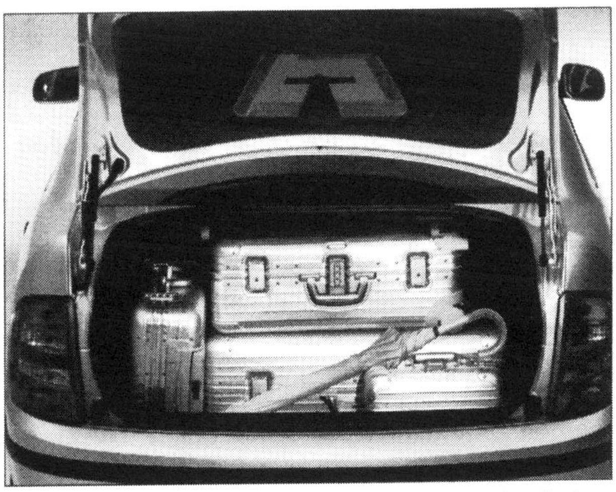

***Tauglich für die längere Reise**: Der Kofferraum des Sedan bietet mit 438 Litern das größte Volumen aller Fabia-Versionen bei aufgestellter Rücksitzbank.*

NCAP-Anforderungen werden erfüllt

Der Fabia entspricht mit seinen Elementen der aktiven und der passiven Sicherheit voll den internationalen Sicherheitsvorschriften, die nach dem New Car Assessment Program (NCAP) jetzt und in absehbarer Zukunft für Neuwagen gelten. Die Fahrgastzelle besteht aus hochfesten Materialien. Der Fahrerairbag ist serienmäßig, den Beifahrerairbag gibt es ab Ausstattungsstufe Comfort, Seitenairbag ist optional möglich. Bei Airbagauslösung wird die Kraftstoffzufuhr automatisch unterbrochen.
Die vorderen Sicherheitsgurte sind höhenverstellbar und verfügen über Gurtstraffer und Gurtkraftbegrenzer. Der Fabia hat im Fond Verankerungspunkte für das Kindersitz-System Isofix, das sich seit Jahren in VW-Fahrzeugen bestens bewährt.
Auch die Versorgung mit frischer und mit warmer Luft ist beim Fabia auf modernem Stand: Die Normalausstattung enthält Frischluftgebläse mit Pollenfilter und Heizungsgerät mit Wärmetauscher. Auf Wunsch möglich ist aber auch eine Klimaanlage mit völlig neuer Regelsystematik: Extern geregelter Kompressor ohne Magnetkupplung. Neben der Klimatisierung des Innenraumes werden von der Anlage das Handschuhfach und das Ablagefach Fahrerseite gekühlt. Die Kühlung dieser Fächer kann zu- oder abgeschaltet werden.

Im Innern ist der Fabia nicht nur solide und gediegen, sondern auch sicher und wohl klimatisiert.

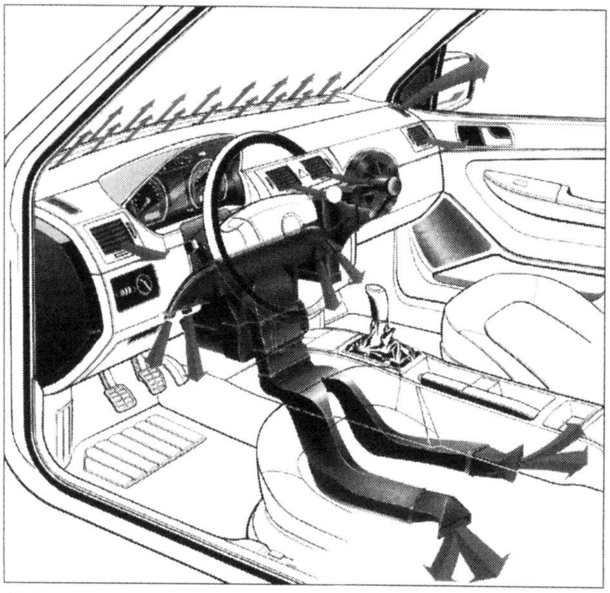

Heizung und Klimatisierung sind im Fabia auf technisch hohem Niveau.

Arbeiten im Innenraum

Wir möchten Ihnen auch zum Innenraum einige Tipps für Wartungsarbeiten und kleinere Reparaturen geben. Verkleidungen, Fächer und Ablagen, Formhimmel, Sonnenblende, Innenspiegel oder Sitze lassen sich aus- und einbauen, was für diverse Fälle nötig werden kann. Denn Mechanik, Elektrik und Elektronik sind säuberlich hinter solchen Ablagen und vor allem hinter den Verkleidungen von Säulen, Türen und Klappen versteckt. Das sieht schöner aus, aber natürlich kommt man nicht so leicht an verschiedene wichtige Teile heran.

Die Demontage der Abdeckungen und auch der Mittelkonsole ist jedoch meistens relativ unkompliziert. Schließlich soll auch in der Werkstatt eine Reparatur schnell vonstatten gehen können. Vorsicht ist beim Umgang mit Verkleidungen aber unbedingt zu empfehlen: Clipselemente können recht schnell beschädigt werden, und die oft sehr kratzempfindlichen Oberflächen reagieren entsprechend, wenn man beim Aushebeln mit dem Schraubendreher ungeschickt ist.

Es gibt im Innenraum allerdings Bereiche, die wenig Spielraum für das Do it yourself bieten. Dazu gehören die Dreipunkt-Automatik-Sicherheitsgurte, von denen man die Finger lassen muss, denn in der Gurtrolle lauert der pyrotechnische Gurtstraffer. Oder die Airbag-Einheiten, deren Abdeckungen übrigens nicht beklebt, überzogen oder anderweitig verändert werden dürfen. Von Arbeiten an Komponenten, die gefährliche Sicherheitstechnik enthalten, raten wir dringend ab. Selbst in den Werkstätten darf nur speziell geschultes Personal bei Prüf-, Montage- und Instandsetzungsarbeiten an diesen Teilen tätig werden. Die Sicherheitsvorschriften, die diese Mechaniker beachten müssen, sind sehr streng. Das Risiko, bei der Reparatur verletzt zu werden, ist nur die eine Seite, ein bei Unfall nicht mehr ordnungsgemäß funktionierender Insassenschutz die weitaus schwerer wiegende andere.

Um ausnahmsweisen und vorübergehenden Gebrauch von Kleinkindersitzen entgegen Fahrtrichtung (Reboardkindersitz) auf einem mit Airbag ausgestatteten Beifahrersitz zu ermöglichen, ist seit Modelljahr 2003 im Handschuhfach ein Schalter für die Beifahrerairbags eingebaut. Über diesen Schalter kann man mit dem Zündschlüssel bei ausgeschalteter Zündung den Beifahrerairbag deaktivieren. Der Schalter lässt sich einfach **aus- und einbauen**, indem er nach Abklemmen des Batterie-Massebandes mit dem Schlüssel in die Zwischenstellung gedreht und dann vorsichtig herausgenommen wird. Steckverbindung trennen - und fertig. Einbau sinngemäß umgekehrt.

Der herausnehmbare Schalter für den Beifahrerairbag im Handschuhfach rechts oben.

Vor einer beabsichtigten Verschrottung des Fahrzeugs müssen die Airbageinheiten und Gurtstraffer nach bestimmten Vorschriften sicher entsorgt werden. Auf keinen Fall dürfen Sie diese Komponenten wie üblichen Abfall behandeln. Das gilt auch für gezündete Einheiten und Gurtstraffer, da nicht mit Sicherheit bestimmt werden kann, ob zum Beispiel wirklich alle drei pyrotechnischen Ladungen des Gurtstraffers gezündet wurden. Alle diese Arbeiten gehören in die Hände der Fachleute (Werkstatt!).

Heizung und Klimaanlage

Wichtig für gutes und angenehmes Klima im Innenraum sind Heizung und Klimageräte. Sie können nicht wirksam funktionieren, wenn z. B. Luftführungen und Schalttafelausströmer Mängel aufweisen. Arbeiten daran, etwa der Austausch einzelnen Ausströmer, sind verhältnismäßig einfach auszuführen. Das folgende Bild informiert über Einbauorte und Zusammenspiel der Hauptkomponenten von Lüftung und Heizung. Aus- und Einbau sind dann fast durchweg eine Sache des Aushebelns von Blenden und des Betätigens von Klemmfedern und Clipsen. Škoda empfiehlt für Aus- und Einbau der Ausströmer das Demontagewerkzeug 3409.

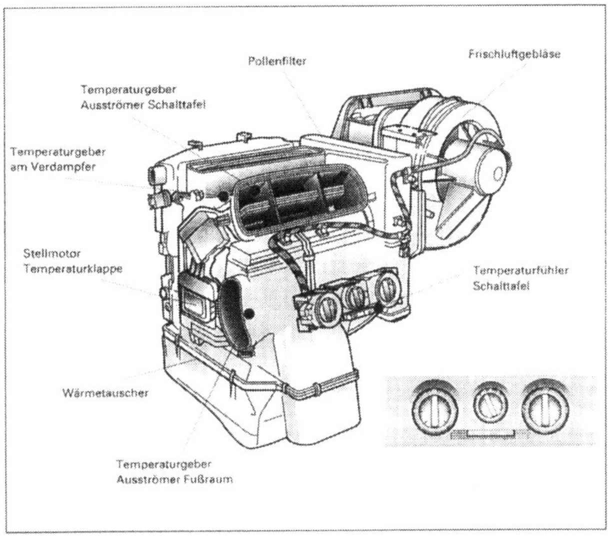

Das Klimagerät besitzt zusätzlich zur Heizung den Verdampfer mit Expansionsventil, den Stellmotor für die Temperaturklappe und die vier Temperaturgeber.

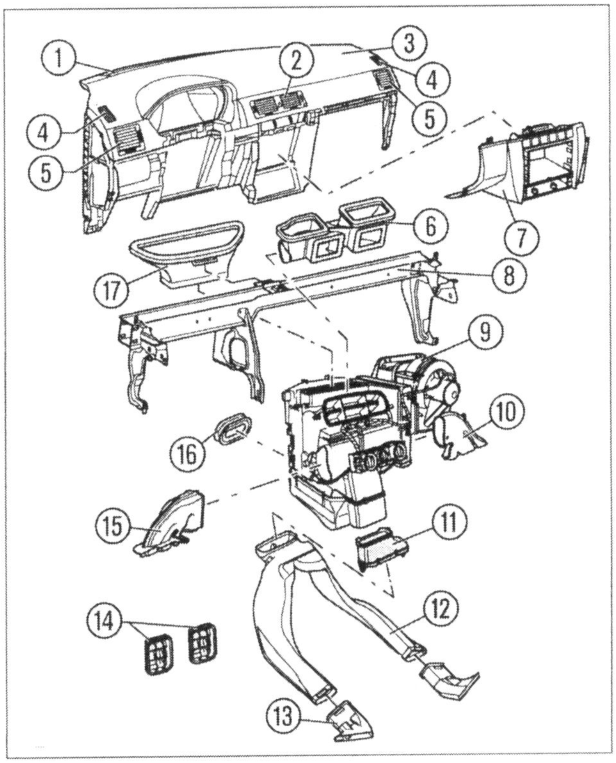

Das Belüftungs- und Heizsystem: *❶ in die Schalttafel integrierte Entfrosterdüse, ❷ mittlerer Schalttafelausströmer mit Warnlichtschalter (**ausbauen:** an den jeweils 4 Halteklemmen oben und unten vorsichtig aushebeln, Stecker vom Warnlichtschalter abziehen; **einbauen** umgekehrt, Halteklemmen müssen richtig montiert sein), ❸ Schalttafel, ❹ Seitenscheibenanströmer (ebenfalls auszuhebeln), ❺ Schalttafelausströmer außen (aus-/einbauen analog mittlerer Ausströmer), ❻ Zwischenstück für Schalttafelausströmer (mit Klammern am Heizgerät befestigt; **Ausbau:** Schalttafel ausbauen), ❼ Schalttafelmittelteil, ❽ Modulträger, ❾ Heizgerät, ❿ am Heizgerät verschraubter Fußraumausströmer rechts, ⓫ Verbindungsteil für ⓬ Fondkanal, ⓭ Fondkanalendstück (an Fondkanal und Sitzquerträger verrastet), ⓮ Entlüftungsrahmen, ⓯ an Stütze verschraubter Fußraumausströmer links, ⓰ Dichtung für Wärmetauscher-Anschluss, ⓱ Zwischenstück für Defrostkanal.*

Die Klimaanlage arbeitet automatisch. Das Temperaturniveau kann stufenlos gewählt werden. Der Wählschalter hat als Anhaltspunkte die Temperaturstellungen 18 – 22 – 26 °C. Die Automatik regelt danach die Temperaturklappe über einen Stellmotor ein. Die übrigen Klappen und das Frischluftgebläse werden manuell bedient.

Während bei der Octavia-Klimaanlage Climatronic das Klima-Steuergerät die Magnetkupplung am Klimakompressor im Griff hat, arbeitet die Fabia-Klimaanlage ohne Magnetkupplung. Der neue Kompressor Denso 6 SEU 12C, ein Axialkolben-Verdichter mit 6 Kolben, läuft ständig mit. In der Stellung »Aus« der Klimaanlage fördert er etwa 2 % des Kältemittel-Gesamtvolumens. Variables Hubvolumen sorgt für die Anpassung an den Kälteleistungsbedarf. Ein Regelventil im Kompressor übernimmt die externe Regelung (bisher intern über Federn und Ventile).

Bei den Fahrzeugen mit Klimaanlage lassen sich fahrerseitig das Ablagefach unter dem Lenkrad und beifahrerseitig das Handschuhfach kühlen. Dazu haben beide Fächer eine verschließbare Öffnung, durch die gekühlte Luft einströmen kann. Soll keine kühle Luft einströmen, sind die Öffnungen zu verschließen.

Achtung: Der Kältemittelkreislauf der Klimaanlage, der mit dem Kältemittel R 134a arbeitet, darf auf keinen Fall geöffnet werden. Das Neubefüllen ist Werkstatt-Sache. Es bestehen große gesundheitliche Risiken: Bei Berührung kann das Kältemittel Erfrierungen hervorrufen. Noch gefährlicher ist austretendes Kältemittel in geschlossenen Räumen. Es ist nicht wahrnehmbar und schwerer als Luft, weshalb Erstickungsgefahr am Boden beziehungsweise in unteren Räumen besteht. Das Ablassen von Kältemittel in die Umwelt ist eine strafbare Handlung.

Fast alle Bauteile des gesamten Klimasystems sowie alle Kältemittelschläuche und -leitungen dürfen deshalb nur in Service-Stützpunktwerkstätten instand gesetzt oder ersetzt werden. Arbeiten an der Klimaanlage gehören also keineswegs zum Do it yourself.

Die Entlüftung des Fahrgastraumes geschieht übrigens über zwei Entlüftungsrahmen im Heckquerträger vor der Reserveradmulde. Deren Dichtlippen müssen freigängig sein und selbsttätig schließen. Der Bereich um die Rahmen muss für funktionierende Entlüftung frei sein.

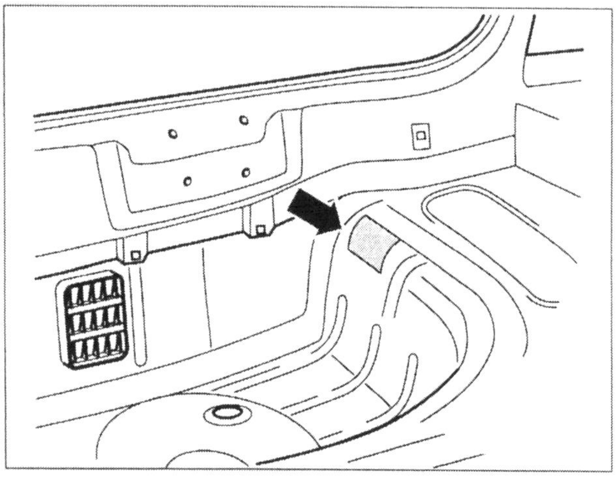

Einer der beiden Entlüftungsrahmen (links im Bild). Der Pfeil weist auf den Fahrzeugdatenträger.

Sicherheitsgurte prüfen

Gurtband

Das Gurtband der Sicherheitsgurte sollten Sie immer einmal auf Beschädigung prüfen. Es muss bei allen erkannten Schäden komplett mit Gurtschloss in der Werkstatt gegen ein neues Originalteil ausgetauscht werden. Ziehen Sie zur Prüfung das Gurtband vollständig aus dem Aufrollautomaten oder der Beckengurt-Verstellzunge heraus. Prüfen Sie auf

- Verschmutzung; ggf. mit Seifenwasser auswaschen.
- Gerissene Gewebeschlingen an der Gurtkante.
- Schnitte, Risse und Scheuerstellen.
- Brandflecken durch Zigaretten o. Ä.

In den folgenden Abbildungen sind die häufigsten Defekte dargestellt.

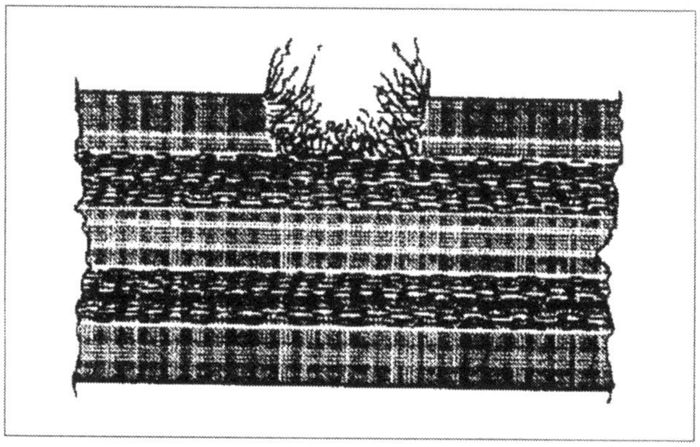

Das Gurtband ist eingeschnitten, eingerissen oder aufgescheuert.

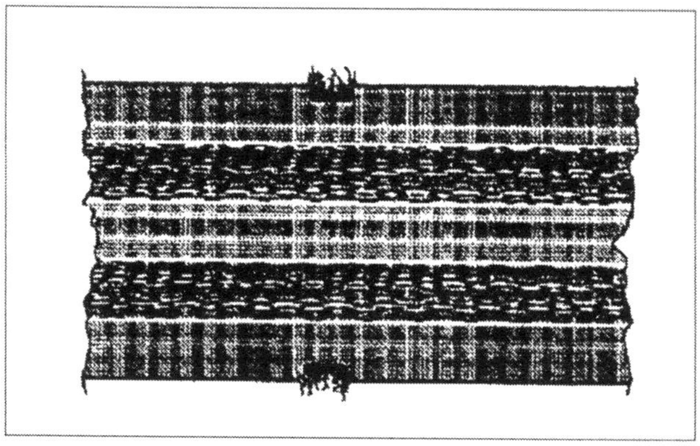

Die Gewebeschlingen an der Gurtkante sind durchgerissen.

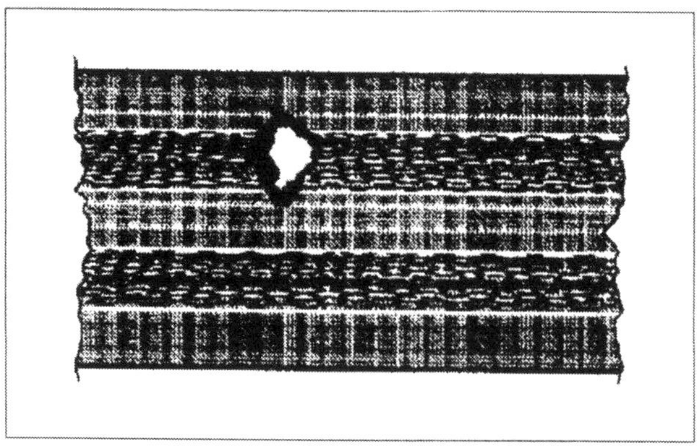

Das Gurtband hat zum Beispiel durch Zigaretten verursachte Brandflecken.

Gurtschloss

Prüfen Sie per Augenschein das Gurtschloss auf Rissbildung und Abplatzungen. Bei Beschädigung gegen neuen Originalgurt mit Schloss austauschen.
Schieben Sie die Schlosszunge in das Gurtschloss, bis es hörbar einrastet. Prüfen Sie durch kräftiges Ziehen am Gurtband, ob der Schließmechanismus eingerastet ist. Falls die Schlosszunge bei mindestens fünf Prüfvorgängen auch nur ein einziges Mal nicht verriegelt ist, muss der Gurt mit Schloss gegen ein Neuteil ausgetauscht werden.
Prüfen Sie in ähnlicher Weise die Entriegelung: Fingerdruck auf die Taste am Gurtschloss. Bei entspanntem Gurtband muss die Schlosszunge selbstständig aus dem Gurtschloss herausspringen. Ist das bei fünf Prüfungen auch nur ein einziges Mal nicht der Fall: Austauschen! Falls Sie Geräusche oder Schwergängigkeit der Tasten feststellen: Keinesfalls Schmiermittel einsetzen!

Aufrollautomat (Sperrwirkung)

Prüfen Sie die **erste** Sperrfunktion. Sie wird durch rasches Herausziehen des Gurtes aus dem Aufrollautomaten ausgelöst. Ziehen Sie mit kräftigem Ruck!

- Keine Sperrwirkung: Sicherheitsgurt komplett mit Schloss austauschen.
- Bei Störungen des Gurtaus- oder -rückzuges zunächst prüfen, ob sich die Lage des Aufrollautomaten geändert hat.

Prüfen Sie die **zweite** Sperrfunktion (fahrzeugabhängig), die durch Änderung des Fahrzeugbewegungsablaufs ausgelöst wird. Beschleunigen Sie das Fahrzeug auf einer verkehrsfreien Fläche, wo sie niemanden gefährden können, bis 20 km/h und nehmen Sie dann eine Vollbremsung mit der Fußbremse vor.

- Wird der Gurt beim Bremsvorgang nicht durch die Blockiereinrichtung gesperrt, so muss er komplett mit Schloss ausgetauscht werden.

Befestigungsteile und Befestigungspunkte

Prüfen Sie, ob die folgenden Beschädigungen vorliegen und lassen Sie dann ggf. den Gurt austauschen (oder ein neues Originalteil einbauen):

- Schlosszunge verformt (gestreckt).
- Höhenversteller ohne Funktion.
- Befestigungspunkte (Sitz, Säule, Fahrzeugboden) verzogen oder Gewinde beschädigt.

Bei Beschädigungen, die nicht als Unfallfolge auftreten, sondern z. B. durch Verschleiß, ist nur das jeweils beschädigte Teil durch ein neues Originalteil zu ersetzen.

Staub- und Pollenfilter wechseln

Lässt man die Fenster des Fabia geschlossen, wird man mit sehr sauberer Frischluft versorgt. Die von vorn hereinströmende Luft muss nämlich ein Staub-/Pollenfilter rechts am Heizungskörper passieren. Das Filter kann noch mit einem Geruchsfiltereinsatz kombiniert sein.
Die Sauberkeit dieses Filters ist von wesentlicher Bedeutung für gutes Klima im Wagen. Ist der Pollenfilter verstopft, kann das auch weiterreichende unangenehme Folgen haben: Die Scheiben beschlagen von innen schneller. Höheres Laufgeräusch und geringer Luftdurchsatz an den Ausströmern zeigen an, dass das Gebläse Probleme hat, frische Luft anzusaugen. Besorgen Sie sich dann am besten einen neuen Filter aus dem Zubehörhandel und machen Sie sich ans Werk.

Arbeitsschritte | 1 Jahr 30.000 km

① **Ausbau:** Das Filter ist vom Beifahrerplatz aus zugänglich. Drücken Sie die Rastnasen des Filtereinsatzes zurück (Pfeile).

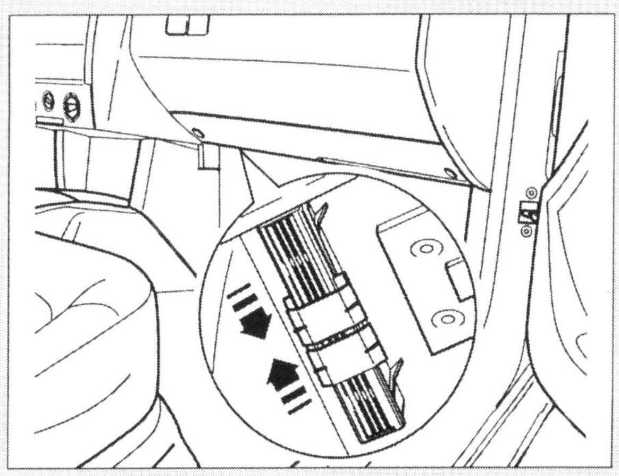

❶ *Rastnasen am Gehäuse des Staub- und Pollenfilters.*

② Ziehen Sie den Rahmen mit dem Filtereinsatz vom Heizungskörper ab (Pfeil).

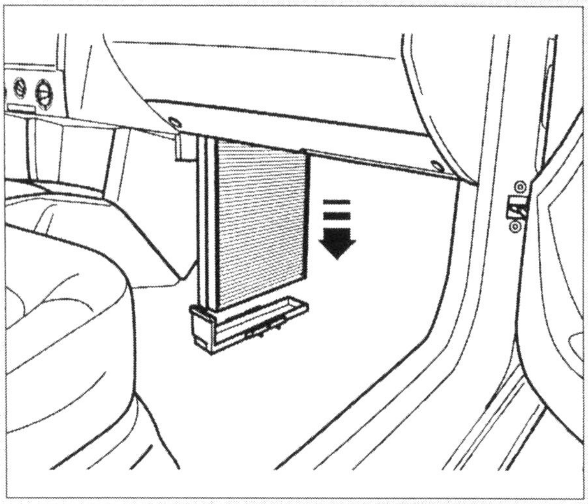

Rahmen mit Filtereinsatz vom Heizungskörper abziehen.

③ Trennen Sie den nur aufgesteckten Filtereinsatz vom Rahmen.

④ **Einbau**: Sinngemäß in umgekehrter Reihenfolge.

Mittelkonsole aus-/einbauen

Arbeits-schritte

① **Ausbau**: Ziehen Sie den hinteren Aschereinsatz ⓬ ab und drehen Sie die beiden dann zugänglichen Schrauben ⓫ heraus.

② Nehmen Sie die Abdeckung ❾ sowie die Abdeckung ❽ am Schalthebelknauf ❼ und den Knauf selbst heraus.

③ Nehmen Sie den vorderen Aschereinsatz ❺ heraus. Schrauben Sie die dadurch frei werdende Schraube ❹ heraus. Entnehmen Sie nun das Bauteil ❻ (Ascher vorn mit Schalthebelabdeckung).

④ Drehen Sie die beiden Schrauben ❸ heraus und bauen Sie die beiden Clips ❶ aus. Jetzt können Sie die Mittelkonsole ❿ mit angeclipstem Teil ❷ (Mittelkonsole vorn) nach hinten abziehen und schräg nach oben herausnehmen.

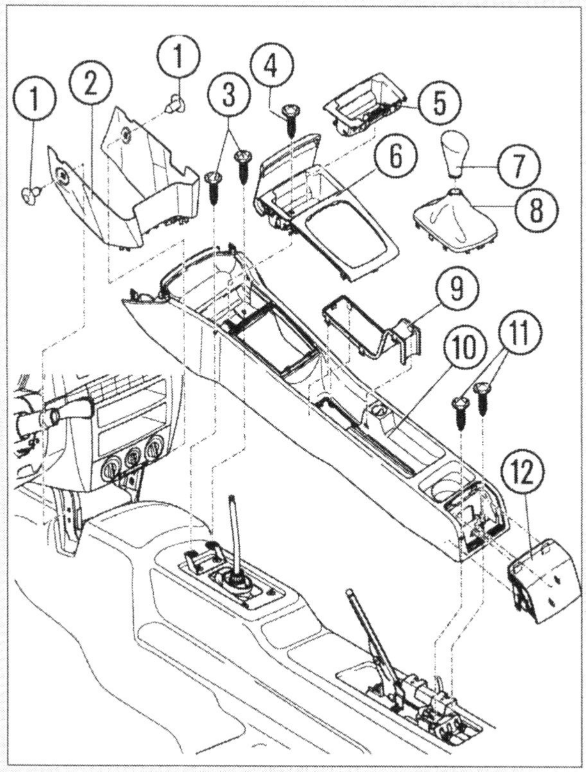

Montageübersicht Mittelkonsole: *❶ Clip, ❷ Mittelkonsole vorn, ❸/❹/⓫ Schrauben, ❺ Aschereinsatz vorn, ❻ Ascher vorn mit Schalthebelabdeckung, ❼ Schalthebelknauf, ❽ Abdeckung für Schalthebel, ❾ Abdeckung, ❿ Mittelkonsole, ⓬ Aschereinsatz hinten.*

⑤ Der **Einbau** erfolgt sinngemäß in umgekehrter Reihenfolge.

Sonnenblende aus-/einbauen

Arbeits-schritte

① **Ausbau**: Haken Sie entsprechend Darstellung im oberen Bild die (seitliche) Sonnenblende ❶ aus dem Aufnahmelager ❹ aus. Hebeln Sie die Abdeckkappe ❸ ab und drehen Sie die Schraube ❷ heraus.

② Haken Sie die Blende aus der Aufnahme aus und nehmen sie ab.

③ Hebeln Sie die Abdeckkappe ❻ ab, drehen Sie die beiden Schrauben ❺ heraus und nehmen Sie das Aufnahmelager ❹ ab.

④ Die mittlere Sonnenblende ❶ (unteres Bild) bauen Sie aus, indem Sie sie herunterklappen (Pfeil A) und nach unten abziehen (Pfeil B).

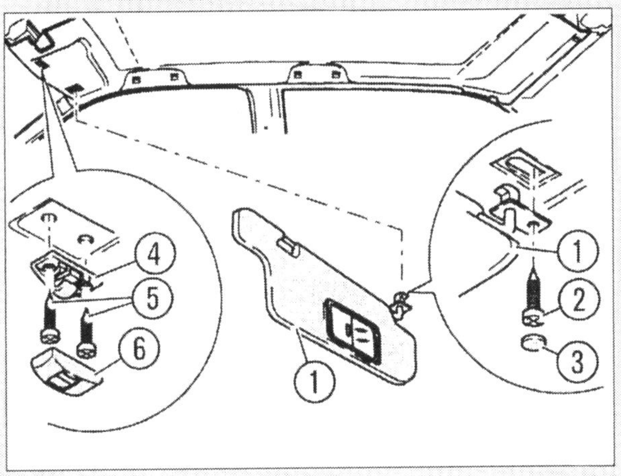

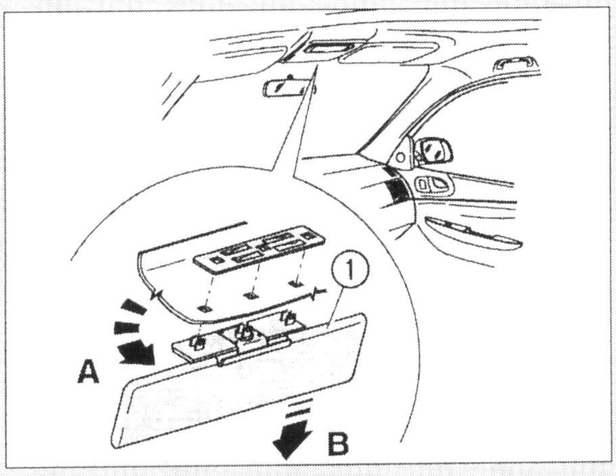

Sonnenblende oberes Bild: *❶ Blende, ❷ und ❺ Schrauben, ❸ und ❻ Abdeckkappen, ❹ Aufnahmelager.* ***Sonnenblende unteres Bild:*** *❶ Mittlere Blende; Pfeil A herunterklappen, Pfeil B abziehen.*

⑤ Der **Einbau** erfolgt in umgekehrter Reihenfolge.

Innenspiegel aus-/einbauen

① Der Innenspiegel kann zum Ausbauen einfach schräg nach unten von seiner Halteplatte abgedrückt werden, bis die Klemmfedern im Spiegelfuß ausrasten.

② Zum Einbau den Spiegel um 60 bis 90 Grad nach links verdreht zur Anbaulage ansetzen und nach rechts drehen, bis die Arretierfeder einrastet.

Halteplatte für Spiegelfuß ankleben

Durch Unfall oder andere Einwirkungen kann die Halteplatte für den Fuß des Innenspiegels abfallen. In solchen Fällen wurde bis vor kurzem die ganze Frontscheibe ausgewechselt. Es ist aber möglich, eine neue Halteplatte auf die Windschutzscheibe aufzukleben.

① Entfernen Sie auf der Windschutzscheibe alle Klebe- und Primerreste bis auf die Keramik-Vorbeschichtung. Verwenden Sie dazu einen Glasschaber mit einschraubbarer Klinge. Beschädigen Sie diese Keramikschicht nicht! Etwaige Kratzer bleiben für immer sichtbar.

② Säubern Sie die Klebefläche mit Reinigungslösung D 009 401 04.

③ Nehmen Sie die Halteplatte aus dem Spiegelfuß und entfernen Sie auch von der Platte alle PUR-Klebereste. Schleifen Sie die drei Abstandsnoppen auf der Klebefläche mit Schleifpapier Körnung 360/400 ab. Legen Sie dazu das Schleifpapier auf eine plane Fläche. Halten Sie die abgeschliffene Klebefläche frei von Schmutz und Fett.

④ Schneiden Sie Nylonmaschengewebe genau auf die Größe des Spiegelfußes zu.

⑤ Ziehen Sie Gummi-Schutzhandschuhe an und tragen Sie Glas-Metall-Kleber D 000 703 A1 gleichmäßig satt auf den Spiegelfuß auf. Legen Sie das zugeschnittene Nylongewebe auf den Spiegelfuß.

⑥ Tupfen Sie unter weiterem Auftrag von Kleber das Gewebe an. Arbeiten Sie zügig, Sie haben vom Auflegen des Gewebes bis zum Andrücken an die Windschutzscheibe nur 30 Sekunden Zeit.

⑦ Drücken Sie nun den Spiegelfuß 15 Sekunden fest, aber nicht mit Gewalt, auf die Keramikfläche an der Windschutzscheibe. Entfernen Sie überschüssigen Klebstoff mit einem Lappen.

⑧ Nach 15 Minuten kann der Innenspiegel montiert werden.

Aus- und Einbauen am Dach

Arbeitsschritte

Dachverkleidung (Formhimmel)

① **Ausbau**: Demontage und Einbau des Formhimmels sind bei Limousine und Combi nahezu gleich. Das Masseband der Batterie abklemmen. Bei Fahrzeugen mit Schiebedach mit dem Montagewerkzeug 3409 (Kunststoffkeil) die Abdeckung vom E-Antrieb aus der Innenleuchte aushebeln.

② Die Glasabdeckung der Leuchte durch Abziehen von der vorderen Kante abnehmen. Die beiden frei gewordenen Schrauben links und rechts von der Soffitte herausdrehen und Leuchte (ggf. mit Schiebedachantrieb) herausnehmen. Steckverbindung trennen, Schiebedachbetätigung aus der Leuchte herausnehmen.

③ Die Innenleuchte seitlich ablegen. Die Verkleidungen der A-Säule und die oberen Verkleidungen von B- und C-Säule ausbauen (siehe später).

④ Bei Fahrzeugen mit Schiebedach Abdeckkeder des Schiebedachausschnitts abziehen.

⑤ Haltegriffe und Sonnenblenden ausbauen.

⑥ Eingeclipste Abschlussleiste ❸ nach unten entsichern und vom Dachrahmen abziehen. Stopfen ❹ mit Demontagewerkzeug MP 8-602/1 ausbauen.

⑦ Zur Vermeidung von Bruch mit einem Helfer den Formhimmel ❷ absenken und aus dem Fahrzeug herausnehmen.

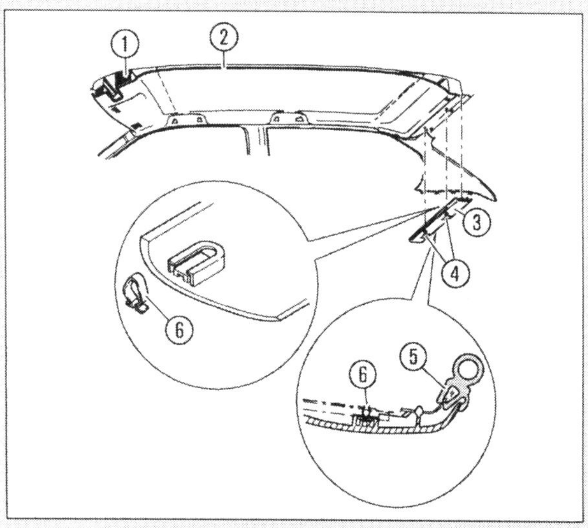

Ausbau des Formhimmels: *❶ bei Fahrzeugen ohne Ausstelldach auf Vorderseite des ❷ Formhimmels aufgeklebtes Distanzstück, ❸ Abschlussleiste, ❹ Stopfen, ❺ Dichtung, ❻ Clips.*

Geräuschdämmung beim Combi

⑧ Im ausgebauten Zustand des Formhimmels kann die ans Fahrzeugdach geklebte **Geräuschdämmung** ausgewechselt werden. Beim Combi ohne Ausstelldach sind es drei Platten, beim Combi mit Ausstelldach nur zwei. Zum Ausbau die Platten vom Dach abziehen, Klebereste entfernen. Zum Einbau die selbstklebenden Platten andrücken. Dann den Formhimmel einbauen.

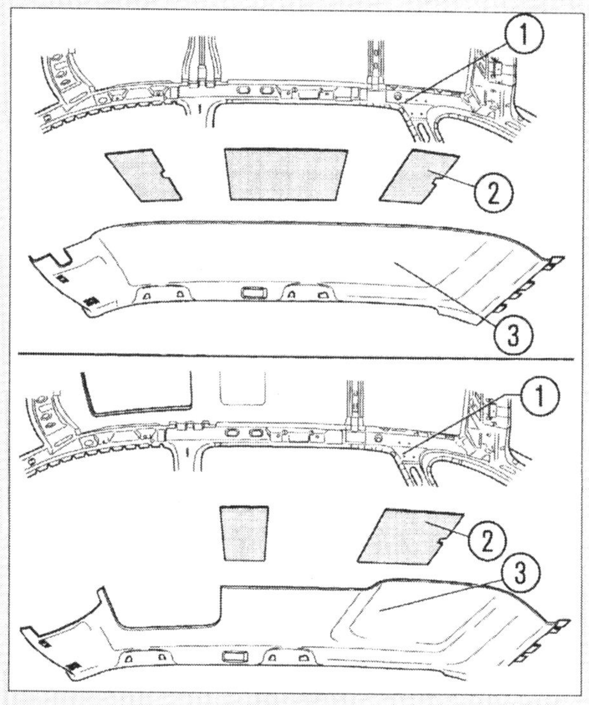

❶ Dach, ❷ selbstklebende Geräuschdämmungen, ❸ Dachverkleidung (Formhimmel).

⑨ **Einbau**: Richten Sie den Formhimmel vorn nach den Lagern der Sonnenblenden und hinten nach den Öffnungen der Stopfen ❹ aus. Drücken Sie die Stopfen ❹ ein. Befestigen Sie die Sonnenblenden. Clipsen Sie die Abschlussleisten ❸ ein (auf den richtigen Sitz der Clips ❻ und der Dichtung ❺ achten). Montieren Sie bei den Fahrzeugen mit Schiebedach die Abdeckkeder.

⑩ Montieren Sie Sonnenblenden (siehe vorher) und Haltegriffe.

Haltegriffe

⑪ **Ausbau**: Klappen Sie den Haltegriff ❶ nach unten. Hebeln Sie die Abdeckungen ❷ mit einem Schraubendreher auf und klappen sie auf. Drehen Sie die beiden Kreuzschlitzschrauben ❸ heraus und nehmen Sie den Griff ab. Einbau in umgekehrter Reihenfolge.

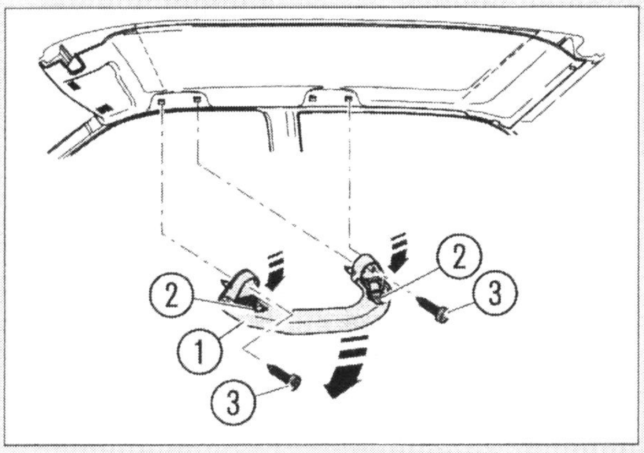

❶ *Haltegriff,* ❷ *Abdeckungen,* ❸ *Schrauben.*

Türverkleidungen aus-/einbauen

Der Ausbau der Türverkleidungen vorn und hinten ist im Prinzip gleich. An den Türen hinten gibt es keine Warnleuchten, die Verkleidung der hinteren Praktik-Tür ist abweichend befestigt. Prinzipiell gilt, dass alle Schraubverbindungen und Clips in logischer Reihenfolge getrennt (und wieder zusammengebracht) werden müssen. Ebenso muss mit allen elektrischen Steckverbindungen verfahren werden.

Arbeits-schritte

① **Ausbau:** Stecken Sie einen kleinen Schraubendreher (Škoda empfiehlt das Griffschale-Demontagewerkzeug V 19L 193) in die Öffnung am Unterteil der Griffschale an der Türverkleidung. Das Demontagewerkzeug hat eine Haltenase, die spürbar in die Sicherung der Griffschalenabdeckung einrastet.

② Ziehen Sie das Werkzeug von der Türverkleidung ab und lösen Sie die Griffschalenabdeckung nach oben.

③ Schieben Sie die Abdeckung nach vorn und nehmen sie nach oben von der Griffschale ab.

④ Wenn eine Fensterkurbel vorhanden ist: Den Abstandsring (zwischen Kurbel und Achse) nach links schieben. Jetzt können Sie die Kurbel von der Tür weg abziehen.

⑤ Clipsen Sie die Blende am Türgriff innen aus.

⑥ Drehen Sie die drei Schrauben an der Türunterkante und die vier auf Höhe der Griffschale heraus. Clipsen Sie die Türverkleidung an den Seiten ab.

⑦ Haken Sie den Betätigungsseilzug des Türöffners aus. Trennen Sie die Steckverbindung für die Einstiegswarnleuchte und nehmen Sie die Türverkleidung ab.

⑧ Der **Einbau** erfolgt in umgekehrter Reihenfolge.

Aus- und Einbau hintere Tür beim Fabia Praktik

Bei der Kleintransporterversion des Fabia ist die Verkleidung der hinteren Türen an den Seiten und unten mit insgesamt sieben nietähnlichen Clips befestigt. Škoda empfiehlt für den einfachen Ausbau das Demontagewerkzeug MP 8-602/1: abclipsen, lackierte Flächen nicht beschädigen, Verkleidung abnehmen.

Der Einbau erfolgt mit in umgekehrter Weise: Die sieben Clips werden in die Verkleidung eingesetzt, auf der Rückseite werden Einstellscheiben auf die Clips aufgesetzt, dann wird die Verkleidung mit den Clips in die Tür eingedrückt.

Säulenverkleidungen aus-/einbauen

Aus- und Einbau der Verkleidungen an den Säulenpaaren A bis C, an denen es obere und untere Verkleidungen gibt, sowie beim Fabia Combi dazu noch einer oberen Verkleidung an Säule D sind in erster Linie eine Sache von Halteclipsen und Schraubverbindungen. Wir geben im Folgenden nur die prinzipiellen Montageschritte ohne Abbildungen an. Vor dem Abbau der Verkleidungen sind in einigen Fällen noch andere Demontagen nötig, die wir deshalb erwähnen.
Wichtig ist es, dass Sie beim (meist sinngemäß umgekehrten) Einbau den Sitz und den Zustand der Clips überprüfen. Wenn immer nötig: Ersetzen. Sonst hält später die Verkleidung nicht. Wichtig ist ferner, nach dem Einbau den richtigen Sitz der Dichtungen herzustellen. Wo der Umlenkbeschlag für Sicherheitsgurte abgeschraubt werden musste, müssen Sie beim Wiedereinbau die Funktion der Gurthöhenverstellung prüfen.

Arbeits-schritte

A-Säule oben: Türdichtung an der Säulenseite abziehen, dann die Verkleidung von der Säule abziehen. Beim Einbau die Clips in der Säulenverkleidung durch neue ersetzen.

A-Säule unten: Auf der linken Seite muss der Entriegelungshebel für die Motorhaube (Klappe vorn) ausgebaut werden. Dann kann links wie rechts die Verkleidung von der Säule abgezogen werden. Beim Einbau in umgekehrter Reihenfolge die vier Clips in der Verkleidung erneuern.

B-Säule oben: Bauen Sie die Sicherheitsgurtumlenkung aus. Ziehen Sie die Verkleidung von oben beginnend von der Säule ab. Beim Einbau die Clips in der Verkleidung erneuern.

B-Säule unten: Obere Verkleidung ausbauen, dann die untere Verkleidung, von unten beginnend, von der Säule abziehen. Beim Einbau die Clips erneuern. Nachdem obere und untere Abdeckung eingebaut sind, muss die Türdichtung in die richtige Lage gebracht werden.

C-Säule oben: Ähnlich bei Limousine und Sedan. Bauen Sie die Umlenkung für den Sicherheitsgurt aus. Ziehen Sie die Verkleidung, von oben beginnend, von der Säule ab. Beim Einbau in umgekehrter Reihenfolge Clips in der Verkleidung erneuern.

Beim Fabia Combi die Befestigungsmuttern unten teilweise lösen und die Verkleidung abziehen. Befestigungsschraube unten links herausdrehen und die Verkleidung von der Säule abnehmen.

C-Säule unten: Ähnlich bei Limousine und Sedan. Schrauben Sie die vier Muttern ab. Schwenken Sie die Verkleidung aus der Auflage für Kofferraumabdeckung heraus.

D-Säule (oben): Schrauben Sie die Befestigungsschraube links unten heraus und ziehen Sie die Verkleidung von der Säule ab. Beim Einbau in umgekehrter Reihenfolge Clips in der Verkleidung erneuern.

Ablegeplatte Stufenheck: Ziehen Sie die Sitzbank heraus und klappen Sie sie nach vorn. Bauen Sie unten vom Beschlag des Sicherheitsgurtes die Befestigungsschraube aus. Klappen Sie die Sitzlehnen vor. Bauen Sie die obere und die untere Verkleidung der C-Säule aus. Schrauben Sie die je eine Befestigungsschraube links und rechts an der Ablegeplatte heraus. Führen Sie die Sicherheitsgurte durch die Öffnung in der Ablegeplatte. Nehmen Sie die Türdichtung im Bereich der Ablegeplatte ab. Trennen Sie die Steckverbindungen für die Lautsprecher hinten und nehmen Sie die Platte ab. Der Einbau erfolgt sinngemäß umgekehrt.

Sitze vorn aus-/einbauen

Arbeitsschritte

① **Ausbau:** Wenn Sie Vordersitze mit eingebautem Seitenairbag in Ihrem Fabia haben, müssen Sie zunächst das Masseband der Batterie abklemmen und den Stecker für Seitenairbag abziehen. Dieser befindet sich an der Sitzunterseite. Falls die Sitze mit Sitzheizung ausgestattet sind, muss auch die Steckverbindung rechts daneben getrennt werden.

② Die Sitze werden zusammen mit den Leitschienen ausgebaut. Schieben Sie den jeweiligen Sitz nach hinten. Vorn links und rechts auf den Schienen wird jeweils eine Befestigungsschraube (24 Nm) zugänglich. Drehen Sie sie heraus.

③ Schieben Sie den Sitz wieder nach vorn. Jetzt können Sie die beiden hinteren Schrauben (ebenfalls 24 Nm) herausdrehen. Nehmen Sie den Sitz aus dem Fahrzeug heraus.

④ **Einbau** in umgekehrter Reihenfolge. Die Schrauben mit 24 Nm anziehen. Wenn Sie Sitze mit Seitenairbag haben: Nach Aufstecken der Steckverbindung Zündung einschalten. Dann erst die Batterie wieder anschließen. Dabei darf sich niemand im Fahrzeug aufhalten!

Von der **Demontage des Lehnengestells** raten wir Ihnen ab. Das sollte Fachleuten überlassen bleiben. Hierbei sind die elektrischen Leitungen für Sitzheizungen und Seitenairbag von ihren Klemmen an der Sitzunterseite zu lösen. Beim Einbauen sind die Einbaupositionen aller Klemmen und Stecker einzuhalten und Sicherheitsvorschriften zu befolgen. Überlassen Sie die Arbeiten daran wie auch an den Sitzhöhen-Verstellelementen besser der Fachwerkstatt!

Einfach lässt sich der Griff Sitzhöhenverstellung aus- und einbauen: Seitlich am Griff die beiden Abdeckkappen von den Schrauben abnehmen, die Schrauben (5,5 Nm) herausdrehen, den Griff abnehmen. Einbau umgekehrt.

Sitze hinten aus-/einbauen

Arbeitsschritte

① **Ausbau:** Ziehen Sie den Sitz leicht nach vorn. Klappen Sie ihn auf.

② Drücken Sie die Haken ❶ aus den Ösen ❷ heraus. Nehmen Sie den Sitz aus dem Fahrzeug.

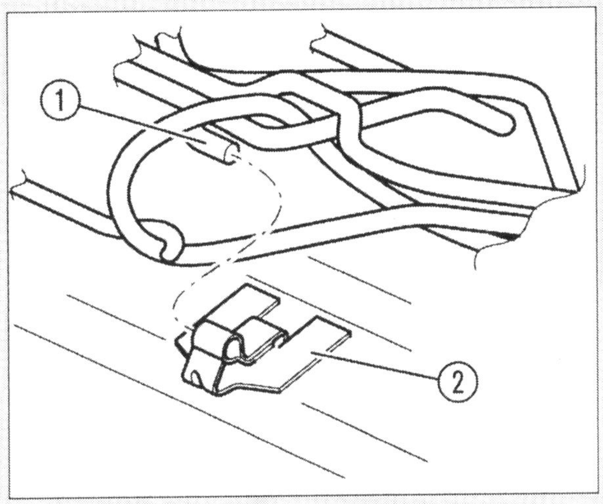

❶ *Haken,* ❷ *Ösen an der Rücksitzbank.*

③ **Einbau** in umgekehrter Reihenfolge.

④ Zum **Ausbau der Lehne** beide Lehnenteile entriegeln und umklappen. An der rechten Außenseite der Lehne den Rasthaken ❶ mit einem Schraubendreher eindrücken und Lehnenteile ❷ aus den Clips ❸ nach oben herausziehen.

⑤ Nehmen Sie die Lehneninnenteile ❷ aus dem Mittelclip ❹ unter der Abdeckkappe ❺ heraus.

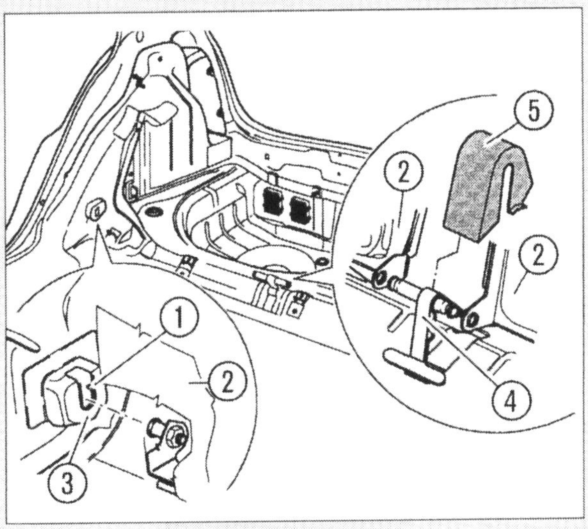

❶ *Rasthaken,* ❷ *Lehnenteile,* ❸ *Clip (Lehnenlager),* ❹ *Mittelclip,* ❺ *Abdeckkappe.*

⑥ Die Armlehne in der Mitte lässt sich ausbauen, indem man sie nach vorn klappt, ihre Abdeckung ausrastet und aus den Clips aushakt.

⑦ **Einbau der Lehne** erfolgt in umgekehrter Reihenfolge.

Verkleidungen im Kofferraum aus-/einbauen

Arbeitsschritte

Stütze für Kofferraumabdeckung

① **Ausbau**: Schrauben Sie die jeweils drei Schrauben vorn an den Stützen aus den Einsteckmuttern heraus. Ziehen Sie die Stützen von der C-Säule ab.

② Der **Einbau** erfolgt sinngemäß umgekehrt.

Seitliche Verkleidung Kofferraum

① **Ausbau**: Sitzbank und Lehne nach vorn klappen.

② Ziehen Sie die Seitenverkleidung ❶ mit ihren Klammern ❷ vom Karosserieflansch ❸ ab.

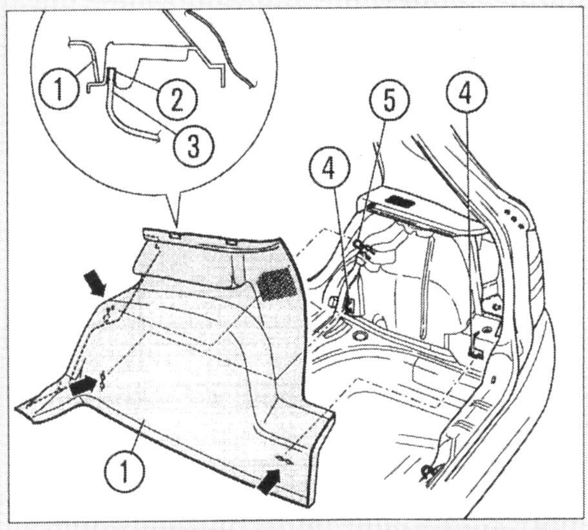

❶ *Verkleidung,* ❷ *Klammer,* ❸ *Karosserieflansch,* ❹ *Verzurrösen für Netz,* ❺ *Lehnenverrastung. Pfeile: Öffnungen.*

④ **Einbau**: Führen Sie die Verzurrösen ❹ und die Lehnenverrastung ❺ durch die Öffnungen (Pfeile) in der seitlichen Kofferraumverkleidung. Befestigen Sie die Verkleidung mit ihren Klammern am Karosserieflansch.

Abdeckung Ladeöffnung hinten

① **Ausbau**: Bauen Sie die mittlere Abdeckung aus. Dazu die beiden Schrauben ❻ und die beiden Muttern ❺ herausdrehen. Abdeckung abnehmen.

② Ziehen Sie die Abdeckung rechts (oder/und links) von den jeweils drei Clips ❷ ab.

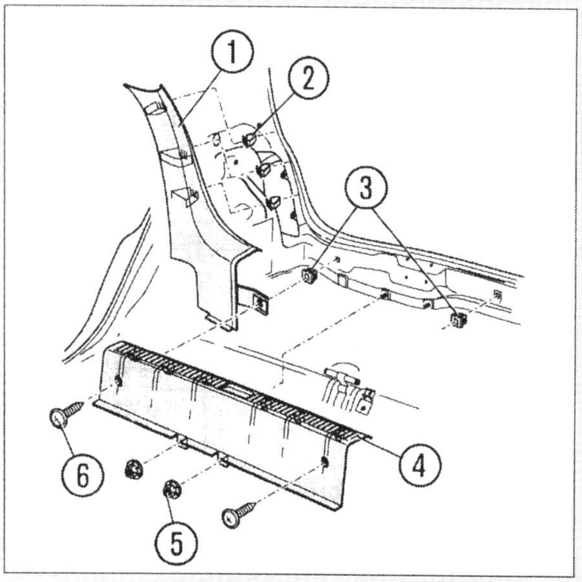

❶ Abdeckung rechts (die linke Abdeckung ist spiegelbildlich aufgebaut), ❷ Clip, ❸ und ❺ Muttern, ❹ Abdeckung Mitte, ❻ Schrauben.

③ Der **Einbau** erfolgt sinngemäß umgekehrt: Erst seitliche, dann mittlere Abdeckungen einbauen. Überprüfen Sie den Zustand der Clips ❷ und erneuern sie ggf.

Belag Kofferraumboden

① **Ausbau**: Klappen Sie Sitzbank und Sitzlehnen nach vorn.

② Ziehen Sie den Belag nach oben heraus.

③ Der **Einbau** erfolgt sinngemäß umgekehrt.

Halter für Kofferraumabdeckung Combi

① **Ausbau**: Clipsen Sie den Gurt vom Halter für Kofferraumabdeckung ❶ aus.

② Drehen Sie die drei Schrauben (Pfeile) heraus.

③ Clipsen Sie die Leuchte ❷ aus und ziehen sie ab. Falls vorhanden, trennen Sie die Steckverbindung für hintere Lautsprecher.

④ Ziehen Sie den Halter heraus.

⑤ **Einbau** in umgekehrter Reihenfolge.

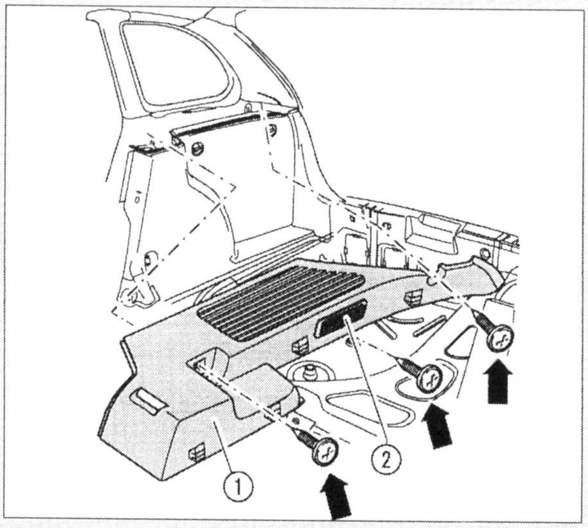

❶ Halter für Kofferraumabdeckung Combi, ❷ Leuchte. Pfeile: Schrauben.

Seitliche Verkleidung Kofferraum Combi

① **Ausbau**: Klappen Sie Sitzbank und Lehne nach vorn. Clipsen Sie die Steckdose ❸ aus und ziehen sie ab.

② Schrauben Sie die Mutter ❶ heraus.

③ Entsichern Sie die seitliche Verkleidung ❷ vom oberen Profil des Halters für Kofferraumabdeckung und aus den Verzurrösen. Nehmen Sie die Verkleidung seitlich heraus.

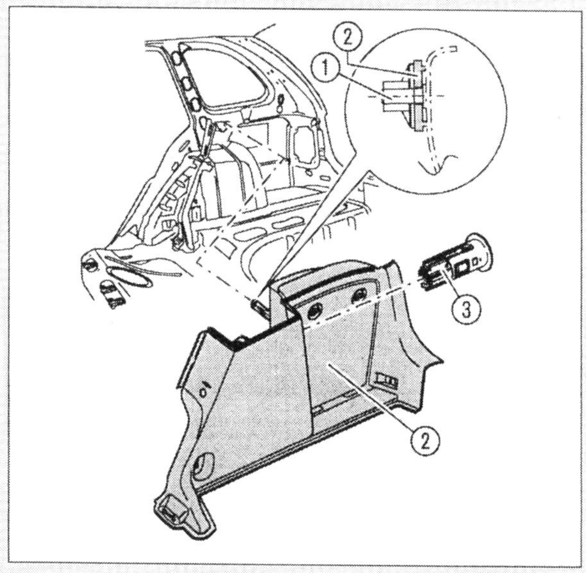

❶ Mutter (1,5 Nm), ❷ seitliche Verkleidung, ❸ Steckdose (12 V).

④ Der **Einbau** erfolgt sinngemäß umgekehrt.

Verkleidungen Klappe hinten aus-/einbauen

① **Ausbau**: (Haupt)Verkleidung ❹ von der Klappe hinten ❶ abziehen. Dann die mittlere Verkleidung ❾ von der Klappe abziehen.

② Die beiden seitlichen Verkleidungen ❽ (rechts) und ❿ (links) von der Klappe hinten abziehen.

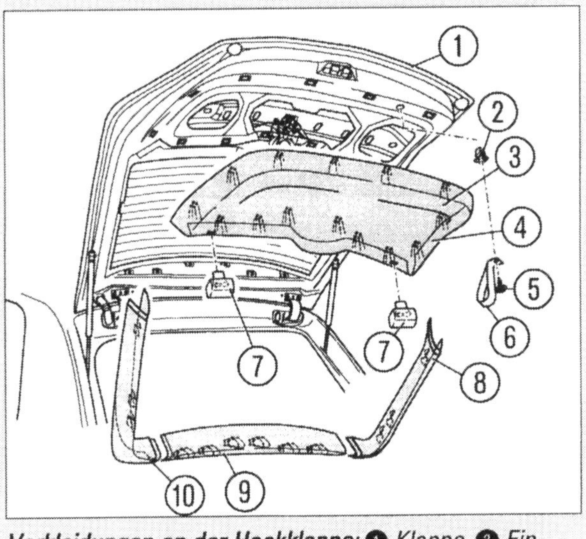

Verkleidungen an der Heckklappe: *❶ Klappe, ❷ Einsteckmutter, ❸ Öffnung für Zugschlaufe, ❹ (Haupt)Verkleidung für Klappe hinten, ❺ Schraube, ❻ Zugschlaufe, ❼ Puffer, ❽ Verkleidung rechts, ❾ Verkleidung Mitte, ❿ Verkleidung links.*

④ Beim **Einbau** in umgekehrter Reihenfolge müssen Sie die Zugschlaufe ❻ durch die Öffnung ❸ in der Hauptverkleidung führen. Darauf achten, dass die Klammern richtig in die einzelnen Verkleidungen ❹/❽/❾/❿ eingesetzt sind. Die Verkleidung ❹ muss in die Verkleidungen ❽ und ❿ eingesetzt und dann in die Heckklappe eingeclipst werden. Die Verkleidungen ❽/❾/❿ in die Heckklappe einclipsen. Bei Beschädigung die Verkleidungen ersetzen.

Radio aus-/einbauen

In Ihren Fabia ist ein Radio von Škoda Auto eingebaut. Es ist mit vier Lautsprechern an jeder Fahrzeugseite und mit der Dachantenne mit Antennenverstärker verbunden. Alle Lautsprecher haben einen Nennwiderstand von 4 Ohm. Zum Aus- und Einbau des Radios benötigt man ein spezielles Entriegelungswerkzeug (Škoda: T30005), das man zusammen mit dem Radio oder im Fachhandel bekommt. Bedenken Sie, dass Sie nach dem Ausbau den Anti-Diebstahl-Code eingeben müssen. Erfragen Sie vor dem Abklemmen der Batterie diesen Code.

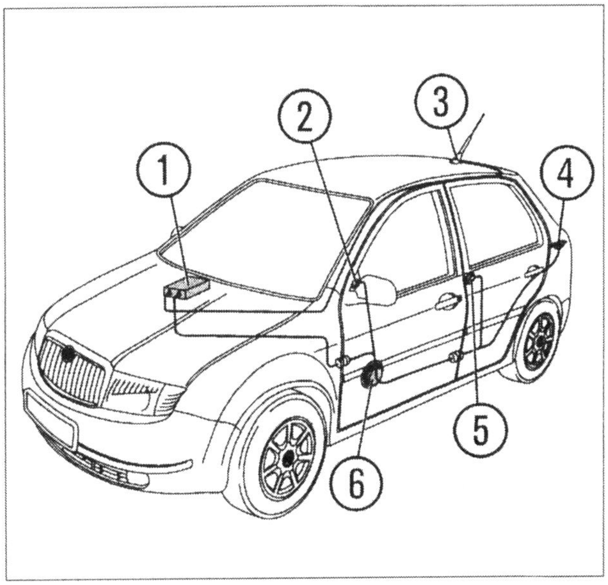

Radioanlage im Fabia: *❶ Radio in der Mittelkonsole, ❷ Hochtonlautsprecher in der inneren Außenspiegelabdeckung, ❸ Dachantenne, ❹ Tieftonlautsprecher hinter der Kofferraumverkleidung, ❺ Hochtonlautsprecher neben dem Türgriff, ❻ Tieftonlautsprecher in der Türverkleidung.*

Wenn Sie ein anderes als ein vom Hersteller eingesetztes Radio einbauen, benötigen Sie unter Umständen zum Anschluss ein Adapterkabel. Beachten Sie für zusätzliche Informationen die Bedienungsanleitung zum Autoradio. Wichtig sind ferner folgende Punkte:

- Entstörsätze müssen eine ABE (Allgemeine Betriebserlaubnis) haben.
- Manche Radios erhalten ein Geschwindigkeits-Signal für die geschwindigkeitsabhängige Lautstärkeanpassung. Das Kabel dafür darf nicht kurzgeschlossen werden, will man eventuelle Probleme bei der Motorsteuerung vermeiden.
- Nach Anschließen an die Versorgungsspannung erfolgt meist automatisch ein Datenaustausch zwischen dem Radio und dem Instrumenteneinsatz. Dabei wird der bei Aktivierung der Diebstahlsicherung abgespeicherte Zahlencode verglichen, den sie sonst eingeben müssen. Bei Übereinstimmung ist das Radio betriebsbereit.

Aus- und Einbau

- Zum Ausbau Entriegelungswerkzeuge (T30005) in die Entriegelungsschlitze stecken, bis sie einrasten.
- Radio an den Griffösen der Werkzeuge aus der Konsole in der Schalttafel herausziehen. Das Entriegelungswerkzeug darf nicht zur Seite gedrückt oder verkantet werden.

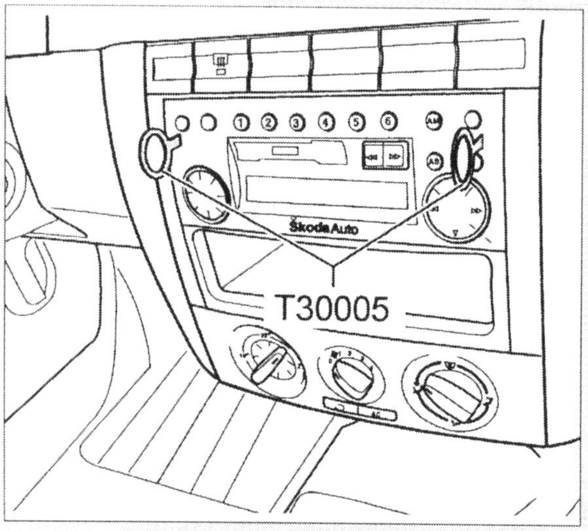

An den Griffösen des Entriegelungswerkzeugs T30005 wird das Radio aus der Konsole gezogen.

- Entriegelungswerkzeuge abziehen, indem die seitlichen Rastnasen am Radio nach innen gedrückt werden.
- Antennenleitung und Steckverbindungen abziehen.
- Zum Einbau Antennenleitung und Steckverbindungen anschließen. Radio vorsichtig in die Konsole einschieben, bis es hörbar im Einbaurahmen einrastet. Batterie-Masseband anklemmen.
- Zum Ausbau von Lautsprechern die jeweilige Abdeckung ausbauen, Steckverbindungen trennen und Lautsprecher ausclipsen oder abschrauben.

Ablagen etc. des Praktik aus-/einbauen

- **Netzablage im Dach**
  Drei Schrauben herausdrehen, Formhimmel ausbauen (siehe dort), Ablage herausnehmen. Einbau umgekehrt.
- **Formhimmel-Ablage**
  Ablage (über Innenspiegel und vor Innenleuchte) öffnen. Durch leichten Zug nach unten herausnehmen. Einbau umgekehrt.
- **Verkleidung Klappe hinten**
  Unter der Verkleidung befindet sich eine Geräuschdämpfung. Diese wird aufgeklebt. Die Verkleidung wird von elf Schrauben gehalten und ist nach Herausdrehen dieser Schrauben leicht abnehmbar. Einbau umgekehrt (Geräuschdämpfung aufkleben, Halteschlaufe durch Öffnung in der Verkleidung führen).
- **Abschlussleiste**
  Auch die Abschlussleiste an der hinteren oberen Fahrzeugkante direkt unter der Heckklappe ist (mit sechs Schrauben) angeschraubt. Abschrauben, zum Einbau anschrauben.
- **Abdeckung Ladeöffnung**
  Mit fünf Schrauben (drei seitlich, zwei von oben) befestigt. Abschrauben, zum Einbau anschrauben.
- **Trennboden**
  Die Bodenplatte besteht aus vorderem und hinterem Teil. Beim Vorderteil sind die beiden Verzurrösen links und rechts (17 Nm) auszubauen, dann Platte herausnehmen. Der hintere Boden wird entsichert, dann müssen Sie die Sicherungssperrklinken auf beiden Bodenseiten mit einem Schraubendreher eindrücken. Bodenplatte nach oben herausnehmen. Einbau beider Platten in umgekehrter Weise.
- **Trennwand**
  Der Wagenteil hinter den beiden Sitzen des Fabia Praktik ist durch eine Wand mit Gitter im oberen Bereich abgetrennt. Zum Ausbau müssen Sie die Bodenplatte hinten, dann die Bodenplatte vorn ausbauen. Am Boden und am Dach ist die Trennwand mit jeweils zwei Schrauben links und rechts befestigt. Herausschrauben, Trennwand nach hinten abnehmen. Beim Einbau Plastikplatten unter die oberen Aufnahmen legen, damit der Formhimmel nicht beschädigt wird.
- **Schutzgitter für Heckklappe**
  Mit vier Schrauben ❶ befestigt. Herausdrehen, Gitter ❷ abnehmen. Einbau umgekehrt.

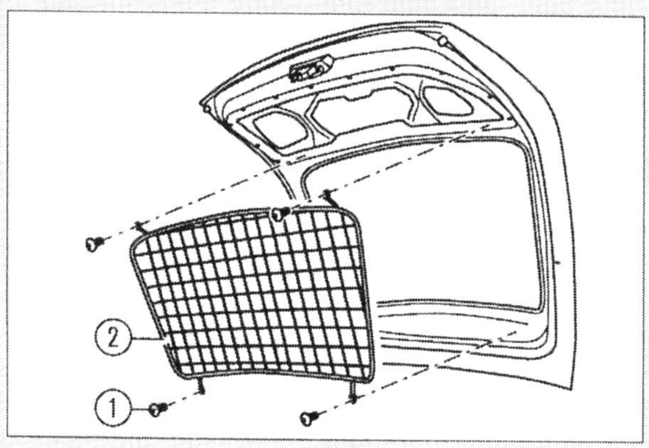

Elektrische Fensterheber

Störungs-beistand

Störung	Ursache	Abhilfe
A Fensterscheibe wird nur in eine Richtung verstellt.	Schalter defekt.	Schalter auswechseln.
B Fensterscheibe wird in keine Richtung verstellt.	**1** Fensterscheibe in den Führungen schwergängig, Sicherung wegen Überlastung des Motors durchgebrannt.	Fensterscheibe in den Führungen gängig machen. Sicherung erneuern.
	2 Motor läuft nicht, obwohl die Sicherung in Ordnung ist.	Spannung direkt an die Motoranschlüsse legen. Wenn der Motor jetzt läuft, liegt der Fehler in der Zuleitung. Läuft der Motor nicht, diesen auswechseln.
C Fensterscheibe wird im ganzen Verstellbereich zu langsam verstellt.	**1** Fensterscheibe in den Führungen verklemmt.	Spiel der Scheibe prüfen und ggf. korrigieren.
	2 Zu starke Reibung in der gesamten Mechanik.	Mechanik ohne Scheibe auf Reibungsverluste überprüfen, ggf. erneuern (lassen).
	3 Kabelverbindungen defekt oder oxidiert.	Überprüfen, reinigen, ggf. auswechseln.
	4 Schalter defekt oder oxidiert.	Überprüfen, ggf. auswechseln.
D Fensterscheibe wird an der oberen Grenze des Verstellbereichs zu langsam verstellt.	Siehe C1.	

Zentralverriegelung

Störungs-beistand

Störung	Ursache	Abhilfe
A Verriegelung funktioniert nicht.	**1** Sicherung durchgebrannt.	Erneuern.
	2 Motor der Fahrer- oder Beifahrertür defekt.	Funktion überprüfen, ggf. auswechseln.
	3 Verkabelung unterbrochen.	Überprüfen, ggf. erneuern (lassen).
B Schlösser werden entriegelt, aber nicht verriegelt.	**1** Siehe A2.	
	2 Mehrfachstecker an Motor oder Türkasten locker oder oxidiert.	Festen Sitz kontrollieren, ggf. reinigen.
	3 Schalter im Servomotor defekt.	Durchgangsprüfung an den entsprechenden Motorklemmen durchführen.
C Schlösser werden verriegelt, aber nicht entriegelt.	**1** Siehe A2.	
	2 Siehe B2 und 3.	
D Eines der Schlösser funktioniert nicht.	**1** Siehe B2.	
	2 Kabel- bzw. Steckverbindung am Servomotor oder im Türkasten fehlerhaft.	Überprüfen, ggf. instand setzen.
	3 Mechanische Übertragungsteile klemmen.	Teile auf Funktion überprüfen und festen Sitz kontrollieren. Ggf. Teile etwas fetten, verschlissene Teile auswechseln.

DIE KAROSSERIE

Der kleine Fabia ist ein sicheres Auto. Die verwindungssteife Fahrgastzelle gewährleistet formstabilen Überlebensraum. Definierte, verformungsweiche Zonen schlucken die Aufprallenergie. Formschlüssig eingebundene Scheiben erhöhen die Stabilität.

Wartung

Reparatur

Klar konturiert, verbindet die Fabia-Karosserie moderne Technologie mit moderner Architektur. Ausgezeichnete Torsionssteifigkeit, Einsatz fortschrittlicher Leichtbautechnologie und ein c_W-Wert von nur 0,31 charakterisieren diese Karosserie. Die aerodynamische Formgüte (c_W x F = 0,60 m^2) wurde erreicht durch die Form der Stoßfänger mit Spoilerkante, durch kleine Spalt- und Fugenmaße, durch den flächenbündigen Einbau von Scheiben und Scheinwerfern, durch den wenig zerklüfteten Unterboden, durch die untere Motorraumabdeckung und die Heckklappe mit integrierter Spoilerkante.

Weiteres Qualitätsmerkmal sind die Vollverzinkung und die Wasserlackierung, wodurch für die Karosserie eine Gewährleistung von 10 Jahren gegen Durchrostung möglich ist. Die enorm hohe Verwindungssteifigkeit reduziert weitestgehend akustische Alterserscheinungen. Die Montage einzelner Baugruppen erfolgt mit moderner Laserschweißung. Die Minimierung der Fugenmaße wird durch präzise Rohbaufertigung erreicht. Das alles verringert sowohl lästige Windgeräusche als auch den Kraftstoffverbrauch. Verkleidungen reduzieren die Geräusche noch weiter.

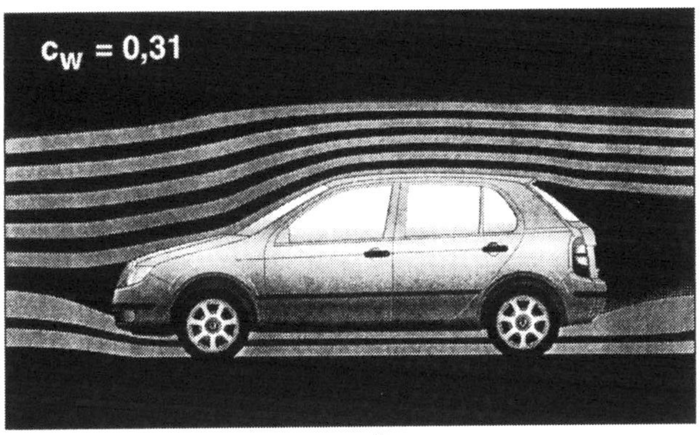

Mit dem c_W-Wert von 0,31 hat Škoda für den Fabia einen ausgezeichneten Wert gegenüber Mitwettbewerbern erreicht.

Selbsttragende Karosserie

Die Karosserie ist selbsttragend. Bodengruppe, Seitenteile, Dach und die hinteren Kotflügel sind miteinander verschweißt. Eine Reparatur größerer Karosserieschäden und das Auswechseln der geklebten Scheiben müssen Sie der Fachwerkstatt überlassen. Motorhaube, Heckklappe, die vorderen Kotflügel und die Türen sind angeschraubt und lassen sich mit mehr oder weniger Montageaufwand auswechseln. Allerdings setzen die nötigen präzisen Einstellungen und das Einhalten der richtigen Maße viel Erfahrung und Fingerspitzengefühl voraus. Die vorgegebenen Maße müssen beim Einbau genau beachtet werden. Wir sehen deshalb in unseren Arbeitsanleitungen vom Aus- und Einbau der Türen ab und beschränken uns auf Griff und Schloss. Denn wenn etwas mit den Türen nicht präzise stimmt, klappert es unerträglich, oder es treten erhöhte Windgeräusche während der Fahrt auf. Schwerpunkte bei der Gestaltung der Karosseriestruktur sind:

- Bis zur Karosseriemitte durchgehende vordere Längsträgerstruktur.
- Quer- und Diagonalversteifungen im Türrohbau schützen den Insassen beim Seitencrash.
- Ein Fußraumquerträger dient der Kräfteweiterleitung beim Seitencrash.
- Längs- und Querträger im Heckbereich leiten beim Heckcrash auftretende Kräfte nach vorn weiter. Hinten sitzende Personen werden geschützt. Der Bodenbereich mit Tank wird weitestgehend deformationsfrei gehalten.
- Die B-Säule ist breitflächig in den Schweller eingebunden. Die Regenrinnen sind versenkt.
- Karosserieaußenteile sind groß und sehr stark gerundet. Zwischen Motorhaube, Frontscheibe und Dach ist der Übergang fließend.

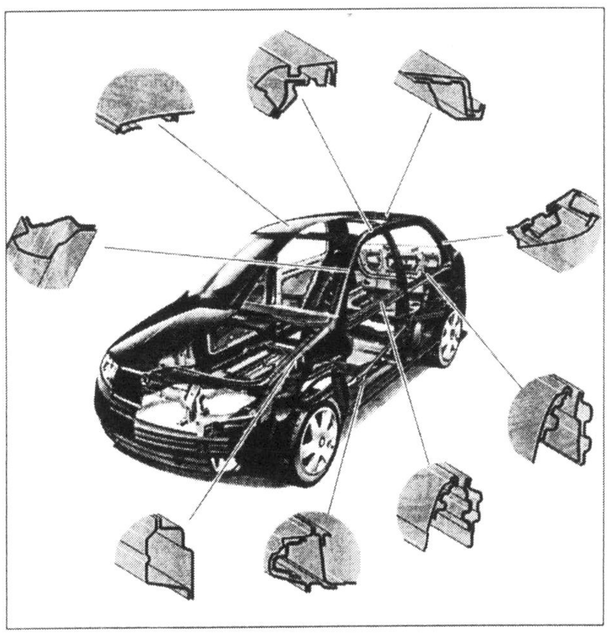

***Profilquerschnitte des Karosserie-Grundkörpers:** Die Sicherheitszelle ist das Ergebnis aus der Kombination verschiedenster Profilquerschnitte mit Versteifungen und Verstärkungen.*

Scheiben und Fenster

Front- und Heckscheiben bieten keinen Spielraum fürs Do it yourself. Sie sind als konstruktives, dynamisch stabilisierendes Element der Karosserie formschlüssig und außenbündig mit dem Aufbau direkt verklebt. Ohne Spezialwerkzeug ist da nichts zu machen. Auch das ist wieder ein typischer Fall für die Škoda-Werkstatt. Das empfehlen wir übrigens auch für den Ausbau der Tür- und Fensterscheiben und für alle Arbeiten am Schiebe-/Ausstelldach.
Zum Vorbereiten des Klebens und für die Verklebung schreibt Škoda übrigens die folgenden Originalmaterialien nach Ersatzteilnummer vor:

- Klebstoffentferner D002 000 10
- Reinigungslösung D 009 401 04
- Primer (Grundierung) für Scheiben und lackierte Oberflächen D 009 200 02
- Aktivator AMV 181 800 02
- Applikator zum Auftragen von Primer und Aktivator D 009 500 25
- Einkomponenten-Scheibenklebstoff (PUR) DH 009 100 03
- Einkomponenten-Scheibenklebstoff (PUR) DH 009 100
- Schnell aushärtender Zweikomponenten-Scheibenklebstoff (PUR) DA 004 600 A2

Arbeiten an der Karosserie

Praxistipp

Die meisten der in diesem Kapitel vorgestellten Reparaturen können Sie mit einer Werkzeug-Grundausstattung selbst erledigen. Viele Teile sind mit Torx-Schrauben befestigt, weshalb Sie zusätzlich einen entsprechenden Schlüssel-Satz benötigen.

Teile wie Motorhaube oder Heckklappe sind ziemlich sperrig und können bei Arbeiten daran nur schwer gesichert werden. Lassen Sie sich von einem Helfer unterstützen!

Wenn Sie an Motorhaube und Heckklappe arbeiten: Sie erleichtern sich vieles, wenn Sie die Lage der Scharniere vor jeder Veränderung mit einem wasserfesten Filzschreiber anzeichnen.

Sicherheitshinweise für Karosseriearbeiten

Gefahrenhinweis

Gurtstraffer: Bei Fahrzeugausstattungen mit Gurtstraffern, die bei einem Crash die Sicherheitsgurte schlagartig anziehen, ist besondere Vorsicht geboten. Aktiviert werden die Gurtstraffer von elektrisch gezündeten Gasgeneratoren. Dieses Rückhaltesystem ist fürs Do it yourself tabu. Montage und Demontage der Gurtstraffer sind Sache der Werkstatt, die dabei strenge Sicherheitsvorschriften einhalten muss. Wenn Sie an der Karosserie arbeiten, dürfen Sie nicht ohne weiteres in der Umgebung der Gurtrolle mit Schlagschrauber oder Hammer arbeiten. Die Gurtstraffer reagieren empfindlich auf Vibrationen und harte Schläge und können auslösen. Ziehen Sie zur Sicherheit vor allen Arbeiten unter dem Fahrzeug die Sicherung für die Gurtstraffer ab und warten Sie fünf Minuten, bis sich die Kondensatoren entladen haben.

Verzinkung: Die Karosserie ist außen elektrolytisch und innen feuerverzinkt. Bei Schweißarbeiten entsteht giftiges Zinkoxid. Sorgen Sie für gute Belüftung am Arbeitsplatz.

Klimaanlage: Es dürfen keine Schweiß- oder Lötarbeiten durchgeführt werden, bei denen sich Teile der Klimaanlage erwärmen können. Der Kältemittelkreislauf darf nicht geöffnet werden.

Elektrische Anlage: Soweit Schweißarbeiten oder andere Funken erzeugende Arbeiten durchgeführt werden, müssen grundsätzlich die Batterie abgeklemmt und beide Batterieklemmen (+) und (–) sorgfältig isoliert werden.

Kontrolle der Spaltmaße

Wenn Sie an Teilen der Karosserie arbeiten und dabei Komponenten aus- und einbauen, müssen hinterher die Spaltmaße wieder stimmen. Diese Fugenmaße sind fertigungstechnisch auf ein Minimum gesenkt. Das verringert Windgeräusche und Kraftstoffverbrauch. Verkleidungen reduzieren die Geräusche noch weiter. Zum Kontrollieren der Spaltmaße und zum eventuellen Einstellen sollten Sie das von Škoda empfohlene Sonderwerkzeug 3371 (im Bild dargestellter Fühlerblattsatz) verwenden. Mit den folgenden vier Abbildungen informieren wir Sie über die Spaltmaße aller Fabia-Karosserieformen.

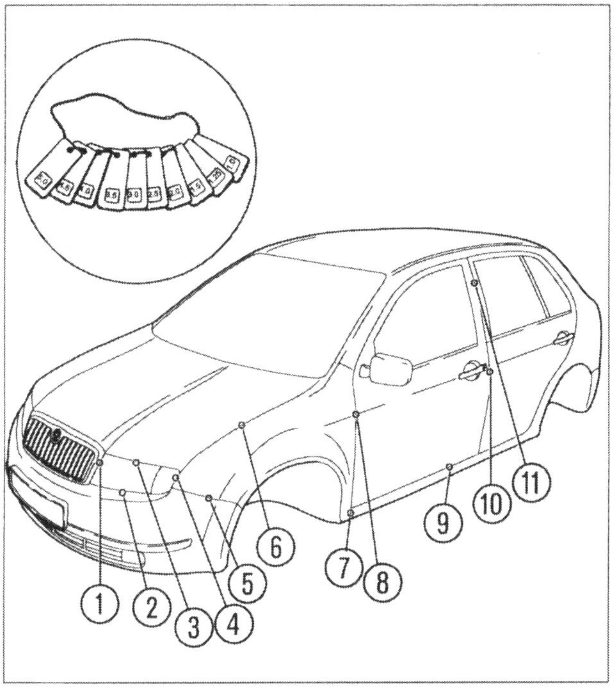

Spaltmaße vorn alle Modelle: ❶ = 3,4 mm; ❷ = 2,8 mm; ❸ = 4,0 mm; ❹ = 2,8 mm; ❺ = 0,7 mm; ❻ = 3,0 mm; ❼ = 2,6 mm; ❽ = 3,5 mm; ❾ = 5,2 mm; ❿ und ⓫ = 4,4 mm. Toleranz: ❸ = +2 mm; ❺ = +0,5 mm; ❾ = +1,6 mm; alle anderen = +1 mm.

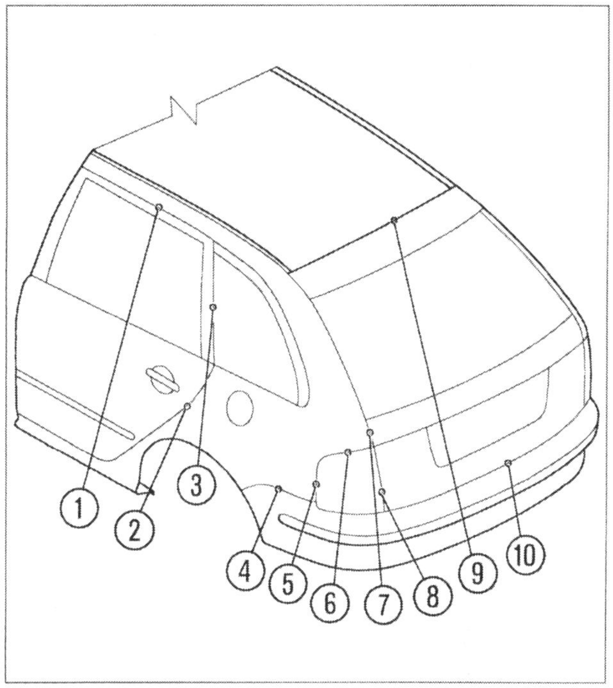

Spaltmaße hinten Combi: ❶ und ❷ = 3,5 mm; ❸ = 3,0 mm; ❹ = 0,7 mm; ❺ und ❻ = 1,5 mm; ❼ = 4,0 mm; ❽ = 3,9 mm; ❾ und ❿ = 4,0 mm. Toleranz: ❹ = +0,5 mm; ❺ und ❻ = +1,0/-0,5 mm; ❾ = +1,6 mm; ❿ = +1,5 mm; alle anderen = +1 mm.

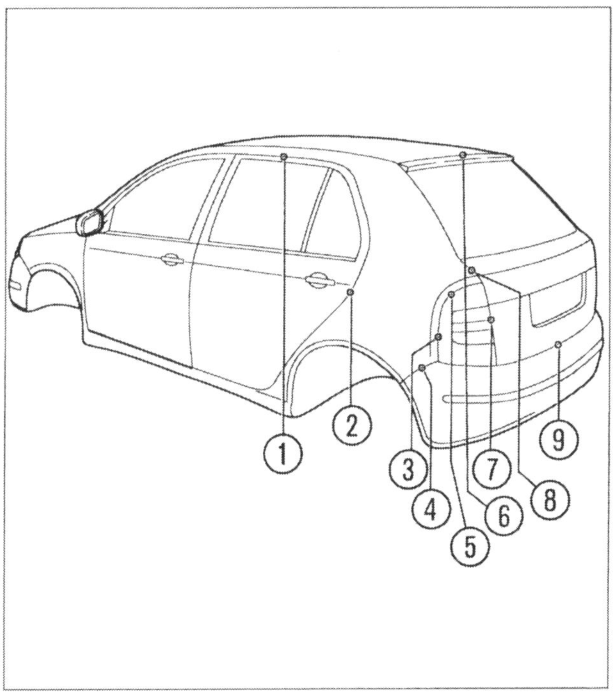

Spaltmaße hinten Limousine: ❶ und ❷ = 3,5 mm; ❸ = 1,8 mm; ❹ = 0,7 mm; ❺ = 1,8 mm; ❻ = 4,0 mm; ❼ = 3,7 mm; ❽ und ❾ = 4,0 mm. Toleranz: ❹ = +0,5 mm; ❻ = +1,6 mm; ❾ = +1,5 mm; alle anderen = +1 mm.

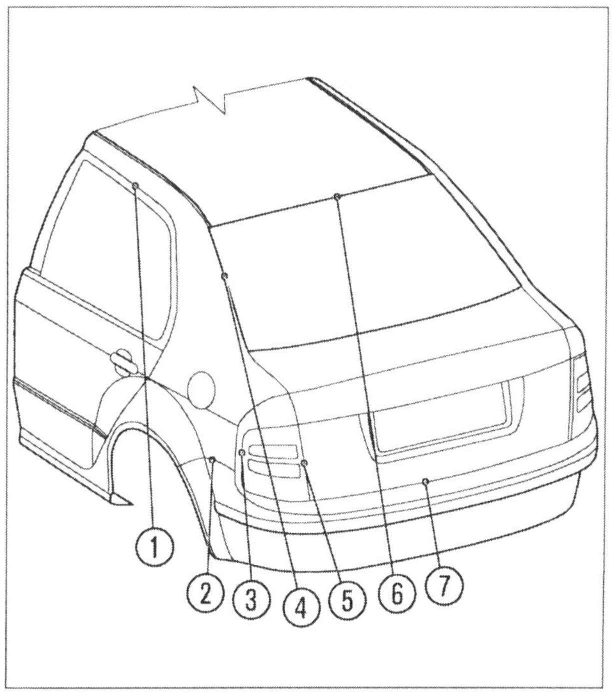

Spaltmaße hinten Stufenheck (Sedan): ❶ = 3,5 mm; ❷ = 0,7 mm; ❸ = 1,5 mm; ❹ und ❺ und ❻ = 3,7 mm; ❼ = 4,0 mm. Toleranz: ❶ und ❹ = +1mm; ❷ = +0,5 mm; ❸ = +1,0/-0,5 mm; ❺ und ❻ +1,6 mm; ❼ = +1,5 mm.

Kontrolle von Unterbodenschutz und Lack

Sehr empfehlenswerte Wartungsarbeiten sind die gründliche Kontrolle des Fahrzeug-Unterbodenschutzes und des Karosserielacks. Dabei müssen folgende Stellen auf etwaige Beschädigung der PVC-Beschichtung (Plastisol) untersucht werden:

- der Boden,
- Kotflügel und Radhäuser,
- alle Schwellen.

Bei der Augenscheinprüfung auf Schäden am Karosserielack achten Sie besonders auf folgende Stellen:

- Alle Karosserieverbindungen,
- die Rahmen der Front- und der Heckscheibe,
- Bördel der Innenflächen der Motorhaube,
- waagerechte und senkrechte lackierte Flächen,
- den Dachanschluss im Bereich der Kofferraumklappe.

Alle festgestellten Mängel müssen sofort beseitigt werden. Nehmen Sie dazu die Fachwerkstatt in Anspruch, die über konkrete Hinweise von Škoda Auto zu den nötigen oder empfehlenswerten Materialien mit entsprechenden Arbeitsanleitungen verfügt und nach der gültigen Reparaturtechnologie arbeitet. Ansonsten holen Sie sich fachmännischen Rat ein und verwenden nur die empfohlenen Lacke oder anderen chemischen Materialien.

Für Lackschäden im nicht sichtbaren Bereich eignet sich folgende Reparaturmethode: Zweimaliges Überstreichen (nass in nass) mit Glas-/Lackprimer D 009 200 02. Die Wirkungszeit beträgt 10 Minuten. Als Reinigungsmittel empfiehlt Škoda den Klebstoffentferner D 002 000 10. Bei der Verarbeitung sind Sicherheitsvorschriften zu beachten.

Wasserablaufschläuche reinigen

Weitere empfehlenswerte Wartungsarbeiten an der Karosserie Ihres Fabia sind:

- Die Führungsschienen des Schiebedaches zu reinigen und mit Gleitmittel G 052 778 zu fetten.
- Die Wasserablaufschläuche regelmäßig zu reinigen. Dazu müssten Sie sich ein Hilfswerkzeug herstellen, nämlich eine Sonde, die Sie in die Schläuche einführen können. Stellen Sie sich dieses etwa 2.300 mm lange Teil aus Tachometerbowden her.

Vorn verlaufen die Wasserablaufschläuche Ihres Fahrzeugs in den A-Säulen und enden zwischen Tür und Säule. Die Reinigung erfolgt vom oberen Schlauchende her.

Die hinteren Wasserablaufschläuche verlaufen in den C-Säulen und enden seitlich hinter dem Stoßfänger. Die Reinigung erfolgt vom unteren Schlauchende her. Die Schläuche bleiben eingebaut, und auch der Stoßfänger kann eingebaut bleiben.

Beim Fabia Combi verlaufen die hinteren Schläuche in den D-Säulen und enden ebenfalls seitlich hinter der Stoßfängerabdeckung. Wiederum erfolgt die Reinigung vom unteren Schlauchende. Auch bei der Schlauchreinigung am Combi kann der Stoßfänger eingebaut bleiben.

Schlossträger aus-/einbauen

Arbeitsschritte

① **Ausbau:** Hängen Sie den Bowdenzug ❺ am Schloss aus. Trennen Sie die Steckverbindungen an den Scheinwerfergehäusen.

② Bauen Sie den Stoßfänger vorn aus (siehe später).

③ Drehen Sie die sieben Schrauben ❽ heraus und nehmen Sie den Stoßfängerträger ab.

④ Lösen Sie Kühler und Kondensator ❹ durch Herausdrehen der drei Schrauben ❻ vom Schlossträger ❶. Befestigen Sie kühler und Kondensator (nicht an den Leitungen aufhängen, Leitungen nicht knicken!) im Motorraum. Nehmen Sie den Schlossträger ab.

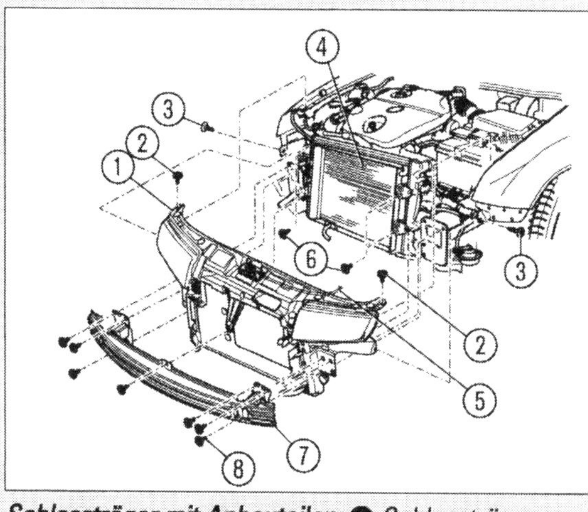

Schlossträger mit Anbauteilen: *❶ Schlossträger, ❷/❸/❻/❽ Schrauben (30/5/50/35 Nm), ❹ Kühler und Kondensator, ❺ Bowdenzug, ❼ Stoßfängerträger.*

⑤ **Einbau**: Sinngemäß umgekehrt. Schlossträger mit Anbauteilen an den Längsträgern und zwischen den Kotflügeln ausmitteln. Scheinwerfer einstellen.

Klappe vorn aus-/einbauen und einstellen

Arbeits-schritte

① **Ausbau**: Drehen Sie die beiden Schrauben links und rechts an der hinteren Klappenkante neben den Scharnieren heraus.

② Nehmen Sie die Klappe vorn/Motorhaube gemeinsam mit einem Helfer ab.

③ Von der Klappenvorderkante lässt sich durch Herausdrehen von vier Schrauben der Kühlergrill abnehmen, von dem die Zugstange zum Öffnen der Klappe ausgeclipst werden kann. Jetzt lässt sich auch die auf der oberen Motorraumkante umlaufende Wasserkastendichtung abnehmen.

④ **Einbau**: Sinngemäß in umgekehrter Reihenfolge. Der Dichtungsstoß der Wasserkastendichtung muss in Kotflügelmitte liegen. Die Befestigungsschrauben der Klappe werden mit 22 Nm angezogen.

⑤ Die Klappe wird innerhalb der übergroßen Bohrungen am Scharnier **eingestellt**. Zum präzisen Einstellen der Klappenhöhe in Bezug auf die Kotflügel können zwei Einstellpuffer links und rechts an der Unterseite der Klappenvorderkante heraus- oder hineingedreht werden. Schutzfolienflecken vorn auf der Motorhaube dienen als Auflage für die Einstellpuffer.

⑥ Nach Montage oder Einstellarbeiten ist Korrosionsschutz an Scharnier und Schrauben vorzunehmen: Mit Grundierung ALN 002 003 10 oder ALK 007 003 10 behandeln.

Kotflügel vorn aus-/einbauen

Arbeits-schritte

① **Ausbau**: Bauen Sie den vorderen Stoßfänger aus (siehe nachfolgende Reparaturanleitung).

② Bauen Sie die Radhausschale aus (siehe später).

③ Bauen Sie entsprechend Anleitung im Kapitel »Die Fahrzeugelektrik« die seitlichen Blinkleuchten aus.

④ Drehen Sie die vier Schrauben oben, die zwei Schrauben vorn und die zwei Schrauben hinten am Kotflügel heraus und nehmen Sie diesen von der Karosserie ab.

⑤ **Einbau**: Sinngemäß in umgekehrter Reihenfolge. Vor dem Einschrauben des Kotflügels müssen die beiden Schrauben an den Stoßstellen im Bereich Radhaus/A-Säule eine verzinkte Unterlegscheibe erhalten.

Stoßfänger vorn aus-/einbauen

Arbeits-schritte

① **Ausbau**: Bauen Sie die Nebelscheinwerfer aus (siehe Kapitel »Die Fahrzeugelektrik«).

② Nehmen Sie die Abdeckkappen für die Scheinwerferreinigungsanlage ab und lösen Sie den Halter für die Anlage.

③ Bauen Sie die Spreizniete ❻ aus. Drehen Sie die Schrauben ❹ und ❼ heraus.

④ Ziehen Sie den Stoßfänger ❺ vom linken und vom rechten Führungsteil ❷ ab.

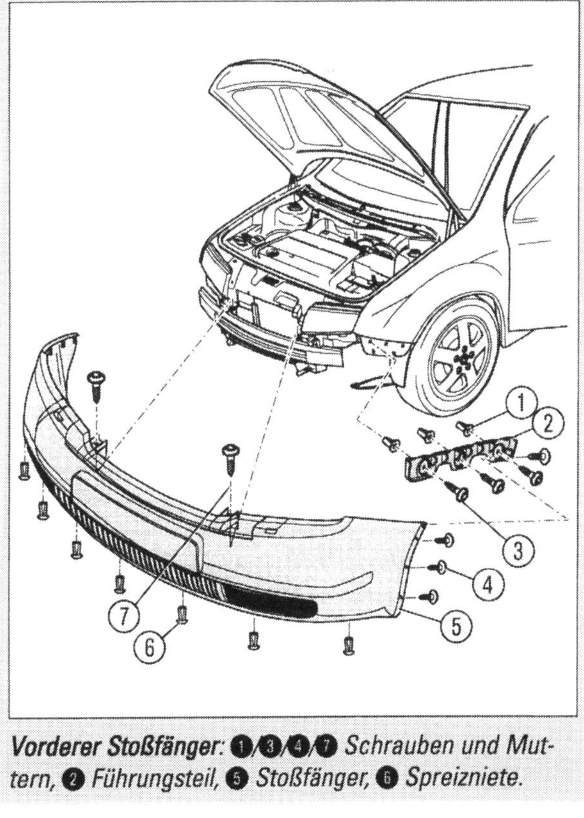

Vorderer Stoßfänger: ❶/❸/❹/❼ *Schrauben und Muttern,* ❷ *Führungsteil,* ❺ *Stoßfänger,* ❻ *Spreizniete.*

⑤ Wenn der Stoßfänger ausgebaut ist, lassen sich die beiden Führungsteile und der Stoßfängerträger ausbauen: Zum Ausbau der Führungsteile die Schrauben ❸ herausdrehen. Zum Ausbau des Trägers die jeweils drei Schrauben links und rechts herausdrehen und den Träger abziehen.

⑥ Der **Einbau** erfolgt sinngemäß in umgekehrter Reihenfolge.

Stoßfänger hinten aus-/einbauen

Arbeitsschritte

① **Ausbau**: Bauen Sie die Schlussleuchten aus (siehe Kapitel »Die Fahrzeugelektrik«).

② Drehen Sie die Schrauben ❷ und ❻ heraus. Ziehen Sie die Abdeckung ❸ von den beiden Führungsteilen ❺ sowie von der Befestigungsleiste ❽ ab. Nehmen Sie die Hutzen ❹ rechts und links ebenfalls ab.

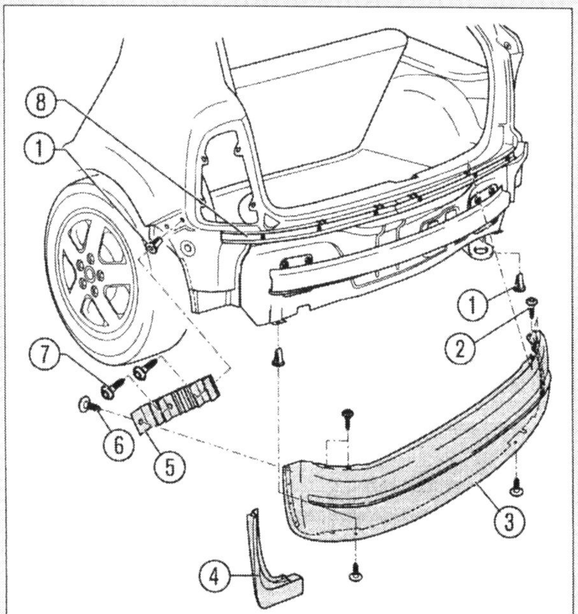

Hinterer Stoßfänger: ❶/❷/❻/❼ *Einsteckmuttern und Schrauben,* ❸ *Abdeckung,* ❹ *Hutze,* ❺ *Führungsteil,* ❽ *Befestigungsleiste.*

③ Nach Abnehmen der Stoßfängerabdeckung können Sie die Führungsteile, den Stoßfängerträger und die Befestigungsleiste ausbauen: Drehen Sie die Schrauben ❼ heraus und nehmen Sie die beiden Führungsteile ab; drehen Sie die drei Muttern rechts und links am Stoßfängerträger heraus und nehmen Sie den Träger ab; drehen Sie die vier Muttern an der Befestigungsleiste des Stoßfängerträgers ab und entnehmen Sie die Leiste.

④ Der **Einbau** erfolgt sinngemäß in umgekehrter Reihenfolge.

Radhausschalen aus-/einbauen

Die Arbeitsgänge sind an Vorder- und Hinterrädern gleich. Bei Fahrzeugen mit Turbodieselmotor ATD kann beim Abnehmen der vorderen Radhausschale die Radhausgeräuschdämmung herausfallen, die oben auf dem Radhaus angebracht ist. Sie muss wieder eingesetzt werden, ggf. ist sie zu ersetzen.

Arbeitsschritte

① **Ausbau**: Bauen Sie das betreffende Rad aus.

② Drehen Sie an der vorderen Radhausschale die 12, an der hinteren die 10 Schrauben heraus, die ringsherum die Schale halten.

③ Ziehen Sie die Radhausschale aus dem Radhaus heraus.

④ Der **Einbau** geschieht in umgekehrter Reihenfolge.

Arbeiten an der Heckklappe

Arbeitsschritte

① **Ausbau der Gasdruckstütze:** Öffnen Sie die Heckklappe und stützen sie ab. Heben Sie den Sicherungsbügel oben an der Gasdruckstütze mit einem Schraubendreher an. Ziehen Sie die Stütze vom Kugelzapfen ab. Wenn Sie die Gasdruckstütze wieder verwenden wollen, dürfen Sie den Sicherungsbügel nicht ganz aus der Kugelpfanne entfernen, weil er sonst beschädigt wird.

② **Entsorgen der Gasdruckstütze:** Sollen die alte Gasdruckfeder entsorgt und eine neue eingebaut werden, müssen Sie die alte entgasen. Dazu wird die Feder an der Kolbenstangenseite auf 50 mm Länge in einen Schraubstock eingespannt. Das Einspannen darf nur in diesem Bereich erfolgen, sonst besteht Unfallgefahr. Sägen Sie dann den Federzylinder im ersten Drittel der Gesamtlänge auf. Tragen Sie dabei eine Schutzbrille. Decken Sie den Bereich des Sägetrennschnittes mit einem Putzlappen ab.

③ **Griffleiste der Klappe herausnehmen:** Clipsen Sie die Heckklappenverkleidung aus und nehmen Sie vorsichtig die Schutzfolie ab. Trennen Sie die elektrische Steckverbindung. Wenn die zwei Haltemuttern abgeschraubt sind, lässt sich die Griffleiste abnehmen.

④ **Fernentriegelung:** An der Karosseriekante in Höhe des hinteren Stoßfängers ist mit zwei 22 Nm-Schrauben die Schließöse befestigt. Sie lässt sich mit Hilfe der ovalen Bohrungen, in denen sie sitzt, präzise einstellen. Die Öse schnappt ins Schloss an der Griffleiste ein, in dessen Umfeld auch die Steckverbindung für die Kofferraumbeleuchtung montiert ist.
Unterhalb der Schließöse ist ein Sicherungsnippel platziert, nach dessen Entfernung der Bowdenzug zur Fernentriegelung ausgebaut werden kann. Der mit einer Mutter feineinstellbare Bowdenzug führt an die linke untere Seitenkante des Fahrersitzes. Zur dortigen Hebeleinheit führt ein zweiter Bowdenzug, der die Fernentriegelung der Tankklappe ermöglicht. Die Entriegelungshebel sind durch Herausdrehen dreier Schrauben auszubauen. Die Schrauben sind nach Abnehmen der Einstiegleiste zugänglich.

⑤ **Einbau** der einzelnen Elemente in umgekehrter Reihenfolge.

Tankklappeneinheit aus-/einbauen

Arbeitsschritte

① **Ausbau:** Schrauben Sie den Tankverschlussdeckel ab. Ziehen Sie die Entriegelungsstange durch Betätigen der Fernentriegelung zurück. Drehen Sie die Schraube ❷ heraus.

② Ziehen Sie das Gummiteil vom Tankeinfüllstutzen ab. Schwenken Sie die Tankklappeneinheit aus dem Seitenteil heraus.

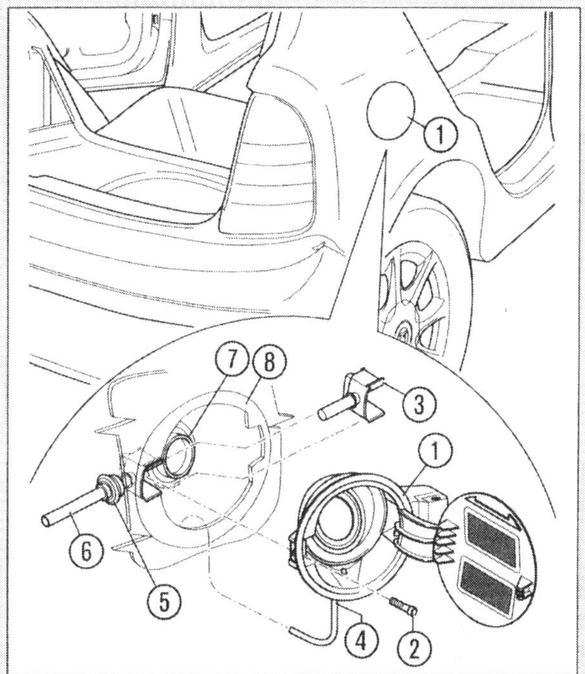

***Tankklappeneinheit:** Die Tankklappeneinheit ❶ umfasst Tankdeckel und Gummiteil, ❷ Schraube (1,5 Nm), ❸ Montageteil (ins Seitenteil eingeschoben), ❹ Ablaufschlauch, ❺ Dichtung, ❻ Bowdenzug (bei Notöffnung daran ziehen!), ❼ Tankstutzen, ❽ Seitenteil.*

③ **Einbau:** Krempeln Sie das Gummiteil in die Tankklappeneinheit und montieren Sie diese mit der Scharnierseite zuerst.

④ Verschrauben Sie Tankklappeneinheit und Montageteil. Schrauben Sie den Tankverschlussdeckel ein.

Türgriff und Türschloss aus-/einbauen

Die Türgriffe sind vorn und hinten im Prinzip gleich und werden demgemäß auf ähnliche Weise ausgebaut. Die Griffe vorn enthalten den Schließzylinder. Bei Fahrzeugen mit Fernbetätigung hat nur der Türgriff Fahrerseite den Schließzylinder, das Beifahrertürschloss ist durch eine Blende ersetzt.
Der Türgriff lässt sich relativ einfach demontieren, allerdings muss man zuvor den Schließzylinder ausbauen. Aus- und Einbau des Türschlosses dagegen sind kompliziert. Dazu muss der gesamte Aggregateträger (mit Schloss, Lautsprecher, Zentralverriegelung, Fensterheber) aus der Tür herausgenommen werden. Diese Arbeit können wir hier nur andeuten.

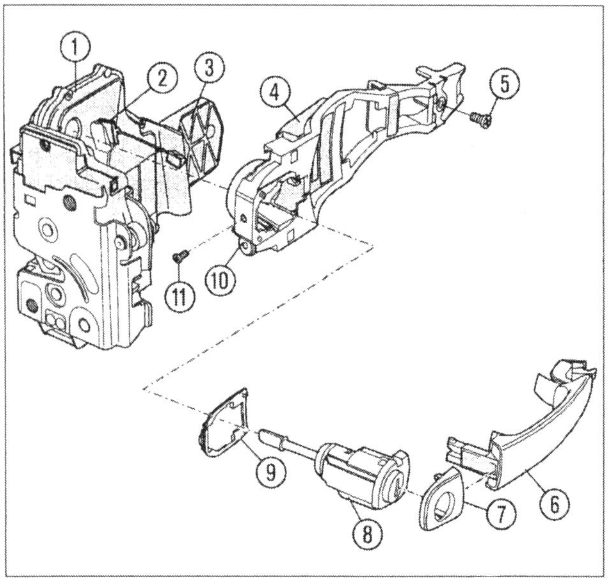

Baueinheit Türgriff-Türschloss: *❶ Türschloss, ❷ Seilzug für die Schlossentriegelung, ❸ am Türschloss angeschraubter und angenieteter Haltewinkel, ❹ Bügel, ❺/❿/⓫ Schrauben (5 und 3 Nm), ❻ Türgriff mit Unterlage, ❼ Abdeckkappe, ❽ Schließzylindergehäuse, ❾ Unterlegscheibe.*

Arbeitsschritte

① **Ausbau des Schließzylinders**: Hebeln Sie an der Türseite die Abdeckkappen ❶ über den Schrauben heraus.

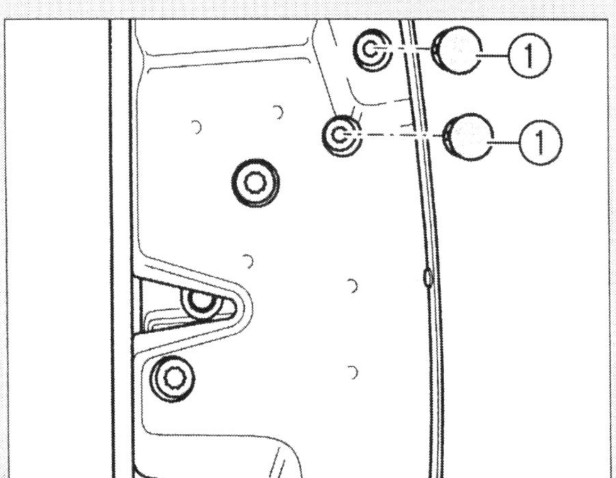

❶ Abdeckkappen seitlich an der Fahrertür.

② Ziehen Sie den Türgriff ❶ heraus und halten Sie ihn fest. Lösen Sie die freigelegte Innenvielkantschraube ❸ (Position ❿ in unserer Übersichtszeichnung »Baueinheit Türgriff-Türschloss«) um ungefähr drei Umdrehungen. Dadurch wird das Schließzylindergehäuse gelöst. Drehen Sie die Schraube keinesfalls zu weit heraus, weil sich sonst die Arretierung vom Türgriffbügel lösen und in die Tür fallen könnte.

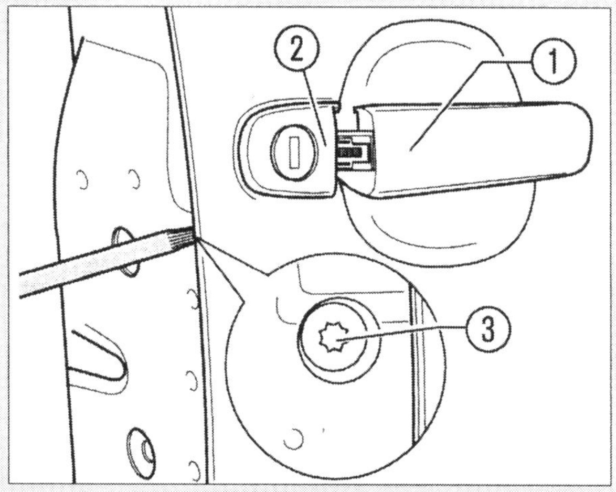

Situation an der Fahrertür: *❶ Türgriff, ❷ Abdeckkappe des Schließzylinders, ❸ Innenvielkantschraube.*

③ Bei Fahrzeugen, die ab September 2000 gebaut wurden, müssen Sie jetzt noch die Sicherungsschraube lösen. Das ist die Position ⓫ in unserer Übersichtszeichnung »Baueinheit Türgriff-Türschloss«. Sie liegt über Schraube ❸ und wurde ebenfalls durch Abhebeln der Abdeckkappe freigelegt.

④ Ziehen Sie dann das Schließzylindergehäuse mit der Abdeckkappe ❷ im rechten Winkel zur Tür aus dem Bügel des Türgriffs heraus.

⑤ **Ausbau des Türgriffs**: Nachdem Sie das Schließzylindergehäuse entnommen haben, können Sie den Clip ❶ aus dem Türgriff ❷ ausclipsen.

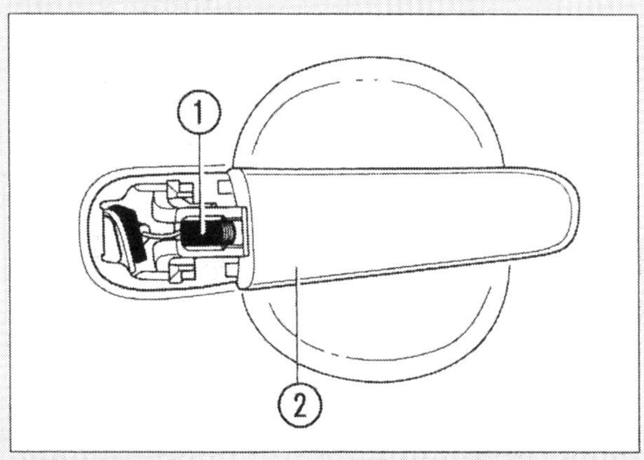

❶ Clip, ❷ Türgriff.

⑥ Schwenken Sie nun den Griff aus der Tür heraus.

⑦ Der **Einbau** erfolgt in umgekehrter Reihenfolge. Schwenken Sie zunächst den Türgriff in die Tür ein. Jetzt brauchen Sie einen Montagehaken (Vorrichtung T10118), den Sie in die am Türschloss befestigte Feder (Detailbild links, Pfeil A) einhängen, um die Feder mit der Bewegung entsprechend Pfeil B in den Schlosshebel einhaken zu können (Detailbild rechts).

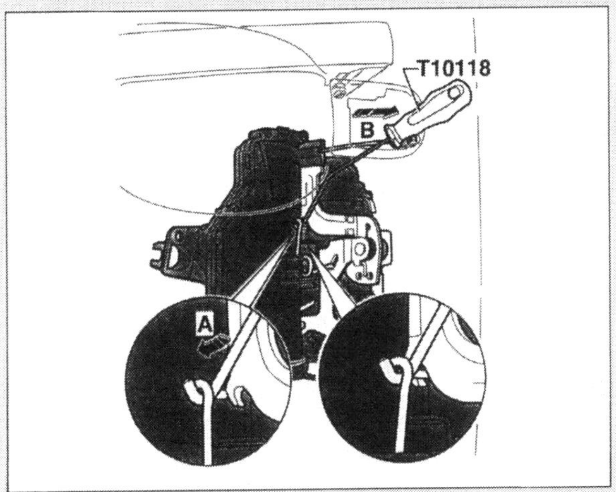

Mit Haken T10118 die Schlossfeder (Pfeil A) in den Hebel einhängen (Pfeil B).

⑧ Bauen Sie das Schließzylindergehäuse wieder ein. Ziehen Sie die Schrauben fest, setzen Sie die Abdeckkappen auf.

⑨ **Türschloss ausbauen**: Schließzylindergehäuse ausbauen, Clip aus Türgriff ausclipsen, Aggregateträger ausbauen. Dazu:

⑩ Türverkleidung vorn ausbauen (siehe Kapitel »Der Innenraum«). Frei werdende Abdeckkappen links und rechts aushebeln, Türfensterscheibe absenken, bis die Schrauben unter den ausgehebelten Kappen zugänglich sind. Schrauben lösen. Fensterscheibe nach oben schieben, mit Klebeband festsetzen. Steckverbindungen trennen, Kabelstrang vom Aggregateträger lösen, Kabeldurchführung herausziehen. Steckverbindung vom kompletten Türschloss abziehen (bei Komfortsystem). Die zehn Schrauben ringsum am Rand des Aggregateträgers heraus drehen, den Aggregateträger von der Tür abziehen, anheben und zur Scharnierseite hin aus der Tür herausheben.

⑪ Faltenbalg von der A-Säule abziehen, dahinter liegende Steckverbindung trennen. Die beiden Innenvielzahnschrauben links an der Türseite herausdrehen. Den Kabelstrang lösen und aus der Tür herausziehen. Mit einem flachen Schraubendreher die Rastnase am Türschlosshalter ausclipsen und das Türschloss vom Halter abziehen.

⑫ Das Schloss hängt jetzt noch an der Sicherungsstange und am Seilzug. Türschloss nach rechts vorn drehen und Sicherungsstange ausclipsen, dann Seilzug ausclipsen: Nippel um 90° verdrehen und aus der Öse herausnehmen. Das Schloss ist nun frei.

⑬ **Einbau**: Ziehen Sie als Erstes den Betätigungshebel aus dem Schloss, spannen Sie mit einem Schraubendreher die am Schloss befestigte Feder und hängen Sie den Hebel in die Feder ein. Dadurch wird das Türschloss arretiert. Der weitere Einbau erfolgt in umgekehrter Ausbaureihenfolge.

Wasserkastenabdeckung, Rückblickspiegel, Anhängerkupplung, Dachreling, Heckspoiler und Leisten aus-/einbauen

Arbeitsschritte

① **Ausbau der Wasserkastenabdeckung**: Die drei Verschlussstopfen auf der Abdeckung leicht lockern, die Umgebung mit Textilklebeband abkleben, um Schäden an der Abdeckung zu vermeiden. Die Verschlussstopfen mit der Zange abkneifen. Scheibenwischer ausbauen und die Wasserkastenabdeckung vom Scheibendichtprofil abclipsen. Scheibenwaschschläuche abziehen. Falls die Scheibenwaschanlage beheizbar ist: Steckverbindung trennen. Die Abdeckung ist jetzt frei abnehmbar.
Einbau im umgekehrten Sinne. Dazu brauchen Sie neue Verschlussstopfen.

② **Ausbau des Rückblickspiegels**: Abdeckung ❸ im rechten Winkel vom Türrahmen abziehen. Eventuelle elektrische Steckverbindungen trennen, Schraube ❷ lösen. Das Spiegelglas ist bei manuell und bei elektrisch betätigten Spiegeln gleichermaßen eingeclipst. Das Glas wird erst unten, dann oben abgedrückt (Werkzeug MP 8-506 oder MP 8-602/1). Schützen Sie dabei das Spiegelgehäuse vor Beschädigung.

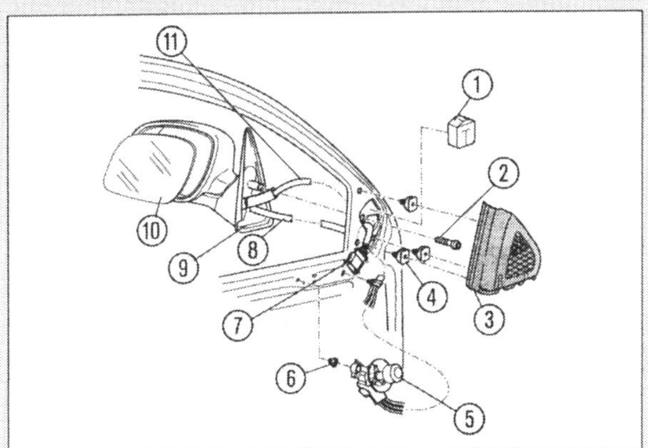

Montageübersicht für Rückblickspiegel: *❶ Dämpfung, ❷ Schraube (10 Nm), ❸ Abdeckung, ❹ Clip, ❺ Spiegelverstellung, ❻ Mutter, ❼ Steckverbindung für elektrische Spiegelbetätigung, ❽ Seilzüge für manuelle Betätigung, ❾ Spiegelgehäuse, ❿ Spiegelglas, ⓫ Kabelstrang.*

Der **Einbau** erfolgt in umgekehrter Reihenfolge. Üben Sie beim Einsetzen des Spiegelglases nur auf die Glasmitte Druck aus und ziehen Sie für diese Arbeit Schutzhandschuhe an. Es empfiehlt sich auch das Tragen einer Schutzbrille.

③ **Ausbau der Anhängerkupplung**: Nehmen Sie den Anhängerarm ❹ ab, indem Sie den Betätigungshebel um 90° nach unten klappen, das Schloss am Hebel aufschließen, den Arm entnehmen und den Hebel in die Ausgangslage zurückstellen. Setzen Sie den Blindverschluss ❺ ein. Bauen Sie den hinteren Stoßfänger (siehe frühere Arbeitsanleitung) und die angeschraubte Steckverbindung ❽ aus. Drehen Sie die vier Schrauben ❷ heraus. Nehmen Sie den Anhängerkupplungsrahmen ❶ aus dem Fahrzeug heraus. Der **Einbau** erfolgt in umgekehrter Reihenfolge.

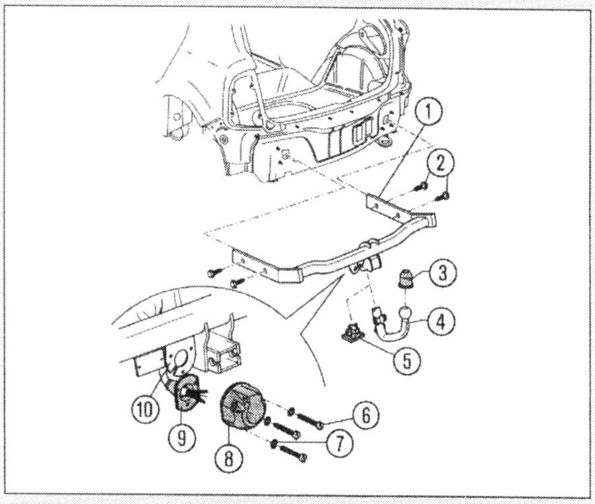

Montageübersicht für Anhängerkupplung: *❶ Anhängerkupplungsrahmen, ❷ und ❻ Schrauben, ❸ Schutzkappe, ❹ Anhängerarm, ❺ in die Bohrung für den Anhängerarm eingesetzter Blindverschluss, ❼ Unterlage, ❽ mit den Schrauben ❻ befestigte Steckverbindung, ❾ Dichtung, ❿ Halter.*

④ **Ausbau der Dachreling**: Der Fabia Combi ist zur Befestigung verschiedener Gepäckträger mit einer Dachreling ausgestattet. Zum Abbau der Reling muss der Formhimmel ausgebaut werden (siehe Kapitel »Der Innenraum«). Drehen Sie dann innen am Dach die Befestigungsmuttern ab und nehmen Sie die Dachreling nach oben heraus.
Es ist auch möglich, die Dachreling abzuschrauben, ohne den Formhimmel auszubauen. Dazu müssen die Schraubenabdeckungen an der Reling Mitte und beide Enden abgehebelt werden. Dann lassen sich die oberen Befestigungsmuttern abschrauben und die Reling abnehmen. Bei dieser Ausbauvariante besteht allerdings die Gefahr, dass die Schlussabdeckkappen an den Enden der Reling zerstört werden. Sie müssen Sie dann durch neue ersetzen.

Der **Einbau** erfolgt in umgekehrter Reihenfolge. Beachten Sie die Einbaulage der Dichtungen. Die fünf Schraubenlöcher im Dach (zwei vorn, eins Mitte, zwei hinten) pro Reling sind von a bis e in folgenden Abständen angeordnet: a = 229,7 mm von Ecke Dachkante; b = 72,5 +/- 0,2 mm von a; c = 567 +/- 0,5 mm von b; d = 530 +/- 0,5 mm von c; e = 85 +/- 0,2 mm von d.

⑤ **Ausbau des Heckspoilers**: Der Fabia Combi hat einen an die Heckklappe geklebten Spoiler. Wenn er abgenommen werden soll, muss die Klebedichtmasse durchschnitten werden (am besten mit Schneidedraht im Halter V.A.G 1351). Beschädigen Sie nicht die lackierten Flächen! Nehmen Sie den Spoiler ab.
Zum **Einbau** des Spoilers dessen Sitzflächen und die Fläche an der Heckklappe mit Reinigungslösung D 009 401 04 säubern. Klebedichtmasse HHA 381 013 auf die Sitzfläche auftragen. Spoiler zentriert auf die Heckklappe ausrichten und auf die Klappe drücken. Mit Klebeband sichern, 2 Stunden trocknen lassen, Auto nicht bewegen, 24 Stunden keine Waschanlage benutzen.

⑥ Die **Dachleisten** der Limousine sind ins Dachprofil eingedrückt. Mit Werkzeug 3409 oder anderem geeigneten Kunststoffkeil heraushebeln. Zum Einbau ausrichten und mit den Handflächen ins Dachprofil drücken.

Die **Seitenschutzleisten** an den Türen vorn und hinten sind selbstklebend. Sie werden zum Ausbau mit einem Heißluftgebläse (z. B. V.A.G 1416) erwärmt. Dann lassen sie sich von den Türen abziehen. Zum Einbau muss der Klebebereich auf dem Außenblech mit Benzin gereinigt, mit Silikonentferner nachbehandelt und dann trocken gerieben werden. Markieren Sie die Lage der Leisten am Fahrzeug entsprechend den ursprünglichen Maßen. Wenn am Fahrzeug noch Leisten vorhanden sind, müssen die zu ersetzenden nach ihnen ausgerichtet werden.
Ziehen Sie die Schutzfolie ab, heften Sie die Seitenschutzleisten an und drücken sie kräftig fest. Vor dem Andrücken müssen Sie prüfen, ob sich die Lage der Leisten nicht verändert hat. Beim Anbringen sollte die Temperatur der Außenbleche und der Schutzleisten etwa 20 °C betragen.

Die **Zierleisten** hinten am Fabia Combi sind auf das Dichtprofil zwischen hinterer Seitenscheibe und Karosserie geklebt. Leiste mit Heißluftpistole (100 °C Lufttemperatur) erwärmen und vorsichtig abnehmen. Profil und Leisten mit technischem Benzin reinigen, dann mit entfetteter Spirituslösung säubern. Auf das Dichtprofil doppelseitiges Klebeband aufkleben, Schutzfolie abziehen und Zierleiste aufkleben. Temperatur von Zierleiste und Dichtprofil etwa 20 °C.

Technische Daten

Sechs Motoren in zehn Leistungsklassen, drei Fünfgang-Handschaltgetriebe und eine Viergang-Getriebeautomatik, die Ausführung als Schrägheck-Limousine, Sedan (Stufenheck-Limousine) oder Combi ergeben eine beeindruckende Zahl von Modellversionen des Škoda Fabia. Für die Tabellen mit technischen Daten haben wir die sieben gängigsten Modelle ausgewählt. An ihnen werden exemplarisch die Daten dargestellt. Wir verzichten dabei ganz auf den in jüngster Zeit auf den Markt gebrachten 1,2 Liter-Motor mit zwei statt einer oben liegenden Nockenwelle (OHC) und 47 (statt 40) kW Spitzenleistung, auf den 1,0 Liter-Motor (37 kW) und auf die leistungsschwächeren 1,4 Liter-Motoren (44 und 50 kW).

In einigen Fällen (Beschleunigung, Gewichte) machen wir die Unterschiede zwischen Limousine, Sedan und Combi deutlich und geben jeweils mehrere Werte mit zugeordnetem L (Lim), S (Sed) oder C (Com) an. Einige Daten unterscheiden sich (meist nur leicht) je nach Ausstattungsvariante Classic, Comfort oder Elegance. Diese Unterschiede berücksichtigen wir nicht, es würde den Rahmen einer Übersichtstabelle sprengen.

Grundsätzlich haben alle Fabia-Modelle fünf Türen, fünf Sitzplätze und vollverzinkte Doppelraum-Stahlkarosserie. Die Ottomotoren sind durchweg MPI, arbeiten also mit Multipoint-Einspritzung, die Dieselmotoren sind Direkteinspritzer (SDI und TDI PD). Bei allen Triebwerken außer dem Dreizylinder 1,2 Liter HTP handelt es sich um Vierzylinder-Reihen-Motoren. Die Aggregate sind vorn quer eingebaut, der Antrieb ist immer Frontantrieb. Der Luftwiderstandsbeiwert c_W liegt je nach Ausführung zwischen 0,29 (Combi mit SDI) und 0,34 (Limousine mit 1,4 Liter/74 kW oder 2,0 Liter/85 kW).

Der Tank fasst bei allen Ausführungen 45 Liter Kraftstoff, davon 7,5 Liter Reserve. Das Kühlsystem ist mit ca. 6,0 Litern befüllt, der Scheibenwaschbehälter mit ca. 2 Litern. Wenn der Wagen mit Scheinwerfer-Waschanlage ausgestattet ist, fasst der Wascherbehälter ca. 5 Liter.

Ausgewählte Modelle

Fahrzeug-Modell	Benziner 1,2 HTP Motor: AWY 5-Schalt 02T Lim	Benziner 1,4 MPI Motor: BBY Automat 001 Lim/Sed/Com	Benziner 1,4 MPI Motor: BBY 5-Schalt 02T Lim/Sed/Com	Benziner 1,4 MPI Motor: BBZ 5-Schalt 02T Lim/Sed/Com	Benziner 2,0 MPI Motor: AZL 5-Schalt 02T Lim/Sed/Com	Diesel 1,9 SDI Motor: ASY 5-Schalt 002 Lim/Sed/Com	Diesel 1,9 TDI PD Motor: ATD 5-Schalt 02R Lim/Sed/Com

5-Schalt = 5-Gang-Schaltgetriebe 002, 02T oder 02R mit Einlamellentrockenkupplung
Automat = 4-Gang-Automatikgetriebe 001, hydraul. Wandler mit Überbrückungskupplung
Lim/Sed/Com = Limousine/Sedan/Combi

Elektrische Anlage

Fahrzeug-Modell	Benziner 1,2 HTP Motor: AWY 5-Schalt 02T Lim	Benziner 1,4 MPI Motor: BBY Automat 001 Lim/Sed/Com	Benziner 1,4 MPI Motor: BBY 5-Schalt 02T Lim/Sed/Com	Benziner 1,4 MPI Motor: BBZ 5-Schalt 02T Lim/Sed/Com	Benziner 2,0 MPI Motor: AZL 5-Schalt 02T Lim/Sed/Com	Diesel 1,9 SDI Motor: ASY 5-Schalt 002 Lim/Sed/Com	Diesel 1,9 TDI PD Motor: ATD 5-Schalt 02R Lim/Sed/Com
Bordspannung V	12	12	12	12	12	12	12
Batterie Ah	44	44	44	44	70	44	70
Generator V / A	14 / 70	14 / 70	14 / 70	14 / 70	14 / 70	14 / 70	14 / 90

Motoren

Motortyp	Benziner 1,2 HTP	Benziner 1,4 MPI	Benziner 1,4 MPI	Benziner 1,4 MPI	Benziner 2,0 MPI	Diesel 1,9 SDI	Diesel 1,9 TDI PD
Kennbuchstabe	AWY	BBY	BBY	BBZ	AZL	ASY	ATD
Hubraum in cm^3	1.198	1.390	1.390	1.390	1.984	1.896	1.896
Bohrung in mm	76,5	76,5	76,5	76,5	82,5	79,5	79,5
Hub in mm	86,9	75,6	75,6	75,6	92,8	95,5	95,5
Verdichtung	10,5:1	10,5:1	10,5:1	10,5:1	10,5:1	19,5:1	19,0:1
Höchstleistung kW/PS	40/55	55/75	55/75	74/101	85/115	47/64	74/101
bei 1/min	4.750	5.000	5.000	6.000	5.400	4.000	4.000
Max. Drehmoment Nm	106	126	126	126	170	125	240
bei 1/min	3.000	3.800	3.800	4.400	2.400	1.600-2.800	1.800-2.400
Höchstgeschwindigk. in km/h	151 Lim	166-170	166-170	185-186	195-197	158-162	185-187
Beschleunigung	18,4	17,0-17,3	13,8-14,1	11,5-11,6	9,9-10,2	17,9-18,3	11,5-11,6
0-100km/h in s	Lim	L+S / C	L+S / C	L / S+C	L / S+C	L / S+C	L / S+C
Verbrauch in Liter/100 km	Lim	Automatik	Schaltgetr.				
– städtisch	7,9	10,3-10,4	8,9	9,0	10,9-11,0	6,4	6,5
– außerstädtisch	4,8	5,9-6,0	5,3	5,4	5,9-6,0	4,1	4,1
– insgesamt	6,0	7,5-7,6	6,5	6,7	7,7-7,8	4,9	5,0
Zylinder	3	4	4	4	4	4	4
Nockenwellen	1 oben im Zyl.Kopf	2 oben im Zyl.Kopf	2 oben im Zyl.Kopf	2 oben im Zyl.Kopf	1 oben im Zyl.Kopf	1 oben im Zyl.Kopf	1 oben im Zyl.Kopf
Ventile pro Zylinder	2	4	4	4	2	2	2

Ventilsteuerung: Hydraulische Tassenstößel, kontinuierliche Einlassnockenwellenverstellung; einige Modelle mit Rollenschlepphebeln.

Schmiersystem: Druckumlaufschmierung, Ölpumpe über Kette von der Kurbelwelle.

Kraftübertragung

Schaltgetriebe: 5-Gang-Schaltgetriebe 002, 02T oder 02R, vollsynchronisiert mit Direktschaltung.
Kupplung: Hydraulisch betätigte Einscheiben-Trockenkupplung mit Tellerfeder und asbestfreien Belägen.

Automatikgetriebe: 4-Stufen-Getriebe mit dynamischem Schaltprogramm. Schieberkasten CCC.
Kupplung: Hydrodynamischer Drehmomentwandler, Kennung AAN.

Fahrzeug-Modell	Benziner 1,2 HTP Motor: AWY 5-Schalt 02T Lim	Benziner 1,4 MPI Motor: BBY Automat 001 Lim/Sed/Com	Benziner 1,4 MPI Motor: BBY 5-Schalt 02T Lim/Sed/Com	Benziner 1,4 MPI Motor: BBZ 5-Schalt 02T Lim/Sed/Com	Benziner 2,0 MPI Motor: AZL 5-Schalt 02T Lim/Sed/Com	Diesel 1,9 SDI Motor: ASY 5-Schalt 002 Lim/Sed/Com	Diesel 1,9 TDI PD Motor: ATD 5-Schalt 02R Lim/Sed/Com
Getriebe-Kennbuchstaben	FSP GDN	FDH	EYX/FDM FVT/GDH FCU/GDL	EYW/FDL FVS/GDG FCV/GDM	EJZ/FNJ FVV/FPU GEY/GKX	FNK/GCG	EMD EWT GGU
Übersetzungen (:1)							
1. Gang:	3,455	2,875	3,455	3,455	3,455	3,462	3,778
2. Gang:	1,955	1,510	2,095	2,095	2,095	1,957	2,063
3. Gang:	1,281	1,000	1,387	1,433	1,455	1,310	1,304
4. Gang:	0,927	0,726	1,026	1,079	1,103	0,975	0,903
5. Gang:	0,740	–	0,813	0,891	0,889	0,756	0,700
R-Gang:	3,182	2,656	3,182	3,182	3,182	2,923	3,600
Achsübersetzung	4,533	4,050	3,882	3,882	3,353	4,118	3,158

Emissionen, Füllmengen und Gemischaufbereitung

Fahrzeug-Modell	Benziner 1,2 HTP **Motor:** AWY **5-Schalt** 02T **Lim**	Benziner 1,4 MPI **Motor:** BBY **Automat** 001 **Lim/Sed/Com**	Benziner 1,4 MPI **Motor:** BBY **5-Schalt** 02T **Lim/Sed/Com**	Benziner 1,4 MPI **Motor:** BBZ **5-Schalt** 02T **Lim/Sed/Com**	Benziner 2,0 MPI **Motor:** AZL **5-Schalt** 02T **Lim/Sed/Com**	Diesel 1,9 SDI **Motor:** ASY **5-Schalt** 002 **Lim/Sed/Com**	Diesel 1,9 TDI PD **Motor:** ATD **5-Schalt** 02R **Lim/Sed/Com**
Emission g/km CO_2	144	180	156	161	185-187	132	135
Füllmenge in Litern							
Bremsflüssigkeit	1,0	1,0	1,0	1,0	1,0	1,0	1,0
Motoröl mit Filter	3,4	3,2	3,2	3,2	4,0	5,0	5,0
Getriebeöl	1,9	5,7	1,9	1,9	1,9	2,0	2,0

Bremsflüssigkeit FMVSS 571.116 DOT 4 verteilt sich auf Bremsflüssigkeitsbehälter (0,1 l) und Bremsen (jede 0,2 l = zusammen 0,8 l), insgesamt also 0,9 l, und Kupplungshydraulik (0,1 l).

Motoröl Benzinmotoren QG0, QG2 nach Norm VW 500 00, VW 501 01 oder VW 502 00, in Ausnahmefällen Mehrbereichsöle ACEA A2 oder A3; Benzinmotoren QG1 nach Norm VW 503 00.Dieselmotoren SDI nach Norm VW 505 00 in Verbindung mit Norm VW 500 00 oder 505 01; TDI nach Norm VW 505 01, in Ausnahmefällen Mehrbereichsöle ACEA B3.

Getriebeöl 5-Gang-Schaltgetriebe 002 mit Synthetiköl G 50 SAE 75W90, 5-Gang-Schaltgetriebe 02T und 02R mit Synthetiköl G 005 000 SAE 75W90 Dauerfüllung; Automatikgetriebe mit ATF Ersatzteil-Nr. G 052 990 A2 Lebensdauerfüllung.

Gemischaufbereitung

- **Ottomotoren** Elektronische Multipoint-Benzineinspritzung; elektronische, kontaktlose, durch Mikroprozessor gesteuerte Zündung.
- **Dieselmotoren** Elektronische Diesel-Direkteinspritzung. Z.T. Pumpe-Düse.

Gewichte

Fahrzeug-Modell	Benziner 1,2 HTP **Motor:** AWY **5-Schalt** 02T **Lim**	Benziner 1,4 MPI **Motor:** BBY **Automat** 001 **Lim/Sed/Com**	Benziner 1,4 MPI **Motor:** BBY **5-Schalt** 02T **Lim/Sed/Com**	Benziner 1,4 MPI **Motor:** BBZ **5-Schalt** 02T **Lim/Sed/Com**	Benziner 2,0 MPI **Motor:** AZL **5-Schalt** 02T **Lim/Sed/Com**	Diesel 1,9 SDI **Motor:** ASY **5-Schalt** 002 **Lim/Sed/Com**	Diesel 1,9 TDI PD **Motor:** ATD **5-Schalt** 02R **Lim/Sed/Com**
Leergewicht in kg	Lim:	Lim:	Lim:	Lim:	Lim:	–	Lim:
inkl. Fahrer 75 kg:	1.130 - 1.220	1.170 - 1.260	1.135 - 1.225	1.140 - 1.230	1.185 - 1.275	1.200 - 1.290	1.220 - 1.310
(je nach Ausstattung)	–	Com:	Com:	Com:	Com:	Com:	Com:
		1.205 - 1.295	1.170 - 1.260	1.175 - 1.260	1.200 - 1.310	1.235 - 1.325	1.255 - 1.345
Zul. Gesamtgewicht kg:	1.570 L	1.610 L	1.605 L	1.580 L	1.625 L	1.640 L	1.660 L
	–	1.645 C	1.610 C	1.615 C	1.660 C	1.675 C	1.695 C
Zul. Anhängelast bis 12% gebremst kg:	750	800	800	850	1.000	800	1.000
Zul. Anhängelast ungebr. kg:	450	450	450	450	500	450	450
Zul. Stützlast (senkr.) kg:	50	50	50	50	50	50	50
Zul. Dachlast kg:	75	75	75	75	75	75	75

Fahrwerk

Vorderachse	McPherson-Federbeinachse mit unteren Dreiecksquerlenkern und Querstabilisator. Schraubenfedern, Teleskopstoßdämpfer.
Hinterachse	Kurbelachse mit Schlepparmen. Feder außerhalb derStoßdämpfer (Gasstoßdämpfer).
Lenkung	Wartungsfreie, direkt wirkende Zahnstangenlenkung mit elektrohydraulischer Servounterstützung.
Wendekreis in m	10,48

Bremsanlage

Art der Bremsen	Diagonal-Zweikreis Flüssigkeitsbremse, Bremskraftverstärker, Bremskraftregler hinten. Einige Modelle mit Bremskraftminderern. Fast alle Modelle ABS, ASR, EDS. Vielfach ESP. **Vorn:** innenbelüftete Scheiben, Schwimmsattel mit einem Kolben. **Hinten:** Trommelbremsen mit zwei selbst nachstellenden Bremsbacken. Bei Motorisierung 1,4 Liter/74 kW; 2,0 Liter/85 kW und 1,9 Liter TDI/74 kW Scheibenbremsen.
Wirkung der Handbremse	Seilzugbremse wirkt auf die Hinterräder.

Wartungsplan Škoda Fabia

Die Wartungsintervalle bei Ihrem Fabia hängen von den gefahrenen Kilometern und dem Zeitpunkt der letzten Inspektion ab. Seit Modelljahr 2002 kommt eine Wartungsintervall-Verlängerung bei allen Motoren zum Einsatz:

- Die Serviceintervalle der Fahrzeuge mit Ottomotoren betragen 15.000 km oder 1 Jahr bis maximal 30.000 km oder 2 Jahre. Fahrzeuge mit dem variablen (verlängerten) Wartungsintervall (QG1) müssen mit Öl der VW-Norm 503 00 befüllt werden.
- Die Serviceintervalle der Fahrzeuge mit Dieselmotoren betragen 15.000 km oder 1 Jahr bis maximal 50.000 km oder 2 Jahre. Die Motoren mit variablem (verlängertem) Wartungsintervall brauchen Long-Life-Motorenöl gemäß Norm VW 505 01.

Wenn Wartung oder/und Ölwechsel erforderlich sind, erscheint eine entsprechende Anzeige auf dem Display. Das geschieht eine Minute lang nach Einschalten der Zündung und nach dem Anlassen des Motors. Die flexible Service-Intervallanzeige des Fabia berücksichtigt zur Ermittlung der Intervalle die individuellen Einsatzbedingungen, die Qualität des Motoröls und den persönlichen Fahrstil des Fahrers.

Die angegebenen maximalen Service-Abstände sind auf normale Betriebsbedingungen abgestimmt. Bei erschwerten Bedingungen müssen einige Arbeiten vor Fälligkeit des nächsten Service ausgeführt werden. Das gilt vor allem für den Wechsel des Motoröls bei dauerndem Kurzstreckenverkehr oder extrem niedrigen Temperaturen und für die Reinigung bzw. den Wechsel des Luftfiltereinsatzes bei starkem Staubanfall. Zum Ölwechselservice in der Škoda-Werkstatt gehören auch die Arbeiten Kraftstofffilter entwässern (Dieselmotor, vor allem bei Betrieb mit Biodiesel) und Dicke der Scheibenbremsbeläge prüfen.

Nach jedem ausgeführtem Ölwechsel muss die Service-Intervall-Anzeige wieder auf Null zurückgesetzt werden. Die Service-Intervallanzeige (SIA) lässt sich mit dem Fehlerauslesegerät V.A.G 1552/1551 (Werkstatt) oder mit der Einstelltaste unter dem Tachometer im Schalttafeleinsatz zurücksetzen (siehe Fahrzeugbetriebsanleitung oder in diesem Buch im Kapitel »Die Wagenpflege«). Bei erschwerten Bedingungen ist es notwendig, einige Arbeiten zwischen den angegebenen Abständen vornehmen zu lassen.

Wenn Sie die Wartungsarbeiten selbst erledigen, denken Sie bitte daran, in der Werkstatt die Abfrage des Fehlerspeichers der elektronischen Steuergeräte (Motor, Airbag, Wegfahrsicherung, ABS etc.) mit dem Fehlerauslesesystem vornehmen zu lassen. Die Kontrolle der Fehlerspeicher ist sinnvoll, weil manche Defekte im elektronischen System während der Fahrt nicht unbedingt auffallen. Die Steuergeräte verfügen über Notlaufprogramme, die den Betrieb auch bei Ausfall beispielsweise eines Sensors garantieren sollen. Manche dieser Programme funktionieren so gut, dass der Fahrer einen Fehler gar nicht bemerken kann. Dennoch muss natürlich die Reparatur erfolgen.

In seinen Vorgaben für die Werkstätten empfiehlt Škoda Auto, alle 12 Monate die Scheibenwischerblätter zu wechseln. Ansonsten sind folgende Arbeiten zu den entsprechenden Zeiten vorgesehen:

Ständige Kontrollen

- Scheibenwaschwasser auffüllen
- Scheibenwischer und Waschanlage prüfen
- Motorölstand prüfen
- Kühlflüssigkeit prüfen und nachfüllen
- Reifendruck prüfen
- Bremsen prüfen
- Bremsflüssigkeit prüfen
- Standlicht, Abblend- und Fernlicht prüfen
- Rücklichter und Nebelschlussleuchten prüfen
- Bremsleuchten und Blinker prüfen
- Warnblinker prüfen
- Hupe prüfen

Wartung alle 15.000 Kilometer oder einmal im Jahr (QG0)

- Motoröl wechseln, Ölfilter ersetzen
- Kraftstofffilter entwässern (Dieselmotor mit Biodiesel-Betrieb)
- Sichtprüfung des Motors auf Undichtigkeiten und Beschädigungen
- Abgasanlage auf Undichtigkeiten, Beschädigungen und Befestigung prüfen
- Airbag-Einheiten auf äußere Beschädigung prüfen
- Dichtigkeit des Kühlsystems kontrollieren, Frostschutz prüfen, gegebenenfalls Kühlmittel auffüllen
- Fehlerspeicher aller Systeme der Eigendiagnose auslesen (lassen)
- Service-Intervall-Anzeige zurücksetzen
- Dicke der Bremsbeläge prüfen
- Sichtprüfung auf Undichtigkeiten und Beschädigung der Bremsanlage
- Bremsflüssigkeitsstand, abhängig vom Belagverschleiß, prüfen
- Säurestand der Batterie prüfen, gegebenenfalls destilliertes Wasser auffüllen
- Staub- und Pollenfilter ersetzen
- Sichtprüfung auf Beschädigungen und Undichtigkeiten von Getriebe, Achsantrieb und Gelenkschutzhüllen
- Faltenbälge der Lenkung auf Undichtigkeiten und Beschädigungen prüfen
- Dichtungsbälge der Achsgelenke auf Undichtigkeiten und Beschädigungen prüfen
- Spiel, Befestigung und Dichtungsbälge der Spurstangenköpfe prüfen
- Profiltiefe und Laufbild der Bereifung einschließlich des Reserverades prüfen. Reifenfülldruck prüfen, gegebenenfalls berichtigen
- Türfeststeller und Schloss für Klappe vorn schmieren
- Funktion aller Schalter, aller Stromverbraucher, Betätigungselemente und Anzeigen prüfen
- Funktion und Einstellung der Scheibenwisch- und Waschanlage prüfen. Spritzdüsen gegebenenfalls einstellen und Flüssigkeit auffüllen
- Zustand und Ruhestellung der Wischerblätter sowie Anstellwinkel der Wischerarme prüfen, gegebenenfalls einstellen. Empfehlung: Scheibenwischerblätter ersetzen
- Wasserkasten auf Verschmutzung prüfen, evtl. reinigen
- Probefahrt mit Funktionsprüfung von Fuß- und Handbremse, Schaltung und Lenkung durchführen.

Die Werkstatt dokumentiert die durchgeführte Inspektion, indem ein Aufkleber mit dem Termin für den nächsten Service seitlich am Türholm Fahrerseite angebracht wird.

Zusätzlich alle 30.000 Kilometer (QG0)

- Scheinwerfereinstellung prüfen, gegebenenfalls Scheinwerfer einstellen
- Keilrippenriemen-Zustand prüfen und gegebenenfalls Keilriemen spannen
- Zahnriemen prüfen
- Kraftstofffilter bei Dieselmotoren entwässern, bei Biodiesel-Betrieb ersetzen
- Sichtprüfung von Unterbodenschutz und Karosserielack
- Ölstand im Schaltgetriebe prüfen, ggf. nachfüllen
- Staub- und Pollenfilter ersetzen
- Funktion des Ausstelldaches prüfen und Führungsschienen fetten

Zusätzlich alle 60.000 Kilometer

- Luftfiltergehäuse reinigen und Filtereinsatz wechseln
- Bei Fahrzeugen mit Dieselmotor Kraftstofffilter ersetzen
- Keilrippenriemen-Zustand und -Spannung prüfen
- Zahnriemenzustand prüfen, ggf. ersetzen
- Flüssigkeitsstand der Servolenkung prüfen und ggf. nachfüllen
- Zündkerzen ersetzen
- ATF im automatischen Getriebe prüfen und ggf. nachfüllen

Zusätzlich alle 90.000 Kilometer

- Bei Fahrzeugen mit SDI-Dieselmotor (Kennbuchstaben ASY) Zahnriemen für Nockenwellenantrieb und ggf. Spannrolle ersetzen

- Bei Fahrzeugen mit Benzinmotor Zahnriemen prüfen

Zusätzlich alle 120.000 Kilometer

- Bei Fahrzeugen mit Dieselmotor Zahnriemen für Nockenwellenantrieb und ggf. Spannrolle ersetzen

Alle 24 Monate

- Bremsflüssigkeit wechseln (möglichst beim Inspektions-Service vornehmen lassen)
- Luftfiltereinsatz ersetzen und Gehäuse reinigen (für Fahrzeuge mit weniger als 60.000 km Fahrleistung innerhalb von 2 Jahren)
- Verwendbarkeitsdauer des Verbandkastens prüfen

Erstmals nach 36 Monaten, dann alle 24 Monate

- Abgasuntersuchung

Stichwortverzeichnis

FSC
www.fsc.org
MIX
Papier | Fördert
gute Waldnutzung
FSC® C083411

Zeitfracht Medien GmbH
Ferdinand-Jühlke-Straße 7
99095 Erfurt, Deutschland
produktsicherheit@kolibri360.de